桑树基因组

内容简介

桑树是重要的经济树种，近年在治理石漠化、荒漠化、土壤重金属污染和防风林等生态修复领域有显著效果而备受关注。

《桑树基因组》一书，是"桑树基因组计划"成果的全面总结。本书系统阐述了桑树的起源、分类、染色体组；桑树基因组的结构、演化、表达；桑树生长发育激素、次生物质合成代谢、抗性等重要性状的相关基因及调控机制；桑树的基因家族及桑树的叶和乳汁的蛋白质组；桑树与蚕的协同进化；桑树的功能基因研究平台技术和桑树基因组数据库等最新研究进展。

本书可供从事蚕桑、林木、果树及植物基因组和功能基因的研究人员参考，也可作为相关产业技术人员的参考书和农、林、牧、医相关专业本科生、研究生的教学用书。

图书在版编目（CIP）数据

桑树基因组 / 何宁佳等著 . — 北京：中国林业出版社，2016.11
ISBN 978-7-5038-8774-1

Ⅰ . ①桑…　Ⅱ . ①何…　Ⅲ . ①桑树—基因组—研究　Ⅳ . ① S888.2

中国版本图书馆 CIP 数据核字（2016）第 264122 号

中国林业出版社·生态保护出版中心
策划编辑：刘家玲
责任编辑：刘家玲　牛玉莲

出版	中国林业出版社（100009　北京西城区德内大街刘海胡同 7 号）
	http://lycb.forestry.gov.cn　电话：（010）83143519
发行	中国林业出版社
印刷	北京卡乐富印刷有限公司
版次	2016 年 11 月第 1 版
印次	2016 年 11 月第 1 次
开本	787mm×1092mm　1/16
印张	29.5
字数	690 千字
定价	298.00 元

国家科学技术学术著作出版基金

国家高技术研究发展计划（863计划）

桑树基因组

MULBERRY GENOME

何宁佳 向仲怀 等◎著

中国林业出版社

主编简介

何宁佳 女，教授，博士生导师，重庆市"巴渝学者"特聘教授。"首届重庆市十佳科技青年奖获得者"。

1992年毕业于西南农业大学生物学专业，1998年获农学博士学位。先后留学日本信州大学、九州大学和美国乔治亚大学，长期从事蚕桑分子生物学和基因组学研究。先后主持和承担"973"、"863"、国家自然科学基金、重庆市杰出青年基金等多项研究课题。国家"863"计划特种林果功能基因研究桑树功能基因研究项目主持人，中国桑树基因组计划首席科学家，带领团队圆满完成桑树基因组计划，论文在Nature Communications发表，在桑树和蚕的功能基因研究领域均有突出成果，曾获重庆市自然科学一等奖。现担任重庆市蚕学会常务理事、重庆市青科联常务理事、重庆市蚕桑品种审定委员会副主任委员等职。在国际杂志上发表SCI研究论文50多篇，并担任重要学术杂志审稿人。

向仲怀 男，教授，博士生导师，中国工程院院士。

1958年毕业于西南农学院蚕桑专业，曾留学日本信州大学并获工学博士学位。1995年入选中国工程院院士，西南大学教授，蚕学与系统生物学研究所所长。先后任国务院第四、五、六届学位委员会委员，中国蚕学会理事长，西南农业大学校长。长期从事蚕桑基因资源和遗传育种研究，组织领导中国家蚕基因组计划和桑树基因组计划。先后获国家自然科学四等奖、四川省科技进步一等奖、重庆市科技进步一等奖、重庆市自然科学一等奖、日本蚕丝学会特别奖、何梁何利科技进步奖、香港桑麻纺织科技大奖、中华农业科教奖等多项奖励。主编《家蚕遗传育种学》、《中国蚕种学》、《蚕的基因组》、《蚕丝生物学》等专著多部。

参编人员简介

梁九波 男，博士，讲师。

2007年毕业于西南大学生物技术专业，2012年获理学博士学位，作为主要成员参加中国桑树基因组计划。目前主要从事桑树抗性生理学、基因组学与蛋白质组学研究，包括桑树与取食昆虫的互作、桑树关键活性物质合成通路的分析等。先后主持中国博士后科学基金、国家自然科学基金，并作为研究骨干参加"973"、"863"、国家自然科学基金、重庆市杰出青年基金等多项研究课题。在Nature Communications、Planta、Insect Biochemistry and Molecular Biology、BMC Genomics等国际杂志上发表SCI研究论文10余篇，并担任Insect Biochemistry and Molecular Biology、BMC Plant Biology以及Journal of Comparative Physiology-B等国际学术杂志的审稿人。

曾其伟 男，博士，讲师。

毕业于西南大学，目前访学加州大学圣迭哥分校生物系。致力于用植物组织培养、遗传转化等工具进行桑树细胞分裂素、生长素等激素的研究。主持国家自然科学基金青年基金、全国科技支疆项目、西南大学博士启动项目和中央高校基本业务经费项目各1项，参与中国桑树基因组计划、"863"项目、商务部茧丝绸产业公共服务体系项目和国家桑树品种改良中心重庆分中心建设等项目。近年来，采用分子标记将桑属植物分为8个种，将长果桑、华桑、蒙桑等桑种归并到白桑种内。在Nature Biotechnology、Nature Communications、PLOS ONE，Plant Molecular Biology Reporter、中国中药学及蚕业科学等杂志发表文章，获得授权专利2项。

马骏 男，博士，博士后。

2014年毕业于西南大学生物化学与分子生物学专业，获理学博士学位。长期以来主要从事以下几方面研究内容：植物的比较基因组学研究；植物基因组及基因的进化研究；转座子对基因组及基因的作用研究；生物信息学工具和流程的开发以及其他多种组学分析。近年来先后主持、承担中国博士后科学基金、中央高校专项业务经费等研究课题，另参研"863"、国家自然科学基金、重庆市杰出青年基金等其他7项研究课题，在国际重要学术期刊上发表SCI研究论文10余篇，并搭建桑树转座子数据共享及分析平台MnTEdb。

赵爱春 男，教授，博士生导师。

主要从事蚕桑遗传工程、桑抗逆生理生化、桑食药用多元化利用、品种选育和分子生物学等蚕桑基础应用研究，建立了我国第一个高效实用的家蚕转基因技术平台，是桑树基因组计划的主要参与者之一。目前任国家蚕桑产业技术体系岗位专家和功能研究室主任，主持了国家行业专项、国家农业产业体系等项目；在国内外期刊发表科研论文80余篇，SCI收录28篇；获聘重要杂志审稿人和Scientific Reports杂志基因组与遗传学领域编委；获授权专利10项；获农业部科技进步二等奖1项；选育推广桑品种2个。

序

《桑树基因组》一书即将付梓。这是蚕桑学科领域继《蚕的基因组》一书之后的又一重要学术著作，是第一部系统阐述桑树基因组和功能基因组研究的学术专著，是蚕桑科学发展史上又一标志性成果。回顾蚕桑学科发展历史，无论古今中外，皆以蚕为绝对主体。为养蚕提供高产优质的饲料，乃是桑树研究的唯一目标。在栽桑—养蚕—制丝这一封闭的产业圈内循环往复，蚕桑学科变得封闭沉寂，发展滞后。就桑树研究而言，据不完全统计，自1953年以来的60年间，全世界有关桑树研究的SCI论文合计1393篇，年均仅23篇，且其中超过1/3属于桑的食药用相关研究，足见桑树学科基础研究之薄弱和科技界关注度之淡漠。

我国是蚕丝业的发祥地。蚕业科学和蚕桑产业在历史上经历了三次大转移。在17～18世纪欧洲产业革命和实验科学兴起，以意大利、法国为代表的欧洲蚕业曾引领了世界蚕业科技100余年，其产茧量曾占世界总产茧量的1/3以上。其后日本明治维新以蚕丝为其支撑改革的经济支柱，大力发展蚕桑，鼎盛时期的养蚕农户占全日本农户总数的60%以上，建立了完整的蚕业技术体系，造就了蚕业史上百年伟业，蚕丝业被日本称为功勋产业，然而日本蚕业最终也难逃衰微厄运。

新中国成立后，蚕丝成为换取外汇的重要物资。蚕桑产业因为国家之需获得了快速发展，20世纪70年代我国蚕茧、蚕丝产量超过日本居世界第一。现今我国蚕茧、蚕丝产量一直占世界总量的80%左右，蚕丝产业中心终于回归到了发祥地——中国。21世纪初我国家蚕全基因组测序、家蚕微孢子虫全基因组测序相继完成，有力推动了蚕业科学的发展，提升了我国蚕业科学的引领地位和国际影响力。2000～2010年的10年间，我国学者发表的有关家蚕研究的SCI论文数量，由6.75%升至42%，跃居首位。标志着我国蚕业科学已进入领跑者的行列。然而桑树的研究依然滞后，远不能跟上蚕业科学和产业发展的需求。特别是在蚕桑产业正经历转型变革的今天，桑树在产业发展中的基础地位和先导作用日益凸显，立桑为业、多元发展的蚕桑产业体系正在形成。本研究室经过充分酝酿和准备，决定启动桑树基因组计划，幸得浙江省农业科学院、中国林业科学研究院、广东省农业科学院的支持与合作共同筹措资金，于2011年与华大基因研究院联合启动桑树全基因组测序，在何宁佳教授的主持下经过两年多的艰苦工作，"川桑（*Morus notabilis*）全基因组测序"论文于2013年10月在Nature Communications发表，圆满完成桑树基因组计划的预定任务。继后在国家863计划资助下，桑树功能基因的研究也取得诸多创新性成果。本书乃是这些最新研究成果的系统总结。

更为可贵的是本书包含了许多极具挑战的新发现、新观点，如桑树染色体组、桑树分类、基因组进化以及功能基因研究等方面均有许多新见解。这些不仅需要翔实的研究数据，还要实事求是的科学精神，特别要有创新思维与勇气，何宁佳博士等年轻一代的出色工作令我十分敬佩。我希望《桑树基因组》一书的出版能吸引更多年轻研究者的兴趣，推进桑树学在现代学科基础上获得重建与拓展，并为蚕桑产业的转型升级注入新的活力。引领21世纪新的蚕桑学科和产业体系为"一带一路"建设做出新的贡献。

　　桑树全基因组测序从2011年启动至今也不过5年时间，许多研究还只是开始。另一方面由于桑树基础研究薄弱，参照资料有限，故本书还有需要不断完善的地方，但也不失其开拓创新的历史价值。我在耄耋之年能为本书的出版做一点事，也算人生幸事，特为之序。

向仲怀

于家蚕基因组生物学国家重点实验室
重庆北碚
2015年5月23日

前言
Preface

  《桑树基因组》是国内外系统阐述桑树基因、功能基因的第一本学术专著，是我国完成的"桑树基因组计划"成果的总结和展示，是我国蚕桑科学步入引领地位的重要标志。

  桑树基因组计划，源于21世纪初我国蚕桑产业转型的需求，桑树在蚕桑产业发展体系中的基础地位和先导作用日益彰显，并受到农、林、牧领域各方的关注。而桑树的基础研究十分滞后，研究队伍小而分散。为提升桑树学科水平，家蚕基因组生物学国家重点实验室决定联合浙江省农业科学院、中国林业科学研究院、广东省农业科学院和华大基因研究院，于2010年11月，联合启动桑树全基因组测序。在何宁佳教授的主持下，历经两年的艰辛工作，"川桑（*Morus notabilis*）全基因组测序"论文于2013年10月在Nature Communications发表，继而在国家863计划资助下开展了桑树功能基因研究，本书是这些最新成果的系统总结。

  本书绪言讲述了桑树基因组计划实施的背景、意义；第一、二章为桑树的起源、分类、进化以及桑树的染色体组，阐明了桑树分类上应属蔷薇目，染色体组基数$x=7$的合理性；第三至五章讲述桑树基因组的结构、演化和表达；第六至九章在全基因组基础上探讨桑树生长发育激素、次生物质合成代谢、抗性等重要性状相关基因的功能和调控；第十章是桑叶和乳汁的蛋白质组；第十一章从桑树的小分子RNA和代谢产物对蚕的作用，探讨桑树和蚕的协同进化，以期从基因组层面探讨食物和采食者深层次的关系；第十二至十四章为桑树功能基因研究的平台技术、数据库和基因组在育种方面的应用技术和进展。本书著者团队力求从现代学科层面来探索和提升传统的桑树学，因此对于一些具有极大挑战性的内容，愿做引玉之砖，发起讨论以期沉寂的桑树学能出现新的千帆竞流、万木逢春的时代。

  本书由家蚕基因组生物学国家重点实验室桑树研究团队何宁佳、向仲怀等著，参著者均为一线研究人员，并执笔所研究内容，历经多次修改，尽管付出了十分艰辛的劳动但仍难免遗漏。

  本书出版过程中得到盖钧镒院士、荣廷昭院士、李坚院士、喻树迅院士的鼓励与帮助，谨此深表感谢。

  本书出版得到中国林业出版社刘家玲和牛玉莲编审的关心与大力支持，尤其与著作者团队的紧密合作，使本书得以顺利与读者见面，对此深表感谢。

著者

2015年9月5日于重庆北碚

目录 *Contents*

绪 言

一、基因组计划

1920年，德国汉堡大学Winkles教授以GENe和ChromosOME两个词缩合首创提出基因组（GENOME）一词，用以描述生物的全部基因和染色体组成。具体而言，基因组是某个特定物种细胞内全部DNA分子的总和，指单倍体细胞中包括编码序列和非编码序列在内的全部DNA分子。1986年美国科学家Thomas Roderick提出了基因组学（genomics）概念，着眼于研究并解析生物整个基因组的所有遗传信息。基因组学是一门指对所有基因进行基因组作图（包括遗传图谱、物理图谱、转录本图谱）、核苷酸序列分析、基因定位和功能分析的科学，包括两方面的内容：以全基因组测序为目标的结构基因组学（structural genomics）和以基因功能鉴定为目标的功能基因组学（functional genomics），后者又被称为后基因组（postgenome）研究。基因组学研究的最终目标是获得生物体基因组序列、鉴定所有基因的功能、明确基因之间的相互作用关系、阐明基因组的进化规律。基因组学是在分子生物学和计算机科学的基础上发展起来，从整体上测定和研究物种的基因组序列组成和结构、基因功能及调控的学科。基因组学从最基础层面研究生命本质，已经成为引领现代生命科学各个学科发展的引擎。以它为原动力，生物学各学科之间加速交叉融合，加上基因工程技术的快速发展，将在资源和环境、农业、人口与健康等方面产生深远的影响。

基因组学的核心是基因组测序技术，它经历了第一代Sanger测序，第二代高通量测序（主要以454系统、Solexa系统为代表），以及第三代单分子测序。随着自动化测序技术的不断进步，基因组测序的成本不断降低、测序速度和覆盖度不断提高，近年来涌现出越来越多的测序物种，进一步突显出全基因组序列信息在现代生物学研究中的重要性。截至2015年7月9日，NCBI网站收集已经测序的物种数量达到"惊人"的13033种，在2324种已测序真核生物中，144种陆地植物占到204种植物的大多数（表0-1列出已经发表文章）。近年来，NCBI注释的测序物种数量呈爆发式增长，短短5年间（2011~2015年）就达到648种，其中2015年上半年就达到243种，分别是前10年（2001~2010年）注释物种数量（119种）的5.4倍和2倍。在此基础上发展起来的基因组生物学以其整体性和系统性特点，从研究单一的性状、单个的基因或蛋白质，发展到揭示网络调控、细胞与生命整体的奥秘，促进了生命科学相关学科的发展和融合。

表0-1 已解析的植物基因组

Table 0-1　Sequenced plant genomes

中文名	拉丁名	发表时间	刊物
拟南芥	*Arabidopsis thaliana*	2000.12	Nature
水稻（籼稻）	*Oryza sativa* ssp. *indica*	2002.04	Science
水稻（粳稻）	*Oryza sativa* ssp. *japonica*	2002.04	Science
杨树	*Populus trichocarpa*	2006.09	Science
葡萄	*Vitis vinifera*	2007.09	Nature
番木瓜	*Carica papaya*	2008.04	Nature
百脉根	*Lotus japonicus*	2008.05	DNA Res.
高粱	*Sorghum bicolor*	2009.01	Nature
玉米	*Zea mays*	2009.11	Science
黄瓜	*Cucumis sativus*	2009.11	Nature Genetics
大豆	*Glycine max*	2010.01	Nature
二穗短柄草	*Brachypodium distachyon*	2010.02	Nature
蓖麻	*Ricinus communis*	2010.08	Nature Biotechnology
苹果	*Malus × domestica*	2010.10	Nature Genetics
可可树	*Theobroma cacao*	2010.12	Nature Genetics
野生大豆	*Glycine soja*	2010.12	PNAS
麻疯树	*Jatropha curcas*	2010.12	DNA Res.
草莓	*Fragaria vesca*	2011.02	Nature Genetics
卷柏	*Selaginella doederleinii*	2011.05	Science
枣椰树	*Phoenix dactylifera*	2011.05	Nature Biotechnology
琴叶拟南芥	*Arabidopsis lyrata*	2011.05	Nature Genetics
马铃薯	*Solanum tuberosum*	2011.07	Nature
条叶蓝芥	*Thellugiella parvula*	2011.08	Nature Genetics
白菜	*Brassica rapa*	2011.08	Nature Genetics
印度大麻	*Cannabis sativa*	2011.10	Genome Biology
木豆	*Cajanus cajan*	2011.11	Nature Biotechnology
蒺藜苜蓿	*Medicago truncatula*	2011.11	Nature
谷子	*Setaria italica*	2012.05	Nature Biotechnology

（续）

中文名	拉丁名	发表时间	刊物
番茄	*Solanum lycopersicum*	2012.05	Nature
甜瓜	*Cucumis melo*	2012.07	PNAS
亚麻	*Linum usitatissimum*	2012.07	Plant Journal
盐芥	*Thellungiella salsuginea*	2012.07	PNAS
香蕉	*Musa acuminata*	2012.07	Nature
雷蒙德氏棉	*Gossypium raimondii*	2012.08	Nature Genetics
大麦	*Hordeum vulgare*	2012.10	Nature
梨	*Pyrus bretschneideri*	2012.11	Genome Research
西瓜	*Citrullus lanatus*	2012.11	Nature Genetics
甜橙	*Citrus sinensis*	2012.11	Nature Genetics
小麦	*Triticum aestivum*	2012.11	Nature
棉花	*Gossypium raimondii*	2012.12	Nature
梅花	*Prunus mume*	2012.12	Nature Communications
鹰嘴豆	*Cicer arietinum*	2013.01	Nature Biotechnology
脐橙	*Citrus sinensis*	2013.01	Nature Genetics
橡胶树	*Hevea brasiliensis*	2013.02	BMC Genomics
毛竹	*Phyllostachys heterocycla*	2013.02	Nature Genetics
短花药野生稻	*Oryza brachyantha*	2013.03	Nature Communications
小麦A	*Triticum urartu*	2013.03	Nature
小麦D	*Aegilops tauschii*	2013.03	Nature
桃树	*Prunus persica*	2013.03	Nature Genetics
丝叶狸藻	*Utricularia gibba*	2013.05	Nature
中国莲	*Nelumbo nucifera*	2013.05	Genome Biology
挪威云杉	*Picea abies*	2013.05	Nature
油棕榈	*Elaeis guineensis*	2013.07	Nature
枣椰树	*Phoenix dactylifera*	2013.08	Nature Communications
醉蝶花	*Tarenaya hassleriana*	2013.08	Plant Cell
莲	*Nelumbo nucifera*	2013.08	Plant Journal
川桑	*Morus notabilis*	2013.09	Nature Communications

（续）

中文名	拉丁名	发表时间	刊物
猕猴桃	*Actinidia chinensis*	2013.10	Nature Communications
胡杨	*Populus euphratica*	2013.11	Nature Communications
无油樟	*Amborella trichopoda*	2013.12	Science
甜菜	*Beta vulgaris*	2013.12	Nature
康乃馨	*Dianthus caryophyllus*	2013.12	DNA Research
萝卜	*Raphanus sativus*	2014.01	DNA Research
金丝小枣	*Ziziphus jujuba*	2014.01	Nature Communications
菠菜	*Spinacia oleracea*	2014.01	Nature
红菽草	*Trifolium pratense*	2014.02	American Journal of Botany
紫萍	*Spirodela polyrhiza*	2014.02	Nature Communications
辣椒	*Capsicum annuum*	2014.03	Nature Genetics
二倍体草莓	*Fragaria iinumae*	2014.04	DNA Research
荠蓝	*Camelina sativa*	2014.04	Nature Communications
野萝卜	*Raphanus raphanistrum*	2014.05	Plant Cell
烟草	*Nicotiana tabacum*	2014.05	Nature Communications
树棉	*Gossypium arboreum*	2014.06	Nature Genetics
美国蔓越莓	*Vaccinium macrocarpon*	2014.06	BMC Plant Biology
巨桉	*Eucalyptus grandis*	2014.06	Nature
树棉	*Gossypium arboreum*	2014.06	Nature Genetics
画眉草	*Eragrostis tef*	2014.07	BMC Genomics
野生大豆	*Glycine soja*	2014.07	Nature Communications
小飞蓬	*Conyza canadensis*	2014.11	Plant Physiology
茄子	*Solanum melongena*	2014.12	DNA Research
千穗谷	*Amaranthus hypochondriacus*	2014.12	DNA Research
黄花九轮草	*Primula veris*	2015.01	Genome Biology
五爪三裂叶豚草	*Ipomoea trifida*	2015.04	DNA Research
菥蓂	*Thlaspi arvense*	2015.04	DNA Research
长春花	*Catharanthus roseus*	2015.05	Plant Journal
陆地棉	*Gossypium hirsutum*	2015.05	Nature Biotechnology

　　单细胞真菌酵母、原核生物大肠杆菌、线虫纲的线虫、昆虫纲的果蝇、鱼纲的斑马鱼、哺乳纲的小鼠以及双子叶植物纲的拟南芥和杨树等为代表的模式生物不仅能回答生命科学最基本的生物学问题，对人类一些疾病的治疗也有借鉴意义，因此在生命科学基础研究中具有不可替代的重要地位。这些模式具有生物结构简单、生活周期短、培养简单、基因组小等特点，使其基因组信息优先获得了解析。

　　十字花科的拟南芥（*Arabidopsis thaliana*）发现于16世纪，用于突变体和经典遗传学研究已经有超过50年的历史，作为植物生物学各领域研究的模式材料也有超过20年的历史。同时，拟南芥基因组［约为1.25×10^8（125M）碱基］且结构简单、生命周期短（从种子萌发到坐果约6周）、结实多，而成为第一个被完整测序的植物。早在1990年，多国科学家组成的委员会（Multinational Science Steering Committee）共同推动拟南芥基因组项目的实施。在大规模测序前，限制性内切酶长度多态性（RFLP）分子标记图谱的构建，拟南芥酵母人工染色体库的构建（YAC），突变体等研究为拟南芥基因组的解析打下必要的基础。经过10年的努力，拟南芥基因组的研究成果于2000年得以发表（Initiative，2000）。在测序得到的115.4M拟南芥基因组序列中，总共预测了25498个基因。其基因密度、表达水平和重复序列的分布在拟南芥5条染色体上呈现较为一致的分布特征。与其他已测序物种比较，从拟南芥中鉴定了150个植物特有的蛋白质家族，发现它拥有较多的抗病和适应环境相关的基因。拟南芥基因组中重复序列占60%以上，基因组的进化涉及全基因组范围的重复事件，部分基因片段的丢失和局部范围的基因重复。作为第一个测序的模式植物，拟南芥基因组的解析为鉴定植物基因的功能提供了重要的平台，随后解析的基因组物种大多与之进行比较、参照。

　　占陆地90%生物量的林木植物是大多数生态系统中的主要生命形式，为2/3以上的陆地生物提供了生存与繁衍的物质基础（Bradshaw et al.，2000），是陆地光合产物的主要部分。杨树（*Populus trichocarpa*）因其生长迅速，较短的轮伐周期和作为纸浆的重要来源，成为林木分子生物学研究的先锋物种（苏晓华等，2009）。2006年，美国橡树岭国家实验室、田纳西大学、西弗吉尼亚大学以及瑞典Umea大学等研究机构共同参与发表了杨树全基因组测序结果（Tuskan et al.，2006），使其成为了第一个完成全基因组测序的多年生林木。从它的基因组中预测得到45555个编码蛋白的基因。响应生长素、赤霉素、细胞分裂素、乙烯等植物激素的基因，包括生长素响应因子（ARF）转录子、GA20-氧化酶基因家族、细胞分裂素稳态相关的异戊烯转移酶基因（IPT）和细胞分裂素氧化酶基因等在杨树基因组中得以鉴定。杨树基因组中富含木质素合成相关的基因，参与黄酮类物质生物合成的基因、抗病及代谢产物转运的基因多于拟南芥中相关的基因。基因组数据的研究进一步发现杨树和拟南芥是10000万~12000万年前发生分离的，在6000万~6500万年前杨树自身发生了一次近期的全基因组重复事件。

　　蔷薇目（Rosales）拥有钩毛树科（Barbeyaceae）、大麻科（Cannabaceae）、八瓣果科（Dirachmaceae）、胡颓子科（Elaeagnaceae）、桑科（Moraceae）、鼠李科（Rhamnaceae）、蔷薇科（Rosaceae）、榆科（Ulmaceae）和荨麻科（Urticaceae）9个科，约261属，7725种（Bremer et al.，2009）。9个科间形态差异大，在以往的研究中，曾被不同的学者置于不同的目中，其中大麻科、桑科、榆科和荨麻科原来属于荨麻目（Urticales）；最新的分子系统进化树表明蔷薇目为一单系分支，其中蔷薇科作为本目的基部类群（Zhang et al.，2011）。截至2015年7月，蔷薇科苹果属苹果（Velasco et al.，2010）、蔷薇科草莓属森林草莓（Shulaev et al.，2011）、大麻科大麻属印度大麻（van Bakel et al.，2011）、蔷薇科梨属梨（Wu et al.，2013）、蔷薇科杏属梅花（Zhang et al.，2012）、蔷薇科桃属桃（Verde et al.，2013）、桑科桑属川桑（He et al.，2013）、大麻科葎草属啤酒花（Natsume et al.，2015）、鼠李科枣属金丝小枣（Liu et al.，2014），分别完成了基因组测序。

作为世界上最重要的水果之一，苹果是最早完成基因组测序的蔷薇目植物，测序材料是人们喜爱的"金冠苹果"（*Malus × domestica*）（Velasco et al.，2010）。测序结果发现：苹果基因组中含有的大段重复基因，也许导致苹果具有较多的染色体数目（染色体为17）；大约在地球正发生大灾难的五六千万年前，苹果与其他水果之间的发生进化分叉，苹果的"祖先"可能为了适应大灾难后的环境，逐步发生基因变化，形成了独特的风味和口感，最终进化成了今天的苹果树。

草莓（*Fragaria vesca*）是较早完成基因组测序的蔷薇目植物之一（Shulaev et al.，2011）。测序所采用的材料是野生的二倍体草莓Hawaii 4（$2n=2x=14$），其基因组大小为240M。基因组测序完成后从中预测到34809个编码蛋白的基因，测序结果多数能锚定到草莓的遗传图谱上。从草莓基因组中鉴定到1616个转录因子，其中参与了调控初级和次生代谢产物合成的MYB转录因子多达187个。与自身基因组的比较，发现草莓是当时已测序的被子植物中唯一没有发生大规模基因组重复事件的植物物种。

随着核酸测序技术的更新换代，在各国研究者的努力下，也相继完成了籼稻（*Oryza sativa* ssp. *indica*）（Yu et al.，2002）和粳稻（*Oryza sativa* ssp. *japonica*）（Goff et al.，2002）、葡萄（*Vitis vinifera*）（Jaillon et al.，2007）、番木瓜（*Carica papaya*）（Ming et al.，2008）、高粱（*Sorghum bicolor*）（Paterson et al.，2009）、玉米（*Zea mays*）（Schnable et al.，2009）、黄瓜（*Cucumis sativus*）（Huang et al.，2009）、大豆（*Glycine max*）（Schmutz et al.，2010）、可可树（*Theobroma cacao*）（Argout et al.，2011）、苹果（*Malus × domestica*）（Velasco et al.，2010）、白菜（*Brassica rapa*）（Wang et al.，2011）、木豆（*Cajanus cajan*）（Varshney et al.，2012）等植物的基因组研究。从2000年第一个完成全基因组测序的拟南芥开始到2009年12月结束的10年间总计有10种植物的基因组得以解析（表0-1）。随着序列测定成本的降低，2010～2013年的4年间，52种植物的基因组陆续得以发表，其数量是前10年的5.2倍（表0-1），突显了全基因组序列信息在现代生物学研究中的重要性。

二、桑树基因组

西南大学桑树资源与功能基因组研究团队联合浙江省农业科学院，中国林业科学研究院和广东省农业科学院三支科研队伍于2011年12月启动了桑树基因组研究计划。将分散在各学科、各领域，从事相关研究的学者集合起来形成研究团队，积极利用我国桑树资源独特优势和已有的学科基础理论，通过基因组的解析，把桑树学科从过去传统的栽培生理、品种选育、经典遗传的研究状态，提升到现代分子水平，研究该物种基因类群、基因功能以及调控机制。计划的实施不是简单地将新方法、新技术应用于桑树上，而是一种研究观念和策略的进步。研究的重点汇集在桑树基因的结构与功能、表达与调控、信号传递相关的基础研究上，通过解决核心科学问题来推动桑树资源的深度开发和充分利用。同时，引领本学科在分子生物学、细胞生物学、功能基因组学和分子设计育种等研究领域的全面提升。

（一）桑树分子生物学研究

数千年的栽桑养蚕历史，为桑树的遗传资源收集、优良品种的育成、生物学特性、栽培技术等传统领域积累了丰硕成果。一直以来，桑树的主要用途是养蚕，育种目标紧紧围绕桑叶产量和品质需求，经历了高产—优质—多抗—早生—适合机械化及条桑育的发展历程。但桑树为多年生植物，生长周期长，生物学性状易受环境因素影响，很大程度上制约了其研究水平的提升。在生物学研究进入分子时代，研究的深度和广度都发生巨大变化的近20年里，桑树DNA分子标记、重要功能基因克隆等基础研究也取得了一定进展。

1. 桑树DNA分子标记的研究

DNA分子标记有别于传统的形态学标记、细胞学标记和生化标记，具有数量丰富、遗传稳定、便于操作等特点，在桑树中的研究集中在种质资源鉴定、亲缘关系和遗传多样性分析等方面。向仲怀等（1995）利用显性分子标记RAPD技术，对桑属9个种的基因组DNA进行了分析，建立了相应的指纹图谱，初步探讨了DNA分子标记在桑属植物分类上的应用。随后，楼程富、冯丽春、赵卫国、杨光伟、焦峰等利用RAPD技术对桑树的不同种质资源进行多态性分析，为分子标记技术构建桑树遗传图谱，分子育种，重要农艺性状基因的分析提供了理论基础（冯丽春等，1997；楼程富和张有做，1997；楼程富和韩明斋，2001；杨光伟等，2004；赵卫国和黄敏仁，2000）。与此同时，印度的研究人员采用RAPD标记结合其他类型标记的方法，也开展了DNA分子标记应用于桑树遗传分析上的研究。Bhattacharya和Ranade用5个RAPD标记结合1个DAMD标记鉴定了9个印度桑品种（Bhattacharya and Ranade，2001）。Awasthi等（2004）采用RAPD和ISSR标记对15个印度桑种质进行了遗传多样性和亲缘关系分析，同样发现这些标记在桑树中具有丰富的多态性，并且鉴定得到一些种属特异性的标记。Vijayan（2004）用RAPD和ISSR标记分析了18个日本和印度桑品种的亲缘关系，指出形态上难以区分的日本桑和印度桑可以用分子标记来辨别，并且对育种实践中杂交组合的选择进行了讨论。Srivastava等（2004）同样利用RAPD和ISSR标记分析了来自印度、中国、意大利、日本和菲律宾的11份白桑种质资源的遗传多样性，发现印度桑和中国桑有较近的亲缘关系，而来源于日本、意大利及菲律宾桑资源亲缘关系较近。2007年，土耳其研究者Orhan等利用RAPD标记揭示了土耳其白桑基因型的遗传变异，这是首次对生长在相同温带农业生态环境下白桑品种亲缘关系的分析（Orhan et al.，2007）。另外，韩国的研究人员也采用RAPD和ISSR标记技术对14个白桑和2个鲁桑种质进行了遗传多样性的研究（Kalpana et al.，2012）。

ISSR标记是目前应用于桑树中最多的DNA分子标记类型。除上述ISSR标记结合RAPD标记在桑树中的应用研究外，Awasthi等（2004）还利用4个ISSR分子标记对15个桑树品种的亲缘关系进行了分析。Vijayan等（2003）利用ISSR标记分析了分布在印度不同农业气候条件下11个桑栽培种的遗传差异，且鉴定了2个与桑叶产量紧密相关的ISSR标记。在进一步的追踪研究中，Vijayan等又鉴定了多个与桑树叶片产量相关的ISSR标记（Vijayan et al.，2006a），还对印度桑野生种和栽培种的亲缘关系进行了分析（Vijayan et al.，2006b）。Kar等（2008）鉴定了4个与桑叶总蛋白含量呈显著正相关和4个与糖含量呈负相关的ISSR标记。赵卫国等采用ISSR标记探索了我国桑树野生种和栽培种间的遗传相关性，证实ISSR标记在我国桑种质中具有很高的多态性，研究的27份材料中野生种和栽培种各自聚为一支，这与依据形态学的分类结果相一致（Zhao et al.，2006）。

AFLP标记在桑树中的应用相对较少，Sharma等最早利用了荧光AFLP技术评价了45份桑种质资源的遗传多样性（Sharma et al.，2000）。随后Kafkas等同样采用荧光AFLP技术对土耳其白桑、黑桑和红桑进行了分子鉴定，发现黑桑在分子水平上与白桑和红桑有明显遗传差异，黑桑的遗传变异水平较低与种内较小的形态差异相一致（Kafkas et al.，2008）。王卓伟等（2002）对桑树二倍体及人工诱导的同源四倍体的遗传差异进行了AFLP分析，指出由秋水仙素诱变得到的同源四倍体与二倍体相比，四倍体的分子遗传结构发生了一定程度的改变，且种内水平上这种差异低于种间水平。另外，丁农等（2005）利用AFLP指纹技术对桑树品种进行了鉴定，徐立等（2006）用AFLP标记分析了人工三倍体桑树新品种嘉陵16号的遗传背景，黄仁志等（2009）构建了湖南省10个现行桑树品种的AFLP图谱。

在SSR标记的应用方面，Aggarwal等（2004）从印度桑基因组文库中分离鉴定了6个多态性的SSR标记。Zhao等（2005）构建了桑树（CA）15富集的微卫星文库，利用10个SSR标记对27个桑树品种进行遗传多样性分析。随后，Zhao等（2007）又利用SSR标记结合ISSR技术比较了桑属野生种和栽培种间的遗传变异，结果显示野生种内的遗传多样性指数高于栽培种内的，推测栽培和驯化可能导致桑树遗传多样性的丢失。彭波等（2009）利用前人研究开发的16对SSR引物和来自无花果的8对引物及桑树5个种的共172份材料进行SSR标记与发芽率、节间距这两个表型性状的关联分析，鉴定了4个与发芽率、5个与节间距显著相关的标记。

SRAP标记的开发较晚，近年来也应用于桑树种质资源的遗传关系分析上。Zhao等（2009）首次利用SRAP标记鉴定桑树种质，另外还有采用SRAP标记分析广东桑类型桑树种质资源的遗传关系、广西桑树种质资源亲缘关系和桑树二倍体与人工诱导同源四倍体遗传差异的研究报道。

综上所述，目前已用于桑树研究的分子标记有RAPD、ISSR、AFLP、SSR和SRAP标记，这些标记主要应用在种质鉴定和遗传多样性研究上。桑树中其他方面的标记研究仅Venkateswarlu等利用RAPD、ISSR和SSR三种分子标记，运用拟测交策略分别构建了父本和母本的遗传图谱（Venkateswarlu et al.，2007）。但该研究中的作图群体仅包含50个F1全同胞后代个体，且遗传图谱上标记的数目少、密度低、覆盖到基因组的范围较小，不能支撑桑树的分子育种和重要农艺性状基因的定位，因此桑树遗传图谱的构建还有待进一步加强。

2. 桑树基因功能研究

在没有桑树全基因组信息时，研究者通常采用构建cDNA文库的方法获取感兴趣的功能基因。2006年，Ravi等（2007）通过长PCR和基于散弹枪的策略对印度桑（*Morus indica* cv. K2）的叶绿体基因组进行了全基因测序并进行了三个不同植物间叶绿体基因组的比较分析，发现植物的叶绿体基因组受到不同的选择压力影响其基因间区域，为研究桑树的光合效率提供了分子基础。2008年，方荣俊等构建了桑树幼叶全长cDNA文库，从中发现具有已知功能基因的ESTs 6个，可推测功能基因的ESTs 5个（方荣俊等，2009）。李军等（2011）通过同源克隆与RT-PCR法相结合，成功克隆了桑树中3个肌动蛋白基因的核心片段，获得了一个完整的肌动蛋白基因，并完成了时空表达谱的分析。2009年，Lal等构建了桑树成熟叶片全长cDNA文库，从该文库中筛选出胡萝卜素羟化酶的EST序列，研究基因表达后发现该基因参与ABA、水杨酸、高温等多种胁迫反应（Lal et al.，2009）。潘刚和楼程富通过RT-PCR和RACE方法，在桑树中获得了编码氨基环丙烷羧化物氧化酶（ACO）的基因，对其进一步的表达分析发现ACO参与乙烯代谢途径，影响桑树的组织衰老（Pan，Lou，2008）。Wasano等（2009）从桑树的乳汁里纯化到一个防御蛋白MLX56，该蛋白具有1个伸展（extensin）结构域，2个橡胶蛋白（hevein）样的几丁质结合结构域和1个未激活的几丁质酶样结构域。这使得它对鳞翅目包括白菜黏虫、甘蓝夜蛾、蓖麻蚕在内的3种毛虫是有毒的。值得注意的是MLX56对家蚕的生长和发育没有负面影响，这暗示家蚕这种桑叶专食者已经进化出一套绕开桑叶防御的机制。

随着技术的发展，20多年来，桑树基因的功能研究取得了长足的进展，研究成果在楼程富和谈建中参与编写的《蚕桑高新技术研究与进展》一书的"桑树基因的克隆与功能研究"章节中得以详细的总结（鲁兴萌，2012）。就整体而言，桑树基础研究实力还比较弱。以桑树分子生物学与功能基因研究领域为例，得到研究的基因种类和数量非常有限，体现在NCBI等公共数据库中登录的桑树基因信息相对其他植物较少。截至2011年9月1日，NCBI公布的桑树核苷酸序列有5065条，EST序列有3332条，GSS序列有98条，蛋白序列有919条。因缺乏桑树全基因组数据，也使得克隆的基因不成体系，远不能达到形成基因网络分析的程度。

（二）川桑基因组测序和组装

1. 川桑基因组的测序

存在于特殊生态环境中低杂合度的野生群体川桑被选为桑树基因组的测序材料。采用全基因组鸟枪法测序策略，使用Illumina Hiseq 2000测序系统完成了桑树基因组的测序。首先用CTAB法从川桑的冬芽中提取基因组DNA，利用这些DNA来构建不同插入长度的文库。构建文库的插入长度分别是：170bp、500bp、800bp、2kbp、5kbp、10kbp、20kbp。在得到不同插入长度的文库之后使用Hiseq 2000对各个文库进行双末端测序。为了减少测序错误对组装造成的影响，对Illumina-Pipeline测得的原始数据做了如下一系列的校正和过滤处理：①去除N碱基（含量超过5%）或者含有poly A的读长（reads）；②去除低质量碱基数目超过50%的reads；③去除有接头序列污染的reads（与接头序列至少10bp能比对上，且错配数不多于3个）；④去除read 1和read 2有重叠的reads（Li et al.，2010）。最后得到了12个文库的测序数据，平均read长度为78.34bp，原始总数据量为126.69G，高质量可用测序数据量为78.34G（表0-2）。

表0-2　川桑基因组测序数据量统计表

Table 0-2　Summary of sequencing data for the *Morus notabilis* genome

测序文库 （bp）	文库数目	GA lanes	平均读长 （bp）	原始数据量 （G）	有效数据量 （G）	有效覆盖深度 *（/0.4G）
170	1	1	90	17.78	14.36	35.90
500	2	2	88	28.65	21.54	53.84
800	2	2	87	30.46	18.73	46.83
2k	2	2	44	13.06	8.30	20.74
5k	2	2	49	15.22	9.70	24.30
10k	1	1	49	8.49	2.97	7.42
20k	2	2	49	13.03	2.75	6.88
总计	12	12	69	126.69	78.34	195.85

* 表中基因组大小以0.4G计算。

2．测序的深度分析

如果桑树基因组的粗略大小为0.4G，那么从表0-2可知所得高质量的测序数据将覆盖桑树基因组196次，即测序深度为196倍。另一方面，在完成桑树基因组组装后，为了评价单碱基覆盖深度反映测序准确性，进一步完成了碱基测序深度分析。该分析采用SOAPaligner软件将测序所得的reads比对回拼接的基因组序列上（比对时允许5个错配），然后根据比对结果统计每个碱基被覆盖的次数，从而可以得到各种测序深度的碱基占全基因组的百分比。如图0-1所示，测序覆盖深度主要集中在120～240这个区间，碱基测序覆盖深度小于10的在整个川桑基因组所占的比例低于3%。

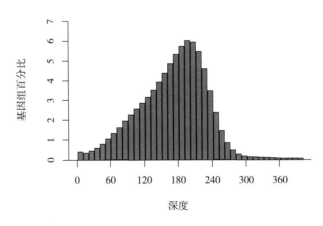

图0-1　川桑基因组组装序列的read深度分布

Figure 0-1　Read-depth distribution in the *Morus notabilis* genome assembly

3. 桑树基因组的组装

基因组组装主要是使用SOAPdenovo基因组组装软件来完成的，主要分为三步完成。首先构建重叠群（contig）：将所有小片段打成Kmer构建de Bruijn图，然后根据给定的参数对de Bruijn图做化简，最后连接Kmer的路径即可得到contig序列。其次构建支架（scaffold）：将reads比对到contig序列上去，利用reads之间的两端序列（pair end）去判断contig之间的连接关系得到scaffold序列。组装的最后一步是进行补洞，补洞的过程是先去掉覆盖度比较高的序列，利用一段比上contig序列而另外一端比上间隙（gap）的序列，将落在同一个洞里的reads做局部组装。从表0-3的数据可以看出，共计78.34G高质量的碱基组装成330.79Mbp的桑树基因组。组装后桑树基因组的contig N50的长度为34.5kbp，scaffold N50的长度为390kbp（N50指将拼接的序列按长度从大到小进行相加，当累加的长度达到总长度的一半时，所对应的序列的大小）。其中最长的scaffold为3477367bp，最长的contig序列为276236bp，681个scaffolds的总长超过川桑基因组组装序列的80%。

表0-3 川桑基因组组装数据统计

Table 0-3 Statistics for the assembly of the *Morus notabilis* genome

项目	支架（scaffold）		重叠群（contig）	
	大小（bp）	数目	大小（bp）	数目
N90	11563	1393	2231	13016
N80	114610	681	10991	7263
N70	202302	473	18710	5093
N60	299611	342	26412	3684
N50	390115	245	34476	2638
最长大小	3477367		276236	
总计	330791087		314509985	
总计（>100bp）		110759		127741
总计（>1kb）		7150		19097
总计（>2kb）		2914		13515

如果说家蚕基因组计划把家蚕的研究推向了历史性新阶段，那么桑树基因组计划的完成则是对桑树学科发展里程碑式的贡献，为现代桑树学在农业和畜牧业、植物与化工领域，以及食品与营养、医学、林业与生态等领域的研究提供了科学基础和研究平台。

参考文献

丁农，钟伯雄，张金卫，等. 2005. 利用AFLP指纹技术鉴定桑树品种［J］. 农业生物技术学报，13（1）：119-120.

方荣俊，戚金亮，扈冬青，等. 2009. 桑树幼叶cDNA文库的构建及部分表达序列标签分析［J］. 蚕业科学，34（4）：581-586.

冯丽春，杨光伟，佘茂德，等. 1997. 利用RAPD对桑属植物种间亲缘关系的研究［J］. 中国农业科学，30（1）：52-56.

黄仁志，颜新培，李健，等. 2009. 湖南省10个现行栽培桑树品种的AFLP指纹图谱分析［J］. 蚕业科学，35（4）：837-841.

焦峰，楼程富，张有做，等. 2001. 桑树变异株系基因组DNA扩增多态性（RAPD）研究［J］. 蚕业科学，27（3）：165-169.

李军，赵爱春，王茜龄，等. 2011. 三个桑树肌动蛋白基因的克隆与组织表达分析［J］. 作物学报，37（4）：641-649.

楼程富，韩明斋. 2001. 桑树变异株系基因组DNA扩增多态性（RAPD）研究［J］.蚕业科学，27（3）：165-169.

楼程富，张有做. 1997. 桑树有性杂交后代与双亲基因组DNA的RAPD分析初报［J］. 农业生物技术学报，5（4）：397-403.

鲁兴萌. 2012. 蚕桑高新技术研究与进展［M］. 北京：中国农业大学出版社.

彭波，胡兴明，邓文，等. 2009. SSR标记与桑树表型性状的关联分析［C］// 中南五省区蚕桑育种协作研讨会论文集.

苏晓华，张冰玉，黄秦军. 2009. 杨树基因工程育种［M］. 北京：科学出版社.

王卓伟，佘茂德. 2002. 桑树二倍体及人工诱导的同源四倍体遗传差异的AFLP分析［J］. 植物学通报，19（2）：194-200.

向仲怀，张孝勇，佘茂德，等. 1995. 采用随机扩增多态性DNA技术（RAPD）在桑属植物系统学研究的应用初报［J］. 蚕业科学（4）：203-208.

徐立，佘茂德，周金星，等. 2006. 人工三倍体桑树新品种嘉陵16号遗传背景的AFLP分析［J］. 中国农学通报，22（5）：46-48.

杨光伟，冯丽春，敬成俊，等. 2004. 桑树种群遗传结构变异分析［J］. 蚕业科学，29（4）：323-329.

赵卫国，黄敏仁. 2000. 桑属种质资源的随机扩增多态性DNA研究［J］. 蚕业科学，26（4）：197-204

Aggarwal R K, Udaykumar D, Hendre P S, et al. 2004. Isolation and characterization of six novel microsatellite markers for mulberry（*Morus indica*）［J］. Molecular Ecology Notes, 4（3）: 477-479.

Argout X, Salse J, Aury J M, et al. 2011. The genome of *Theobroma cacao*［J］. Nat Genet, 43（2）: 101-108.

Awasthi A K, Nagaraja G M, Naik G V, et al. 2004. Genetic diversity and relationships in mulberry（genus *Morus*）as revealed by RAPD and ISSR marker assays［J］. Bmc Genetics, 5.

Bhattacharya E, Ranade S A. 2001. Molecular distinction amongst varieties of mulberry using RAPD and DAMD profiles［J］. BMC Plant Biology, 1（1）: 3.

Bradshaw H D, Ceulemans R, Davis J, et al. 2000. Emerging model systems in plantbiology: Poplar（*Populus*）as a model forest tree［J］. Journal of Plant Growth Regulation, 19（3）: 306-313.

Bremer B, Bremer K, Chase M W, et al. 2009. An update of the Angiosperm Phylogeny Group classification for the orders and families of flowering plants: APG III［J］. Botanical Journal of the Linnean Society, 161（2）: 105-121.

Goff S A, Ricke D, Lan T H, et al. 2002. A draft sequence of the rice genome (*Oryza sativa* L. ssp. *japonica*) [J]. Science, 296 (5565): 92−100.

He N, Zhang C, Qi X, et al. 2013. Draft genome sequence of the mulberry tree *Morus notabilis* [J]. Nat Commun, 4: 2445.

Huang S W, Li R Q, Zhang Z H, et al. 2009. The genome of the cucumber, *Cucumis sativus* L. [J]. Nat Genet, 41 (12): 1275−1281.

Initiative A G. 2000. Analysis of the genome sequence of the flowering plant *Arabidopsis thaliana* [J]. Nature, 408 (6814): 796.

Jaillon O, Aury J M, Noel B, et al. 2007. The grapevine genome sequence suggests ancestral hexaploidization in major angiosperm phyla [J]. Nature, 449 (7161): 463−465.

Kafkas S, Özgen M, Doğan Y, et al. 2008. Molecular characterization of mulberry accessions in Turkey by AFLP markers [J]. Journal of the American Society for Horticultural Science, 133 (4): 593−597.

Kalpana D, Choi S H, Choi T K, et al. 2012. Assessment of genetic diversity among varieties of mulberry using RAPD and ISSR fingerprinting [J]. Scientia Horticulturae, 134: 79−87.

Kar P K, Srivastava P P, Awasthi A K, et al. 2008. Genetic variability and association of ISSR markers with some biochemical traits in mulberry (*Morus* spp.) genetic resources available in India [J]. Tree Genetics & Genomes, 4 (1): 75−83.

Lal S, Ravi V, Khurana J P, et al. 2009. Repertoire of leaf expressed sequence tags (ESTs) and partial characterization of stress-related and membrane transporter genes from mulberry (*Morus indica* L.) [J]. Tree Genetics & Genomes, 5 (2): 359−374.

Li R Q, Fan W, Tian G, et al. 2010. The sequence and de novo assembly of the giant panda genome [J]. Nature, 463 (7279): 311−317.

Liu M J, Zhao J, Cai Q L, et al. 2014. The complex jujube genome provides insights into fruit tree biology [J]. Nat Commun, 5.

Ming R, Hou S, Feng Y, et al. 2008. The draft genome of the transgenic tropical fruit tree papaya (*Carica papaya* Linnaeus) [J]. Nature, 452 (7190): 991−996.

Natsume S, Takagi H, Shiraishi A, et al. 2015. The draft genome of hop (*Humulus lupulus*) , an essence for brewing [J]. Plant and Cell Physiology, 56 (3): 428−441.

Orhan E, Ercisli S, Yildirim N, et al. 2007. Genetic variations among mulberry genotypes (*Morus alba*) as revealed by random amplified polymorphic DNA (RAPD) markers [J]. Plant Systematics and Evolution, 265 (3−4): 251−258.

Pan G, Lou C F. 2008. Isolation of an 1-aminocyclopropane-1-carboxylate oxidase gene from mulberry (*Morus alba* L.) and analysis of the function of this gene in plant development and stresses response [J]. Journal of Plant Physiology, 165 (11): 1204−1213.

Paterson A H, Bowers J E, Bruggmann R, et al. 2009. The Sorghum bicolor genome and the diversification of grasses [J]. Nature, 457 (7229): 551−556.

Ravi V, Khurana J P, Tyagi A K, et al. 2007. The chloroplast genome of mulberry: complete nucleotide sequence, gene organization and comparative analysis [J]. Tree Genetics & Genomes, 3 (1): 49−59.

Schmutz J, Cannon S B, Schlueter J, et al. 2010. Genome sequence of the palaeopolyploid soybean [J]. Nature, 463 (7278): 178−183.

Schnable P S, Ware D, Fulton R S, et al. 2009. The B73 maize genome: complexity, diversity, and dynamics [J]. Science, 326 (5956): 1112–1115.

Sharma A, Sharma R, Machii H. 2000. Assessment of genetic diversity in a *Morus* germplasm collection using fluorescence-based AFLP markers [J]. Theoretical and Applied Genetics, 101 (7): 1049–1055.

Shulaev V, Sargent D J, Crowhurst R N, et al. 2011. The genome of wood land strawberry (*Fragaria vesca*) [J]. Nat Genet, 43 (2): 109–116.

Srivastava P P, Vijayan K, Awasthi A K, et al. 2004. Genetic analysis of *Morus alba* through RAPD and ISSR markers [J]. Indian Journal of Biotechnology, 3 (4): 533–537.

Tuskan G A, Difazio S, Jansson S, et al. 2006. The genome of black cottonwood, *Populus trichocarpa* (Torr. & Gray) [J]. Science, 313 (5793): 1596–1604.

Van Bakel H, Stout J M, Cote A G, et al. 2011. The draft genome and transcriptome of *Cannabis sativa* [J]. Genome Biology, 12 (10).

Varshney R K, Chen W B, Li Y P, et al. 2012. Draft genome sequence of pigeonpea (*Cajanus cajan*), an orphan legume crop of resource-poor farmers [J]. Nature Biotechnology, 30 (1): 83–89.

Velasco R, Zharkikh A, Affourtit J, et al. 2010. The genome of the domesticated apple (*Malus × domestica* Borkh.) [J]. Nat Genet, 42 (10): 833–839.

Venkateswarlu M, Urs S R, Nath B S, et al. 2007. A first genetic linkage map of mulberry (*Morus* spp.) using RAPD, ISSR, and SSR markers and pseudotestcross mapping strategy [J]. Tree Genetics & Genomes, 3 (1): 15–24.

Verde I, Abbott A G, Scalabrin S, et al. 2013. The high-quality draft genome of peach (*Prunus persica*) identifies unique patterns of genetic diversity, domestication and genome evolution [J]. Nat Genet, 45 (5): 487–494.

Vijayan K. 2004. Genetic relationships of Japanese and Indian mulberry (*Morus* spp.) genotypes revealed by DNA fingerprinting [J]. Plant Systematics and Evolution, 243 (3–4): 221–232.

Vijayan K, Chatterjee S N. 2003. ISSR profiling of Indian cultivars of mulberry (*Morus* spp.) and its relevance to breeding programs [J]. Euphytica, 131 (1): 53–63.

Vijayan K, Srivatsava P P, Nair C V, et al. 2006a. Molecular characterization and identification of markers associated with yield traits in mulberry using ISSR markers [J]. Plant Breeding, 125 (3): 298–301.

Vijayan K, Tikader A, Kar P, et al. 2006b. Assessment of genetic relationships between wild and cultivated mulberry (*Morus*) species using PCR based markers [J]. Genetic Resources and Crop Evolution, 53 (5): 873–882.

Wang X W, Wang H Z, Wang J, et al. 2011. The genome of the mesopolyploid crop species *Brassica rapa* [J]. Nat Genet, 43 (10): 1035–1039.

Wasano N, Konno K, Nakamura M, et al. 2009. A unique latex protein, MLX56, defends mulberry trees from insects [J]. Phytochemistry, 70 (7): 880–888.

Wu J, Wang Z W, Shi Z B, et al. 2013. The genome of the pear (*Pyrus bretschneideri* Rehd.) [J]. Genome Research, 23 (2): 396–408.

Yu J, Hu S N, Wang J, et al. 2002. A draft sequence of the rice genome (*Oryza sativa* L. ssp. *indica*) [J]. Science, 296 (5565): 79–92.

Zhang Q X, Chen W B, Sun L D, et al. 2012. The genome of *Prunus mume* [J]. Nat Commun, 3.

Zhang S D, Soltis D E, Yang Y, et al. 2011. Multi-gene analysis provides a well-supported phylogeny of Rosales

［ J ］. Molecular Phylogenetics and Evolution, 60（1）: 21-28.

Zhao W G, Fang R J, Pan Y L, et al. 2009. Analysis of genetic relationships of mulberry（*Morus* L.）germplasm using sequence-related amplified polymorphism（SRAP）markers［ J ］. African Journal of Biotechnology, 8（11）: 2604-2610.

Zhao W G, Mia X X, Jia S H, et al. 2005. Isolation and characterization of microsatellite loci from the mulberry, *Morus* L.［ J ］. Plant Science, 168（2）: 519-525.

Zhao W G, Zhou Z H, Miao X X, et al. 2007. A comparison of genetic variation among wild and cultivated *Morus* Species（Moraceae: *Morus*）as revealed by ISSR and SSR markers［ J ］. Biodiversity and Conservation, 16（2）: 275-290.

Zhao W, Zhou Z, Miao X, et al. 2006. Genetic relatedness among cultivated and wild mulberry（Moraceae: *Morus*）as revealed by inter-simple sequence repeat analysis in China［ J ］. Canadian Journal of Plant Science= Revue Canadienne de Phytotechnie.

第一章 桑树的起源与分类

　　我国是世界蚕业的发源地，是桑树的重要起源中心，拥有丰富的桑树种质资源。长期以来，人们非常关注桑树的分类，并根据形态特征建立了不同的分类系统。近二十年来，分子生物学方法开始应用于桑树的分类，提出了一些新的观点和见解，本章就桑树分类的相关研究作简要介绍。

一、桑树在植物分类学上的位置

桑树在植物学分类上属于

植物界（Regnum vegelabile）	蔷薇目（Rosales）
种子植物门（Spermaiophyla）	桑科（Moraceae）
被子植物亚门（Angiosperlmae）	桑属（*Morus*）
双子叶植物纲（Dicotyledoneae）	桑种（*Morus* spp.）

　　桑科包括约53个属，共有约1400个种。在科以上的分类中，基于传统依据形态学特征长期把桑科归为荨麻目；荨麻目共有榆科、大麻科、桑科、荨麻科4个科。1994年Morga等比较了桑树与蔷薇目植物中来源的核糖体*rbcL*基因3′端临近区域的序列的差异，发现桑树与蔷薇目植物的序列相似性较高。2009年，世界植物分类权威机构——林奈生物学会发表文章，将原荨麻目的4个科纳入蔷薇目。2011年中国科学院昆明植物所张启东等基于10个质体基因和2个核基因序列的系统发生分析，表明荨麻目（桑科、荨麻科、大麻科、榆科）的植物应当归于蔷薇目，并且表明在蔷薇目中，桑科与荨麻科亲缘关系最为接近。然而，以上植物分类上的发现和见解并未引起国内外蚕桑学界足够的重视和反应。2013年西南大学何宁佳教授等从全基因组数据的系统进化关系分析中进一步证实桑树在分类上归于蔷薇目的合理性，至此开始引起国内外蚕桑学界的普遍关注（He et al.，2013）。

　　蔷薇目所属9个科中，包括如苹果、梨、桃、李、草莓等水果以及玫瑰、月季等花卉，对于人类具有重要经济价值，其研究深度与广度以及人们的关注度皆为桑所不及。如能吸收比照和应用这些成果，无疑会极大地促进桑树研究的发展。另一方面桑树的研究也会有益于蔷薇目植物，从而提升人们对桑树研究的关注程度，尤其是现今桑产业进入多元化发展的转型时代，可谓更具重要意义。

二、桑树的起源与分布

（一）桑树的起源

桑树在植物分类上属于被子植物（Angiosperms）双子叶植物纲（Dicotyledoneae）蔷薇目（Rosales）桑科（Moraceae）桑属（Morus）、桑种（Morus spp.）。

被子植物出现在中生代的白垩纪，有多个起源中心，包括中国东北、蒙古和俄罗斯外贝加尔以南滨海等在内的亚洲东部地区，均可能是被子植物的起源地之一（郝守刚，2000）。研究植物的起源与分化，需要收集植物化石、古气候资料，再结合地理事件和基因的分子进化数据来综合分析。中国学者王登成在20世纪80年代对西藏野生桑资源的考察中发现大面积的野生古桑群落的存在，地质古植物学研究者耿国仓也指出桑树是属于西藏第三纪的植物之一，说明这一带极有可能是桑树的起源地（耿国仓和陶君容，1982）。为了追溯桑科植物的起源，国外研究者把目光投向化石证据。目前，有文献记载的桑树化石资料极为有限，曾在英格兰南部和捷克斯洛伐克发现属于早始新世（early Eocene）的桑树化石并发现在德国和前苏联出土的中新世（Miocene）桑果化石的形态与现代桑果极为相似（Zerega et al.，2005）。G. D. Weiblen等人在2005年通过分子进化数据的分析指出桑科植物起源于中白垩纪，在第三纪（Tertiary）沿着多条路径向世界扩散，形成现在亚洲、欧洲、美洲和非洲的分布格局（Zerega et al.，2005）。

（二）桑属植物的分布

桑属植物自然分布极为广泛，包括亚欧大陆、北美、南美以及非洲都能见到桑树的身影。就水平分布而言，从印度尼西亚苏门答腊（南纬10°）到俄罗斯西伯利亚（北纬50°）都有分布。从垂直分布而言，从海平面到海拔3400m左右（中国西藏吉隆桑）都能见到桑树（施炳坤和王登成，1983）。

1. 桑属植物在世界的传播与分布

桑属（Morus）植物广泛分布于亚欧大陆、非洲、大洋洲和美洲，表1-1总结了桑树在世界范围内的分布状况。

表1-1　桑属植物在世界的分布

Table 1-1　Distribution of *Morus* in the world

地区		桑树种类
亚欧大陆	东亚	白桑（*M. alba*）、蒙桑（*M. mongolica*）、华桑（*M. cathayana*）、鸡桑（*M. australis*）、川桑（*M. notabilis*）、黑桑（*M. nigra*）
	中亚	白桑（*M. alba*）、黑桑（*M. nigra*）、阿拉伯桑（*M. arabica*）
	南亚	白桑（*M. alba*）、印度桑（*M. indica*）、吉隆桑（*M. serrata*）、长穗桑（*M. wittiorum*）、黑桑（*M. nigra*）、奶桑（*M. macroura*）
	东南亚	白桑（*M. alba*）、长穗桑（*M. wittiorum*）、奶桑（*M. macroura*）
	欧洲	白桑（*M. alba*）、黑桑（*M. nigra*）

（续）

地区	桑树种类
非洲	白桑（*M. alba*）、黑桑（*M. nigra*）、非洲桑（*M. mesozygia*）
北美洲	白桑（*M. alba*）、红桑（*M. rubra*）、朴桑（*M. celtidifolia*）、姬桑（*M. microphylla*）、黑桑（*M. nigra*）
南美洲	白桑（*M. alba*）、朴桑（*M. celtidifolia*）、美洲桑（*M. insignis*）、黑桑（*M. nigra*）

从表1-1可以看出，白桑（*Morus alba*）的分布范围最为广泛，其分布受人类的生产生活的影响较大，作为农作物大量栽种的桑树品种多归于白桑系，也常见于路旁、山坡和村落旁。Sharma等人（2000）分析了白桑从起源地向世界各地扩散的时间和路径（图1-1）。从图1-1可以看出，起源于中国的白桑首先传播到近邻印度、韩国，并从印度传播到伊朗，从韩国传播到日本。12世纪后白桑传播到欧洲大陆的意大利、法国，随后白桑从法国传播到英国并最终由英国殖民者带到美洲大陆，在美国兴起一段短暂的养蚕时期。2000年的统计数据表明，桑树栽培面积超过1000hm²的国家非洲有埃及、突尼斯、埃塞俄比亚、肯尼亚、坦桑尼亚、马达加斯加；欧洲有保加利亚、波兰、西班牙、意大利、希腊、法国；美洲有巴西、阿根廷、墨西哥、巴拿马、洪都拉斯、危地马拉、多米尼加、萨尔瓦多、秘鲁、哥伦比亚、古巴、哥斯达黎加、美国；亚洲有中国、印度、阿富汗、巴勒斯坦、越南、乌兹别克斯坦、叙利亚、塔吉克斯坦、马来西亚、吉尔吉斯斯坦、土耳其、韩国、印度尼西亚、菲律宾（Sánchez，2002）。但是，近年日本、希腊等国的桑树栽培面积大幅度减少，目前亚洲主要的桑树栽培国为中国和印度，二者占了世界大部分蚕丝业产量。其中，白桑是意大利的主要桑树品种，此外还分布有黑桑品种（Cappellozza，2000）；土耳其具有很高的果桑产量，其中95%是白桑果，此外还有少部分的红桑果和黑桑果（Gundogdu et al.，2011）；20世纪40年代，由于蚕丝业的兴起，白桑开始在古巴大量栽植（Martín et al.，2002）；巴西的桑树传播起源于殖民运动，并由于蚕丝业的兴起而兴盛（Almeida and Fonseca，2002）。世界上栽培的白桑随地理分布的不同，产生了有一定系统变异的表型特征，因而白桑在世界各地形成的亚种和变种较多，增加了桑属植物分类和命名的复杂性。白桑的变种包括广东桑（*Morus alba* var. *atropurpurea*）、鲁桑（*M. alba* var. *multicaulis*）、鞑靼桑（*M. alba* var. *tatarlica*）、垂枝桑（*M. alba* var. *pendula*）、大叶白桑（*M. alba* var. *macrophylla*）、白脉桑（*M. alba* var. *venose*）、花叶桑（*M. alba* var. *skeletonlana*）等。印度的印度桑以及泰国暹罗桑（*M. rotunbiloba*）在分类上也被认为是白桑的变种。黑桑如同白桑，分布范围广。黑桑在罗马时代的欧洲和近东地区就已得到广泛种植（Browiczk，

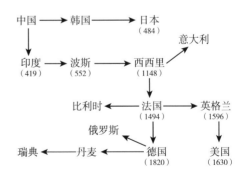

图1-1　白桑传播示意图（Sharma，2000）

Figure 1-1　The schematic diagram of white mulberry（*Morus alba*）spreading to the world

2000），逐渐引种到其他国家，现在欧洲、亚洲、美洲、非洲都有分布（曾其伟等，2013）。与白桑和黑桑的广泛分布相反，在不同地区存在其特殊的桑树种类，见表1-1，非洲桑、美洲桑和西藏吉隆县的吉隆桑就以其分布地为名，突显了它们分布地区的特异性。吉隆桑除在中国分布以外，在日本和印度喜马拉雅山脉也有分布（Vijayan，2011）。美洲的红桑除在美国、加拿大有分布外，在日本和印度也有发现（Vijayan，2011）。

2. 桑树植物在中国的分布

我国地处温带、亚热带地区，作为桑树的重要起源中心之一，中国境内各省份均有桑树分布。新中国成立伊始，国家就开始重视桑树资源的收集、整理。尤其是20世纪七八十年代，在"广泛征集、妥善保存、深入研究、积极创新、充分利用，为农作物育种服务，为加速农业现代化建设服务"的作物品种资源工作方针的指导下，全国主要蚕区有组织、有计划地开展了桑树资源的收集、整理，先后对西藏、湖北神农架、海南岛、四川、陕西、贵州、广西、湖南山区、三峡库区、江西南部、广东北部、云南、河北、新疆等重点地区进行了资源考察，基本摸清了全国桑树种质资源概况。我国桑树资源的收集、整理工作表明，我国有15个种4个变种，是目前世界上桑种分布最多的国家。全国主要蚕桑产区的桑树分布情况如下（Huo，2002）：

浙江和江苏蚕桑产区：年平均气温15～18℃，无霜期250～275天，年降水量1000～1500mm，主要品种有桐乡青、红沧桑、火桑、湖桑197、湖桑199、农桑8号、育2号、中桑5801。

四川蚕桑产区：年平均气温16～18℃，无霜期240～330天，年降水量1000～1250mm，主要品种有黑油桑、大花桑、小冠桑、嘉陵16号。

广东和广西蚕桑产区：年平均气温22℃，无霜期340天，年降水量1500～2000mm，主要品种有广东荆桑、大10、伦教40、伦教109、沙2和抗青10号。

安徽、湖北和湖南蚕桑产区：年平均气温15～20℃，无霜期250～300天，年降水量1000～1500mm，主要品种为红皮桑。

山东和河北蚕桑产区：年平均气温8～15℃，无霜期170～250天，年降水量400～1000mm，主要品种有大鸡冠、黑鲁采桑、选792和牛筋桑。

新疆蚕桑产区：有效年积温超过3500℃，无霜期超过150天，年降水量少于100mm，主要品种为和田白桑。

云南和贵州蚕桑产区：有效年积温超过3500℃，无霜期超过200天，年降水量超过600mm，主要品种有云桑2号、道真桑。

三、桑属植物的分类

1. 桑属植物的传统分类

长久以来，桑树的分类是桑树研究的一个热点。然而，不同研究者提出的桑树分类系统差异较大，这种局面的产生一方面是研究者的关注点不同，另一方面也是因为研究过程中使用的材料各异，同时种和变种界定模糊，所以众说纷纭。在生物学研究中，"种

（species）"是指在自然条件下能够交配产生可育后代的群体，是生物学分类和分类等级的基本单元。当这些群体在不同的环境中形成明显差异的表型特征时，可归于种之下的"亚种（subspecies）"。相同种内具有地理分布上、生态上或季节上的隔离所形成的类群即为亚种，即相同种内的两个亚种，不分布在同一地理分布区内。"变种（variety）"是指相同种在形态上发生稳定的变异，它的分布范围（或地区）比亚种小得多，并与种内其他变种有共同的分布区。

为了避免生物命名的混乱，瑞典植物学家林奈在《自然系统》一书中正式提出植物种名称的"双名法"。"双名法"规定每个物种的科学名称（即学名）由两部分组成：第一部分是属名，第二部分是种加词，种加词后面还应有命名者的姓名，有时命名者的姓名可以省略；"双名法"的生物学名部分均为拉丁文，并为斜体字；命名者姓名部分为正体。

1753年，林奈（Carl von Linnaeus）根据果色、叶形和叶表皮毛首次把桑属分为7个种：*Morus alba* L.（白桑）、*M. indica* L.（印度桑）、*M. nigra* L.（黑桑）、*M. papyrifera* L.、*M. rubra* L.（红桑）、*M. tartarica* L.（鞑靼桑）和*M. tinctoria* L.（Linnaeus，1753）。后来的研究表明*M. papyrifera* L.是构属，*M. tinctoria* L.是桑橙属。1841年，G. Moretti的研究报道了除了白桑、红桑和黑桑以外，还可以将桑树分为另外7个种，共计10个种（Moretti，1841）。N. C. Ceringe于1855年把桑树划分为8个种19个变种（Ceringe，1855）。1873年，Ed. Bureau建立了首个复杂综合分类系统，他根据叶和雌蕊花序的特征把桑树划分为5个种，并依据雌花序结构特征进一步将其分为19个变种（varieties）和13个亚变种（subvarieties）（Bureau，1873）。此后，C. K. Schneider根据E. H. Wilson's在中国西部所采集的桑资源（Schneider，1917），描述了一个新的种——川桑，并将Bureau系统中的*M. alba* var. *mongolica*提升到种；E. L. Greene根据在北美西南部获得的标本各自对桑树进行了分类（Greene and Green，1910）。

日本学者G. Koidzumi（小泉源一）在桑属分类学研究中所获结果最广为人接受。他于1917年根据雌花花柱长短及有无和柱头的特点，将24个桑种分为了2个最主要的类型：Macromorus（无明显花柱，长度小于0.5mm）和Dolichostylae（有明显花柱，长度大于1mm）（Koidzumi，1917）。在小泉源一的分类中，将Bureau认为是变种的桑资源重新定为了不同的种，导致桑种数量的增加。1930年，小泉源一又增加长花穗类，使桑树可分为31个种10个变种。1984年南泽吉三郎将小泉源一的分类系统中的31个种整理如下（南泽吉三郎，1984）。

I. 长花柱类（Dolichstylae）

❶ 柱头内侧具毛（Pubescentes）

（1）阿拉伯桑 *M. arabica*（BLR）Koidz.

❷ 柱头内侧具突起（Papiliosae）

（2）蒙桑 *M. mongolica* C. K. Schneid.

（3）唐鬼桑 *M. nigriformis*（BUR）Koidz.

（4）川桑 *M. notabilis* C. K. Schneid.

（5）山桑 *M. bombycis* Koidz.

（6）暹罗桑 *M. rotunbiloba* Koidz.

（7）鸡桑 *M. australis* Poiret.

（8）岛桑 *M. acidosa* Griff.

（9）八丈桑 *M. kagayamae* Koidz.

Ⅱ. 无花柱类（Macromorus）

❸ 柱头内侧具毛（Pubescentes）

（10）细齿桑 *M. serrata* Roxb.

（11）黑桑 *M. nigra* L.

（12）毛桑 *M. tiliaefolia* Makino.

（13）华桑 *M. cathayana* Hemsi.

❹ 柱头内侧具突起（Papiliosae）

（14）非洲桑 *M. mesozygia* Stapf.

（15）赤桑 *M. rubra* L.

（16）柔桑 *M. mollis* Rusby.

（17）朴桑 *M. celtidifolia* Kunt.

（18）姬桑 *M. microphylia* Buckl.

（19）秘鲁桑 *M. perubjana* Planchon.

（20）滇桑 *M. yunnanensts* Koidz.

（21）美洲桑 *M. insignis* Bur.

（22）小笠原桑 *M. boninensis* Koidz.

（23）鲁桑 *M. lhou*（SER.）Koidz.或（*M. multicaulis* Perr.）（*M. latifolia* Poiret.）

（24）白桑 *M. alba* L.

（25）广东桑 *M. atropurpurea* Roxb.

（26）软毛叶桑 *M. maliotifolia* Koidz.

❺ 长花穗类（Longispica）

（27）长果桑 *M. laevigata* Wall.

（28）奶桑 *M. macroura* Miq.

（29）绿桑 *M. viridis* Hamilton.

（30）长穗桑 *M. wittorum* Handelb−Mazett.

（31）凤尾桑 *M. wallichiana* Koidz.

我国的研究者陈嵘在1937年《中国树木分类学》中将中国的桑树分为了5个种7个变种。中国植物分类学的奠基人胡先骕先生在《植物分类学简编》一书中将桑属分为8个种（胡先骕，1955）。吴征镒、张秀实查阅中国桑属植物标本补充了河北桑、花叶鸡桑、细裂叶鸡桑3个新变种，提出我国是桑属植物发生和分化的中心（吴征镒和张秀实，1989）。夏明炯在1991年发表的《桑树分类概述》一文中指出我国有15个桑种4个变种，是世界上桑种最多的国家，其中栽培桑有白桑、鲁桑、广东桑、瑞穗桑、野生桑有长穗桑、长果桑、黑桑、华桑、细齿桑、蒙桑、山桑、川桑、唐鬼桑、滇桑、鸡桑，变种有蒙桑的变种鬼桑、白桑的变种大叶桑、垂枝桑、白脉桑（夏明炯，1991）。1998年和2003年出版的《中国植物志》将中国桑属植物分为桑组（Section Moru：雌花无花柱，或具极短的花柱，下文前7个）和山桑组（Section Dolichostylae：雌花具明显花柱，下文后4个）共11个种（Zhou and Gilbert，2003），即白桑、吉隆桑、黑桑、华桑、荔波桑（*Morus liboensis*）、长穗桑、奶桑、川桑、裂叶桑（*M. trilobata*）、蒙桑和鸡桑。2003年出版的《中国植物志》认为世界桑属植物可分为大约16个种。中国植物物种信息数据库（Scientific Database of China Plant Species，DCP）也将我国桑属植物分为桑组和山桑组2个组共11种。

目前，较为统一的观点将全球桑树分为10～16个种，包括*M. alba*（白桑），*M. australis*（鸡桑）、*M. cathayana*（华桑）、*M. macroura*（奶桑）、*M. mongolica*（蒙桑）、*M. nigra*（黑桑）、*M. notabilis*（川桑）、*M. serrata*（吉隆桑）、*M. celtidifolia*（朴桑/墨西哥桑）、*M. insignis*（美州桑）、*M. microphylla*（姬桑/德克萨斯桑）、*M. rubra*（红桑）、*M. mesozygia*（非洲桑）、*M. bombycis*（山桑）、*M. wittiorum*（长果桑）和*M. liboeusis*（荔波桑）（Sánchez，2002；Zhou and Gilbert，2003；Nepal，2012）。

传统的分类，基于以桑树叶片、雌花柱头、果长度等形态特征的差异，不同的研究者关注点不同得出的结果也不尽同。由于桑树在长期的人工选择和自然选择中的变异使得桑树的分类变得较为复杂，导致桑树种名数量庞大。仅International Plant Names Index（IPNI，http：//www.ipni.org/）上登录认可的桑树名称就达到260个，它们当中的许多都是同种异名。

2. 桑的分子进化系统

重建地球所有生命进化历史是生物学家的梦想之一，而实现此梦想的理想途径就是利用化石证据，但化石证据零散且不完整。因此大多数研究者采用形态学和比较生理学的方法进行研究，虽然得出物种进化历史的主要框架，但形态和生理性状的进化非常复杂，难以产生一幅进化历史的清晰图像，因而不同学者重建的系统树在细节上几乎总是有争议的。现代分子生物学的进展极大地改变了这种局面，通过比较DNA来研究生物的进化关系，可用于比较所有生物的进化关系（Nei and Kumar，2000）。

系统学或分类学作为生命科学中争议最多的领域之一，种、属、科以及更高的分类单元的定义常带有主观性。研究同一类群的两位专家，在将其归属于亚种还是种或属等分类单元时，判断会很不一致。系统学首要考虑的是生物间的进化关系，其次才考虑将某一类群归属到一个确定的分类单元等级。然而，系统发育学与分类学的关系相当紧密，因为生物的分类应反映它们的进化历史（Nei and Kumar，2000）。

向仲怀等首次将分子标记等现代分子生物学技术应用于桑属植物分类研究中（向仲怀，张孝勇等，1995）。随后包括RAPD（Random Amplified Polymorphic DNA）、ISSR（Intersimple Sequence Repeats）、SSR（Simple Sequence Repeat）、AFLP（Amplified Fragment Length Polymorphism）、ITS（Internal Transcribed Spacer）、trnL-F以及rbcLaccD等各种分子标记被众多研究者单独或联合应用于桑树分类（Vijayan et al.，2014），极大地推动了桑属分子系统分类研究。如Sharma等（2000）和Kafkas等（Kafkas et al.，2008）都证明AFLP标记分类结果在很大程度上与传统的形态学分类结果相符。我国学者赵卫国等（Zhao et al.，2004；Weiguo et al.，2005；Zhao et al.，2005；Zhao，2007；Zhao et al.，2007；Zhao et al.，2007；Zhao et al.，2009）利用转录内间隔序列ITS、微卫星位点、SRAP标记、ISSR标记和SSR标记构建进化树将我国的栽培桑树品种*Morus alba*、*M. multicaulis*、*M. bombycis*、*M. australis*、*M. atropurpurea*和*M. rotundiloba*分为一个簇。Nepal首次利用ITS和trnL－trnF将全球的桑属品种进行分子系统分类，将桑属分为13个种（Nepal and Ferguson，2012）。然而Nepal采用的川桑样品虽然取自于云南，进化分析时与白桑聚在一起，极可能是白桑样本。因此，桑的分子进化研究还有待在全球桑种范围内进一步深入分析。

在为数众多的分子标记中，ITS（Internal Transcribed Spacer）具有在基因组上串联排列、拷贝数多、易于扩增检测的优点，被广泛用于动物、植物、真菌等物种的分子标记分类研究，具有最高的分辨率（Li et al.，2011；Kiss，2012）。通过比较42个目141个属1757个种中的6286个生物样本的DNA条码，发现ITS或ITS2应该作为被子植物的核心DNA条码使用，同时ITS引物的通用性在比较样本间达到88%（Li et al.，2011）。ITS串联分布于基因组的一条或两条染色体上，其重复单元如图1-2所示。以"中心法则"作为参考，一个核内的不同ITS拷贝间应该完全相同，但通过"454"技术深度测序模式植物拟南芥的ITS区域发现不同拷贝间的ITS序列存在丰富的多态性，这些多态性位点不仅存在于高度变化的ITS1、ITS2区域，甚至存在于保守的5.8S区域（Simon et al.，2012）。ITS区域的长度在种子植物中大约为500~700bp，在裸子植物间大约为1500~3700bp（Calonje et al.，2008）。截至2015年7月NCBI上登陆的ITS序列已经达到1216664条，其中包括真菌800426条、植物252746条、动物98817条序列。

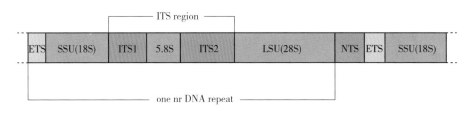

图1-2 多拷贝nrDNA在染色体上的分布

代表外部转录间隔区；代表核糖体DNA（其中18S编码核糖体小亚基单元、28S编码核糖体大亚基单元）；

代表内转录间隔区1和2；代表非转录间隔区

Figure 1-2 Arrangement of the multicopy nrDNA locus in chromosome

ETS（light sky blue）：external transcribed spacer；SSU（light red）：coding region for the small subunit of the ribosome，ITS1 and ITS2（light blue）：internal transcribed spacer 1 and 2，5.8S（light red）：gene suggested to play a role in ribosometranslocation；LSU（light red）：coding region for the large subunit of the ribosome；NTS（light pink）：nontranscribed（intergenic）spacer

随着桑树基因组项目的展开与延续，家蚕基因组生物学国家重点实验室桑树研究单元收集整理了桑属种质资源，特别是获得了一系列从最低到最高染色体倍数性的资源。如来自四川雅安的川桑（2n=14）、云南的滇桑（2n=14）、白桑（2n=28）、云南野生桑（2n=35，2n=49）以及新疆的药桑（2n=308）等。同时结合NCBI数据库已经登录的其他桑树品种的ITS序列，使得完成普遍接受的所有桑树品种的ITS分析成为可能。

截至2015年7月NCBI上登录的桑属植物ITS序列达到187条，以模式植物拟南芥的ITS（基因组登录号X52320）序列边界信息为参考界定的桑属植物的ITS边界信息（表1-2）。桑属植物的ITS1序列起始10bp序列完全保守，其他起始和末尾10bp序列存在不同程度的差异（表1-2）。桑属5.8S序列长度均为163bp（表1-3）。比较分析发现NCBI登陆的121条序列具有215bp ITS1序列的桑属材料（后文分析表明这些材料都属于白桑）序列，发现这些序列的5.8S序列是一致的，同时也发现网上公布的9条红桑、4条朴桑以及我们测定的6条川桑的5.8S序列都是不变的，但是不同种之间的5.8S序列存在差异，这表明桑属植物的种内5.8S是相同，但种间5.8S信息不相同。序列比对也发现种内ITS1和ITS2的长度也是稳定的，种间存在差异（表1-3）。虽然种间ITS序列存在差异，但不排除特殊情况如*Morus alba*和*M. celtidifolia*的5.8S序列是一致的，但二者的ITS1和ITS2序列长度都存在显著差异（表1-3），因此单独用5.8S序列信息不能完全将桑树种区分开来，包括ITS1、5.8S和ITS2在内完整的ITS序列能有效区别桑树品种。

表1-2 桑属ITS区域边界序列

Table 1-2　Nucleotide sequences at the beginning and end of the *Morus* ITS region

Region	Sequence starts with (5′–3′):	Sequence ends at (5′–3′):
ITS1	TCG AAA CCT G	(G/C) TT (T) AA GTC T
5.8S	(A/T) AA A (T/C) G ACT C	GGG (C/T) GT CA (A/C) A
ITS2	CAC CG (T/A) TGC C	TGC (C/T) T (C/T) (T/C) GA (T/C)

表1-3 桑属ITS区域序列长度GC含量

Table 1-3　Sequence length (bp) and percentage GC content (100%) of the ITS region in the genus *Morus*

Taxon	ITS1	GC	5.8S	GC	ITS2	GC	Length
M. alba	215	59.5	163	52.1	233	63.5	611
M. celtidifolia	228	59.2	163	52.1	235	62.5	626
M. rubra	229	60.4	163	50.6	233	61.8	625
M. notabilis	233	59.2	163	52.2	235	63.4	631
M. insignis	229	64.2	163	52.8	232	65.3	624

（续）

Taxon	ITS1	GC	5.8S	GC	ITS2	GC	Length
M. mesozygia	231	60.2	163	53.4	217	63.1	607
M. serrata	229	60.3	163	50.9	233	61.8	625
M. nigra	228	59.4	163	52.1	233	61.3	624
M. alba × *M. rubra*	229（215）	60.7（59.5）	163	50.8（52.1）	234（232）	61.9（62.7）	626（610）

　　杂交造成染色体遗传物质的交换，是传统杂交育种的分子基础。杂交所带来的遗传信息的交流也能体现在ITS区域（图1-3）。从亚洲传播到美洲的白桑在自然条件下与美洲当地的红桑发生杂交，产生的后代常让人们难以从形态上进行区分其是红桑还是白桑（Burgess et al.，2005）。形态难以区别的变化可以通过分子标记得以区分，通过比较红桑和白桑杂交后代同一样本的ITS序列信息，可以发现在同一样本内可同时扩增得到2种亲本的ITS序列信息（白桑：基因组登录号HQ144170、HQ144171；红桑：基因组登录号HQ144175、HQ144187）。同时，杂交还会造成ITS信息的变化，如在5.8S区域内红桑亲本存在2个位置的核酸的缺失或变异，在ITS2区域内白桑亲本存在3个位置的核酸变异。

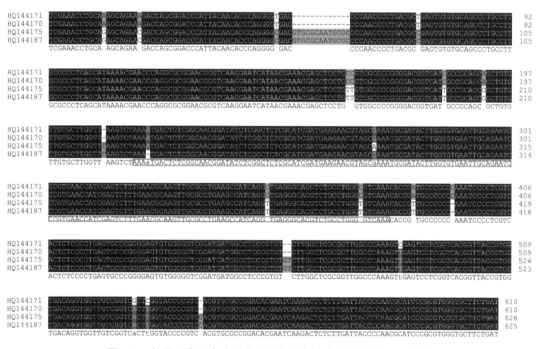

图1-3　红桑和白桑杂交后代ITS序列比较（灰框代表5.8S序列）

Figure 1-3　Comparison of ITS sequences of interspecies hybrid（*Morus rubra* × *M. alba*）（Gray bos represent 5.8S sequence）

鉴于不同亲本的ITS序列信息能同时反映在同一个杂交后代样本中，因此ITS序列能有效区分种间杂交（表1-3，图1-2）。因此，ITS信息的这种特征能有效解决杂交后代形态学特征难以与亲本相区别的问题，同时杂交造成ITS序列信息的变异可用于鉴定种间杂交以及样本的纯合性，为保护桑属种质资源提供理论和实践基础。

桑属植物分类不稳定、复杂且名称多，国际植物名称索引（the International Plant Names Index，IPNI）认可的桑树名称达到260个，但大多数是同名或异名的现状，表1-4对桑属常见异名进行了整理归类，结果发现*Morus australis*（鸡桑）、*M. macroura*（奶桑）、*M. laevigata*（长果桑）*M. wittiorum*（长穗桑）、*M. mongolica*（蒙桑）、*M. bombycis*（山桑）、*M. indica*（印度桑）、*M. trilobata*（裂叶桑）等材料是白桑的异名或亚种，此外，*M. microphylla*（姬桑）是*Morus celtidifolia*（朴桑）的异名、*M. yunnanensis*（滇桑）是川桑的异名（Buckley，1863；Basavaiah and Rajan，1989；Zhou and Gilbert，2003；Nepal，2008）。此外，*M. cathayana*（华桑）、*M. nigra*（黑桑）、*M. rubra*（红桑）、*M. serrata*（吉隆桑/细齿桑/喜马拉雅桑）、*M. mesozygia*（非洲桑）、*M. insignis*（美洲桑）没有常见的异名。

表1-4　桑属常见异名

Table 1-4　The synonyms of the *Morus*

名称	异名
M. australis（鸡桑）	*M. alba* var. *stylosa*
M. macroura（奶桑）	*M. alba* var. *laevigata*
M. laevigata（长果桑）	*M. alba* var. *laevigata*; *M. macroura*
M. wittiorum（长穗桑）	*M. alba* var. *laevigata*
M. mongolica（蒙桑）	*M. alba* var. *mongolica*
M. bombycis（山桑）	*M. australis*
M. indica（印度桑）	*M. alba*
M. trilobata（裂叶桑）	*M. australis* var. *trilobata*
M. multicaulis（湖桑）	*M. alba* var. *multicaulis*; *M. lhou*; *Morus latifolia*
M. atropurpurea（广东桑）	*M. alba* var. *alba*
M. kagayamae（八丈桑）	*M. australis*
M. pendula（垂桑）	*M. alba* f. *pendula*
M. liboensis（荔波桑）	*M. alba* var. *laevigata*
M. serrata（吉隆桑）	*M. alba*
M. yunnanensis（滇桑）	*M. notabilis*
M. microphylla（姬桑）	*M. celtidifolia*

Morus australis（鸡桑）、*M. macroura*（奶桑）、*M. laevigata*（长果桑）、*M. wittiorum*
（长穗桑）、*M. mongolica*（蒙桑）、*M. bombycis*（山桑）、*M. indica*（印度桑）、*M. trilobata*
（裂叶桑）、*M. multicaulis*（湖桑）、*M. atropurpurea*（广东桑）、*M. kagayamae*（八丈桑）、
M. pendula（垂桑）、*M. liboensis*（荔波桑）等作为*M. alba*（白桑）的异名或变种的结论
与NCBI登录的桑属ITS序列中的121条具有215bp ITS1相符合，此外，虽然检索没有发现
M. cathayana（华桑）是白桑的异名，但是华桑同样具有215bp的ITS1信息（GeneBank登
录号HM747167），表明华桑可能属于白桑种。近年曾被认为是新桑种的*Morus murrayana*
（Galla et al., 2009），其ITS信息（GeneBank登录号FJ605515）与*M. rubra*（红桑）相
同，应该是属于*M. rubra*（红桑）的异名，此外GeneBank登录号FJ605516的材料虽然提
交信号时标记为*M. rubra*（红桑），但由于其ITS信息与*M. alba*（白桑）相同，因此实际
上是*M. alba*（白桑）种（Nepal et al., 2012）。分析ITS序列信息发现，NCBI登录的4条具
有完整ITS结构的黑桑存在两种差异较大的序列：其中，GeneBank登录号为HM747174、
AM042002和KF784876的3条序列取自于不同的样本但序列间仅在ITS2区域有一个碱基
的差异，但都具有白桑（611bp）相同长度的ITS信息，而GeneBank登录号KF784875长
度为624bp（图1-4，表1-3）。一般而言，黑桑是指染色体条数为308条的样本，此处指
GeneBank登录号KF784875，而登录号AM042002的样品编号为"ME-0008"，其染色体条
数为28（Awasthi et al., 2004）。现有文献报道，登录号AM042002的黑桑来源于爪哇，虽
然与染色体条数为308条的黑桑形态差别仅在于28条染色体的黑桑叶片更大、更有光泽

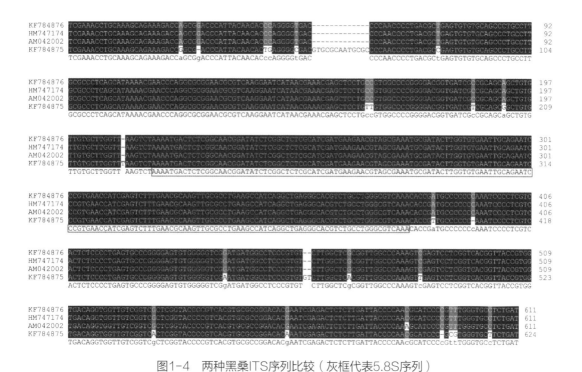

图1-4　两种黑桑ITS序列比较（灰框代表5.8S序列）

Figure 1-4　Comparison of ITS sequences of two types of black mulberry（*Morus nigra*）（Gray boxes
represent 5.8S sequence）

（Katsumata，1972；Katsumata，1979），但结合ITS信息分析可以推测具有白桑ITS序列特征的黑桑应该属于白桑。这种现象在红桑中也曾有报道，如前文提到的GeneBank登录号FJ605515为红桑，而登录为红桑（GeneBank登录号FJ605516）的材料属于白桑。因此，我们认为黑桑仅指染色体条数为308条桑树材料，Katsumata报道的爪哇黑桑属于白桑，只是它们的形态特征与黑桑非常接近。这些信息均表明，ITS信息可以独立于表型特征用于桑树种的鉴定，可见ITS序列可应用于桑树系统分子分类。

鉴于ITS序列能独立于传统的形态学分类用于桑属分子分类，在收集整理当前大多数

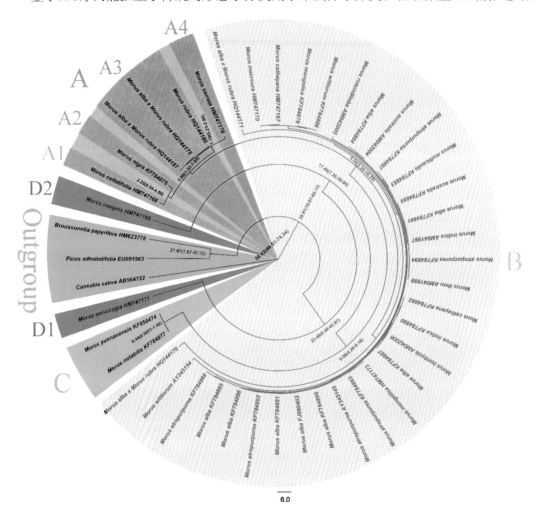

图1-5 桑属进化分析

A簇（以淡红色表示，A1、A2、A3和A4分别代表朴桑、黑桑、红桑和吉隆桑）；B簇（以淡粉色表示，代表白桑）；C簇（以淡天蓝色表示，代表川桑）；D簇（以淡蓝色表示，D1和D2分别代表非洲桑和美洲桑）；外群以淡绿色表示。数值代表95%置信区间的分化时间

Figure 1-5   Phylogenetic analysis of genus *Morus*

A（light red; A1, A2, A3 and A4 represent *M. celtidifolia*, *M. nigra*, *M. rubra* and *M. serrata*, respectively）, B（light pink; B represents *M. alba*）, C（light sky blue; C represents *M. notabilis*）, D（light blue, D1 and D2 represent *M. mesozygia* and *M. insignis*, respectively）and an outgroup（light green）are shown. Values represent the divergence times with the 95% highest posterior density intervals shown in parentheses

研究者认可的所有桑树种后，我们以ITS序列信息构建了桑属的系统进化树（图1-5）。结果表明，桑属分为4个大簇：A簇包含4个种，分别是*Morus nigra*（黑桑）、*M. serrata*（吉隆桑）、*M. celtidifolia*（朴桑）和*M. rubra*（红桑）；B簇为单一种*M. alba*（白桑），含有*M. australis*（鸡桑）、*M. macroura*（奶桑）、*M. wittiorum*（长穗桑）、*M. mongolica*（蒙桑）、*M. indica*（印度桑）、*M. multicaulis*（湖桑）、*M. atropurpurea*（广东桑）和*M. cathayana*（华桑）；C簇1个种*M. notabilis*（川桑），包括用于基因组测序的川桑以及从云南收集到的染色体条数为14条的*M. yunnanensis*（滇桑）；D簇含2个种，分别是*M. insignis*（美洲桑）和*M. mesozygia*（非洲桑）。同时，为了构建桑属植物进化树预测其分化时间，我们选择了桑科的构树（*Broussonetia papyrifera*，GeneBank登录号HM623778）、无花果（*Ficus adhatodifolia*，GeneBank登录号EU091563）和人麻科大麻属的大麻（*Cannabis sativa*，GeneBank登录号AB564722）作为外群。桑树基因组测序项目推测的川桑（*Morus notabilis*）和大麻（*Cannabis sativa*）的分化时间为63.5（46.9～76.6）百万年（He et al.，2013），与以化石证据为基础推测的桑科分化时间55百万年相符合（Zerega et al.，2005），因此以桑树和大麻的分化时间来推测桑属植物分化时间具有良好的可靠性。其中，非洲桑（*Morus mesozygia*）是起源最早的桑树种，而川桑（*M. notabilis*）是亚洲起源最早的桑树种。

关于亚洲起源最早的桑树品种也曾经有不同的结论，向仲怀等在1995年采用RAPD技术证明川桑是起源最早的桑树品种，冯丽春等的研究也支持这个观点；陈仁芳等（2010）以及赵卫国等（2009）认为新疆黑桑进化最原始，造成这种差异的原因在于选用的川桑样本是否相同。位于外群的构树和无花果间的分化时间为27.97百万年，桑科桑属与其他属的分化时间为39.91百万年，白桑与其他桑树品种的分化时间为5.34百万年，黑桑与美洲桑的分化时间为2.25百万年，滇桑与川桑间的分化时间为0.44百万年。桑属系统进化树分析表明，红桑与白桑的杂交后代的亲本ITS信息分别分布在各自亲本所在的种内。此外，桑属系统进化分析也表明，ITS特征相同以及名称系统检索属于异名的桑属材料与进化分析结果相一致。

传统的形态学分类对桑树品种的鉴定、识别与利用发挥了重要的功能，时至今日人们仍然主要通过形态学特征分类不同桑树品种。随着现代分子生物学技术的发展，人们发现正确探明桑树种间亲缘关系仅凭形态学特征是不充分的，特别是叶形、柱头长度等形态特征是数量性状而不是质量性状，在不同生长环境中往往会发生变化，这造成了形态学分类的不便，而现代分子生物学技术形成的分子标记则是形态学分类的良好补充。形态学分类与分子标记的结合将极大地改变过去单一的分类方法，发挥各自的长处，为稳定桑属分类系统奠定理论基础。

参考文献

曾其伟，王青，王旭炜，等. 2013. 黑桑（*Morus nigra* L.）的研究与利用进展［J］. 蚕业科学，39（3）：0606-0613.

耿国仓，陶君容. 1982. 西藏第三纪植物的研究［M］.//中国科学院青藏高原综合科学考察队. 西藏古生物，第五分册. 北京：科学出版社，110-125.

郝守刚. 2000. 生命的起源与演化［M］. 北京：高等教育出版社.

胡先骕. 1955. 植物分类学简编［M］. 北京：高等教育出版社.

南泽吉三郎. 1984. 栽桑学（基础和应用）［M］. 日本：鸣凤出版社.

施炳坤，王登成. 1983. 西藏桑树资源考察［J］. 蚕业科学，9（2）：65−70.

吴征镒，张秀实. 1989. 中国桑科的一些分类单位［J］. 云南植物研究，11（1）：24−34.

夏明炯. 1991. 桑树分类概述［J］. 湖北蚕业，24（2）：37−41.

向仲怀，张孝勇，余茂德，等. 1995. 采用随机扩增多态性DNA技术（RAPD）在桑属植物系统学研究
    的应用初报［J］. 蚕业科学，21（4）：203−208.

Almeida J E D, Fonseca T C.2002. Mulberry germplasm and cultivation in Brazil. Mulberry for animal production
    ［M］. M Sánchez. Rome.

Awasthi A, Nagaraja G M, Naik G V, et al. 2004. Genetic diversity and relationships in mulberry（genus *Morus*）
    as revealed by RAPD and ISSR marker assays［J］. BMC Genetics, 5（1）：1−9.

Basavaiah S B D, Rajan M V.1989. Microsporogenesis in Hexaploid *Morus serrata* Roxb［J］. Cytologia, 54（4）：
    747−751.

Buckley S B.1863. *Morus microphylla* Buckleyis a synonym of *Morus celtidifolia* Kunth［M］. Proceedings of
    the Academy of Natural Sciences of Philadelphia, Philadelphia.

Bureau E. 1873. Moraceae［J］. Prodromus systematis naturalis regni vegetabilis, 17: 211−279.

Burgess K S, Morgan M, Deverno L, et al. 2005. Asymmetrical introgression between two *Morus* species（*M.
    alba, M. rubra*）that differ in abundance［J］. Molecular Ecology, 14（11）：3471−3483.

Calonje M, Martín−Bravo S, Dobeš C, et al. 2008. Non−coding nuclear DNA markers in phylogenetic
    reconstruction［J］. Plant Systematics and Evolution, 282（3−4）：257−280.

Cappellozza I. 2000. Present situation of mulberry germplasm resources in Italy and related projects［J］.
    Mulberry For animal Production, 97−101.

Chen R F, Yu M D, Liu X Q, et al. 2010. Analysis on the internal transcribed spacers（ITS）sequences and
    phylogenetics of mulberry（*Morus*）［J］. Scientia Agricultura Sinica, 43（9）：1771−1781.

Galla S J, Viers B L, Gradie P E, et al. 2009. *Morus murrayana*（Moraceae）: A new mulberry from eastern
    North America［J］. Phytologia, 91（1）：105−116.

Greene E, Green E. 1910. Some southwestern mulberries［J］. Leaflets of Botanical Observation and Criticism, 2:
    112−121.

Gundogdu M, Muradoglu F, Sensoy R I G, et al. 2011. Determination of fruit chemical properties of *Morus nigra*
    L., *Morus alba* L. and *Morus rubra* L. by HPLC［J］. Scientia Horticulturae, 132（0）：37−41.

He N, Zhang C, Qi X, et al. 2013. Draft genome sequence of the mulberry tree *Morus notabilis*［J］. Nature
    Communications, 4.

Huo Y. 2002. Mulberry cultivation and utilization in China［M］. Mulberry for animal production. M. Sánchez.
    Rome.

Kafkas S, Özgen M, Doğan Y, et al. 2008. Molecular characterization of mulberry accessions in Turkey by AFLP
    markers［J］. Journal of the American Society for Horticultural Science, 133（4）：593−597.

Katsumata F.1972. Mulberry species in West Java and their peculiarities［J］. The Journal of Sericultural Science
    of Japan, 42（3）：213−223.

Katsumata F.1979. Chromosomes of *Morus nigra* L. from Java and hybridization affinity between this species
    and some mulberry species in Japan［J］. Journal of Sericultural Science of Japan, 48（5）：418−422.

Kiss L. 2012. Limits of nuclear ribosomal DNA internal transcribed spacer（ITS）sequences as species barcodes for Fungi［J］. Proceedings of the National Academy of Sciences of the USA, 109（27）: 1811.

Koidzumi G.1917. Taxonomy and phytogeography of the genus *Morus*［J］. Bull. Seric. Exp. Station, Tokyo （Japan）, 3: 1−62.

Li D Z, Gao L M, Li H T, et al. 2011. Comparative analysis of a large dataset indicates that internal transcribed spacer（ITS）should be incorporated into the core barcode for seed plants［J］. Proceedings of the National Academy of Sciences, 108（49）: 19641−19646.

Linnaeus C V. 1753. Species Plantarum, 2: 696［M］. Impensis Laurentii Salvii, Stockholm.

Martín G, Reyes F, Hernández I, et al. 2002. Agronomic studies with mulberry in Cuba. Mulberry for animal production［M］. M. Sánchez. Rome.

Moretti G.1841. Prodromo di una monografia delle specie del genere *Morus*, Imperiale Reale Istituto Lombardo di Scienze, Lettere ed Arti.

Nei M, Kumar S. 2000. Molecular evolution and phylogenetics［M］. Oxford: Oxford University Press.

Nepal M P, Ferguson C J. 2012. Phylogenetics of *Morus*（Moraceae）inferred from ITS and trnL−trnF sequence data［J］. Systematic Botany, 37（2）: 442−450.

Nepal M P, Ferguson C J. 2012. Phylogenetics of *Morus*（Moraceae）inferred from ITS and trnL−trnF sequence data［J］. Systematic Botany, 37（2）: 442−450.

Nepal M P, Mayfield M H, Ferguson C J. 2012. Identification of eastern north american *Morus*（moraceae）: taxonomic status of *M. murrayana*［J］. Phytoneuron, 26: 1−6.

Nepal M P. 2008. Systematics and reproductive biology of the genus *Morus* L.（Moraceae）［M］. DOCTOR OF PHILOSOPHY, Kansas State University.

Sánchez M D. 2002. World distribution and utilization of mulberry and its potential for animal feeding. Mulberry for animal production［M］. FAO Animal Production and Health Paper, Rome, FAO.

Schneider C K. 1917. Moraceae. Plantae Wilsonianae: an enumeration of the woody plants collected in western China for the Arnold arboretum of Harvard university during the years 1907, 1908, and 1910［M］. Sargent C S. Cambridge, The University Press, 3: 293−294.

Seringe N C. 1855. Description culture et taille des muriers［M］. Paris: V. Masson.

Sharma A S, Machii R H.2000. Assessment of genetic diversity in a *Morus* germplasm collection using fluorescence−based AFLP markers［J］. Theoretical and Applied Genetics, 101（7）: 1049−1055.

Simon U K, Trajanoski S, Kroneis T, et al. 2012. Accession−specific haplotypes of the internal transcribed spacer region in Arabidopsis thaliana—a means for barcoding populations［J］. Molecular Biology and Evolution, 29（9）: 2231−2239.

Vijayan K S, Teixeira da Silva J A. 2011. Germplasm conservation in mulberry（*Morus* spp.）［J］. Scientia Horticulturae, 128（4）: 371−379.

Vijayan K, Raju P J, Tikader A, et al. 2014. Biotechnology of mulberry（*Morus* L.）−A review［J］. Emirates Journal of Food and Agriculture, 26（6）: 472−496.

Weiguo Z, Yile P, Zhang Z J S, et al. 2005. Phylogeny of the genus *Morus*（Urticales: Moraceae）inferred from ITS and trnL−F sequences［J］. African Journal of Biotechnology, 4（6）: 563−569.

Zeng Q, Chen H, Zhang C, et al. 2015. Definition of eight mulberry species in the genus *Morus* by internal transcribed spacer-based phylogeny［J］. PLoS ONE, 10（8）: 0135411.

Zerega N J C, Clement W L, Datwyler S L, et al. 2005. Biogeography and divergence times in the mulberry family (Moraceae) [J]. Molecular Phylogenetics and Evolution, 37 (2) : 402−416.

Zhao W G, Chen T T, Yang Y H, et al. 2007. A preliminary analysis of asexual genetic variability in mulberry as revealed by ISSR markers [J]. International Journal of Agriculture and Biology, 9 (6) .

Zhao W G, Zhou Z H, Miao X X, et al. 2007. A comparison of genetic variation among wild and cultivated *Morus* Species (Moraceae: *Morus*) as revealed by ISSR and SSR markers [J]. Biodiversity and Conservation, 16 (2) : 275−290.

Zhao W, Chen Y H, Jia T T, et al. 2007. Genetic structure of mulberry from different ecotypes revealed by ISSRs in China: An implications for conservation of local mulberry varieties [J]. Scientia Horticulturae, 115 (1): 47−55, 0304−4238.

Zhao W, Fang R, Pan Y, et al. 2009. Analysis of genetic relationships of mulberry (*Morus* L.) germplasm using sequence−related amplified polymorphism (SRAP) markers [J]. African Journal of Biotechnology, 8 (11) : 2604−2610.

Zhao W, Miao X, Jia S, et al. 2005. Isolation and characterization of microsatellite loci from the mulberry, *Morus* L [J]. Plant Science, 168 (2) : 519−525.

Zhao W, Pan Y, Zhang Z. 2004. Phylogenetic relationship of genus *Morus* by ITS sequence data [J]. Science of Sericulture, 30 (1) : 11−14.

Zhou Z, Gilbert M. 2003. Moraceae [J]. Flora of China, 5: 21−73.

第二章

桑树染色体

川桑因发现于四川而得名，是桑属植物中较为特殊的种群。但长期以来并未受到关注，直至20世纪80年代，余茂德（1986）在桑的染色体研究中发现川桑染色体数为14条，乃文献记录桑染色体数（2*n*=28）的一半，故以天然单倍体发表，也因之被选为桑基因组测序的材料，并由此开始了对川桑基因组和染色体组的一系列研究。本章将重点介绍川桑染色体研究的相关内容。

一、川桑（*Morus notabilis*）

1. 川桑的发现与分布

川桑（*M. notabilis*）又名毛脉桑、圆叶桑，俗名岩桑（图2-1）。1907年德国传教士C.K. Schneider在四川省雅安发现该种，定名为川桑，并对其形态特征作了详细描述，但未作进一步研究。直至20世纪80年代，四川省丝绸公司组织了历史上最大规模的桑资源考察，收集整理了四川省栽培型、野生型、半野生型桑树资源551份，分属8个种，川桑乃其中之一。川桑生长在海拔1200～2800m的山林、峡谷、山沟地带，与阔叶林散在混生。四川西部（荥经、洪雅、马边）、云南（贡山、绥江、镇雄、文山）等地皆有分布。

图2-1 川桑

Figure 2-1 *Morus notabilis*

图2-2 川桑叶、雄花

Figure 2-2 The leaf and fale flower of *Morus notabilis*

2．川桑的形态特征

根据《四川省桑树品种资源资料汇编》的记载，川桑树高5～17m，一年生枝条黑褐色，成年生枝条赤褐色或黄褐色，嫩枝叶有微毛或无毛，皮孔长椭圆、大而多、突出呈黄色、分布不均。冬芽为椭圆形、离生、芽鳞片4～5片、青油色或黑褐色、排列不整齐、包叠被，叶序为1/2。叶近圆形或卵圆形、少裂叶，叶长15～30cm、叶幅16～28cm，无缩皱；叶尖短锐头，边缘钝锯齿或窄锯齿、齿尖具有突起；叶基弯入或截形、叶面浓绿色、粗糙无毛、生有房状体、叶背无毛；叶脉隆起、支脉平行，末梢与邻脉近梢末腰相接，脉腑处有毛或无毛；叶柄长4.5cm左右，色绿，有沟柄、无毛；托叶被针状，长15mm，宽3mm（图2-2）。雌雄花异株，雄花序长4～6cm，花疏生（图2-2），雌花序长3～5cm，花序柄长3～5cm、有毛；雌花花柱长，为子房的2/3或

图2-3　川桑未成熟果

Figure 2-3　The immaturate fruits of *Morus notablis*

等长，属于永存花柱。聚花果圆筒形，长3～5cm，两侧有纵沟（图2-1至图2-3）。开花期5月中旬，成熟期8月中旬，果为黄白色。

3．川桑种子与萌发

川桑的种子为肾形（图2-4），呈褐色，表面有针状凸起和凹陷，质地坚硬；种子平均长（2.01±0.01）mm、宽（1.06±0.11）mm、厚（1.19±0.15）mm，千粒重（1.425±0.017）g（轩亚辉等，2014）。川桑种子极难萌发，所以在原始生长区呈稀疏的散在分布，嫁接繁殖也因其与砧木的不亲和性，难以繁衍，给研究者带来极大的不便。轩亚辉等（2014）发现人工除去种皮，可以获得很高的发芽率，从而得到川桑的种苗，这不仅为研究提供了珍贵材料，也为研究川桑的染色体数提供了重要支撑（图2-5，图2-6）。

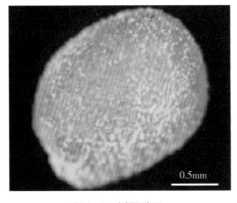

0.5mm

图2-4　川桑种子

Figure 2-4　The seed of *Morus notabilis*

图2-5　川桑种子萌发

Figure 2-5　The germination of *Morus notabilis* seed

图2-6　川桑移栽幼苗

Figure 2-6　The transplanted seeding of *Morus notabilis*

二、桑属植物的染色体

1. 桑染色体数的相关研究

染色体是遗传物质的主要载体，其数目与结构都与物种的遗传进化具有极为重要的关系，所以对任何物种而言，染色体的研究都是极为重要的课题。据文献记载桑染色体的研究最早源于原田正人1909年以印度桑（*Morus indica*）和白桑（*M. alba*）为材料，观察到2条大的染色体，称之为"α"和"β"染色体，但对桑的染色体数并未记述。1916年，日本学者大泽对桑属7个种的85份材料进行染色体观察，证实了这对染色体的存在（大泽一卫，1916）。1948年，Janaki Ammal在对黑桑起源的研究中，提出桑树染色体组基数为14，其后遂以桑的染色体数$n=14$、$2n=28$在其他的研究中广泛采用。但也有一些研究者持不同的观点。1954年，Mridula Dotta在观察印度桑减数分裂过程中发现，第一次分裂中期出现四价体，第二次分裂中期出现二价体，据此推测桑树的染色体基数可能是7（Dotta，1954）。Das等运用次级联合二价体对印度桑的染色体进行核型分析，认为印度桑28条染色体可能是双二倍体，即印度桑的染色体基数可能是7（Das，1961）。由于这些推论未得到更多的佐证而未被学界重视，所以长期以来学界均将桑树的染色体基数认定为14，信而不疑。

2. 川桑染色体研究

余茂德（1988）、向仲怀等（1995）在桑树资源研究中发现川桑的染色体数为14条，基于传统的认知，桑染色体$2n=28$，于是将川桑认为是单倍体资源。2010年启动桑树全基因测序时，显然单倍性川桑是最佳测序材料。但随着对川桑生物学性状的认识，如川桑花粉能正常发芽，雌花有正常的结实率，种子有很高的发芽率和成苗率，而且幼苗的染色体均为14条，这些典型的二倍体特征使研究者对"单倍体"川桑的认定产生疑虑。何宁佳等（2013）对川桑染色体和核型进行了详细研究（图2-7，图2-8），证明川桑体细胞染色体数目为$2n=2x=14$。从图2-8可知，川桑的14条染色体组成7对，第1对为长染色体（L），第2~3对为中长染色体（M2），第4对为中短染色体（M1），第5~7对为短染色体（S），相对长度组成为$2n=14=2L+4M2+2M1+6S$。川桑染色体数为$2n=2x=14$（$n=x=7$），即川桑染色体组的基数为7。为进一步验证以上结果，何宁佳等采用荧光原位杂交（FISH）作染色体标记，分别以重复DNA序列5S rDNA和25S rDNA序列作探针，在川桑体细胞有丝分裂中期染色体上进行荧光原位杂交，结果发现在一对中短染色体（M1）上有一对5S DNA信号（图2-9，图2-10），在2对中短染色体（S）上分别有大小强度不同的25S rDNA信号，进一步证明川桑为二倍体。

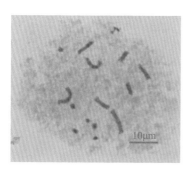

图2-7 川桑体细胞染色体数目观察（He N J et al., 2013）

Figure 2-7 Cytological detection of *Morus notabilis* chromosomes

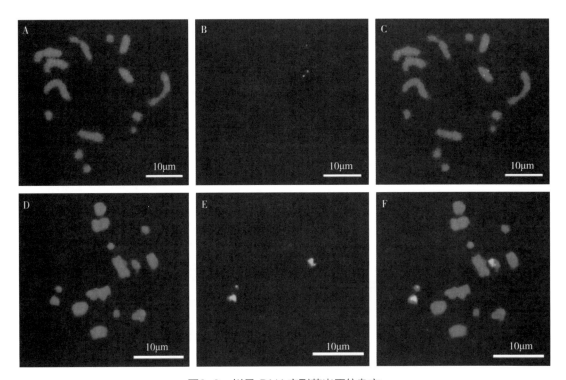

图2-8 川桑染色体核型图（N. J. He et al., 2013）

Figure 2-8 Chromosome karyotyping of of *Morus notabilis*

图2-9 川桑rDNA序列荧光原位杂交

A、B和C分别表示5S rDNA序列荧光原位杂交结果（A：DAPI；B：FITC；C：合并DAPI和FITC结果）；D、E、F分别
表示25S rDNA序列荧光原位杂交结果（D：DAPI；E：FITC；F：合并DAPI和FITC结果）。比例尺为10μm

Figure 2-9 Fluorescence in situ hybridization of rDNAprobes to chromosomes of *Morus notabilis*

A, B, and C FISH of 5S rDNAprobe to chromosomes of *M. notabilis*（A: DAPI-counterstained chromosomes; B: FITC
signal; C: Merge A and B）; D, E, and F: FISH of 25S rDNAprobe to chromosomes of *M. notabilis*（D: DAPI-counterstained
chromosomes; E: FITC signal; F: Merge D and E）

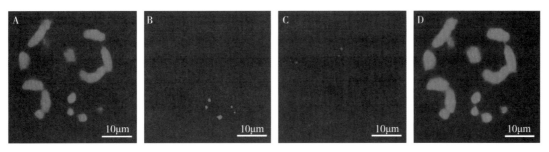

图2-10　川桑rDNA序列双色荧光原位杂交

A：DAPI；B：FITC-25S rDNA；C：Cy3-5S rDNA；D：合并DAPI、FITC和Cy3结果。比例尺为10μm

Figure 2-10　Dual-color fluorescence in situ hybridization of rDNAprobes to chromosomes of *Morus notabilis*

A: DAPI-counterstained chromosomes; B: FITC-25S rDNA signal; C: Cy3-5S rDNA signal; D: Merge A, B and C）

根据以上研究何宁佳等（2013）提出了川桑染色体数目为2n=2x=14，n=x=7的结论，即川桑染色体组的染色体数目为x=7，这应该是桑属植物染色体的基数，无疑这是桑属植物染色体研究的重要成果。

3. 桑染色体的多倍性

物种染色体的倍性是指其染色体基数的倍数性，染色体基数是指基本染色体组的染色体数目，用x表示，在只有一个染色体组的二倍体物种中，基数就是配子体的染色体数，2n=2x为二倍体，2n=3x为三倍体。在多倍体物种中，染色体基数常有不同，因之倍性变化亦较复杂。

桑树染色体倍性研究是开展桑树多倍体育种、种质资源创新的重要基础。大泽一卫（1916）调查了50个日本桑树的染色体，其中染色体数为28条的有32个，染色体数为42条的有18个。关博夫（1959）在300个桑树资源中发现70个桑树的染色体数为2n=42，130个桑树染色体为2n=28。东城功（1966）报道黑桑（*Morus nigra*）染色体数为2n=308，胜又藤夫（1979）报道另一种黑桑染色体数2n=28。Janaki Ammal（1948）对我国湖北和四川的华桑（*M. cathayana*）染色体数进行研究，发现有2n=56、2n=84、2n=112三种倍性的华桑种群。这些研究充分反映了桑染色体数倍性的多样性。

我国对桑树染色体的研究起步较晚，始于20世纪60年代。吴云（1964）对我国不同桑树品种的染色体进行研究，采用嫩叶作为材料，使用压片法对20个桑品种进行了倍性鉴定，发现除红顶桑染色体为2n=42，新疆药桑有200条以上的染色体外，其余均为2n=28。到20世纪80年代，随着桑树资源普查在全国性展开和桑树倍性育种的推进，潘一乐（1980）、蒋同庆等（1985）、余茂德（1986，1988）、储瑞银等（1986）先后对部分桑树种质资源进行了倍数性鉴定，发现大部分染色体基数为2n=28，其他2n=42、2n=56、2n=84、2n=112、2n=308者亦有相当数量。这些研究虽然均是以桑染色数2n=2x=28为模式的，所以对于倍性的描述可能有差异，但对2n染色体数目的鉴定，仍然有十分重要的价值。近年来，林强等（1999）对广西及广东446份桑树种质资源的染色体倍性进行鉴定，其分属于广东桑、鸡桑和华桑，其中染色体为2n=28的有414份，2n=42的有20份，2n=84的有12份。韩世玉等（2002）对贵州117份野生桑种质资源染色体倍性进行研究，结果发现染色体数目为2n=28的有62份，2n=84的有42份，混倍体（2n=28与2n=84）有13份。何宁佳等（2013）对川桑染色体进行了系统研究，确认川桑染色体数2n=2x=14，其后，李杨等（2014）研究云南红河州屏边县大围山野生滇桑（*Morus yunanensis*）时发现其染色体数为2n=2x=14，与川桑相同。李杨等（2014）在蒙桑野生资源云6号中发现了染色体数2n=35，在长穗桑野生资源云7号中发现了染色体数2n=49的种群（图2-11），即云6号的染色体数2n=5x=35、云7号染色体数2n=7x=49，这些发现有利于证明桑树染色体组的染色体基数为7的论断。

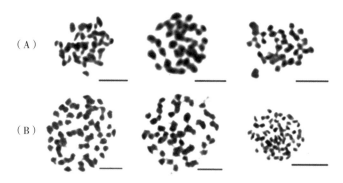

图2-11　桑树种质资源云6号（A）和云7号（B）植株嫩叶的体细胞染色体数目观察

Figure 2-11　Observation on the chromosome number of Yun 6 and Yun 7 somatoplasm

　　除了染色体研究之外，桑树染色体基数的确定还得到了分子标记连锁分析数据的支持。帅琴等（2014）用桑SV（structure variation）标记，检测伦教109杂交珍珠白F1群体中的分离模式，推测两亲本之一为异源四倍体。罗义维等（2014）用珍珠白杂交伦教109的F1群体进行SSR标记遗传连锁分析，发现父本伦教109未见相斥相分子标记，母本珍珠白中相引相与相斥相分子标记数为1∶1，由此推测珍珠白（2n=28）可能为异源四倍体，伦教109（2n=28）可能为同源四倍体。

　　桑染色体的多倍性十分丰富。染色体多倍化是物种进化的重要途径，染色体组数目增加则基因的重复随之增加，基因的特定功能和物种遗传性的稳定性也随之增加，突变与隐性表现型的出现概率显著减少。分布广泛的多倍体保证了物种对外界环境变化有最大的适应能力，不难理解在高温、低温等恶劣环境中生存的野生桑中，其多倍体的比率远高于栽培种群的。在特殊生态环境中，产生与之相适应的倍数性水平，显然是桑树具有很强抗性和适应的进化力量之一。在野生桑树的川桑、滇桑中存在着最简单的染色体组，物种进化通常是在最小的倍性水平上进行的，所以物种多倍化与单倍化，都是进化过程中的不同方式，这对桑树染色体倍性研究，无疑带来了新的启示。

参考文献

储瑞银，孙晓霞. 1986. 桑树染色体制片技术的研究［J］. 蚕业科学，12（2）：117-118.

大泽一卫. 1916. 桑的细胞学及实验的研究 [J]. 蚕试报告, 1（4）: 215−300.

东城功. 1966. 桑树多倍性研究 [J]. 日蚕杂, 35（5）: 360−364.

关博夫. 1959. 桑属细胞学的研究 [J]. 信大纤要, 20: 1−99.

韩世玉, 张晓瑞. 2002. 贵州省野生桑染色体倍数性研究初报 [J]. 广西蚕业, 39（2）: 17−19.

蒋同庆, 朱勇. 1985. 西南区桑树倍数体的研究 [J]. 蚕学通讯, 4（4）: 11−20.

李杨, 杜伟, 杨光伟, 等. 2014. 2份蒙桑和长穗桑野生种质资源的染色体数目观察 [J]. 蚕业科学, 40（6）: 961−964.

李杨, 轩亚辉, 王圣, 等. 2014. 滇桑（*Morus yunnanensis*）的染色体核型分析 [J]. 蚕业科学, 40（2）: 187−190.

林强, 朱方容, 胡乐山, 等. 1999. 桑树染色体制片的直接酸解去壁法及其实用性研究 [J]. 广西蚕业, 36（2）: 13−16.

罗义维, 亓希武, 帅琴, 等. 2014. 桑树杂交组合亲本的SSR标记多态性及遗传背景分析 [J]. 蚕业科学, 40（4）: 576−581.

潘一乐. 1980. 桑树根尖细胞染色体的检查技术 [J]. 蚕业科学, 6（3）: 195−197.

胜又藤夫. 1979. 爪哇地区黑桑染色体和日本其他桑种间的杂交亲合性 [J]. 日本蚕丝学杂志, 48（5）: 418−422.

帅琴, 罗义维, 卢承琼, 等. 2014. 桑树SV分子标记的开发及在F1群体的偏分离分析 [J]. 蚕业科学, 3: 374−381.

田原正人. 1909. 关于桑的染色体 [J]. 植物杂志, 23（271）: 343−353.

吴云. 1964. 我国不同桑品种的倍数性鉴定 [J]. 蚕业科学, 2（3）: 165−170.

向仲怀, 张孝勇, 余茂德, 等. 1995. 采用随机扩增多态性DNA技术（RAPD）在桑属植物系统学研究的应用初报 [J]. 蚕业科学, 21（4）: 203−208.

轩亚辉, 李杨, 王圣, 等. 2014. 川桑的种子萌发及染色体核型鉴定 [J]. 蚕业科学, 40（6）: 957−960.

余茂德. 1986. 桑树染色体倍数性的研究 [J]. 蚕学通讯, 4: 38−40.

余茂德. 1988. 川桑（*Morus notabilis* C.K.Schneid）的细胞学研究 [J]. 蚕学通讯, 2: 21−22.

Das B C. 1961. Cytological studies on *Morus indica* L. and *Morus laevigata* Wall [J]. Caryologia, 14（1）: 159−162.

Dotta M. 1954. Cytogenetical studies on two species of *Morus* [J]. Cytologia（Tokyo）, 19: 86−95.

He N J, Zhang C, Qi X W, et al. 2013. Draft genome sequence of the mulberry tree *Morus notabilis* [J]. Nature Communication, 4: 3445.

Janaki, Ammal E K.1948. The origin of black mulberry [J]. Journal of Royal Horticultural Society, 73: 117−120.

桑树基因组的结构

第三章

基因组是物种生物学特性最主要和最本质的决定部分，是揭开其生命奥秘的基础。基因组大小、基因组组成、碱基组成等是基因组的重要特征。本章讨论桑树基因组的结构，为全面认识和研究桑树生物学提供重要的基础信息。

一、桑树基因组的结构特征

1. 桑树基因组大小的决定

在为基因组测序所构建的12个文库中，以来自插入片段为500bp文库的测序数据用做估算桑树基因组大小的K-mer分析。从超过1亿个reads的测序数据中经过滤得到10.46Gb高质量测序数据，利用这些数据，逐碱基取17-mer的片段获得深度频数分布图。如图3-1及表3-1所示，川桑基因组17-mer频率分布峰值出现在24。因此，根据公式G（基因组大小）=kmer_num（kmer个数）/kmer_depth（kmer期望深度），由此估算出川桑的基因组大小约为357 Mb。

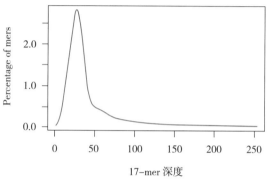

图3-1　川桑基因组17-mer深度频数分布图（He et al., 2013）

横坐标为深度，纵坐标为各深度下K-mer种类所占比例

Figure 3-1　The distribution of 17-mer depth of the *Morus notabilis* genome

The *x*-axis represents 17-mer depth and the *y*-axis represents the the proportion of K-mer

表3-1　K-mer分布统计（He et al., 2013）

Table 3-1　Statistics of the distribution of K-mer distribution

Kmer	Kmer数目	Kmer深度峰值	基因组大小	使用碱基数目	使用reads数目	*X*
17	8577674309	24	357403096	10456746325	117442001	29.2576

注：*X*表示用于K-mer分析的数据相对于基因组的覆盖深度。

2. 桑树基因组的GC含量分析

基因组的GC含量是指鸟嘌呤（guanosine）和胞嘧啶（cytosine）两种碱基在全基因组中所占比例，为描述基因组组成的指标之一。根据桑树基因组测序reads，以30kb为窗口无重叠滑动计算其GC含量和平均深度的关系。从图3-2上可以看出reads对桑树基因组的覆盖深度较大，大多在150～200这个区间；由此得到桑树基因组GC含量在30%～40%，呈现大量集中分布的趋势。进一步采用500pb的非重复滑动窗口，利用川桑、拟南芥、草莓、黄瓜和大豆的基因组数据沿每个窗口统计GC分布来计算各自物种基因组的GC含量，如图3-3所示，桑树基因组GC含量为35.02%，与双子叶植物拟南芥、草莓、黄瓜和大豆GC含量类似。

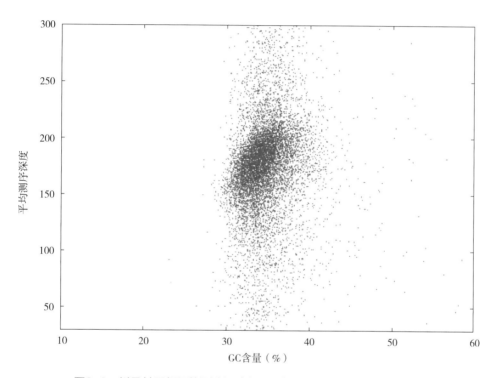

图3-2　川桑基因组平均测序深度与GC含量分布（He et al.，2013）

横坐标是GC含量，纵坐标是平均深度

Figure 3-2　Sequencing average depth and GC-content distribution of the *Morus notabilis* genome

The *x*-axis represents GC content percentage and the *y*-axis represents the sequencing average depth of genome

3. 桑树基因组的重复序列

重复序列广泛存在于真核生物基因组中，这些重复序列或集中成簇，或分散在基因间。可根据重复次数把重复序列分为高度重复序列、中度重复序列和低度重复序列。也可根据分布把重复序列分为分散重复序列和串联重复序列。分散重复序列分为4种：长末端重复序列（LTR）、长散布因子（LINE）、短散布因子（SINE）和DNA转座子。串联重复序列根据重复序列的重复单位的长度可分为：卫星DNA、小卫星DNA和微卫星DNA。

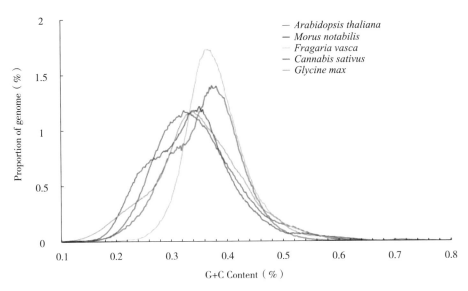

图3-3　川桑及其他4种双子叶植物的基因组GC含量分布（He et al.，2013）

横坐标代表GC含量，纵坐标代表各GC含量在基因组中所占比例

Figure 3-3　GC-content distributions of the *Morus notabilis* genome and four other eudicot species

The *x*-axis represents GC content and the *y*-axis represents the proportion of genome

　　随着物种基因组解析的快速发展，大量数据表明重复序列是真核生物基因组的重要组成部分，其数量和种类直接影响基因组的结构和大小，也是比较基因组研究的重要内容。重复序列的鉴定可采用酶切杂交、标记探针筛选等常规实验手段。在这些数据积累的基础上，通过编写分析软件，可以在基因组测序数据中快速寻找具有序列特征的重复序列。

　　桑树基因组重复序列的注释是利用Proteinmask以及Repeatmasker软件，基于最新的Repbase库搜索基因组序列中的重复序列，得到桑树基因组重复序列的注释信息文件。通过Piler、RepeatModeler和RepeatScout软件建立*de novo*的基因组的重复序列库，然后对这个库进行去冗余，过滤掉污染得到最终的*de novo*的桑树基因组的重复序列库，以此为基准来寻找桑树基因组中的重复序列区域。同时也通过序列结构特征对桑树基因组的重复序列进行注释。例如，在LTR-retrotransposon的预测中，采用LTR_FINDER软件搜寻桑树基因组中的LTR序列文件作为文库，Repeatmasker软件来注释完成桑树基因组中的LTR位置信息。如表3-2所示，*de novo*预测的方法共得到了127.98Mb的重复序列。需要指明的是，基于从头测序技术在处理重复序列方面固有的限制，桑树基因组中重复序列的含量应该被低估，估计在未组装的序列中还约有18.48Mb的重复序列（He et al.，2013）。因此，桑树基因组中的重复序列与苹果基因组中重复序列的占比（42%）比较接近，略高于杨树的（35%）。在这些重复序列中，超过50%的桑树重复序列可以划分到已知的类别中，如Gypsy（6.58%）以及Copia（6.84%）LTR型（长末端重复）转座元件。在已知的类别中，包括长末端重复（LTR）反转录转座子和非长末端重复（non-LTR）反转录转座子的RNA转座子占据桑树基因组的14.06%，而DNA转座子的占比为3.67%。将川桑基因组中已知类型的重复序列与Repbase（v15.02）中的序列进行比对，根据比对结果计算重复序列的分化度发现大约99.11%的重复序列有超过10%的分化度，这个结果暗示了大多数桑树的重复序列是比较古老的（图3-4）。

表3-2 川桑基因组中重复序列含量（He et al., 2013）

Table 3-2 Repeat content in the assembled *Morus notabilis* genome

类别	拷贝数	DNA含量（bp）	DNA百分比（%）
Class I: Retrotransposon	108303	43561196	14.06
LTR-Retrotransposon	100853	41649246	13.44
Gypsy	44464	20404226	6.58
Copia	55782	21183092	6.84
Other	607	232978	0.08
Non-LTR Retrotransposon	7450	2047812	0.66
SINE	1101	441939	0.14
LINE	6349	1605873	0.52
Class II: DNA Transposon	39090	11372482	3.67
SubclassI	35829	10564844	3.41
CACTA	7109	2433409	0.79
Tc1/Mariner	267	45446	0.01
hAT	11225	4354834	1.41
Harbinger	4438	1381422	0.45
Other	12790	2349733	0.76
SubclassII	3261	1050111	0.34
Helitron	3192	1034915	0.33
Maverick	69	15196	0.00
Satellite	97	29106	0.01
Low complexity	89705	6046488	1.95
Simple repeat	123328	6170770	1.99
Tandem repeat	177772	18860904	6.09
Unknown	185015	63782436	20.58
总计	723310	127983832	41.30

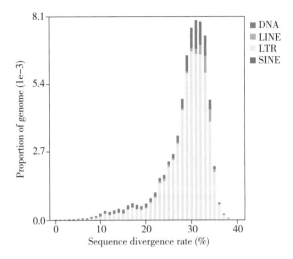

图3-4　川桑基因组中已知类型转座子（TE）的分化度分布（He et al.，2013）

Figure 3-4　Divergence distribution of classified transposable element（TE）families in the *Morus notabilis* genome

4. 桑树基因组结构预测

桑树基因组的预测采用基于隐马尔可夫模型（HMM）的*de novo*预测加上Homolog预测，再将两者预测的结果通过采用Glean的方法整合到一起得到最后的基因集（He et al.，2013）。首先，*de novo*的预测是利用基因模型中包含的诸如剪接信号、外显子长度、启动子和polyA信号分布特征、不同的CG组分区域在基因密度和结构方面的差别等来确定外显子的位置以及预测桑树序列中的基因个数。Homolog预测方法是将桑树的基因组序列与已知的同源物种的编码蛋白序列进行比对，然后通过Solar和Genewise等软件聚类，找到桑树中对应区域，达到基因预测目的。通过上述两种方法得到的基因集均存在自己的缺陷，如*de novo*预测得到的基因很完整，但数量较少。同源预测得到的基因数量虽多，但缺乏完整性。此时需要通过Glean软件将这些预测出来的基因区域进行整合。所得到的基因集结合来自5个组织（根、皮、冬芽、雄花和叶）共计21Gb的转录组数据以及5833个表达序列标签对预测基因进行进一步的验证，最终共预测得到29338个桑树基因（表3-3）。根据此数据分析发现，桑树基因的平均mRNA长度为2849bp，平均编码基因长度为1156bp，与同属蔷薇目的苹果、草莓最为接近。平均外显子数目为4.6个，与杨树、苹果、草莓较为接近（表3-3）。桑树接近3万个基因中包括27085个高置信度、具有完整基因结构的蛋白编码基因（high-confidence protein-coding genes）和2253个通过转录组测序以及表达序列标签注释得到的基因。如表3-4所示，在27085个高置信度基因中，从头基因预测支持其中99.93%的基因，转录组测序及表达序列标签支持其中58.38%（15811个）的基因，基于同源方法搜索支持其中69.94%（18943个）的基因，这三种方法同时支持的有超过一半（52.19%）的桑树基因。

表3-3　川桑及其他9种双子叶植物基因信息统计（He et al., 2013）

Table 3-3　Statistics of gene information in *Morus notabilis* and other nine eudicots

类型	拟南芥	大豆	杨树	葡萄	番木瓜	可可树	草莓	苹果	黄瓜	川桑
基因大小（Mb）	33.23	58.00	46.17	29.96	24.58	53.42	40.39	64.71	27.99	33.90
最大基因长度（bp）	16011	58035	15954	40713	10605	17220	15804	14367	16131	31657
基因数目	27348	46290	41377	26346	27725	46140	34809	55386	26682	29338
基因密度	2.2	0.42	0.94	0.66	0.73	1.07	1.45	0.78	0.73	0.82
基因长度≥100bp	27262	46288	41365	26018	27036	46140	34749	55362	26682	29338
基因长度≥1000bp	14374	24783	18652	11556	9449	20517	15589	25513	10956	13063
基因长度≥2000bp	3845	6638	5189	3476	2152	7238	4998	7786	3015	4149
N50（bp）	1545	1539	1491	1596	1314	1677	1587	1554	1464	1635
N80（bp）	951	939	843	885	678	879	849	852	795	885
mRNA长度（中位值/平均值, bp）	1557/1866	2470/3265	1733/2317	3019/5936	1320/2396	2437/3229	1824/2792	1947/2729	1700/2685	1864/2849
基因长度（中位值/平均值, bp）	1044/1215	1056/1253	909/1115	876/1137	675/886	879/1158	894/1160	927/1168	828/1049	882/1156

（续）

类型	拟南芥	大豆	杨树	葡萄	番木瓜	可可树	草莓	苹果	黄瓜	川桑
外显子长度（中位值/平均值，bp）	134/237	128/216	137/238	122/191	132/219	158/248	135/232	144/241	137/239	144/250
外显子数目（中位值/平均值，bp）	3/5.1	4/5.8	3/4.7	4/6.0	2/4.0	3/4.7	3/5.0	3/4.8	3/4.4	3/4.6
内含子长度（中位值/平均值，bp）	98/159	180/420	169/327	208/970	189/498	138/337	157/407	199/446	197/483	225/542
内含子数目（中位值/平均值，bp）	2/4.1	3/4.8	2/3.7	3/5.0	1/3.0	2/3.7	2/4.0	2/3.8	2/3.4	2/3.6
mRNA GC含量（%）	40.00	36.68	38.45	36.77	37.55	36.30	39.90	39.46	41.50	37.85
外显子GC含量（%）	44.12	44.11	43.46	44.54	44.53	41.40	46.03	45.61	49.79	45.61
内含子GC含量（%）	31.93	31.89	33.59	34.90	33.07	32.94	35.45	34.30	33.00	32.90

注：基因大小表示所有编码序列的总长度。

表3-4　桑树基因组中高置信度蛋白编码基因预测方法统计（He et al.，2013）

Table 3-4　Support for high-confidence protein-coding genes in the genome of *Morus notabilis*

	支持数目	百分比（%）
trans &/or EST support	15811	58.38
protein support	18943	69.94
de novo support	27085	99.93
（trans &/or EST）&（*de novo*）& protein	14136	52.19
de novo support only	6473	23.90

注：支持标准：预测基因编码序列长度的60%以上可以和最初同源性预测、RNA测序、EST序列和从头预测所得到的基因比对上。

二、桑树基因组的转座因子和重复序列

重复序列对维持染色体的空间结构起着至为重要的作用，与此同时，重复序列还对基因的表达、基因组结构变异及重组等具有重要影响。根据重复序列在基因组内的分布情况，可以将之分为两大类：一类为串联重复序列；另一类则为散在重复序列。

（一）桑树中的重复序列

基于重复序列的分子标记技术，如ISSR和SSR分子标记技术等已广泛应用于桑树分子生物学的研究，早在2004年，Awasthi等（2004）则基于ISSR标记对栽培桑树品种进行了相应的亲缘关系鉴定。2006年，Vijayan等（2006）则利用ISSR分子标记技术对来源于印度的桑树栽培品种及高产桑树品种进行了遗传多样性分析，结果得出对这些桑树而言，产量与遗传性状之间呈现出相关性。我国桑树分子标记的研究也已有很多积累，赵卫国等用ISSR标记方法对桑树栽培品种和野生桑种、桑树二倍体与同源四倍体亲缘关系进行遗传多样性研究（赵卫国等，2006；Zhao et al.，2006）。黄勇等（2008）对山东、河北地区的24个白桑地方品种资源进行了遗传多态性分析。黄盖群等（2014）对28个果桑品种遗传多样性进行了分析。2011年张林等基于ISSR分子标记技术对来自黄河下游区域（山东和河北）的46个鲁桑地方品种的遗传多样性进行了分析，并对其遗传关系进行了研究（张林等，2010）。核心种质是可以用最少份数的种质资源代表该物种及生态类型的遗传多样性，格鲁桑类型桑树种质是黄土高原栽培桑树品种的典型代表，是桑树的一个自然生态区域栽培种群，因此张林等人于2011年，基于ISSR标记对来自于山西的73份鲁桑类型桑树种质资源的核心种质进行初选（张林等，2011a）。同年，张林等人还基于ISSR标记技术，对来自珠江流域（广东和广西）的64份广东桑

地方品种的遗传多样性和亲缘关系进行鉴定，为广东桑种质资源DNA指纹图谱的建立及品种鉴定提供了科学依据（张林等，2011b）。2011年高丽丽等人对93份广东桑桑树种质资源的遗传多样性进行了分析，结果表明，供试材料的亲缘关系与地理分布、花性等之间存在关联（高丽丽等，2012）。

Aggarwal等利用SSR富集技术，分离鉴定出了6个具有多态性的印度桑SSR分子标记（Aggarwal et al.，2004）。赵卫国等构建了桑树SSR文库，从96个克隆中筛选出了10个SSR标记，并对27个桑树基因型的遗传多样性进行了鉴定（Zhao et al.，2005）。2010年彭波等人通过10对SSR引物，在172份桑树材料中筛选到了67个等位变异，并对这些材料的遗传多样性进行了研究（彭波等，2010b），除此之外，彭波等人利用SSR标记技术在172份桑树品种（系）的研究中，寻找到可能与控制节间距性状的基因相连锁的分子标记（彭波等，2010a）。桑树基因组测序完成之后，罗义维等人通过对PCR反应体系进行正交试验优化的基础上，采用从全基因组层面筛选到的共计2878对SSR分子标记分析以伦教109作为副本，珍珠白和粤武2号分别作为母本的2对杂交组合亲本间的多态性，并推测桑树品种珍珠白可能为异源四倍体，而伦教109可能为同源四倍体（罗义维等，2014）。

川桑全基因组测序完成为从全基因组层面上去开发基于重复序列桑树特异的DNA marker提供可能，Krishnan等人基于测序完成基因组，从中筛选到了有217312个SSR markers，SSR的密度达到了1.5 kb/SSR。其中有33715个SSR markers是复合型的，183597个SSR markers则是单一的motif。mono-repeats的SSR markers有151152，是所占比例最高的。另外，还从川桑879个EST序列中筛选到了961个SSR markers。其中82个是复合型的，剩余的879个则为单一型的motif。在EST序列中得到的SSR markers中，同样是mono-repeat的所占比例最高，有536个是mono-repeat。Krishnan等人还构建了SSR markers的数据库，命名为MulSatDB。除包含有以上SSR markers之外，Krishnan等人还对含有SSR markers的EST序列进行了功能注释，以便于结合结果选取和性状相关的markers进行分析研究（Krishnan et al.，2014）。表3-5和图3-5分别对含有SSR motifs的EST序列信息进行统计展示。

表3-5　SSR motifs在EST序列上的定位（Krishnan et al.，2014）

Table 3-5　Location of SSR motifs in EST sequences

motif	type	5′ UTR	3′ UTR	Translated	Unknown
simple	474	25	90	290	879
compound	39	5	2	36	82

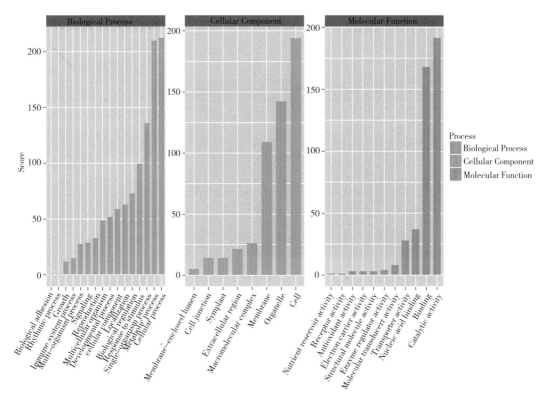

图3-5　含有SSR motifs的EST序列功能注释分布（Krishnan et al.，2014）

Figure 3-5　Distribution of functional annotations among SSR containing EST sequences（Krishnan et al., 2014）

（二）桑树中的转座子

转座元件（transposable elements，TEs）或称转座子（transposons）是一大类在生物基因组中广泛存在的DNA序列，并可以经过转座插入到基因组中新的位点，从而形成自身的一个新的拷贝（Finnegan，1985）。TE最初由著名的遗传学家Babara McClintock在20世纪40年代后期在研究玉米的过程中发现，并于1951年在冷泉港召开的学术研讨会上详细解释了自己的研究结果（McClintock，1951）。起初她发现玉米籽粒呈现出不同的颜色，而且这种颜色的变化是非常不稳定的。进一步深入研究发现导致这种现象的产生，正是由于两个转座子与周围的控制颜色相关基因的相互作用所导致的（图3-6）。这两个转座因子命名为Ac（activator）与Ds（dissociation）（McClintock，1950）。这也是最早被发现的转座子。

TE是基因组的重要构成之一。在细菌、真菌、原生动物、植物、昆虫和哺乳动物中，均发现TE的存在，进一步说明TE的研究对生物基因组的结构组成、进化起源及基因功能调控等均具有重要的意义。近年来，借助已公开的桑树基因组数据及生物信息学技术，允许我们在全基因组层面上对桑树的转座子进一步分析整理，以期了解桑树转座子对其基因组进化、基因组扩增以及基因功能等多方面存在的重要意义。

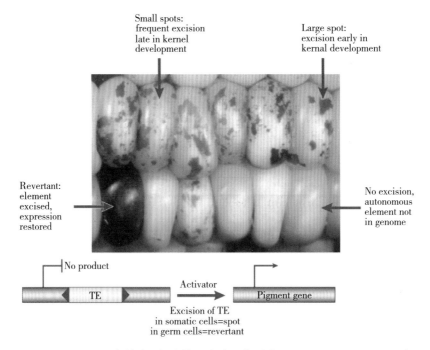

图3-6　用于研究转座子行为的玉米种子表型（Feschotte et al.，2002）

Figure 3-6　Variation in kernel phenotypes is used to study transposon behavior

（三）桑树转座子的种类

1. 转座子的概念

转座子是一类能够在染色体基因组上自由复制和移动的DNA序列，自从美国著名遗传学家Barbara McClintock在20世纪40年代发现到现在为止，已经发现转座子广泛分布于生物体当中，并且在一些高等真核生物中所占比例极高，如在人和鼠的基因组中也分别占到了44%（Mills et al.，2007）和40%（Smit，1999）。在部分植物中，如在玉米和小麦基因组中转座子所占基因组的比例甚至达到了84.2%（Sanmiguel et al.，1996；Schnable et al.，2009）和80%（Charles et al.，2008）。

对于转座子的分类是依据其不同的转座机制进行的，即在转座子转座过程中是否需要经过RNA中间物的形成将其划分为两大类（图3-7）。

Class I：逆转录转座子（retrotransposon）。这类转座子是通过"复制-粘贴（copy-paste）"机制进行转座，具体过程为转座元件通过RNA polymerase II转录为mRNA，进而在转录酶的作用下反转录为cDNA，之后在整合酶的作用下插入到基因组的新位置，最终在基因组的一个新位点处形成自身的一个拷贝。该类转座子转座完成之后，在其供体位点会保留原始模版（Lisch，2013）。因此该机制决定了该类转座子在基因组中的分布极为丰富。根据转座子的内部编码区域等特点，可以将其进一步划分为LTR逆转录转座子和Non-LTR逆转录转座子。其中LTR逆转录转座子包括有*Copia*（pseudoviridae）、*Gypsy*（metaviridae）、Bel-Pao、Retrovirus和ERV（endogenous retroviruses）（Wicker et al.，2007）。Non-LTR逆转

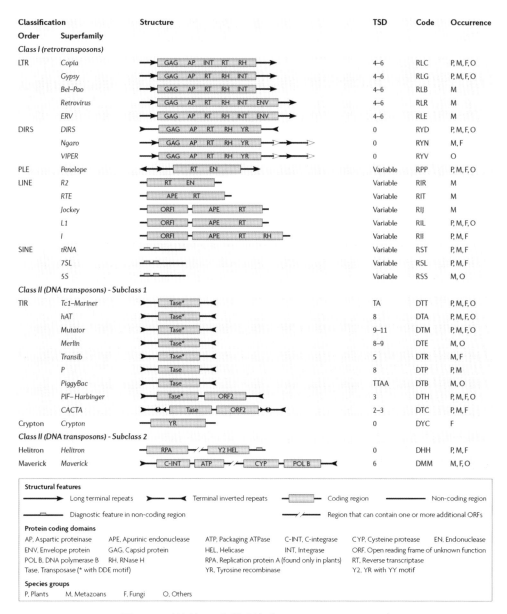

图3-7　建议的TE分类系统（Wicker et al.，2007）

Figure 3-7　Proposed classification system for transposable elements（TEs）

录转座子则主要包括了DIRS、PLE（penelope-like element）、LINE（long interspersed nuclear element）和SINE（short interspersed nuclear element）（Wicker et al.，2007）。

Class II：DNA转座子。该类转座子的转座过程则是通过"剪切-粘贴（cut-paste）"的机制进行，即在该类转座子内部转座酶的作用下，在原始位置处切割之后再在转座酶的作用下整合到基因组的另外的位置，这种转座方式的结果是导致原始位置转座子删除，因此对该类转座子而言，一般并不会增加其拷贝数（Lisch，2013）。根据转座子内部编码区等的特点，可以将其进一步划分为多种类型，包括有*Tc1-Mariner*、*hAT*、*Mutator*、*P*、*PiggyBac*、*PIF-Harbinger*、*CACTA*、*Helitron*等（Wicker et al.，2007）。

2. 桑树转座子的类型

桑树基因组中转座子的鉴定，概括起来共涉及三种方法（马崧，2014）：①从头预测*de novo*。这里主要用到了PILER（http：//www.drive5.com/piler/）（Edgar and Myers，2005）和RepeatModeler（http：//www.repeatmasker.org/RepeatModeler.html version 1.0.7）预测软件。其中PILER是基于PALS算法通过与自身完成比对，再进一步找出至少含有3个以上成员的重复序列家族，并进一步输出该重复序列家族的一致性序列。RepeatModeler则是基于RECON（Bao and Eddy，2002）和RepeatScout（Price et al.，2005）的运行结果，对产生的重复序列的一致性序列进行构建、校正以及分类。最后利用Tandem Repeats Finder（version 4.07b）（Benson，1999）过滤掉结果中低复杂度的重复序列。②基于序列特征预测。这里我们主要用LTR_STRUC（McCarthy and McDonald，2003）和LTR_FINDER（Xu and Wang，2007）对整个桑树基因组的LTR型逆转录转座子进行鉴定。对于Non-LTR逆转录转座子，则基于HMM的方法，使用MGEScan-nonLTR程序在默认参数下进行（Rho and Tang，2009）。对于桑树中的*Helitron*转座子，使用HelitronScanner的默认参数进行鉴定（Xiong et al.，2014）。桑树中的*MITE*转座子的一致性序列则是通过MITE-Hunter使用默认参数进行鉴定（Han and Wessler，2010）。③基于序列相似性预测。这里通过从Dr. Yaowu Yuan（Yuan and Wessler，2011）处得到的植物中这些保守的转座酶结构域的一致性序列作为提交序列，通过TARGeT Pipeline（Han et al.，2009）实现与基因组的比对，并提取比对序列上、下游各10 kb长度的序列后，进一步确定序列两端的TIRs和TSDs序列边界。

对经以上方法得到的结果进一步整合并对假阳性结果进行筛除。对最终得到的精确结果进一步通过与已有公共库（Repbase、Plant Repeat Database以及RepeatPep）等进行比对，对鉴定到的转座子进行详细归类。对LTR类逆转录转座子的划分进一步考虑了序列内部几个典型的ORF片段，包括有GAG以及POL。对内部编码区的鉴定所用到的HMM文件信息如表3-6所示。

表3-6　用于LTR逆转录转座子结构域鉴定的HMM文件（马崧，2014）

Table 3-6　The HMM profilesused for the identification of domains in LTR retrotransposable elements

Domain	Pfam name	Pfam accession
Reverse transcriptase	RVT_1	PF00078
	RVT_2	PF07727
Integrase core domain	rve	PF00665
Integrase DNA binding domain	IN_DBD_C	PF00552
Integrase Zinc binding domain	Integrase_Zn	PF02022
RNase H	RNase_H	PF00075
Retroviral aspartyl protease	RVP	PF00077
	RVP_2	PF08284
Retrotransposon gag protein	Retrotransposon gag protein	PF03732

在完成转座子的鉴定之后，进一步根据Wicker提出的80-80-80规则进行家族划分（Wicker et al.，2007）。最终在桑树基因组中共计鉴定到有5925条转座子序列，这些序列可以划分为13个超家族，1062个家族。桑树基因组中鉴定到的转座子统计信息如表3-7所示。

表3-7　桑树基因组中鉴定的转座子简要统计表（马赟，2014）

Table 3-7　Summary of identified TEs in mulberry WGS assembly

Class	Order	Superfamily	Members	Families
Retrotransposons	LTR	*Copia*	1557	226
		Gypsy	1415	145
		Lard	722	312
		Trim	254	119
	LINE	*L1*	19	19
		RTE	30	30
DNA transposons	TIR	*PIF-Harbinger*	286	31
		hAT	1085	44
		CMC	249	38
		MuLE	136	39
		TcMar	1	1
	MITE	*MITE*	136	26
	Helitron	*Helitron*	35	32
Total			5925	1062

3. 桑树转座子的全基因组注释

对得到的转座子全长序列，通过RepeatMasker（http：//www.repeatmasker.org，v-4.0.3）对整个基因组进行注释。运行参数为默认参数。其中以RMBlast作为序列比对工具，使用Smith-Waterman算法，临界值（cutoff）设定为225。最终使用Robert Hubley（Institute for Systems Biology）提供的Perl程序对RepeatMasker的注释结果进行统计。注释结果表明桑树基因组中共计有约125.3Mb的序列注释结果为转座子相关序列，这些转座子相关序列总计占整个川桑基因组已有测序序列的37.87%（表3-8）。结合结果综合看来逆转录转座子占整个已测序基因组的29.26%。其中以LTR类转座子所占比例最高，占总覆盖序列（masked）的98.6%，最终所有的LTR类转座子占了总基因组的28.85%。其中*Copia*和*Gypsy*分别占总基因组的10.44%和9.2%。LTR类逆转录转座子中的*Lard*占总基因组的8.59%。DNA转座子只占总基因组的8.6%。其中以*hAT*所占基因组比例最高（2.88%），之后是*CMC*（2.37%）、*PIF-Harbinger*（1.9%）、*MuLE*（0.38%），其他超家族则只占较少比例（表3-8）。

表3-8 桑树全基因组转座子注释信息（马颖，2014）

Table 3-8 Annotation of TE superfamilies in mulberry WGS assembly

Class	Order	Superfamily	Counts	Percentage of elements（%）	Masked（bp）	Percentage of Masked（%）	Percentage of genome（%）
Retrotransposons	LTR	Copia	81050	24.82	34541580	27.58	10.44
		Gypsy	45131	13.82	30419960	24.29	9.20
		Lard	94119	28.82	28414859	22.68	8.59
		Trim	4354	1.33	2005679	1.60	0.61
		unclassified	89	0.03	46818	0.04	0.01
	LINE	L1	1212	0.37	388544	0.31	0.12
		RTE	3629	1.11	974028	0.78	0.29
	SINE	tRNA	5	0.00	680	0.00	0.00
	PLE	Penelope	31	0.01	3035	0.00	0.00
DNA transposons	TIR	PIF-Harbinger	29406	9.00	6270533	5.01	1.90
		hAT	28370	8.69	9525810	7.60	2.88
		CMC	27067	8.29	7834412	6.25	2.37
		MuLE	2961	0.91	1273395	1.02	0.38
		TcMar	1307	0.40	256524	0.20	0.08
		Ginger	28	0.01	2166	0.00	0.00
		Novosib	6	0.00	269	0.00	0.00
		Sola	1	0.00	63	0.00	0.00
		unclassified	287	0.09	42381	0.03	0.01
	Helitron	Helitron	7508	2.30	3258215	2.60	0.98
Total			326561	100.00	125258951	100.00	37.87

4．转座子覆盖度与基因覆盖度之间的关系

测序组装完成的桑树基因组共计330.79Mb，含110759条scaffolds，其中scaffold N50长度为390115bp。从中选取所有大于N50的共计245条scaffolds，对上面分布的转座子和基因的关系进行分析。表3-9给出了选取的scaffolds的一些基本信息。

表3-9 选取用于分析转座子和基因关系的scaffolds信息（马咏，2014）

Table 3-9 Statistics of scaffolds used for the relationship analysis of transposable elements and genes

Scaffolds	Proportion[a]	Len（bp）（min-max）	Genes	Proportion[b]	Active Genes	Proportion[c]
245	50.1%	390115-3477367	14909	55.0%	11162	74.9%

[a] means（Total length of More than N50 scaffolds）/（Total length of the sequenced genome）; [b] means（Total number of genes in these more than N50 scaffolds/Total number of genes in the genome）; [c] means（Total number of active genes in these more than N50 scaffolds/Total number of genes in these more than N50 scaffolds）.

从表3-9中可知245个大于scaffold N50以上的scaffolds中共计占到了总scaffolds大小的50.1%，总基因数目也占到了基因组总基因数目的55.0%，因此选取scaffold N50以上的scaffolds可以用来分析转座子与基因的相互关系。对scaffolds上转座子和基因的覆盖度之间的相关性进行分析表明，转座子的覆盖度和基因的覆盖度之间呈现强烈的负相关性（$r=-0.759$，$p<0.01$）（图3-8）。这表明了在基因组中转座子的分布并非是随机的，在富含基因的区域里，转座子的含量相对较少。

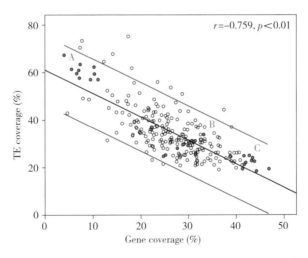

图3-8 大于scaffold N50以上scaffolds中转座子和基因的覆盖度相关性（马咏，2014）

蓝色线分别表示所有统计的95%置信区间。A．标注的红色实心圆表示选取的富含TE的scaffolds；B．标注的红色实心圆表示选取的TE和基因比例相近的scaffolds；C．标注的红色实心圆表示选取的富含基因的scaffolds

Figure 3-8 Correlation of the proportional coverage between TEs and genes in scaffolds which length were more than N50

The bule line represents the 95% prediction interval about the correlation. Red circles indicate scaffolds selected for the further analysis. A represents the TE-rich scaffolds. B represents the scaffolds with similar proportions of TEs and genes. C represents the Gene-rich scaffolds

从图3-8的245个scaffolds进一步选取30个scaffold（富含转座子的scaffolds选取10个，命名为TE-rich，富含基因的scaffolds选取10个，命名为Gene-rich，另外的10个则是转座子和基因的比例相近的scaffolds）进行详细分析（表3-10，图3-9），得到同样的结果，即转座子的覆盖度和基因的覆盖度两者之间是一种负相关的关系。而且可以看出，其中以LTR类逆转录转座子在基因组中所占比例最高，而且个别超家族在个别scaffold的部分仓（bin）里分布较高的这个现象也进一步暗示了不同超家族的转座子在基因组不同区间的分布是具有一定偏好性的（图3-9）。

表3-10　用于分析基因和转座子分布的代表性scaffolds信息（马蹄，2014）

Table 3-10　Summary of representative scaffolds for the distribution analysis of genes and TEs

Scaffold	Character	GeneCoverage（%）	TECoverage（%）	Length（bp）	Blocks
scaffold279	TE_rich	10.2	62.3	394310	8
scaffold358	TE_rich	7.3	63.4	441451	9
scaffold54	TE_rich	10.2	59.4	423612	9
scaffold240	TE_rich	9.5	57.1	479717	10
scaffold717	TE_rich	7.1	57.7	474161	10
scaffold97	TE_rich	4.0	67.4	489256	10
scaffold181	TE_rich	11.0	57.0	542092	11
scaffold621	TE_rich	6.6	59.5	506324	11
scaffold130	TE_rich	5.5	61.3	613356	13
scaffold436	TE_rich	7.0	60.9	933155	19
scaffold544	Gene_rich	42.0	22.0	390115	8
scaffold120	Gene_rich	41.6	24.7	460506	10
scaffold602	Gene_rich	43.3	22.7	491324	10
scaffold72	Gene_rich	43.9	22.6	456784	10
scaffold1225	Gene_rich	43.4	24.0	528287	11
scaffold235	Gene_rich	46.8	19.4	590008	12
scaffold521	Gene_rich	42.7	24.9	598839	12
scaffold89	Gene_rich	41.3	19.4	600980	13
scaffold39	Gene_rich	44.2	18.4	688147	14
scaffold75	Gene_rich	41.7	21.2	944843	19
scaffold637	Similarity	31.4	31.1	399665	8
scaffold456	Similarity	33.2	33.8	450890	10
scaffold489	Similarity	29.9	29.2	450597	10
scaffold177	Similarity	25.2	25.2	549493	11
scaffold193	Similarity	29.0	29.7	541081	11
scaffold502	Similarity	27.6	28.1	503122	11
scaffold264	Similarity	30.7	31.2	687652	14
scaffold630	Similarity	31.0	30.6	730026	15
scaffold698	Similarity	24.7	24.7	701044	15
scaffold467	Similarity	30.2	30.3	1288333	26

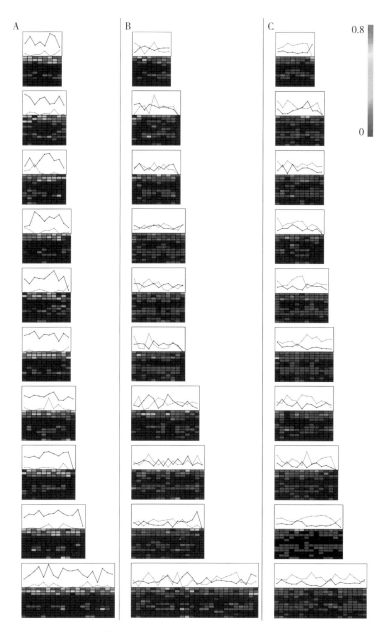

图3-9　代表性scaffolds中TE和gene的分布（马骏，2014）

A．TE-rich scaffolds；B．TE和gene比例相近的scaffolds；C．Gene-rich scaffolds；scaffold顺序与表3-10中顺序一致。每个scaffold均按照50kb进行分割为多个单元，黑色线表示转座子在scaffold每个单元的覆盖度，红色线表示基因在scaffold每个单元的覆盖度。热图的每一行均代表一个转座子超家族，这里只对含量较高的超家族进行分析，从上到下依次为：*Copia*，*Gypsy*，*Lard*，*Trim*，L1，*RTE*，PIF，*hAT*，*CMC*，*MuLE*，*TcMar*和*Helitron*。热图中的每个方框代表50kb。热图中表示的覆盖度范围从0～0.8

Figure 3-9　Distribution of TEs and genes in representative scaffolds

A．Ten TE-rich scaffolds；B．Ten scaffolds with similar proportion of TEs and genes；C．Ten Gene-rich scaffolds．All scaffolds were corresponding to the Table 3-10．All scaffolds were divided into 50 kb bins（square）．The black line represents the proportional coverage of TEs in every 50 kb bins．The red line represents the proportional coverage of genes in every 50 kb bins．Each heatmap row represent coverage of analyzed TE superfamilies, top to bottom: *Copia*, *Gypsy*, *Lard*, *Trim*, L1, *RTE*, PIF, *hAT*, *CMC*, *MuLE*, *TcMar*, and *Helitron*. Scale bar: 0 to 0.8

5. 转座子覆盖度与有表达活性基因所占比例之间的关系

根据川桑基因组5个组织（根、皮、叶、花和冬芽）的转录组数据，从中选取245个scaffolds上面具有表达活性的基因，分析这些scaffolds上具有表达活性基因的比例与转座子的覆盖度之间的关系。分析结果同样显示两者之间是呈现负相关关系，该结果进一步说明了转座子对基因的表达活性是具有调节作用的。

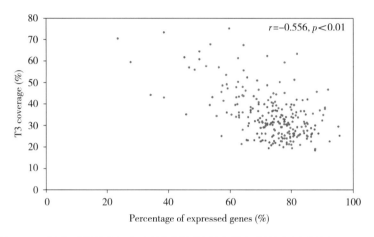

图3-10　转座子覆盖度和有表达活性基因比例的相关性分析（马嵩，2014）

Figure 3-10　Correlation between TE proportional coverage and the percentage of expressed genes

6. 转座子在基因组上的分布

转座子在基因组上的分布并非随机性的，如拟南芥中的*Copia*倾向于插入基因内部（Lockton and Gaut，2009），水稻中*mPing*转座子更倾向于插入在基因上、下游5kb区域内（Naito et al.，2006）。亚麻中的*hAT*和*Helitron*等倾向于插入在基因内部（Gonzalez and Deyholos，2012）。事实上对桑树基因的覆盖度与转座子覆盖度之间的相关性分析结果也已经表明，桑树中的转座子在基因组上的分布同样不是随机性的。在基因含量相对密集的区域，转座子的分布则相对较少。以不同转座子超家族作为类别，通过卡方检验来分析某些超家族的序列是否更倾向于插入到基因组的某些位置。对于位置的划分，考虑到这样几个区域：基因内部，基因上、下游2kb区域，以及基因上、下游2~5kb区域。不同类型超家族在相对于基因的不同区间之内的插入偏好性是有所不同的。以插入基因内部为例，如*Gypsy*（$p<0.01$）、*hAT*（$p<0.01$）、*Helitron*（$p<0.01$）和*MuLE*（$p<0.01$）等超家族的转座子倾向于插入基因内部。以插入到基因上、下游2kb区域为例，则发现*Copia*（$p<0.01$）、*Gypsy*（$p<0.01$）、*Helitron*（$p<0.01$）、*MuLE*（$p<0.01$）以及*Trim*（$p<0.05$）倾向于分布在该区域。在对基因邻近的2~5kb区域进行的分析表明，只有*Gypsy*（$p<0.01$）和*Copia*（$p<0.05$）表现出分布于该区域的倾向性，另外的*hAT*（$p<0.01$）、*PIF-Harbinger*（$p<0.01$）以及*CMC*（$p<0.05$）表现出偏离该区域的倾向性（图3-11）。

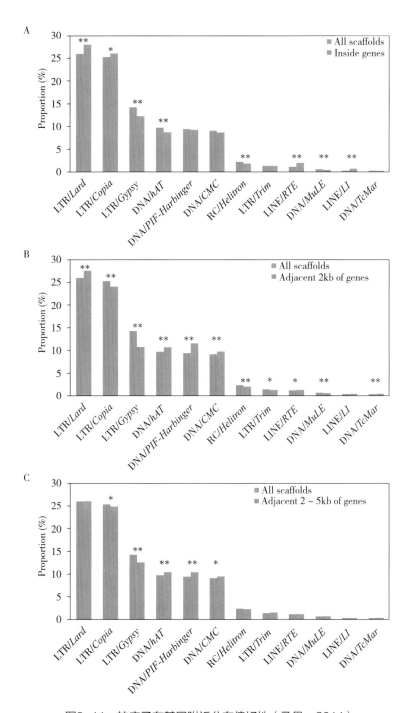

图3-11　转座子在基因附近分布偏好性（马焱，2014）

A. 比较大于N50 scaffold上TE与基因内部的TE；B. 比较大于N50 scaffold上TE与基因上、下游2kb区域的TE；C. 比较大于N50 scaffold上TE与基因上、下游2～5kb区域的TE。比例是表示根据处于不同区域的超家族匹配（Hits）数占总转座子的Hits数的比值（蓝色表示所有大于N50的scaffolds的TE比例，橙色表示位于相应区域的TE比例）。*表示$p<0.05$，**表示$p<0.01$

Figure 3-11　Preferential distribution of TEs in and around genes in the genome

A. TEs distribution in all scaffolds vs inside genes; B. TEs distribution in all scaffolds vs the adjacent 2 kb upstream and downstream of gens; C. TEs distribution in all scaffolds vs the adjacent 2～5 kb upstream and downstream of genes. The proportions were calculated by the hits of each superfamily among all TE hits in the scaffolds（more than N50）（Blue）or in the corresponding regions of genes（Orange）. *, $p<0.05$; **, $p<0.01$

7．转座子对基因组的潜在影响

转座子在相对于基因的不同区域内的插入是具有偏好性的，若转座子是插入在基因上、下游2kb区域以及基因内部的话，认为该类转座子会对此基因的表达活性等具有

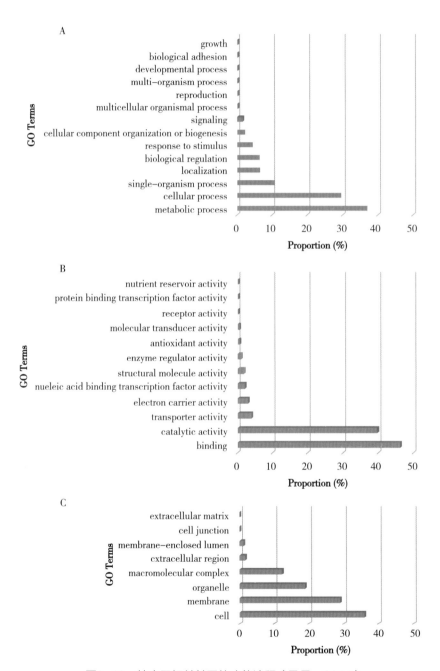

图3-12　转座子相关基因的功能注释（马峻，2014）

A．生物过程；B．分子功能；C．细胞组分

Figure 3-12　Function annotation of genes related to TEs

A. Biological process; B. Molecular function; C. Cellular component

调控作用。桑树所有scaffold N50以上的scaffolds中共计有14909个基因，其中有12482（83.7%，12482/14909）个基因的上、下游2kb区域以及基因内部区域均有转座子的存在。认为这些基因为转座子相关基因，通过对这些转座子相关基因进行功能注释，结果表明49.6%（6195/12482）的基因能够得到GO信息。这些基因主要参与到的生物过程有代谢过程（37.1%）、细胞过程（29.6%）和单器官过程（10.7%）；分子功能则集中在结合（46.4%）和酶催化活性（39.8%）；细胞组分主要位于细胞（36.3%）、膜（29.1%）、细胞器（19.1%）和多细胞复合物（12.5%）（图3-12）。

进一步对得到GO注释信息的基因参与到的代谢途径分析发现，其中有690个基因能够作图到已有的代谢通路中，这些基因总共参与到了至少有104个代谢通路中，其中参与到嘌呤代谢、硫胺代谢以及淀粉和糖代谢等途径分别占到了总Pathway的33.5%、17.0%以及14.8%（表3-11）。以上结果均说明了转座子对桑树多方面过程均具有调节作用。

表3-11 转座子相关基因的Pathway注释（马咏，2014）

Table 3-11 Pathway information of TEs related genes

Pathway	Seqs	Rate（%）	Pathway ID
Purine metabolism	231	33.5	map00230
Thiamine metabolism	117	17.0	map00730
Starch and sucrose metabolism	102	14.8	map00500
Pentose and glucuronate interconversions	71	10.3	map00040
Phenylalanine metabolism	54	7.8	map00360
Phenylpropanoid biosynthesis	47	6.8	map00940
Pyrimidine metabolism	38	5.5	map00240
Pentose phosphate pathway	28	4.1	map00030
Glycolysis / Gluconeogenesis	28	4.1	map00010
Aminoacyl-tRNA biosynthesis	25	3.6	map00970
Pyruvate metabolism	23	3.3	map00620
Methane metabolism	23	3.3	map00680
Cysteine and methionine metabolism	22	3.2	map00270
Carbon fixation in photosynthetic organisms	22	3.2	map00710
Glycerolipid metabolism	21	3.0	map00561
Glutathione metabolism	20	2.9	map00480
Fructose and mannose metabolism	19	2.8	map00051

（续）

Pathway	Seqs	Rate（%）	Pathway ID
Amino sugar and nucleotide sugar metabolism	18	2.6	map00520
Porphyrin and chlorophyll metabolism	17	2.5	map00860
Oxidative phosphorylation	15	2.2	map00190
Glycerophospholipid metabolism	13	1.9	map00564
Glycine，serine and threonine metabolism	13	1.9	map00260
Drug metabolism − cytochrome P450	12	1.7	map00982
Carbon fixation pathways in prokaryotes	12	1.7	map00720
Phenylalanine，tyrosine and tryptophan biosynthesis	12	1.7	map00400
Inositol phosphate metabolism	11	1.6	map00562
Glyoxylate and dicarboxylate metabolism	11	1.6	map00630
beta−Alanine metabolism	11	1.6	map00410
One carbon pool by folate	10	1.4	map00670
Riboflavin metabolism	10	1.4	map00740
Phosphatidylinositol signaling system	10	1.4	map04070
Propanoate metabolism	10	1.4	map00640
Tyrosine metabolism	9	1.3	map00350
Fatty acid biosynthesis	9	1.3	map00061
Pantothenate and CoA biosynthesis	8	1.2	map00770
Drug metabolism − other enzymes	8	1.2	map00983
Cutin，suberine and wax biosynthesis	8	1.2	map00073
Citrate cycle（TCA cycle）	8	1.2	map00020
Arachidonic acid metabolism	8	1.2	map00590
Galactose metabolism	8	1.2	map00052
Terpenoid backbone biosynthesis	8	1.2	map00900
Lysine degradation	7	1.0	map00310
Histidine metabolism	7	1.0	map00340
Other glycan degradation	7	1.0	map00511
Biosynthesis of unsaturated fatty acids	6	0.9	map01040

（续）

Pathway	Seqs	Rate（%）	Pathway ID
Indole alkaloid biosynthesis	6	0.9	map00901
Valine，leucine and isoleucine biosynthesis	6	0.9	map00290
Various types of N−glycan biosynthesis	5	0.7	map00513
N−Glycan biosynthesis	5	0.7	map00510
Isoquinoline alkaloid biosynthesis	5	0.7	map00950
Aminobenzoate degradation	5	0.7	map00627
Zeatin biosynthesis	5	0.7	map00908
Glycosphingolipid biosynthesis − globo series	5	0.7	map00603
Steroid degradation	5	0.7	map00984
Sulfur metabolism	5	0.7	map00920
Steroid hormone biosynthesis	5	0.7	map00140
Alanine，aspartate and glutamate metabolism	5	0.7	map00250
Taurine and hypotaurine metabolism	5	0.7	map00430
Valine，leucine and isoleucine degradation	5	0.7	map00280
Cyanoamino acid metabolism	5	0.7	map00460
Peptidoglycan biosynthesis	4	0.6	map00550
alpha−Linolenic acid metabolism	4	0.6	map00592
Tropane，piperidine and pyridine alkaloid biosynthesis	4	0.6	map00960
Arginine and proline metabolism	4	0.6	map00330
Nitrogen metabolism	4	0.6	map00910
Tetracycline biosynthesis	4	0.6	map00253
Aflatoxin biosynthesis	4	0.6	map00254
Selenocompound metabolism	3	0.4	map00450
Glycosphingolipid biosynthesis − lacto and neolacto series	3	0.4	map00601
Vitamin B_6 metabolism	3	0.4	map00750
Glycosaminoglycan degradation	3	0.4	map00531
Glycosphingolipid biosynthesis − ganglio series	3	0.4	map00604
C5−Branched dibasic acid metabolism	3	0.4	map00660

（续）

Pathway	Seqs	Rate（%）	Pathway ID
Lysine biosynthesis	3	0.4	map00300
Butanoate metabolism	3	0.4	map00650
Glycosaminoglycan biosynthesis − chondroitin sulfate / dermatan sulfate	2	0.3	map00532
Lipoic acid metabolism	2	0.3	map00785
Nicotinate and nicotinamide metabolism	2	0.3	map00760
Fatty acid degradation	2	0.3	map00071
Lipopolysaccharide biosynthesis	2	0.3	map00540
Metabolism of xenobiotics by cytochrome P450	2	0.3	map00980
Tryptophan metabolism	2	0.3	map00380
Glycosylphosphatidylinositol（GPI）−anchor biosynthesis	2	0.3	map00563
Glycosaminoglycan biosynthesis − heparan sulfate / heparin	2	0.3	map00534
Biotin metabolism	2	0.3	map00780
Streptomycin biosynthesis	2	0.3	map00521
Folate biosynthesis	2	0.3	map00790
Sphingolipid metabolism	2	0.3	map00600
Linoleic acid metabolism	2	0.3	map00591
T cell receptor signaling pathway	2	0.3	map04660
Other types of O−glycan biosynthesis	2	0.3	map00514
Novobiocin biosynthesis	1	0.1	map00401
mTOR signaling pathway	1	0.1	map04150
Polyketide sugar unit biosynthesis	1	0.1	map00523
Steroid biosynthesis	1	0.1	map00100
Photosynthesis	1	0.1	map00195
D−Glutamine and D−glutamate metabolism	1	0.1	map00471
Ether lipid metabolism	1	0.1	map00565
Fatty acid elongation	1	0.1	map00062
Ubiquinone and other terpenoid−quinone biosynthesis	1	0.1	map00130

（续）

Pathway	Seqs	Rate（%）	Pathway ID
Ascorbate and aldarate metabolism	1	0.1	map00053
Synthesis and degradation of ketone bodies	1	0.1	map00072
Sesquiterpenoid and triterpenoid biosynthesis	1	0.1	map00909
Styrene degradation	1	0.1	map00643

　　基因组研究，基因结构和功能及其随后紧密关联的代谢机制的阐明，乃是研究桑树生物形态构建的基础。全面、系统地开展桑树功能基因组研究，通过对桑树抗性基因、品质相关功能基因等的筛查，完成其优势性状的分子机理及其网络调控研究具有重要意义。

参考文献

高丽丽，张林，刘利，等. 2012. 利用ISSR标记对93份广东桑桑树种质资源的遗传多样性分析［J］. 蚕业科学，37：969-977.

黄盖群，佟万红，危玲，等. 2014. 28个果桑品种（系）的遗传多样性ISSR分析［J］. 西南农业学报，5：57.

黄勇，张林，赵卫国，等. 2008. 24个白桑（*Morus alba* L.）地方品种的遗传多样性分析［J］. 蚕业科学，34：302-306.

罗义维，亓希武，帅琴，等. 2014. 桑树杂交组合亲本的SSR标记多态性及遗传背景分析［J］. 蚕业科学，4：2.

马骁. 2014. 桑树全基因组转座子的鉴定及特征分析［M］. 重庆：西南大学.

彭波，胡兴明，邓文，等. 2010a. SSR标记与桑树发芽率、节间距性状的相关性研究［J］. 蚕业科学，36：201-208.

彭波，胡兴明，邓文，等. 2010b. 桑树种质资源SSR标记的遗传多样性分析［J］. 湖北农业科学，49：779-784.

张林，陈俊百，黄勇，等. 2011a. 基于ISSR标记初选格鲁桑类型桑树核心种质［J］. 蚕业科学，37：380-388.

张林，高丽丽，潘一乐，等. 2011b. 基于ISSR标记的64份广东桑地方品种遗传关系分析［J］. 安徽农业科学，39：17769-17772.

张林，黄勇，沈兴家，等. 2010. 基于ISSR标记的黄河下游区域鲁桑地方品种遗传关系分析［J］. 植物资源与环境学报，19：21-27.

赵卫国，苗雪霞，黄勇平，等. 2006. 桑树二倍体及其同源四倍体遗传差异的ISSR分析［J］. 蚕业科学，31：393-397.

Aggarwal R K, Udaykumar D, Hendre P S, et al. 2004. Isolation and characterization of six novel microsatellite markers for mulberry（*Morus indica*）［J］. Molecular Ecology Notes, 4: 477-479.

Awasthi A K, Nagaraja G, Naik G, et al. 2004. Genetic diversity and relationships in mulberry（genus *Morus*）as revealed by RAPD and ISSR marker assays［J］. BMC Genetics, 5: 1.

Bao Z, Eddy S R.2002. Automated de novo identification of repeat sequence families in sequenced genomes［J］.

Genome Research, 12: 1269−1276.

Barbara M 1951. Chromosome organization and genic expression [J]. Cold Spring Harbor Symposia on Quantitative Biology, 16: 13−47.

Benson G.1999. Tandem repeats finder: a program to analyze DNA sequences [J]. Nucleic Acids Research, 27: 573−580.

Charles M, Belcram H, Just J, et al. 2008. Dynamics and differential proliferation of transposable elements during the evolution of the B and A genomes of wheat [J]. Genetics, 180: 1071−1086.

Edgar R C, Myers E W.2005. PILER: identification and classification of genomic repeats [J]. Bioinformatics, 21 Suppl 1: 152−158.

Feschotte C, Jiang N, Wessler S R.2002. Plant transposable elements: where genetics meets genomics [J]. Nature Reviews: Genetics, 3: 329−341.

Finnegan D J .1985. Transposable elements in eukaryotes [J]. International Review of Cytology, 93: 281−326.

Gonzalez L G, Deyholos M K.2012. Identification, characterization and distribution of transposable elements in the flax (*Linum usitatissimum* L.) genome [J]. BMC Genomics, 13: 644.

Han Y, Burnette J M, 3rd, Wessler S R.2009. TARGeT: a web−based pipeline for retrieving and characterizing gene and transposable element families from genomic sequences [J]. Nucleic Acids Research, 37: 78.

Han Y, Wessler S R.2010. MITE−Hunter: a program for discovering miniature inverted−repeat transposable elements from genomic sequences [J]. Nucleic Acids Research, 38: 199.

He N, Zhang C, Qi X, et al. 2013. Draft genome sequence of the mulberry tree *Morus notabilis* [J]. Nature Communications, 4: 2445.

Krishnan R R, Sumathy R, Bindroo B, et al. 2014. MulSatDB: a first online database for mulberry microsatellites [J]. Trees, 28: 1793−1799.

Lisch D.2013. How important are transposons for plant evolution? [J] Nature Reviews: Genetics, 14: 49−61.

Lockton S, Gaut B S.2009. The contribution of transposable elements to expressed coding sequence in *Arabidopsis thaliana* [J]. Journal of Molecular Evolution, 68: 80−89.

McCarthy E M, McDonald J F.2003. LTR_STRUC: a novel search and identification program for LTR retrotransposons [J]. Bioinformatics, 19: 362−367.

McClintock B. 1951. Chromosome Organization and Genic Expression. Cold Spring Harbor Symposia on Quantitative Biology, 16: 13−47.

McClintock B.1950. The origin and behavior of mutable loci in maize [J]. Proceedings of the National Academy of Sciences, USA, 36: 344−355.

Mills R E, Bennett E A, Iskow R C, et al. 2007. Which transposable elements are active in the human genome? [J] Trends in Genetics, 23: 183−191.

Naito K, Cho E, Yang G, et al. 2006. Dramatic amplification of a rice transposable element during recent domestication [J]. Proceedings of the National Academy of Sciences, USA, 103: 17620−17625.

Price A L, Jones N C, Pevzner P A .2005. De novo identification of repeat families in large genomes [J]. Bioinformatics, 21 Suppl 1: 351−358.

Rho M, Tang H.2009. MGEScan−non−LTR: computational identification and classification of autonomous non−LTR retrotransposons in eukaryotic genomes [J]. Nucleic Acids Research, 37: 143.

Sanmiguel P, Tikhonov A, Jin Y K, et al. 1996. Nested retrotransposons in the intergenic regions of the maize genome [J]. Science, 274: 765−768.

Schnable P S, Ware D, Fulton R S, et al. 2009. The B73 maize genome: complexity, diversity, and dynamics［J］. Science, 326: 1112−1115.

Smit A F A.1999. Interspersed repeats and other mementos of transposable elements in mammalian genomes［J］. Current Opinion in Genetics & Development, 9: 657−663.

Vijayan K, Srivatsava P P, Nair C V, et al. 2006. Molecular characterization and identification of markers associated with yield traits in mulberry using ISSR markers［J］. Plant Breeding, 125: 298−301.

Wicker T, Sabot F, Hua−Van A, et al. 2007. A unified classification system for eukaryotic transposable elements［J］. Nature Reviews: Genetics, 8: 973−982.

Xiong W, He L, Lai J, et al. 2014. HelitronScanner uncovers a large overlooked cache of Helitron transposons in many plant genomes［J］. Proceedings of the National Academy of Sciences, USA, 111: 10263−10268.

Xu Z, Wang H .2007. LTR_FINDER: an efficient tool for the prediction of full−length LTR retrotransposons［J］. Nucleic Acids Research, 35: 265−268.

Yuan Y W, Wessler S R .2011. The catalytic domain of all eukaryotic cut−and−paste transposase superfamilies［J］. Proceedings of the National Academy of Sciences of the United States of America, 108: 7884−7889.

Zhao W G, Mia X X, Jia S H, et al. 2005. Isolation and characterization of microsatellite loci from the mulberry, *Morus* L［J］. Plant Science, 168: 519−525.

Zhao W, Zhou Z, Miao X, et al. 2006. Genetic relatedness among cultivated and wild mulberry（Moraceae: *Morus*）as revealed by inter−simple sequence repeat analysis in China［J］. Canadian Journal of Plant Science=Revue Canadienne de Phytotechnie.

第四章 桑树基因组的演化

当一个物种基因组得以解析，研究者们关注的问题之一是利用基因组数据探讨该物种的进化以及该物种形成过程中的相关问题。桑树在植物学分类上属于蔷薇目，因此本章主要从分子水平上探讨桑树与蔷薇目及其他已完成基因组测序的代表性植物间的系统进化关系。

一、桑树基因组的进化

（一）川桑与其他植物的系统发生关系

在桑树基因组解析前，蔷薇目植物大麻（van Bakel et al.，2011）、苹果（Velasco et al.，2010）、桃（Verde et al.，2013）、梨（Wu et al.，2013）和草莓（Shulaev et al.，2011）的基因组已测序完成。通过比较桑树与大麻、苹果、桃、梨和草莓以及其他植物的基因组序列，可以在分子水平上了解它们之间的系统进化关系。如图4-1所示，除了桑树外，选

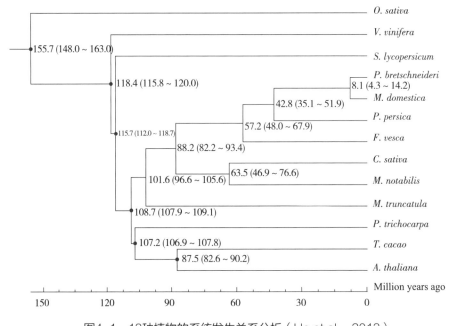

图4-1　13种植物的系统发生关系分析（He et al.，2013）

分别为：川桑（*M. notabilis*）、可可（*T. cacao*）、拟南芥（*A. thaliana*）、毛果杨（*P. trichocarpa*）、番茄（*S. lycopersicum*）、葡萄（*V. vinifera*）、白梨（*P. bretschneideri*）、苹果（*M. domestica*）、桃（*P. persica*）、草莓（*F. vesca*）、大麻（*C. sativa*）、苜蓿（*M. truncatula*）和水稻（*O. sativa*），比例尺代表750万年。分支点的数值评价分化的时间，置信区间为95%

Figure 4-1　Phylogenetic relationships of 13 plant species

M. notabilis, *T. cacao*, *A. thaliana*, *P. trichocarpa*, *S. lycopersicum*, *V. vinifera*, *P. bretschneideri*, *M. domestica*, *P. persica*, *F. vesca*, *C. sativa*, *M. truncatula* and *O. sativa*. The scale bar indicates 7.5 million years. The values at the branch points indicated the estimates of divergence time（mya）with a 95% credibility interval

择了12个已测序的植物，其中包括单子叶的水稻作为外群。通过信息分析筛选出各自基因组中的单拷贝基因，对它们的系统发生进行分析，发现桑科与大麻的亲缘关系最近，两个物种的分化是在63.5百万年前。接下来亲缘关系较为接近的是与苹果、桃、梨和草莓这一支，桑树与这些蔷薇目植物的分化是在88.2百万年前，晚于桑树和苜蓿的分化（He et al.，2013）。以上结果也印证了桑树在分类上归于蔷薇目的合理性。

为了研究桑树与其他植物间的进化关系，我们分别用来源于不同已测序植物组合中的数据集构建了3个系统发生树。首先，筛选出桑树中的136个单拷贝基因，据此找出这些单拷贝基因在葡萄、苹果、桃、草莓、苜蓿中最佳匹配的基因构建系统发生树（图4-2a）。其次，用genewise预测出桑树的62个单拷贝基因，除桑树外，在其他9种植物（水稻、拟南芥、番茄、杨树、可可豆、葡萄、草莓、桃、苹果）中这62个基因也被筛查出来构建系统发生树（图4-2b）。最后，在包括葡萄、苜蓿、桑树、草莓、桃、苹果在内的6种植物基因组中，利用共线性分析找出最佳匹配的318个共线性基因来构建系统发生树（图4-2c）。在所构建的3个系统发生树中，有一个共同的特点，即桑树分支比其他物种的分支长，这个结果表明桑树比其他参与进化树构建的物种进化速度快。通过计算位点的氨基酸替换速率，发现桑树的进化速度是其他物种的约3倍。这或许与桑树具有极为广泛的地域分布和很强的抗性存在某些关联。

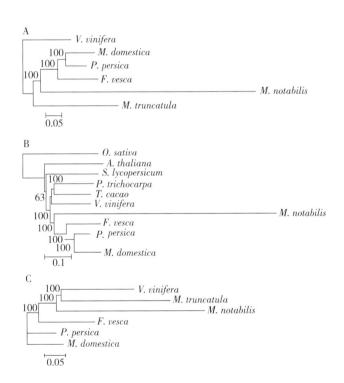

图4-2 川桑与其他植物的系统发生树（He et al.，2013）

多个数据集被用于构建物种系统发生树。比例尺标注在每个系统发生树的下方，数字表示每个位点的氨基酸替换速率

Figure 4-2   Phylogenetic trees of *Morus notabilis* and other plants

Different dataset were used to construct phylogeny of considered species. The scale of a unit is shown below each tree and the number on it shows how many amino acid substitutions per sites

（二）川桑与其他植物的同源基因家族分析

基因家族是由来自一个祖先基因的一组基因组成的。基因家族和同源基因的鉴定，是进化分析很重要的一个方面。通过同源基因的鉴定及基因家族的聚类分析，可以得到单拷贝基因和多拷贝基因家族，这些基因家族在物种之间都是比较保守的。利用物种的全基因组序列，转换为蛋白质氨基酸序列，用BlASTP完成序列比对，采用OrthoMCL（Li et al.，2003）的方法构建基因家族，筛查所分析的植物基因组中的直系同源基因家族。

通过分析发现，川桑的基因与经历全基因组加倍的4个物种（拟南芥、杨树、大豆、苹果）的基因相比，发现9545个基因家族，包括96296个基因为5种植物共有的直系同源基因。同样比较了川桑与未经历全基因组加倍的4个物种（葡萄、木瓜、可可豆、黄瓜）的基因，发现8844个基因家族，包括57997个基因为这5种植物共有的直系同源基因。除了保守的基因家族，还可以得到各物种特有的基因和基因家族。基于物种特异性基因的分析可能得到与物种形成相关的线索。如图4-3所示，桑树与拟南芥、杨树、大豆、苹果比较发

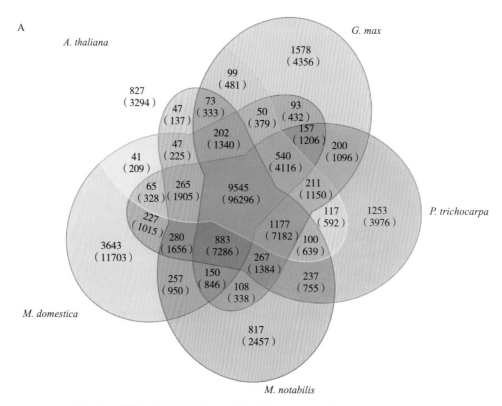

图4-3　川桑与其他植物的直系同源基因家族分析（He et al.，2013）

川桑与经历全基因组加倍的4个物种包括拟南芥、杨树、大豆、苹果（A）以及未经历全基因组加倍的4个物种葡萄、木瓜、可可豆和黄瓜（B）的直系同源基因家族分析

Figure 4-3　Orthologous gene families between *M. notabilis* and other plants

M. notabilis and four eudicot species that underwent a whole genome duplication event including *A. thaliana*, *P. trichocarpa*, *G. max* and *M. domestica*（A）and four eudicot species that did not undergo a recent whole genome duplication including *V. vinifera*, *C. papaya*, *T. cacao* and *C. sativus*，（B）. The number of gene families（clusters）, the total number of clustered genes, and the species intersections are indicated for each

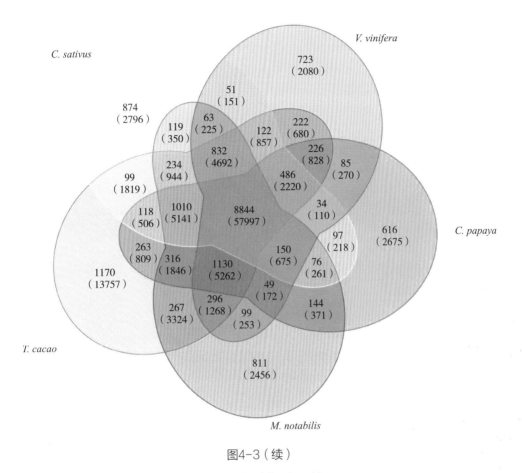

图4-3（续）

Figure 4-3 （Continued）

现817基因家族所涉及的2457个基因是桑树特有的，与葡萄、木瓜、可可豆、黄瓜放在一起比较则得到811基因家族所涉及的2456个基因是桑树特有的。将两组比较数据综合起来，可以得到2161个具有桑树物种特异性的基因，这2161个基因中有1024个基因有转录组表达数据的支持。这些数据将作为宝贵的资源用于桑树基因的功能分析，为解析桑树有别于其他树种所拥有的独特性状提供线索。

（三）桑树基因组共线性分析

共线性片段指同一个物种内部或者两个物种之间，由于复制（基因组复制、染色体复制或者大片段复制）或者物种分化而产生的同源性片段。在该同源片段内部，基因在功能上以及排列顺序上都是保守的。共线性片段中的基因在物种进化过程中保持了高度的保守性。共线性分析是将海量的测序数据通过比对分析，用图的形式可视化表现出物种基因组间存在的共线性关系。

1. 桑树基因组自身共线性比对分析

从组装完成后的川桑基因组中选取65个scaffold进行自身共线性比对分析。图4-4中观察到的红点表明发生了复制的基因，如果一个scaffold中的5个或5个以上基因在另外一个scaffold中都能找到对应的复制基因，就认为这2个scaffold是复制的关系。从这65个scaffold的共线性比对分析中可以得到部分scaffold存在对应关系，即一个scaffold和另外的scaffold对应。因基因的复制、缺失等原因，一些scaffold之间出现了一对一的关系，一些scaffold出现了一对多的关系，说明了桑树作为双子叶植物，曾发生过古多倍化（palaeopolyploid）事件。

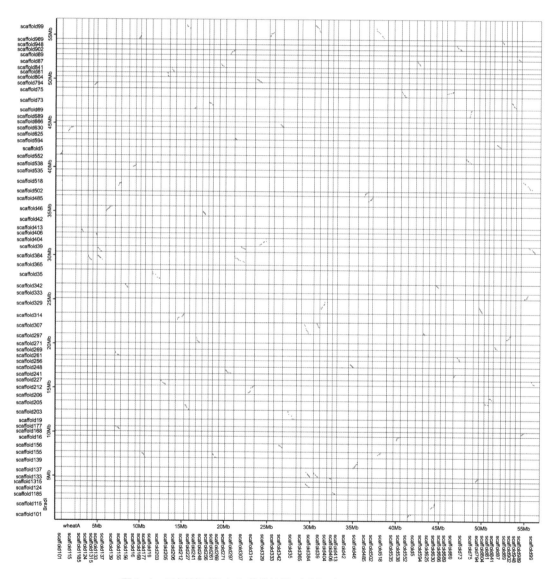

图4-4　桑树基因组自身共线性比对分析（He et al.，2013）

Figure 4-4　Syntenic analyses of the mulberry genome

2. 桑树与其他8个物种基因组共线性分析

用桑树与8个物种的蛋白序列进行BLASTP比对，选取相互最佳的比对结果。再用Mcscan软件寻找同源性区段（blocks），得到表4-1的结果。杨树、可可和草莓较其他物种而言，与桑树共线性基因的比例较高。草莓（*Fragaria vesca*）是蔷薇目植物，其基础染色体数目为7。在没有可用的桑树遗传图谱的情况下，我们使用基于计算机的基因标记及基因组组装方法来比较桑树与草莓基因组的共线性及进化关系。在此基础上，根据草莓的图谱以及桑树和草莓保守的共线性区域基因分布密度，采用滑动窗口的方法计算并且以热度图的方式可视化模拟出桑树的图谱模型（图4-5）。从模拟图上可以看出，桑模拟染色体上总体基因密度的分布模式与草莓和桑树直向同源基因（orthologous genes）的分布模式接近。

表4-1　共线性结果统计（He et al., 2013）

Table 4-1　The results of syntenic analyses

物种	共线性区长度（bp）	占基因组比例（%）	共线性基因（个）	占基因数比例（%）
Theobroma cacao 可可	124063418	40.03	7498	28.28
Arabidopsis thaliana 拟南芥	80650869	26.02	2972	10.57
Cucumis sativus 黄瓜	93482393	30.16	3858	13.73
Vitis vinifera 葡萄	141595565	45.69	7480	26.61
Carica papaya 番木瓜	92729786	29.92	4933	17.55
Populus trichocarpa 杨树	140555929	45.35	8265	29.41
Glycine max 大豆	159742369	51.54	6774	24.10
Fragaria vesca 草莓	130800504	42.20	7703	27.50

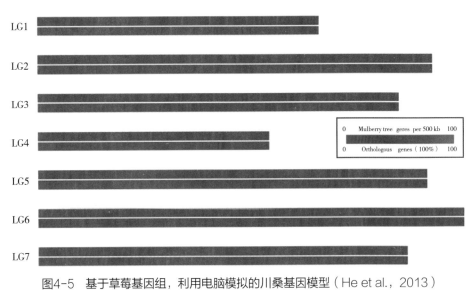

图4-5　基于草莓基因组，利用电脑模拟的川桑基因模型（He et al., 2013）

利用一个500kb的滑动窗口，计算了川桑染色体上总体基因密度（上）和直向同源基因的相对分布（下）

Figure 4-5　*In silico* modeling of *Morus notabilis* genes against *Fragaria vesca*

Using a sliding window approach（500kb）, the total gene density（upper track）and the relative distribution of orthologous genes（lower track）were calculated for *Morus notabilis*

二、桑树基因的分化选择

蔷薇目植物从形态上包含乔木、灌木和草本植物。生活中为人们熟知的水果，草莓、苹果、梨、桃、李、杏均是蔷薇目植物，玫瑰、蔷薇、绣球花等花卉，也属于蔷薇目。它们的观赏性和食用价值为人们所利用，成为我们生活中重要的观赏植物和果树。在生物学上，多种蔷薇目植物不同的形态和植物学特征可能反映了同源基因的分化选择，因而可利用蔷薇目植物的基因组信息，通过对 ω ［非同义核苷酸替换率（Ka）对同义核苷酸替换率（Ks）的比值（Ka/Ks）］和Ks值的回归分析来筛选出受到分化选择的基因。采用这种策略，在桑树–大麻、桑树–草莓、桑树–苹果和桑树–苜蓿间分别鉴定出307、338、353和197个分化性选择基因对（He et al., 2013）。有趣的是，通过更加严格的精确性检验，将桑树与大麻间受到分化选择的基因进一步分析发现这些基因主要集中在与胁迫应答和生命期长短方面，这可能与桑树较大麻而言生活周期更长、是多年生植物有关（He et al., 2013）。桑树基因与草莓和苹果的基因进行分析发现大量受到分化性选择的同源基因都与质体的构成或功能有关，由此可推测核酮糖二磷酸羟化酶和许多质体基因受到正向的分化选择。除了质体基因以外，在桑树和苹果受到分化性选择的基因中，还发现有两对基因涉及角皮质的合成过程。桑葚为浆果，而苹果的果皮较厚，猜测这些基因将可能成为研究表皮生物合成机制的靶标。

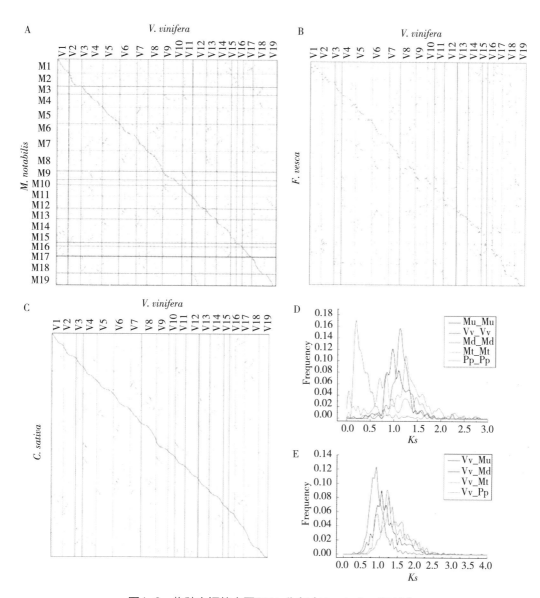

图4-6　物种之间的点图和Ks分布（He et al., 2013）

川桑-葡萄（A），草莓-葡萄（B），大麻-葡萄（C），同种植物内的同源基因Ks分布（D），以及不同植物之间的共线性同源基因的Ks分布（E）。基于葡萄的CDS序列，利用BLASTN程序检索川桑和大麻的基因组，获得了匹配的位点。这一BLASTN的结果用于构建点图。根据与葡萄的基因组最佳匹配的区域比对，未锚定的川桑和大麻的scaffold连接在一起，构建了川桑和大麻的假定的伪染色体区域。草莓与葡萄之间的蛋白质序列利用BLASTP程序进行比对以得到假定的同源基因，这一结果用于制作点图。以基因在染色体上的位置顺序作为作图的坐标

Figure 4-6　Dotplots of *M. notabilis-V. vinifera*（A），*F. vesca-V. vinifera*（B），*C. sativa-V. vinifera*（C）and Ks distribution of within-each-plant homologs（D）and between-different-plant homologs（E）in colinearity

For *M. notabilis and C. sativa*, gene CDSs of *V. vinifera* were searched against theirgenomes by using BLASTN, and their hit locations were found. This BLASTN information was usedto produce the dotplots. Unanchored scaffolds were linked together as to their best matched grapegenomic regions, and the putative pseudochromosomal regions of *M. notabilis* and *C. sativa* genomeswere produced. For *F. vesca*, Protein-protein searches using BLASTP were conducted to revealputative homologous genes, and this information was used to make dotplot, along chromosomes gen were placed with their chromosomal order as coordinates

三、桑树基因组中的水平转移

（一）水平转移基因

遗传物质通常经过复制和分裂后传递到下一代（如从亲代到子代、从母细胞到子细胞）。水平基因转移（horizontal gene transfer，HGT）通常也被称作横向基因转移（lateral gene transfer，LGT），即一种生物体通过除生殖方式以外的其他各种方式获得另一种生物遗传信息的过程。反之，遗传信息通过繁殖或细胞增殖从亲代传递到子代的方式则被称为垂直基因转移（verticle gene transfer，VGT）（Bock，2010）。水平基因转移事件尽管发生的频率并不高，但遗传物质不仅能够在不同的生物体之间转移，也可以在细胞内不同的细胞器基因组（如线粒体、叶绿体等）之间转移，甚至细胞核基因组内也有并不遵循由亲代到子代遗传模式而传递遗传信息的过程（Gao et al.，2014），在这个过程中发生转移的基因被称为水平转移基因（horizontal transfer genes，HTG）。

基因水平转移是生物界的一种普遍现象，在细菌、真菌、病毒和真核生物基因组中都能观察到该现象的存在。最早是Akiba等人在研究引发细菌性痢疾的肠道志贺氏菌时发现的，病菌的抗药性是通过携带有抗药基因的质粒从一个细菌个体到另一个细菌个体快速转移导致的，研究这种不伴随细菌增殖的基因传递过程致使研究者发现了基因的水平转移。2002年Bansal等对37个物种，包括27个细菌、8个古细菌和2个真核生物的基因组数据进行分析发现每一个物种都含有与其余36个物种同源的基因（Bansal and Meyer，2002）。2004年Nakamura等发现在116种原核生物的全基因组内，有14%的开放阅读框（open reading frames，ORFs）发生了水平转移，并据此把水平转移基因根据其生物功能分为细胞表面、DNA结合与致病性相关3种类型（Nakamura et al.，2004）。

1. 水平基因转移对基因组进化的影响

水平基因转移使得原核生物基因组处于动态的变化之中，对其进化起着重要作用。据Lawrence等人的研究表明在过去的1亿年间，大肠杆菌和沙门氏菌基因组中有大约17%（约800kb）的基因来源于水平转移（Aravind et al.，1998）。这些新基因的转入，促使了细菌物种和亚种的形成及分化（de la Cruz and Davies，2000）。大量的研究表明水平基因转移所获得的外源遗传物质对微生物的生理代谢、抗性以及致病性也产生了重要影响。

水平基因转移不仅是原核生物基因组进化和新基因产生的强大推力，对真核生物也非常重要。随着越来越多的真核生物基因组序列数据的获得，研究者发现许多真核生物也发生过水平基因转移（Mallet et al.，2010）。通常而言，真核生物发生水平基因转移的概率远远低于原核生物，该过程更多地发生在真核生物进化的早期（Richardson and Palmer，2007；Dunning Hotopp，2011），而且作为供体的外源基因大多来源于原核生物。比利时的科学家最近对来自美洲、非洲、亚洲和大洋洲的291个甘薯样本进行分析，在所有样本中均发现了土壤杆菌的DNA（T-DNA）。这种现象的实质就是在自然条件下发生的水平基因转移。植物的嫁接也为进行水平基因转移提供了极大的便利，感受态细胞能在接口面的愈伤组织中，外来的遗传信息（DNA、RNA片段）可以借此进行转移。另一方面，通过寄主与宿主的关系，也能使细菌、真菌、昆虫和内寄生植物等的遗传物质与宿主植物进行交换（Zambryski and Crawford，2000）。

2. 桑树的水平基因转移

桑树基因组的解析为研究桑树水平基因转移提供了机会。这方面的研究有利于了解外源遗传变异在受体物种中是否具有生物学功能并发挥怎样的作用，对进一步理解木本植物的进化都具有重要意义。同时能够发现桑树基因组中由水平基因转移而来的新基因，为桑树功能基因组学的研究提供候选基因，了解转移而来的基因是如何改变桑树自身生理功能并增强桑树对环境的适应。

采用川桑基因组预测所得的基因序列集合，再结合2525个细菌、159个古细菌、66个真菌、26个原生生物、14个脊椎动物、26个节肢动物和44个植物基因组预测基因和蛋白序列作为研究数据库，运用相似性搜寻的方法，鉴定桑树中发生的水平转移候选基因。采用表4-2所示的相似性序列搜寻的过程对桑树中存在的水平转移候选基因进行筛选。通过3个步骤的相似性搜寻，最终得到314个桑树水平转移候选基因。

表4-2　相似性序列搜寻时各个步骤的结果（He et al.，2013）

Table 4-2　Numbers of remaining sequences after each procedure

	Morus notabilis（川桑）
分析使用桑树序列数目	27085
Blast-I之后序列数目	2761
Blast-II之后序列数目	1828
Blast-III之后序列数目	314

要确定上述筛选得到的基因是否发生水平基因转移，需要通过系统发生分析，同时结合其他的分析方法（例如转录组信息、GC含量的差异性等方法）来进一步判断。通过这一系列的筛查，最终在川桑基因组中得到4个源于细菌的水平转移基因（表4-3）。这4个水平转移基因的供体细菌分别属于蛋白菌门中的2个纲。其中，*Morus000087*、*Morus000171*、*Morus000209*这3个水平转移基因来源于γ-变形菌纲（Gammaproteobacteria）；而*Morus000579*的水平转移基因来源于α-变形菌纲（Alphaproteobacteria）。

在水平基因转移的研究中，密码子使用的差异性被广泛运用于水平基因转移的鉴定。原核生物对于密码子的使用存在较大偏差，其基因组的GC含量往往分布范围较大（25%～75%）。因此，供体生物和受体生物对于密码子的使用一般会表现出不同的偏好性。

表4-3　桑树中原核生物来源的水平转移基因

Table 4-3　Predicted prokaryote-origin HTGs in mulberry

基因ID	注释	序列长度（bp）	GC含量	位置	与细菌最佳比对			
					细菌	E值	分值	一致度（%）
Morus000087	Pilin gene-inverting protein	951	0.52	c11393126：223..1173（+strand）	*Pseudomonas syringae* pv.*maculicola* str. ES4326	0	1381	86.0
Morus000171	TniB family protein	726	0.51	scaffold11490：103..828（−strand）	*Pseudomonas* sp. *FH1*	4E−123	933	75.0
Morus000209	YD repeat-cotaining protein	889	0.52	scaffold11170：802..1690（−strand）	*Pseudomonas syringae* pv. *mori* str. 301020	2E−99	819	93.0
Morus000579	Uncharacterized protein TC_0114	612	0.53	scaffold9534：381..992（+ strand）	*Methylobacterium mesophilicum* SR1.6/6	3E−79	623	86.0

同时，外源基因进入受体之后，与受体的基因组进行整合，其密码子的使用特性会向受体基因组的特征方向转变。桑树基因*Morus000087*、*Morus000171*、*Morus000209*和*Morus000579*的GC含量分别为0.52、0.51、0.52和0.53，而与之相对应的供体细菌基因的GC含量则分别为0.53、0.50、0.54和0.58。从图4-7可以看到，这4个水平转移基因的GC含量与相应的供体细菌基因的GC含量值相比，表现出向桑树基因GC含量平均值集中的趋势。由此可以推测，这些基因在桑树基因组中可能经历了较长时间的进化过程。

除了密码子偏好性、GC含量等，序列相似性也较广泛地应用于探测水平基因的转移。当某个基因出现在亲缘关系很远的物种中，并且这2个基因间的序列相似性最高，就能判断出该基因在这2个物种间是否发生了水平基因转移。川桑*Morus000579*基因与预测的供体细菌中同源基因在氨基酸水平的序列相似性为86%（图4-8）。在MorusDB中，该基因注释为未知蛋白（uncharacterized protein），与之同源的聚类关系最近的嗜中温甲基杆菌（*Methylobacterium mesophilicum* SR1.6/6）的同源基因同样也注释为未知蛋白。与之氨基酸序列相似性为77%的脑膜炎奈瑟氏菌（*Neisseria meningitidis*）的同源基因注释为细胞壁相关水解酶（cell wall-associated hydrolase）。

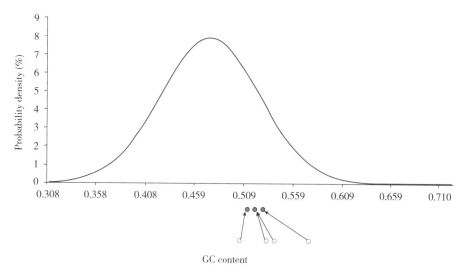

图4-7 川桑水平转移基因GC含量比较

Figure 4-7 GC content analysis of HGTs in *Morus notabilis*

其中，实心圆圈代表川桑4个基因的GC含量，空心圆圈代表细菌中与桑树序列一致度最高的基因的GC含量，箭头方向由供体指向受体

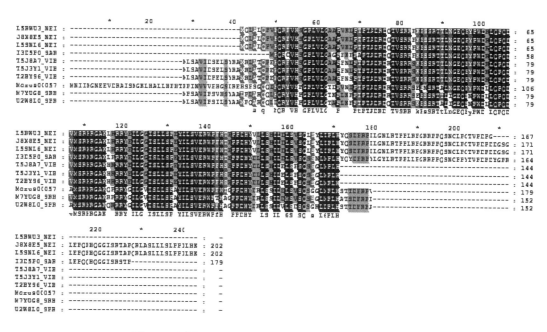

图4-8 川桑Morus000579蛋白与其他蛋白的多序列比对

Figure 4-8 Multi-sequences alignment of Morus000579 of *Morus notabilis* with other proteins

　　系统发生分析法也是目前探究水平基因转移的常用方法。将单个基因及其同源序列构建一个"基因树"，如果"基因树"和能够反映相关物种系统发生关系的"物种树"不一致时，就可认为发生了水平基因转移事件。同样以桑树基因*Morus000579*为例，由图4-9

可见，与它聚类关系最近的为嗜中温甲基杆菌（*Methylobacterium mesophilicum*）。嗜中温甲基杆菌属于细菌的α-变形菌纲，广泛分布于土壤、淡水、灰尘中，也是存在于植物表面及组织内部的一种微生物。与植物病原体（phytopathogen）类似，嗜中温甲基杆菌在植物内部形成生态集群，既能影响植物的生长，也为水平基因转移提供了可能性。

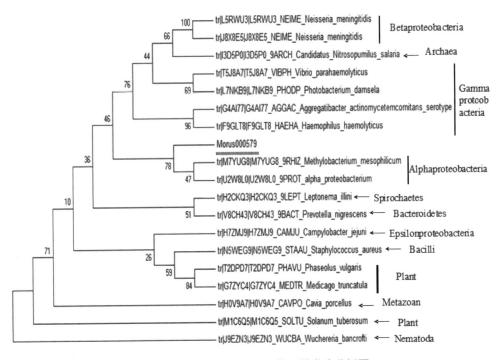

图4-9　川桑Morus000579的系统发生分析图

Figure 4-9　Phylogenetic analysis of Morus000579

其中，Betaproteobacteria为β-变形菌纲，Archaea为古细菌，Gammaproteobacteria为γ-变形菌纲，Alphaproteobacteria为α-变形菌纲，Spirochaetes为螺旋体门，Bacteroidetes为拟杆菌纲，Epsilonproteobacteria为ε-变形菌纲，Bacilli为芽孢杆菌纲，Plant为植物，Metazoan为后生动物，Nematoda为线虫纲

　　桑树基因组的解析使研究人员能够分析桑树中存在水平转移基因，研究这些基因的进化与功能，无疑将扩展人们对桑树如何增强对环境的适应能力的认知。

（二）转座子的水平转移

　　与基因的水平转移相比而言，在基因组中还存在有另外一类元件的水平转移，转座子的水平转移（horizontal TE transfer，HTT）。转座子是一类在生物中广泛存在的可移动的DNA序列。TEs在宿主基因组中完成其转座过程，因此被认为是像基因一样的，由上到下垂直传递。然而，与基因不同的是，该类元件不编码对宿主基因组有用的遗传物质，而且这类元件插入到基因中经常会导致产生一些负面影响。实际上，在宿主内，TEs经常受到几种沉默途径的控制（Slotkin and Martienssen，2007），最终从基因组中消除（Vitte and Panaud，2005）。而HTTs则允许转座子插入到基因组并避免被删除。对于HTTs的鉴定，通常需要满足3个条件：在系统发生中表现出不规则的分布；在亲缘关系很远的物种之间表现出很高的相似性以及在宿主和转座子的系统发生关系中表现不一致（Gilbert et al.，2010；Kuraku et al.，2012；Wallau et al.，2012；Walsh et al.，2013）。基于这些规则，目前已经证实在植物中，HTTs现象是广泛存在而且频繁的（Walsh et al.，2013）。EI Baidou等人选取40个代表了主要植物家族的已测序植物物种进行分析，最终发现其中有65%的植物中发现至少一例HTT。这些HTTs事件发生在棕榈树和葡萄、番茄和绿豆、杨树和梨等物种间（Walsh et al.，2013）（图4-10）。更为重要的是这些TEs在转移之后，依然保留有

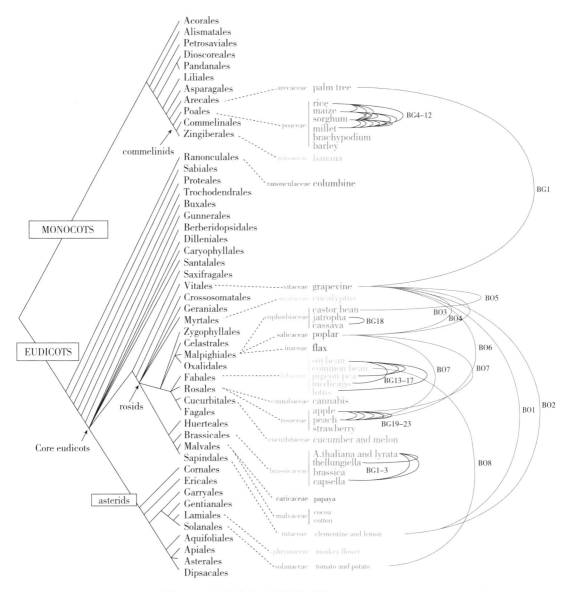

图4-10　40个基因组测序植物物种中鉴定到的HTTs（Walsh et al.，2013）

Figure 4-10　Horizontal transposon transfers identified in 40 fully sequenced plant genomes

其中系统发生树是从APG3（http://www.mobot.org/MOBOT/research/APweb/）得到。每个HTT事件均由图中的线所表示，红色线表示在属于不同纲的物种之间发生转移；绿色表示在属于不同目的物种之间发生转移；蓝色表示在属于不同属的物种之间发生转移

功能。该现象说明植物能够以水平转移的方式频繁地交换自身的遗传物质，该机制对于TEs驱动的基因组进化显得尤为重要（Walsh et al.，2013）。

根据类似的标准，在桑树中也同样鉴定到了与其他物种之间发生HTTs事件的TEs，Ma等通过使用已报道的扩增LTR类逆转录转座子（包括*Copia*和*Gypsy*）的RT区域的简并引物，对川桑的*Copia*和*Gypsy*转座子的RT区域进行扩增，分别得到了川桑的*Copia*和*Gypsy*的部分RT序列，并从GeneBank中选取已登录的来源于不同物种的LTR逆转录转座子的核酸序列，共同进行系统发生分析。选取的序列来源于芸香科、锦葵科、葫芦科、蔷薇科、菊科、豆科、地钱科、芭蕉科、禾本科、藜科、列当科以及茄科等物种。以*Copia*和*Gypsy*为例，通过比较发现，基于RT序列的系统发生树与各物种的系统分类关系出现明显不一致的现象，毫无疑问，这些结果暗示了桑树中的*Copia*、*Gypsy*转座子与其他物种之间存在着水平转移现象。对桑树中的HTTs事件进一步详细的研究，将有助于进一步认识桑树基因组的进化历程。

参考文献

Aravind L, Tatusov R L, Wolf Y I, et al. 1998. Evidence for massive gene exchange between archaeal and bacterial hyperthermophiles［J］. Trends in Genetics, 14: 442−444.

Bansal A K, Meyer T E.2002. Evolutionary analysis by whole−genome comparisons［J］. Journal of Bacteriology, 184: 2260−2272.

Bock R.2010. The give−and−take of DNA: horizontal gene transfer in plants［J］. Trends in Plant Science, 15: 11−22.

de la Cruz F, Davies J.2000. Horizontal gene transfer and the origin of species: lessons from bacteria［J］. Trends in Microbiology, 8: 128−133.

Dunning Hotopp J C.2011. Horizontal gene transfer between bacteria and animals［J］. Trends in Genetics, 27: 157−163.

Gao C, Ren X, Mason A S, et al. 2014. Horizontal gene transfer in plants［J］. Functional & Integrative Genomics, 14: 23−29.

Gilbert C, Schaack S, Pace J K 2nd, et al. 2010. A role for host−parasite interactions in the horizontal transfer of transposons across phyla［J］. Nature, 464: 1347−1350.

He N J, Zhang C, Qi X W, et al. 2013. Draft genome sequence of the mulberry tree *Morus notabilis*［J］. Nature Communications, 4.

Kuraku S, Qiu H, Meyer A.2012. Horizontal Transfers of Tc1 Elements between Teleost Fishes and Their Vertebrate Parasites, Lampreys［J］. Genome Biology and Evolution, 4: 929−936.

Li L, Stoeckert C J, Roos D S.2003. OrthoMCL: Identification of ortholog groups for eukaryotic genomes［J］. Genome Research, 13: 2178−2189.

Mallet L V, Becq J, Deschavanne P.2010. Whole genome evaluation of horizontal transfers in the pathogenic fungus *Aspergillus fumigatus*［J］. BMC Genomics, 11: 171.

Nakamura Y, Itoh T, Matsuda H, et al. 2004. Biased biological functions of horizontally transferred genes in prokaryotic genomes［J］. Nature Genetics, 36: 760−766.

Richardson A O, Palmer J D.2007. Horizontal gene transfer in plants［J］. Journal of Experimental Botany, 58: 1-9.

Shulaev V, Sargent D J, Crowhurst R N, et al. 2011. The genome of woodland strawberry（*Fragaria vesca*）［J］. Nature Genetics, 43: 109-116.

Slotkin R K, Martienssen R.2007. Transposable elements and the epigenetic regulation of the genome［J］. Nature Reviews: Genetics, 8: 272-285.

Van Bakel H, Stout J M, Cote A G, et al. 2011. The draft genome and transcriptome of *Cannabis sativa*［J］. Genome Biology, 12.

Velasco R, Zharkikh A, Affourtit J, et al. 2010. The genome of the domesticated apple（*Malus × domestica* Borkh.）［J］. Nature Genetics, 42: 833.

Verde I, Abbott A G, Scalabrin S, et al. 2013. The high-quality draft genome of peach（*Prunus persica*）identifies unique patterns of genetic diversity, domestication and genome evolution［J］. Nature Genetics, 45: 487-447.

Vitte C, Panaud O .2005. LTR retrotransposons and flowering plant genome size: emergence of the increase/decrease model［J］. Cytogenetic and Genome Research, 110: 91-107.

Wallau G L, Ortiz M F, Loreto E L .2012. Horizontal transposon transfer in eukarya: detection, bias, and perspectives［J］. Genome Biology and Evolution, 4: 689-699.

Walsh A M, Kortschak R D, Gardner M G, et al. 2013. Widespread horizontal transfer of retrotransposons［J］. Proceedings of the National Academy of Sciences, USA, 110: 1012-1016.

Wu J, Wang Z W, Shi Z B, et al. 2013. The genome of the pear（*Pyrus bretschneideri* Rehd.）［J］. Genome Research, 23: 396-408.

Zambryski P, Crawford K.2000. Plasmodesmata: Gatekeepers for cell-to-cell transport of developmental signals in plants［J］. Annual Review of Cell and Developmental Biology, 16: 393-421.

桑树基因组的表达

第五章

生物的遗传信息源于基因组，而生物复杂的功能和特异性却体现在基因的表达调控上。所以在基因组测序完成之际，研究基因组的表达是一项极为重要的工作。在桑树基因组得以解析的基础上，这章探讨了桑树基因表达的相关内容。

一、桑树主要组织的转录组测序

（一）桑树表达序列标签EST测序

随着二代高通量测序技术（Solexa，Solid，454）的快速发展，它们已被广泛地用于各物种的基因组测序计划，为基因组科学和生物学研究带来了革命性的改变。在此背景下，我们采用川桑作为桑树基因组的测序材料，用Solexa测序技术，搭配不同长度的DNA插入片段进行基因组的双末端测序。据文献报道桑树基因组略比杨树基因组（485Mb±10Mb）小。杨树基因组计划于2002年启动，构建了3种插入片段大小分别为3kb、8kb、40kb文库用于测序。当时采用传统的Sanger法对插入片段末端进行了700bp的测序，于2003年11月获得了2G的测序数据，所得到的100个较大的scaffold覆盖了全长基因组50%的序列。随后2004年增加2.2G的数据，完成了第一版的基因组草图，其总拼接长度为429Mb，由2447个scaffold组成，scaffold N50为1.9Mb。在杨树基因组进行大规模测序前，分散在全球从事杨树研究的实验室组成杨树基因组委员会（Populus Community）提供了500000条EST、5000条全长cDNA数据用于随后基因组数据的注释和基因模型的构建（gene modeling）。由3个生物信息小组采用不同的预测算法，根据EST和全长cDNA数据对杨树基因组进行了预测。杨树基因与拟南芥基因的相似度较高，仍然采用从头预测的方案是因为研究发现不同的算法，甚至不同的设置将导致不同的预测结果。从中不难看出EST和全长cDNA数据对基因组数据的预测是非常重要的。

在桑树基因组测序启动时，有关桑树基因的信息资源较为匮乏。截至2011年2月，从公共数据库中只能获取1768条桑树的EST和493条桑树基因组序列。这些数据显然不足以用于大规模Solexa基因组测序序列预测模型的构建。为了桑树基因组计划的顺利实施，在进行基因组测序的同时，用川桑的5个组织（根、叶、皮、雄花、冬芽）构建均一化cDNA文库，完成了10000条表达序列标签EST的测序（表5-1）。桑树ESTs数据所测的转录本较长，其插入片段的平均长度为463bp（表5-1）。ESTs数据包含了重要的基因表达信息，除了用于基因组的注释，也是与主要模式生物基因组信息进行连接的桥梁。从表5-1可知，总共获得5833个"单个基因"（unigene）。虽然所建文库是混合5个桑树组织的mRNA样本的均一化文库，但仍有部分基因被多次测序，其冗余度为29.49%，冗余性增加了测序费用，减慢了unigene的发现。

表5-1　桑树ESTs测序质量与插入片段

Table 5-1　EST sequencing of mulberry and inserted fragments

EST 文库名	EST 测序总数	低质量 EST数	高质量 EST数	插入片段平均长度（有载体序列）（bp）	插入片段平均长度（无载体序列）（bp）	Con-tigs 数目	Sin-glets 数目	Uni-genes 数目	冗余度（%）
桑树5个组织均一化EST文库	10000	1728	8272	570	463	939	4894	5833	29.49

（二）川桑主要组织的转录组测序

提取川桑根、叶、皮、雄花、冬芽5个组织的总RNA，用带有Oligo（dT）的磁珠富集mRNA，将mRNA打成短片段后，以此为模版，用六碱基随机引物（random hexamers）合成第一条cDNA链。在DNA聚合酶I的作用下生成第二条cDNA链，经过QiaQuick PCR试剂盒纯化后完成末端修复、polyA加尾以及测序接头的连接。然后用琼脂糖凝胶电泳进行片段大小的选择，PCR的扩增。建好的测序文库采用Illumina HiSeq™2000进行测序（图5-1）。

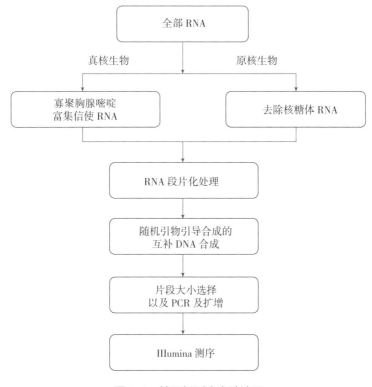

图5-1　转录组测序实验流程

Figure 5-1　The experimental procedure of transcriptome sequencing

测序得到的原始数据经过去除杂质数据等一系列处理后得到Clean reads，Clean reads将用于后续的信息学分析（图5-2）。转录组数据分析中基因的表达注释尤为重要，表达量的计算采用RPKM（Read per kb per Million reads）法，其计算公式为RPKM=$10^9C/NL$。其中，C为唯一比对到基因的reads，N为唯一比对到参考基因的总reads数，L为基因编码区的碱基数。RPKM方法能消除基因长度和测序量差异对计算基因表达的影响，得到的基因表达量可直接用于比较不同样品间的基因表达差异。基因表达差异分析能为其功能的界定提供很好的线索，在进行比较的基因间，除了RPKM数值的倍数差异在2倍以上外，衡量假阳性大小的FDR（false discovery rate）还应该小于特定的设置（Audic and Claverie，1997）。

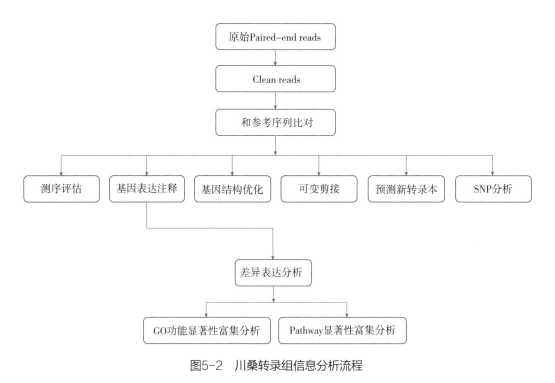

图5-2　川桑转录组信息分析流程

Figure 5-2　Informatic analyses of *Morus notabilis* transcriptome

基于转录组数据计算组织特异性指数τ，该数值可用以筛选组织特异性基因和在5个组织中均表达的看家基因。如图5-3所示，在根、皮、冬芽、雄花和叶中分别发现241、213、285、360和404个特异表达基因。同时，我们发现1805个基因在这5个组织当中持续表达，其中包括116个编码核糖体蛋白和26个编码转录起始因子的基因。

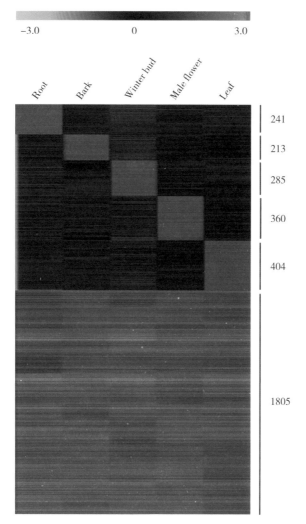

图5-3　川桑基因组中组织特异性表达基因及看家基因的数目

5个组织分别是：根、一年生皮、冬芽、雄花和叶

Figure 5-3　The number of tissue-specifically expressed and housekeeping genes in the *Morus notabilis* genome.

Five tissues: lateral root bark, one-year old branch bark, male flower from winter bud, male flower,

and semi-mature leaf were used

　　桑树5个组织转录组的测序为分析其转录本的可变剪切提供了机会。作为真核生物的桑树，其前体mRNA经过特定形式的加工可产生多个mRNA转录本，不同的转录本可能翻译成不同的蛋白质，增加了基因表达的多样性（Lareau et al.，2004；Stamm et al.，2005）。图5-4给出了以下最常见的4种可变剪接形式模式。①外显子跳读（exon-skipping）：基因可发生可变剪接形成两种不同的转录本，第一种转录本比第二种转录本多一个或多个外显子。②内含子保留（intron-retention）：可变剪接形成的两种不同转录本，第二种转录本较前者而言，本属内含子的序列与两侧的外显子一起形成新的外显子。③3′剪接位点的选择（alternative 3′ splice site）：这种可变剪接产生的不同转录本在5′端的剪接位点一致，但3′

端的剪接位点不同。④5′剪接位点的选择（alternative 5′ splice site）：与第三种方式相反，两种不同的转录本在3′端的剪接位点一致，而在5′端的剪接位点不同。根据桑树转录组测序数据和检测可变剪接的算法（图5-5），从5个组织样本中观察到的4种可变剪接ES、IR、A5SS和A3SS的数目分别为1841、3017、6629和11465。可见3′剪接位点的选择是桑树中可变剪接发生的主要模式。

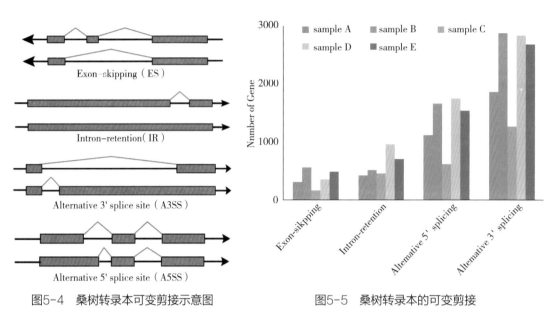

图5-4　桑树转录本可变剪接示意图

Figure 5-4　Schematic diagram of alternative splicing of *Morus notabilis* transcripts

图5-5　桑树转录本的可变剪接

Figure 5-5　Alternative splicing of *Morus notabilis* transcripts

二、桑树的非编码RNA

非编码RNA是一类能被转录但不能编码蛋白质的RNA。种类包括tRNA、rRNA、snRNA、snoRNA、piRNA、lncRNA、miRNA以及siRNA等。目前关于桑树的非编码RNA的研究主要集中在microRNA（miRNA）方面，以下主要是对miRNA的发现、生物合成、作用机制、功能以及目前桑树中miRNA的相关研究进行阐述。

（一）miRNA的概述

1．miRNA发现

miRNA是一类长度为19～25nt的小RNA分子，不编码蛋白质，广泛存在于动物、植物和微生物中。miRNA通过调节其靶基因的水平，从而调节动植物的生理活动，对动植物的生物学过程发挥了十分重要的调节作用。

虽然miRNA非常重要，但是在1993年才在线虫中发现了第一个miRNA——lin4。lin4是一个小RNA，不能编码蛋白质，但是lin4能与lin14的3′ UTR反向互补，降低lin14的蛋白质表达水平，以对线虫发育的时序进行调控（Lee et al.，1993）。在之后的7年时间里，没有任何关于miRNA的文献报道。直至2000年，Reinhart等人又在线虫中发现了第二个miRNA——let-7，发现其不能编码蛋白质，但是也能对线虫发育的时序进行调控（Pasquinelli et al.，2000）。2001年，来自2个国家的3个实验室同时在顶尖杂志Science上公布了他们利用直接克隆的方法在线虫、果蝇和哺乳动物中又鉴定到了miRNA序列（Lee and Ambros，2001；Lagos-Quintana et al.，2001；Lau et al.，2001）。2002年，人们才开始鉴定植物（拟南芥）的miRNA（Llave et al.，2002）。之后随着人们对miRNA的深入研究以及测序技术的不断研发，利用生物信息预测法以及MPSS、SAGE、RAKE、454和Solexa等大规模测序法相继在各样物种中鉴定得到了大量的miRNA（Lu et al.，2005；Fahlgren et al.，2007）。例如，在miRBASE中第一版释放的数据（Release 1，2002年12月）只有218条miRNA前体序列，包含线虫、果蝇、人和拟南芥4个物种，但是在第21版释放的miRNA前体序列有28645条（Release 21，2014年6月），是第一版数据的131倍，囊括了动植物的223个品种（ftp://mirbase.org/pub/mirbase/CURRENT/README）。该数据表明了在近15年的时间里，科学家对miRNA的鉴定取得了突飞猛进的发展。

2. miRNA的生物合成和作用机制

miRNA的生物合成过程如图5-6所示。大部分编码植物miRNA的*MIR*基因位于基因间区。*MIR*基因由DNA依赖的RNA聚合酶II转录而成（Kim et al.，2011），RNA聚合酶II通过介导者被招募到miRNA的启动子上对miRNA进行转录，形成具有5′端7-甲基鸟苷帽子和3′ poly（A）尾巴的pri-miRNA（Kurihara and Watanabe，2004），然后这些pri-miRNA的结构由RNA结合蛋白DAWDLE（DDL）稳定后（Yu et al.，2008），SE和CBC等蛋白将其加工形成具有茎环结构的miRNA前体（pre-miRNA）。pre-miRNA由DCL1进一步加工，剪切形成miRNA/miRNA*的RNA双链（Kurihara et al.，2006；Fang and Spector，2007；Fujioka et al.，2007；Schauer et al.，2002；Han et al.，2004；Vazquez et al.，2004；Grigg et al.，2005；Yang et al.，2006；Kim et al.，2008）。随后HEN1对miRNA/miRNA*的RNA双链的3′端最后一个碱基的2′-O甲基化，以此防止RNA双链被尿苷化从而发生降解（Williams et al.，2005a；Yu et al.，2005）。以上所有过程均在细胞核内进行。miRNA/miRNA*的RNA双链在exportin-5同源体基因*HASTY*（*HST*）和其他未知因子的作用下将其从核内转运到细胞质中（Park et al.，2005），miRNA/miRNA*的RNA双链的引导链（miRNA）与RISC复合物（大部分RISC内含AGO1蛋白，是调节靶基因mRNA切割或是表观修饰的核心组分）结合。RISC中的AGO1蛋白对靶基因mRNA进行切割，原因是AGO1蛋白中的PIWI结构域能形成一个核糖核酸酶H样的折叠，使其具有核酸内切酶活性，能直接切割mRNA（Baumberger and Baulcombe，2005）。此外，有些miRNA是通过AGO2、AGO5、AGO7或AGO10对靶基因起沉默作用的（Shao et al.，2014）。miRNA还能引导RISC对靶基因mRNA的翻译抑制（Brodersen et al.，2008），在这个过程中，需要包括AGO1、AGO10、KATANIN、VCS/Ge-1、HMG1、HYDRAI以及SUO等很多蛋白质的参与（Brodersen et al.，2012；Yang et al.，2012）。但是到目前为止，miRNA介导的靶基因翻译的抑制机制还是不清楚。

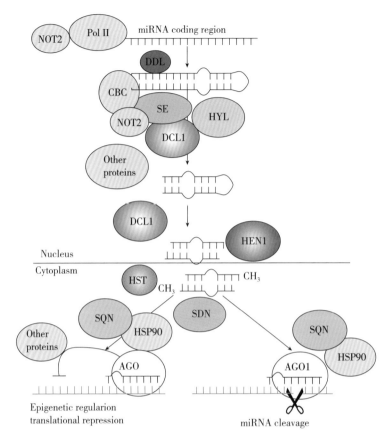

图5-6 植物miRNA生物合成过程示意图（Wu，2013）

Figure 5-6 Schematicdiagram of plant miRNA biogenesis

miRNA/miRNA*的RNA双链的另一条单链miRNA*序列的命运在以前的认知中是直接被降解，没有生物学功能，但是现在有文献证明miRNA*并不仅仅是miRNA生物合成的附属产物，其在植物的生理过程中也起着一定的功能（Okamura et al.，2008；Zhang et al.，2011）。

无论小RNA单链是否甲基化，核糖核酸外切酶SDN具有3′-5′的核酸外切酶活性，能特异地降解小RNA单链（Ramachandran and Chen，2008b）。除了SDN能降解miRNA，HESO1作为核苷酸转移酶，也能将尿嘧啶加到没有甲基化的miRNA的3′端，使靶标miRNA发生降解，但是植物miRNA的2′-O甲基化会完全抑制HESO1的活性（Ramachandran and Chen，2008a；Ren et al.，2012），而SDN1会对2′-O甲基化的miRNA降解（Ramachandran and Chen，2008a）。基于此，可以推测SDN1和HESO1可能会共同协作，以此来降解甲基化的miRNA。SDN1对甲基化的miRNA降解，形成截短的miRNA后，HESO1对这些截短的miRNA进行尿苷化，从而降解miRNA。事实上，在植物体内，那些截短的和尿苷化的miRNA都和AGO1连接在一起，由此也表明了SDN1和HESO1能对AGO1结合的miRNA发挥降解作用（Rogers and Chen，2013）。

3. miRNA在植物中的生物学功能

一些miRNA在植物发育中的功能已得到深入研究，通过接合正向遗传学手段（miRNA的功能缺失）和反向遗传性手段（miRNA靶基因预测、过表达miRNA、miRNA突变体的功能挽救）分析揭示了miRNA通过调节其靶基因的表达在植物发育的各个方面都起着重要的调控作用，例如在根、叶、花的形态发生、模式和极性的建立、发育时间、器官特征等方面。

（1）miRNA对根发育的影响。根对于植物而言是十分重要的器官，其不仅能对土壤固着使植物挺拔，还能吸收土壤中的水分和营养以维持植物的正常生理活动，此外，根还能同土壤中的微生物相互作用形成根瘤。在拟南芥中，根的体系结构呈辐射状，主要由一条主根、多条侧根以及不定根组成。研究者们通过10多年努力，发现miRNA在根的发育中起着十分重要的调控作用。在主根发育过程中，miR160通过负调控3个ARF因子（ARF10、ARF16和ARF17）促进主根伸长（Mallory et al.，2005；Wang et al.，2005；Aida et al.，2004）。在侧根的发育中，miR164负调控NAC1从而控制侧根的起始发生（Guo et al.，2005），而miR160通过抑制ARF16从而控制根的密度（Wang et al.，2005），miR390通过调控ta-siARF的水平，从而使ta-siARF抑制ARF2-3-4的表达水平，从而抑制侧根的生长（Guo et al.，2005）。在不定根发育中，miR167通过抑制ARF6、ARF7和ARF8促进不定根的生长（Tian et al.，2004），miR160通过负调控ARF17抑制不定根的生长（Sorin et al.，2005）。在苜蓿和黄豆的根瘤发育过程中，miR169和miR166分别通过负调控Mt-HAP2和HD-ZIP III，促进根瘤的形成，而miR482、miR1512和miR1515分别通过抑制靶基因的表达来抑制根瘤的发育（Combier et al.，2006；Boualem et al.，2008；Li et al.，2010）。

（2）miRNA对叶片发育的影响。叶片是植物营养器官进行光合作用合成碳水化合物的绝对主体，其发育是叶原基细胞进行有序分裂、生长和分化的过程，受到植物激素和转录因子的严格调控（孙宇哲等，2012）。叶片的发育可以将其分为叶片发生、叶片的极性发育、叶片形状和叶子衰老四个方面（孙宇哲等，2012）。近年大量研究表明miRNA通过参与调节叶片发育相关的转录因子从而调控叶片的发育过程，例如在叶片发生中，转录因子HD-ZIP III控制SAM的命运，而miR165/166通过负调控HD-ZIP III从而控制这些转录因子从顶端到基部的表达模式（Zhu et al.，2011）。此外，SAM中器官发生是由生长素的分布和极性运输决定的。miR160通过调控靶基因ARF10、ARF16和ARF17的表达水平，从而调控植物生长素的应答，影响叶片的发育（Liu et al.，2007）。在叶片的极性发育上，miR165/166抑制HD-ZIP III的表达影响叶片的极性发育（Zhu et al.，2011）。在叶片的形状上，miR396除了通过抑制GRF以及细胞周期基因的表达，控制叶片的细胞数目，还能通过抑制bHLH7调控叶子大小（Liu et al.，2009；Debernardi et al.，2012）。miR164通过调控靶基因CUC2在叶片边缘的表达，从而决定叶子锯齿的深度（Nikovics et al.，2006）。miR319通过靶向TCP基因，从而协同调控叶片发育中细胞的分类和生长（Nath et al.，2003）。miR393通过靶向TIR1和AFB1/2/3，调控生长素反应，影响叶片的形状、大小（Nath，

Crawford et al.，2003）。在叶片的衰老上，miR319通过调控*TCP*，控制JA的合成，miR164通过靶基因*ORE1/AtNAC2*，影响激素信号，从而参与调控叶片的衰老过程（Schommer et al.，2008；Kim et al.，2009）。

（3）miRNA调控花的发育。植物的生长发育分为两个阶段：营养生长期和生殖生长期（黄赫和徐启江，2012）。花是被子植物进行繁殖的重要器官。花的发育分为三个阶段：花的过渡期（floral transition phase）、花的模式期（floral patterning phase）和花器官的发育期（the phase of floral organs development）（Luo et al.，2013）。在拟南芥中，至少有9个miRNA在这3个过程中发挥重要的作用，这些miRNA包括miR156、miR159、miR160、miR164、miR165/166、miR167、miR169、miR172和miR319。以上miRNA是通过调节与花发育相关的转录因子从而调节花的发育的。例如，在花的过渡期里，miR156调控SPLs（Wu and Poethig，2006a；Gandikota et al.，2007；Schwarz et al.，2008），miR172调控AP2（Aukerman and Sakai，2003；Wollmann et al.，2010），miR159调控MYB（Achard et al.，2004），这三组miRNA和靶基因的共同作用下控制花分生组织的形成；在花模式期里，miR172在第三轮和第四轮（中央）表达，从而抑制AP2在花的中央表达，使AP2在第一轮和第二轮表达，形成萼片和花瓣原基（Aukerman and Sakai，2003；Chen，2004；Achard et al.，2004；Wollmann et al.，2010）。miR164通过控制*CUC1*和*CUC2*的表达水平控制花瓣的数量、萼片、花瓣器官的发生以及花器官边界的形成（Laufs et al.，2004；Baker et al.，2005；Mallory et al.，2005）；在花器官的发育期中，miR159负调控*MYB33*和*MYB65*从而控制雄蕊的发育（Achard et al.，2004），miR166/165负调控HD-ZIP III，从而控制多种花器官近轴-远轴极性的建成（Kim et al.，2005；Williams et al.，2005a；Jung and Park，2007），miR167负调控*ARF6*和*ARF8*，使雌蕊和雄蕊正常生长，具有可育性（Nagpal et al.，2005；Wu and Poethig，2006b），miR160在生殖器官中负调控*ARF16*和*ARF17*（Mallory et al.，2005；Liu et al.，2010），miR319通过控制*TCP*的表达量调控花瓣的生长和发育（Nag et al.，2009）。

此外，miRNA还参与植物的信号传导，响应不同的环境因素，例如干旱、水涝、高盐、微量元素缺失或过量等，使植物更好地正常生长发育，适应环境。

（二）桑树miRNA及其靶基因的鉴定

1. 桑树miRNA的测序

Illumina公司的高通量技术由于其大规模性和高灵敏度的特点，已被广泛应用于各种动植物的miRNA测序，从而鉴定得到大量的保守miRNA和物种特异的miRNA。目前为止，利用该技术在NCBI发表的miRNA鉴定的植物至少有58种以上（http：//www.ncbi.nlm.nih.gov/pubmed/？term=miRNA+solexa+plant），包括拟南芥、水稻、玉米、花生、高粱、鹅掌楸、草莓、黄瓜、红花、人参、萝卜、毛果杨、枸橘、苹果、桑树、西红柿等。

Jia等利用Solexa二代测序法对已完成基因组序列草图的川桑3个组织（叶、皮和雄花）进行了小RNA文库测序分析（Jia et al.，2014）。叶、皮和雄花的小RNA测序后的原始数据序列分别是11752747条、11491921条和10513612条，去除低质量数据、接头和污染序列后，这3个组织的总净测序数（total clean read，length≥18nt）分别为：幼叶有10992174条，皮有11273911条，雄花有10134148条，分别占各自小RNA文库中总净测序数的比例是93.97%、98.55%、96.83%。而miRNA的reads数在3个组织中分别有832571（叶）、1130016（皮）、2359403（雄花），仅仅占据总净测序数很少的一部分。Jia等通过对3个组织的总净测序进行长度分析表明了长度在21～24nt的小RNA在川桑的叶、皮和雄花中分别占据77.87%、79.78%和81.39%（图5-7）。在叶片和皮中，24nt的小RNA含量最高，分别占据的百分比是38.75%和36.04%。这种长度的分布模式同花生和萝卜是一致的。然而，雄花的小RNA长度分布模式同它们相比却是不同的，含量最高的小RNA是长度为21nt的小RNA，这与草莓和扭叶松的小RNA长度分布是一致的。

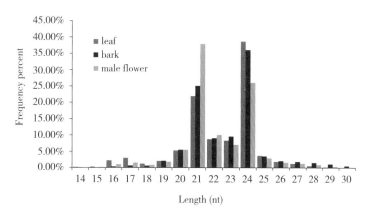

图5-7 川桑3个组织小RNA长度分析（Jia et al., 2014）

Figure 5-7 Length distribution analyses of small RNAs from three tissues of *Morus notabilis*

2. 桑树保守miRNA的鉴定以及靶基因的预测

Jia等在川桑3个组织（叶、皮和雄花）的小RNA文库中通过分析小RNA的百万条序列后，鉴定到85个保守miRNA，属于31个家族，并发现这些miRNA的长度集中在21nt，进化保守性较强，miRNA成员间表达量差异大（Jia et al., 2014）。

在川桑叶、皮和雄花组织中分别鉴定到的miRNA数目分别是77、70和70。在这85个保守miRNA中，其中有57个在3个组织的小RNA文库中均存在。对这85个保守miRNA的长度进行调查，21nt的miRNA最多，占据了84.7%。

Jia等鉴定的85个保守miRNA中的大部分在进化上都比较保守，通过与7种植物（5种双子叶植物：拟南芥、大豆、苹果、毛果杨和蓖麻；2种单子叶植物）的miRNA相比较（表5-2），发现川桑的24个保守miRNA家族在这7种植物中都比较保守，特别是川桑的miR160b、miR164a、miR167a、miR169a、miR390和miR396b能与其他7种植物的miRNA完全匹配，表明这些miRNA是非常保守的，它们可能在双子叶和单子叶植物中都发挥着重要的生理学功能。然而，7个miRNA家族：miR482、miR529、miR858、miR4376、miR4414、miR4995和miR5523仅仅存在于一种或两种植物品系中（Jia et al., 2014）。

表5-2 川桑3个组织的保守miRNA（Jia et al., 2014）

Table 5-5　Conserved miRNAs in three tissues of *Morus notabilis*

Family	Name	Reference miRNA	Sequence (5'-3')	Length (nt)	Reads in leaf	Reads in bark	Reads in male flower	Ath	Gma	Mdm	Ptc	Rco	Osa	Zma
miR156	mno-miR156a	zma-miR156g-3p	GCTCACTTCTCTTTCT-GTCAGC	22	0	46	4	-	-	-	-	-	‡	‡
	mno-miR156b	gma-miR156f	TTGACAGAAGAGAGA-GAGCACA	22	6	2	337	+	‡	+	+	+	+	+
	mno-miR156c	gma-miR156m	TTGACAGAAGAGATA-GAGAGCAC	21	12787	117270	768488	‡	‡	‡	‡	+	+	+
	mno-miR156d	gma-miR156o	TTGACAGAAGAGAGT-GAGCAC	21	2942	14574	8723	-	‡	+	+	+	+	+
	mno-miR156e	mdm-miR156w	TTGACAGAAGAGAGA-GAGCAC	21	2099	1277	155199	+	‡	‡	+	+	+	+
	mno-miR156f	ssl-miR156	TGACAGAAGAGAGT-GAGCACA	21	22	378	65	-	+	+	+	‡	+	+
	mno-miR156g	tcc-miR156a	TGACAGAAGAGAGA-GAGCACA	21	8	4	1198	+	‡	+	+	‡	‡	‡
miR159	mno-miR159a	ssp-miR159a	TTTGGATTGAAGG-GAGCTCTG	21	3624	4571	3146	+	+	+	-	‡	‡	‡
	mno-miR159b	aly-miR159c-3p	TTTGGATTGAAGG-GAGCTCCT	21	31	29	0	‡	+	+	+	+	+	+
miR160	mno-miR160a	aly-miR160a-3p	GCGTATGAGGAGC-CATGCATA	21	596	428	2345	-	+	-	‡	-	-	-

（续）

Family	Name	Reference miRNA	Sequence (5'-3')	Length (nt)	Reads in leaf	Reads in bark	Reads in male flower	Ath	Gma	Mdm	Ptc	Rco	Osa	Zma
	mno-miR160b	cme-miR160c	TGCCTGGCTCCCTG-TATGCCA	21	11	14	13	‡	‡	‡	‡	‡	‡	‡
miR162	mno-miR162	cme-miR162	TCGATAAACCTCTG-CATCCAG	21	578	956	727	‡	‡	‡	‡	‡	‡	+
miR164	mno-miR164a	cme-miR164d	TGGAGAAGCAGGG-CACGTGCA	21	10734	6078	1191	‡	‡	‡	‡	‡	‡	‡
	mno-miR164b	vun-miR164	TGGAGAAGGGGAG-CACGTGCA	21	21	0	12	+	+	+	+	+	+	+
miR166	mno-miR166a	hbr-miR166b	T C G G A C C A G-GCTTCATTCCCCC	22	26	51	27	-	+	+	+	+	-	-
	mno-miR166b	cme-miR166a	T C G G A C C A G-GCTTCATTCCCC	21	198685	238486	252806	-	‡	‡	‡	‡	-	-
	mno-miR166c	gma-miR166k	T C T C G G A C C A G-GCTTCATTCC	21	20100	168078	39124	-	+	+	+	+	-	-
	mno-miR166d	gma-miR166l	GGAATGTTGTCTG-GCTCGAGG	21	3935	975	901	-	‡	-	-	-	‡	‡
	mno-miR166e	osa-miR166g-3p	T C G G A C C A G-GCTTCATTCCTC	21	91	241	121	-	+	+	-	+	‡	‡
	mno-miR166f	bdi-miR166e	C T C G G A C C A G-GCTTCATTCCC	21	31	56	194	-	+	+	+	+	-	-
	mno-miR166g	zma-miR166m-5p	GGAATGTTGGCTG-GCTCGAGG	21	23	0	4	-	+	-	-	-	‡	‡

（续）

Family	Name	Reference miRNA	Sequence (5′–3′)	Length (nt)	Reads in leaf	Reads in bark	Reads in male flower	Ath	Gma	Mdm	Ptc	Rco	Osa	Zma
miR167	mno–miR167h	mdm–miR167h	TGAAGCTGCCAGCAT–GATCTTA	22	1410	18	881	–	+	‡	+	+	–	+
	mno–miR167b	bna–miR167b	TGAAGCTGCCAGCAT–GATCTAA	22	574	84	1526	+	+	+	+	+	+	+
	mno–miR167c	nta–miR167c	TGAAGCTGCCAGCAT–GATCTGG	22	115	125	28	‡	+	+	+	‡	+	+
	mno–miR167a	ath–miR167a	TGAAGCTGCCAGCAT–GATCTA	21	75303	12129	140989	‡	‡	‡	‡	‡	‡	‡
	mno–miR167d	cme–miR167c	TGAAGCTGCCAGCAT–GATCTT	21	3722	324	4334	‡	‡	‡	‡	+	–	‡
	mno–miR167e	cme–miR167f	TGAAGCTGCCAGCAT–GATCTG	21	47	21	43	‡	‡	+	‡	‡	‡	‡
miR168	mno–miR168a	aau–miR168	GATCCGCCTTGCAT–CAACTGAAT	24	9	27	12	–	–	–	+	–	+	–
	mno–miR168b	mdm–miR168b	TCGCTTGGTGCAG–GTCGGGAA	21	18898	33236	31342	‡	‡	‡	‡	‡	+	+
	mno–miR168c	mtr–miR168c–3p	CCCGCCTTGCAT–CAACTGAAT	21	246	891	476	–	–	–	‡	–	+	+
miR169	mno–miR169a	cme–miR169f	CAGCCAAGGAT–GACTTGCGG	21	113	386	1314	‡	‡	‡	‡	‡	‡	‡
	mno–miR169c	nta–miR169p	CAGCCAAGGAT–GACTTGCCGA	21	73	0	106	‡	‡	+	‡	+	‡	‡

（续）

Family	Name	Reference miRNA	Sequence (5'-3')	Length (nt)	Reads in leaf	Reads in bark	Reads in male flower	Ath	Gma	Mdm	Ptc	Rco	Osa	Zma
	mno-miR169b	zma-miR169b-3p	GGCAAGTGTTGTTCTTG-GCTACA	21	1	0	0	-	+	-	+	-	-	‡
miR171	mno-miR171a	cme-miR171f	TGATTGAGCCGTGC-CAATATC	21	379	5	528	+	‡	‡	‡	‡	‡	‡
	mno-miR171d	mdm-miR171l	TTGAGCCGCGC-CAATATCACT	21	36	9	3	+	‡	‡	+	+	+	+
	mno-miR171b	gma-miR171b-3p	CGAGCCGAATCAATAT-CACTC	21	34	603	127	-	‡	+	+	+	+	+
	mno-miR171e	mdm-miR171n	TTGAGCCGTGC-CAATATCACA	21	32	1	0	+	‡	‡	+	+	-	‡
	mno-miR171c	ptc-miR171c	AGATTGAGCCGCGC-CAATATC	21	29	75	27	+	+	+	‡	‡	+	+
	mno-miR171f	gma-miR171j-5p	TATTGGCCTG-GTTCACTCAGA	21	6	0	2	-	‡	-	-	-	-	+
	mno-miR171g	mdm-miR171b	TTGAGCCGGT-CAATATCTCC	21	5	600	8	-	+	-	-	-	+	+
	mno-miR171h	cme-miR171b	TTGAGCCGTGC-CAATATCACG	21	4	0	5	‡	‡	‡	‡	‡	-	+
	mno-miR171i	gma-miR171l	CGATGTGTTGGGTGAG-GTTCAATC	21	2	0	0	-	‡	-	-	-	+	-
miR172	mno-miR172a	cme-miR172c	AGAATCTTGATGAT-GCTGCAT	21	19265	8484	1245	‡	‡	‡	‡	-	‡	+

（续）

Family	Name	Reference miRNA	Sequence (5'-3')	Length (nt)	Reads in leaf	Reads in bark	Reads in male flower	Ath	Gma	Mdm	Ptc	Rco	Osa	Zma
	mno-miR172b	cme-miR172e	AGAATCTTGATGAT-GCTGCAG	21	143	13	137	‡	+	‡	+	+	+	+
	mno-miR172c	cme-miR172d	GGAATCTTGATGAT-GCTGCAT	21	15	266	6	‡	‡	‡	‡	+	‡	‡
	mno-miR172d	aly-miR172c-5p	GGAGCATCAT-CAAGATTCACA	21	11	6	4	−	+	−	‡	−	+	+
	mno-miR172e	tcc-miR172d	AGAATCCTGATGAT-GCTGCAT	21	3	2	0	+	+	+	+	−	+	+
	mno-miR172f	mtr-miR172c-5p	GTAGCATCATCAAGAT-TCACA	21	1	6	0	−	+	−	+	−	+	+
miR319	mno-miR319a	tcc-miR319	TTTGGACTGAAGG-GAGCTCCT	21	2	0	9	+	+	+	+	+	+	+
	mno-miR319b	mdm-miR319b	TTGGACTGAAGG-GAGCTCCCT	21	0	57	0	‡	‡	‡	+	‡	+	+
	mno-miR319c	ppt-miR319e	CTTGGACTGAAGG-GAGCTCCC	21	0	4	0	+	+	+	+	+	+	+
miR390	mno-miR390	cme-miR390c	AAGCTCAGGAGGGA-TAGCGCC	21	4275	489	1153	‡	‡	‡	‡	‡	‡	‡
miR393	mno-miR393a	aly-miR393a-3p	ATCATGC-TATCTCTTTGGATT	21	36	25	37	−	−	−	+	−	−	−
	mno-miR393b	cme-miR393c	TCCAAAGGGATCG-CATTGATC	21	2	4	2	‡	‡	‡	‡	‡	‡	‡

（续）

Family	Name	Reference miRNA	Sequence (5'-3')	Length (nt)	Reads in leaf	Reads in bark	Reads in male flower	Ath	Gma	Mdm	Ptc	Rco	Osa	Zma
	mno-miR393c	mdm-miR393c	TCCAAAGGGATCG-CATTGATCT	22	0	103	19	+	+	++	+	+	++	++
miR395	mno-miR395a	cca-miR395c	CTGAAGTGTTTGGAG-GAACTC	21	0	2	0	+	+	+	+	++	+	+
	mno-miR395b	cme-miR395f	CTGAAGTGTTTGGGG-GAACTC	21	43	104	47	++	++	++	++	++	+	+
miR396	mno-miR396a	gma-miR396k	GCTCAAGAAAGCTGT-GGGAGA	21	848	149	135	-	++	-	+	-	+	+
	mno-miR396b	cme-miR396b	TTCCACAGCTTTCTT-GAACTG	21	190	2750	657	++	++	++	++	+	++	++
	mno-miR396c	cme-miR396d	TTCCACAGCTTTCTT-GAACTT	21	181	57	105	++	++	++	++	++	++	++
	mno-miR396d	gma-miR396i-3p	GTTCAATAAAGCTGT-GGGAAG	21	12	128	47	-	++	-	-	-	+	+
miR397	mno-miR397a	cme-miR397	TCATTGAGTGCAGC-GTTGATG	21	211	154	1483	++	++	+	++	++	++	+
	mno-miR397b	osa-miR397b	TTATTGAGTGCAGC-GTTGATG	21	0	1	0	+	+	+	+	+	+	+
miR398	mno-miR398	cme-miR398a	TGTGTTCTCAGGTCGC-CCCTG	21	130	32	332	+	++	++	++	++	++	+
miR399	mno-miR399a	mdm-miR399c	TGCCAAAG-GAGAATTGCCCTG	21	179	3	0	+	+	++	+	+	++	++

（续）

Family	Name	Reference miRNA	Sequence (5'-3')	Length (nt)	Reads in leaf	Reads in bark	Reads in male flower	Ath	Gma	Mdm	Ptc	Rco	Osa	Zma
	mno-miR399b	mdm-miR399j	TGCCAAAGGA-GAGTTGCCCTG	21	111	1	83	‡	‡	‡	+	‡	‡	‡
	mno-miR399c	zma-miR399e-5p	GGGCTTCTCTTTCTTG-GCAGG	21	36	0	16	-	-	-	-	-	-	‡
	mno-miR399d	gma-miR399g	TGCCAAAG-GAGATTTGCCAG	21	26	4	71	+	‡	+	+	‡	‡	+
	mno-miR399e	cme-miR399a	TGCCAAAG-GAGATTTGCCCCG	21	11	0	0	‡	+	+	‡	+	+	+
	mno-miR399f	cme-miR399c	TGCCAAAG-GAGATTTGCCCGG	21	9	2	28	‡	+	+	‡	‡	+	+
miR408	mno-miR408a	nta-miR408	TGCACTGCCTCTTC-CCTGGCT	21	0	0	2	+	+	+	+	+	+	+
	mno-miR408b	smo-miR408	TGCACTGCCTCTTC-CCTGGCTG	22	2	0	6	+	+	+	‡	+	+	+
	mno-miR408c	cme-miR408	ATGCACTGCCTCTTC-CCTGGC	21	219	59	838	‡	‡	‡	‡	+	+	+
miR482	mno-miR482	mdm-miR482a-5p	AGGAATGGGCT-GTTTGGGAAGA	22	23	54	25	-	-	‡	-	-	+	-
miR529	mno-miR529a	osa-miR529b	AGAAGAGAGAGTA-CAGCTT	21	2851	367	6790	-	-	-	-	-	‡	+
	mno-miR529b	far-miR529	AGAAGAGAGAGAG-CACAGCTT	21	3	0	5	-	-	-	-	-	+	+

（续）

Family	Name	Reference miRNA	Sequence (5'-3')	Length (nt)	Reads in leaf	Reads in bark	Reads in male flower	Ath	Gma	Mdm	Ptc	Rco	Osa	Zma
miR535	mno-miR535	mdm-miR535a	TGACAACGAGAGA-GAGCACGC	21	21566	57272	19329	-	-	++	-	++	++	-
miR827	mno-miR827	mdm-miR827	TTAGATGACCATCAAC-GAACA	21	2	0	0	+	-	++	+	-	+	+
miR828	mno-miR828	cme-miR828	TCTTGCTCAAATGAG-TATTCCA	22	5	1	0	+	++	++	++	-	-	-
miR858	mno-miR858	ath-miR858b	TTCGTTGTCTGTTC-GACCTTG	21	17	17	2	++	++	+	-	-	-	-
miR2111	mno-miR2111	cme-miR2111b	TAAATCTGCATCCTGAG-GTTTA	21	11	10	10	++	++	+	-	-	-	-
miR4376	mno-miR4376	gma-miR4376-5p	TACGCAGGAGAGAT-GACGCTGT	22	9535	1231	6682	-	++	+	-	-	-	-
miR4414	mno-miR4414	mtr-miR4414a-5p	AGCTGCTGACTC-GTTGGTTCA	21	121	92	6	-	+	+	-	-	-	-
miR4995	mno-miR4995	gma-miR4995	AGGCAGTGGCTTGGT-TAAGGG	21	10	0	0	-	++	+	-	-	-	-
miR5523	mno-miR5523	osa-miR5523	TGAGGAGGAA-CATATTTACTAG	22	0	1	2	-	-	-	-	-	++	-

注："++"表示川桑的miRNA与其他7种植物对应miRNA完全匹配，"+"表示川桑的miRNA与7个植物对应的miRNA有1~3个错配，"-"表示川桑和其他7个植物物种对应的miRNA的错配超过3个碱基。

Jia等利用Illumina技术的测序频率评估miRNA的相应的表达水平，发现保守miRNA家族的表达水平范围较宽广（Jia et al.，2014）。如图5-8所示，有高于10000个reads的miRNA，也有低于10个reads的miRNA。在这31个保守miRNA家族中，5个miRNA家族（miR156、miR166、miR167、miR168、miR535）的reads数超过10000，11个miRNA家族（miR159、miR160、miR164、miR169、miR171、miR172、miR390、miR396、miR397、miR529和miR4376）至少在一个组织中的reads数超过1000，7个miRNA家族（miR162、miR393、miR395、miR398、miR399、miR408和miR4414）至少在一个组织中的reads在100～1000范围内，剩下的miRNA家族（miR319、miR482、miR827、miR828、miR858、miR2111、miR4995和miR5523）在3个组织中的reads数都小于100。

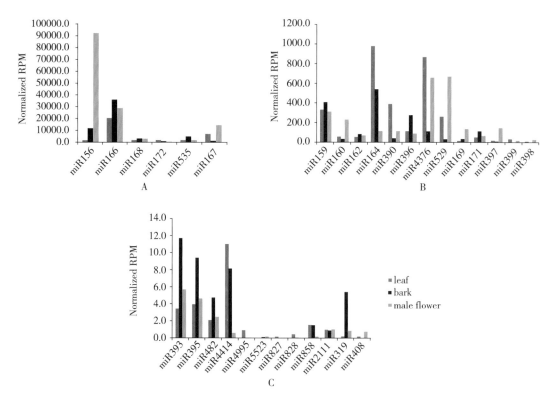

图5-8　川桑3个组织保守miRNA的reads数分析（Jia et al.，2014）

Figure 5-8　Reads of conserved miRNA in three tissues of *Morus notabilis*

Jia等为了理解川桑miRNA的生物学功能，对表达量高并代表31个家族的31个保守miRNA进行了靶基因预测，共鉴定到20个保守miRNA有89个靶基因（Jia et al.，2014）。这些保守miRNA的靶基因大部分是转录因子，与其他植物比较而言非常保守。有些miRNA-靶基因涉及花的发育，比如miR156-squamosa promoter-binding-like protein（SPL）、miR159-MYB、miR166-homeobox-leucine zipper protein（HD-ZIP III）；有些涉及根的发育，如miR172-floral homeotic protein APETALA、miR164-NAC domaincontaining protein和miR167-auxin response factor 6（ARF）。

Jia等通过比较分析保守miRNA表达水平的高低和其进化保守程度存在一定的关系，比如川桑保守miRNA的表达水平高，则其在各种植物中的进化程度高（Jia et al.，2014）。而那些保守程度较低的miRNA家族（miR482、miR529、miR858、miR4376、miR4414、miR4995和miR5523）的表达量比保守性较好的miRNA家族低。这些保守性高和保守性低的miRNA家族在生物过程中已经被进化成扮演不同的角色。保守性高的miRNA（miR164、miR167、miR156、miR172、miR159、miR166、miR171、miR172和miR319）的靶基因分别是*NACs*、*ARFs*、*SPLs*、*APETALAs*、*MYBs*、*HD-ZIPIII*、*SCLs*、*AP2s*和*TCPs*。这些转录因子在植物的生长发育过程中起着十分重要的作用。例如，在拟南芥中，miR164和miR167能分别影响侧根和不定根的发育（Guo et al.，2005；Gutierrez et al.，2009），miR167、miR159、miR160和miR166调节花器官的发育（Gutierrez et al.，2009；Jung and Park，2007；Kim et al.，2005；Liu et al.，2010；Mallory et al.，2005；Nagpal et al.，2005；Williams et al.，2005b；Wu et al.，2006）。然而，保守性低的miRNA的靶基因主要是功能基因，最近报道了miR482和miR4376的靶基因分别是NBS-LRR抗病基因和ACA10，它们分别在抗病和生殖生长上起着一定的作用（Shivaprasad et al.，2012；Wang et al.，2011）。虽然保守性低的和保守性高的miRNA扮演不同的角色，但是它们能共同协作调节植物的生物学过程，使其正常生长发育，应对环境的变化。

3. 桑树新miRNA及其靶基因的预测

Jia等在川桑3个组织小RNA序列中鉴定的新miRNA共262个，其存在于川桑基因组的371个位点上，且发现了90个miRNA*序列在新miRNA的前体中，表明了这90个新miRNA可能是川桑真正的新miRNA（Jia et al.，2014）。miRNA*序列是在miRNA生物合成过程中DCL1酶切的产物，其与miRNA互补配对。研究者们曾一度认为miRNA*在生物过程中没有作用，会被降解掉。最近的研究表明虽然miRNA*的表达量低于miRNA，但是其具有一定的生理功能（Okamura et al.，2008；Zhang et al.，2011），暗示了这90个miRNA*序列也可能在桑树的生物学过程中起着一定的作用。大部分的新miRNA*的reads数都要低于它们对应的miRNA，与大部分植物miRNA*的鉴定是一致的。然而，有几个miRNA*（mno-miRn166*、mno-miRn76a-2*和mno-miRn82*）在雄花中的表达量和其对应miRNA基本是相同的。此外，mno-miRn82*在叶片中的表达量要高于其对应的miRNA。而新miRNA同保守miRNA相比具有不同的特点，首先，新miRNA的表达量低，其次其靶基因主要是功能蛋白，例如黄酮醇合酶/黄酮3-羟化酶、异黄酮2′-羟化酶、多酚氧化酶、抗病蛋白、E3泛素蛋白连接酶、基本富含脯氨酸的蛋白、天冬氨酰-tRNA合成酶、花青素5、3-O-葡糖基转移酶、脱落酸不敏感1B、几丁质酶样蛋白和富含半胱氨酸的类受体蛋白激酶。这些新miRNA的靶基因涉及细胞过程、代谢过程和响应刺激。这些靶基因在其他植物中的研究可能会为探究这些新miRNA的功能提供线索。例如，mno-miRn62的一个靶基因是抗病蛋白，表明了这个miRNA可能在抗病方面起作用。在桑树中，F3H被发现参与了花青素合成途径，而有4个新miRNA（mno-miRn14、mno-miRn137、mno-miRn176和mnomiRn252）的靶基因之一就是F3H，暗示了这4个新miRNA可能参与花青素生物合成的调节。对桑树新miRNA的进一步研究将会揭示其在桑树生物学过程扮演的角色，也会填补空缺。而新miRNA和保守miRNA共同协作可能更广泛、准确地调节植物的发育以及对环境的响应。

4．与矮化病相关的桑树miRNA及其网络

Gai等通过对健康叶片和被植原体侵染的湖桑32号叶片进行小RNA测序和mRNA降解组测序分析，鉴定了与矮化病相关的桑树miRNA，并通过其靶基因的功能分类，分析了造成矮化病的原因。Gai等人鉴定了62个保守miRNA和13个新miRNA在这2种叶片中的差异表达。此外，还发现了14598个siRNA响应病原菌侵染，其中10745个siRNA在被感染的叶片中显著下调，3853个siRNA显著上调（Gai et al.，2014）。

为了研究响应植原体侵染叶片的miRNA的功能，Gai等结合生物信息学预测和mRNA降解组鉴定了差异表达的miRNA的靶基因，共得到69个靶基因对应于28个差异表达的miRNA。而这些差异表达的miRNA的靶基因在拟南芥的KEGG功能注释上可以分为10类，第一类的靶基因是转录因子涉及基因表达的调节；第二类的靶基因涉及信号通路，暗示了其可能涉及植物病原侵染后的许多信号通路；第三类靶基因涉及代谢过程，表明植物病原菌侵染后，可能在被侵染植物中改变了不同的代谢过程。其他靶基因的分类是包括胁迫响应、发育、DNA和RNA处理过程等（Gai et al.，2014）。

Gai等通过对差异表达miRNA的靶基因进行归类分析，表明植原体侵染叶片后形成矮黄症的原因可能是植物体的三个方面发生了紊乱：一是代谢发生了紊乱，二是激素平衡失调，三是生长发育不正常（Gai et al.，2014）。基于这些信息，Gai等对涉及植原体侵染桑树响应的miRNA的复杂网络进行了描绘（Gai et al.，2014）。例如在代谢紊乱方面，上调的mul-miR160a-5p通过下调其靶基因beta-amylase来调控叶片中淀粉的累积。上调的mul-miR529b可能下调其靶基因叶绿素合成酶，从而导致叶绿素合成受阻，形成脱色的症状。因此，这些差异表达的miRNA可能干扰了正常的代谢过程，导致桑树矮小的症状；在激素平衡失调方面，已有文献报道植原体引发的病症可能涉及生长素相关的通路，mul-miR393的靶基因是生长素受体，能抑制生长素的信号，Gai等发现mul-miR393在被侵染了的叶片中表达水平上升；在生长发育不正常方面，mul-miR166h-3Pd靶基因是HD-Zip蛋白6，其涉及调节茎顶端分生组织的起始、脉管的发育，该蛋白在被感染的植株中表达量降低，因此，这也可能导致植物不正常发育，形成发育上的缺陷：顶端分生组织缺陷，矮小（Gai et al.，2014）。

miRNA在调节桑树的生理活动过程中起着十分重要的作用。研究者们利用高通量测序技术不仅在桑树中鉴定了大量的保守miRNA，还鉴定了其物种特异的miRNA。桑树miRNA的候选靶基因涉及细胞过程、代谢过程以及响应刺激等过程。这些潜在的靶基因在其他植物中的功能研究可能会为我们探索桑树新miRNA的功能提供重要提示。

参考文献

黄赫，徐启江. 2012. microRNA调控被子植物花发育的研究进展〔J〕. 植物生理学报，8：929-940.

孙宇哲，查玉龙，翁晓燕，等. 2012. 小分子RNA在植物叶发育中的调控作用〔J〕. Chinese Journal of Biochemistry and Molecular Biology，8：700-705.

Achard P, Herr A, Baulcombe D C, et al. 2004. Modulation of floral development by a gibberellin-regulated microRNA〔J〕. Development, 131: 3357-3365.

Aida M, Beis D, Heidstra R, et al. 2004. The PLETHORA genes mediate patterning of the Arabidopsis root stem cell niche〔J〕. Cell, 119: 109-120.

Audic S, Claverie J M.1997. The significance of digital gene expression profiles〔J〕. Genome Research, 7: 986-995.

Aukerman M J, Sakai H. 2003. Regulation of flowering time and floral organ identity by a MicroRNA and its APETALA2-like target genes〔J〕. Plant Cell, 15: 2730-2741.

Baker C C, Sieber P, Wellmer F, et al. 2005. The early extra petals1 mutant uncovers a role for MicroRNA miR164c in regulating petal number in *Arabidopsis*〔J〕. Current Biology ,15: 303-315.

Baumberger N, Baulcombe D C. 2005. *Arabidopsis* ARGONAUTE1 is an RNA Slicer that selectively recruits microRNAs and short interfering RNAs〔J〕. Proceedings of the National Academy of Sciences of the United States of America, 102: 11928-11933.

Boualem A, Laporte P, Jovanovic M, et al. 2008. MicroRNA166 controls root and nodule development in *Medicago truncatula*〔J〕. The Plant Journal, 54: 876-887.

Brodersen P, Sakvarelidze-Achard L, Bruun-Rasmussen M, et al. 2008. Widespread translational inhibition by plant miRNAs and siRNAs〔J〕. Science, 320: 1185-1190.

Brodersen P, Sakvarelidze-Achard L, Schaller H, et al. 2012. Isoprenoid biosynthesis is required for miRNA function and affects membrane association of ARGONAUTE 1 in *Arabidopsis*〔J〕. Proceedings of the National Academy of Sciences of the United States of America, 109: 1778-1783.

Chen X M. 2004. A microRNA as a translational repressor of APETALA2 in *Arabidopsis* flower development〔J〕. Science, 303: 2022-2025.

Combier J-P, Frugier F, De Billy F, et al. 2006. MtHAP2-1 is a key transcriptional regulator of symbiotic nodule development regulated by microRNA169 in *Medicago truncatula*〔J〕. Genes & development, 20: 3084-3088.

Debernardi J M, Rodriguez R E, Mecchia M A, et al. 2012. Functional specialization of the plant miR396 regulatory network through distinct microRNA-target interactions〔J〕. PLoS Genet, 8.

Fahlgren N, Howell M D, Kasschau K D, et al. 2007. High-throughput sequencing of *Arabidopsis* microRNAs: evidence for frequent birth and death of MIRNA genes〔J〕. PLoS One, 2: 219.

Fang Y D, Spector D L. 2007. Identification of nuclear dicing bodies containing proteins for microRNA biogenesis in living *Arabidopsis* plants〔J〕. Current Biology, 17: 818-823.

Fujioka Y, Utsumi M, Ohba Y, et al. 2007. Location of a possible miRNA processing site in SmD3/SmB nuclear bodies in arabidopsis〔J〕. Plant and Cell Physiology, 48: 1243-1253.

Gai Y P, Li Y Q, Guo F Y, et al. 2014. Analysis of phytoplasma-responsive sRNAs provide insight into the pathogenic mechanisms of mulberry yellow dwarf disease〔J〕. Scientific Reports, 4.

Gandikota M, Birkenbihl R P, Hmann H S, et al. 2007. The miRNA156/157 recognition element in the 3′UTR of

the *Arabidopsis* SBP box gene SPL3 prevents early flowering by translational inhibition in seedlings［J］. The Plant Journal, 49: 683−693.

Grigg S P, Canales C, Hay A, et al. 2005. SERRATE coordinates shoot meristem function and leaf axial patterning in *Arabidopsis*［J］. Nature, 437: 1022−1026.

Guo H S, Xie Q, Fei J F, et al. 2005. MicroRNA directs mRNA cleavage of the transcription factor NAC1 to downregulate auxin signals for *Arabidopsis* lateral root development［J］. Plant Cell, 17: 1376−1386.

Gutierrez L, Bussell J D, Pacurar D I, et al. 2009. Phenotypic plasticity of adventitious rooting in *Arabidopsis* is controlled by complex regulation of AUXIN RESPONSE FACTOR transcripts and microRNA abundance ［J］. Plant Cell, 21: 3119−3132.

Han M H, Goud S, Song L, et al. 2004. The *Arabidopsis* double−stranded RNA−binding protein HYL1 plays a role in microRNA−mediated gene regulation［J］. Proc. Natl. Acad. Sci. USA, 101: 1093−1098.

He N J, Zhang C, Qi X W. 2013. Draft genome sequence of the mulberry tree *Morus notabilis* ［J］. Nature Communications,. 4: 2445.

Jia L, Zhang D, Qi X, et al. 2014. Identification of the conserved and novel miRNAs in mulberry by high− throughput sequencing［J］. PLoS One, 9: 104409.

Kim J, Jung J H, Reyes J L, et al. 2005. microRNA−directed cleavage of ATHB15 mRNA regulates vascular development in *Arabidopsis* inflorescence stems［J］. Plant Journal, 42: 84−94.

Jung J H, Park C M. 2007. MIR166/165 genes exhibit dynamic expression patterns in regulating shoot apical meristem and floral development in *Arabidopsis*［J］. Planta, 225: 1327−1338.

Kim J H, Woo H R, Kim J, et al. 2009. Trifurcate feed−forward regulation of age−dependent cell death involving miR164 in *Arabidopsis*［J］. Science, 323: 1053−1057.

Kim S, Yang J Y, Xu J, et al. 2008. Two cap−binding proteins CBP20 and CBP80 are involved in processing primary microRNAs［J］. Plant and Cell Physiology, 49: 1634−1644.

Kim Y J, Zheng B L, Yu Y, et al. 2011. The role of Mediator in small and long noncoding RNA production in *Arabidopsis thaliana*［J］. Embo Journal, 30: 814−822.

Kurihara Y, Takashi Y, Watanabe Y. 2006. The interaction between DCL1 and HYL1 is important for efficient and precise processing of pri−miRNA in plant microRNA biogenesis［J］. Rna−a Publication of the Rna Society, 12: 206−212.

Kurihara Y, Watanabe Y. 2004. *Arabidopsis* microRNA biogenesis through Dicer−like 1 protein functions［J］. Proceedings of the National Academy of Sciences of the United States of America, 101: 12753−12758.

Lagos−Quintana M, Rauhut R, Lendeckel W, et al. 2001. Identification of novel genes coding for small expressed RNAs［J］. Science, 294: 853−858.

Lareau L F, Green R E, Bhatnagar R S, et al. 2004. The evolving roles of alternative splicing［J］. Current Opinion in Structural Biology, 14: 273−282.

Laufs P, Peaucelle A, Morin H, et al. 2004. MicroRNA regulation of the CUC genes is required for boundary size control in *Arabidopsis meristems*［J］. Development, 131: 4311−4322.

Lau N C, Lim L P, Weinstein E G, et al. 2001. An abundant class of tiny RNAs with probable regulatory roles in *Caenorhabditis elegans*［J］. Science, 294: 858−862.

Lee R C, Ambros V. 2001. An extensive class of small RNAs in *Caenorhabditis elegans*［J］. Science, 294: 862− 864.

Lee R C, Feinbaum R L, Ambros V. 1993. The *C. elegans* heterochronic gene lin−4 encodes small RNAs with antisense complementarity to lin-14〔J〕. Cell, 75: 843-854.

Li H, Deng Y, Wu T, et al. 2010. Misexpression of miR482, miR1512, and miR1515 increases soybean nodulation 〔J〕. Plant Physiology, 153: 1759-1770.

Liu D M, Song Y, Chen Z X, et al. 2009. Ectopic expression of miR396 suppresses GRF target gene expression and alters leaf growth in *Arabidopsis*〔J〕. Physiologia Plantarum, 136: 223-236.

Liu P P, Montgomery T A, Fahlgren N, et al. 2007. Repression of AUXIN RESPONSE FACTOR10 by microRNA160 is critical for seed germination and post-germination stages〔J〕. Plant Journal, 52: 133-146.

Liu X D, Huang J, Wang Y, et al. 2010. The role of floral organs in carpels, an *Arabidopsis* loss-of-function mutation in microRNA160a, in organogenesis and the mechanism regulating its expression〔J〕. Plant Journal, 62: 416-428.

Llave C, Kasschau K D, Rector M A, et al. 2002. Endogenous and silencing-associated small RNAs in plants〔J〕. Plant Cell, 14: 1605-1619.

Lu C, Tej S S, Luo S, et al. 2005. Elucidation of the small RNA component of the transcriptome〔J〕. Science, 309: 1567-1569.

Luo Y, Guo Z H, Li L. 2013. Evolutionary conservation of microRNA regulatory programs in plant flower development〔J〕. Developmental Biology, 380: 133-144.

Mallory A C, Bartel D P, Bartel B. 2005. MicroRNA-directed regulation of *Arabidopsis* AUXIN RESPONSE FACTOR17 is essential for proper development and modulates expression of early auxin response genes〔J〕. Plant Cell, 17: 1360-1375.

Nag A, King S, Jack T. 2009. miR319a targeting of TCP4 is critical for petal growth and development in *Arabidopsis*〔J〕. Proceedings of the National Academy of Sciences of the United States of America, 106: 22534-22539.

Nagpal P, Ellis C M, Weber H, et al. 2005. Auxin response factors ARF6 and ARF8 promote jasmonic acid production and flower maturation〔J〕. Development, 132: 4107-4118.

Nath U, Crawford B C W, Carpenter R, et al. 2003. Genetic control of surface curvature〔J〕. Science, 299: 1404-1407.

Nikovics K, Blein T, Peaucelle A, et al. 2006. The balance between the MIR164A and CUC2 genes controls leaf margin serration in *Arabidopsis*〔J〕. Plant Cell, 18: 2929-2945.

Okamura K, Phillips M D, Tyler D M, et al. 2008. The regulatory activity of microRNA star species has substantial influence on microRNA and 3′ UTR evolution〔J〕. Nature Structural & Molecular Biology, 15: 354-363.

Park M Y, Wu G, Gonzalez-Sulser A, et al. 2005. Nuclear processing and export of microRNAs in *Arabidopsis*〔J〕. Proceedings of the National Academy of Sciences of the United States of America, 102: 3691-3696.

Pasquinelli A E, Reinhart B J, Slack F, et al. 2000. Conservation of the sequence and temporal expression of let-7 heterochronic regulatory RNA〔J〕. Nature, 408: 86-89.

Ramachandran V, Chen X M. 2008b. Degradation of microRNAs by a family of exoribonucleases in *Arabidopsis*〔J〕. Science, 321: 1490-1492.

Ramachandran V, Chen X. 2008a. Degradation of microRNAs by a family of exoribonucleases in *Arabidopsis*〔J〕. Science, 321: 1490-1492.

Ren G, Xie M, Dou Y, et al. 2012. Regulation of miRNA abundance by RNA binding protein TOUGH in

Arabidopsis［J］. Proceedings of the National Academy of Sciences, USA, 109: 12817-12821.

Rogers K, Chen X M. 2013. Biogenesis, turnover, and mode of action of plant microRNAs［J］. Plant Cell, 25: 2383-2399.

Schauer S E, Jacobsen S E, Meinke D W, et al. 2002. DICER-LIKE1: blind men and elephants in *Arabidopsis* development［J］. Trends Plant Sci., 7: 487-491.

Schommer C, Palatnik J F, Aggarwal P, et al. 2008. Control of jasmonate biosynthesis and senescence by miR319 targets［J］. Plos Biology, 6: 1991-2001.

Schwarz S, Grande A V, Bujdoso N, et al. 2008. The microRNA regulated SBP-box genes SPL9 and SPL15 control shoot maturation in *Arabidopsis*［J］. Plant Molecular Biology, 67: 183-195.

Shao C, Dong A W, Ma X, et al. 2014. Is Argonaute 1 the only effective slicer of small RNA-mediated regulation of gene expression in plants［J］. Journal of Experimental Botany, 65(22): 6293-6299.

Shivaprasad P V, Chen H M, Patel K, et al. 2012. A microRNA superfamily regulates nucleotide binding site-leucine-rich repeats and other mRNAs［J］. Plant Cell, 24: 859-874.

Sorin C, Bussell J D, Camus I, et al. 2005. Auxin and light control of adventitious rooting in *Arabidopsis* require ARGONAUTE1［J］. Plant Cell, 17: 1343-1359.

Stamm S, Ben-Ari S, Rafalska I, et al. 2005. Function of alternative splicing［J］. Gene, 344: 1-20.

Tian C E, Muto H, Higuchi K, et al. 2004. Disruption and overexpression of auxin response factor 8 gene of *Arabidopsis* affect hypocotyl elongation and root growth habit, indicating its possible involvement in auxin homeostasis in light condition［J］. Plant Journal, 40: 333-343.

Vazquez F, Gasciolli V, Crete P, et al. 2004. The nuclear dsRNA binding protein HYL1 is required for microRNA accumulation and plant development, but not posttranscriptional transgene silencing［J］. Current Biology, 14: 346-351.

Wang J W, Wang L J, Mao Y B, et al. 2005. Control of root cap formation by microRNA-targeted auxin response factors in *Arabidopsis*［J］. Plant Cell, 17: 2204-2216.

Wang Y, Itaya A, Zhong X H, et al. 2011. Function and evolution of a microRNA that regulates a Ca^{2+}-ATPase and triggers the formation of phased small interfering RNAs in tomato reproductive growth［J］. Plant Cell, 23: 3185-3203.

Williams L, Grigg S P, Xie M T, et al. 2005b. Regulation of *Arabidopsis* shoot apical meristem and lateral organ formation by microRNA miR166g and its AtHD-ZIP target genes［J］. Development, 132: 3657-3668.

Williams L, Grigg S P, Xie M, et al. 2005a. Regulation of *Arabidopsis* shoot apical meristem and lateral organ formation by microRNA miR166g and its AtHD-ZIP target genes［J］. Development, 132: 3657-3668.

Wollmann H, Mica E, Todesco M, et al. 2010. On reconciling the interactions between APETALA2, miR172 and AGAMOUS with the ABC model of flower development［J］. Development, 137: 3633-3642.

Wu G, Poethig R S. 2006b. Temporal regulation of shoot development in *Arabidopsis thaliana* by miR156 and its target SPL3［J］. Development, 133: 3539-3547.

Wu G. 2013. Plant microRNAs and development［J］. Journal of Genet and Genomics, 40: 217-230.

Wu M F, Tian Q, Reed J W. 2006. *Arabidopsis* microRNA167 controls patterns of ARF6 and ARF8 expression, and regulates both female and male reproduction［J］. Development, 133: 4211-4218.

Yang L, Liu Z Q, Lu F, et al. 2006. SERRATE is a novel nuclear regulator in primary microRNA processing in *Arabidopsis*［J］. Plant Journal, 47: 841-850.

Yang L, Wu G, Poethig R S. 2012. Mutations in the GW-repeat protein SUO reveal a developmental function for microRNA−mediated translational repression in *Arabidopsis*〔J〕. Proceedings of the National Academy of Sciences of the United States of America, 109: 315−320.

Yu B, Bi L, Zheng B L, et al. 2008. The FHA domain proteins DAWDLE in *Arabidopsis* and SNIP1 in humans act in small RNA biogenesis〔J〕. Proceedings of the National Academy of Sciences of the United States of America, 105: 10073−10078.

Yu B, Yang Z Y, Li J J, et al. 2005. Methylation as a crucial step in plant microRNA biogenesis〔J〕. Science, 307: 932−935.

Zhang X M, Zhao H W, Gao S, et al. 2011. *Arabidopsis* argonaute 2 regulates innate immunity via miRNA393*− mediated silencing of a golgi−localized SNARE gene, MEMB12〔J〕. Molecular Cell, 42: 356−366.

Zhu H, Hu F, Wang R, et al. 2011. *Arabidopsis* Argonaute10 specifically sequesters miR166/165 to regulate shoot apical meristem development〔J〕. Cell, 145: 242−256.

第六章 桑树生长发育的激素调节

不论是动物还是植物体内，激素（hormone）在调节生长和发育的许多方面都起着至关重要的功能。一般而言，动物激素由特定的腺体合成并分泌，与之不同的是植物的任何一个细胞都可以产生植物激素（plant hormone，Phytohormone）。植物激素是一类化学物质，在植物体内以极低的量存在，在本地或者运输到靶位置发挥功能，有时候又被称为植物生长调节剂（plant growth regulators，PGRs）。经典的五大类激素有生长素、细胞分裂素、赤霉素、脱落酸、乙烯，后来水杨酸、茉莉酸、油菜素内酯、独角金内酯等也逐渐成为公认的植物激素。本章重点讨论桑树的细胞分裂素、茉莉酸、乙烯三类激素。

一、细胞分裂素

在植物组织培养过程中，人们发现添加椰子乳能维持植物组织的生长，当时认为椰子乳中含有的成分能刺激细胞增殖（Caplin and Steward，1948），随后的研究表明，椰子乳中最丰富的细胞分裂素成分为玉米素（Letham，1974）。1955年，Skoog和Miller发现鲱鱼精子DNA对烟草髓细胞培养具有激活作用，并从中鉴定出一种腺嘌呤衍生物（6-糠胺嘌呤），将烟草茎切片放在添加6-糠胺嘌呤与生长素的培养基中培养时，茎切片组织开始增殖，证明6-糠胺嘌呤是真正的激活复合物，并将其命名为激动素（kinetin）（Miller et al.，1955a；Miller et al.，1956）。10年后，研究者从玉米未成熟胚乳中鉴定得到玉米素（zeatin）（Letham and Miller，1965；Skoog et al.，1965）。21世纪以来，细胞分裂素的合成、代谢、信号传导等方面都取得重要进展，细胞分裂素的研究与应用进入了快速增长阶段，获得了一系列研究结果。

细胞分裂素的功能主要集中在以下方面：器官的起始、分生组织维持、叶绿体发育、维管分化、叶片衰老、花器官的调节、根系的发育以及与生长素、独角金内酯共同调节植物分枝等。最近的研究也表明，细胞分裂素在生物胁迫（如病原体防御和根瘤菌共生）和非生物因素胁迫（干旱和盐胁）中也具有重要作用（Cheng and Kieber，2014）。此外，细胞分裂素还参与调节植物活性次生物质花青素的累积（Ji et al.，2015）。

植物对细胞分裂素的响应常通过添加外源细胞分裂素后植物的反应来判断。通过施加外源细胞分裂素进而分析植物的反应时，值得注意的是无论添加的是天然细胞分裂素还是人工合成细胞分裂素，植物体内细胞分裂素含量的增加都是通过直接吸收和促进细胞分裂素的合成来实现的，与此同时添加外源细胞分裂素增加细胞分裂素氧化酶活性，进而减少细胞分裂素含量。因此，靶位点的细胞分裂素的成分和含量可能与外源添加位置的细胞分裂素大不相同（Fahad et al.，2015）。

（一）细胞分裂素的结构及其与受体的结合

细胞分裂素可分为天然细胞分裂素和人工合成细胞分裂素，也可分为腺嘌呤型细胞分裂素和苯基脲型细胞分裂素。天然的细胞分裂素是腺嘌呤同系物，根据其N^6侧链取代基为异戊二烯侧链或者芳香环侧链分为类异戊二烯型或者芳香型细胞分裂素（Mok and Mok，2001；Sakakibara，2006）（图6-1）。类异戊二烯型细胞分裂素通常存在于高等植物中而且含量比芳香型细胞分裂素丰富；芳香型细胞分裂素也存在于高等植物（Strnad，1997）、苔藓（von Schwartzenberg et al.，2007）、单细胞藻类（Ördög et al.，2004）中。分布最广的天然细胞分裂素是异戊二烯腺嘌呤特别是反玉米素，它们都含有异戊二烯侧链。6-呋喃甲基腺嘌呤或6-糠基氨基嘌呤（6-Furfurylamino-purine，Kinetin，KT）和6-苄氨基嘌呤[6-（*n*-Benzyl）Aminopurine，BA]是最著名的带有N^6位原子环置换的细胞分裂素，其中BA及其同系物是天然的细胞分裂素。核糖或5'-磷酸核糖可能攻击腺嘌呤骨架的N^6位原子分别形成细胞分裂素核糖或细胞分裂素磷酸核糖，这些复合物应用到植物组织上都能诱导细胞分裂素反应。

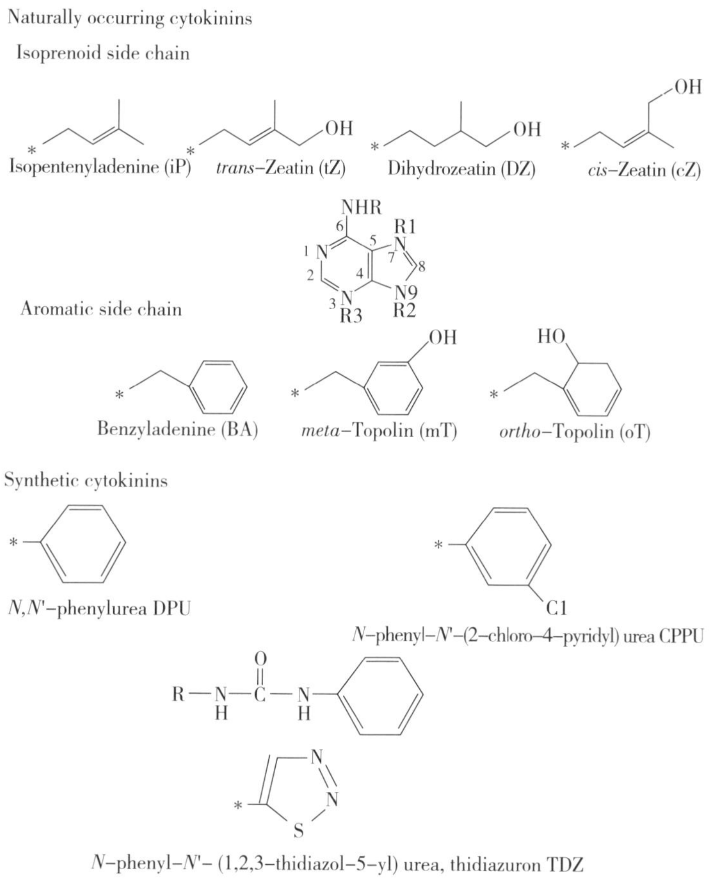

图6-1 天然的和人工合成的细胞分裂素的结构（Mok and Mok，2001）

Figure 6-1 Structure of natural and synthetic cytokinins

细胞分裂素与受体的结合实验表明最有活性的细胞分裂素是异戊二烯腺嘌呤和反玉米素，然而也有少数的核苷如反玉米素核苷表现出依赖于受体的活性（Yamada et al.，2001；Spichal et al.，2004）。受体结合实验中发现，BA的活性很低，但在拟南芥报告基因实验中它的活性却很高，这可能是因为BA更加稳定或者在植物组织中BA经过修饰（Spichal et al.，2004）。细胞分裂素与受体具有不同亲和性的实验表明，细胞分裂素信号感知传导是一个精细的调控机制。

（二）细胞分裂素的生物合成

Kamada-Nobusada和Sakakibara（2009）将高等植物和受农杆菌侵染的植物细胞中的类异戊二烯型细胞分裂素合成途径总结如图6-2所示。iP和tZ型细胞分裂素的类异戊二烯侧链主要产生于MEP途径，cZ型细胞分裂素的类异戊二烯侧链多数形成于MVA途径。高等植物中的腺嘌呤磷酸异戊烯基转移酶（IPTs）优先利用ATP和ADP作为类异戊二烯受体把二甲烯丙基二磷酸（DMAPP）N-异戊烯化，分别产生异戊烯基腺嘌呤核苷5'-三磷酸（iPRTP）和异戊烯基腺嘌呤核苷5'-二磷酸（iPRDP）。cZ型细胞分裂素是顺式羟化tRNA降解产物，在拟南芥中由2个和RNA型IPT基因AtIPT2和AtIPT9催化合

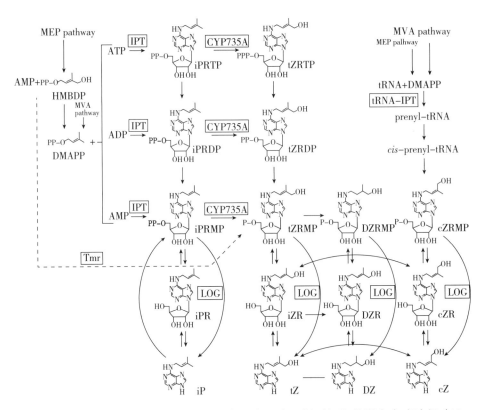

图6-2　高等植物和受农杆菌侵染的植物细胞中的类异戊二烯型细胞分裂素合成途径（Kamada-Nobusada and Sakakibara，2009）

Figure 6-2　The pathway of isoprene-type cytokinins in higher plants and plant cells infected by Agrobacterium tumefaciens

成（Köllmer et al.，2014）。细胞色素P450单加氧酶CYP735A作用下将核苷酸类细胞分裂素转化为tZ型核苷酸，而CYP735A优先利用iPRDP和异戊烯基腺嘌呤核苷5′-单磷酸（iPRMP）而不是iPRTP。在磷酸酶作用下二、三磷酸化的核苷酸类细胞分裂素脱磷酸化。在受根癌农杆菌侵染的植物细胞中，位于Ti质粒的T-DNA区的编码IPT基因的Tmr用AMP作为受体把4-羟基-3-甲基-2-（E）-丁烯基二磷酸（HMBDP）N-异戊烯化，产生反式玉米素核苷5′-单磷酸（tZRMP）。LOG直接催化细胞分裂素核苷5′-单磷酸成有活性的细胞分裂素。玉米素存在着顺反结构差异，cZ和tZ可能被玉米素顺反异构酶催化互变，这两种形式在不同的物种中含量不同（Gajdošová et al.，2011）。以前认为cZ是玉米素的失活或者弱活性形式，在拟南芥中可能没有特异功能，但后来发现在水稻、玉米等物种中cZ是活性形式（Köllmer et al.，2014）。参与iPR磷酰化和磷酸核糖基部分结合到iP的酶的基因分别是腺苷激酶（AK）和腺嘌呤磷酸核糖基转移酶（APRT）。APRT不仅能催化iP而且也能催化细胞分裂素核糖基。芳香族细胞分裂素，比如BA的生物合成途径完全未知，这些细胞分裂素的生物合成可能利用与酚类化合物代谢相关一个途径（Mok and Mok，2001）。

人们过去认为细胞分裂素在根部合成，通过木质部运输到苗木的上部（Letham and Palni，1983；Beveridge et al.，1997），后来发现细胞分裂素不仅仅产生于根部，植物地上部的许多其他器官中都有细胞分裂素的合成。如拟南芥IPT基因在根、叶、茎、花和荚果中都有表达（Miyawaki et al.，2004；Takei et al.，2004a），CYP735A基因主要在根部表达（Takei et al.，2004b），水稻和拟南芥LOG家族的基因存在于植物各个组织中（Kurakawa et al.，2007；Kuroha et al.，2009b）。拟南芥中IPT和CYP735A基因表达模式的叠加表明iP和tZ从头合成途径存在差异分布，如AtIPT3基因主要在叶片韧皮组织中表达，但在叶片中基本检测不到CYP735As基因表达，细胞分裂素合成基因的这种差异表达可能对地上部和地下部形成不同各类的细胞分裂素来说是非常重要的（Kudo et al.，2010）。

（三）细胞分裂素的代谢

1. 细胞分裂素氧化酶

细胞分裂素氧化酶（cytokinin oxidase/dehydrogenase，CKX）（EC 1.5.99.12），不可逆降解含有N⁶位不饱和侧链的细胞分裂素为嘌呤和醛类（Malito et al.，2004）（图6-3）。细胞分裂素氧化酶首先通过放射标记法在烟草组织粗提液中检测到（Paces et al.，1971），并在玉米核中分析了它的酶活性。第一个细胞分裂素氧化酶基因ZmCKX1从玉米中分离得到，其在毕赤酵母和立碗藓中表达时表现出细胞分裂素氧化酶活性（Morris et al.，1999；Houba-Herin et al.，1999）。此后，许多植物细胞分裂素氧化酶基因被鉴定分离出来，包括水稻*Oryza sativa*（Ashikari et al.，2005）、石斛*Dendrobium orchid*（Yang et al.，2002）、大豆*Glycine max*（Le et al.，2012）、大麦*Hordeum vulgare*（Galuszka et al.，2004）、豌豆*Pisum sativum*（Pepper et al.，2007）、拟南芥*Arabidopsis thaliana*（Werner et al.，2001）、毛果杨*Populus trichocarpa*（Tuskan et al.，2006）、小米*Setaria italic*（Wang et al.，2014）、油菜*Brassica rapa*（Konagaya et al.，2008）、棉花*Gossypium hirsutum*（Zeng et al.，2012）、

中国大白菜*Brassica rapa* ssp. *pekinensis*（Liu et al., 2013）和土豆*Solanum tuberosum*（Suttle et al., 2014）等。因为细胞分裂素氧化酶在反应中传递电子到电子受体而不是分子氧而被分类为脱氢酶（Galuszka et al., 2001；Frébortová et al., 2004）。细胞分裂素氧化酶翻译后经糖基化修饰并且利用FAD作为辅因子（Euiyoung Bae et al., 2008）不可逆降解体内活性细胞分裂素含量，被认为在植物调节体内细胞分裂素含量中起着关键的作用（Eckardt, 2003）。

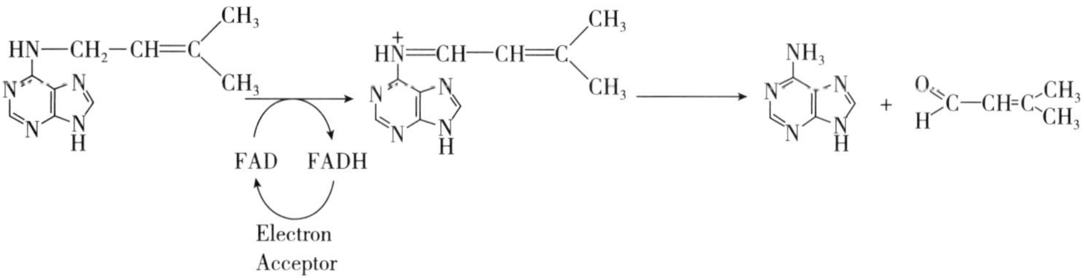

图6-3　CKX催化降解N^6-异戊烯腺嘌呤反应草图（Malito et al., 2004）

Figure 6-3　The schematic diagram of N^6-isoprene-typeadenine degraded by cytokinin oxidase/dehydrogenase

模式生物拟南芥的细胞分裂素氧化酶研究得比较深入，拟南芥基因组含有7个细胞分裂素氧化酶基因，*AtCKX1*～*AtCKX7*（Werner et al., 2003）。在花椰菜花叶病毒35S启动子控制下超量表达这7个基因，其中6个转基因拟南芥植株都减少了细胞分裂素含量，有意思的是在超量表达*AtCKX1*和*AtCKX2*的转基因烟草中内源ZT含量基本没有变化，而ZR含量降低50%左右，这些转基因烟草和拟南芥植株都表现出典型的细胞分裂素缺失的性状（Werner et al., 2003；Werner et al., 2001）。最近，拟南芥中研究得最少的细胞分裂素氧化酶基因*AtCKX7*的功能也得以阐明，其启动子分析表明*AtCKX7*主要在维管和成熟胚囊中表达，定位分析发现其定位于细胞液中，这不同于家族其他基因，超量表达*AtCKX7*基因植株展现出短的提前终止的主根及更小的顶端分生组织（Köllmer et al., 2014）。拟南芥细胞分裂素氧化酶基因家族的单个成员表现出不同的表达模式和亚细胞定位，表明它们可能在细胞分裂素的代谢中起着精细的调节作用，确保正确地行使细胞分裂素的功能（Werner et al., 2003；Köllmer et al., 2014）。

研究者在分析水稻产量相关的数量性状遗传位点（QTL）时发现一个编码水稻细胞分裂素氧化酶的基因（*OsCKX2*），该基因表达水平的降低或序列缺失引起转录的终止，均导致水稻花序分生组织细胞分裂素的累积，进而导致水稻产量的增加，首次证明细胞分裂素和细胞分裂素氧化酶的重要性（Ashikari et al., 2005）。相同的结果在禾本科小麦中再次得到印证，转基因小麦种子和根中HvCKX1活性的下调导致小麦产量增加，而且其早期根系发育增强（Zalewski et al., 2010b）。最近一项通过调节细胞分裂素氧化酶基因的表达增加棉花产量的研究（Zhao et al., 2015a）再次表明，细胞分裂素氧化酶具有调节植物繁殖器官数量的功能，是增加以繁殖器官为主要目标的植物产量的靶标基因。

2．细胞分裂素氧化酶抑制剂

早期研究发现，人工合成的苯基脲型细胞分裂素如N–苯基–N'–1，2，3–噻二唑–5–基脲，又名噻苯隆（thidiazuron，TDZ）和N–（2–氯–4–吡啶基）–N'–苯基脲（CPPU）是细胞分裂素氧化酶的强烈抑制剂（Chatfield，Armstrong，1986；Armstrong，1994；Burch and Horgan，1989；Laloue，Fox，1989）。玉米和菜豆细胞分裂素氧化酶的功能鉴定实验认为苯脲型细胞分裂素对细胞分裂素氧化酶的抑制是非竞争性的（Armstrong，1994；Burch and Horgan，1989），但随后重组玉米细胞分裂素氧化酶ZmCKX1的动力学实验阐明CPPU是竞争性抑制剂（Mok and Mok，2001）。近年来，新型的细胞分裂素氧化酶抑制剂相继得到研究和应用。Zatloukal等（2008）合成了2–X–6–anilinopurines——一种具有细胞分裂素活性的细胞分裂素氧化酶抑制剂，并从中得到了2个*AtCKX2*可能的抑制剂：2–氯–6–（3–甲氧基苯基丙酮）胺基嘌呤和2–氟–6–（3–甲氧基苯基丙酮）胺基嘌呤。在随后的研究中，人们常把2–氯–6–（3–甲氧基苯基丙酮）胺基嘌呤缩写为INCYDE（Inhibitor of cytokinin dehydrogenase）（Aremu et al.，2015；Aremu et al.，2014；Gemrotová et al.，2013）。Gemrotova等（2009）的研究表明：TDZ具有强烈的激活细胞分裂素受体且抑制CKX酶活性而表现出强的细胞分裂素活性，与之相比，大多数2–X–6–anilinopurines具有更强的抑制CKX酶活性，对细胞分裂素受体的敏感性更弱。2–X–6–anilinopurines中一个命名为MZ02C1的物质能在体外以剂量依赖的方式竞争性地抑制拟南芥细胞分裂素氧化酶活性，将MZ02C1和ZmCKX1共结晶证实MZ02C1结合到酶的活性中心，将MZ02C1外施于转*AtCKX1*和*AtCKX2*基因的烟草和拟南芥植株中都能解除处理植株的生长抑制，并恢复野生型的表型，当施用于野生型植株时，植株节间缩短，花的大小和数目增加，并进而导致产量增加，可见MZ02C1可以作为植物生长调节剂用于改良作物的产量和品质。叶面喷施INCYDE不但能显著增加野生型番茄花的数量而且能增加75 mmol NaCl胁迫处理的番茄的花数量，同时根中施用INCYDE还能增加150 mmol NaCl胁迫处理番茄的花数量（Aremu et al.，2014）。最近的研究发现INCYDE或PI–55（细胞分裂素受体抑制剂）等细胞分裂素抑制剂能增加植物对重金属镉的耐受能力，对受重金属镉胁迫的植物起到保护作用（Gemrotová et al.，2013）。

实际上细胞分裂素在植物体内的代谢除了通过CKX进行不可逆降解外，还存在诸如O–糖基化、N–糖基化等形式的取代基修饰，使具有生理活性的细胞分裂素转化为不具生理活性的存贮形式。

3．细胞分裂素的运输

人们过去认为细胞分裂素主要在根尖合成，茎尖只有有限的细胞分裂素合成能力，然而植物的许多器官都能检测到细胞分裂素，可见细胞分裂素具有流动性。在许多种植物中，去除根会导致幼苗细胞分裂素含量减少而使生长减慢，而且这个过程可通过添加细胞分裂素挽救，这表明幼苗组织的细胞分裂素主要依赖于产生于根的细胞分裂素，也就是通过木质部运输到幼苗中（Mok and Mok，1994）。

（1）细胞分裂素跨质膜运输

细胞分裂素作为一类流动性的植物激素，高等植物很有可能用一套跨质膜的输入输出系统来运输细胞分裂素（Cedzich et al., 2008；Hirose et al., 2008）。拟南芥细胞培养中细胞分裂素运输的描述表明存在着质子–偶联的多相细胞分裂素运输系统（Cedzich et al., 2008）。研究表明嘌呤透酶（purine permease，PUP）家族和平衡核苷运输蛋白（equilibrative nucleoside transporter，ENT）家族参与细胞分裂素运输。通过酵母系统阐明，拟南芥AtPUP1和AtPUP2具有运输tZ和iP的功能；但缺少用功能获得或者功能缺失突变来研究植物PUPs蛋白的相关报道（Kudo et al., 2010）。酵母细胞竞争性吸收实验表明，拟南芥ENT3、ENT6、ENT7和水稻ENT2蛋白能运输iPR和tZR

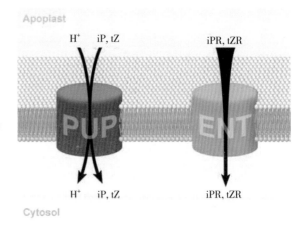

图6-4 细胞分裂素跨质膜运输的可能模型（Kudo et al., 2010）

Figure 6-4 The transportation mode of cytokinins across plasma membrane

（Hirose et al., 2005；Hirose et al., 2008）。Sun（2005）在遗传筛选细胞分裂素超量产生的抑制突变体时得到了拟南芥AtENT8基因表达下调的T-DNA插入突变体。前人研究尽管表明植物ENT运输蛋白参与运输细胞分裂素核苷，但缺少清晰和明确的证据（Kudo et al., 2010）。图6-4简要地描述上述两种细胞分裂素运输蛋白如何发挥功能，即PUP蛋白将H^+和iP、tZ一起运输到细胞质中，而ENT蛋白则将iPR和tZR一起运输到细胞质中。

（2）细胞分裂素的长距离运输

处理在叶片上的放射性细胞分裂素大部分留在了处理部位，少部分迁移到了植株的其他器官的实验表明，植物中存在着细胞分裂素的系统运输（Vonk，Davelaar，1981；Badenoch-Jones et al., 1984；Letham，1994）。高等植物细胞分裂素长距离运输由木质运输系统（蒸腾作用产生的向顶运输）及韧皮运输系统（传递光合产物到植物各个部位）介导（Kudo et al., 2010）。木质部汁液中主要的细胞分裂素是tZR（Beveridge et al., 1997；Takei et al., 2001；Hirose et al., 2008），韧皮部汁液中主要的细胞分裂素是iP型细胞分裂素如iPR和iP核苷酸（Corbesier et al., 2003；Hirose et al., 2008）。图6-5表明，植物利用tZR作为向顶的信使，用iP型细胞分裂素作为系统的或者由上往下的信使。上述结论得到拟南芥IPT基因四重突变体atipt1，atipt3，atipt5，atipt7的交互嫁接实验的验证。该突变体中的iP型细胞分裂素和tZ型细胞分裂素的含量均低于野生型，当用野生型材料地下部作枯木、突变体茎作为接穗时，突变体接穗中的tZ型而不是iP型细胞分裂素含量能恢复到野生型水平；用突变体地下部作枯木、野生型材料茎作为接穗时，突变体根系iP型细胞分裂素含量恢复到野生型水平，同时tZ型细胞分裂素仅能部分恢复（Matsumoto-Kitano et al., 2008）。研究发现，细胞分裂素通过木质部的运输受到环境和内源信号的控制。添加硝酸盐后小麦（Samuelson et al., 1992）和玉米（Takei et al., 2001）中tZR含量和木质部汁液流量明显增加，这表明tZR可以作为硝酸盐信号的信使。添加硝酸盐后木质部细胞分裂素含量上调会诱导叶

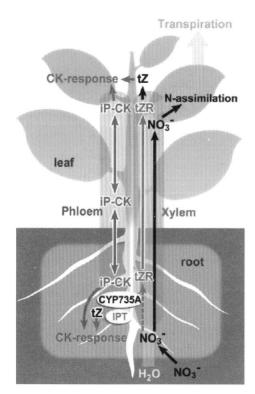

图6-5 植物维管系统中的细胞分裂素长距
离运输模型（Kudo et al., 2010）

Figure 6-5 The long-distance transportation
mode of cytokinins invascular plants

片中细胞分裂素应答基因表达的增加（Sakakibara et al., 1998；Takei et al., 2001）。拟南芥根中的*AtIPT3*的表达受到硝酸盐诱导而累积，并导致tZ核苷酸和tZR的增加（Takei et al., 2004a；Takei et al., 2002）。在拟南芥突变体*atipt3*中，依赖于硝酸盐的细胞分裂素的累积明显恢复或者减少，表明*AtIPT3*是依赖于硝酸盐的细胞分裂素从头合成的关键基因，同时AtIPT3启动子分析发现在韧皮部伴胞中检测到表达而在木质部组织中没有检测到表达（Takei et al., 2004a）。

4. 细胞分裂素的ABCG转动蛋白

反式玉米素型细胞分裂素主要合成于根维管组织，通过向顶运输到茎中以调节植物茎的生长，细胞分裂素的这种长途运输的机制仍然没有阐明。最近，两个研究小组发现，拟南芥ATP结合盒式蛋白（ATP-binding cassette transporter，ABC）亚家族G中的成员AtABCG14，主要在根中表达，对tZ型细胞分裂素从根中往茎中运输起到重要的作用（Zhang et al., 2014；Ko et al., 2014）。两个研究均发现，拟南芥突变体atabcg14地上部茎生长弱小、花器官数量减少，地下部根系由于细胞分裂素的累积而生长受阻，启动子分析表明，在初生根中主要在中柱鞘和柱细胞中表达，定位分析表明AtABCG14定位细胞质膜上。C^{14}标记的tZ型细胞分裂素同位素示踪实验表明，野生型材料茎中含有大量同位素，而突变体atabcg14仅含有痕量的同位素，其同位素大都集中在根中。有意思的是转*AtABCG14*∷*EGFP-AtABCG14*的突变体材料茎中的tZ型细胞分裂素运输能力不仅得以完全恢复且其运送能力是野生型材料的2.5倍。由于地上部细胞分裂素具有参与延缓叶片衰老进而增加光合产量、增加繁殖器官数量等功能，而地下部细胞分裂素的缺失则能促进根系发育、增加植物逆境抗性，因此超量表达*AtABCG14*基因具有将细胞分裂素优点聚合起来起到既能促进根系发育也能增强逆境抗性、进而增加产量的功能，从而改变过去用*IPT*基因增加细胞分裂素含量导致根系发育受损、用*CKX*基因减少细胞分裂素增加根系但牺牲地上部生物产量的不利局面，这将对进一步开发利用植物激素起到积极的促进作用。

5. 细胞分裂素拮抗剂

RNA碱基的一些化学类似物具有拮抗细胞分裂素功能的作用，Blaydes发现二氨基嘌呤（2，6-diaminopurine，DAP）、8-氮杂鸟嘌呤（8-azaguanine，AZ）和氮杂腺嘌呤（azaadenine，AA）可抑制需要KT的大豆愈伤组织的生长（Blaydes，1966a），分子结构如图6-6所示，其中

AZ和AA是嘌呤生物合成抑制剂。AZ是第一个发现的能抑制小鼠肿瘤的嘌呤同系物（Timmis and Williams，1967），其化学式为$C_4H_4N_6O$，分子量为152.114，因具有抗肿瘤活性而被用于治疗严重的白血病。离体的胡芦巴子叶施用KT后迅速扩展，但同时施用KT和AZ时，子叶受到的KT刺激而产生的扩展受到抑制，与此同时RNA合成也受到抑制（Rijven and Parkash，1971），这表明AZ作为细胞分裂素的抑制剂同时也会抑制RNA的合成。DAP是一种嘌呤同系物，它通过抑制嘌呤补救途径的酶——腺嘌呤磷酸核糖基转移酶（APRT）抑制细胞生长和增加（Moffatt and Somerville，1988；Hitchings and Elion，1963），其化学式为$C_5H_6N_6$，分子量为150.14，也是治疗白血病的药。Victor等人（1999）发现：在$10\,\mu mol/L$ TDZ培养基中培养的完整的花生小苗的下胚轴缺门区会诱导体细胞胚胎形成，同时添加嘌呤同系物DAP、AA或AZ，花生小苗的这种胚胎形成反应会受到抑制，添加腺嘌呤不能回复DAP介导的胚胎形成抑制，DAP诱导的胚胎形成受到抑制证明TDZ诱导积累的嘌呤细胞分裂素是TDZ诱导的体细胞胚胎形成过程的主要成分。内源嘌呤代谢分析表明添加TDZ会抑制细胞分裂素氧化酶的活性进而导致内源细胞分裂素含量的增加，但添加DAP却抑制了嘌呤的循环而导致内源腺嘌呤和玉米素的减少，同时添加TDZ和AA的花生胚萌发明显减少，AA浓度低至$1\,\mu mol/L$时抑制效果同样显著，花生胚数目从48个减少到27个，同时添加TDZ和AZ时产生同样的效果，当AZ的浓度从$1\,\mu mol/L$增加到$100\,\mu mol/L$时，每个苗产生的体细胞胚从27个减少到8个（Victor et al.，1999）。KT诱导的大豆愈伤组织的生长受3个嘌呤类似物的抑制，添加KT不能回复DAP介导的抑制作用，但KT能部分回复AZ的抑制作用（Blaydes，1966b）。

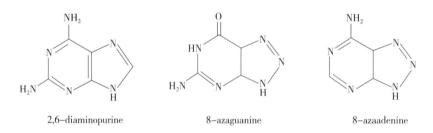

2,6-diaminopurine   8-azaguanine   8-azaadenine

图6-6　细胞分裂素拮抗剂结构

Figure 6-6　Structure of cytokinin antagorists

6. 细胞分裂素信号传导

研究发现，真核生物通过多步磷酸级联途径感知和传递细胞分裂素的信号转导与细菌感知和响应环境刺激的二元组分系统（two-component systems，TCS）的磷酸接力传递（Phosphorelay）途径类似（图6-7）。拟南芥、玉米、水稻TCS组分的功能鉴定都表明细胞分裂素的信号传导是由具有部分赘余功能的二元组分蛋白家族介导的：组氨酸激酶（histidine kinases，HK）、组氨酸磷酸传递蛋白（histidine phosphotransfer proteins，HP）、反应调节器（response regulators，RR）及细胞分裂素响应因子（cytokinin response Factors，CRF）。模式生物拟南芥的研究已经基本明确了细胞分裂素的信号传导途径：拟南芥中的3个细胞分裂素受体AHK2、AHK3和AHK4首先感知并结合细胞分裂素。随后受体自磷酸化将信号传递到膜内的拟南芥组氨酸磷酸传递蛋白（AHP），AHP1-5将磷酸信号传递到核内的A型或者B型反应调节器ARRs，此外，AHPs还会导致核内转录因子AP2家族成员CRF的积累；AHP6，一个抑制性假磷酸传递蛋白，拮抗细胞分裂素，调控原生木质部的形成（Mähönen et al.，2006）。磷酸化信号传递到核内的ARR后有两种情况：如果B型ARR被激活，那么它就会作为转录因子诱导包括A型ARR和CRF在内的细胞分裂素反应基因的转录；若A型ARR被激活，那么它会以一种未知的机制负调控细胞分裂素的信号传导，而CRF则和B型ARR一起调节受细胞分裂素调节的基因的表达（Kamada-Nobusada and Sakakibara，2009）。

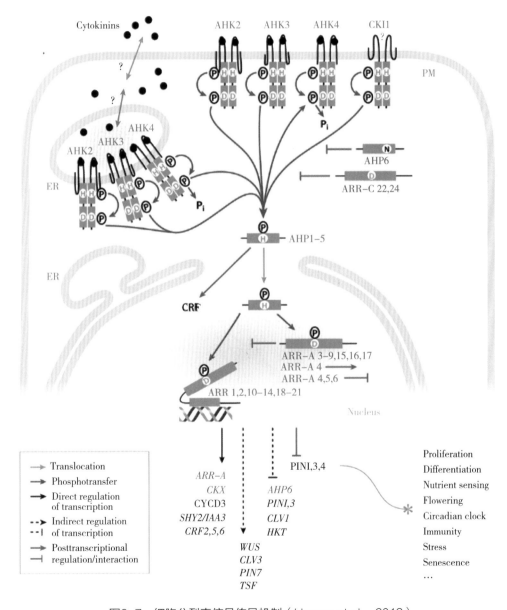

图6-7　细胞分裂素信号传导机制（Hwang et al.，2012）

Figure 6-7　The mechanism of cytokinin signal transduction

7．细胞分裂素功能研究

细胞分裂素是一种重要的植物激素，参与了植物生长和发育的许多重要的生理过程，如诱导细胞分裂，叶绿素发育，苗形成，促进种子萌发，打破顶端优势促进侧芽萌发，促进叶片增大，延缓衰老，增强库组织强度，调节维管发育（Mok and Mok，1994；Mok and Mok，2001）等。近年来还发现细胞分裂素参与生物和非生物胁迫（Cheng，Kieber，2014）及次生代谢物质累积（Ji et al.，2015）。图6-8是细胞分裂素在植物中的功能展示图，可见细胞分裂素具有重要的功能。

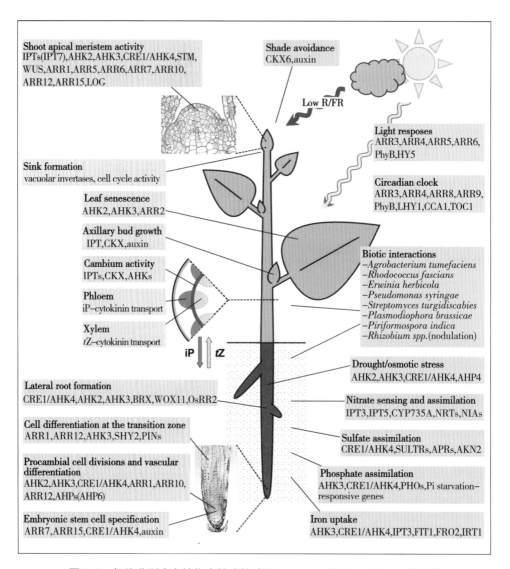

图6-8　细胞分裂素在植物中的功能（Werner and Schmülling，2009）

Figure 6-8　The biological function of cytokinins in plants

（1）细胞分裂素参与逆境调控

尽管细胞分裂素是植物生长发育重要的调控因子，与脱落酸和生长素起着拮抗作用，近年来的研究还表明细胞分裂素参与调控植物与环境的相互作用，响应生物和非生物胁迫（Werner and Schmülling，2009）。

干旱等逆境会降低根中合成或向上运输的细胞分裂素量，外施细胞分裂素增加许多植物气孔孔径和蒸腾（Hadiarto and Tran，2011）。种子萌发前用细胞分裂素处理能增加盐胁迫春小麦的种子萌发率、生物量及产量（Iqbal et al.，2006）。拟南芥3个细胞分裂素受体的突变体的逆境胁迫实验表明，细胞分裂素的受体是ABA信号通路和渗透胁迫的负调控因子（Hadiarto，Tran，2011）。转逆境响应启动子驱动的细胞分裂素合成酶基因*IPT*的烟草在干旱胁迫下的成活率增加（Rivero et al.，2007）。超量表达细胞分裂素氧化酶基因*CKX1*转基因拟南芥或者细胞分裂素合成酶基因*IPT*四重突变体*ipt1357*由于内源细胞分裂素含量减少，使得植株在干旱或者盐胁迫情况下都表现出极强的胁迫抗性，表明细胞分裂素负调控逆境胁迫（Nishiyama et al.，2011）。

通过细胞分裂素受体抑制剂PI-55或细胞分裂素氧化酶抑制剂INCYDE调节植物体内的细胞分裂素能有效地保护受高镉胁迫植物，增加其不定根数目、根长和茎长（Gemrotová et al.，2013）。

（2）细胞分裂素参与次生物质代谢

细胞分裂素促进拟南芥花青素的累积是通过调节花青素生物合成通路中的4个基因*PAL1*（phenylalanine ammonia lyase 1）、*CHS*（chalcone synthase）、*CHI*（chalcone isomerase）和*DFR*（dihydroflavonol reductase）的表达来实现的（Deikman，Hammer，1995），研究表明细胞分裂素处理后*PAL1*和*CHI*基因的表达受转录后水平调控而*CHS*和*DFR*基因的表达受转录水平调控（图6-9）。最近的研究表明：细胞分裂素促进的拟南芥小苗花青素累积受Suc信号介导的光合电子传递的氧化还原状态而不依赖于受光信号通路介导的HY5/PIF3（Das et al.，2012），通过细胞分裂素的二元信号传递通路中的B型响

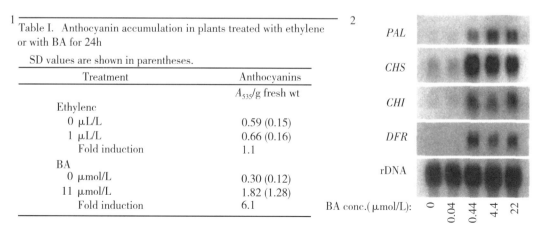

图6-9　细胞分裂素促进拟南芥花青素累积（Deikman，Hammer，1995）

Figure 6-9　Induction of anthocyanin accumulation by cytokinins

应调节元件ARR1、ARR10和ARR12来调控花青素通路中的结构基因*PAP1*（Production of Anthocyanin Pigment 1）的表达。油菜素内酯对细胞分裂素诱导的花青素累积有促进作用（Yuan et al.，2014）（图6-10），主要表现为油菜素内酯信号突变体dwf4和bri1-4中BA诱导的花青素累积显著减少但野生型花青素含量增加。与细胞分裂素能诱导早期和晚期花青素相关基因的表达相比（Deikman and Hammer，1995），茉莉酸只能诱导晚期相关合成基因*DFR*（dihydroflavonol reductase）、*LDOX*（leucoanthocyanidin dioxygenase）以及*UF3GT*（UDP-Glc：flavonoid 3-Oglucosyltransferase）的表达（Shan et al.，2009）。

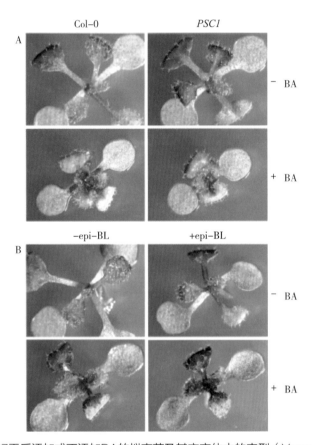

图6-10　培养7天后添加或不添加BA的拟南芥及其突变体中的表型（Yuan et al.，2014）

Figure 6-10　The phenotype of 7-d-old seedlings of WT（Col-0）and psc1 mutant treated（+）or untreated（-） with BA for an additional 4 d

（3）细胞分裂素促进细胞分裂

Skoog和Miller的研究表明，植物激素协调控制植物器官的再生（Skoog and Miller，1957）。当细胞分裂素浓度高于生长素浓度时有利于芽的形成，而细胞分裂素浓度比生长素浓度低时有利于根的形成，当二者的浓度相当时，则维持未分化愈伤组织的繁殖。根外植体从头形成芽的第一个可见的改变发生在中柱鞘层的周缘细胞分裂（Cary et al.，2002），紧接着的是进一步的细胞分裂，叶绿素的发育和导致茎顶端分生组织的相关基因的上调，如*CUP SHARED COTYLEDON*和*KNOX*（Class1 Knotted1-like homeobox）基因，*SHOOTMERISTEMLESS*和*KNAT1*，这表明细胞分裂素在芽发育基因的上游起作用（Cary et al.，2002）。超量表达*KNAT1*基因导致的诸如减少顶端优势和异位芽形成的表型表明转基因植株细胞分裂素含量增加，支持细胞分裂素在顶端优势中的作用（Kerstetter and Hake，1997；Rupp et al.，1999）。而且*KNOX*基因对提高细胞分裂素含量和诱导细胞分裂素生物合成酶基因，如*AtIPT5*和*AtIPT7*以及细胞分裂素原初表达基因*ARR5*的表达就足够了（Jasinski et al.，2005；Yanai et al.，2005）。这表明细胞分裂素和KNOX转录因子在促进芽分生组织活性及分生组织维持之间相互作用。细胞分裂素受体CRE1是从不能增殖愈伤组织的突变体中筛选出来的事实表明，细胞分裂素对细胞增殖起着关键的作用（Inoue et al.，2001）。

为了解细胞分裂素在整个植株中的作用，通过超量表达*CKX*基因，可从总体上降低烟草和拟南芥植株体内细胞分裂素含量（Werner et al.，2001；Werner et al.，2003）。转基因植株表现为茎顶端和花分生组织的生长缓慢，上述表型主要是由细胞分裂比率减少造成的，同时根顶端分生组织的分生细胞数目增加，导致转基因株系根的生长明显增强，这表明，细胞分裂素在地下部和地上部有相反的功能；与前人的研究相比（Gan and Amasino，1995；Mok and Mok，1994），这些转基因植株表现出减少的顶端优势而且衰老延缓。

众所周知，细胞周期是由紧跟着有丝分裂和胞质分裂（M期）的DNA复制（S期）的一轮循环。这两个时期被G1期和G2期分隔开来，细胞分裂素促进G1-S期和G2-M期的过渡（Inzé，2005；Veylder et al.，2003）。研究表明细胞分裂素诱导了细胞周期蛋白D3的转录，D3的累积启动细胞周期从G1期进入S期（Soni et al.，1995）。这种诱导不受放线菌酮的抑制，表明细胞分裂素信号直接诱导D3的转录而无需进一步的蛋白质合成（Riou-Khamlichi et al.，1999）。但是，蛋白磷酸化的抑制剂会抑制细胞分裂素介导的D3的诱导，超量表达D3基因导致拟南芥产生细胞分裂素依赖的愈伤增殖的现象（Riou-Khamlichi et al.，1999）。超量表达D3株系表现出类似于超量表达细胞分裂素植株延缓衰老的表型，但转基因植株细胞分裂素含量没有升高，这表明细胞周期蛋白D3能独立促进组织的增殖（Riou-Khamlichi et al.，1999）。综上所述，细胞分裂素通过诱导G1期到S期过渡启动子—细胞周期蛋白D3表达的直接促进细胞分裂。

细胞分裂素也调节G2期到M期的过渡。BY2，一种在细胞分裂素自主的烟草细胞株系中位于S期和M期附近的内源细胞分裂素含量最高的一个株系（Redig et al.，1996）。当细胞分裂素的积累被抑制后，BY2株系不能进入有丝分裂；添加玉米素可以使受到抑制的BY2株系的细胞进入有丝分裂，这表明细胞分裂素对于G2期到M期的过渡是必不可少的（Laureys et al.，1998）。G2期到M期的过渡是由细胞周期蛋白依赖蛋白激酶（CDK）介导的。此外，CDK不能磷酸化本身的酪氨酸残基，因此不能保持活性，培养的烟草细胞不添加细胞分裂素则不能进入有丝分裂，而且这些细胞培养中，细胞分裂素的作用不能被酪氨酸磷酸酶CDC25的表达所替换，这表明细胞分裂素是通过CDC25来促进G2期到M期的过渡的（Zhang et al.，2005）。

（4）细胞分裂素在维管发育中的作用

前人研究发现，分离的百日草（*Zinnia elegans*）叶肉细胞添加生长素和细胞分裂素

后，能以很高的频率分化成管状分子（TEs）（Fukuda，1997）。研究表明细胞分裂素和生长素在这个分化转移过程中协同作用：先维持原形成层的活性，然后促进管状分子的分化（Church and Galston，1988；Fukuda，2004）。在彩叶草（*Coleus blumei*）的离体节间段创伤周围形成管状分子和韧皮筛分子过程中，细胞分裂素也是一个限制和控制因子（Aloni et al.，1990；Baum et al.，1991），因为单独使用生长素尽管也能形成少量的管状分子和筛分子，但生长素和细胞分裂素联合使用时明显增强了在创伤周围的维管分化，与此同时维管分化的后期看起来甚至不需要细胞分裂素（Aloni，1982）。

（5）细胞分裂素延缓叶片衰老

外施细胞分裂素能抑制叶绿素和光合蛋白的降解（Richmond and Lang，1957；Badenoch-Jones et al.，1996；Humbeck et al.，1996），并能增加叶绿素和蛋白的含量（Towne and Owensby，1983），同时转*IPT*基因植株的衰老也会延缓（Smart et al.，1991；Li et al.，1992；McKenzie et al.，1998；Gan，Amasino，1995）。烟草衰老过程中，细胞分裂素通过影响蛋白的降解来延缓衰老（Wingler et al.，1998）。植物组织衰老时，内源细胞分裂素含量下降（van Staden et al.，1988），如陆地棉子叶出土19天后开始衰老（谢庆恩等，2007），其子叶中细胞分裂素氧化酶含量显著增加，导致内源细胞分裂素含量的降低。棉花抗衰老品种的子叶蛋白质下降含量低于不抗衰老的品种（王颖等，2005）。棉花早衰品种和抗衰老品种的交互嫁接实验表明，棉花叶片的衰老与反玉米素和反玉米素核苷的含量减少相关（Dong et al.，2008）。

（6）细胞分裂素调节繁殖器官数目

近年的研究表明细胞分裂素参与调节植物繁殖器官的发育，并影响繁殖器官的数量。

①细胞分裂素氧化酶调节植物产量。水稻细胞分裂素氧化酶基因*OsCKX2*参与调节水稻花序的发育：花序*OsCKX2*基因表达很高的粳稻品种Koshihikar的谷物产量显著低于花序*OsCKX2*基因表达很低的籼稻品种Habataki，而且中国水稻品种5150由于*OsCKX2*基因的缺失导致水稻穗谷物产量达到405个，高于Habataki的306个和Koshihikar的164个；同时反义抑制中国水稻品种TC65 *OsCKX2*基因的表达导致转基因水稻谷物产量显著高于野生型，花序细胞分裂素含量分析表明5150高于Habataki且Habataki又高于Koshihikar，这表明水稻花序*OsCKX2*的缺失或者表达下调导致细胞分裂素含量的增加进而增加谷物产量（Ashikari et al.，2005）。

最近，波兰和捷克的研究者发现下调小麦细胞分裂素氧化酶基因*HvCKX1*导致转基因小麦的产量增加：*HvCKX1*基因在小麦开花0天、7天和14天的穗状花序及幼苗的根系中表达最高，在小麦中RNAi下调*HvCKX1*基因的表达导致转基因小麦细胞分裂素氧化酶活性的降低而且每株小麦种子数和千粒重增加，同时转基因小麦的根系发育也增强，这些结果表明低活性的细胞分裂素氧化酶与小麦产量增加和根系发达呈正相关（Zalewski et al.，2010a）。

②减少细胞分裂素含量降低繁殖器官数量。Werner等（2001）首先在拟南芥中超量表达*AtCKX1*和*AtCKX2*基因，结果超量表达*AtCKX1*的拟南芥植株甚至不能形成花器官，而超量表达*AtCKX2*的拟南芥植株花器官数量显著减少。Werner等（2003）进一步的实验表明在拟南芥中超量表达*AtCKX1*基因导致花序减少、成熟种子数目减少，但种子胚乳增

大、种子千粒重增加。Galuszka等（2004）在烟草中超量表达小麦细胞分裂素氧化酶基因 *HvCKX2*，发现 *HvCKX2* 基因，表达很强的株系不能形成花器官，同时表达相对温和的株系花器官的数量显著减少。总之，在烟草和拟南芥中超量表达细胞分裂素氧化酶基因将导致如下细胞分裂素缺失的性状：植株生长矮小、开花延迟、花器官数量减少、种子坐果减少、部分雄性不育、种子胚乳增大，不定根增加、根维管发育增强、根系分枝增加，芽顶端分生组织减小、叶细胞数量减少、表面积减小、细胞体积增大、衰老延迟，节间缩短（Werner et al.，2001；Werner et al.，2003；Galuszka et al.，2004；Schmülling et al.，2003）。

Kurakawa（2007）等首先在水稻中发现催化细胞分裂素核苷5′-单磷酸的磷酸核糖水解酶LOG的功能缺失突变体 *log* 的圆锥花序严重减小、花序支梗分枝减少，花数目减少。最近Kuroha（2009a）等发现催化细胞分裂素核苷5′-单磷酸的磷酸核糖水解酶LOG的拟南芥三重突变体 *log3*、*log4*、*log7* 的侧根数目、不定根数目显著低于野生型，特别是其花序的花器官数目显著低于野生型，这表明突变体的花序分生组织活性降低，细胞分裂素正调节拟南芥苗分生组织活性；由于细胞分裂素缺失会导致种子增大而 *log3*、*log4*、*log7* 的种子大小没有差异，表明LOG基因家族在调节胚乳发育的功能上具有高度冗余性。

（7）细胞分裂素调节侧芽生长

植物的侧芽发育决定着植株分枝形态建成，近年来越来越多的研究聚焦于植物侧芽发育的机理，并取得了突破性进展，研究发现生长素、细胞分裂素、独角金内酯、赤霉素、蔗糖、氮以及光等参与调控植物分枝发育，构成复杂的调控网络共同调控植物侧芽发育（Zhao et al.，2015b）。在调控细胞分裂素的各种因素中，激素具有重要的功能其中又以生长素、细胞分裂素、独角金内酯的作用占主导地位。

在这些激素中，生长素从顶端合成向下运输起着顶端优势的作用抑制侧芽的发育，独角金内酯由根中合成抑制侧芽的发育。细胞分裂素是侧芽发育的促进因子，当顶端优势丧失生长素减少时，生长素抑制的细胞分裂素合成和促进的细胞分裂素降解功能都消失，使得细胞分裂素含量增加，因此促进芽的发育；当顶端生长点存在时生长素通过PIN蛋白的运输在抑制细胞分裂素合成的同时增加细胞分裂素的降解共同减少细胞分裂素的含量；此外，当顶端生长点消失侧芽发育后很快就会成为新的生长点重新发挥顶端优势的功能抑制其下面侧芽的发育（Shimizu-Sato et al.，2009）。事实上，生长素和细胞分裂素之间的这种相互抑制功能很早就被发现并广泛应用在植物组织培养中，如当生长素含量低于细胞分裂素含量时促进芽的发育而当生长素含量高于细胞分裂素含量时则侧芽生长受到抑制此时根系生长显著。最近的研究表明，在麻疯树属中赤霉素促进侧芽发育（Ni et al.，2015）。

土壤中中低水平的氮或有机磷会抑制根中细胞分裂素的合成，也会导致茎中细胞分裂素不足以促进侧芽的发育，同时低水平的有机磷也会促进独角金内酯的合成抑制侧芽的发育（Domagalska and Leyser，2011）。此外，分枝发育与植物种类相关，不同种类的植物分枝发育的程度各不相同，有的分枝发育明显有的分枝发育弱。此外，年龄也是影响植物分枝发育的一种因素，一般而言，年龄越老植株顶端优势越弱，分枝发育也越显著，也就越易形成更多的叶和花带来更多的果实（Shimizu-Sato et al.，2009），这就是不同果树具有不同的童期其结果期长短不一的原因所在。

8. 桑树中的细胞分裂素

桑树中的细胞分裂素研究较少，主要集中在细胞分裂素在植物组织培养中的功能方面，详见本书第十二章，仅有日本学者20世纪对细胞分裂素在桑树中的含量进行了测定。细胞分裂素类物质玉米素（zeatin，Z）、玉米核苷（zeatin-riboside，ZR）、腺嘌呤核苷（isopentenyl adenosine，IPA）、腺嘌呤核苷酸（isopentenyl adenine，iP）等广泛存在于桑树叶、茎、根中，在桑树的生长发育、剪伐、衰老延缓等过程中发挥着非常重要的作用（Yanagisawa et al.，1994；Yanagisawa and Shioiri，1989；Yanagisawa et al.，1988；Yanagisawa，1987；Yanagisawa et al.，1985）。在桑叶生长过程中，随着叶龄增加Z含量增加、ZR含量降低；桑叶离体保存过程中，叶的Z含量都随着贮藏时间增加而增加，而ZR含量变化与Z相反；桑叶采后用CK处理能延缓衰老（Yanagisawa et al.，1993）。外施低浓度的细胞分裂素BA能促进大多数休眠芽的萌动（Yahiro，1980）。桑树春伐和夏伐后腋芽CK含量都随着萌发而增加。桑树剪伐后腋芽再生与主根和侧根及保留枝条的细胞分裂素相关（Yanagisawa et al.，1994；Yanagisawa et al.，1988），同时剪伐后保留叶的细胞分裂素Z的含量随着生长而降低，而ZR的含量增加（Yanagisawa，1987）。不同桑树品种的桑叶和枝条CK含量随着季节变化而变化：叶片中Z和ZR含量在6月达到最高，枝条中ZR含量5月含量最高（Yanagisawa and Shioiri，1989）。除了早期的细胞分裂素含量测定外，随着桑树基因组的完成，桑树细胞分裂素合成、代谢及信号转导基因陆续得以研究。现将目前的研究结果汇总如下（数据未发表）。

桑树中细胞分裂素相关基因如表6-1所示，在川桑基因组中我们鉴定得到15个细胞分裂素合成相关的2组关键酶基因分别是*IPT*（5）和*LOG*（10），6个细胞分裂素降解失活基因*CKX*，20个细胞分裂素反应调节因子包括*A-RR*（11）和*B-RR*（9）。

表6-1 川桑中的细胞分裂素相关基因

Table 6-1 The genes involved in cytokinin biosynthesis and signal transduction in *Morus notabilis*

基因名称	基因个数
A-RR	11
B-RR	9
LOG	10
CKX	6
IPT	5
CRF	3
total	44

川桑细胞分裂素相关基因在根、皮、冬芽、雄花和叶中的表达情况如图6-11至图6-19所示。（数据来自测序川桑上述5个组织的转录组数据），基于RPKM值进行分析，从图6-11、图6-13、图6-15至图6-18中可以看出川桑细胞分裂素相关基因的表达具有明显的组织特异性。川桑细胞分裂素相关基因进化分析结果（图6-12、图6-14、图6-16、图6-19）表明，桑树细胞分裂素相关基因分别与不同的拟南芥基因聚在一起，暗示它们基因的功能可能具有相似性，这能为桑树细胞分裂素相关基因的功能研究提供有益参考。

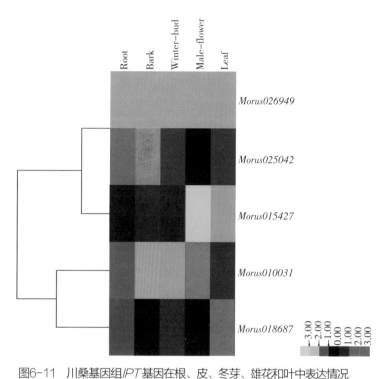

图6-11　川桑基因组*IPT*基因在根、皮、冬芽、雄花和叶中表达情况

Figure 6-11　Heat maps of hierarchical clustering of the *IPT* genes in *Morus notabilis*

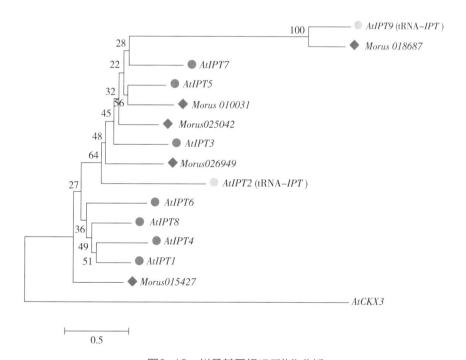

图6-12　川桑基因组*IPT*进化分析

Figure 6-12　Phylogenetic tree construction of *IPT* genes in Arabidopsis and *Morus notabilis*

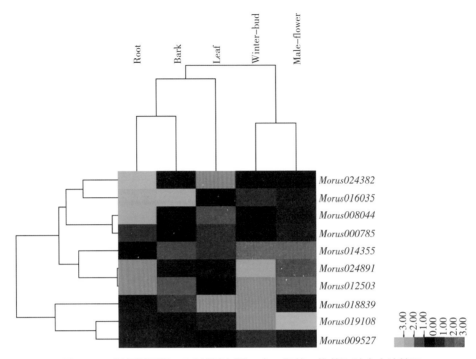

图6-13　川桑基因组*LOG*基因在根、皮、冬芽、雄花和叶中表达情况

Figure 6-13　Heat maps of hierarchical clustering of the *LOG* genes in *Morus notabilis*

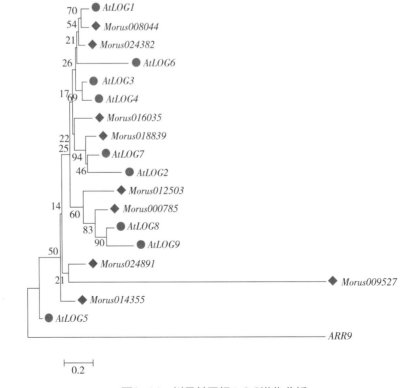

图6-14　川桑基因组*LOG*进化分析

Figure 6-14　Phylogenetic tree construction of *LOG* genes in Arabidopsis and *Morus notabilis*

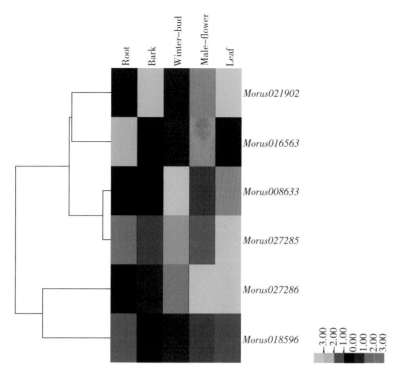

图6-15　川桑基因在根、皮、冬芽、雄花和叶中*CKX*基因表达情况

Figure 6-15　Heat maps of hierarchical clustering of the *CKX* genes in *Morus notabilis*

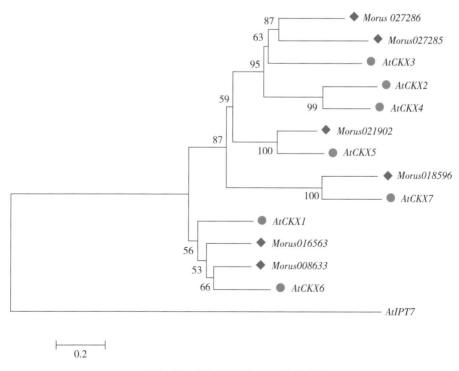

图6-16　川桑基因组*CKX*进化分析

Figure 6-16　Phylogenetic tree construction of *CKX* genes in Arabidopsis and *Morus notabilis*

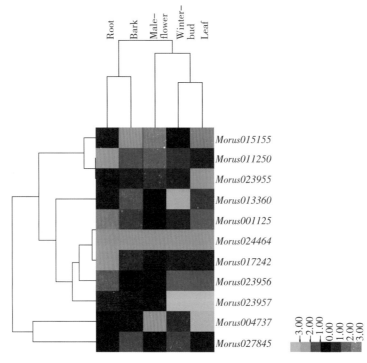

图6-17　川桑基因组A型响应调节基因*RR*在根、皮、冬芽、雄花和叶中表达情况

Figure 6–17　Heat maps of hierarchical clustering of the A–type *RR* genes in *Morus notabilis*

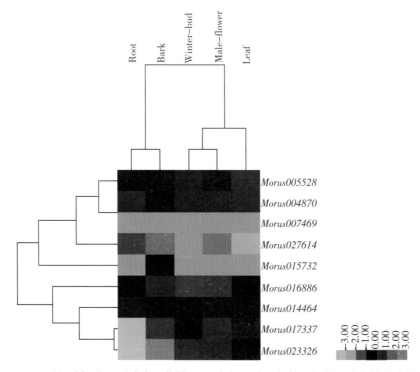

图6-18　川桑基因组B型响应调节基因*RR*在根、皮、冬芽、雄花和叶中的表达情况

Figure 6–18　Heat maps of hierarchical clustering of the B–type *RR* genes in *Morus notabilis*

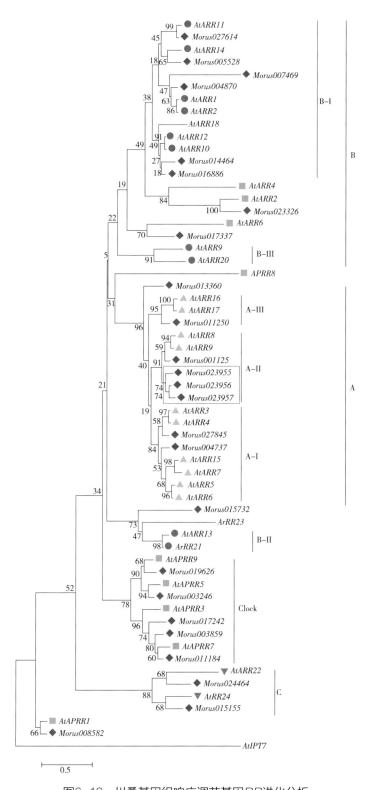

图6-19 川桑基因组响应调节基因*RR*进化分析

Figure 6-19 Phylogenetic tree construction of *RR* genes in Arabidopsis and *Morus notabilis*

二、茉莉酸

（一）茉莉酸的发现

1962年，Demole等（1962）首次从茉莉属素馨花（*Jasminum grandiflorum*）的香精油中发现并分离出一种香味化合物——（－）-茉莉酸甲酯［（－）-methyl jasmonate，MeJA］。1971年，Aldridge等（1971）又从真菌（*Lasidiodiplodia theobromae*）培养物滤液中首次分离出游离态的（－）-茉莉酸［（－）-jasmonic acid，JA］。经过多年的研究，研究人员已发现多种在化学结构和功能上与茉莉酸相类似的化合物。因此，将茉莉酸（jasmonate，JA）、茉莉酸甲酯（methyl jasmonates，MeJA）以及其他衍生物，统称为茉莉酸类化合物（jasmonates，JAs）。

（二）茉莉酸的作用

近年来，茉莉酸类化合物得到了植物学家的广泛关注，并把它们作为一类新型的植物激素。茉莉酸同其他植物激素一样具有广谱的生理效应，它可以调节植物的生长和发育，如萌发、衰老、果实成熟、根的生长、花粉发育和球茎的形成、卷须的缠绕等（Creelman et al.，1997；Li et al，2004；Wasternack，2007）。同时，茉莉酸在植物体应对昆虫咬食、病原菌入侵等过程中发挥了重要作用。最早发现茉莉酸参与防御响应是在番茄中，涂抹茉莉酸甲酯（MeJA）的番茄植株能诱导产生防御性的蛋白酶抑制剂（Farmer et al.，1990，1992）。随后，越来越多的证据表明茉莉酸在植物的防御响应中发挥重要的作用，这也使得茉莉酸成为植物学家们研究的热点。

（三）茉莉酸的生物合成

20世纪90年代，研究人员通过寻找茉莉酸突变体的方法解析了茉莉酸的生物合成途径。首先，在磷脂酶（phospholipase A1，DAD1）和其同源物（dongle，DGL）的作用下，叶绿体膜上的α-亚麻酸（α-linolenic acid，α-LA）被释放，随后通过脂氧合酶（lipoxygenase，LOX）、丙二烯氧化酶（allene oxide synthase，AOS）以及丙二烯氧化环化酶（allene oxide cyclase，AOC）的催化作用转变为12-氧-植二烯酸（12-oxophytodienoic acid，OPDA），OPDA进一步经过12-氧-植二烯酸还原酶（12-oxophytodienoic acid reductase，OPR）和3步β-氧化形成茉莉酸［（＋）-7-iso-JA，JA］（Vick et al.，1983；Creelman et al.，1997；Ishiguro et al.，2001；Schaller，2001；Hyun et al.，2008）。JA可通过茉莉酸羧甲基转移酶（jasmonate carboxyl methyltransferase，JMT）催化形成茉莉酸甲酯（MeJA），也可以在茉莉酸-异亮氨酸合酶（jasmonic acid-amido synthetase，JAR1）作用下与异亮氨酸形成茉莉酸-异亮氨酸连接体（jasmonoyl-isoleucine conjugate，JA-Ile）（Seo et al.，2001；Staswick et al.，2004）。Fonseca等（2009）研究表明JA-Ile是茉莉酸信号分子的活性形式（图6-20）。

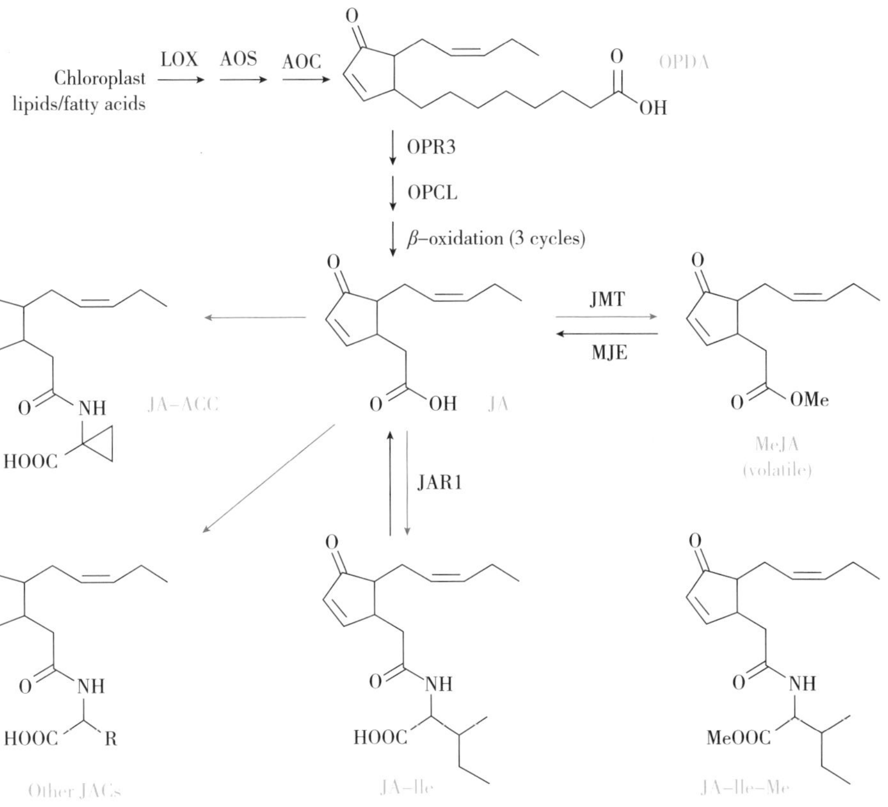

图6-20　茉莉酸的生物合成途径（Howe et al., 2008）

Figure 6-20　The pathway of JA biosynthesis

（四）茉莉酸的信号转导机制

1994年，研究人员鉴定到一种对植物毒素冠菌素不敏感的突变体（coronatine insensitive 1，coi1-1），该突变体拟南芥呈现出雄性不育，对茉莉酸不敏感的表型（Feys et al., 1994）。进一步研究表明冠菌素不敏感蛋白（coronatine insensitive 1，COI1）是一种F-box蛋白，它能与SKP1（Skp1-like 1），cullin 1（CUL1）形成E3型泛素连接酶复合体（Skip/ Cullin/ F-box-type E3 ubiquitin ligase，SCF^{COI1}）（Xie et al., 1998；Xu et al., 2002；Liu et al., 2004；Ren et al., 2005）。在植物体中，E3型泛素连接酶复合体参与靶标蛋白的泛素化，并使其通过26S蛋白酶体途径降解（Moon et al., 2004）。因此，研究人员推测，在茉莉酸信号途径中存在一种负调控蛋白，它作为SCF^{COI1}复合体的底物被泛素化进而被降解，从而开启茉莉酸的信号途径。

2007年，研究人员发现茉莉酸信号途径中的负调控蛋白是一种名为JAZ（jasmonate ZIM domain）的蛋白（Chini et al., 2007；Thines et al., 2007；Yan et al., 2007）。JAZ蛋白作为SCF^{COI1}复合体的靶标，被泛素化降解。茉莉酸信号途径的具体机制如下：在正常条件下，植物体内的JAZ蛋白能与JA信号途径中的螺旋-环-螺旋结构（helix-loop-helix，bHLH）的转录因子MYC2（jasmonate insensitive 1）、MYC3（bHLH transcription factor， bHLH005）、MYC4（bHLH transcription factor，bHLH004）结合，从而抑制转录因子对JA下游响应基因的激活（Cheng et al.，2011；Fernández-Calvo et al.，2011；Niu et al.，2011），此时，JA信号处于关闭状态；当植物体遭到昆虫咬食或病原菌入侵时，植物体内茉莉酸急剧积累，COI1和JAZ蛋白相互作用，JAZ蛋白在SCF^COI1 E3泛素连接酶复合体的作用下被泛素化，并通过26S蛋白酶体途径降解，此时，JAZ蛋白对转录因子MYC的抑制作用解除，JA响应基因的表达被激活，JA信号开启。研究表明，只有茉莉酸-异亮氨酸连接体（JA-Ile）能促进COI1和JAZ蛋白的相互作用，其他形式的茉莉酸衍生物如茉莉酸甲酯（MeJA）、12-氧植二烯酸（cis（+）-12-oxophytodienoic acid，OPDA）均不具备这种功能（Thines et al.，2007）。

JA信号途径的负调控蛋白JAZ的发现极大地促进了研究人员对茉莉酸信号转导途径机制的解析。在模式植物拟南芥中，存在12个JAZ蛋白。JAZ蛋白存在2个保守结构域，位于N端的含4个保守氨基酸TIFY的结构域和C端的Jas结构域（Thines et al.，2007；Chini et al.，2007）。由于植物中JAZ蛋白呈现多基因的分布，因此它们的功能存在一定程度的冗余。

JAZ蛋白是如何抑制转录因子MYC的活性的？2010年，Pauwels等（2010）在拟南芥中鉴定到一种接头蛋白（novel interactor of JAZ，NINJA）。NINJA通过N端的EAR基序（ethylene-responsive element binding factor-associated amphiphilic repression）招募共抑制蛋白（Groucho/Tup1-type corepressor TOPLESS，TPL）和TPL相关蛋白（TPL-related proteins，TPRs），从而具有转录抑制活性。植物未遭受胁迫时，JAZ蛋白通过NINJA蛋白N端的EAR基序招募共抑制蛋白TPL和TPRs形成抑制蛋白复合体，从而抑制转录因子MYC的活性（图6-21）。

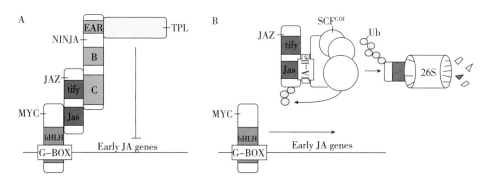

图6-21　茉莉酸的信号转导途径（Pauwels et al.，2010）

A. 正常情况下，JAZ蛋白通过NINJA蛋白N端的EAR基序招募共抑制蛋白TPL形成抑制蛋白复合体，与转录因子MYC相互作用，阻止下游基因的激活；B. 胁迫诱导时，在JA-Ile的作用下，JAZ蛋白被26S蛋白酶体降解，对MYC的抑制作用解除，下游基因被激活

Figure 6-21　Signal transduction pathway of Jasmonic acid

A. In resting cells, JAZ proteins recruit co-repressors through the N-terminal EAR motif of NINJA, interacting with transcription factors MYC to prevent the activation of downstream genes of jasmonates. B. When subjecting to stress, bioactive JA-Ile is rapidly synthesized, JAZ proteins were degraded by 26S proteasome, thus relieving the repression of MYC and activating the expression of JA responsive genes

（五）桑树中茉莉酸的研究进展

1. 桑树中参与茉莉酸生物合成和信号转导途径的基因

Wang等（2014）通过生物信息学方法在桑树基因组中共鉴定到66个参与JA生物合成和信号转导途径的基因。其中，31个基因参与JA信号转导，余下的35个参与JA的生物合成过程。这66个基因分布在51个scaffold上，氨基酸序列长度为124~1848aa（表6-2）。相比于JA信号转导途径基因，JA生物合成途径基因显示出更多的串联重排。

表6-2　川桑基因组中参与茉莉酸生物合成和信号转导的基因

Table 6-2　Genes involved in the JAs biosynthesis and signal transduction in *Morus notabilis*

基因家族名	数目	基因名（登录号[a]）	编码蛋白名称
		信号转导	
AXR1	1	MnAXR1（Morus002814）	NEDD8-activating enzyme E1 regulatory subunit
JAZ	6	MnJAZ1（Morus002537）MnJAZ2（Morus004559）MnJAZ3（Morus003994）MnJAZ4（Morus021640）MnJAZ5（Morus013167）MnJAZ6（Morus019581）	Jasmonate ZIM domain-containing protein
JAR1	1	MnJAR1（Morus002760）	Jasmonic acid-amido synthetase
RST1	1	MnRST1（Morus020551）	Protein resurrection1
CUL1	3	MnCUL1A（Morus009068）MnCUL1B（Morus005331）MnCUL1C（Morus023551）	Cullin-1
NINJA	1	MnNINJA（Morus000007）	Novel interactor of JAZ
HD1	1	MnHD1（Morus013765）	Histone deacetylase 19
CESA	6	MnCESA1（Morus012515）MnCESA2（Morus005626）MnCESA3（Morus013953）MnCESA4（Morus016523）MnCESA5（Morus004469）MnCESA6（Morus024770）	Cellulose synthase A catalytic subunit 3
OCP3	1	MnOCP3（Morus005624）	Overexpressor of cationic peroxidase 3
MPK4	1	MnMPK4（Morus024227）	Mitogen-activated protein kinase 4
MPK6	1	MnMPK6（Morus020377）	Mitogen-activated protein kinase 6
TTG1	1	MnTTG1（Morus003238）	transparent testa glabra 1
WRKY70	5	MnWRKY70A（Morus011259）MnWRKY70B（Morus004213）MnWRKY70C（Morus013969）MnWRKY70D（Morus013971）MnWRKY70E（Morus013973）	WRKY DNA-binding protein 70

注：a登录号来源网站http://morus.swu.edu.cn/morusdb/

（续）

基因家族名	数目	基因名（登录号[a]）	编码蛋白名称
MYC2	1	MnMYC2（Morus023250）	Basic helix-loop-helix protein 6
COI1	1	MnCOI1（Morus026361）	Coronatine-insensitive protein 1
生物合成			
JMT	5	MnJMT1（Morus024215）MnJMT2（Morus021932）MnJMT3（Morus021933）MnJMT4（Morus026743）MnJMT5（Morus026744）	Jasmonate O-methyltransferase
OPR	7	MnOPR1（Morus014299）MnOPR2（Morus014300）MnOPR3（Morus014301）MnOPR4（Morus011643）MnOPR5（Morus011646）MnOPR6（Morus027367）MnOPR7（Morus027369）	12-oxophytodienoate reductase
FAD3	1	MnFAD3（Morus001692）	Omega-3 fatty acid desaturase, endoplasmic reticulum
FAD7	1	MnFAD7（Morus007683）	Omega-3 fatty acid desaturase, chloroplastic
FAB2	1	MnFAB2（Morus020392）	Acyl-［acyl-carrier-protein］desaturase 7
DAD1	1	MnDAD1（Morus005379）	phospholipase A1
PLD1	3	MnPLD1A（Morus003792）MnPLD1B（Morus025784）MnPLD1C（Morus011639）	Phospholipase D alpha 1
LOX2	3	MnLOX2A（Morus018382）MnLOX2B（Morus007983）MnLOX2C（Morus007985）	Lipoxygenase 2
CCH1	1	MnCCH1（Morus004778）	Two pore calcium channel protein 1
AIM1	4	MnAIM1A（Morus002498）MnAIM1B（Morus002499）MnAIM1C（Morus007212）MnAIM1D（Morus001213）	Peroxisomal fatty acid beta-oxidation multifunctional protein
AMT1	2	MnAMT1A（Morus026397）MnAMT1B（Morus022036）	Anthranilate synthase component I-1
AOS	4	MnAOS1（Morus021251）MnAOS2（Morus026981）MnAOS3（Morus026982）MnAOS4（Morus026991）	Allene oxide synthase
AOC	2	MnAOC1（Morus022974）MnAOC2（Morus008669）	Allene oxide cyclase
总数	66		

2. 桑树中参与茉莉酸生物合成和信号转导途径基因的表达模式

基于RPKM值，65个基因在川桑的5个组织（根、皮、芽、花、叶）中检测到有表达。根据其表达模式把这65个基因分为5类：Cluster A（18个），Cluster B（11个），Cluster C（16个），Cluster D（15个），Cluster E（5个）（图6-22）。Cluster A、Cluster B、Cluster C、Cluster D中的基因分别在根、芽、花、叶中高量表达，Cluster E中的基因在芽、花、叶中均

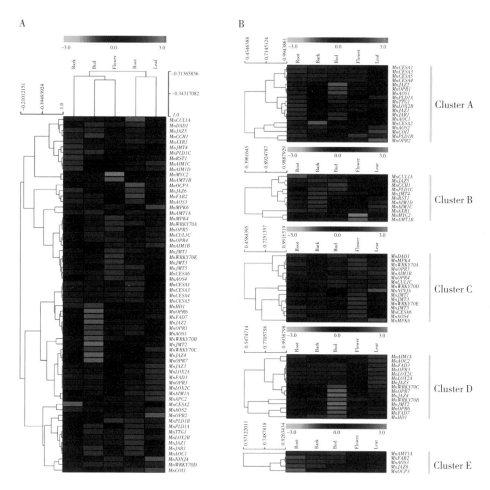

图6-22 桑树茉莉酸生物合成和信号转导基因的表达模式

基于川桑5个组织（根、皮、芽、花、叶）的RPKM值的桑树JA合成与信号转导基因的表达模式。采用Mev软件对RPKM值归一化处理。A和B代表分别用等级聚类（Hierarchical clustering，HIC）和中位值聚类（K-medians clustering，KMC）结果。根据KMC方法将65个基因分为5组，热度图上的行和列分别代表基因名和样品名。色阶棒代表基因表达水平：绿色，低量表达；红色，高量表达

Figure 6–22 Expression pattern analysis of genes involved in JA biosynthesis and signal transduction

Expression pattern analysis of genes involved in JA biosynthesis and signal transduction based on the RPKM (reads per kilobase of exon model per million mapped reads) profile of five tissues (root, bark, bud, flower, and leaf). Mev software was used to normalize the expression level of the JA-related genes from RNA sequencing data. A and B represent generated expression profiles using Hierarchical clustering and K-medians clustering, respectively. Genes were grouped into five clusters using the K-Means/Medians clustering (KMC) method, with rows and columns in the heat maps representing genes and samples. Sample names are shown above the heat maps. Color scale indicates the degree of expression: green, low expression; red, high expression

有表达。其中，*MnCOI1*基因转录本主要集中在根部，而*MnJAZ*基因的表达呈现出一定的组织偏好性，*MnJAZ1*和*MnJAZ5*在根和皮中大量表达，而其他的*MnJAZs*主要在叶中表达。

3. 桑树OPR家族的基因结构及顺式作用元件分析

作为JA合成途径中的关键酶，桑树基因组中共鉴定到7个*MnOPR*基因，相比于杨树（9个）、大豆（12个）、水稻（15个）等物种，桑树OPR基因数目较少。7个*MnOPRs*基因串联分布在3个scaffold上。系统进化分析将其编码的桑树OPR蛋白聚为3类，Ⅰ类、Ⅱ类和Ⅲ类（图6-23）。根据底物特异性，Ⅱ类OPR催化形成JA前体*cis*-(+) OPDA，而Ⅲ类中的OPR均来自单子叶植物。桑树中MnOPR6和MnOPR7同Ⅱ类的AtOPR3聚为一枝，说明这两个蛋白可能参与桑树中JA的生物合成。顺式作用元件分析显示，除了*MnOPR3*，其他*MnOPRs*基因均含有茉莉酸响应元件（CGTCA/TGACG）。同时，*MnOPR1*、*MnOPR12*、*MnOPR13*、*MnOPR16*、*MnOPR17*含有防御及胁迫响应元件（表6-3）。

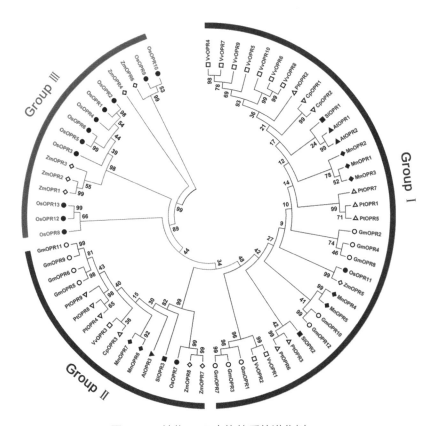

图6-23　植物OPR家族的系统进化树

采用MEGA5.0构建的系统进化树。OPR基因分为3类：Ⅰ类（蓝色），Ⅱ类（红色），Ⅲ类（青色）。At. 拟南芥；Cp. 番木瓜；Gm. 大豆；Mn. 川桑；Os. 水稻；Pt. 毛果杨；Sl. 番茄；Vv. 葡萄；Zm. 玉米

Figure 6-23　Phylogenetic tree of the 12-oxophytodienoic acid reductase (OPR) family in several plants

A phylogenetic tree was constructed using MEGA5.0. OPR genes were joined into three groups: Group I (blue), Group II (red), Group III (cyan) , with the following abbreviations used:~, At, *Arabidopsis thaliana*; 5, Cp, *Carica papaya*,; Gm, *Glycine max*;^, Mn, *Morus notabilis*; Os, *Oryza sativa*; D, Pt, *Populus trichocarpa*;&, Sl, *Solanum lycopersicum*; &, Vv, *Vitis vinifera*; and Zm, *Zea mays*.

表6-3　*MnOPRs*基因上游顺式作用元件

Table 6-3　Upstream cis-regulatory elements of *MnOPRs*

顺式作用元件种类[a]	MnOPR1	MnOPR2	MnOPR3	MnOPR4	MnOPR5	MnOPR6	MnOPR7
Box-W1		+	+	+	+	+	+
HSE	+	+	+	+	+	+	+
MBS	+		+			+	
TC-rich repeats	+	+	+			+	+
LTR	+			+			+
WUN-motif				+		+	
GC-motif							
EIRE		+					
CGTCA/TGACG-motif	+	+		+	+	+	+
ERE	+	+	+				
GARE-motif		+					+
P-box	+		+			+	
TATC-box				+			
ABRE	+	+	+	+	+	+	
TCA-element	+	+				+	
TGA-element	+				+		

注："+"代表对应基因上游存在该元件，灰色部分代表激素响应元件。

[a]缩写词：Box-W1：真菌刺激子响应元件；HSE：热胁迫响应元件；MBS：响应干旱胁迫的MYB结合元件；TC-rich repeats：防御及胁迫响应顺式作用元件；LTR：低温响应顺式作用元件；WUN-motif：损伤响应元件；GC-motif：缺氧诱导的增强子元件；EIRE：刺激子响应元件；CGTCA/TGACG-motif：响应MeJA的顺式作用元件；ERE：乙烯响应元件；GARE-motif：赤霉素响应元件；P-box：赤霉素响应元件；TATC-box：赤霉素响应元件；ABRE：响应脱落酸的顺式作用元件；TCA-element：响应水杨酸的顺式作用元件；TGA-element：生长素响应元件。

4．桑树JAZ蛋白家族

根据JAZ蛋白的氨基酸序列和保守结构域，在桑树基因组中共鉴定到6个JAZ蛋白，其数目是拟南芥、杨树中JAZ蛋白的一半。*MnJAZs*基因的结构如图6-24所示，其外显子的数目和长度存在很大的差异，MnJAZ蛋白保守结构域TIFY结构域和Jas基序的编码区被内含子隔开。Jas基序的27个氨基酸被内含子分为20个氨基酸的N端及7个氨基酸的C端区域。Sheard等（2010）发现AtJAZ1蛋白的Jas基序上由6个氨基酸（LPIARR）组成的环状区域是与COI1蛋白互作的决定区域，AtJAZ8缺乏这段保守区域，在JA-Ile作用下，不能同COI1结合，AtJAZ8不被降解（Shyu et al.，2012）。氨基酸比对结果显示MnJAZ4环状区域不保守，但同AtJAZ8序列十分相似。在MnJAZ4的N端，同样检测到类似EAR基序的结构，且进化分析显示它们聚为一枝。定量结果显示*MnJAZ4*主要在根和皮中表达。

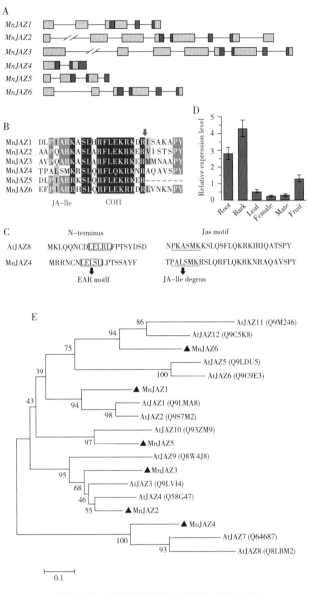

图6-24　桑树JAZ蛋白序列和表达分析

A. *MnJAZs*基因结构。黄色框代表编码区，青色和红色分别代表TIFY和Jas结构域，黑线表示内含子；B. JAZ蛋白的环状区域，红色箭头代表保守的内含子位置；C. MnJAZ4和AtJAZ8的N端和EAR基序比对，红色方框代表EAR基序，蓝色下划线代表Jas基序的环状区域；D. 定量PCR检测*MnJAZ4*在川桑6个组织（根、皮、叶、雌花、雄花、果）中的表达情况。核糖体蛋白（*ribosomal protein L15*，*RPL*）作为内参；E. 桑树和拟南芥JAZ蛋白的系统进化树

Figure 6-24　Sequence and expressional analysis of jasmonate ZIM-domain（JAZ）proteins in mulberries

A. Exon/intron structures of JAZ genes. Yellow boxes indicate coding regions with TIFY domains and Jas motifs depicted in cyan and red, respectively, and introns indicated by the black horizontal lines. B. Amino acid alignments of the Jas motifs in six MnJAZ proteins. Structural features within the Jas motifs that physically associate with COI1 and JA-Ile are indicated. The conserved intron positions are indicated by red arrowheads. C. Sequence of N-terminus and Jas motif regions in MnJAZ4 and AtJAZ8. The ERF-associated amphiphilic repression（EAR）motif is indicated by a red frame and the JA-Ile degron is labeled with a blue line. D. Expressional analysis of *MnJAZ4* in six mulberry tissues using quantitative reverse transcription polymerase chain reaction（qRT-PCR）. Relative gene expression levels were normalized against the mulberry ribosomal protein L15（RPL）to serve as an internal control. E. Phylogenetic analysis of *MnJAZs* and other plants

5. 川桑MnNINJA基因剪切体的发现

对植物中NINJA蛋白EAR基序进行保守性分析，发现EAR基序在不同植物中相当保守（图6-25）。在川桑基因组中，预测的MnNINJA蛋白（Morus000007）含有176个氨基酸，与拟南芥NINJA蛋白相比缺失了近250个N端氨基酸片段，包括保守的EAR基序。基于其他植物NINJA基因的同源区域设计引物，克隆到全长MnNINJA，编码区长度为1509bp，基因结构显示MnNINJA含有一个内含子。同时，克隆预测的MnNINJA（Morus000007），序列分析显示预测的结果正确，并且Morus000007基因的N端包含MnNINJA基因3′端的31bp序列，说明MnNINJA通过3′端内含子序列的保留产生了剪切突变体Morus000007。为此，将这两个基因分别命名为MnNINJAl和MnNINJAs，NCBI登录号分别为KF751610、KF751611。定量PCR结果显示这两个基因具有相似的表达模式，并且MnNINJAl表达水平显著高于MnNINJAs。

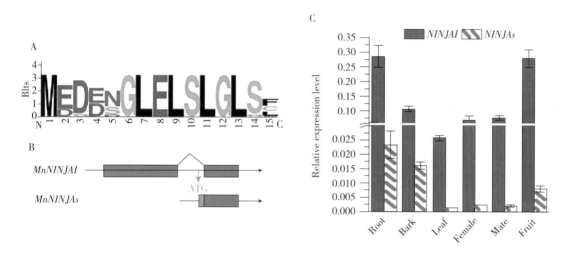

图6-25　*MnNINJAl*、*MnNINJAs*的基因结构和表达情况

A. 植物NINJA蛋白N端EAR基序的保守性分析；B. *MnNINJAl*和*MnNINJAs*基因结构示意图，红色箭头代表*MnNINJAs*的ATG起始位点，红色阴影部分为*MnNINJAl* 3′端内含子序列；C. 定量PCR检测*MnNINJAl*和*MnNINJAs*在川桑6个组织（根、皮、叶、雌花、雄花、果）中的表达情况。核糖体蛋白（ribosomal protein L15，RPL）作为内参

Figure 6-25　Structure and expression pattern analysis of *MnNINJAl* and *MnNINJAs*

A. Consensus sequences of ERF-associated amphiphilic repression（EAR）motifs in the N-terminal. B. Schematic diagram of *MnNINJAl* and *MnNINJAs*. The alternative splice variant *MnNINJAs* contains a 31bp sequence of the 30-end of *MnNINJAl* intron. ATG translation initiation site of *MnNINJAs* is indicated by arrow. C. Expressional analysis of *MnNINJAl* and *MnNINJAs* in six mulberry tissues using quantitative reverse transcription polymerase chain reaction（qRT-PCR）. Relative gene expression levels were normalized against mulberry *ribosomal protein L15*（*RPL*）serving as an internal control

三、桑树中乙烯激素信号

乙烯是一种重要的植物激素，早在20世纪初就发现用煤气灯照明时有一种气体能促进绿色柠檬变黄而成熟，这种气体就是乙烯。但直至20世纪60年代初期用气相层析仪从未成熟的果实中检测出极微量的乙烯后，乙烯才被列为植物激素。

（一）乙烯的发现与结构特点

在19世纪中叶（1864）出现了树的落叶与燃气街灯漏气有关的报道，直到20世纪初（1901）俄国的植物学家奈刘波（Neljubow）首先证实是照明气中的乙烯在起作用，他还发现乙烯能引起黄化豌豆苗的三重反应。最早在1910年，乙烯就被使用催化香蕉的成熟，这是卡曾斯（Cousins）通过观察与橘子同船的香蕉发现的（Abeles F B et al.，1992）。虽然人们认识到乙烯对植物具有多方面的影响，但直到1934年甘恩（Gane）才获得植物组织确实能产生乙烯的化学证据。

随着气相色谱的发展，在1959年，伯格（S. P. Burg）等观察到果实成熟过程伴随着乙烯量的增加。此后几年，又发现了乙烯的多种生物化学和生理学特性，并证明高等植物的各个部位都能产生乙烯，并在包括从种子萌发到衰老的整个过程都起重要的调节作用。于是在1965年柏格提议乙烯应该是植物的一种天然激素，从此乙烯进入了植物激素的大家族。

乙烯（ethylene，ETH）是一种不饱和烃，结构简单，其化学结构为$CH_2\!=\!\!=\!CH_2$。在常温下乙烯是气体，分子量为28，轻于空气，不溶于水，微溶于乙醇、酮、苯，溶于醚。乙烯在极低浓度（$0.01\sim0.1\mu L/L$）时就对植物产生生理效应。种子植物、蕨类、苔藓、真菌和细菌都可产生乙烯。

（二）乙烯的生物合成及运输

1. 生物合成及其调节

甲硫氨酸（methionine，Met）是乙烯生物合成的前体，甲硫氨酸首先形成S-腺苷甲硫氨酸（SAM，S-adenosylmethionine），此处SAM可通过杨循环再生成甲硫氨酸（Yang S F et al.，1984；Miyazaki J H et al.，1987）。随后，SAM在ACC合成酶（1-aminocyclopropane-1-carboxylic acid synthase）的作用下生成ACC，通常认为这一步是乙烯合成的限速步骤（Adams and Yang，1979）。最后，ACC在ACC氧化酶（ACC oxidase）的催化下氧化生成乙烯。

乙烯的生物合成受到许多因素的调节，这些因素包括发育因素和环境因素，如种子萌发、果实后熟、叶的脱落和花的衰老等都会诱导乙烯的产生（Johnson and Ecker，1998；Lin and Zhong，2009）。成熟组织释放的乙烯量与组织鲜重质量比为$0.01\sim10nL/g$鲜重，老化的器官或组织的产量最高。乙烯的生成部位通常是外周组织，如桃和鳄梨种子主要由种皮、番茄果实和菜豆下胚轴主要由表皮组织产生乙烯。对于具有呼吸跃变的果实，当后熟过程开始时，乙烯有一个爆发式产生的过程，这是由于ACC合成酶和ACC氧化酶的活性急剧增加的结果。

从ACC形成乙烯是一个双底物（O_2和ACC）反应的过程，所以缺O_2将阻碍乙烯的形成。AVG和AOA能通过抑制ACC的生成来抑制乙烯的形成。在无机离子中，Co^{2+}、Ni^{2+}和Ag^+都能抑制乙烯的生成。

各种逆境如低温、干旱、水涝、切割、碰撞、射线、虫害、真菌分泌物、除草剂、O_3、SO_2和一定量CO_2等化学物质均可诱导乙烯的大量产生（Johnson and Ecker，1998；Zhang et al.，2011），这种由于逆境所诱导产生的乙烯叫逆境乙烯（stress ethylene）。

水涝诱导乙烯的大量产生是由于在缺O_2条件下，根中及地上部分ACC合成酶的活性被增加的结果。虽然根中由ACC形成乙烯的过程在缺O_2条件下受阻，但根中的ACC能很快地转运到叶中，在那里大量地形成乙烯（Hinz et al.，2010）。

ACC除了形成乙烯以外，也可转变为非挥发性的*N*-丙二酰-ACC（*N*-malonyl-ACC，MACC），此反应是不可逆反应。当ACC大量转向MACC时，乙烯的生成量则减少，因此MACC的形成有调节乙烯生物合成的作用。

2. 乙烯的运输

乙烯在植物体内易于移动，并遵循虎克扩散定律。此外，乙烯还可穿过被电击死了的茎段。这些都证明乙烯的运输是被动的扩散过程，但其生物合成过程一定要在具有完整膜结构的活细胞中才能进行。一般情况下，乙烯就在合成部位起作用。乙烯的前体ACC可溶于水溶液，因而推测ACC可能是乙烯在植物体内远距离运输的形式。

（三）乙烯的生理效应

1. 改变生长习性

乙烯对植物生长的典型效应是抑制茎的伸长生长、促进茎或根的横向增粗及茎的横向生长（即使茎失去负向重力性），这就是乙烯所特有的"三重反应"（triple response）。

乙烯促使茎横向生长是由于它引起偏上生长所造成的。所谓偏上生长，是指器官的上部生长速度快于下部的现象。乙烯对茎与叶柄都有偏上生长的作用，从而造成了茎横生和叶下垂。

2. 促进成熟

催熟是乙烯最主要和最显著的效应，因此也称乙烯为催熟激素。乙烯对果实成熟、棉铃开裂、水稻的灌浆与成熟都有显著的效果。

在实际生活中我们知道，一旦箱里出现了一只烂苹果，如不立即除去，它会很快使整个一箱苹果都烂掉。这是由于腐烂苹果产生的乙烯比正常苹果的多，触发了附近的苹果也大量产生乙烯，使箱内乙烯的浓度在较短时间内剧增，诱导呼吸跃变，加快苹果完熟和贮藏物质消耗的缘故。又如柿子，即使在树上已成熟，但仍很涩口，不能食用，只有经过后熟才能食用。由于乙烯是气体，易扩散，故散放的柿子后熟过程很慢，放置十天半个月后仍难以食用。若将容器密闭（如用塑料袋封装），果实产生的乙烯就不会扩散掉，再加上自身催化作用，后熟过程加快，一般5天后就可食用了。

3. 促进脱落

乙烯是控制叶片脱落的主要激素。这是因为乙烯能促进细胞壁降解酶——纤维素酶的合成并且控制纤维素酶由原生质体释放到细胞壁中，从而促进细胞衰老和细胞壁的分解，引起离区近茎侧细胞的膨胀，从而迫使叶片、花或果实机械脱离。

4. 促进开花和雌花分化

乙烯可促进菠萝和其他一些植物开花，还可改变花的性别，促进黄瓜雌花分化，并使雌、雄异花同株的雌花着生节位下降。乙烯在这方面的效应与IAA相似，而与GA相反，现在知道IAA增加雌花分化就是由于IAA诱导产生乙烯的结果。

5．乙烯的其他效应

乙烯还可诱导插枝不定根的形成，促进根的生长和分化，打破种子和芽的休眠，诱导次生物质（如橡胶树的乳胶）的分泌等。

（四）乙烯的作用机理

由于乙烯能提高很多酶，如过氧化物酶、纤维素酶、果胶酶和磷酸酯酶等的含量及活性，因此，乙烯可能在翻译水平上起作用。但乙烯对某些生理过程的调节作用发生得很快，如乙烯处理可在5min内改变植株的生长速度，这就难以用促进蛋白质的合成来解释了。因此，有人认为乙烯的作用机理与IAA的相似，其短期快速效应是对膜透性的影响，而长期效应则是对核酸和蛋白质代谢的调节。黄化大豆幼苗经乙烯处理后，能促进染色质的转录作用，使RNA水平大增；乙烯促进鳄梨和番茄等果实纤维素酶和多聚半乳糖醛酸酶的mRNA增多，随后酶活性增加，水解纤维素和果胶，果实变软、成熟。

（五）桑树中乙烯合成与传导基因特点

1．乙烯合成与传导基因的鉴定

基于桑树基因组数据的分析，在桑树中共鉴定到29个乙烯合成与信号转导相关的基因以及116个属于AP2/ERF家族的基因。它们都具有其他物种中保守的基因结构与功能基序，基因ID号详见表6-4。MnACS家族包含7个基因，其中*MnACS10*、*MnACS12*为氨基转移酶。基因结构分析显示*MnACS5*仅有3个外显子，另外4个基因则含有4个外显子（图6-26）。序列比对显示所有MnACS蛋白都包含7个在其他植物中保守的基序。在box1中保守的谷氨酸（E）残基决定了底物辅基的特异性。*MnACS5*由于在C末端相对其他成员较短，缺失一个保守丝氨酸（S）残基。

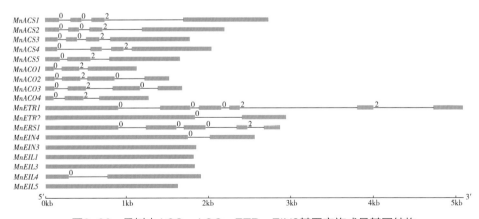

图6-26　桑树中ACS、ACO、ETR、EIN3基因家族成员基因结构

Figure 6-26　Exon/intron structures of ACS, ACO, ETR, and EIN3 genes in mulberry plants

ACO基因属于依赖Fe Ⅱ 氧化酶家族。它们发挥功能需要抗坏血酸作为辅基，Fe Ⅱ 作为辅因子，在桑树中鉴定到4个ACO基因家族成员，*MnACO1*、*MnACO4*有3个外显子，*MnACO2*、*MnACO3*有4个外显子。H-X-D-X-H基序具有结合辅因子的功能，R-X-S基序负责结合辅底物，这2个基序在所有*MnACOs*成员中都很保守。*MnACO*基因家族基因的C末端都具有保守的E-R-E基序，这对酶的活性非常重要，特别是R残基，它可能涉及CO_2的活化。

乙烯信号传导包括乙烯的感受及把信号传递到下游的响应基因，这个过程有多个基因参与。乙烯的感受由乙烯受体（ethylene receptor）负责，在桑树中共鉴定到4个*MnETRs*基因。在*MnETRs*基因的N末端含有3个高度保守的跨膜结构域，其对乙烯结合活性有很重要的作用，*MnETR2*和*MnERS1*的N末端比其他2个更长，经SMART网站预测得到这2个基因含有4个跨膜结构域。在*MnETRs*基因的C末端具有接收结构域，然而*MnERS1*的C末端部分缺失而没有这个结构域。

表6-4 川桑中乙烯合成与信号途径基因

Table 6-4 Genes involved in ethylene biosynthesis and signal transduction in *Morus notabilis*

Genes 基因名	Accession No 登录号	Protein size 蛋白质 大小	CDS length （CDS 长度）	Gene length 基因 长度	Exons 外显子	Scaffold. No.（strand） 基因组上 位置	Start codon 起始 密码	Stop codon 终止 密码
MnSAM1	Morus003267	393	1182	1182	1	1843（+）	66189	67370
MnSAM2	Morus013867	393	1182	1182	1	498（+）	76865	78046
MnSAM3	Morus025140	393	1182	1182	1	172（+）	571546	572727
MnSAM4	Morus022555	390	1173	1173	1	124（+）	13770	14942
MnACS1	Morus012919	496	1491	2732	4	298（+）	185423	188154
MnACS2	Morus024218	486	1461	2196	4	297（+）	4647	6842
MnACS3	Morus007775	471	1416	1782	4	300（-）	229933	231714
MnACS4	Morus007092	467	1404	2044	4	991（+）	117590	119633
MnACS5	Morus027243	446	1341	1660	3	329（-）	186543	188202
MnACS10*	Morus023174	557	1674	3428	5	87（+）	408302	411729
MnACS12*	Morus012967	504	1515	1791	4	399（+）	330934	332724
MnACO1	Morus027261	306	921	1127	3	329（+）	408750	409876
MnACO2	Morus014137	322	969	1526	4	1292（-）	16575	18100
MnACO3	Morus004820	319	960	1682	4	528（-）	23279	24960
MnACO4	Morus013401	310	933	1272	3	1379（+）	391862	393133

（续）

Genes 基因名	Accession No 登录号	Protein size 蛋白质大小	CDS length（CDS长度）	Gene length 基因长度	Exons 外显子	Scaffold. No.（strand）基因组上位置	Start codon 起始密码	Stop codon 终止密码
MnETR1	Morus018344	738	2217	5082	6	521（−）	266232	271313
MnETR2	Morus008145	793	2382	2949	2	606（−）	247113	250061
MnERS1	Morus007485	617	1854	2872	5	1526（+）	209537	212408
MnEIN4	Morus024538	764	2295	2558	2	205（−）	594177	596734
MnCTR1	Morus003569	861	2586	6563	17	548（+）	106465	113027
MnCTR2	Morus016797	666	2001	6117	12	112（−）	213548	219664
MnEIN2	Morus024376	1306	3921	5614	7	342（−）	402131	407744
MnEBF1	Morus000805	697	2094	2590	2	1037（+）	4387	6976
MnEBF2	Morus002248	642	1929	2397	2	1513（−）	59843	62239
MnEIN3	Morus002490	617	1854	1854	1	3287（−）Δ	31544	33397
MnEIL1	Morus002491	607	1824	1824	1	3287（−）Δ	50362	52185
MnEIL3	Morus007978	611	1836	1836	1	18（−）	151180	153015
MnEIL4	Morus016592	478	1437	1910	2	841（+）Δ	82684	84593
MnEIL5	Morus016593	543	1632	1632	1	841（+）Δ	86287	87918

Δ指示在同一scafforld上的基因。

EIN3转录因子家族处在乙烯信号转导途径的末端，通过结合到下游多种信号基因的启动子调控它们的表达。在桑树中共鉴定到5个EIN3基因。EIN3基因都具有保守的AD（amino-terminal acidic domain）、PR（pro-rich region）以及5个小BD（basic domain）结构域。在绿豆EIN3基因中具有保守的富含谷氨酰胺和天冬酰胺的区域，经鉴定在桑树中的2个基因（MnEIN3，MnEIL1）含有这个2个保守区域，另外，MnEIN3、MnEIL1和MnEIL4、MnEIL5分别都定位在桑树基因组的同一个scaffold上。

2. 乙烯合成与传导基因的表达

通过荧光定量PCR检测乙烯合成与信号传导基因的表达，结果显示MnACS、MnACO、MnETR、MnEIN3四个家族基因在不同组织中有多种表达模式（图6-27）。其中MnACS2、MnACO2、MnACO3、MnETR2、MnEIN3、MnEIL1都有较高的表达水平，相反MnACS3、MnACS4、MnACO4、MnERS1、MnEIN4、MnEIL3、MnEIL4表达水平则很低。另外MnACS5显示在雌花中特异表达，MnACO1、MnACO2显示在果实中特异表达，MnEIN3和MnEIL1在根和果中显示更高的表达。

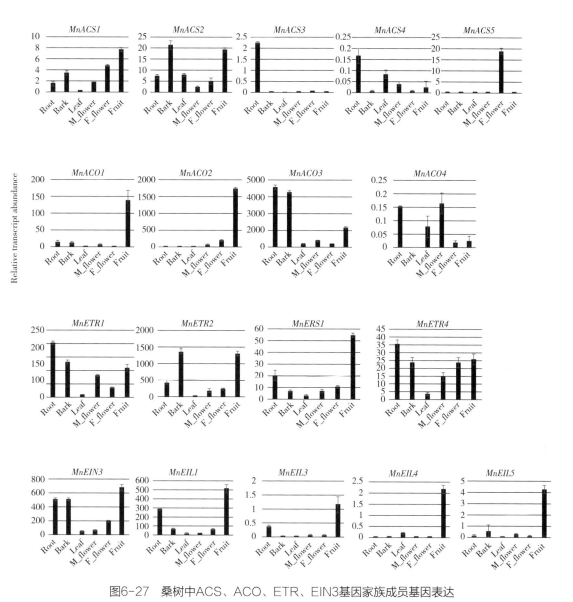

图6-27　桑树中ACS、ACO、ETR、EIN3基因家族成员基因表达

Figure 6-27　Expression patterns of ACS, ACO, ETR, and EIN3 genes

3．AP2/ERF转录因子家族结构分析及系统发生分析

在桑树中共鉴定到116个AP2/ERF转录因子家族的成员，按照AP2结构域的数量及结构特点，这些基因被分到5个亚家族（ERF，DREB，AP2，RAV，Soloist）（图6-28）。各亚家族数量为ERF 58个，DREB 33个，AP2 21个，RAV 3个，Soloist 1个。使用拟南芥与桑树AP2/ERF转录因子家族基因的氨基酸序列构建系统发生树显示这些基因共分为15个群，DREB亚家族属于Ⅰ～Ⅳ群，ERF亚家族属于Ⅴ～Ⅹ群。其中Ⅴ群基因中，桑树有11个成员，而拟南芥中仅含有5个成员。外显子/内含子剪切模式对理解基因家族出现及进化的信息有很大作用。结果显示AP2亚家族有多种结构，从0～12个内含子不等（图6-29）。然而

DREB亚家族中28（33）个基因，ERF亚家族中44（58）个基因，RAV亚家族基因中2（3）个基因没有内含子。

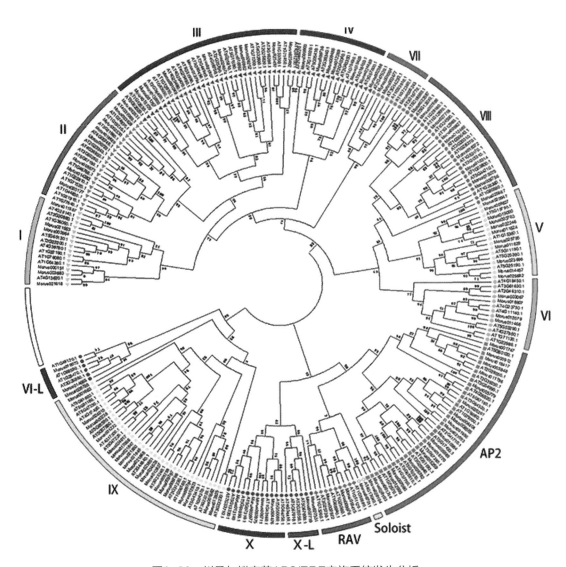

图6-28　川桑与拟南芥AP2/ERF家族系统发生分析

Figure 6-28　Phylogenetic analysis of AP2/ERF in *Morus notabilis* and *Arabidopsis*

图6-29　川桑AP2/ERF家族基因结构

Figure 6-29　Gene structures of AP2/ERF family in *Morus notabilis*

4．AP2/ERF转录因子家族中的EAR基序

EAR基序（ERF-associated amphiphilic represssion）是一种抑制ERF类型蛋白的抑制结构域。具有这些基序的蛋白负调控发育，激素压力信号多种途径的基因。在桑树AP2/ERF转录因子家族中有三类EAR基序（DLNXXP，LXLXL，LDLNLXPP）（图6-30）。其中，具LXLXL基序的基因数目最多，为19个。此外，MnERF亚家族中含有EAR基序的基因除了*MnERF-B4-3*和*MnERF-B6-8*都属于MnERF-B1群。

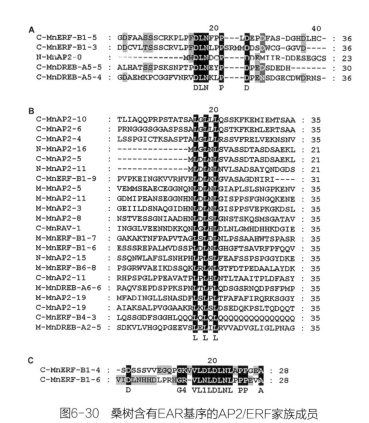

图6-30　桑树含有EAR基序的AP2/ERF家族成员

Figure 6-30　EAR motif-like sequences of AP2/ERF family members in mulberry plants

5．AP2/ERF转录因子的表达

AP2/ERF家族基因在不同组织中显示不同表达模式，提取根、皮、叶、花、芽转录组中相关基因的RPKM值构建热图，反映了它们的表达模式（图6-31）。热图显示在MnERF亚家族中16个基因有相对高的表达，其中包括MnERF-B1群中的5个，MnERF-B3群中的4个，MnERF-B2群中的3个，MnERF-B4群中的2个及MnERF-B5、MnERF-B6群中各1个。在DREB亚家族中有8个基因，AP2亚家族中6个基因，RAV亚家族中1个基因有相对高的表达。除此之外，有些基因显示在某个组织中有特异表达。例如，*MnERF-B3-21*在雄花中特异表达，*MnDERB-A4-7*在叶中更丰富，*MnAP2-5*在雄花中有高水平表达，然而，有9个基因在任何组织中都没有检测到表达。

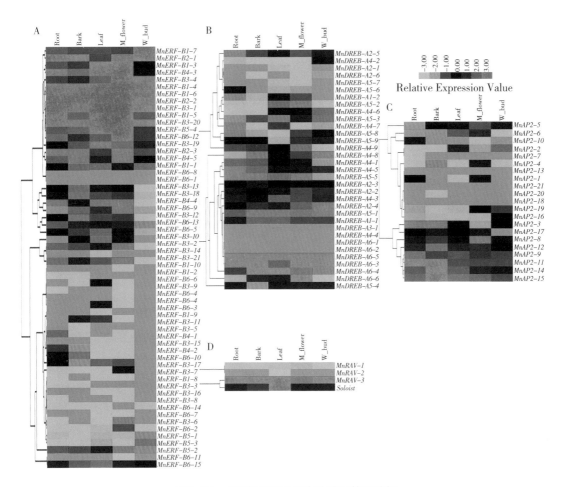

图6-31　桑树AP2/ERF家族成员热图分析

A．ERF亚家族；B．DREB亚家族；C．AP2亚家族；D．RAV和Soloist亚家族

Figure 6-31　Heat maps of hierarchical clustering of mulberry genes in the AP2/ERF family

A．ERF subfamily；B．DREB subfamily；C．AP2 subfamily；D．RAV and Soloist subfamily

6. *MaERF-B2-1*与*MaERF-B2-2*应答水淹

MnERF-B2亚群在不同组织中都有相对高的表达，这个群含有一个保守的N末端基序（MCGGAV/II），这个基序涉及植物的低氧应答。分析MnERF-B2亚群基因的启动子发现它们含有保守的转录因子结合位点。启动子中的调控元件可分为四类：压力应答、激素应答、光响应以及其他（表6-5）。其中GARE、CE3、ABRE、TCA、TGACG基序涉及桑树激素应答，热激响应元件（HSE）及低温应答元件（LTR）也被检测到。在*MnERF-B2-1*和*MnERF-B2-3*中含有响应低氧的ARE和GC基序。湖桑中*MaERF-B2-1*与*MaERF-B2-2*得到克隆，它们序列分别与*MnERF-B2-1*与*MnERF-B2-2*高度一致。*MaERF-B2-2*在根和叶中显示更高的表达（图6-32）。水淹处理检测克隆基因表达模式显示*MaERF-B2-1*在处理一天后在根和叶中上调表达，在叶中变化更快。*MaERF-B2-2*在水淹处理1h后则迅速上调，同时其变化更为剧烈。

表6-5 MnERF-B2亚群启动子分析

Table 6-5 Cis-regulatory elements in *MnERF-B2-1*, *MnERF-B2-2* and *MnERF-B2-3* promoters

基因名		MBS	TC-rich repeats	HSE	GC-motif	ARE	LTR	GARE-motif	CE3	TGA-element	TCA-element	TGACG-motif	CGT-CA-motif	ABRE
		Stress responses								Hormone response				
MnERF-B2-1	Morus001004	+	-	+	+	+	+	-	-	+	-	+	+	+
MnERF-B2-2	Morus002477	+	+	+	-	-	-	+	-	+	+	+	+	+
MnERF-B2-3	Morus005243	-	+	+	+	+	-	+	+	-	-	-	+	+

基因名		ACE	ATCT-motif	Box4	AE-box	G-box	GAG-motif	GT1-motif	I-box	Box I MNF1	CATT-motif	5UTRPy-rich stretch	AT-rich element	CAAT-box	TATA-box	MBSI	Box III
		Light response										Others					
MnERF-B2-1	Morus001004	-	+	+	+	+	+	+	-	+	+	+	-	+	+	-	+
MnERF-B2-2	Morus002477	-	+	+	+	-	+	+	+	-	-	+	-	+	+	+	-
MnERF-B2-3	Morus005243	+	+	+	+	-	+	+	-	-	-	+	+	+	+	-	+

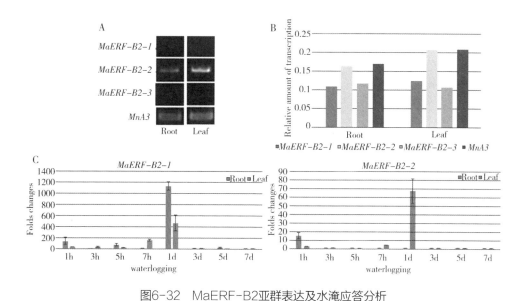

图6-32　MaERF-B2亚群表达及水淹应答分析

Figure 6-32　Expression pattern analysis of MaERF-B2 genes in normal and flooding treatment

参考文献

王颖，杨光伟，鲁玉贞. 2005. 不同棉花品种子叶衰老过程生化机理的研究［J］. 西南农业大学学报，27（3）：382-384.

谢庆恩，王瑞芳，范作晓，等. 2007. 棉花子叶衰老过程中的生理生化变化［J］. 中国农学通报，23（3）：212-216.

Abeles F B, Morgan P W, Saltveit M E Jr. 1992. Ethylene in plant biology［M］. 2nd ed. San Diego: Academic Press.

Adams D, Yang S. 1979. Ethylene biosynthesis: identification of 1-aminocyclopropane-1-carboxylic acid as an intermediate in the con-version of methionine to ethylene［J］. Proceedings of the National Academy of Sciences, 76（1）: 170-174.

Aldridge D C, Galt S, Giles D, et al. 1971. Metabolites of *Lasiodiplodia theobromae*［J］. Journal of the Chemical Society C, 1623-1627.

Aloni R. 1982. Role of cytokinin in differentiation of secondary xylem fibers［J］. Plant Physiology, 70（6）: 1631-1633.

Aloni R, Baum S F, Peterson C A. 1990. The role of cytokinin in sieve tube regeneration and callose production in wounded coleus internodes 1［J］. Plant Physiology, 93（3）: 982-989.

Aremu A O, Masondo N A, Sunmonu T O, et al. 2014. A novel inhibitor of cytokinin degradation（INCYDE）influences the biochemical parameters and photosynthetic apparatus in NaCl-stressed tomato plants［J］. Planta, 240（4）: 877-889.

Aremu A O, Stirk W A, Masondo N A, et al. 2015. Dissecting the role of two cytokinin analogues（INCYDE and PI-55）on in vitro organogenesis, phytohormone accumulation, phytochemical content and antioxidant activity［J］. Plant Science, 238: 81-94.

Armstrong D J. 1994. Cytokinin oxidase and the regulation of cytokinin degradation［J］. Cytokinins: Chemistry,

Activity and Function, 139–154.

Ashikari M, Sakakibara H, Lin S, et al. 2005. Cytokinin oxidase regulates rice grain production [J]. Science, 309（5735）: 741−745.

Badenoch−Jones J, Parker C W, Letham D S, et al. 1996. Effect of cytokinins supplied via the xylem at multiples of endogenous concentrations on transpiration and senescence in derooted seedling of oat and wheat [J]. Plant, Cell and Environment, 19（5）: 504−516.

Badenoch−Jones J, Rolfe B G, Letham D S. 1984. Phytohormones, rhizobium mutants, and nodulation in legumes: V. cytokinin metabolism in effective and ineffective pea root nodules [J]. Plant Physiology, 74（2）: 239−246.

Baum F S, Aloni R, Peterson C A. 1991. Role of cytokinin in vessel regeneration in wounded coleus internodes [J]. Annals of Botany, 67（6）: 543−548.

Beveridge C A, Murfet I C, Kerhoas L, et al. 1997. The shoot controls zeatin riboside export from pea roots. Evidence from the branching mutant rms4 [J]. The Plant Journal, 11（2）: 339−345.

Blaydes D F. 1966a. Interaction of kinetin and various inhibitors in the growth of soybean tissue [J]. Physiologia Plantarum, 19（3）: 748−753.

Burch L R, Horgan R. 1989. The purification of cytokinin oxidase from *Zea mays* kernels [J]. Phytochemistry, 28（5）: 1313−1319.

Caplin S M, Steward F C. 1948. Effect of coconut milk on the growth of explants from carrot root [J]. Science, 108（2815）: 655−657.

Cary A J, Che P, Howell S H. 2002. Developmental events and shoot apical meristem gene expression patterns during shoot development in *Arabidopsis thaliana* [J]. The Plant Journal, 32（6）: 867−877.

Cedzich A, Stransky H, Schulz B, et al. 2008. Characterization of cytokinin and adenine transport in Arabidopsis cell cultures [J]. Plant Physiology, 148（4）: 1857.

Chatfield J M, Armstrong D J. 1986. Regulation of cytokinin oxidase activity in callus tissues of *Phaseolus vulgaris* L. cv Great Northern [J]. Plant Physiology, 80（2）: 493.

Cheng C Y, Kieber J J. 2014. Cytokinin Signaling in Plants [M] //HOWELL S H. Molecular Biology. New York: Springer New York, 269−289.

Cheng Z W, Sun L, Qi T C, et al. 2011. The bHLH transcription factor MYC3 interacts with the jasmonate ZIM−domain proteins to mediate jasmonate response in *Arabidopsis* [J]. Molecular Plant, 4（2）: 279–288.

Chini A, Fonseca S, Fernández G, et al. 2007. The JAZ family of repressors is the missing link in jasmonate signaling [J]. Nature, 448（7154）: 666–671.

Church D L, Galston A W. 1988. Kinetics of determination in the differentiation of isolated mesophyll cells of *Zinnia elegans* to tracheary elements 1 [J]. Plant Physiology, 88（1）: 92−96.

Corbesier L, Prinsen E, Jacqmard A, et al. 2003. Cytokinin levels in leaves, leaf exudate and shoot apical meristem of *Arabidopsis thaliana* during floral transition [J]. Journal of Experimental Botany, 54（392）: 2511−2517.

Creelman R A, Mullet J E. 1997. Biosynthesis and action of jasmonates in plants [J]. Annual Review of Plant Biology, 48（1）: 355−381.

Das P K, Shin D H, Choi S−B, et al. 2012. Cytokinins enhance sugar−induced anthocyanin biosynthesis in *Arabidopsis* [J]. Molecules and Cells, 34（1）: 93−101.

Deikman J, Hammer P E. 1995. Induction of anthocyanin accumulation by cytokinins in *Arabidopsis thaliana*
［J］. Plant Physiology, 108（1）: 47–57.

Demole E, Lederer E, Mercier D. 1962. Isolement et détermination de la structure du jasmonate de méthyle, constituant
odorant caractéristique de l'essence de jasmin［J］. Helvetica Chimica Acta, 45（2）: 675–685.

Domagalska M A, Leyser O. 2011. Signal integration in the control of shoot branching［J］. Nature Reviews
Molecular Cell Biology, 12（4）: 211–221.

Dong H, Niu Y, Li W, et al. 2008. Effects of cotton rootstock on endogenous cytokinins and abscisic acid in xylem
sap and leaves in relation to leaf senescence［J］. Journal of Experimental Botany, 59（6）: 1295.

Eckardt N A. 2003. A new classic of cytokinin research: Cytokinin–deficient *Arabidopsis* plants provide new
insights into cytokinin biology［J］. The Plant Cell, 15（11）: 2489–2492.

Euiyoung B, Craig A B, Eduard B, et al. 2008. Crystal structure of *Arabidopsis thaliana* cytokinin dehydrogenase
［J］. Proteins: Structure, Function and Bioinformatics, 70（1）: 303–306.

Fahad S, Nie L, Chen Y, et al. 2015. Crop plant hormones and environmental stress［M］//LICHTFOUSE E,
Sustainable Agriculture Reviews. Springer International Publishing, Springer, 371–400.

Farmer E E, Ryan C A. 1990. Interplant communication: airborne methyl jasmonate induces synthesis of
proteinase inhibitors in plant leaves［J］. Proceedings of the National Academy of Sciences, 87（19）:
7713–7716.

Farmer E E, Ryan C A. 1992. Octadecanoid precursors of jasmonic acid activate the synthesis of wound–
inducible proteinase inhibitors［J］. The Plant Cell, 4（2）: 129–134.

Fernández-Calvo P, Chini A, Fernández-Barbero G, et al. 2011. The *Arabidopsis* bHLH transcription factors
MYC3 and MYC4 are targets of JAZ repressors and act additively with MYC2 in the activation of jasmonate
responses［J］. The Plant Cell, 23（2）: 701–715.

Feys B J F, Benedetti C E, Penfold C N, et al. 1994. *Arabidopsis* mutants selected for resistance to the phytotoxin
coronatine are male sterile, insensitive to methyl jasmonate, and resistant to a bacterial pathogen［J］. The
Plant Cell, 6（5）: 751–759.

Fonseca S, Chini A, Hamberg M, et al. 2009.（+）–7–iso–Jasmonoyl–L–isoleucine is the endogenous bioactive
jasmonate［J］. Nature Chemical Biology, 5（5）: 344–350.

Fr Bortov J, Fraaije M W, Galuszka P, et al. 2004. Catalytic reaction of cytokinin dehydrogenase: preference for
quinones as electron acceptors［J］. Biochemical Journal, 380（1）: 121–130.

Fukuda H. 1997. Tracheary Element Differentiation［J］. Plant Cell 9: 1147–1156.

Fukuda H. 2004. Signals that control plant vascular cell differentiation［J］. Nature Reviews Molecular Cell
Biology, 5（5）: 379–391.

Gajdošov S, Sp Chal L, Kam Nek M, et al. 2011. Distribution, biological activities, metabolism, and the
conceivable function of cis–zeatin–type cytokinins in plants［J］. Journal of Experimental Botany, May, 62
（8）: 2827–2840.

Galuszka P, Frebort I, Sebela M, et al. 2001. Cytokinin oxidase or dehydrogenase? Mechanism of cytokinin
degradation in cereals［J］. European Journal of Biochemistry, 268（2）: 450–461.

Galuszka P, Frebortova J, Werner T, et al. 2004. Cytokinin oxidase/dehydrogenase genes in barley and wheat［J］.
European Journal of Biochemistry, 271（20）: 3990–4002.

Gan S, Amasino R M. 1995. Inhibition of leaf senescence by autoregulated production of cytokinin［J］. Science,
270（5244）: 1986–1988.

Gemrotov M, Kulkarni M G, Stirk W A, et al. 2013. Seedlings of medicinal plants treated with either a cytokinin antagonist（PI-55）or an inhibitor of cytokinin degradation（INCYDE）are protected against the negative effects of cadmium［J］. Plant Growth Regulation, 71（2）: 137-145.

Gemrotova M, Zatloukal M, Spichal M S A L. 2009. Novel inhibitors of cytokinin oxidase/dehydrogenase and their potencial use for in vivo studies［J］. Auxins and Cytokinins in Plant Development, 2009 Book of Abstracts.

Hadiarto T, Tran L-S P. 2011. Progress studies of drought-responsive genes in rice［J］. Plant Cell Reports, 30（3）: 297-310.

Hinz M, Wilson Iw, Yang J, et al. 2010 *Arabidopsis* RAP2.2: an ethylene response transcription factor that is important for hypoxia survival［J］. Plant Physiology, 153（2）: 757-772.

Hirose N, Makita N, Yamaya T, et al. 2005. Functional characterization and expression analysis of a gene, OsENT2, encoding an equilibrative nucleoside transporter in rice suggest a function in cytokinin transport［J］. Plant Physiology, 138（1）: 196-206.

Hirose N, Takei K, Kuroha T, et al. 2008. Regulation of cytokinin biosynthesis, compartmentalization and translocation［J］. Journal of Experimental Botany, 59（1）: 75-83.

Hitchings G H, Elion G B. 1963. Purine analogues // HOCHSTER R M, QUASTEL J H. Metabolic Inhibitors, vol. 1［M］. New York: Academic Press.

Houba-Herin N, Pethe C, D'alayer J, et al. 1999. Cytokinin oxidase from *Zea mays*: purification, cDNA cloning and expression in moss protoplasts［J］. The Plant Journal, 17（6）: 615-626.

Howe G A, Jander G. 2008. Plant immunity to insect herbivores［J］. Annual Review of Plant Biology, 59: 41-66.

Humbeck K, Quast S, Krupinska K. 1996. Functional and molecular changes in the photosynthetic apparatus during senescence of flag leaves from field-grown barley plants［J］. Plant, Cell and Environment（United Kingdom）, 19（3）: 337-344.

Hwang I, Sheen J, Ller M B. 2012. Cytokinin signaling networks［J］. Annual Review of Plant Biology, 63: 353-380.

Hyun Y, Choi S, Hwang H J, et al. 2008. Cooperation and functional diversification of two closely related galactolipase genes for jasmonate biosynthesis［J］. Developmental Cell, 14（2）: 183-192.

Inoue T, Higuchi M, Hashimoto Y, et al. 2001. Identification of CRE1 as a cytokinin receptor from *Arabidopsis*［J］. Nature, 409（6823）: 1060-1063.

Inz D. 2005. Green light for the cell cycle［J］. The EMBO Journal, 24（4）: 657-662.

Iqbal M, Ashraf M, Jamil A. 2006. Seed enhancement with cytokinins: changes in growth and grain yield in salt stressed wheat plants［J］. Plant Growth Regulation, 50（1）: 29-39.

Ishiguro S, Kawai-Oda A, Ueda J, et al. 2001. The DEFECTIVE IN ANTHER DEHISCENCE1 gene encodes a novel phospholipase A1 catalyzing the initial step of jasmonic acid biosynthesis, which synchronizes pollen maturation, anther dehiscence, and flower opening in *Arabidopsis*［J］. The Plant Cell, 13（10）: 2191-2209.

Jasinski S, Piazza P, Craft J, et al. 2005. KNOX action in *Arabidopsis* is mediated by coordinate regulation of cytokinin and gibberellin activities［J］. Current Biology, 15（17）: 1560-1565.

Ji X-H, Wang Y-T, Zhang R, et al. 2015. Effect of auxin, cytokinin and nitrogen on anthocyanin biosynthesis in callus cultures of red-fleshed apple（*Malus sieversii* f. *niedzwetzkyana*）［J］. Plant Cell, Tissue and Organ Culture, 120（1）: 325-337.

Johnson Pr, Ecker Jr. 1998. The ethylene gas signal transduction pathway: A molecular perspective. Annual

Review of Genetics, 32（1）: 227−254.

Kamada−Nobusada T, Sakakibara H. 2009. Molecular basis for cytokinin biosynthesis［J］. Phytochemistry, 70（4）: 444−449.

Kerstetter R A, Hake S. 1997. Shoot meristem formation in vegetative development［J］. The Plant Cell: 9（7）: 1001−1010.

Ko D, Kang J, Kiba T, et al. 2014. *Arabidopsis* ABCG14 is essential for the root−to−shoot translocation of cytokinin［J］. Proceedings of the National Academy of Sciences, 111（19）: 7150−7155.

Konagaya K, Ando S, Kamachi S, et al. 2008. Efficient production of genetically engineered, male−sterile *Arabidopsis thaliana* using anther−specific promoters and genes derived from *Brassica oleracea* and *B. rapa*［J］. Plant Cell Reports, 27（11）: 1741−1754.

Kudo T, Kiba T, Sakakibara H. 2010. Metabolism and long−distance translocation of cytokinins［J］. Journal of Integrative Plant Biology, 52（1）: 53−60.

Kurakawa T, Ueda N, Maekawa M, et al. 2007. Direct control of shoot meristem activity by a cytokinin−activating enzyme［J］. Nature, 445（7128）: 652−655.

Kuroha T, Tokunaga H, Kojima M, et al. 2009a. Functional analyses of LONELY GUY cytokinin−activating enzymes reveal the importance of the direct activation pathway in *Arabidopsis*［J］. The Plant Cell, 21（10）: 3152−3169.

Laloue M, Fox J E. 1989. Cytokinin oxidase from wheat: partial purification and general properties［J］. Plant Physiology, 90（3）: 899−906.

Laureys F, Dewitte W, Witters E, et al. 1998. Zeatin is indispensable for the G2−M transition in tobacco BY−2 cells［J］. FEBS Letters, 426（1）: 29−32.

Le D T, Nishiyama R, Watanabe Y, et al. 2012. Identification and expression analysis of cytokinin metabolic genes in soybean under normal and drought conditions in relation to cytokinin levels［J］. PloSone, 7（8）: 42411.

Letham D S, Miller C O. 1965. Identity of kinetin−like factors from *Zea mays*［J］. Plant and Cell Physiology, 6（2）: 355−359.

Letham D S. 1974. Regulators of cell division in plant tissues［J］. Physiologia Plantarum, 32（1）: 66−70.

Letham D S, Palni L M S. 1983. The biosynthesis and metabolism of cytokinins［J］. Annual Review of Plant Physiology, 34（1）: 163−197.

Letham D S. 1994. Cytokinins as phytohormones: sites of biosynthesis, translocation, and function of translocated cytokinin［J］. Cytokinins: Chemistry, Activity and Function, 57–80.

Li L, Zhao Y, Mccaig B C, et al. 2004. The tomato homolog of CORONATINE−INSENSITIVE1 is required for the maternal control of seed maturation, jasmonate−signaled defense responses, and glandular trichome development［J］. The Plant Cell, 16（1）: 126−143.

Li Y, Hagen G, Guilfoyle T J. 1992. Altered morphology in transgenic tobacco plants that overproduce cytokinins in specific tissues and organs［J］. Developmental Biology, 153（2）: 386−395.

Lin Z, Zhong S, Grierson D. 2009. Recent advances in ethylene research［J］. Journal of Experimental Botany, 60（12）: 3311−3336.

Liu F, Ni W, Griffith M E, et al. 2004. The ASK1 and ASK2 genes are essential for *Arabidopsis* early development［J］. The Plant Cell, 16（1）: 5−20.

Liu Z, Lv Y, Zhang M, et al. 2013. Identification, expression, and comparative genomic analysis of the IPT and CKX gene families in Chinese cabbage（*Brassica rapa* ssp. *pekinensis*）［J］. BMC Genomics, 14: 594.

Llmer K I, Nov K O, Strnad M, et al. 2014. Overexpression of the cytosolic cytokinin oxidase/dehydrogenase（CKX7）from *Arabidopsis* causes specific changes in root growth and xylem differentiation［J］. The Plant Journal, 78（3）: 359−371.

M H Nen A P, Bishopp A, Higuchi M, et al. 2006. Cytokinin signaling and its inhibitor AHP6 regulate cell fate during vascular development［J］. Science, 311（5757）: 94−98.

Malito E, Coda A, Bilyeu K D, et al. 2004. Structures of Michaelis and product complexes of plant cytokinin dehydrogenase: implications for flavoenzyme catalysis［J］. Journal of Molecular Biology, 341（5）: 1237−1249.

Matsumoto−Kitano M, Kusumoto T, Tarkowski P, et al. 2008. Cytokinins are central regulators of cambial activity［J］. Proceedings of the National Academy of Sciences, 105（50）: 20027−20031.

Mckenzie M J, Mett V, Stewart Reynolds P H, et al. 1998. Controlled cytokinin production in transgenic tobacco using a copper−inducible promoter［J］. Plant Physiology, 116（3）: 969−977.

Miller C O, Skoog F, Okumura F S, et al. 1955a. Structure and synthesis of kinetin［J］. Journal of the American Chemical Society, 77（9）: 2662−2663.

Miller C O, Skoog F, Okumura F S, et al. 1956. Isolation, structure and synthesis of kinetin, a substance promoting cell division［J］. Journal of the American Chemical Society, 78（7）: 1375−1380.

Miller C O, Skoog F, Von Saltza M H, et al. 1955b. Kinetin, a cell division factor from deoxyribonucleic acid［J］. Journal of the American Chemical Society, 77（5）: 1392−1392.

Miyawaki K, Matsumoto−Kitano M, Kakimoto T. 2004. Expression of cytokinin biosynthetic isopentenyltransferase genes in *Arabidopsis*: tissue specificity and regulation by auxin, cytokinin, and nitrate［J］. The Plant Journal, 37（1）: 128−138.

Miyazaki J H, Yang S F. 1987. The methionine salvage pathway in relation to ethylene and polyamine biosynthesis［J］. Physiologia Plantarum, 69（2）: 366–370.

Moffatt B, Somerville C. 1988. Positive selection for male−sterile mutants of *Arabidopsis* lacking adenine phosphoribosyl transferase activity［J］. Plant Physiology, 86（4）: 1150−1154.

Mok D W S, Mok M C. 1994. Cytokinins: chemistry, activity, and function［M］. CRC Press BocaRaton, Florida.

Mok D W S, Mok M C. 2001. Cytokinin metabolism and action［J］. Annual Review of Plant Physiology and Plant Molecular Biology, 52（1）: 89−118.

Moon J, Parry G, Estelle M. 2004. The ubiquitin−proteasome pathway and plant development［J］. The Plant Cell, 16（12）: 3181−3195.

Morris R O, Bilyeu K D, Laskey J G, et al. 1999. Isolation of a gene encoding a glycosylated cytokinin oxidase from maize［J］. Biochemical and Biophysical Research Communications, 255（2）: 328−333.

Ni J, Gao C, Chen M−S, et al. 2015. Gibberellin promotes shoot branching in the perennial woody plant *Jatropha curcas*［J］. Plant and Cell Physiology, 56（8）: 1655−1666.

Nishiyama R, Watanabe Y, Fujita Y, et al. 2011. Analysis of cytokinin mutants and regulation of cytokinin metabolic genes reveals important regulatory roles of cytokinins in drought, salt and abscisic acid responses, and abscisic acid biosynthesis［J］. The Plant Cell, 23（6）: 2169−2183.

Niu Y J, Figueroa P, Browse J. 2011. Characterization of JAZ−interacting bHLH transcription factors that regulate jasmonate responses in *Arabidopsis*［J］. Journal of Experimental Botany, 62（6）: 2143–2154.

Örd G V, Stirk W A, Van Staden J, et al. 2004. Endogenous cytokinins in three genera of microalgae from the chlorophyta［J］. Journal of Phycology, 40（1）: 88−95.

Paces V, Werstiuk E, Hall R H. 1971. Conversion of N6−（Δ2−isopentenyl）adenosine to adenosine by enzyme activity in tobacco tissue［J］. Plant Physiology, 48（6）: 775−778.

Pauwels L, Barbero G F, Geerinck J, et al. 2010. NINJA connects the co−repressor TOPLESS to jasmonate signaling［J］. Nature, 464（7289）: 788−791.

Pepper A N, Morse A P, Guinel F C. 2007. Abnormal root and nodule vasculature in R50（sym16）, a pea nodulation mutant which accumulates cytokinins［J］. Annals of Botany, 99（4）: 765−776.

Redig P, Shaul O, Inz D, et al. 1996. Levels of endogenous cytokinins, indole−3−acetic acid and abscisic acid during the cell cycle of synchronized tobacco BY−2 cells［J］. FEBS Letters, 391（1−2）: 175−180.

Ren C, Pan J, Peng W, et al. 2005. Point mutations in *Arabidopsis* Cullin1 reveal its essential role in jasmonate response［J］. The Plant Journal, 42（4）: 514−524.

Richmond A E, Lang A. 1957. Effect of kinetin on protein content and survival of detached *Xanthium* leaves［J］. Science, 125（3249）: 650−651.

Rijven A, Parkash V. 1971. Action of kinetin on cotyledons of fenugreek［J］. Plant Physiology, 47（1）: 59−64.

Riou−Khamlichi C, Huntley R, Jacqmard A, et al. 1999. Cytokinin activation of *Arabidopsis* cell division through a d−type cyclin［J］. Science, 283（5407）: 1541−1544.

Rivero R M, Kojima M, Gepstein A, et al. 2007. Delayed leaf senescence induces extreme drought tolerance in a flowering plant［J］. Proceedings of the National Academy of Sciences, 104（49）: 19631−19636.

Rupp II M, Frank M, Werner T, et al. 1999. Increased steady state mRNA levels of the STM and KNAT1 homeobox genes in cytokinin overproducing *Arabidopsis thaliana* indicate a role for cytokinins in the shoot apical meristem［J］. The Plant Journal, 18（5）: 557−563.

Sakakibara H. 2006. Cytokinins: activity, biosynthesis, and translocation［J］. Annual Review Of Plant Biology, 57: 431−449.

Sakakibara H, Suzuki M, Takei K, et al. 1998. A response−regulator homologue possibly involved in nitrogen signal transduction mediated by cytokinin in maize［J］. Plant Journal, 14（3）: 337−344.

Samuelson M E, Eliasson L, Larsson C M. 1992. Nitrate−regulated growth and cytokinin responses in seminal roots of barley［J］. Plant Physiology, 98（1）: 309−315.

Schaller F. 2001. Enzymes of the biosynthesis of octadecanoid−derived signalling molecules［J］. Journal of Experimental Botany, 52（354）: 11−−23.

Schm Lling T, Werner T, Riefler M, et al. 2003. Structure and function of cytokinin oxidase/dehydrogenase genes of maize, rice, *Arabidopsis* and other species［J］. Journal of Plant Research, 116（3）: 241−252.

Seo H S, Song J T, Cheong J J, et al. 2001. Jasmonic acid carboxyl methyltransferase: a key enzyme for jasmonate−regulated plant responses［J］. Proceedings of the National Academy of Sciences, 98（8）: 4788−4793.

Shan X, Zhang Y, Peng W, et al. 2009. Molecular mechanism for jasmonate−induction of anthocyanin accumulation in *Arabidopsis*［J］. Journal of Experimental Botany, 60（13）: 3849−3860.

Shimizu−Sato S, Tanaka M, Mori H. 2009. Auxin−cytokinin interactions in the control of shoot branching［J］. Plant Molecular Biology, 69（4）: 429−435.

Skoog F, Miller C O. 1957. Chemical regularion of growth and organ formation in plant fissue cultured In vitro［J］ // Symposia of the Society for Experimental Biology, 11, 118−130.

Skoog F, Strong F, Miller A C O. 1965. Cytokinins［J］. Science, 148（3669）: 532−533.

Smart C M, Scofield S R, Bevan M W, et al. 1991. Delayed leaf senescence in tobacco plants transformed with tmr, a gene for cytokinin production in *Agrobacterium*［J］. The Plant Cell, 3（7）: 647−656.

Soni R, Carmichael J P, Shah Z H, et al. 1995. A family of cyclin d homologs from plants differentially controlled by growth regulators and containing the conserved retinoblastoma protein interaction motif［J］. The Plant Cell, 7（1）: 85−103.

Spichal L, Rakova N Y, Riefler M, et al. 2004. Two cytokinin receptors of *Arabidopsis thaliana*, CRE1/AHK4 and AHK3, differ in their ligand specificity in a bacterial assay［J］. Plant and Cell Physiology, 45（9）: 1299−1305.

Staswick Pe, Tiryaki I. 2004. The oxylipin signal jasmonic acid is activated by an enzyme that conjugates it to isoleucine in *Arabidopsis*［J］. The Plant Cell, 16（8）: 2117−2127.

Strnad M. 1997. The aromatic cytokinins［J］. Physiologia Plantarum, 101（4）: 674−688.

Sun J, Hirose N, Wang X, et al. 2005. *Arabidopsis* Soi33atent8 gene encodes a putative equilibrative nucleoside transporter that is involved in cytokinin transport in planta［J］. Journal of Integrative Plant Biology, 47（5）: 588−603.

Suttle J C, Huckle L L, Lu S, et al. 2014. Potato tuber cytokinin oxidase/dehydrogenase genes: Biochemical properties, activity, and expression during tuber dormancy progression［J］. Journal of Plant Physiology, 171（6）: 448−457.

Takei K, Sakakibara H, Taniguchi M, et al. 2001. Nitrogen−dependent accumulation of cytokinins in root and the translocation to leaf: implication of cytokinin species that induces gene expression of maize response regulator［J］. Plant and Cell Physiology, 42（1）: 85−93.

Takei K, Takahashi T, Sugiyama T, et al. 2002. Multiple routes communicating nitrogen availability from roots to shoots: a signal transduction pathway mediated by cytokinin［J］. Journal of Experimental Botany, 53（370）: 971−977.

Takei K, Ueda N, Aoki K, et al. 2004a. AtIPT3 is a key determinant of nitrate−dependent cytokinin biosynthesis in *Arabidopsis*［J］. Plant and Cell Physiology, 45（8）: 1053−1062.

Takei K, Yamaya T, Sakakibara H. 2004b. *Arabidopsis* CYP735A1 and CYP735A2 encode cytokinin hydroxylases that catalyze the biosynthesis of trans−zeatin［J］. Journal of Biological Chemistry, 279（40）: 41866−41872.

Thines B, Katsir L, Melotto M, et al. 2007. JAZ repressor proteins are targets of the SCFCOI1 complex during jasmonate signaling［J］. Nature, 448（7154）: 661−665.

Timmis G M, Williams D C. 1967. Chemotherapy of cancer: the antimetabolite approach:［J］. JAMA, 205（3）: 190−191.

Towne G, Owensby C. 1983. Cytokinins effect on protein and chlorophyll content of big bluestem leaves［J］. Journal of Range Management: 75−77.

Tuskan G A, Difazio S, Jansson S, et al. 2006. The genome of black cottonwood, *Populus trichocarpa*（Torr. & Gray）［J］. Science, 313（5793）: 1596−1604.

Van Staden J, Cook E L, Nooden L D. 1988. Cytokinins and senescence Cytokininsand senescence［M］. // Noodén L D and Leopold A C（Ed.）, Senescence and Aging in Plants, San Diego: Academic Press, 281−328.

Veylder L D, Joub S J, Inz D. 2003. Plant cell cycle transitions［J］. Current Opinion in Plant Biology, 6（6）: 536−543.

Vick B A, Zimmerman D C. 1983. The biosynthesis of jasmonic acid: A physiological role for plant lipoxygenase［ J ］. Biochemical and Biophysical Research Communications, 111（2）: 470–477.

Victor J M R, Murthy B N S, Murch S J, et al. 1999. Role of endogenous purine metabolism in thidiazuron−induced somatic embryogenesis of peanut（ *Arachis hypogaea* L. ）［ J ］. Plant Growth Regulation, 28（1）: 41−47.

Von Schwartzenberg K, Nunez M F, Blaschke H, et al. 2007. Cytokinins in the bryophyte *Physcomitrella* patens: analyses of activity, distribution, and cytokinin oxidase/dehydrogenase overexpression reveal the role of extracellular cytokinins［ J ］. Plant Physiology, 145（3）: 786−800.

Vonk C R, Davelaar E. 1981. 8−14C−Zeatin metabolites and their transport from leaf to phloem exudate of *Yucca*［ free and bound cytokinins, cytokinin metabolism and transport, *Yucca flaccida*］［ J ］. Physiologia Plantarum（ Denmark ）, 52（1）: 101−107.

Wang Q, Ma B, Qi X, et al. 2014. Identification and characterization of genes involved in the jasmonate biosynthetic and signaling pathways in mulberry（ *Morus notabilis* ）［ J ］. Journal of Integrative Plant Biology, 56（7）: 663−672.

Wang Y, Liu H, Xin Q. 2014. Genome−wide analysis and identification of cytokinin oxidase/dehydrogenase（ CKX ）gene family in foxtail millet（ *Setaria italica* ）［ J ］. The Crop Journal, 24（2）: 244−254.

Wasternack C. 2007. Jasmonates: an update on biosynthesis, signal transduction and action in plant stress response, growth and development［ J ］. Annals of Botany, 100（4）: 681−697.

Werner T, Motyka V, Laucou V, et al. 2003. Cytokinin−deficient transgenic *Arabidopsis* plants show multiple developmental alterations indicating opposite functions of cytokinins in the regulation of shoot and root meristem activity［ J ］. The Plant Cell, 15（11）: 2532−2550.

Werner T, Motyka V, Strnad M, et al. 2001. Regulation of plant growth by cytokinin［ J ］. The Proceedings of the National Academy of Sciences, 98（18）: 10487−10492.

Werner T, Schm Lling T. 2009. Cytokinin action in plant development［ J ］. Current Opinion in Plant Biology, 12（5）: 527−538.

Wingler A, Von Schaewen A, Leegood R C, et al. 1998. Regulation of leaf senescence by cytokinin, sugars, and light. Effects on NADH−dependent hydroxypyruvate reductase［ J ］. Plant Physiology, 116（1）: 329−335.

Xie D X, Feys B F, James S, et al. 1998. COI1: an *Arabidopsis* gene required for jasmonate−regulated defense and fertility［ J ］. Science, 280（5366）: 1091−1094.

Xu L, Liu F, Lechner E, et al. 2002. The SCF（ COI1 ）ubiquitin−ligase complexes are required for jasmonate response in *Arabidopsis*［ J ］. The Plant Cell, 14（8）: 1919−1935.

Yahiro M. 1980. Effect of cytokinin−treatments on the sprouting of the dormant buds in mulberry tree, *Morus alba* L［ J ］. Bulletin of the Faculty of Agriculture Kagoshima University, 30.

Yamada H, Suzuki T, Terada K, et al. 2001. The *Arabidopsis* AHK4 histidine kinase is a cytokinin−binding receptor that transduces cytokinin signals across the membrane［ J ］. Plant and Cell Physiology, 42（9）: 1017−1023.

Yan Y X, Stolz S, ChÉTelat A, et al. 2007. A downstream mediator in the growth repression limb of the jasmonate pathway［ J ］. The Plant Cell, 19（8）: 2470−2483.

Yanagisawa Y, Shioiri H, Ikeura T, et al. 1993. The change of the cytokinin contents in stored mulberry leaves［ J ］. Journal of Sericultural Science of Japan（ Japan ）, 62（2）: 168−170.

Yanagisawa Y, Shioiri H, Ito K, et al. 1985. Separation and identification of the cytokinins in mulberry, *Morus alba* L［ J ］. Journal of Sericultural Science of Japan（ Japan ）, 54（6）: 439−444.

Yanagisawa Y, Shioiri H, Kasagi Y, et al. 1994. Effect of retention of mulberry leaves and branches at pruning time on the regeneration of axillary buds and cytokinin contents in roots[J]. Journal of Sericultural Science of Japan(Japan) , 63 (3) : 201-205.

Yanagisawa Y, Shioiri H, Takahashi M. 1988. Relationship between the growth of axillary buds and the cytokinins content in mulberry branches after pruning[J]. Journal of Sericultural Science of Japan(Japan) , 57 (4) : 323-327.

Yanagisawa Y, Shioiri H. 1987. Relationship between the growth of axillary buds and the content of cytokinins in the leaves after cutting in mulberry[J]. Journal of Sericultural Science of Japan(Japan) , 56 (3) : 390-393.

Yanagisawa Y, Shioiri H. 1989. Seasonal variations of cytokinin contents in mulberry[J]. Journal of Sericultural Science of Japan(Japan) , 58 (2) : 159-160.

Yanai O, Shani E, Dolezal K, et al. 2005. *Arabidopsis* KNOXI proteins activate cytokinin biosynthesis[J]. Current Biology, 15 (17) : 1566-1571.

Yang S F, Hoffman N E. 1984. Ethylene biosynthesis and its regulation in higher plants[J]. Annual Review of Plant Biology, 35 (1) : 155-189.

Yang S H, Yu H, Goh C J. 2002. Isolation and characterization of the orchid cytokinin oxidase DSCKX1 promoter [J]. Journal of Experimental Botany, 53 (376) : 1899-1907.

Yuan L, Peng Z, Zhi T, et al. 2014. Brassinosteroid enhances cytokinin-induced anthocyanin biosynthesis in *Arabidopsis* seedlings[J]. Biologia Plantarum, 59 (1) : 99-105.

Zalewski W, Galuszka P, Gasparis S, et al. 2010. Silencing of the HvCKX1 gene decreases the cytokinin oxidase/ dehydrogenase level in barley and leads to higher plant productivity[J]. Journal of Experimental Botany, 61 (6) : 1839-1851.

Zatloukal M, Gemrotov M, Dolezal K, et al. 2008. Novel potent inhibitors of *A. thaliana* cytokinin oxidase/ dehydrogenase[J]. Bioorganic & Medicinal Chemistry, 16 (20) : 9268-9275.

Zeng Q-W, Qin S, Song S-Q, et al. 2012. Molecular cloning and characterization of a cytokinin dehydrogenase gene from upland cotton(*Gossypium hirsutum* L.)[J]. Plant Molecular Biology Reporter, 30 (1) : 1-9.

Zhang K, Diederich L, John P C L. 2005. The cytokinin requirement for cell division in cultured *Nicotiana plumbaginifolia* cells can be satisfied by yeast Cdc25 protein tyrosine phosphatase. Implications for mechanisms of cytokinin response and plant development[J]. Plant Physiology, 137 (1) : 308-316.

Zhang K, Novak O, Wei Z, et al. 2014. *Arabidopsis* ABCG14 protein controls the acropetal translocation of root-synthesized cytokinins[J]. Nature Communications, 5: 10.1038/ncomms4274.

Zhang L, Li Z, Quan R, et al. 2011. An AP2 domain-containing gene, ESE1, targeted by the ethylene signaling component EIN3 is important for the salt response in *Arabidopsis*. Plant Physiology, 157 (2) : 854-865.

Zhao J, Bai W, Zeng Q, et al. 2015a. Moderately enhancing cytokinin level by down-regulation of GhCKX expression in cotton concurrently increases fiber and seed yield[J]. Molecular Breeding, 35 (60) : 1-11.

Zhao L, Zhao Y, Kou Y, et al. 2015b. Current perspectives on shoot branching regulation[J]. Frontiers of Agricultural Science and Engineering, 2 (1) : 38-52.

第七章 桑树次生物质合成代谢相关基因及其调控

桑树次生物质种类甚多，功能迥异，不少具有重要经济价值，尤其受到医药领域研究者的关注。在众多次生物质中，本章以木质素、类黄酮为代表，讨论其合成代谢相关基因及其调控，以图拓展此类研究。

一、桑树主要次生代谢物质

1. 黄酮类化合物

黄酮类是一类天然色素及苷类的总称。黄酮类化合物广泛存在于桑枝、桑叶、桑根皮、桑葚子中。黄酮类化合物作为天然着色剂、抗氧化剂和功能性食品的原料，在食品和医药工业中有着广泛的应用。现代医学证明黄酮类化合物对人体具有多种医疗保健作用，具有降血糖、降血压、抗菌和抗病毒等作用。

2. 生物碱类

生物碱是存在于自然界中的一类含氮的碱性有机化合物，有似碱的性质，所以过去又称为赝碱。大多数有复杂的环状结构，氮素多包含在环内，有显著的生物活性，是中草药中重要的有效成分之一。大多数桑树生物碱成分是野尻霉素的衍生物。1976年，日本学者Yaji从桑树中分离得到天然的野尻霉素（DNJ）。由于DNJ具有极强的α-葡萄糖苷酶抑制活性，因此桑树中的这类衍生物一直备受重视。

3. 多糖类

多糖主要存在于桑果和桑叶中。现代药理研究证明桑多糖具有降低血糖的作用，还有一定的抗氧化和抗炎能力。

二、桑树木质素合成相关基因

木质素约占植物体干重的16%～30%，是含量仅次于纤维素的聚合物。木质素填充于纤维素框架中，疏导组织的水分运输、增强植物体的机械强度、抵御外来微生物中的侵染，对植物的抗病、抗涝、抗寒、抗倒伏等非生物胁迫具有重要意义。木质素主要由香豆醇（coumary alcohol）、芥子醇（sinapyl alcohol）和松柏醇（coniferyl alcohol）3种单体通过聚合形成对羟基苯基木质素（*p*-hydroxyphenyl lignin，H木质素）、紫丁香基木质素（syringyl lignin，S木质素）和愈创木基木质素（guaiacyl lignin，G木质素）（图7-1）。

1. 木质素的生物合成

木质素的生物合成主要是指木质素单体的生物合成，可分为以下三步：首先经莽草酸途径（shikimic acid pathway），即植物光合作用的产物葡萄糖（glucose）转化为芳香族氨基酸苯丙氨酸（phenylalanine）、酪氨酸（tyrosine）、色氨酸（tryptophan）；然后通过苯丙烷类代谢途径形成羟基肉桂酰CoA酯，该途径为木质素及其他苯丙烷类物质如黄酮、生物碱、花青素等的共有途径；最后通过木质素特异合成途径，即羟基肉桂酰CoA酯经过一系列的羟基化和甲基化还原反应后形成木质素单体。木质素单体经氧化聚合形成木质素（图7-2）。

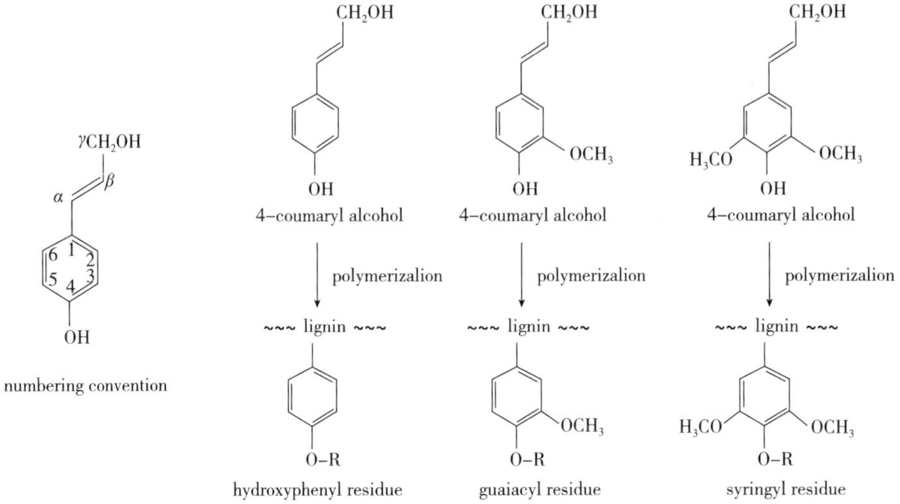

图7-1　木质素3种单体的结构和化学组成（Whetten et al.，1998）

Figure 7-1　Structures of the three monolignols and the residues derived from them

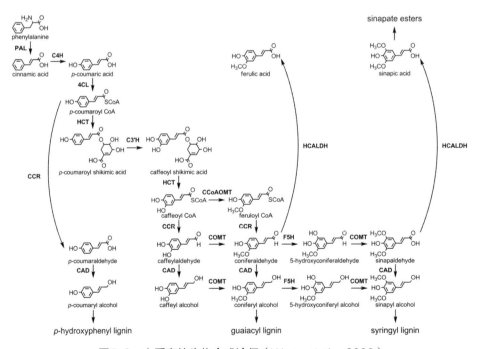

图7-2　木质素的生物合成途径（Weng et al.，2008）

Figure 7-2　The pathway of lignin biosynthesis

2．川桑木质素合成相关基因

从NCBI（http：//www.ncbi.nlm.nih.gov/）中分别下载已登录的木质素合成相关的10个基因家族基因的蛋白序列，在这些蛋白质序列的基础上通过建模（HMMER）得到各个家族蛋白的保守序列，与已注释的拟南芥蛋白数据库进行hmmsearch，参照蛋白注释确定e值来确定川桑中木质素合成相关基因的个数，并通过注释信息核对结果的准确性。通过上述方法从川桑基因组中共获得64个木质素合成相关基因，分属10个基因家族，其基本信息如表7-1所示。

表7-1　川桑中木质素合成相关基因

Table 7-1　Lignin biosynthesis related genes in *Morus notabilis*

基因家族	基因	基因号
Phenylalanine ammonia lyase（PAL）	*MnPAL1*	*Morus027341*
	MnPAL2	*Morus024369*
	MnPAL3	*Morus024371*
	MnPAL4	*Morus024372*
	MnPAL5	*Morus027373*
	MnPAL6	*Morus013052*
	MnPAL7	*Morus001028*
Trans-cinnamate 4-hydroxylase（C4H）	*MnC4H1*	*Morus011257*
	MnC4H2	*Morus018794*
	MnC4H3	*Morus008222*
4-Coumarate：CoA ligase（4CL）	*Mn4CL1*	*Morus005683*
	Mn4CL2	*Morus001358*
	Mn4CL3	*Morus019687*
	Mn4C4	*Morus009217*
	Mn4CL-like1	*Morus020607*
	Mn4CL-like2	*Morus002716*
	Mn4CL-like3	*Morus017433*
	Mn4CL-like4	*Morus022816*
	Mn4CL-like5	*Morus024894*
	Mn4CL-like6	*Morus007997*
	Mn4CL-like7	*Morus016867*
	Mn4CL-like8	*Morus005630*
	Mn4CL-like9	*Morus000536*
Hydroxycinnamoyl-CoA：shikimate/quinate hydroxycinnamoyltransferase（HCT）	*MnHCT1*	*Morus018077*
	MnHCT2	*Morus000457*
	MnHCT3	*Morus020391*
	MnHCT4	*Morus018078*
	MnHCT5	*Morus017530*
	MnHCT6	*Morus017529*

（续）

基因家族	基因	基因号
p−Coumarate 3−hydroxylase（C3H）	*MnC3H*	*Morus027871*
Cinnamoyl−CoA reductase（CCR）	*MnCCR1*	*Morus013511*
	MnCCR2	*Morus013509*
	MnCCR-like1	*Morus015311*
	MnCCR-like2	*Morus015312*
	MnCCR-like3	*Morus015313*
	MnCCR-like4	*Morus015314*
	MnCCR-like5	*Morus024803*
	MnCCR-like6	*Morus016490*
Caffeoyl−Co A 3−O−methyltransferase（CCoAOMT）	*MnCoAOMT*	*Morus027504*
	MnCoAOMT-like1	*Morus027239*
	MnCCoAOMT-like2	*Morus011340*
Caffeic−acid O−methyltransferase（COMT）	*MnCOMT*	*Morus019617*
	MnCOMT-like1	*Morus013036*
	MnCOMT-like2	*Morus019621*
	MnCOMT-like3	*Morus023433*
	MnCOMT-like4	*Morus019619*
	MnCOMT-like5	*Morus003483*
	MnCOMT-like6	*Morus016456*
	MnCOMT-like7	*Morus003486*
	MnCOMT-like8	*Morus002595*
	MnCOMT-like9	*Morus020810*
	MnCOMT-like10	*Morus003479*
	MnCOMT-like11	*Morus022610*
	MnCOMT-like12	*Morus025923*
	MnCOMT-like13	*Morus003481*
Ferulate 5−hydroxylase（F5H）	*MnF5H1*	*Morus026726*
	MnF5H2	*Morus019991*
Cinnamyl alcohol dehydrogenase（CAD）	*MnCAD1*	*Morus027025*
	MnCAD2	*Morus027027*
	MnCAD3	*Morus002333*
	MnCAD4	*Morus002334*
	MnCAD5	*Morus026731*
	MnCAD6	*Morus016519*
	MnCAD7	*Morus026799*
	MnCAD8	*Morus027558*

（1）苯丙氨酸解氨酶

苯丙氨酸解氨酶（phenylalanine ammonia-lyase，PAL）是苯丙烷类代谢途径的第一个酶，催化苯丙氨酸脱氨形成反式肉桂酸，是连接植物初生代谢与次生代谢的关键酶。该酶不仅参与植物细胞壁木质素的生物合成，还和植物的次级代谢物质如黄酮和色素的生物合成密切相关。*PAL*在植物中一般以小的基因家族形式存在，在拟南芥、水稻、杨树中分别含有4个、9个和5个基因。在川桑中发现7个*PAL*基因，序列分析表明，桑树的PAL都含有3个保守基序Motif1-3（图7-3），除PAL7外，其他PAL蛋

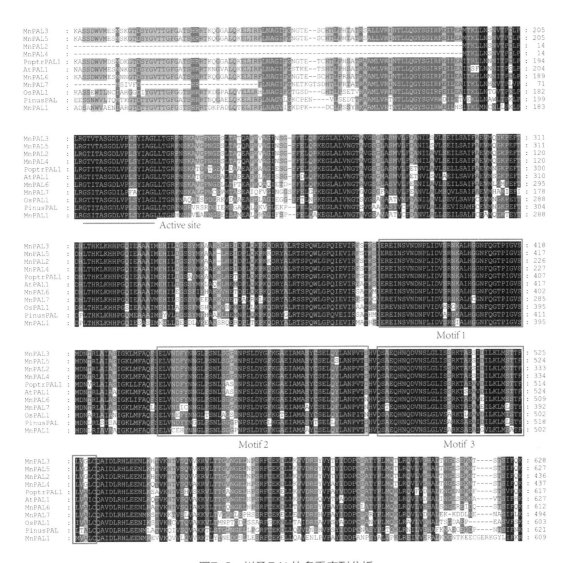

图7-3　川桑*PAL*的多重序列分析

Motif 1～3为PAL保守位点

Figure 7-3　Multi-sequences alignment of PAL amino acid sequences in *Morus notabilis*

Motif 1 ~ 3 are conserved motifs

白都含有PAL的活性位GTITASGDLVPLSYIAG。基因结构分析表明，该基因家族的基因具有不同的基因结构（图7-4），可能是基因选择性拼接的结果。其中*PAL1*、*PAL2*、*PAL4*、*PAL7*具有相同的基因结构，都由单个外显子构成，而其他的*PAL*基因由2个或3个外显子构成。

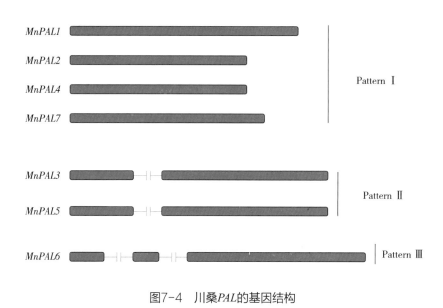

图7-4　川桑*PAL*的基因结构

Figure 7-4　Intron-exon structures of *PAL Morus notabilis* genes

系统发生分析表明：PAL家族可以明显分为裸子植物和被子植物两大类（图7-5），被子植物又可以分为单子叶植物和双子叶植物2个亚类，桑树的PAL2、PAL3、PAL4和PAL5聚在一起，比对分析发现这4个蛋白的序列相似性很高。由于这4个基因在同一scaffold上，暗示这些基因很可能是基因简单重复的结果。*PAL1*和裸子植物的*PAL*聚在一起，说明其亲缘关系较近，推测*PAL1*与其他川桑*PAL*基因可能具有不同的起源。转录分析表明：*PAL*基因在桑树中的表达具有组织特异性，*PAL2*、*PAL3*、*PAL4*、*PAL5*和*PAL6*在木质化的根部高量表达，暗示这些基因可能直接参与木质素的合成（图7-6）。*PAL4*、*PAL5*和*PAL6*除在根中高量表达外在其他组织中的表达量也较高，推测这些基因除参与木质素的合成外还可能参与其他次生代谢产物的合成。*PAL3*和*PAL5*不仅结构及表达上非常相似，而且它们具有相同的启动子元件，它们上游启动子区域都含有保守的AC元件，这种元件和微管组织的表达密切相关。*PAL5*的启动子中除AC元件外还含有A-box，在欧芹该元件被认为和AC元件一起工作参与木质素的合成（Raes et al., 2003）。除AC元件外，川桑*PAL*启动子区域还含有激素响应、真菌激发、胁迫响应元件，说明*PAL*受各种植物激素的诱导并且响应各种生物及非生物胁迫（表7-2）。

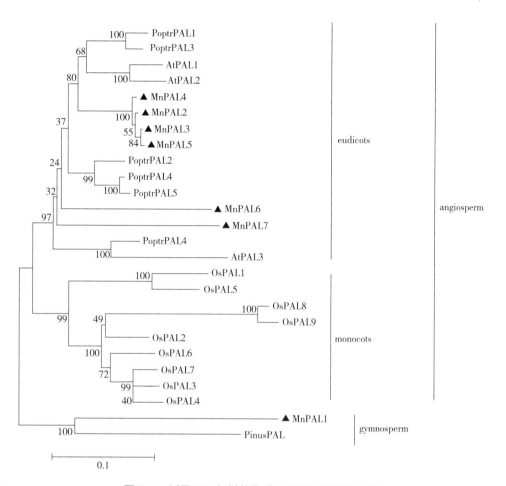

图7-5　川桑*PAL*与其他物种*PAL*的系统发生分析

Figure 7-5　Phylogenetic analysis of *PAL* genes in *Morus notabilis* and other plants

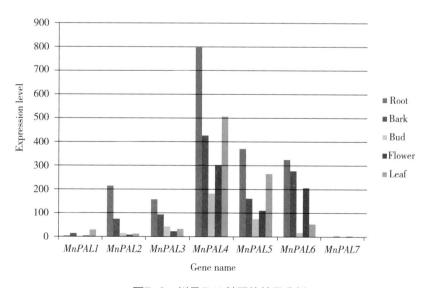

图7-6　川桑*PAL*基因的转录分析

Figure 7-6　Transcription analysis of *PAL* genes in *Morus notabilis*

表7-2　木质素合成基因上游启动子元件

Table 7-2　Elements found in the promoter regions of lignin biosynthesis genes in *Morus notabilis*

Gene name	Auxin	Ethylene	Gibberellin	Salieylic acid	Methyl-jasmorate	Defense stress	Fungal Elieitor	Wound	Myb-binding	Transcription Enbancer	Anacrobic induetion	AC element
MnPAL1	√						√				√	
MnPAL2		√				√				√		
MnPAL3										√		√
MnPAL4						√						
MnPAL5					√	√				√		√
MnPAL6					√	√	√				√	√
MnPAL7		√							√			
MnC4H1	√			√	√							√
MnC4H2		√			√	√					√	√
MnC4H3	√				√	√	√		√			√
MnC3H				√					√			√
Mn4CL1	√			√								
Mn4CL2		√			√			√	√			√
Mn4CL3			√		√		√			√	√	√
Mn4CL4					√	√				√		
MnHCT1				√					√	√	√	√
MnHCT2	√											
MnHCT3				√	√							
MnHCT4			√		√	√		√	√			
MnHCT5						√						
MnHCT6						√					√	
MnCCR1				√		√		√	√	√	√	√
MnCCR2					√	√	√				√	
MnCAD1		√				√			√	√	√	√
MnCAD2		√	√			√		√	√	√		√
MnCAD3		√	√			√		√	√	√	√	√
MnCAD4	√			√	√	√	√					
MnCAD5	√		√		√	√			√			
MnCAD6		√				√			√	√		√
MnCAD7			√	√	√	√			√	√	√	
MnCAD8	√		√							√	√	
MnF5H1						√		√	√			
MnF5H2	√										√	√
MnCoAOMT	√			√	√						√	√
MnCoAOMT					√				√		√	

（2）细胞色素P450

苯丙氨酸脱氨形成反式肉桂酸后经过一系列的羟基化和甲基化反应生成香豆醇、松伯醇和芥子醇，再通过聚合形成对羟基苯基木质素（H）、愈创木基木质素（G）和紫丁香基木质素（S）。在被子植物中主要有3种细胞色素P450依赖的单加氧酶参与木质素合成中的羟基化反应，包括CYP84（F5H）、CYP98（C3H）和CYP73（C4H），这3个基因家族一般由1~5个成员组成，这些基因均具有细胞色素P450单加氧酶保守结构域（Havir，1981），如N-端疏水螺旋、富含脯氨酸区域（PPGPKGLP）、含有半胱氨酸的血红素配体基序（PFGSGRRSCP）及PERF保守基序。通过基因工程方法调控这3种酶的表达能够有效地改变植物体内木质素的含量及单体组成，对植物资源的利用具有重要作用。

香豆酸-3羟化酶（p-coumarate 3-hydroxylase，C3H）催化苯丙烷类代谢中苯环C3的羟基化，属于细胞色素P450单加氧酶CYP98A家族，是木质素合成的关键酶之一，和

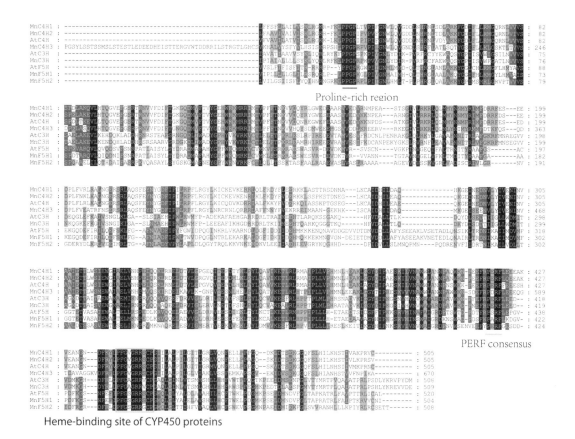

图7-7 川桑C3H、C4H及F5H与拟南芥的多重序列比对

红色线条表示富含脯氨酸区域，蓝色线条表示PERF保守位点，红色方框表示细胞色素P450半胱氨酸血红素配体基序

Figure 7-7 Multi-sequences alignment of C3H、C4H、F5H amino acid sequences in *Morus notabilis* and Arabidopsis

The proline-rich region is shown in red line, blue rectangle indicates the PEFR consensus and the red square is a cysteine-containing heme-binding ligand sequence of cytochrome P450 proteins

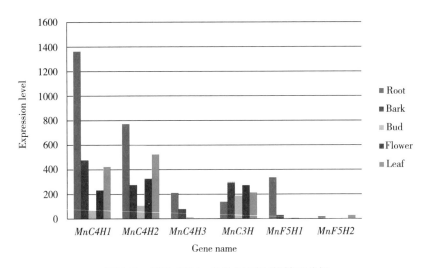

图7-8　川桑C3H、C4H及F5H的转录分析

Figure 7-8　Transcription analysis of *C3H*, *C4H* and *F5H* genes in *Morus notabilis*

HCT一起被认为是H单体和G/S单体合成之间的分水岭，决定着木质素的单体组成。川桑和水稻基因组中都只含有一个*C3H*基因（图7-7），拟南芥和杨树中含有3个，但研究发现拟南芥和杨树中都只有一个*C3H*基因参与木质素的合成（Hamberger et al.，2007）。川桑*C3H*基因由3个外显子和2个内含子组成。启动子分析发现川桑*C3H*上游启动子中含有保守的AC元件（表7-2），说明该基因和木质素的合成密切相关。转录分析表明该基因在各个组织中均有表达，说明该基因不仅参与木质素的合成，可能还参与其他物质的生物合成（图7-8）。

　　肉桂酸4-羟化酶（*trans*-cinnamate 4-hydroxylase，C4H）属于细胞色素P450单加氧酶CYP73亚家族，催化肉桂酸转化为对羟基肉桂酸，该产物为黄酮类、色素和木质素等的中间产物。此步是苯丙烷类代谢的限速步骤。川桑中包括3个*C4H*基因，均由3个外显子和2个内含子构成，但这3个基因分布在不同的scaffold上。系统发生分析表明*C4H*基因家族可以分为2个基因亚家族，川桑、水稻、杨树的*C4H*存在于2个亚家族中，而拟南芥只存在于Class I亚家族中，裸子植物的*C4H*存在于Class I中，说明*C4H*基因在裸子植物和被子植物分化之前就产生了（图7-9）。川桑的3个*C4H*基因启动子中均含有保守的AC元件，且在木质化的根中高量表达，暗示这3个基因可能都和细胞壁木质化产生有关，除此之外这3个基因上游启动子中都含有激素响应相关元件（表7-2）。

　　阿魏酸5-羟化酶（ferulic acid 5-hydroxylase，F5H）又名松柏醛5-羟化酶，属于细胞色素P450单加氧酶CYP84亚家族，能够催化阿魏酸、松柏醛、松柏醇苯环C5位的羟基化，生成芥子酸和S木质素，是S木质素合成的限速酶。在川桑、拟南芥和杨树中都含有2个而在水稻中含有3个*F5H*基因。系统发生分析表明*F5H*基因家族可以明显分为两大类，即被子植物和裸子植物，被子植物又可分为单子叶植物和双子叶植物2个亚类，川桑*F5H2*和裸子植物亲缘关系较近，推测其可能具有不同的起源（图7-9）。转录分析表明*F5H1*在木质化的根部高量表达，说明该基因可能直接参与木质素的合成，*F5H2*在各个组织中均有表达，但表达量都较低（图7-8）。*F5H*上游启动子中无保守的AC元件，因为该基因的表达不受MYB转录因子的调控，而是直接受NAC结构域的转录因子的调控。*F5H*基因上游启动子区含有激素（生长素、茉莉酸）真菌激发及防御相关元件（表7-2），说明*F5H*除参与木质素的生物合成外还在植物的生长及生物胁迫中发挥重要作用。

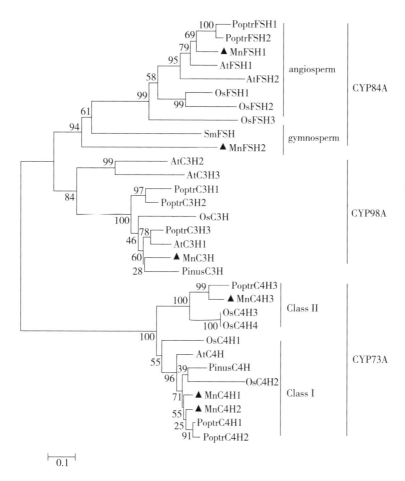

图7-9　川桑和其他植物木质素合成相关P450的系统发生分析

Figure 7-9　Phylogenetic analysis of cytochrome P450 in *Morous notabilis* other plants

（3）4-香豆酸CoA连接酶

　　4-香豆酸CoA连接酶（4-coumarate：CoA ligase，4CL）催化香豆酸、咖啡酸、阿魏酸、5-羟基阿魏酸、芥子酸生成相应的CoA酯，该步骤为苯丙烷类代谢的最后一步，也是关键的一步，催化产物随后进入苯丙烷类衍生物支路生物合成途径。拟南芥、水稻和杨树中分别含有4个、5个和5个*4CL*基因。川桑含有4个*4CL*和9个*4CL-like*基因，序列分析表明，*4CL*基因家族中含有2个保守的多肽序列boxI和boxII（Stuible et al.，2000），其中boxI（SSGTTGLPKGV）为AMP的连接位点，在4CL蛋白序列中非常保守，因为4CL是一种依赖于AMP的CoA连接酶，boxII（GEICVRS）是4CL的催化活性中心（图7-10）。此外，*4CL*基因家族含有sbdI和sbdII 2个底物结合的结构域，结构域内氨基酸序列的不同导致其具有不同的底物催化活性（Ehlting et al.，2001）。

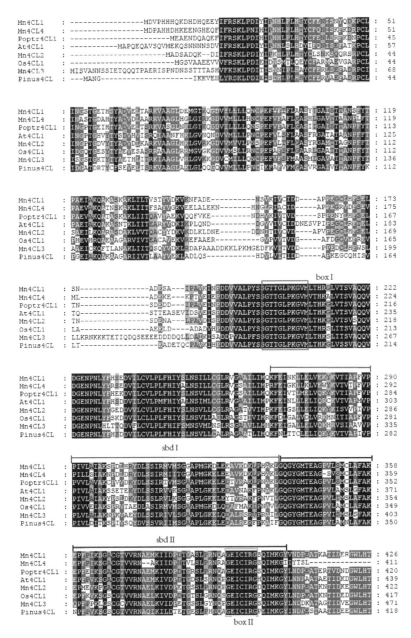

图7-10　川桑4CL与其他物种的多重序列比对

Figure 7-10　Eight Multi-sequences alignment of 4CL amino acid sequences in *Morus notabilis* and other plants

基因结构分析表明，川桑的*4CL*基因都由多个外显子构成。川桑的*4CL1-3*具有相似的基因结构即由5～6个外显子组成，虽然*4CL4*与*4CL1*的亲缘关系较近，但其只由2个外显子组成，可能是基因选择性拼接的结果。系统发生分析表明，*4CL*基因家族明显分为ClassⅠ和ClassⅡ两大类（图7-11），川桑的*4CL1*、*4CL2*和*4CL4*存在于ClassⅠ中，*4CL3*存在于ClassⅡ中，ClassⅠ被认为和木质素合成相关，而ClassⅡ基因家族成员被认为和黄酮类物质合成相关，因此川桑的*4CL1*、*4CL2*和*4CL4*可能和木质素合成相关。川桑的*4CL2*和*4CL3*的启动子区含AC元件（表7-2），说明*4CL2*可能参与木质素的生物合成。转录分析发现*4CL3*除在根中高量表达外，在雄花中的表达量也较高，说明该基因很可能参与黄酮等次生代谢产物的合成（图7-12）。*4CL*基因家族成员在植物不同组织中的差异表达可能是由于不同的环境压力造成的，如*4CL2*启动子中含有干旱响应元件，*4CL3*中含真菌激发响应元件（表7-2）。川桑的*4CL-like*基因可能不参与苯丙烷类的代谢，因为它们编码的酶不具有4CL酶活性，系统发生分析可以将这些基因分为5个基因亚家族，可能参与其他CoA酯的形成，同一家族成员具有相似的发育调节模式及表达水平（图7-13）。

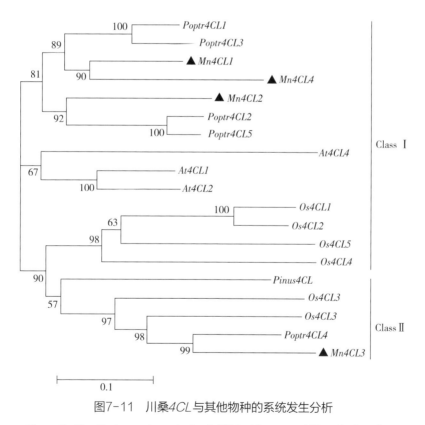

图7-11　川桑*4CL*与其他物种的系统发生分析

Figure 7-11　Phylogenetic analysis of *4CL* in *Morus notabilis* and other plants

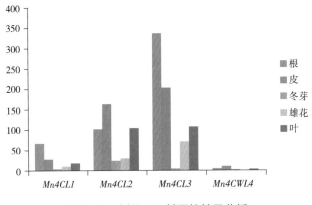

图7-12   川桑*4CL*基因的转录分析

Figure 7-12   Transcription analysis of *4CL* genes in *Morus notabilis*

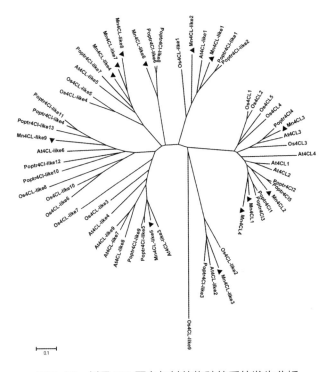

图7-13   川桑4CL蛋白与其他物种的系统发生分析

Figure 7-13   Phylogenetic analysis of 4CL-like protein in *Morus notabilis* and other plants

（4）莽草酸/奎宁酸羟基肉桂酰转移酶

莽草酸/奎宁酸羟基肉桂酰转移酶（shikimate /quinate hydroxycinnamoyltransferase，HCT）催化肉桂酰CoA生成相应的莽草酸/奎宁酸酯，属于乙酰转移酶家族，是木质素合成过程中控制G/S单体形成的关键酶，对木质素单体的组成具有重要的调节作用。HCT是木质素合成途径中研究较晚的酶，HCT以香豆酰CoA、咖啡酰CoA、阿槐酰CoA作为乙酰供体，奎宁酸或莽草酸作为受体，形成相应的奎宁酸或莽草酸酯。HCT还可以催化逆向反应，因此该基因在C3H的上下游中具有重要作用。

川桑基因组中含有6个*HCT*基因，川桑的*HCT1*和*HCT4*、*HCT5*和*HCT6*分别在同一scaffold上，说明这些基因可能是基因简单重复的结果。川桑的*HCT*基因都由两个外显子和一个内含子组成，序列分析发现这些基因都含有乙酰转移酶家族保守的HXXXDG活性位点及DFGWGR保守位点及HCT保守序列（图7-14）。系统发生分析表明*HCT*基因家族可以分为两个基因亚家族（图7-15），川桑中所有的*HCT*都与烟草中已经证实的和木质素合成相关的*HCT*聚在一起，说明这个亚家族主要参与木质素的生物合成，另一亚家族包含烟草中和绿原酸合成相关的HCQ，暗示这个基因家族主要参与绿原酸（CGA）的生物合成。绿原酸是植物中的一种重要

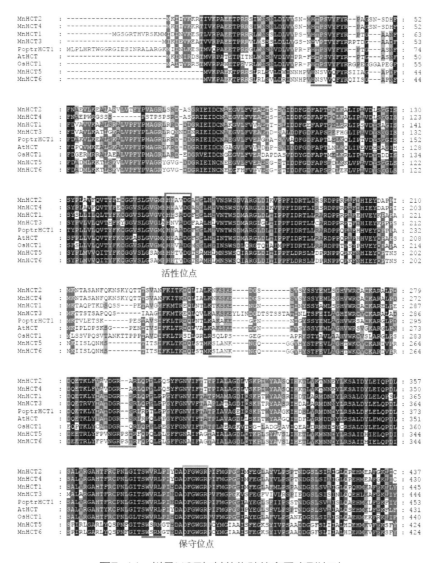

图7-14 川桑HCT与其他物种的多重序列比对

红色线条所示为HCT家族的保守序列

Figure 7-14 Multi-sequences alignment of HCT amino acid sequences in *Morus notabilis*

Red line indicate the consensus sequence of HCT family

的抗氧化酚类，在人类的膳食营养中具有重要作用。川桑中不含有HCQ亚家族基因，可能是因为桑树不能合成绿原酸。拟南芥和水稻中都不含有*HCQ*基因（Hoffmann et al., 2004；Kim et al., 2012），所以不能合成CGA，而杨树能够大量的累积CGA，因此杨树中含有较多的*HCQ*基因。转录分析表明川桑*HCT1*、*HCT2*和*HCT4*在根中高量表达（图7-16），且*HCT1*上游启动子中含有保守的AC元件，推测川桑*HCT1*可能直接参与木质素的生物合成（表7-2）。

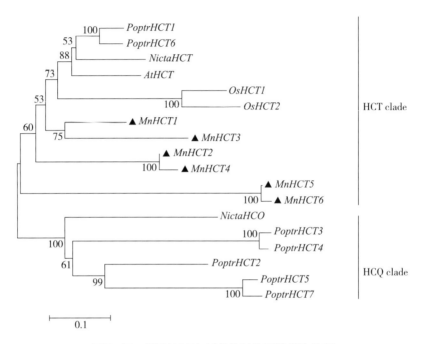

图7-15 川桑HCT与其他物种的系统发生分析

Figure 7-15   Phylogenetic analysis of HCT in *Morus notabilis* and other plants

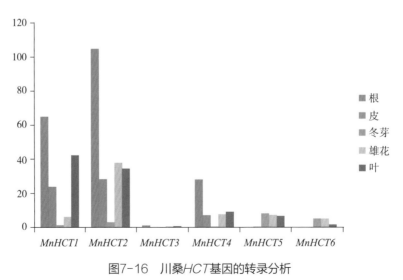

图7-16 川桑*HCT*基因的转录分析

Figure 7-16   Transcription analysis of *HCT* genes in *Morus notabilis*

（5）肉桂酰CoA还原酶

肉桂酰CoA还原酶（cinnamoyl CoA reductases，CCR）又称阿槐酰CoA还原酶、肉桂酰CoA：NADPH还原酶，是木质素特异合成途径中的第一个酶，也是一个限速酶，催化肉桂酰CoA酯形成相应的醛，对木质素生物合成途径的碳流具有潜在的调节作用。拟南芥、水稻、杨树中分别含有2个、4个和3个CCR基因。川桑中有2个CCR和6个CCR-like基因，CCR基因具有真正的CCR酶活性，而CCR-like的功能还不清楚，川桑中CCR基因家族由4～6个外显子组成，CCR1和CCR2的蛋白序列相似性为98%，CCR-like1～CCR-like 4具有相同的基因结构且在同一scaffold，推测这些基因可能是基因简单重复的结果。序列分析表明，CCR基因都含有KNWYCYGK保守序列（图7-17），这一保守序列可形成β α β二级结构，可能是CCR的催化位点，也可能是其辅因子NADPH的结合位点，其中的2个赖氨酸可能直

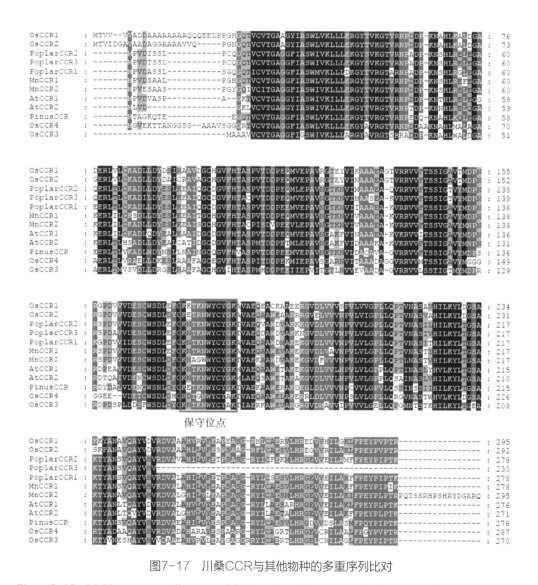

图7-17　川桑CCR与其他物种的多重序列比对

Figure 7-17　Multi-sequences alignment of CCR amino acid sequences in *Morus notabilis* and other plants

接参与底物结合。系统发生分析表明，*CCR*基因聚为一簇，*CCR-like*基因分为4个亚家族（图7-18），其中class I 只包含单子叶植物，推测这个基因亚家族进化出了单子叶特异的酶解功能，classⅢ为双子叶植物特有，推测这个家族具有双子叶特异的功能。*CCR1*在各个组织中均有表达，在根和皮中的表达量较高（图7-19），且其上游启动子元件中含有保守的AC元件，推测该基因和桑树的木质化密切相关。除此之外*CCR1*上游启动子中还含有防御、真菌激发、受伤诱导及厌氧诱导等元件（表7-2）。

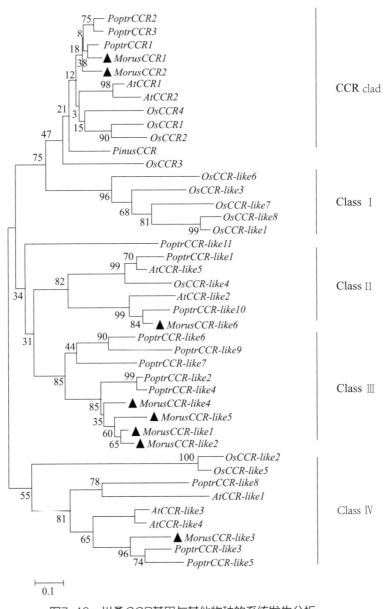

图7-18　川桑*CCR*基因与其他物种的系统发生分析

Figure 7-18　Phylogenetic analysis of *CCR* genes in *Morus notabilis* and other plants

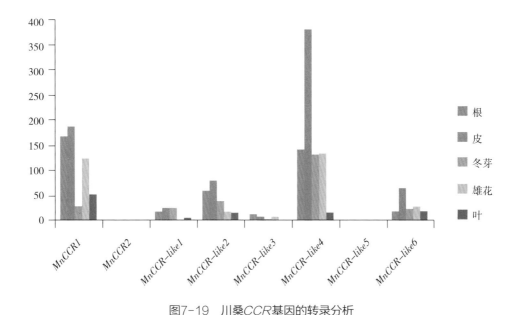

图7-19　川桑*CCR*基因的转录分析

Figure 7-19　Transcription analysis of *CCR* genes in *Morus notabilis*

（6）肉桂醇脱氢酶

肉桂醇脱氢酶（cinnamyl alcohol dehydrogenase，CAD）是依赖于NAPDH的一种还原酶，能催化香豆醇、松柏醛、5-羟基松柏醛、咖啡醛、芥子醛等生成相应的醇，是木质素合成途径中的最后一个酶，该酶在决定木质素含量及组成中起着重要作用。

*CAD*一般以基因家族形式存在于植物中，在拟南芥、水稻、杨树、川桑中分别含有9个、12个、16个及8个基因。*CAD*基因家族主要通过全基因组加倍和串联复制的方式进行扩张（Barakat et al.，2009；Tobias et al.，2005）。序列分析表明（图7-20）川桑的所有*CAD*基因都含有有Zn结构基序（CX2CX2CX7C）、NADPH连接结构域［GLGGV（L）G］及Zn结合位点（GHEXXGXXXXXGXXV）（Kim et al.，2004）。基因结构分析表明川桑*CAD*基因主要存在3种内含子-外显子结构模式（图7-21），Pattern Ⅰ（*MnCAD3*、*MnCAD4*、*MnCAD5*、*MnCAD6*和*MnCAD7*），Pattern Ⅱ（*MnCAD1*和*MnCAD2*），Pattern Ⅲ（*MnCAD8*）分别由5个、5个和6个外显子组成。Pattern Ⅰ和Pattern Ⅱ的不同主要由第三个和第四个外显子长度不同造成，同一模式的*CAD*基因外显子数目及长度非常相似，一般串联重复的基因都具有相似的基因结构，如*MnCAD1*、*MnCAD2*和*MnCAD3*、*MnCAD4*分别在同一scaffold具有相同的基因结构。杨树*CAD*基因也具有相似的内含子-外显子结构，Pattern Ⅰ和Pattern Ⅲ主要存在于单子叶植物和双子叶植物及裸子植物中，Pattern Ⅱ只存在于被子植物中。

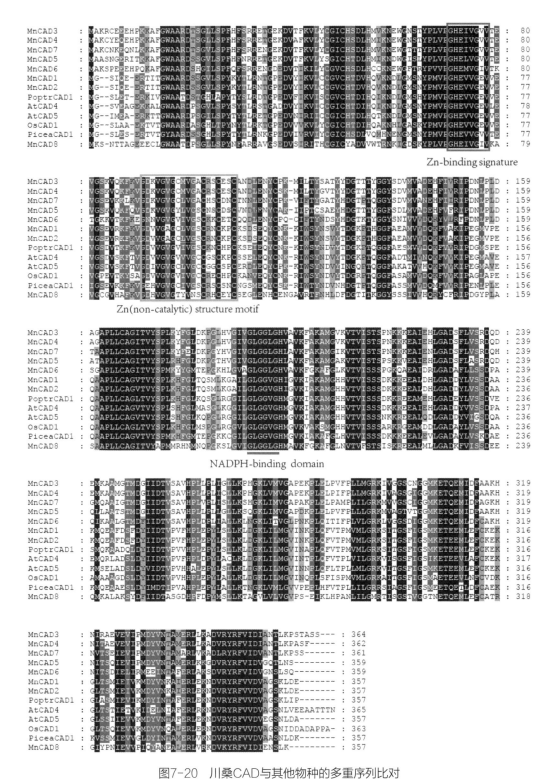

图7-20　川桑CAD与其他物种的多重序列比对

Figure 7-20　Multi-sequences alignment of CAD amino acid sequences in *Morus notabilis* and other plants

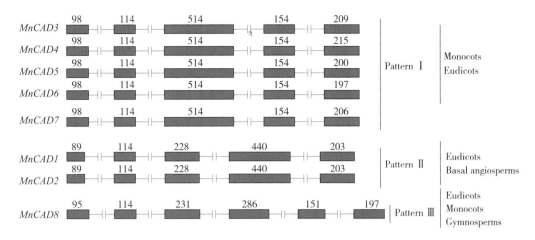

图7-21　川桑*CAD*基因的结构

Figure 7-21　Intron-exon structures of *Morus notabilis CAD* genes

系统发生分析表明*CAD*基因可以分为三类（图7-22），Class Ⅰ存在于裸子植物和被子植物中，而Class Ⅱ和Class Ⅲ只存在于被子植物中，推测Class Ⅱ和Class Ⅲ可能是被子植物产生后才分化产生的，或是在单子叶植物和双子叶植物分化前产生。Class Ⅰ中包含*AtCAD4*和*AtCAD5*，这2个基因已经被证实参与木质素的生物合成，因此该家族可能和木质素的合成相关。川桑的*CAD1*和*CAD2*属于Class Ⅰ，且上游启动子中含有和木质部特异表达相关的AC元件（表7-2），暗示*MnCAD1*和*MnCAD2*在川桑中直接参与木质素的生物合成。Class Ⅱ和Class Ⅲ可能不参与木质素的合成，而和植物的生物和非生物抗性有关。而已报道的*PoptrSAD*及*AtCAD7*、*AtCAD8*却被分到Class Ⅱ中，推测和生物抗性相关的基因是从class Ⅱ中进化而来的。

（7）咖啡酰CoA-O甲基转移酶

咖啡酰CoA-O甲基转移酶（caffeoyl-CoA *O*-methyltransferase，CoAOMT）是一种S-腺苷甲硫氨酸（SAM）依赖的甲基转移酶，催化咖啡酰CoA形成阿魏酰CoA，是植物木质素合成中的关键酶之一，在G木质素的合成中具有重要作用。*CoAOMT*在植物中一般以基因家族的形式存在，在拟南芥、水稻、杨树中分别含有7个、6个和7个，而在川桑中只含有3个。序列分析发现，*CoAOMT*氨基酸序列中含有A、B、C、D、E、F、G、H 8个保守基序（图7-23），其中A、B和C为植物甲基化酶所共有，D、E、F、G、H为*CoAOMT*基因家族所特有，是该基因家族的标签序列。基序A（LVDVGGGXG）和基序E（GVXTGYS）推测和SAM的结合相关。系统发生分析发现，*CoAOMT*基因可以分为5个相关的类群（图7-24），*CoAOMT*单独为一簇，*CoAOMT-like*可以分为4个亚家族，其中，Class Ⅱ和Class Ⅲ分别为单子叶植物和双子叶植物所特有，推测这两簇为单子叶植物和双子叶植物分化后才产生的，Class Ⅳ包含单子叶植物和双子叶植物，说明该簇在单子叶植物和双子叶植物分化前就产生了。Class Ⅰ和*CoAOMT*的亲缘关系最近，该簇被证明具有广阔的底物特异性，除

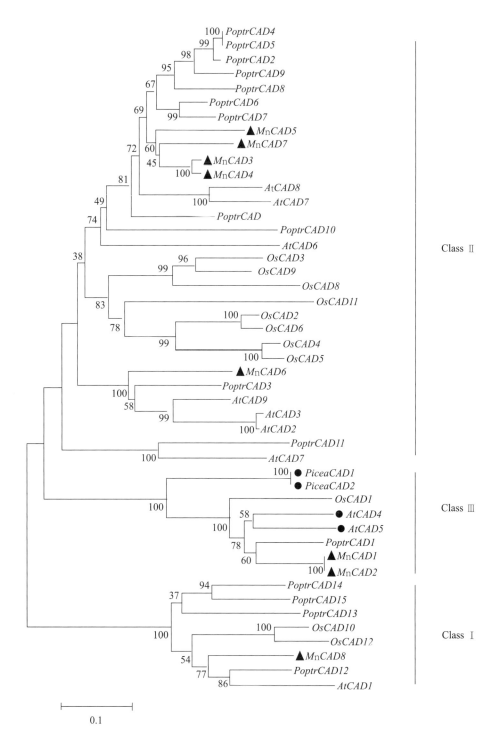

图7-22　川桑*CAD*基因与其他物种的系统发生分析

Figure 7-22　Phylogenetic analysis of *CAD* genes in *Morus notabilis* and other plants

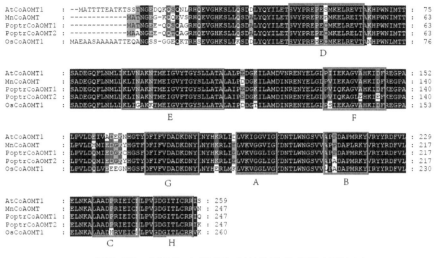

图7-23　川桑CoAOMT与其他物种的多重序列比对

Figure 7-23　Multi-sequences alignment of CoAOMT amino acid sequences in *Morus notabilis* and other plants

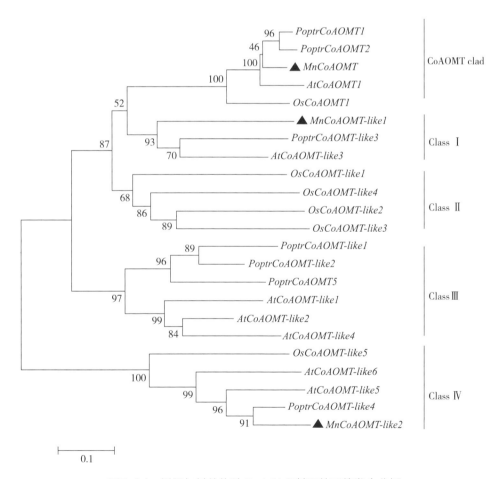

图7-24　川桑与其他物种*CoAOMT*基因的系统发生分析

Figure 7-24　Phylogenetic analysis of *CoAOMT* genes in *Morus notabilis* and other plants

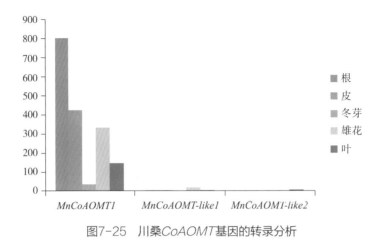

图7-25 川桑*CoAOMT*基因的转录分析

Figure 7-25 Transcription analysis of CoAOMT genes in *Morus notabilis*

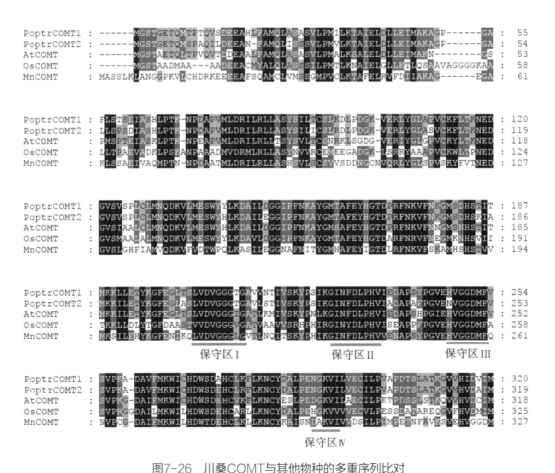

图7-26 川桑COMT与其他物种的多重序列比对

Figure 7-26 Multi-sequences alignment of COMT amino acid sequences in *Morus notabilis* and other plants

催化咖啡酰CoA外，还可以催化黄酮、咖啡酸、槲皮素等的甲基化。*MnCoAOMT1*在木质化的根中高量表达（图7-25），且上游启动子含有木质部特异表达的AC元件及A-box（见表7-2），说明该基因可能直接参与木质素的生物合成。

（8）咖啡酸O-甲基转移酶

咖啡酸O-甲基转移酶（caffeic acid *O*-methyltransferase，COMT）是一种双功能的甲基转移酶，能够催化羟基肉桂醇苯环C3和C5的甲基化生成阿魏酸和芥子酸，在控制木质素的合成中具有重要作用。COMT在许多植物中都以基因家族的形式存在，这种多基因现象可能是由木质素的不同生理功能决定的。拟南芥、杨树、水稻中分别含有14个、15个和6个COMT家族基因。川桑中含有1个COMT和13个*COMT-like*基因，这些基因都由2～6个外显子组成。序列分析发现，COMT基因家族含有4个保守区（图7-26），保守区Ⅰ和保守区Ⅳ被认为是S腺苷甲硫氨酸（SAM）和金属结合部位。上游启动子分析发现，川桑COMT上游启动子区含有防御、MYB结合及低氧诱导元件（表7-2），说明该基因不仅参与木质素的生物合成还和桑树的生物及非生物胁迫密切相关。COMT基因上游启动子区域没有保守的AC元件，暗示该基因不直接受MYB58和MYB63的调控，推测该基因可能直接受NAC结构域的转录因子的调控。

三、桑树类黄酮合成代谢相关基因

桑树的次生代谢旺盛，含有丰富的次生代谢产物，而类黄酮是桑树中一类重要的次生代谢物质。目前已在桑树中鉴定到多种类黄酮化合物，如桑皮酮（kuwanon）、槲皮素（quercetin）、异槲皮素（isoquercetin）等。桑树的多种类黄酮物质具有重要的生物学活性，包括抗氧化、抗炎症、抗病毒、抗肿瘤等。

（一）类黄酮的生物合成

类黄酮（flavonoids）是植物中一类重要的次生代谢物质，其生物合成途径是一个复杂的生物过程。类黄酮的生物合成起始于苯丙烷途径（phenylpropanoid pathway），苯丙氨酸（phenylalanine）在苯丙氨酸解氨酶（phenylalanine ammonia-lyase，PAL）的作用下生产肉桂酸（cinnamic acid），之后肉桂酸在肉桂酸-4-羟化酶（cinnamate-4-hydroxylase，C4H）的催化下产生对香豆酸（*p*-coumaric acid），对香豆酸在4-香豆酰辅酶A连接酶（4-coumaroyl：CoA-ligase，4CL）的催化下生产4-香豆酰辅酶A（4-coumaroyl-CoA）。这是连接植物初生代谢和次生代谢的重要途径，也是合成多种类黄酮物质所经过的共同途径，如黄酮（flavones）、黄酮醇（flavonols）、花青素（anthocyanins）、原花青素（proanthocyanins）、橙酮（aurones）等（图7-27）。

通过生物信息学的方法在桑树基因组中鉴定到128个类黄酮生物合成相关的基因（表7-3），这些基因包含了类黄酮生物合成所有关键步骤的编码基因（图7-28）。

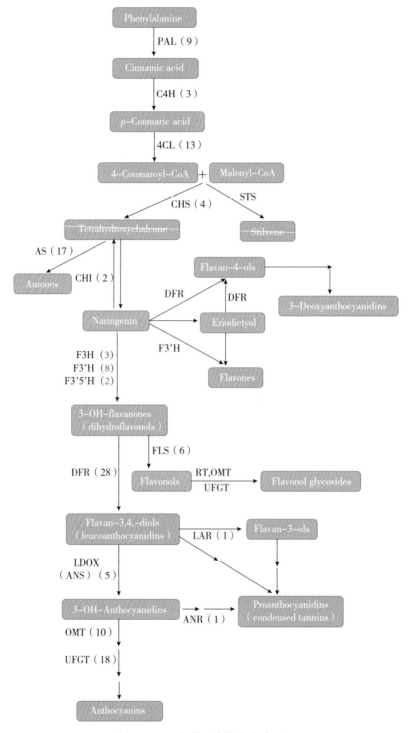

图7-27　类黄酮生物合成途径

括号中的数字表示在桑树基因组中鉴定出的每种基因的数目

Figure 7-27　Pathway for flavonoid biosynthesis

Gene numbers identified in mulberry genome are indicated in brackets

表7-3　桑树基因组中类黄酮生物合成相关基因

Table 7-3　The predicted flavonoid biosynthetic genes in mulberry genome

基因Gene	基因编号Gene ID
PAL	Morus024373 Morus024371 Morus013052 Morus024372 Morus024369 Morus001028 Morus027341
C4H	Morus018794 Morus011257 Morus008222
4CL	Morus001358 Morus005683 Morus019687 Morus009217 Morus020607 Morus002716 Morus024894 Morus017433 Morus016867 Morus022816 Morus007997 Morus005630 Morus000536
CHS/STSY	Morus017930 Morus017929 Morus027525 Morus003228
CHI	Morus017264 Morus017265
F3H	Morus026681 Morus003477 Morus026680
F3'H	Morus004711 Morus004710 Morus027398 Morus023238 Morus023239 Morus023237 Morus023498 Morus027395
F3'5'H	Morus018991 Morus028073
FLS	Morus013110 Morus023742 Morus023741 Morus023743 Morus020159 Morus027017
DFR	Morus021942 Morus000974 Morus022421 Morus025566 Morus021162 Morus022418 Morus015311 Morus022419 Morus015312 Morus013511 Morus022422 Morus015314 Morus013509 Morus022424 Morus015313 Morus024803 Morus022420 Morus014664 Morus021163 Morus016490 Morus017597 Morus012053 Morus017600 Morus013764 Morus017599 Morus000156 Morus019664 Morus022996
LDOX（ANS）	Morus023151 Morus016409 Morus007681 Morus012707 Morus021876
LAR	Morus022305
ANR	Morus014834
UFGT	Morus012162 Morus015034 Morus002156 Morus010550 Morus010300 Morus010301 Morus002085 Morus011561 Morus019711 Morus022025 Morus009315 Morus009312 Morus022023 Morus022024 Morus009037 Morus000288 Morus025903 Morus025904
AS	Morus012131 Morus012127 Morus012124 Morus012125 Morus012122 Morus012128 Morus012121 Morus001918 Morus001296 Morus001294 Morus001917 Morus012129 Morus001915 Morus012130 Morus000893 Morus001916 Morus024326
OMT	Morus019621 Morus013036 Morus002595 Morus023433 Morus019617 Morus019619 Morus016456 Morus022610 Morus003471 Morus019620

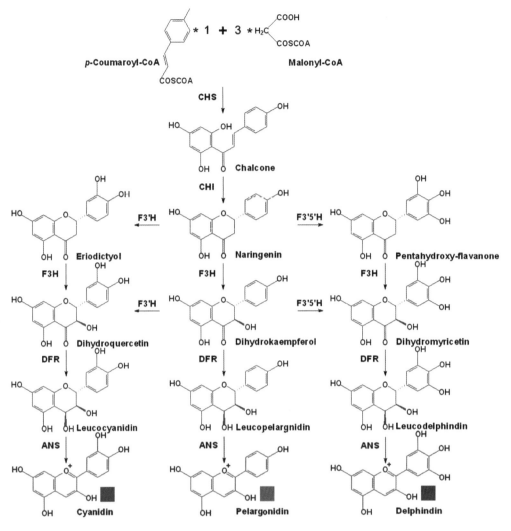

图7-28　花青素生物合成途径（He et al., 2010）

Figure 7-28　The biosynthesis pathway of anthocyanins

（二）花青素

花青素是一类重要的类黄酮化合物，是自然界中含量最为丰富的一类植物水溶性色素，是形成植物的花和果实等颜色的主要色素。桑树中花青素含量丰富，且具有极高的生物学活性，包括抗氧化、抗心血管疾病、抗黑色素瘤等。

1．花青素的生物合成途径

花青素的生物合成属于类黄酮生物合成的一部分，目前已在一些植物中得到了较为深入的研究，如矮牵牛（*Petunia hybrida*）、葡萄（*Vitis vinifera*）、玉米（*Zea mays*）等（Springob et al., 2003；He et al., 2010；Holton et al., 1995）。花青素生物合成的前体来自于苯丙烷途径（phenylpropanoid pathway），这是连接植物初生代谢和次生代谢的重要途径。苯丙烷途径产生的1分子4-香豆酰辅酶A（4-coumaroyl-CoA）和3分子丙二酰辅酶A（malonyl-CoA）经由查尔酮合成酶（chalcone synthase，CHS）催化形成查尔酮（chalcone），之后查尔酮异构酶（chalcone isomerase，CHI）催化查尔酮转化成柚皮素（naringenin），这是类黄酮生物合成途径中一个重要的中间代谢产物，可经不同的催化反应产生不同类型的类黄酮化合物。此后，类黄酮3′-羟化酶（flavonoid 3′-hydroxylase，F3′H）和类黄酮3′，5′-羟化酶（flavonoid 3′，5′-hydroxylase，F3′5′H）可以催化B环上不同的羟化反应而形成圣草素（eriodictyol）或五羟基黄烷酮（pentahydroxyflavanone）。黄烷酮3-羟化酶（flavanone 3-hydroxylase，F3H）可进一步催化这三种化合物C环上的羟化反应而形成对应的二氢黄酮醇化合物，分别是二氢槲皮素（dihydroquercetin，DHQ）、二氢山萘酚（dihydrokaempferol，DHK）和二氢杨霉素（dihydromyricetin，DHM）。之后的反应属于花青素生物合成途径的后期步骤，首先是二氢黄酮醇还原酶（dihydroflavonol 4-reductase，DFR）催化二氢黄酮醇的还原反应，分别生成无色矢车菊素（leucocyanidin）、无色天竺葵素（leucopelargonidin）和无色翠雀素（leucodelphinidin）。然后这些无色花青素在花青素合成酶（anthocyanidin synthase，ANS）的催化下分别形成有颜色的矢车菊素、天竺葵素和翠雀素（图7-28）。

2．桑树花青素生物合成途径基因的鉴定

对桑树花青素生物合成相关的9个候选基因进行分析表明它们在编码序列长度、外显子数目、基因结构等方面都具有保守性（表7-4，图7-29），并且这些基因所编码的蛋白质都具有行使其催化活性所必需的保守结构域。将这些基因与Swissprot数据库中已报道的相关基因进行比对，发现大部分基因具有很高的相似性，这种序列上的相似性暗示了其功能上的一致性（表7-5）。

表7-4　桑树基因组中预测的花青素生物合成相关基因

Table 7-4　The predicted anthocyanin biosynthetic genes in the mulberry genome

基因	Scaffold（链）起始-终止	CDS长度（bp）	外显子数目	氨基酸数目（Aa）	理论分子量（kDa）	理论等电点
MnCHS1	scaffold508（＋）545726-547456	1167	2	389	42.56	6.53
MnCHS2	scaffold508（＋）501592-503313	1167	2	389	42.63	6.53
MnCHI	scaffold365（－）467784-470330	657	4	219	23.84	5.17
MnF3H1	scaffold384（－）1025715-1027625	1095	3	365	41.25	5.62

（续）

基因	Scaffold（链）起始–终止	CDS长度（bp）	外显子数目	氨基酸数目（Aa）	理论分子量（kDa）	理论等电点
MnF3H2	scaffold242（－）95050–101782	1017	4	339	38.48	5.38
MnF3'H1	scaffold1255（－）83492–88658	1524	3	508	56.29	8.81
MnF3'H2	scaffold1255（－）75428–79048	1551	3	517	57.01	9.22
MnDFR	scaffold535（＋）756258–758860	1008	6	336	37.67	6.17
MnANS	scaffold87（＋）266609–268143	1074	2	358	40.85	5.62

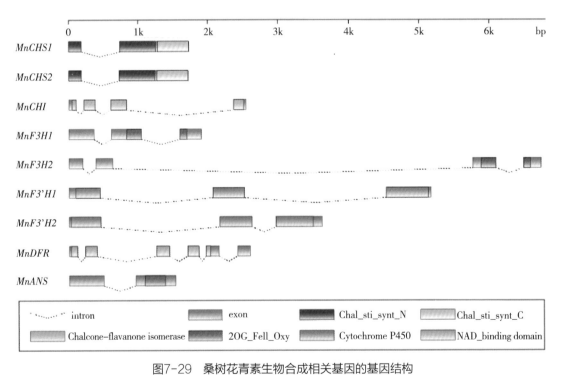

图7-29　桑树花青素生物合成相关基因的基因结构

Figure 7-29　Gene structures of anthocyanin biosynthetic genes in mulberry

表7-5 桑树花青素生物合成相关基因与其他植物中已报道的相关基因的氨基酸序列比较

Table 7-5 Comparison of deduced amino acid sequences of predicted mulberry anthocyanin biosynthetic genes and their counterparts in other plants

基因	蛋白质（物种）	Swissport ID	比对长度（bp）	一致性（%）	E值
MnCHS1	CHSY（Hypericum androsaemum）	Q9FUB7	389	93	0.0
	CHS1（Camellia sinensis）	P48386	388	92	0.0
	CHS2（Camellia sinensis）	P48387	399	91	0.0
	CHS1（Citrussinensis）	Q9XJ58	388	92	0.0
MnCHS2	CHSY（Hypericumandrosaemum）	Q9FUB7	389	92	0.0
	CHS1（Camelliasinensis）	P48386	388	91	0.0
	CHS2（Camelliasinensis）	P48387	399	91	0.0
	CHS1（Citrussinensis）	Q9XJ58	388	91	0.0
MnCHI	CFI（Pyruscommunis）	A5HBK6	218	77	2e-115
	CFI2（Fragaria × ananassa）	Q4AE12	217	76	2e-112
	CFI（Elaeagnusumbellata）	O65333	217	76	1e-111
	CFI1（Fragaria × ananassa）	Q4AE11	217	76	2e-111
MnF3H1	F3H（Vitisvinifera）	P41090	366	85	0.0
	F3H（Petunia × hybrida）	Q07353	366	83	0.0
	F3H（Matthiolaincana）	Q05965	364	82	0.0
	F3H（Malus × domestica）	Q06942	366	83	0.0
MnF3H2	F3H（Malus × domestica）	Q06942	344	36	1e-68
	F3H（Petroselinumcrispum）	Q7XZQ7	337	36	3e-68
	F3H（Petunia × hybrida）	Q07353	332	38	2e-67
	F3H（Callistephuschinensis）	Q05963	316	38	2e-67
MnF3'H1	F3′H（Arabidopsisthaliana）	Q9SD85	512	67	0.0
	F3′H（Petunia × hybrida）	Q9SBQ9	511	71	0.0

（续）

基因	蛋白质（物种）	Swissport ID	比对长度（bp）	一致性（%）	E值
MnF3′H2	F3′H（*Arabidopsisthaliana*）	Q9SD85	510	65	0.0
	F3′H（*Petunia × hybrida*）	Q9SBQ9	470	71	0.0
MnDFR	DFR（*Malus × domestica*）	Q9XES5	327	75	0.0
	DFR（*Pyruscommunis*）	Q84KP0	330	74	0.0
	DFR（*Vitisvinifera*）	P51110	335	71	0.0
	DFR（*Dianthuscaryophyllus*）	P51104	326	65	4e-168
MnANS	ANS（*Petunia × hybrida*）	P51092	346	83	0.0
	ANS（*Malus × domestica*）	P51091	347	80	0.0
	ANS（*Arabidopsisthaliana*）	Q96323	343	80	0.0
	ANS（*Perillafrutescens*）	O04274	352	78	0.0

（1）查尔酮合成酶基因

*MnCHS1*和*MnCHS2*串联排布在scaffold508上，都是由2个外显子组成，基因结构与其他物种中的CHS相同。2个*MnCHS*基因高度相似，其2个外显子长度完全一致，内含子长度也相似，并且第二个外显子的序列也完全一致（图7-29）。其CDS序列长度都是1167bp，编码389个氨基酸残基。结构域预测表明MnCHS的N端和C端都具有保守的查尔酮合成酶催化活性所必需的结构域（图7-29）。多序列比对表明MnCHS与其他植物CHS的氨基酸序列高度保守，都具有保守的苯丙氨酸残基以及由半胱氨酸、组氨酸、天冬酰胺残基组成的活性位点（图7-30），这些保守的位点对决定CHS催化的底物特异性起到重要作用。

（2）查尔酮异构酶基因

*MnCHI*的CDS序列长度为657bp，编码219个氨基酸残基，由4个外显子组成。结构域预测表明*MnCHI*具有行使其催化活性的chalcone-flavanone isomerase结构域（图7-29）。多序列比对表明MnCHI和其他物种已报道的CHI都具有保守的活性位点和决定其底物特异性的两个氨基酸残基（图7-31）。根据催化底物的特异性，植物的CHI可以分为两类：Type Ⅰ和Type Ⅱ，底物特异性位点和系统发生树都表明*MnCHI*属于Type Ⅰ类型的CHI（图7-31，图7-32）。

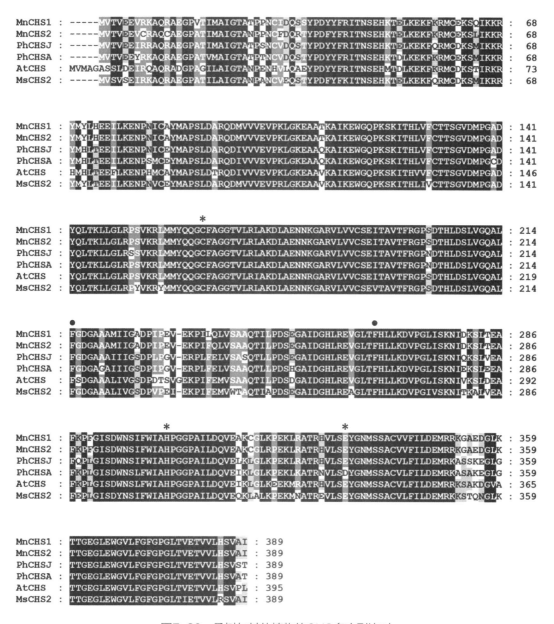

图7-30 桑树与其他植物的CHS多序列比对

星号表示保守的半胱氨酸、组氨酸、天冬酰胺残基活性位点，圆点表示和底物特异性相关的苯丙氨酸残基。用于比对的蛋白质序列包括MnCHS1（KF438041）、MnCHS2（KF438042）、AtCHS（P13114）、MsCHS2（P30074）、PhCHSA（P08894）和PhCHSJ（P22928）

Figure 7-30 Multiple sequence alignment of deduced MnCHS and other CHS proteins

Asterisks indicate conserved active sites and black dots indicate two Phe residues involved in substrate specificity. Proteins used for alignment are MnCHS1（KF438041）, MnCHS2（KF438042）, AtCHS（P13114）, MsCHS2（P30074）, PhCHSA（P08894）, and PhCHSJ（P22928）

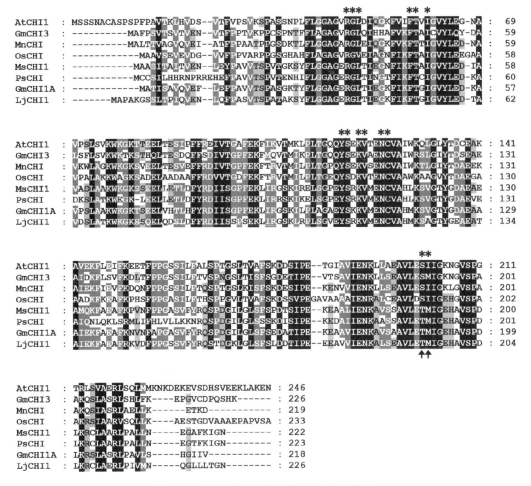

图7-31　桑树与其他植物的CHI多序列比对

星号表示保守的活性位点，箭头表示决定其底物特异性的氨基酸残基。用于比对的蛋白质序列包括MnCHI
（KF438043）、AtCFI1（P41088）、GmCFI1A（Q93XE6）、GmCFI3（A7ISP6）、LjCFI（Q8H0G2）、MsCFI1
（Q84T92）、OsCFI（Q84T92）和PsCFI（P41089）

Figure 7-31　Multiple sequence alignment of deduced MnCHI and other CHI proteins

Asterisks indicate conserved active sites and arrows indicate two residues involved in substrate specificity. Proteins used for
alignment are MnCHI（KF438043）, AtCFI1（P41088）, GmCFI1A（Q93XE6）, GmCFI3（A7ISP6）, LjCFI1（Q8H0G2）,
MsCFI1（Q84T92）, OsCFI（Q84T92）, and PsCFI（P41089）

（3）黄烷酮3-羟化酶基因

　　*MnF3H1*的CDS序列长度为1095bp，编码365个氨基酸残基；*MnF3H2*的CDS序
列长度为1017bp，编码339个氨基酸残基。植物中*F3H*的基因结构并不保守，其内含
子数目在不同植物中也不尽相同，桑树中鉴定到的2个*MnF3H*分别含有2个和3个内含
子。植物F3H属于氧化戊二酸依赖型加氧酶家族，结构域预测表明*MnF3H*具有对应的
结构域（图7-29）。多序列比对表明MnF3H1与其他植物中已报道的F3H序列相似性很
高，而MnF3H2的序列相似性缺较低，但是其都具有保守的Fe^{2+}结合位点和2OG结合位点
（图7-33）。

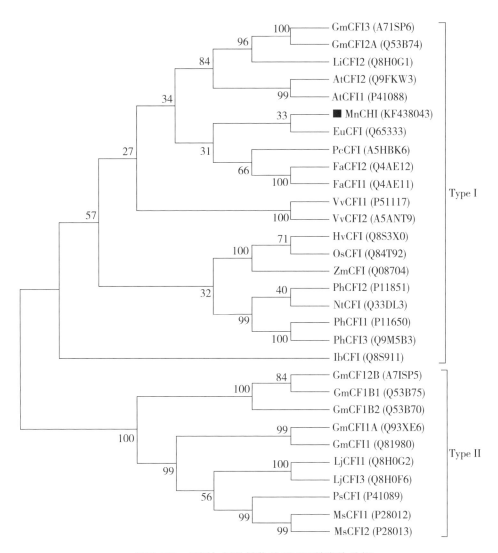

图7-32　桑树与其他植物的CHI系统发生分析

构树方法为Neighbor-Joining法，bootstrap值设置为1000，黑色方框指示为MnCHI，括号内为所使用蛋白质序列的GenBank登录号

Figure 7-32　Phylogenetic analysis of CHIs in mulberry and other plants

The tree was constructed using Neighbor-Joining method and number at node is bootstrap support from 1000 replicates. MnCHI is labled with a black square. GenBank accession numbers of used sequences are shown in brackets

（4）二氢黄酮醇还原酶基因

*MnDFR*的CDS序列长度为1008bp，编码336个氨基酸残基，由6个外显子组成，这与其他植物中报道的DFR基因结构一致（图7-29）。多序列比对表明*MnDFR*的N端具有预测的NADP结合结构域，其决定底物特异性的关键氨基酸残基为天冬氨酸（图7-34），表明*MnDFR*属于天冬氨酸类型DFR，该类型DFR不能有效地催化DHK还原生成天竺葵素类花青素。系统发生分析表明*MnDFR*与草莓、苹果、梨等蔷薇科植物的DFR聚为一支（图7-35）。

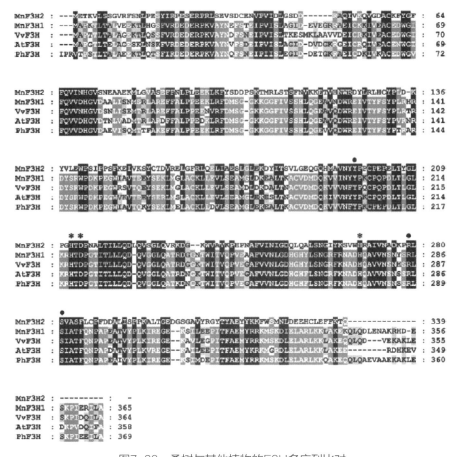

图7-33　桑树与其他植物的F3H多序列比对

星号表示和铁离子结合相关残基，黑色点表示和2OG结合相关残基。用于比对的蛋白质序列包括MnF3H1（KF438044）、MnF3H2（KF438044）、AtF3H（Q9S818）、PhF3H（Q07353）和VvF3H（P41090）

Figure 7-33　Multiple sequence alignment of deduced MnF3H and other F3H proteins

Asterisks indicate iron binding residues and black dots indicate residues involved in binding 2OG. Proteins used for alignment are MnF3H1（KF438044），MnF3H2（KF438044），AtF3H（Q9S818），PhF3H（Q07353），and VvF3H（P41090）

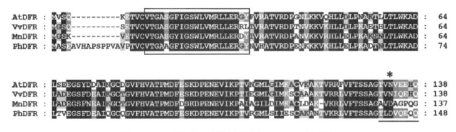

图7-34　桑树和其他植物的DFR多序列比对

黑色方框表示预测的NADP结合结构域，下划线表示决定底物特异性的区域，星号表示决定底物特异性的关键氨基酸残基。用于比对的蛋白质序列包括MnDFR（KF438048）、AtDFR（P51102）、VvDFR（P51110）和PhDFR（P14720）

Figure 7-34　Multiple sequence alignment of deduced MnDFR and other DFR proteins

The black box shows the putative NADP-binding domain. The underlined amino acids indicate the region that determines substrate specificity and asterisks indicate residues key to the determination of substrate specificity. Proteins used for alignment are MnDFR（KF438048），AtDFR（P51102），VvDFR（P51110）and PhDFR（P14720）

图7-34（续）

Figure 7-34 （Continued）

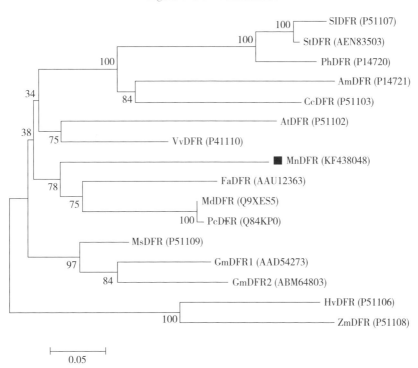

图7-35 桑树与其他植物的DFR系统发生分析

构树方法为Neijhbor-Joining法，bootstrap值设置为1000，黑色方框指示为MnDFR，括号内为所使用蛋白质序列的
GenBank登录号

Figure 7-35 Phylogenetic analysis of DFRs in mulberry and other plants

The tree was constructed using Neijhbor-Joining method and number at node is bootstrap support from 1000 replicates. MnDFR is
labled with a black square. GenBank accession numbers of used sequences are shown in brackets

（5）花青素合成酶基因

根据基因组预测*MnANS*的CDS序列长度为1074bp，编码358个氨基酸残基。*MnANS*与*MnF3H*一样，都属于氧化戊二酸依赖型加氧酶家族，结构域预测表明其具有相应的结构域（图7-29）。多序列比对表明其具有保守的2OG结合位点和Fe^{2+}结合位点（图7-36）。桑树与其他植物中ANS的系统发生分析表明其可明显分为两支，即单子叶植物和双子叶植物，并且*MnANS*与杨树和可可中的ANS聚为一支（图7-37）。

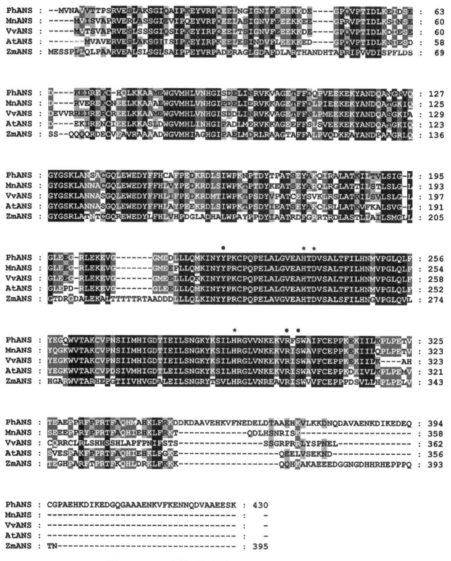

图7-36 桑树与其他植物的ANS多序列比对

星号表示铁离子结合位点，黑点表示2OG结合位点。用于比对的蛋白质序列包括MnANS、AtANS（Q96323）、VvANS（P51093）、PhANS（P51092）和ZmANS（P41213）

Figure 7-36 Multiple sequence alignment of deduced MnANS and other ANS proteins

Asterisks indicate iron binding residues and black dots indicate residues involved in binding 2OG. Proteins used for alignment are MnANS, AtANS（Q96323）, VvANS（P51093）, PhANS（P51092）and ZmANS（P41213）

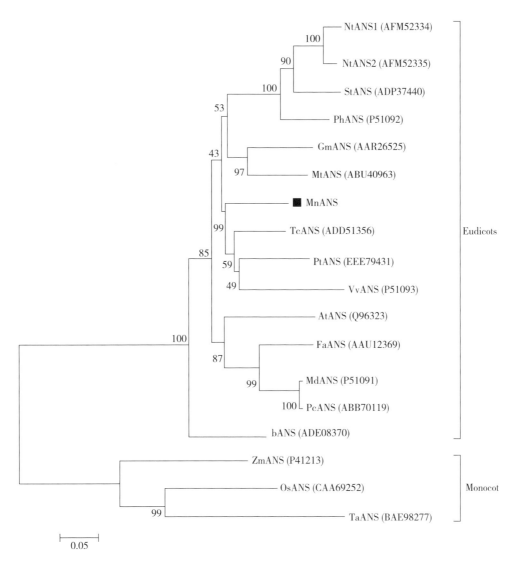

图7-37　桑树与其他植物的ANS系统发生分析

构树方法为Neijhbor-Joining法，bootstrap值设置为1000，黑色方框指示为MnANS，括号内为所使用蛋白质序列的
GenBank登录号

Figure 7-37　Phylogenetic analysis of ANSs in mulberry and other plants

The tree was constructed using Neijhbor-Joining method and number at node is bootstrap support from 1000 replicates.
MnANS is labled with a black square. GenBank accession numbers of used sequences are shown in brackets

3．桑树花青素生物合成相关基因上游转录调控位点分析

在桑树基因组数据库中截取花青素生物合成相关基因上游2000bp序列，在plantCARE
数据库中进行上游转录调控位点预测，发现其主要分为三类，第一类是光响应元件，这
也是存在数目最多的一类，如Box I、G-Box、ATCC-motif等；第二类是一些激素响应元
件，如ABRE元件响应脱落酸（abscisic acid）反应、CGTCA-motif和TGACG-motif响应

茉莉酸甲酯（methyl jasmonate）反应、ERE元件响应乙烯（ethylene）反应等；第三类是一些胁迫响应元件，如Box-W1响应真菌激发反应、HSE元件响应热胁迫反应、LTR元件响应低温胁迫反应等（图7-38）。此外，在*MnF3'H1*、*MnDFR*和*MnANS*上游还分别发现了MBSI和MBSII元件，这是和类黄酮生物合成相关的MYB转录因子的作用位点，这也暗示桑树MYB转录因子作为花青素生物合成的调节基因对相关的结构基因起到调控作用。

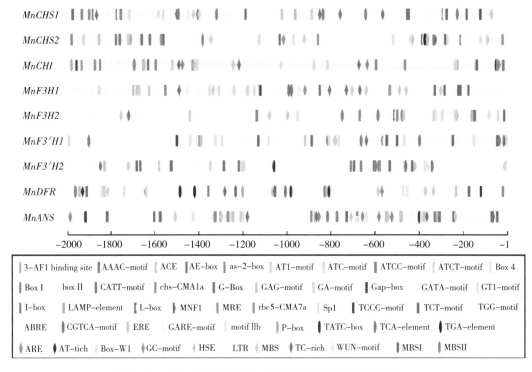

图7-38　桑树花青素生物合成相关基因上游转录调控位点

图中坐标轴表示ATG上游-1~2000bp序列，长方形表示光响应元件，椭圆形表示激素响应元件，菱形表示胁迫响应元件，2个六边形分别表示类黄酮生物合成相关的MYB转录因子结合位点MBSI、MBSII

Figure 7-38　Transcriptional regulatory elements in the upstream of mulberry anthocyanin biosynthetic genes

The axis represents upstream 2000 bp sequences started from ATG, rectangles represent light response elements, ovals represent hormone response elements, rhombuses represent stress response elements, and two hexagons represent MYB transcript factor binding sites involved in flavonoid biosynthesis

4. 不同桑树品种花青素合成途径基因的表达分析

在两种不同果色桑葚成熟过程中花青素生物合成相关基因的表达情况表明大部分基因的表达模式与花青素的积累模式是相一致的，包括*CHS1*、*CHI*、*F3H1*、*F3'H1*和*ANS*，这些基因包括了花青素生物合成通路中除*DFR*外的全部基因。在结紫色果实的粤葚大10的成熟过程中，这些基因的表达水平上升，相应的花青素含量剧烈增加；而在结白色果实的珍珠白中基本检测不到这些基因的表达，相应的在珍珠白果实的整个成熟时期中都没有检测到花青素的存在（图7-39）。

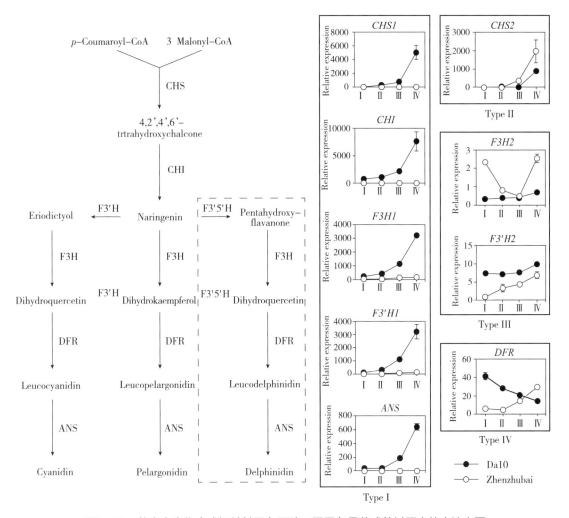

图7-39　花青素生物合成相关基因在两种不同果色桑葚成熟过程中的表达水平

纵轴表示相对于桑树*RPL*基因的相对表达水平，虚线方框表示合成翠雀素的分支

Figure 7-39　Transcriptional analysis of genes associated with anthocyanin biosynthesis during the development of Da10 and Zhenzhubai fruits

Relative gene expression levels were normalized against *RPL* transcript levels. Dashed lines represent branch of delphinidin

四、桑树次生物质合成代谢相关基因的转录调控

转录因子（transcription factor）是一群能与基因5′端上游特定序列专一性结合，从而保证目的基因以特定的强度在特定的时间与空间表达的蛋白质分子。通过对目的基因的调控，转录因子可以参与一系列的生物过程。目前已有大量研究表明多个转录因子家族成员参与植物次生物质代谢，包括bHLH、bZIP、ERF、AP2、MYB和MYB-related等家族。

1. 木质素合成代谢相关基因的转录调控

木质素的生物合成是一个及其复杂的过程，需要众多基因的协调参与，同时也受到

00:00:04

严格的转录调控。研究发现，NAC结构域的转录因子和一些MYB转录因子参与木质素合成的调控（Zhong et al.，2009）。NAX结构域的转录因子（SND1、NST1/2、VND6/7）作为调控次级细胞壁形成的主开关通过作用于下游的MYB转录因子（如MYB46和MYB83），这些MYB转录因子再作用于其下游的其他MYB转录因子（如MYB58和MYB63），最后通过与木质素合成相关基因上游启动子的AC元件（AC-Ⅰ，ACCTACC；AC-Ⅱ，ACCAACC；AC-Ⅲ，ACCTAAC）结合参与木质素的合成调控（Zhong et al.，2006、2008；Zhou et al.，2009；Kim et al.，2012），这种调控主要是通过促进木质素合成相关基因的转录及表达而增加木质素的生物合成。拟南芥中大多数木质素合成基因（除*C4H*、*F5H*和*COMT*外）上游启动子中都含有保守的AC元件，该元件被认为和木质部的特异表达有关（Raes et al.，2003）。有研究报道F5H直接受NAC结构域的转录因子调控（Zhao et al.，2010）。除MYB46和MYB83外，NAC结构域的转录因子还作用于MYB的其他转录因子（图7-40）参与木质素的合成调控。除NAC和MYB外，NtLIMl和ACBF转录因子也参与木质素的合成调控（Kawaoka et al.，2001）。这些转录因子表达量的上调或下调都直接影响

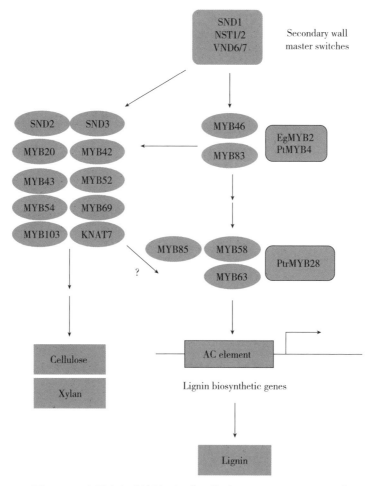

图7-40　木质素合成的转录调节网络（Zhong et al.，2009）

Figure 7-40　The transcriptional regulation pathway of lignin biosynthesis

木质素的生物合成，因此对影响木质素合成的转录因子进行深入的研究对植物资源的有效利用具有重要意义。

2. 花青素合成途径的转录调控

植物花青素生物合成的调节基因主要是一些转录因子，它们通过调节结构基因的表达水平来起到调控花青素合成的作用。目前已鉴定到参与花青素调节的转录因子类型包括MYB、MYC（basic helix-loop-helix，bHLH）、WD40、WRKY、MADS-box、BZIP等（表7-6）（张宁等，2008），其中鉴定到最多的是MYB类转录因子。调节基因对结构基因的调节方式有多种类型，目前为止发现最多的一种调控方式是由MYB转录因子、bHLH转录因子和WD40转录因子形成一个蛋白复合体，该复合体直接作用于花青素生物合成的结构基因（Baudry et al.，2004；Broun，2005；Ramsay et al.，2005）。

表7-6　不同植物中调控花青素生物合成的转录因子及其调控的结构基因（张宁等，2008）

Table 7-6　Tanscription factors involved in the biosynthesis of anthocyanin and their regulated structure genes in different plants

	MYB	bHLH	WD40	调控类型	受调控的结构基因
拟南芥	TT2	TT8	TTG1	激活	*DFR*、*BAN*
	RAP1	GL3	TTG1	激活	*PAL*、*CHS*、*DFR*、*GST*
		BGL3			
	RAP2	GL3	TTG1	激活	*PAL*、*CHS*、*DFR*、*GST*
		EGL3			
	MYB11			激活	*F3H*、*DFR*、*UFGT*、*GST*
	MYB12				
	MYB111				
	MYB4			抑制	*C4H*
矮牵牛	AN2、AN4	JAF13	AN11	激活	*DFR*、*ANS*、*UFGT*
		AN1			
	PHMYB27	JAF13	AN11	抑制	*DFR*、*ANS*、*UFGT*
		AN1			
	未知	bHLH2		激活	*DFR*、*ANS*

（续）

	MYB	bHLH	WD40	调控类型	受调控的结构基因
玉米	ZmC1	ZmR、ZmB N1、Lc	PAC	激活	*DFR、ANS*
	ZmP	不需要		激活	*DFR*
	C1-1			抑制	*DFR、UFGT*
	Zm38			抑制	*DFR、UFGT*
葡萄	V、MYBP1			激活	*LAR、ANR*
	V、MYBA1			激活	*UFGT*
金鱼草	Roseal	Delila		激活	*F3H、DFR、ANS、UFGT*
	venosa	mutabil			
				抑制	*C4H、4CL*
紫苏	MYB-PL	MYC-F3GLM	PFWD	激活	
		YC-RP			
草莓	FaMYB1			抑制	*ANS、UFGT*
番茄	ANT1			激活	*CHS、CHI、DFR、UFGT、GST*
苹果	MdMYB10	MdbHLH 3、MdbHLH 33		激活	*CHS、CHI、F3H、DFR、LDOX、UFGT*
	MdMYBA			激活	*ANS*
大丁草	GMYB10	GMYC1		激活	*DFR*

3. 参与桑树次生代谢物质合成代谢的转录调控基因的鉴定

桑树基因组中具有这6个家族的共458个转录因子可能参与其次生物质的代谢（表7-7），其中数目最多的为MYB类转录因子（118个）。这些转录因子的功能研究将为桑树次生物质的开发利用提供重要的理论基础。

表7-7 与植物次生代谢相关的转录因子家族

Table 7-7 Families of transcription factors involved in secondary metabolism of plant

单位：个

转录因子家族	拟南芥 Arabidopsis thaliana	番木瓜 Carica papaya	黄瓜 Cucumis sativus	草莓 Fragaria vesca	大豆 Glycine max	苹果 Malus domestica	杨树 Populus trichocarpa	可可 Theobroma cacao	葡萄 Vitis vinifera	桑树 Morus notabilis
bHLH	188	96	116	104	299	216	213	113	107	108
bZIP	115	47	61	51	136	112	102	50	48	50
ERF	145	82	110	98	304	230	186	101	85	98
AP2	16	13	16	15	36	31	27	17	15	14
MYB	157	76	70	115	292	231	207	128	138	111
MYB-related	146	97	118	86	212	202	172	106	89	77
Total	767	411	491	469	1279	1022	907	515	482	458

参考文献

张宁，胡宗利，陈绪清，等. 2008. 植物花青素代谢途径分析及调控模型建立［J］. 中国生物工程杂志，28（1）：97−105.

Barakat A, Bagniewska−Zadworna A, Choi A, et al. 2009. The cinnamyl alcohol dehydrogenase gene family in *Populus*: phylogeny, organization, and expression［J］. BMC Plant Biology, 9（1）: 26.

Baudry A, Heim M A, Dubreucq B, et al. 2004. TT2, TT8, and TTG1 synergistically specify the expression of BANYULS and proanthocyanidin biosynthesis in *Arabidopsis thaliana*［J］. The Plant Journal, 39（3）: 366−380.

Broun P. 2005. Transcriptional control of flavonoid biosynthesis: a complex network of conserved regulators involved in multiple aspects of differentiation in Arabidopsis［J］. Current Opinion in Plant Biology, 8（3）: 272−279.

Ehlting J, Shin J J K, Douglas C J. 2001. Identification of 4−coumarate: coenzyme A ligase（4CL）substrate recognition domains［J］. The Plant Journal, 27（5）: 455−465.

Havier E A. 1981. Phenylalanine ammonia−lyase: pufificmion and characterization from soybearl cell suspension cultures［J］. Archives of Biochemistry and Biophysics, 211（2）: 556−563.

He F, Mu L, Yan G L, et al. 2010. Biosynthesis of anthocyanins and their regulation in colored grapes［J］. Molecules, 15（12）: 9057−9091.

Hoffmann L, Besseau S, Geoffroy P, et al. 2004.Silencing of hydroxycinnamoyl−coenzyme Ashikimate／quinate hydroxycinnamoyltransferase affects phenylpropanoid biosynthesis［J］. The Plant Cell, 16（6）: 1446−1465.

Holton T A, Cornish E C. 1995. Genetics and biochemistry of anthocyanin biosynthesis［J］. The Plant Cell, 7（7）: 1071.

Kawaoka A, Kaothien P, Yoshida K, et al. 2001. Functional analysis of tobacco LIM protein Ntlimlinvolved in lignin biosynthesis［J］. The Plant Journal, 22（4）: 289−301.

Kim I A, Kim B G, Kim M, et al. 2012. Characterization of hydroxycinnamoyltransferase from rice and its application for biological synthesis of hydroxycinnamoyl glycerols［J］. Phytochemistry, 76: 25−31.

Kim S J, Kim M R, Bedgar D L, et al. 2004. Functional reclassification of the putative cinnamyl alcohol dehydrogenase multigene family in Arabidopsis［J］. Proceedings of the National Academy of Sciences, USA, 101（6）: 1455−1460.

Kim W C, Ko J H, Han K H. 2012. Identification of a cis−acting regulatory motif recognized by MYB46, a master transcriptional regulator of secondary wall biosynthesis［J］. Plant Molecular Biology, 78（4−5）: 489−501.

Li E, Bhargava A, Qiang W, et al. 2012. The Class II KNOX gene KNAT7 negatively regulatessecondary wall formation in Arabidopsis and is functionally conserved in Populus［J］. New Phytologist, 194（1）: 102−115.

Raes J, Rohde A, Christensen J H, et al. 2003. Genome−wide characterization of the lignification toolboxin *Arabidopsis*［J］. Plant Physiology, 133（3）: 1051−1071.

Ramsay N A, Glover B J. 2005. MYB−bHLH−WD40 protein complex and the evolution of cellular diversity［J］. Trends in Plant Science, 10（2）: 63−70.

Springob K, Nakajima J, Yamazaki M, et al. 2003. Recent advances in the biosynthesis and accumulation of anthocyanins〔J〕. Natural Product Reports, 20（3）: 288−303.

Stuible H P, Biattner D, Ehlting J, et al. 2000. Mutational analysis of 4−coumarate: CoA ligase identifiesfunctionally important amino acids and verifies its close relationship to other adenylate−formingenzymes〔J〕. FEBS Letters, 467（1）: 117−122.

Tobias C M, Chow E K. 2005. Structure of the cinnamyl−alcohol dehydrogenase gene family in rice and promoter activity of a member associated with lignification〔J〕. Planta, 220（5）: 678−688.

Weng J K, Li X, Stout J, et al. 2008. Independent origins of syringyl lignin in vascular plants〔J〕. Proceedings of the National Academy of Sciences, USA, 105（22）: 7887−7892.

Whetten R W, MacKay J J, Sederoff R R. 1998. Recent advances in understanding lignin biosynthesis〔J〕. Annual Review of Plant Biology, 49（1）: 585−609.

Zhao Q, Wang H, Yin Y, et al. 2010. Syringyl lignin biosynthesis is directly regulated by a secondary cellwall master switch〔J〕. Proceedings of the National Academy of Sciences, USA, 2010, 107（32）: 14496−14501.

Zhong R, Demura T, Ye Z H. 2006. SND1, a NAC domain transcription factor, is a key regulator of secondary wall synthesis in fibers of *Arabidopsis*〔J〕. The Plant Cell, 18（11）: 3158−3170.

Zhong R, Lee C, Zhou J, et al. 2008. A battery of transcription factors involved in the regulation ofsecondary cell wall biosynthesis in *Arabidopsis*〔J〕. The Plant Cell, 20（10）: 2763−2782.

Zhong R, Ye Z H. 2009. Transcriptional regulation of lignin biosynthesis〔J〕.Plant Signaling & Behavior, 4（11）: 1028−1034.

Zhou J, Lee C, Zhong R, et al. 2009. MYB58 and MYB63 are transcriptional activators of the lignin biosynthetic pathway during secondary cell wall formation in *Arabidopsis*〔J〕. The Plant Cell, 21（1）: 248−266.

第八章 桑树抗性相关基因与调控

植物抗性是影响植物生存和产量的重要因素，其相关基因是植物中最重要的一大类基因，也是植物分子生物学研究的热点。植物抗性包括生物胁迫抗性和非生物胁迫抗性。生物胁迫主要是病虫害，而非生物胁迫主要是如干旱、高温、高盐等环境因素的胁迫。桑树是一种重要的生态经济树种，具有耐旱、耐盐、耐涝等重要环境适应能力和对部分病虫较强的抗性，目前相对于模式植物而言，有关桑树抗性研究相对薄弱，严重制约了生态桑产业的发展。桑树基因组的完成（He et al., 2013）为桑树抗性相关基因与调控的研究提供一个平台，近年不同研究小组开展了桑树抗性生理生化与分子生物学相关研究。本章将从桑树的生物和非生物胁迫抗性两个方面详述其相关基因和调控研究的进展。

一、桑树生物胁迫抗性基因与调控

（一）抗病基因

植物在生长发育过程中会遭受到各种病害（包括病毒、细菌和真菌）的威胁，给农作物的生产造成了巨大的影响。植物在与病虫害的长期相互作用、共同进化的过程中，发展出了一系列抵御病虫害的策略，植物抗病基因（R gene）的表达就是策略之一（何利，2014）。目前已在多种植物中发现了R基因，与植物的抗病性密切相关。此外，病程相关蛋白（pathogenesis related proteins，PRs）在植物中可在病理或与病理相关的环境下诱导产生，也对植物具有一定的保护作用。对植物抗病基因和病程相关蛋白的功能和作用机理的研究，为作物病害的防治和抗病育种提供了一条崭新的道路。

1. R基因及其作用机制

（1）R基因的类型

自1992年利用转座子标签技术从玉米中克隆到首个抗病基因Hml以来（Johal and Briggs，1992），人们利用转座子标签技术、图位克隆技术以及全基因数据分析技术从多种植物中分离到不同类型的R基因。这些被克隆的R基因具有较高的同源性，蛋白产物往往具有相似的结构域，如核苷酸结合位点（nucleotide binding site，NBS）、富亮氨酸重复序列（leucine-rich repeat，LRR）、卷曲螺旋（coiled-coil，CC）、toll-白介素-1受体（toll-interleukin-1-receptor，TIR）、跨膜结构域（transmembrane domain，TM）、蛋白激酶（protein kinase，PK）和亮氨酸拉链（leucine zipper，LZ）等（Liu et al.，2007）。根据已克隆的R基因所编码的蛋白质结构及其在细胞中的位置，可将R基因分为以下5类：

① NBS-LRR类R基因。该类蛋白含有核苷酸结合位点并富含亮氨酸重复序列，是植

物中数量最多的一类抗病基因，是主要的细胞内抗病基因。已克隆的抗病基因中80%以上都属于NBS-LRR类，其"进化"程度很高，抗病性是它们目前被发现的唯一功能（王友红等，2005）。根据该类基因编码产物的N末端的不同，可将该类基因分为4个亚类：LZ-NBS-LRR亚类，TIR-NBS-LRR亚类、CC-NBS-TIR亚类和NBS-LRR亚类。LZ-NBS-LRR亚类的N端有一个亮氨酸拉链（LZ）保守区，它是由7个氨基酸构成的重复序列（保守序列为XXXYXXL，Y代表疏水基团）。TIR-NBS-LRR的N端保守区与果蝇发育基因*Toll*或哺乳动物免疫中编码白细胞介素-1受体（IL-1R）基因的产物具有同源性。TIR-NBS-LRR亚类的成员有来自烟草的抗烟草花叶病毒的*N*基因。NBS-LRR亚类有来自番茄的*I2*和*Mi*，分别介导对细菌*Fusarium oxysporiumf. sp. lycopersicon*和*Meloidogyne javanica*的抗性（DeYoung and Innes，2006；李智强等，2011）。

② LRR-TM类*R*基因。该类基因产物为胞外富亮氨酸重复的跨膜糖蛋白受体，包括LRR结构域、跨膜区域（transmembrane domain，TM）和一个较短的胞内区域（Martin et al.，2003）。该类蛋白能够锚定在细胞膜上与信号肽结合激活抗病防御反应，如番茄抗叶霉病*Cf-2*和*Cf-9*基因为典型的LRR-TM蛋白（Jones et al.，1994；Dixon et al.，1996）。

③ LRR-TM-PK类*R*基因。该类基因编码产物是一种富亮氨酸重复和胞内的丝氨酸/苏氨酸激酶，具有胞外的LRR结构域和胞内的PK结构域，中间则存在一个跨膜区。水稻抗白叶枯病基因*Xa21*是该类基因的首次报道，Xa21蛋白能够单独完成胞外信号的接受和转换（Song et al.，1995）。

④ 蛋白激酶（STK）类*R*基因。此类基因编码的蛋白质中都含有保守的丝氨酸/苏氨酸激酶（serine-threorine kinase，STK）结构域，没有NBS和LRR结构域，主要通过细胞质内的丝氨酸和苏氨酸的磷酸化来完成信号的传递。最早发现的STR类基因是抗番茄细菌性斑点病的*Pto*基因，*Pto-avrPto*基因互作的结果显示，病原细菌avrPto蛋白进入植物细胞后，可与胞内的Pto激酶直接作用。

⑤ 其他类型的*R*基因。玉米抗病基因*Hm1*和*Hm2*表现为对玉米圆斑病的1号生理小种的抗性，但不符合"基因对基因"假说，它们的编码产物是一种毒素还原酶，能够降解由圆斑病菌产生的毒素，使得玉米具有抗性（Johal and Briggs，1992；Multani et al.，1998）。

*Mlo*基因隐性突变体*Mlo*表现出对大麦白粉病的广谱抗性，该基因位于大麦4号染色体的长臂上，在水稻、拟南芥、棉花、西瓜等多种植物中都有分布，其家族成员大约有35个（李振岐等，2005）。*Mlo*基因编码一个60kDa的蛋白质，*Mlo*含有7个跨膜螺旋结构并定位在质膜上，包含一个大的胞质C末端尾巴，类似于G蛋白偶联受体蛋白，不具有明显的与动物或原核生物基因同源的区域，但与水稻和拟南芥的某些基因具有同源性（Stein and Somerville，2002）。

CC-TM类型即包括卷曲螺旋结构的跨膜受体。如拟南芥抗白粉病基因*RPW8*，该基因对白粉菌具有广谱抗性，能抗多个白粉病小种（Xiao et al.，2001）。

（2）*R*基因的作用机制

① 基因对基因假说（gene-for-gene hypothesis）。美国植物育种学家Flor根据其在

20世纪四五十年代持续对亚麻对锈菌小种特异抗性的研究，于1971年提出了基因对基因假说，这一假说构成了现在克隆植物抗病基因和病原无毒基因的理论基础（图8-1）。该假说认为植物对某种病原的特异抗性取决于它是否具有相应的抗性基因，而同时病原的专一致病性取决于病原是否具有无毒基因，即寄主分别含有感病基因（*r*）和抗病基因（*R*），病原分别含有毒性基因（*vir*）和无毒基因（*avr*），只有当植物相应抗病基因与原菌中相对应的AVR蛋白形成R-AVR复合体，才能激活下游基因而引发由*R*基因介导的植物抗病反应，其他情况下二者不能形成有效的R-AVR复合体激活植物抗病反应，即寄主感病。在对水稻抗瘟基因*Pita*的研究中发现，在*Pita*⁺中发现了AVR-Pita直接互作，而在*Pita*⁻中未发现AVR-Pita的直接互作，这一研究成果是支持了R-AVR直接互作的最早的实验证据（Jia et al.，2000）。

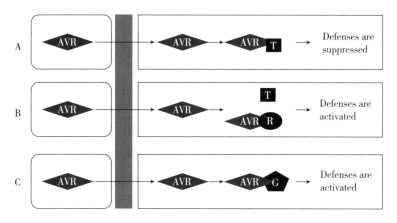

图8-1 病原菌AVR蛋白与植物R蛋白间的相互作用（McDowell and Woffenden，2003）

图中T表示宿主靶蛋白，负责调控宿主对病原菌胁迫的响应；R表示抗病基因；G表示卫兵蛋白。A. 植物细胞不能表达可识别AVR蛋白的R蛋白，导致植物感病；B. 激发子/受体模型；C. 防卫假说

Figure 8-1 Interactions between pathogen AVR proteins and plant R proteins.

T, R and G indicte the target protein for R protein, R gene and guardee, respectively. A. the plant cell does not express an R protein that is capable of recognizing AVR protein. B. elicitor-receptor model. C. guard hypothesis

② 激发子/受体模型（elicitor-receptor model）。激发子/受体模型是从"基因对基因假说"发展而来的，该模型认为病原体的*avr*基因直接或间接地编码一种配体（激发子），它与*R*基因编码的产物（受体）相互作用，从而触发受侵染部位细胞内的信号传递过程，激活其他防卫基因的表达，产生超敏反应。对Pto-avrPto系统的研究证实*Prf*基因（一种NBS-LRR基因）直接参与了Pto与AvrPto相互识别后的不依赖AvrPto的防御反应，形成Pto-avrPto-Prf复合体，引起番茄对霜霉病的抗性（van der Biezen and Jones，1998）。对Pti（Pto互作蛋白，可被Pto磷酸化）的研究还发现，Pti的过度表达有助于Pto的抗性，表明Pti可能参与Pto介导的信号传递，并最终产生超敏反应（Xiao et al.，2003）。

③ 防卫假说（guard hypothesis）。防卫假说是由van der Biezen和Jones提出（van der Biezen and Jones，1998），这个假说认为在病原体侵染植物并营造适合其生长的有利环

境时，病原体把植物体内的一种蛋白——卫兵作为靶标并加以改变，这种改变是植物受到病原体侵害的信号。植物抗病基因蛋白能检测到这种信号——植物卫兵蛋白的改变，其途径可能是通过检测植物卫兵蛋白与病原体毒蛋白形成的复合体。当植物抗病基因蛋白发现其卫兵受到攻击时，抗病性被触发。这个过程可能并不需要抗病基因蛋白和无毒基因蛋白间发生直接的作用。防卫假说中植物抗病基因蛋白不仅能识别无毒基因蛋白，而且能监视被病原体毒性/致病蛋白作为攻击目标的重要植物蛋白/复合体（王友红等，2005）。

2. 植物病程相关蛋白基因及其功能

病程相关蛋白是指植物在病理或者与病理相关的环境下诱导产生的一类蛋白。病程相关蛋白受病原体或其他外界因子的胁迫而诱导表达，在植物阻止病原物侵染/抵御疾病、响应外界压力以及适应不良环境方面发挥着重要作用。1970年，美国科学家（Vanloon and Vankamme，1970）通过对烟草花叶病毒（TMV）表现过敏反应的烟草品种接种TMV，首次发现病程相关蛋白，此后又相继在其他烟草品种或植物中发现了类似的蛋白质。随着技术的发展和研究的深入，研究者发现这些来源不同的新蛋白质之间有许多共同的特性。迄今已在马铃薯、番茄和黄瓜等30多种植物中发现了病程相关蛋白。

（1）植物病程相关蛋白的类型

根据蛋白结构、亲缘关系和生物活性可将植物病程相关蛋白PRs分为17个基因家族成员（表8-1），包含了β-1，3-葡聚糖酶、几丁质酶、类甜味蛋白、蛋白酶抑制剂、防卫素和萌发素等多种不同类型的蛋白。

表8-1　病程相关蛋白家族（秦朝，2012）

Table 8-1　Plant pathogenesis-related protein families.

家族	代表成员	特性
PR-1	烟草PR1	未知
PR-2	烟草PR2	β-1，3-葡聚糖酶
PR-3	烟草P，烟草Q	Ⅰ、Ⅱ、Ⅳ、Ⅴ、Ⅵ、Ⅶ型几丁质酶
PR-4	烟草R	Ⅰ、Ⅱ型几丁质酶
PR-5	烟草S	类甜味蛋白（TLP）
PR-6	马铃薯Inhibitor l	蛋白酶抑制剂
PR-7	马铃薯P	蛋白内切酶
PR-8	黄瓜几丁质酶	Ⅲ型几丁质酶
PR-9	烟草木质素形成过氧化物酶	过氧化物酶
PR-10	欧芹PR1	类核糖核酸酶
PR-11	烟草第5类几丁质酶	Ⅰ型几丁质酶

（续）

家族	代表成员	特性
PR-12	萝卜PsAFP3	防卫素
PR-13	拟南芥THI2	硫堇
PR-14	大麦LTP4	脂质转移蛋白
PR-15	大麦oxoa	萌发素
PR-16	大麦Ox0LP	类萌发素（GLPs）
PR-17	烟草PRp27	未知

① PR-1组。这组PR蛋白能够在植物遭受病原真菌入侵后高量表达，在受侵染后的组织中其表达量可提高上千倍，并可占叶片蛋白质的1%～2%。除了病原菌侵染、创伤、化学物质、激素和紫外线等因素都可以诱导PR-1基因的表达，PR-1基因的表达也受到发育阶段的调控，并且发现烟草中的PR-1类蛋白也具有一定的抗真菌活性。

② PR-2组和PR-3组。这两类分别是β-1,3-葡聚糖酶和几丁质酶。β-1,3-葡聚糖酶能够降解β-1,3-葡聚糖，广泛存在于植物细胞如维管束细胞中，与植物抗病反应紧密相关。几丁质酶催化几丁质大分子中N-乙酰-D-葡糖胺水解，受到真菌、细菌和病毒侵染时，植物中的几丁质酶活性迅速提高起到防御的作用。通常几丁质酶和β-1,3-葡聚糖酶共同作用以更好地发挥抗菌活性。

③ PR-4组。该组蛋白包含了Ⅰ型和Ⅱ型几丁质酶，在马铃薯、烟草、大麦、番茄等植物中发现该组蛋白，多为细胞外分泌的酸性蛋白。其中I类PR-4蛋白的抗真菌机制可能是由于真菌初生细胞壁的几丁质结合了蛋白，以致干扰细胞极化，从而抑制了细胞生长，而亚类Ⅱ型的作用方式尚不清楚。

④ PR-5组。即被称为类甜蛋白的PR蛋白，主要是24kDa的蛋白质，它们与甜蛋白有血清学关系，但无甜味。TLPs在健康幼苗中不能被检测到，但受到生物或非生物胁迫时，可以短时间内大量地积累，参与植物-病原物互作过程中的有关代谢并具有抑制病原物酶的作用。

⑤ PR-10组。PR-10蛋白具有核酸酶相似结构，分子量为16～19kDa。该类病程相关蛋白属于细胞内蛋白，不同于其他的胞外PR蛋白，可以直接参与植物的防御反应，并且在植物正常发育以及次生代谢中也起到一定作用。

（2）植物病程相关蛋白的功能

① 抑制细菌、真菌的生长或病毒的复制。一些病程相关蛋白是几丁质酶、葡聚糖酶等水解酶类，能够水解真菌和细菌细胞壁中的几丁质和葡聚糖，从而抑制真菌或细菌的生长（Selitrennikoff, 2001）。病毒复制抑制子能抑制病毒的复制过程，从而阻止病毒的侵染。有些PR蛋白是蛋白酶的抑制剂，能抑制病原物中蛋白的合成，从而抑制它们的生长。此外，通过基因工程的手段在植物中导入PR蛋白基因可以增强植物抗病性。

② 固化细胞壁。植物中存在有加固细胞壁，达到自我保护的这类病程相关蛋白，称之为细胞壁结构蛋白。此蛋白在双子叶植物中有以下3种：伸展蛋白（extensins）及其相关的富羟脯氨酸糖蛋白（HRGPs）、富脯氨酸蛋白和富甘氨酸蛋白（GRP）。受到病原物感染或伤害后，这类蛋白快速积累，加固细胞壁达到植物的自我保护，过氧化物酶类的病程相关蛋白可以促进木质素、木栓质的生物合成，进一步阻止了对植物的侵染和伤害（秦朝，2012）。

③ 诱导植物抗毒素。PR蛋白还能够起到植物抗毒素和细胞内毒素的作用，如存在于大麦、小麦和其他一些双子叶植物中的富半胱氨酸蛋白、种子渗透素和类甜蛋白等PR蛋白，具有细胞毒性，能抑制病原细菌和真菌的生长。PRs也可在病原体侵染部位相对的细胞壁的内侧富集，然后释放进植物组织中，从而起到一定的保护作用。另外，植物中病程相关蛋白也可诱导植物合成抗毒素，从而可抑制病原物侵染所需小分子量多肽的表达。

3. 桑树抗病相关基因的研究

（1）桑树NBS基因家族

何利等在桑树中获得了5个*NBS*基因（*CL93*、*Unigene14278*、*Unigene26173*、*Unigene32704*、*Unigene31320*），利用荧光定量PCR技术分析了这5个NBS类基因在抗/感病品种侵染后基因表达。结果显示，*CL93*基因在感病品种中受青枯菌诱导表达，而在抗病品种中受青枯菌抑制表达，而*Unigene26173*基因在抗/感病品种中都受青枯菌表达，在抗病品种中的诱导显著高于感病品种，这些结果表明*CL93*和*Unigene26173*基因可能跟抗病有一定相关性。*Unigene14278*、*Unigene32704*和*Unigene31320*基因的表达在抗/感病品种中都受到了青枯菌诱导，且在抗/感病品种中差异不显著（何利，2014）。随着桑树基因组计划的完成，基于已知的植物*NBS*基因序列和蛋白保守结构域，在川桑（*Morus notabilis*）基因组中共鉴定到142个*NBS*家族基因，与其他物种相比，比杨树（393个）、水稻（535个）、拟南芥（174个）、苹果（992个）和无花果（202个）中的*NBS*基因个数都要少，主要表现在NBS-LRR亚家族的基因要远远少于其他几个物种（表8-2）。

表8-2　几种植物中的*NBS*家族基因的相关信息

Table 8-2　Information of *NBS* family from several plants

Predicted Domains	*Morus notabilis*		*Populus trichocarpa*		*Cucumis sativa*		*Arabidopsis thaliana*		*Morus domestica*		*Fragaia vesca*	
	基因个数	%	基因个数	%	基因个数	%	基因个数	%	基因个数	%	基因个数	%
TIR-NBS-LRR	22	15.5	79	20.1	—	—	93	53.45	224	22.58	25	12.4
CC-NBS-LRR	46	32.4	119	30.3	160	29.9	51	29.31	181	18.2	24	11.9
NBS-LRR	5	3.5	83	21.1	317	59.3	3	1.72	394	39.7	82	40.6
BED-NBS-LRR	—	—	34	8.7	3	0.6	—	—	—	—	—	—
NBS	41	28.9	46	11.7	45	8.4	1	0.57	104	10.5	45	22.3

（续）

Predicted Domains	Morus notabilis		Populus trichocarpa		Cucumis sativa		Arabidopsis thaliana		Morus domestica		Fragaia vesca	
	基因个数	%	基因个数	%	基因个数	%	基因个数	%	基因个数	%	基因个数	%
CC−NBS	24	16.9	19	4.8	7	1.3	5	2.87	26	2.6	11	5.4
TIR−NBS	4	2.8	13	3.3	3	0.6	21	12.07	20	2	15	7.4
Total NBS−LRR genes	73	51.4	315	80.7	480	89.7	147	84.48	799	80.5	131	64.9
Total NBS genes	142		393		535		174		949		202	
NBS genes/100Mb	43.3		103.8		124.4		150.7		164.3		84.2	
% on total genes	0.53%		0.86%		0.71%		0.52%		1.56%		0.58%	
Total genes（个）	27085		45778		67764		33410		63508		34809	
Genome size（Mb）	330		378.5		430		115.4		603.9		240	

（2）桑树PR基因

袁传忠等从桑树中克隆获得一个桑树病程相关蛋白基因MuPR1a，该基因编码的蛋白质具有一个典型的分泌型信号肽序列和多个PRs蛋白的保守结构域，其氨基酸序列与其他植物的PR1a蛋白具有很高的同源性。通过将其启动子序列导入烟草叶片中进行瞬时表达分析发现，能够驱动下游的报告基因的表达，且能够被病原菌诱导表达（袁传忠等，2013）。

（3）桑树MLX56蛋白

袁传忠从桑树分离得到了一个MLX56基因（GenBank注册号：JX432966）。MLX56基因cDNA编码区全长为1203bp，编码400个氨基酸，蛋白质理论分子量为43.8kDa，等电点为6.61。结构预测分析表明MLX56蛋白包含3个典型的保守结构域：第一个结构域在蛋白的N端，包含2个几丁质酶结合位点和维持功能必需的8个保守的半胱氨酸和4个链内二硫键；第二个结构域在蛋白的中间部分，在2个几丁质酶结合位点之间，有多个丝氨酸或脯氨酸组成的串联重复序列；第三个结构域在蛋白的C端，是一个几丁质酶类似位点。该蛋白有信号肽序列，是一种分泌蛋白；将克隆得到的MLX56编码区插入植物表达载体pBI121，构建了MLX56的植物表达载体pBI121−MLX56，并将其成功地转化了拟南芥，获得了转基因植株，转基因拟南芥表现出对丁香假单胞菌番茄致病变种（Pseudomonas syringae pv. tomato DC3000，Pst DC3000）较强的抗侵染能力（袁传忠，2014）。

韩淑梅等在桑树全基因组水平对MLX56家族基因进行了分析，该基因家族有6个成员。此外还克隆到1个新的MLX56基因，命名为MLX56−7（GenBank登录号为KJ496133）。系统进化树显示桑树MLX56基因与西洋接骨木类橡胶蛋白同源性最高，同源性达66%，与茶树几丁质酶、葡萄几丁质酶同源性较低，同源性分别为49%和48%。半定量RT-RCR分析表明，*MLX56-1*、*MLX56-2*、*MLX56-4*、*MLX56-5*、*MLX56-6*和*MLX56-7*在桑树不同种中均有表达，组织表达特异性分析表明*MLX56-2*、*MLX56-4*、*MLX56-5*、*MLX56-6*和*MLX56-7*基因在桂桑优62各个组织中都有表达，*MLX56-1*基因仅在叶柄及茎中表达，*MLX56-3*基因在桑树不同种及桂桑优62各个组织中都没有检测到表达。通过在大肠杆菌BL21（DE3）原核表达*MLX56-6*基因，对大肠杆菌BL21（DE3）生长速率有显著的抑制作用（韩淑梅等，2015）。

（4）桑树多聚半乳糖醛酸酶抑制蛋白基因（*M-PGIP*）

扈东青从桑树中获得一个编码多聚半乳糖醛酸酶抑制蛋白的基因（GeneBank登录号：HM044383），序列分析表明，*M-PGIP*全长1274bp，存在93bp的5′端非翻译序列（5′-UTR）和179bp的3′端非翻译序列（3′-UTR），其开放读码框（ORF）长1002bp，编码333个氨基酸，预测蛋白质分子量为37.29kDa，等电点为7.25。与正常生长环境相比，*M-PGIP*基因mRNA的转录水平在水杨酸、脱落酸、盐胁迫条件下均有明显变化（扈东青，2011）。

王晓红等（2015）在桑树中也获得了一个*PGIP*基因（GeneBank登录号：KJ704112），CDS序列全长1017bp，编码338个氨基酸，该基因编码的蛋白质主体结构由9个串联的LRRs基序组成。通过qRT-PCR分析发现该基因对水杨酸的处理有显著的响应。此前Lü等通过分析肥大型菌核病不同发育时期中聚半乳糖醛酸酶（PG）基因家族的表达活性以及对PG的酶活性研究，推测菌核病可能通过PG酶裂解雌花的细胞壁侵入细胞中（Lü et al.，2015）。通过DNS法测定PGIP重组蛋白对桑葚肥大型菌核病CsPG蛋白的抑制作用，结果表明在pH为4.5～5.0、30℃时，MaPGIP1蛋白的抑制能力最强，能够抑制CsPG的45.5%的酶活力。获得的PGIP重组蛋白能够在桑葚肥大型菌核病（*Ciboria shiraiana*）侵染油菜叶片前期具有一定的抑制效果，能够缓解油菜叶片的感病症状。以上结果暗示PGIP蛋白参与了桑树对肥大型菌核病的抵御。

（5）miRNA

桑树黄化型萎缩病又叫萎缩病、癃桑、猫耳朵、塔桑，是主要的桑树病害。20世纪60年代中期开始成为我国桑树最主要的危险性灾害，具有暴发性和毁灭性，防控极为困难，常导致大片桑园毁灭，给我国蚕业生产造成严重危害。桑树黄化型萎缩病的病原为植原体，该病原呈不规则的圆形或椭圆形，大小为50～160nm，内含物中有核质似的纤维状物质，桑树植原体主要通过嫁接和昆虫媒介传染。Gai等（2014）成功地构建了黄化型萎缩病的感病和健康桑树叶片小RNA文库，并利用Illumina Solexa测序技术对其进行了HiSeq测序。在感病和健康桑树叶片中共鉴定了166种保守的miRNAs，分属于146个miRNA家族，其中有62种miRNAs在感病和健康桑树叶片中表达量差异显著，其中在感病桑树叶片中表达量升高的有25个，下降的有37个；利用Mireap预测得到23个新的miRNAs，分属于20个miRNA家族；在所鉴定的新miRNAs中有13个在感病和健康桑树叶片中表达差异显著，其中有6个miRNAs在受植原体侵染的感病桑树中上调，7个miRNAs下调。利用生物信息学技术对62个差异表达的保守miRNAs和13新

miRNAs的靶基因进行了预测，分别预测到329个和70个靶基因，根据靶基因的功能和调控的代谢途径，可以分别将之归为15类和14类。这些靶基因的功能和所涉及的调控途径主要是代谢、发育、信号传导等。该研究不仅证明了桑树响应植原体侵染调控网络的复杂性，并对miRNAs介导的桑树响应植原体侵染的分子机制进行了分析。利用PCR技术克隆得到桑树miR393a和miR393b前体基因的启动子，将其导入烟草叶片中进行瞬时表达分析发现，能够驱动下游的报告基因的表达，并且受到了水杨酸的诱导。还对发现的mul-miRn8、mul-miRn26和mul-miRn33的这三个新的miRNA在拟南芥中超表达，mul-miRn8、mul-miRn26超表达拟南芥表现出了对丁香假单胞杆菌番茄致病变种（*Pseudomonas syringae* pv. tomato DC3000）的抗性，而mul-miRn33对*Pst* DC3000表现出较敏感。进一步分析mul-miRn26的靶基因*MulZF1*基因发现，超表达该基因能够显著提高转基因拟南芥的对*Pst* DC3000的抵抗能力（李轶群，2014）。以上结果表明miRNA参与了桑树对植原体的响应和抵抗。

到目前为止，虽然桑树抗病基因及调控机理研究还处于一个起步阶段，但是川桑基因组数据的公布和桑树组学研究平台的不断完善，在组学层面开展桑树抗病基因的鉴定、克隆和调控机理研究已成为可能，将是今后很长一段时间桑树抗病基因及调控的主要研究任务。

（二）抗虫基因

虫害是造成农业减产的主要原因。传统的杀虫方式采用化学农药固然可以减轻害虫对农作物的危害，但长期大量地施用农药不仅使害虫产生抗性，还会带来一系列的社会问题，如食物农药残留以及环境污染等。因此，如何能够高效、快速、安全地防治害虫成为决定现代农业发展的焦点。植物抗虫基因的发现为害虫的防治提供了一条崭新的途径。自1987年首次报道抗虫转基因植物以后，抗虫转基因马铃薯、棉花和玉米已进入商品化生产（Fischhoff et al.，1987）

1. 植物抗虫基因的种类

（1）苏云金杆菌毒蛋白基因

苏云金杆菌（*Bacillus thuringiensis*，Bt）是一种杀虫性很强的细菌，具有专一的杀虫作用。在芽孢形成的过程中产生的蛋白质以结晶方式出现，因而被称为伴孢晶体，由于它们具有特异的杀虫活性，通常也被称为杀虫结晶蛋白（insecticidal crystal protein，ICP）或δ-内毒素（δ-endotoxin），也称为苏云金杆菌毒蛋白（Bt toxin protein）。

Bt杀虫晶体蛋白是一类分子量为130~160 kDa的蛋白质，在昆虫中肠碱性和还原性的环境下，被降解成65~75kDa的活性小肽，并和中肠纹缘膜上的受体结合。Bt杀虫晶体蛋白常以原毒素形式存在，昆虫摄食后，在中肠内经蛋白酶水解后，转变成有毒性的多肽，它与敏感昆虫肠道上的皮细胞表面的特异受体作用，诱导细胞膜产生一些非特异性小孔，扰乱细胞的渗透平衡，并引起细胞肿胀裂解，最终导致昆虫死亡（Barton et al.，1987；Ferre et al.，1995）。Bt菌系含有大量不同的杀虫晶体蛋白编码基因，自1981年第一个杀虫晶体蛋白基因被克隆和测序以来，新的Bt杀虫晶体蛋白基因还在不断地被克隆和分析。

（2）蛋白酶抑制剂基因

蛋白酶抑制剂（protease inhibitors，PI）基因表达的蛋白酶抑制剂是一类存在于许多植物贮藏器官中的蛋白质，最早发现于1938年，是生物体内一类调节蛋白酶活性的因子。蛋白酶抑制剂通过与蛋白酶的活性部位和变构部位结合，抑制蛋白酶的催化活性或抑制蛋白酶原的活化。根据抑制蛋白酶的类型，蛋白酶抑制剂可以分为丝氨酸蛋白酶抑制剂、半胱氨酸蛋白酶抑制剂、天冬氨酸蛋白酶抑制剂和巯基蛋白酶抑制剂，其中对丝氨酸蛋白酶抑制剂的研究最为深入。

植物蛋白酶抑制剂一般是由60～120个氨基酸组成的多肽，分子量约为8～25kDa。蛋白酶抑制剂在植物体内的功能主要有以下几方面：与蛋白酶相互作用、相互制约控制生物体内细胞、组织和体液中相关生理过程；防止细胞、组织及体液中的蛋白成分被外源蛋白降解（Barton et al.，1987；刘春明等，1993）；通过消化道进入昆虫的血淋巴系统，从而严重干扰昆虫的蜕皮过程和免疫应答。作为一种自然防御体系，植物体内贮藏着丰富的蛋白酶抑制剂来对付病原菌和昆虫的侵袭。其抗虫的原理是通过与昆虫消化道内的蛋白消化酶相互作用，形成酶-抑制剂复合物，削弱或阻断消化酶对食物中的蛋白酶的水解消化作用，影响昆虫肠道内摄食蛋白的正常消化，使昆虫营养不良，生长发育受阻；同时，这种复合物能刺激昆虫消化酶的过度分泌，致使昆虫代谢中某些氨基酸的匮乏，最终导致昆虫的非正常发育或死亡。

由于多数昆虫（尤其是鳞翅目昆虫）幼虫肠道内蛋白消化酶主要是丝氨酸蛋白酶，鞘翅目昆虫幼虫肠道内蛋白消化酶主要为巯基蛋白酶，因此丝氨酸蛋白酶抑制剂和巯基蛋白酶抑制剂分别对鳞翅目和鞘翅目生长发育具有明显的抑制作用（李雪艳等，2002）。与Bt杀虫晶体蛋白相比，蛋白酶抑制剂具有抗虫谱广、对人无毒副作用以及害虫不易产生耐受性等优点。

（3）淀粉酶抑制剂基因

淀粉酶抑制剂（α-amylase inhibitor，α-AI）基因编码的淀粉酶抑制剂在植物界中普遍存在，尤其在禾谷类作物和豆科植物种子中含量最为丰富。淀粉酶抑制剂在植物应对昆虫取食的天然防御系统中起着重要的作用。这类酶抑制剂能抑制昆虫消化道内α-淀粉酶的活性，使昆虫摄入的淀粉无法水解，阻断了昆虫主要能量来源；同时，刺激昆虫过量分泌消化酶，通过神经系统反馈产生厌食反应。由于淀粉酶抑制剂不但对昆虫而且对哺乳动物的淀粉消化酶也有抑制作用，从而限制了它们的应用范围。

（4）植物凝集素基因

植物凝集素（lectin）最早发现于1888年，Stillmark在蓖麻（Ricinus communis）籽萃取物中发现了一种细胞凝集因子，它具有凝集红细胞的作用。植物凝集素是一种能够与特异的单糖或多糖化合物可逆结合而不改变其被识别糖基共价结构的非免疫球蛋白（Lis and Sharon，1986）。植物凝集素在植物界的分布非常广泛，在植物体内尤其是种子和营养器官中含量非常丰富。

植物凝集素主要储存于植物细胞的蛋白粒中，当被昆虫吞食进入消化道时，植物凝集素就释放出来，并结合于昆虫肠道周围细胞壁膜糖蛋白上，降低膜的透性，影响昆虫对营养物质的正常吸收，从而保护植物免受害虫侵食。植物凝集素还能越过上皮组织的阻碍，进入昆虫循环系统，造成对整个昆虫的毒性。同时，它还能在昆虫消化道中诱发病灶，使害虫得病甚至死亡。植物凝集素对幼虫的存活率、体重、拒食率、化蛹、羽化率及生殖都有很大的影响。它对害虫毒性强、对人的副作用小，因而在抗虫方面的研究越来越受到重视。

（5）几丁质酶基因

几丁质酶（chitinase）是一种降解几丁质的糖苷酶，广泛存在于微生物、植物和动物中。几丁质酶最初从兰花球茎中发现，现已证明很多植物都能表达几丁质酶，而且几乎所有的组织和器官中都存在几丁质酶。几丁质是甲壳类动物和昆虫以及大多数真菌细胞壁的主要成分之一。当植物受到真菌、细菌、昆虫和病毒侵染时，植物中的几丁质酶活性迅速提高，因此认为植物中的几丁质酶可能参与了植物对植食性昆虫的防御反应。

（6）多酚氧化酶基因

多酚氧化酶（polyphenol oxidase，PPO）是自然界中分布极广的一种金属蛋白酶，普遍存在于植物、真菌、昆虫的质体中。Felton等（1989）发现当甜菜夜蛾取食番茄叶片时，番茄叶片中的PPO能将昆虫肠道内的绿原酸氧化成绿醌，绿醌作为高活性分子能共价结合到昆虫肠道内氨基酸和蛋白质的亲核基团上，从而降低食草性昆虫对氮源的利用，研究结果显示甜菜夜蛾的生长率与PPO的活性呈显著负相关。

（7）植物中的其他抗虫基因

除上述几种主要的抗虫基因以外，植物还含有其他的抗虫基因。Konno等（2004）发现木瓜中的半胱氨酸蛋白酶（cysteine protease）对甘蓝夜蛾等鳞翅目昆虫具有毒性。Fowler等（2009）证实亮氨酸氨肽酶（leucine aminopeptidase A，LapA）在茉莉酸信号途径下游参与了番茄对烟草天蛾的防御。Vaughan等（2013）发现萜类合酶基因（terpene synthase，TPS08）合成的半挥发性二萜能防止拟南芥根部遭受昆虫咬食。

2. 桑树中抗虫基因的研究

桑树虫害是危害桑树芽、叶、枝、干、根等部位的各种害虫的总称，它是蚕桑生产上的一种重要的自然灾害。桑树遭受虫害后，长势衰弱，树龄缩短，叶质低劣，桑叶减产，甚至诱发病害。目前已发现桑树害虫上百种，主要虫害有10余种。根据害虫危害桑树的部位不同，大体上可归纳四类：桑芽害虫类（桑瘿蚊、桑象虫等）、食桑叶害虫类（桑毛虫、野蚕、桑尺蠖等）、吸食性桑叶害虫类（大青叶蝉、红蜘蛛、桑木虱等）、桑枝干害虫类（桑天牛、桑白蚧等）。

桑树基因组计划完成之前，关于桑树抗虫基因的研究主要集中桑树乳汁中抗虫成分的鉴定和生理功能分析。乳汁是植物乳汁管分泌的一些特殊物质，含有碳水化合物、蛋白质、脂肪、生物碱等，具有抵御食草性昆虫的生物学功能（Dussourd and Eisner，1987）。研究表明，桑树乳汁中主要含有3个糖苷酶抑制剂生物碱：1,4-dideoxy-1,4-imino-D-arabinitol（D-ABI）、1-deoxynojirimycin（DNJ）和1,4-dideoxy-1,4-imino-D-ribitol，总浓度占桑树乳汁含量的1.5%～2.5%。研究结果表明这些糖类似生物碱对两种鳞翅目昆虫（蓖麻蚕、卷心菜蛾）有毒，对家蚕无毒害作用，从而证明桑树乳汁中的成分能起到抗虫的作用（Konno et al., 2006）。2009年，Wasano等（2009）发现糖类似生物碱并不是桑树乳汁中唯一的防御组分，他们鉴定到一种特殊的防御蛋白MLX56，其氮端含有几丁质结合结构域，并且MLX56能抵抗蛋白酶的消化。用含0.01% MLX56的饲料喂食甜菜夜蛾、甘蓝夜蛾、蓖麻蚕后，取食昆虫的生长明显受到抑制。然而，当向人工饲料中添加浓度为0.06%的MLX56时，对家蚕的生长也没有造成影响。

随着植物基因工程的发展，将其他植物的抗虫基因导入桑树，使其在受体细胞内稳定地遗传和表达，从而培育出转基因抗虫苗也成为防治桑树害虫的有效途径。2003年，王洪利等（2003）利用基因枪法将水稻半胱氨酸蛋白酶抑制剂基因导入桑树组织，经抗生素筛选和组织培养技术获得转基因植株，并验证是阳性，为选育抗虫性桑树品种奠定了基础。但是，由于桑树转基因技术尚不成熟，通过分子育种的方法大规模选育抗虫桑苗还有待时日。

3. 桑树中抗虫基因的种类

2013年，桑树基因组草图绘制成功，这也使得对桑树中抗虫基因的研究从生理水平迈入了分子水平阶段。现将目前已鉴定完成的桑树抗虫基因罗列如下。

（1）蛋白酶抑制剂基因

基于已知的植物蛋白酶抑制剂基因序列和蛋白保守结构域，在川桑（*Morus notabilis*）基因组中共鉴定到79个蛋白酶抑制剂基因，其中，丝氨酸蛋白酶抑制剂（serine peptidase inhibitor，SPI1）基因有34个，占总数的43.0%。这些SPI蛋白可分为Kunitz、Serpin和PI-I 3个家族。氨基酸多序列比对表明Serpin和PI-I家族成员在序列上相对保守。基于川桑根、皮、花、芽、叶的RNAseq数据量化的RPKM（reads per kilobase per million mapped reads）值分析发现不同类型*SPI*基因的组织表达模式存在差异，暗示川桑不同类型*SPI*行使不同的生物学功能。以广东桑（*Morus atropurpurea*）品种粤桑-69851的幼叶作为创伤处理材料，检测PI-I家族的6个*SPI*基因对创伤诱导响应的表达模式，发现其中有4个基因不同程度地受到创伤诱导而上调表达，推测它们在桑树防御昆虫咬食危害中具有重要作用（王裕鹏等，2014）。

（2）细胞色素P450基因

通过生物信息学方法在川桑基因组中共鉴定到174个P450基因。系统进化树分析显示这些基因分为9个枝，47个家族，表达呈现出组织偏好性。KEGG分析显示，分别有42.4%、34.5%和9.8%的P450基因参与了次生代谢产物的生物合成、药物的降解和代谢、萜类物质的代谢。而萜类等次生代谢产物是重要的防御组分。因而推测桑树P450基因参与了对昆虫的防御（Ma et al., 2014）。

（3）几丁质酶基因

桑树基因组中共鉴定到20个几丁质酶基因，氨基酸长度为200～350aa，蛋白质大小集中在27～50kDa。对其上游2000bp序列进行调控元件分析发现，在20个几丁质酶基因中有19个存在7种生物胁迫响应元件，推测其可能响应昆虫咬食、真菌侵染等胁迫。根据氨基酸序列的差异，可将20个桑树几丁质酶分为5个类型（Class），分别为Class Ⅰ、Class Ⅱ、Class Ⅲ、Class Ⅳ和Class Ⅴ。川桑不同组织的RPKM值分析显示这19个几丁质酶基因存在不同的表达模式，暗示它们可能行使不同的生理功能（王旭炜，2014）。用四龄5天家蚕（*Bombyx mori*）咬食印度桑（*Morus indica* 'K2'）后，定量PCR结果显示*Mnchi16*表达量显著上升。

4. 激素在植物抵抗昆虫咬食中的作用

植物激素在调控植物的生长、发育、繁殖过程中发挥了重要作用。同时，它们也作为细胞内信号分子参与植物对微生物病原菌、植食性昆虫的抵抗。当受到昆虫"攻击"时，植物体会迅速作出反应，产生激素信号分子并通过一系列级联反应产生毒性蛋白、次生代谢产物阻止昆虫的咬食或产生挥发性物质等来吸引昆虫天敌，从而保护自己不受侵害。研究表明，茉莉酸（jasmonic acid，JA）、水杨酸（salicylic acid，SA）、乙烯（ethylene，ET）等众多植物激素都参与了植物对昆虫的防御，其中，茉莉酸在植物抵御昆虫的过程中作用尤为关键，桑树茉莉酸有关研究结果详述见本书第六章植物激素。

随着桑树基因组数据的公布，桑树新的抗虫基因的鉴定和调控在很长一段时间将仍是桑树抗虫研究最主要任务之一，这将为深入理解桑树抵御昆虫的分子机制提供坚实的理论基础。

二、桑树非生物胁迫抗性基因与调控

非生物胁迫主要是指影响植物生长的环境因素的胁迫。生长在自然环境中的植物，由于固着在土地中不得不承受由于环境变化而引起的各种胁迫（Grebner et al.，2013），包括高温、低温、高盐、干旱等。这些因素会严重影响植物的生存、生长和作物的产量，据统计，由于环境因素引起的作物年均减产量超过作物的年均产量的50%（Bray et al.，2000）。因此，为了使植物更好地适应环境，除了植物自身产生一套复杂的调控网络之外（Hasegawa et al.，2000），人们也利用自己的方法提高植物的抗性。作物抗性育种中最常见而有效的方法是通过筛选抗逆性种质资源作为育种基础材料，培育成高抗性的作物品种；其次是通过转基因技术，将优良的抗性基因转入作物中提高其抗性。目前我国农作物等植物最严重的非生物胁迫主要包括盐碱、干旱和土壤的重金属污染等环境因素。

（一）抗盐基因

土壤盐渍化在全世界都是一个很普遍的生态问题。据世界粮农组织（FAO）和教科文组织（UN ESCO）的统计，全球有各种盐渍约9.5×10^8 hm^2，占全球陆地面积的10%（赵可夫等，2002）。而土壤的盐渍化是导致部分地区农业产量下降的主要原因之一。土壤中过量的盐离子可以引起土壤的物理和化学性质的改变，进而影响植物的生长（Qadir et al.，2000）。目前，由于工业生产发展、环境污染加剧、淡水资源匮乏、灌溉方法不当、植被破坏、土地利用与土地覆盖变化等诸多人为因素以及全球气候变暖，海平面不断上升等自然因素的影响，土壤盐渍化、次生盐渍化日趋严重。据估计，全球盐碱地每年以 $1 \times 10^6 \sim 1.5 \times 10^6 \, hm^2$ 的速度在增长（Kovda，1983）。

土壤盐渍化和次生盐渍化致使农业耕地面积大幅减少，生态圈的良性循环遭到破坏，物种多样性减少，部分物种灭绝速度加快，这些都会影响地区的生态系统，进而影响地区的社会和经济效益。因此，盐碱地综合治理研究一直是国内外研究的一大重点。盐渍土综合治理重点是盐碱地生态系统恢复重建，进而改变生态环境，提高生态系统整体的功能，增加生态系统的稳定性（柯裕州，2008）。在我国随着人口增加，耕地面积的减少，人均有效耕地面积进一步减少，而合理有效利用现有土地资源势在必行。我国盐渍土面积大、分布广，合理有效地持续利用盐渍土资源已成为近年来国家关注的重点（俞仁培，1999）。

1．植物盐胁迫研究

（1）植物耐盐生理研究

土壤的盐碱化使得土壤中的无机盐离子含量增加，虽然无机盐离子是植物生长的重要生长因子之一，但是土壤中过多的无机盐离子会破坏植物体内渗透势和离子含量的平衡，导致植物无法进行正常的物质代谢、跨膜运输等生理代谢，进而无法进行正常的生长发育，严重时还会导致植物死亡。当植物面对盐胁迫时，按照其对盐胁迫的耐受性将植物分成盐土植物（高耐盐性）或甜土植物（低耐盐性）。而通常在生理水平上，盐土植物和甜土植物都显示出很大的范围的适应性（Rhodes and Hanson，1993；张楠楠等，2005；刘昀等，2010）。在盐渍条件下，植物体内的渗透调节物质如可溶性糖、脯氨酸等会显著增加，这些物质可稳定细胞膜和原生质胶体，在细胞内的高无机盐离子下能保护其他酶类正常活性（张金凤等，2004；马献发等，2011）。植物体内的内源性激素如ABA、GA、IAA等均会发生不同程度的变化，特别是ABA受盐渍条件影响最大，这些激素会诱导相应基因的表达，进而增强植物对胁迫环境的抗性（向旭等，1998）。抗氧化物质和清除活性氧的酶类如过氧化氢酶、谷胱甘肽过氧化物酶（GP）、过氧化物酶（POD）等的含量会增加，活性也会增强，这些都可一定程度的修复当植物面对盐胁迫时产生的氧化损伤（韩燕燕等，2007）。同时，随着植物体内细胞水势的降低，光合作用受阻，有些植物则通过改变光合同化途径，即由C3途径变为CAM（景天酸代谢）途径，进一步增加植物的对盐碱的抗逆性（赵可夫，2002；李敏等，2012）。植物通过这些生理上的多种方式进行调节尽量减少或避免高盐对植物的伤害。

（2）植物耐盐性的信号转导途径及相关基因的研究

① SOS（salt overly sensitive）盐超敏感信号转导途径及相关基因。通过质膜上的Na^+/H^+逆转运蛋白（SOS1蛋白）的钠离子外排作用是细胞降低细胞内盐浓度的一个重要的途径，Zhu等（2001）通过对盐突变型的拟南芥的研究，发现了植物中的一条特异的离子胁迫信号途径及SOS途径，其中鉴定出了5个与耐盐相关的基因（*SOS1*、*SOS2*、*SOS3*、*SOS4*和*SOS5*）。其中*SOS1*所编码的位于质膜上的Na^+/H^+逆转运蛋白是SOS蛋白家族与植物耐盐性有直接关系的，该膜蛋白可以

把细胞内多余的Na⁺排除到细胞外部，维持细胞内部Na⁺的含量稳定。在拟南芥中 *SOS2* 基因编码一个446个氨基酸的丝氨酸/苏氨酸蛋白激酶，该蛋白激酶分子量约为51kD（Ishitani et al.，2000）。SOS2蛋白有270个氨基酸的N末端，是激酶的催化区域。其中SOS2的C末端特异地包含了一个21个氨基酸的FISL基元（其中A、F、I、S、L和F是已知植物蛋白激酶高度保守的氨基酸，故名FISL），这个区域被认为是SOS2的自我抑制区，这个区域可以与钙传感器SOS3结合，进而激活SOS2（Liu et al.，2000）。*SOS3* 是SOS途径中第一个被克隆的基因，拟南芥的 *SOS3* 基因编码带有3个EF臂的钙结合蛋白（Liu and Zhu，1998）。*SOS3* 基因在其N端含有一个豆蔻酰化序列，豆蔻酰化是保证 *SOS3* 功能的所必需的，这可以增强SOS3蛋白与细胞膜部分区域的联系，而当负责豆蔻酰化的甘氨酸-2（GLY2）突变成丙氨酸时，其钙结合能力降低，进而使 *SOS3* 活化SOS2蛋白激酶的能力大大下降（Ishitani，Liu et al.，2000）。*SOS4* 基因是一种新型的植物耐盐性决定因子，可催化吡哆醛-5-磷酸的生物合成，吡哆醛-5-磷酸可以作为配体的形式与SOS1的C端结合，进而调节SOS1的活性（Shi and Zhu，2002；Tester and Davenport，2003）。*SOS5* 基因的突变株对盐胁迫很敏感，主要是通过增强细胞间的连接和促进细胞壁的发育而发挥抗盐作用（Shi et al.，2003）。而其中SOS调控途径主要涉及3个基因：*SOS1*、*SOS2* 和 *SOS3*。当细胞内部或者外部感知到高浓度的钠离子时候，细胞内的钙离子富集，SOS3结合这些游离的钙离子并激活丝氨酸/苏氨酸蛋白激酶SOS2的活性，活化后的SOS3/SOS2激酶复合体会使SOS1或者其他的转运蛋白进行表达（Qiu et al. 2002）（图8-2）。

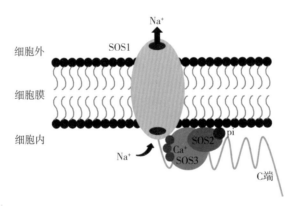

图8-2　SOS1通过SOS2-SOS3激酶复合体调节自身活性

Figure 8-2　The activity of the SOS1 exchanger is regulated by the SOS2-SOS3 kinase complex

② 乙烯信号转导途径及相关基因的研究。研究表明在盐胁迫下乙烯参与了水稻对盐胁迫的应答（Khan et al.，1987）。在烟草中含有 *NTHK1* 和 *NTHK2* 两类乙烯受体基因，这两类基因在多种胁迫条件下都可以诱导表达（Can et al.，2003）。把 *NHKT1* 基因转到拟南芥中过量表达可以激活盐应答基因 *AtERF4* 和 *Cor6.6* 的表达，进而可以明显提高拟南芥的耐盐

性（Cao et al.，2007）。在水稻中利用CaMV35S启动子调控*TERF1*基因（番茄乙烯应答因子）的表达，*TERF1*基因再进一步调控其他功能基因*OsABA2*、*OsPrx*、*Wcor413-l*、*Lip5*的表达（Gao et al.，2008）。此外，在乙烯信号通路中及下游的盐胁迫耐受信号通路中，*JERF3*是起连接这些信号通路的重要基因（Wanget al.，2004）。

③ 植物钠/氢逆转运蛋白家族。细胞为应对环境胁迫以及相应生长发育的各种信号，进化处理调剂细胞内离子和pH平衡的各种机制。在原核生物中主要依赖位于细胞膜上的一些离子转运蛋白，真核生物中则更加复杂（Chanroj et al.，2012）。随着基因组学的发展，越来越多的离子转运蛋白被鉴定出来，其中钠/氢逆转运蛋白在植物生长发育以及抗盐胁迫中发挥着重要的作用。这类逆向转运蛋白被称为一价阳离子氢离子逆向转运蛋白（monovalent cation proton antiporters；CPAs）（Brett et al.，2005），这些CPA逆转运蛋白被认为主要负责植物、动物、真菌和细菌中的一价阳离子的运输。植物CPA大家族包含3个基因家族：*CHX*（cation/H^+ exchanger）、*KEA*（K^+ efflux antiporter）和*NHX*（Na^+/H^+ exchanger）家族（Brett et al.，2005）。其中*CHX*基因目前仅在植物中发现，被认为是植物特有的一类CPA成员。目前在植物中发现的CHX家族基本蛋白长度都在800个氨基酸以内，包含了一个疏水的Na^+/H^+交换结构域（N端）和一个亲水的功能未知的C端。目前*CHX*基因功能的研究仅限于拟南芥中，其中AtCHX16～AtCHX20被认为与K^+和pH平衡有关（Chanroj，Lu et al.，2011），位于质膜的AtCHX13也转运K^+（Zhao et al.，2008）。其中*AtCHX*基因的表达主要在一些雄配子体或者孢子体组织中，结合其他实验结果表明*AtCHX*基因在植物花发育过程中有重要的作用（Sze et al.，2004）。*KEA*基因是CPA家族中研究最少的成员，其中拟南芥中一共有6个成员，可分成KEA1～3和KEA4～6两个群。由于在细菌中与*KEA*基因同源基因*KefB*和*KefC*分别起到K^+运输的作用，推测植物中的KEA蛋白为K^+转运载体（Brett et al. 2005）。*NHX*基因的研究相对较多一些，根据其在细胞中分布和作用位置的不同，NHX家族蛋白可分为三类，分别定位于质膜（plasma membrane）、液泡膜（vacuolar membrane）和内体膜（endosomal membrane）（Bassil et al.，2012）。位于质膜的NHX通过消耗能量的逆向转运方式将Na^+从胞质中排出胞外，减弱其对细胞产生的盐害作用。位于液泡膜的NHX通过产生的H^+电化学梯度将Na^+运输进入液泡，这样可将排入的Na^+作为离子渗透调节剂，避免细胞水分的进一步的流失（Blumwald，2000）。位于内体膜的NHX调节细胞器中Na^+的浓度，维持细胞器的pH和离子平衡，影响胞内分选和细胞的应激反应（Bassil et al.，2011）。

④ 蛋白激酶MAPK信号转导途径及相关基因的研究。MAPKs是众多信号蛋白的一种，可以激活调节一系列细胞内相应途径。在MAPK激酶家族中保守的丝氨酸/苏氨酸蛋白激酶的磷酸化作用可以激活下游的多种基因的表达，进而响应各种胁迫条件。在真核细胞中，通过MAPKKK（促分裂原活化蛋白激酶的激酶的激酶）→MAPKK（促分裂原活化蛋白激酶的激酶）→MAPK（促分裂原活化蛋白激酶）逐级磷酸化不断把信号放大并传递下去。目前研究表明植物的MAPK激酶级联途径对高温、干旱、低温、高盐、病原等生物或

非生物胁迫均有响应。

2. 重要桑树耐盐基因的研究和桑树耐盐种质的筛选

桑树属于蔷薇目（Rosales）桑科（Moraceae）桑属（Morus），在我国是一种常见的乡土树种，并且伴随着我国悠久的栽桑养蚕的生产活动在我国大部分地区都有广泛的种植。从海拔3600m的青藏高原到海拔数十米的盆地，从西部的新疆和田沙漠到东部的沿海滩地，从最南的海南到最北的黑龙江，都可以看到桑树的身影（买买提依明等，2007）。传统上桑树作为喂养家蚕的饲料，其生态作用被长期忽略。近10年来，桑树作为一种重要的生态林树种在盐碱地治理、防沙漠化、石漠化治理、水土保持等方面发挥的作用（杜周和等，2001；廖森泰等，2009）。同时桑树作为多年生的木科植物，有木质部较硬、可以抵御大风的特点作为生态林的主要组成部分现在在我国的西北地区有大量的种植。研究表明，通过种植耐盐植物的生物治盐是改善生态环境、提高盐碱化土地利用率的有效方法。而沙地桑是一种可以在一些极端情况下如含盐量达0.6%以上的盐碱地上生长良好的一类桑树，这些桑树在新疆等省份有大量的种植。桑树作为最早栽培的经济林木之一，在我国有广阔的种植面积，而近些年一些抗盐品种在治理盐碱地上发挥的作用受到国内外研究者的广泛关注（牛东玲等，2002；任丽丽等，2010）。

（1）桑树中重要耐盐基因的研究

① 桑树*NHX*基因家族。近年来，川桑（*Morus notabilis*）基因组测序的完成（He et al.，2013）为桑树抗逆分子生物学研究奠定了一个坚实的基础。我们基于川桑基因组在粤桑（*M. atropurpurea*）中克隆并鉴定出了7个*NHX*基因及*MaNHX1*～*MaNHX7*（表8-3），其中*MaNHX1*～*MaNHX6*的CDS的大小差不多在1593～1668bp，*MaNHX7*的CDS较其他6个大一些，为3435bp，所编码的蛋白质由530～1144个氨基酸组成，分子量在59.05～127.57kDa之间，等电点在5.55～8.66之间。将*MaNHX1*～*MaNHX7*与拟南芥、玉米、葡萄、水稻、大麦、小麦、胡杨和番茄的*NHX*基因进行聚类分析（图8-3），可发现*MaNHX1*～*MaNHX7*被分成了三类，其中*MaNHX1*～*MaNHX5*与拟南芥Class I型的*AtNHX1*～*AtNHX4*聚在一起，*MaNHX6*与南芥Class II型的*AtNHX5*～*AtNHX6*聚在一起，*MaNHX7*（及*MaSOS1*）与*AtNHX7*（及*AtSOS1*）和*AtNHX8*聚在了一起。通过进化树分析我们发现除了*MaNHX5*是先和拟南芥聚在一起的，其他6个基因都是先和胡杨聚在一起的，这表明粤桑的*NHX*与胡杨的*NHX*进化关系较近，也表明桑树可能和胡杨一样有高耐盐性的潜力。将克隆得到的6个液泡型MaNHX蛋白序列进行多序列比对（图8-4），并用跨膜软件预测其跨膜结构，可以发现*MaNHX1*～*MaNHX6*都具有12个跨膜结构区，*MaNHX1*～*MaNHX6*蛋白序列具有高度保守区，MaNHX蛋白序列中含有Na^+和H^+转运的关键结构域——Na^+/H^+交换泵，这为NHX的典型特征。且在Na^+/H^+交换泵上游含有抑制剂氨氯吡嗪脒结合位点（LFFIYLLPPI）（Gaxiola et al.，2001）以及糖基化位点等结构域。

表8-3　粤桑*NHX*基因的相关信息

Table 8-3　The *NHX* genes information in *M. atropurpurea*

Gene Name	ORF Length (bp)	Protein Length (Grabherr, Haas et al.)	Molecular Weight (kD)	Na⁺/H⁺ exchanger domain (start to end)	PI	NHX Class	Genebank Accession number
*MaNHX*1	1644	547	60.46	28~444	8.66	I	KT003576
*MaNHX*2	1602	533	58.62	24~443	7.72	I	KT003577
*MaNHX*3	1593	530	59.05	13~431	6.10	I	KT003578
*MaNHX*4	1611	536	59.34	25~447	8.06	I	KT003579
*MaNHX*5	1593	530	59.20	24~445	6.89	I	KT003580
*MaNHX*6	1668	555	60.95	42~450	5.55	II	KT003581
*MaNHX*7	3435	1144	127.57	29~444	6.35	III	KT003582

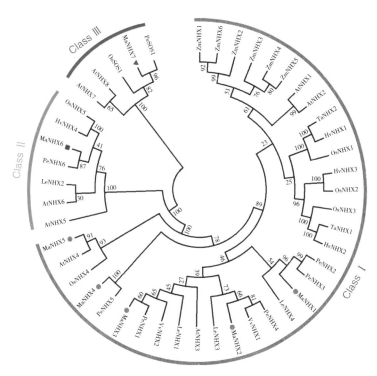

图8-3　粤桑（*Morus atropurpurea*）与拟南芥（*Arabidopsis thaliana*）、水稻（*Oryza sativa*）、胡杨（*Populus euphratica*）、玉米（*Zea mays*）、葡萄（*Vitis vinifera*）、大麦（*Hordeum vulgare*）、小麦（*Triticum aestivum*）、番茄（*Lycopersicon esculentum*）*NHX*的进化树分析

Figure 8-3　The phylogenetic trees for *NHX*s from *Morus atropurpurea*, *Arabidopsis thaliana*, *Oryza sativa*, *Populus trichocarpa*, *Zea mays*, *Vitis vinifera*, *Hordeum vulgare*, *Triticum aestivum* and *Lycopersicon esculentum*

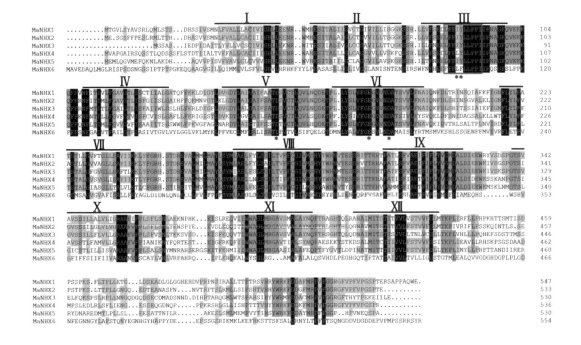

图8-4　粤桑NHX蛋白质多序列比对

Figure 8-4　Alignment of the amino acid sequences of *MaNHX* gene family

　　为了进一步了解桑树抗盐的分子机理，我们以粤桑为材料研究了*MaNHX*在粤桑中的表达情况。植物中存在组成型表达和诱导性表达两种形式。其中诱导性表达受外界环境的影响，只有在存在盐胁迫诱导时，才能检测到NHX蛋白的活性；但组成型表达不受外界环境干扰，在任何条件都可检测到NHX蛋白持续表达，其中受盐胁迫后NHX蛋白的表达量显著提高。我们在未进行盐胁迫的湖桑根、茎、叶中都检测到了NHX蛋白的活性，经高盐环境诱导后，表达量不同程度提高，表明桑树NHX也为组成型表达，而且我们也发现*MaNHX*基因家族也不同程度地响应PEG和ABA、MeJA、H_2O_2、SA处理，这表明NHX可能参与植物中更多的生理生化活动，而并不单是抗盐。

　　② 桑树V-H^+-ATPase基因家族。植物在面对各种逆境环境下，需要各种生理调节来抵抗逆境胁迫，其中就需要涉及各种转运蛋白的调节来感知和响应外界的环境改变。而质子泵在转运蛋白中占极其重要的位置，没有质子泵提供的质子梯度提供能量并与载体或质子通道偶联，其他所有的转运蛋白都将停止运行（Sze et al. 2002）。质了泵几乎存在于所有的细胞中，目前已知的质子泵ATPase分三类：质膜上的P-ATPase（plasma membrane H^+-ATPase），叶绿体和线粒体上的F-ATPase（F-type ATP synthase），以及液泡膜上的V-ATPase（vacuolar H^+-ATPase）（王延枝等，1993；蔡惠罗，1994；祝雄伟等，1997）。V-ATPase在生命活动中的功能使其成为当前H^+-ATPase家族功能研究中的一个十分活跃的分支。在植物体中，V-ATPase除了利用建立的跨膜电化学势梯度来驱动离子及代谢产物的运输以外，在保卫细胞的运动、植物生长、发育以及植物对胁迫

的响应中也起到极为重要的作用（Magnin et al.，1995）

其中V-ATPase是一种多亚基寡聚酶，由13个亚基组成（图8-5），其分子量约为730kDa（Forgac，1999；祝雄伟等，1999）。由V_1和V_0两大亚复合体构成"球茎"结构，其中V_1域细胞内由A、B、C、D、E、F、G、H 8个亚基组成，主要负责水解ATP（Rafael Ratajczak et al.，2000）。V_0域镶嵌于膜内，由a、c、c″、e和一个亲水性的亚基d 5个不同的亚基组成，负责质子的跨膜运输（Ratajczak，2000）。

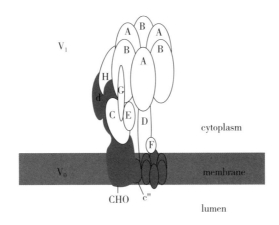

图8-5　液泡型H^+-ATPase的结构模型（Forgac，1999）

Figure 8-5　Structural model of the vacuolar-type H^+-ATPase

V-ATPase c亚基是目前研究的最广泛的亚基之一（Gogarten and Taiz，1992）。c亚基是一个疏水亚基，参与质子通道的形成。由于它在不同种属间的同源性大大超过了65%，因此认为它是目前已知的最为保守的脂质蛋白（Pereraet al.，1995；Ratajczak，2000）。在研究V-ATPase对逆境响应的过程中，发现c亚基更为敏感，且其mRNA水平显著增加（Tsiantis et al.，1996）。在拟南芥中对V-ATPase c亚基的分析已经发现了5个同源基因编码，即*VHA-c1*、*VHA-c2*、*VHA-c3*、*VHA-c4*、*VHA-c5*（Malcolm and Michael，1997）这5个基因都有各自不同的表达模式（Perera et al.，1995；Ratajczak.，2000；Padmanaban et al.，2004）。在桑树中，我们基于川桑基因组分析发现了7个桑树的V-ATPase c基因（基因ID：*Morus001994*、*Morus004486*、*Morus004487*、*Morus004660*、*Morus025476*、*Morus000380*、*Morus026709*），但这些基因在桑树的抗盐碱过程中发挥的具体作用还有待研究。

（2）桑树耐盐种质的筛选

随着我国蚕桑产业的转型升级和生态桑产业的不断发展，系统开展桑树的抗逆性特别是包括耐盐耐旱性的非生物抗逆性研究，筛选抗逆性强的桑树种质资源、品种资源或杂交组合，已成为蚕桑产业的转型升级和生态桑产业发展的迫切需求。新中国成立以来，各部门开展了桑树地方品种调查、实生桑选种、杂交育种、多倍体育种等工作，经过整理，全国各地收集保存的品种资源有3000多份（吴萍等，1999）。而在抗盐种质资源的筛选中，我国的科技人员也已做了部分的工作如浙江利用移栽滨海盐土上筛选出了耐盐性较强的乌桑、绢桑、伏龙桑、金桑等桑品种。而关于桑树的耐盐性机理也有不少报道（苏国兴，1998；苏国兴等，1999），苏国兴等人用隶属函数法分别对桐乡青、湖桑32、新一之濑、育151这4个桑树品种在盐胁迫下的叶片的脯氨酸含量、K^+/Na^+、SOD、POX、GSH含量、丙二醛含量、营养生长和质膜相对透性等9个耐盐生理指标以及变化量进行了检测（苏国兴等，2002），进而评价桑树的耐盐性，结果表明新一之濑＞湖桑32、桐乡青＞育151。张和禹等对从全国5个地点收集的12种桑树自然结实的种子，包括生产中常用的白桑、鲁桑、山桑和广东桑以及野生种华桑、蒙桑，桑杂交种丰驰桑、沙2×伦109，之后通过对不同浓度的盐处理下的实生苗测量其相对生长量、盐害指数等，结果发现耐盐性高的有安徽的华桑，陕西、新疆的白桑；耐盐性中等的有河北、安徽、江苏的鲁桑、蒙桑、山桑和丰驰桑；耐盐性较低的有广东的广东桑和沙2×伦109（张和禹等，2005）。祝娟娟等选择了来自不同地区的杂交桑品种和实生桑品种进行了抗盐性鉴定，结果表明广西的杂交桑桂桑优62具有较强的耐盐性（祝娟娟等，2013）。刘雪琴等选择新疆和田荒漠化地区的桑种质资源策沙系列与策沙系列的杂交组合以及抗性较强的现行优良杂交组合桂桑优62、桂桑优12（朱方容，2001）的桑种子和桑苗，利用NaCl模拟盐分胁迫环境，进行耐盐性鉴定试验，以期筛选到高耐盐桑树杂交组合应用于生态桑产业。由于策沙系列桑树种质资源来自我国沙漠地区，具有在恶劣环境下生存的能力。而桂桑优系列桑树杂交组合是广西蚕业技术推广总站选育的桑树杂交品种，作为杂交桑种，其性状稳定，易快速大面积种植，与嫁接扩繁的桑品种比较，更能满足生态桑产业发展对苗木快速繁殖的需求。因此，该研究选用策沙系列的杂交组合和桂桑优12、桂桑优62作为试验材料，能提高耐盐耐旱性桑树杂交组合筛选的效率。该研究基于祝娟娟等研究的结果，筛选直接采用了高浓度（12g/L）NaCl溶液对供试桑树杂交组合的F1种子萌发进行盐分胁迫处理。根据记录的发芽数表明大部分供试种子在培养第6天的发芽数是最多的，采用第6天的性状调查数据用于分析。种子萌芽期在盐分胁迫下，其相对发芽率、发芽势、发芽指数、盐害指数在各桑种子组间都达到差异显著水平（$P<0.05$），故这些性状指标数据均可作为桑种子萌发期的耐盐性评价指标。基于五级评分法（Liu et al.，2010），计算获得了各供试桑种子组萌发期的耐盐性总评分。根据总评分可将13个桑种子组萌发期的耐盐性划分为4个类型：策沙-杂6、策沙-杂5和桂桑优62的总分＞20，为极耐盐类型；桂桑优12、策沙-杂1、策沙-杂11、策沙-杂4、策沙-杂7的总分在15～20之间，为高耐盐类型；策沙-杂2的总分在10～15之间，为中度耐盐类型；策沙-杂8、策沙-杂10、策沙-杂13、策沙-杂12的总分＜10，为对盐分敏感类型。该研究结果表明就策沙系列桑树杂交组合的F1和桂桑优系列的杂交F1而言，前者的耐旱性较强，后者的耐盐性较强。该研究结果对推动生态桑产业的发展具有很好的实用意义，为不同盐碱化程度地区治理的桑树品种选择提供了理论依据。

（二）抗旱基因

水是人类最宝贵的资源，也是制约植物生长、作物生产和生态环境的重要因素，是世界未来发展的首要限制因子。研究表明，地球上干旱、半干旱地区的面积约占陆地总面积的35%，我国干旱和半干旱地区面积565.86×10⁴ km²，约占国土面积的58.6%（苏文鄂，1987）。目前，我国人均水资源占有量为2300m³，人均淡水资源占有量约2100m³，分别为世界人均水平的25%和28%，我国约有2/3的城市缺水，1/4的城市严重缺水，且水资源南北分布不均。节约用水，迫在眉睫。一方面需改变粗放的用水方式，另一方面通过种植高耐旱的植株，进行生物节水也是一项行之有效的举措，这就需要筛选和培育高耐旱的品种。

1. 抗旱基因种类

（1）功能蛋白基因

干旱、高盐等非生物胁迫对植物的危害大部分原因是造成体内渗透压失调，因此，为了维持细胞内外渗透压的平衡，保持细胞内水分，植物通常会产生一些小分子的代谢产物，如氨基酸及其衍生物、糖类等。氨基酸类如脯氨酸等亲水性极强，能稳定原生质胶体及组织内的代谢过程，有防止细胞脱水的作用，除此之外，脯氨酸还是亚细胞结构的加固者，自由基的清除者，能量池、胁迫相关的信号物质（Bartels et al.，2005）。甘氨酸甜菜碱可以维持细胞和环境之间的水分平衡，维持大分子结构和活性来保护植物免受胁迫伤害。糖类包括棉籽糖、半乳糖、海藻糖、水苏糖和果聚糖等，它们不仅能作为渗透保护剂起作用，而且还能保护细胞膜的结构，从而提高植物的耐受性（Sheveleva et al.，1997）。与之相关的基因包括，游离脯氨酸基因、甘氨酸肌氨酸转甲基酶、二甲基甘氨酸转甲基酶基因、Δ′-吡咯啉-5-羧基合成酶基因、果聚糖蔗糖酶基因、海藻糖合成酶基因等。这类基因在植物中过表达后，会不同程度地提高植物的耐受性。

除了渗透压的变化，逆境对植物的另外一个重要的危害是氧化损伤。植物在遭受外界胁迫时，体内会产生过氧化氢（H_2O_2）、超氧负离子（O_2^-）等活性氧物质，对细胞造成损伤。为了抵御活性氧对细胞的损伤，植物体内形成了抗氧化防御系统，包括清除这些物质的酶系和抗氧化物质组成，如超氧化物歧化酶（SOD）、过氧化物酶（POD）、过氧化氢酶（CAT）、抗坏血酸（ASA）、类胡萝卜素（carotenoids car）以及一些含巯基的低分子化合物，如还原型谷胱甘肽（GSH）等。与此类酶相关的基因转入到植物体内后，也能提高植物的抗性。

还有一类分子伴侣蛋白，在抵抗外界胁迫过程中发挥重要作用，晚期胚胎发育丰富蛋白（LEA）是其中很重要的一类。LEA蛋白不仅能维持细胞结构稳定，保护细胞不被伤害，其高度的亲水性还可以使植物在失水时部分替代水分子（Bartels et al.，2005）。多种植物中过表达*LEA*基因后均表现出抗逆性提高的性状，如桑树、水稻、燕麦等（Oraby et al.，2005；Xiao et al.，2000；Lal et al.，2008）。

（2）转录因子基因

植物响应外界胁迫的另一种非常重要的蛋白是调节蛋白，包括转录因子、蛋白激酶和蛋白酶等，其中转录因子是其中重要的组成部分，种类繁多，涉及植物多方面的功能。功能蛋白是发挥功能最下游的蛋白质，一般仅针对一种或几种情况发挥功能。与功能蛋白相比，转录因子能够调控多种下游基因的表达，因而成为转基因更为合适的候选基因。通过生物工程的方法过表达信号途径中的转录因子，产生高抗性的植株是现阶段生物技术研究的重要目标之一。

转录因子又称反式作用因子，是能够与真核生物启动子区域中顺式作用元件发生特异性相互作用的DNA结合蛋白，通过它们之间以及与其他相关蛋白之间的相互作用，激活或抑制转录。转录因子通常具有DNA结合区域和转录调控区域，转录调控区域又分为转录激活区域和转录抑制区域，寡聚化位点和核定位信号等四个功能区域。转录因子在细胞质中表达并修饰后，进入细胞核中，通过DNA结合区域与相应的位点结合，随后调控区域或是激活或是抑制下游的基因表达。它们也会通过寡聚化位点与其他蛋白形成复合体，共同调控下游基因的表达。

植物基因组中存在大量编码转录因子的基因，其中拟南芥基因组序列中超过1600个编码转录因子的基因被鉴别出来，约占基因总数的6%（Riechmann et al.，2000）。不仅数量大，根据其DNA结合结构域的不同也分为很多种类。1987年转录因子首次在玉米中克隆出来，之后调控干旱、高盐、低温、激素、病原反应以及生长发育相关基因表达的转录因子也相继从高等植物中分离出来，迄今已有数百种（刘强等，2000）。其中，与抗逆性相关的主要有MYB类、bZIP类、WRKY类、NAC类、AP2/EREBP类等。其分类主要是根据蛋白质所含的特殊结构域，这些结构域能够使蛋白质形成适于与DNA结合的三维结构，这是转录因子激活下游基因表达的物质基础。

通过激活下游基因的表达，转录因子在植物的生长发育的各阶段都发挥着重要的作用。如MYB类转录因子中只含有1个MYB结构域的亚类可能与调节基因转录和维持染色体结构的完整性有关；含有2个MYB结构域的亚类（R2，R3）可能参与控制细胞分化、调节次生凋谢，并且与应答外界环境的胁迫和病原菌的侵害有关，含有3个MYB结构域的亚类（R1，R2，R3）主要是参与细胞周期的调控和细胞分化的调节；WRKY类转录因子中的第Ⅲ类是仅存在于高等植物的一类WRKY转录因子，研究表明此类多与外界环境胁迫应答相关（Fowler et al.，2002；Abe et al.，2003；Dubos et al.，2010）。

虽然，各类转录因子在植物的整个生命过程中发挥着多种功能，但几乎所有的转录因子都参与了植物抵御非生物胁迫的过程。在响应胁迫的信号传递过程中，根据是否需要ABA信号，可以分为依赖ABA的途径和不依赖ABA的途径（Nakashima et al.，2000）。

2．桑树抗旱种质资源筛选及重要抗旱基因的研究

（1）桑树抗旱资源的筛选鉴定与应用

桑树抗旱种质资源的筛选主要集中在对其生理生化特性和表型的研究。余茂德等（1991）以桑叶片的气孔分布状况作为间接鉴定指标来评价不同桑品种的耐旱性。李卫国等（2003）也曾通过测定不同桑树品种的叶水势、气孔导度、蒸腾效率等系列水分生理指标来作为不同桑品种耐旱性判断指标。这两个研究都是从水分保持的能力方面鉴定不同桑品种的耐旱性强弱。近来也有研究通过测定桑树在干旱胁迫下所表现出的各项生理生化指标方面区分耐旱性的强弱，如抗坏血酸盐过氧化物酶、过氧化物歧化酶、过氧化物酶、过氧化氢酶、叶片脯氨酸含量、可溶性糖、甜菜碱、丙二醛、ABA相关的脂质过氧化反应变化和电泄露、光合速率等（Chaitanya et al.，2003；Reddy et al. 2004；冀宪领等，2004，Chaitanya et al.，2009）。同时通过对干旱耐受型和敏感型桑品种的比较发现，桑树的干旱耐受程度可能与维持高水平的氨基酸含量和氨再同化能力相关（Ramanjulu and Sudhakar，1997）。除此之外，桑树在受到干旱胁迫时的叶片萎蔫、黄化、种子的发芽率和发芽势等表征是耐旱性筛选的最直观的特征。在大田环境下，桑树的耐旱性强弱可以通过植株的高度、底座的直径、根的表面积等特征鉴定（Huang et al.，2013）。吴沿友等（2011）曾用PEG6000处理桑树和构树的幼苗来分析两个树种的耐旱生理特性。这种用PEG6000处理幼苗期的方法，既可以排除干旱对种子萌发的影响，也可以在一定程度上消除不同作物种子之间活力的差异，达到筛选耐旱作物品种的目的。为了筛选耐旱性强的桑树杂交组合供生态桑产业应用，刘雪琴等（2014）选择来自新疆和田沙漠化地区的桑树种质资源策沙系列不同株系定向杂交组合的F1以及大面积推广应用的桂桑优系列杂交桑——桂桑优12、桂桑优62的桑苗为试验材料，利用400g/L PEG6000模拟干旱胁迫环境。调查萌发幼苗干旱胁迫下的成活率，鉴定供试桑树杂交组合的F1耐旱性能（图8-6）。刘雪琴等（2014）不但对筛选所用材料进行了选择，而且也对PEG6000模拟干旱胁迫的条件进行了分析。同时该研究设置了200g/L、300g/L、400g/L三个梯度浓度PEG6000溶液对生长状态基本相同的幼

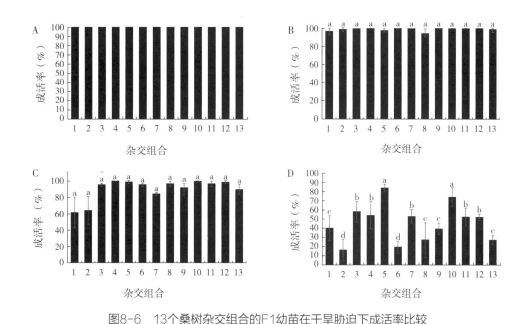

图8-6　13个桑树杂交组合的F1幼苗在干旱胁迫下成活率比较

Figure 8-6　Comparison of survival rate of 13 hybrid combinations after drought treatment

A. 正常营养液培养组；B. 200g/L PEG6000处理组；C. 300g/L PEG6000处理组；D. 400g/L PEG6000处理组。1～13依次为策沙-杂1、策沙-杂2、策沙-杂4、策沙-杂5、策沙-杂6、策沙-杂7、策沙-杂8、策沙-杂10、策沙-杂11、策沙-杂12、策沙-杂13、桂桑优12号、桂桑优62号；不同字母之间表示存在显著水平差异（$P<0.05$，$n=3$）

A. Cultured with normal nutrient solution; B. Cultured with 200g/L PEG6000; C. Cultured with 300g/L PEG6000; D. Cultured with 400g/L PEG6000.1～13 indicate Cesha-hybrid 1, Cesha-hybrid 2, Cesha-hybrid 4, Cesha-hybrid 5, Cesha-hybrid 6, Cesha-hybrid 7, Cesha-hybrid 8, Cesha-hybrid 10, Cesha-hybrid 11, Cesha-hybrid 12, Cesha-hybrid 13, Guisangyou 12, Guisangyou 62. The different alphabets indicate a significant difference of $P < 0.05$ ($n=3$)

苗进行了重复3次的筛选。研究结果表明：经不同PEG6000处理后大部分供试桑幼苗从处理第四天开始表现出了明显的萎蔫现象，从而选用干旱胁迫处理第四天的数据作为结果分析的数据。正常水分环境下，所有供试桑幼苗均没有萎蔫现象发生，且长势基本一致；用200g/L和300g/L PEG6000处理后4天后，虽然有少数杂交组合的F1幼苗的成活率下降，但没有显著性的差异；当用400g/L PEG6000处理4天时，各供试组合的F1幼苗成活率均下降，且下降程度在各组合之间表现出了显著的差异。因此，选用了400g/L PEG6000处理组的数据评价各供试桑树杂交组合F1幼苗的耐旱性。依据幼苗成活率数据差异显著性分析表明，各供试桑树杂交组合F1幼苗的耐旱性可分为具有显著差异的4种类型：策沙-杂6和策沙-杂12为极耐旱类型；策沙-杂4、策沙-杂5、策沙-杂8、桂桑优12、策沙-杂13为高耐旱类型；策沙-杂1、策沙-杂11、策沙-杂10、桂桑优62为中度耐旱类型；策沙-杂2、策沙-杂7为干旱敏感类型，这些研究结果不但为桑树耐旱性资源和品种筛选提供了有效可靠的方法，也为干旱地区生态治理提供了品种选择理论依据以及为抗旱育种提供了育种素材。另外，各供试桑幼苗在受到干旱胁迫时，其成活率低于50%的天数与其耐旱性排序是呈负相关的，耐旱性越强受胁迫的症状出现的就越迟（表8-4）。研究结果显示供试桑幼苗随着干旱胁迫程度的增强，其成活率逐渐降低；不同供试组合的F1幼苗对干旱胁迫的耐受性存在显著差异。

表8-4　13个桑树杂交组合的F1幼苗在干旱胁迫下成活率低于50%的天数与耐旱性排序的比较

Table 8-4　Comparison days of survival rate less than 50% and rank of drought tolerance of 13 hybrid combinations

桑杂交组合的F1	天数	排名	桑杂交组合的F1	天数	排名
策沙-杂6	7	1	策沙-杂1	3	8
策沙-杂12	6	2	策沙-杂11	3	9
策沙-杂4	4	3	策沙-杂10	2	10
策沙-杂5	4	4	桂桑优62	3	11
策沙-杂8	4	5	策沙-杂7	2	12
桂桑优12	4	6	策沙-杂2	2	13
策沙-杂13	4	7			

（2）川桑抗旱基因的鉴定和分类

随着桑树基因组测序的完成（He et al., 2013），桑树耐旱性的研究可从表型和生理生化特性深入到分子调控机理和后基因组层次。目前，对于桑树耐旱性相关基因的研究还处于初始阶段，所研究的基因尚比较少。编码LEA蛋白的*HAV1*基因在桑树中过量表达后可以通过提高细胞膜和光合速率的稳定性、降低光氧化损伤从而提高植株对干旱的耐受性（Lal et al., 2008）。逆渗透和逆渗透类似蛋白隶属于植物PR-5蛋白家族，是应激类蛋白质，转入这一基因的桑树不但具有良好的耐旱性，生物测定发现对蚕也没有影响，可以用于饲养（Das et al.，2011）。最近，有研究者从桑树叶片的EST中分离出编码remorin蛋白质家族的基因*MiREM*，它定位在细胞质膜上并且在各个组织都有表达，转入拟南芥后可以提高拟南芥的耐旱性（Checker and Khurana，2013）。植物面对干旱胁迫所表现出的差异，根本上还是由于基因表达上的差异。与抗旱相关的基因有多种类型，根据其功能可分为两大类，功能蛋白基因和转录因子基因。其中，功能蛋白基因包括渗透调节基因、抗氧化基因、晚期胚胎发生丰富蛋白（LEA）基因、水通道蛋白基因（AQP）等（刘敏丽等，2006）。渗透调节基因包括游离脯氨酸基因、海藻糖合成酶、甜菜碱醛脱氢酶基因*BADH*、吡咯啉–5–羧基合成酶基因*P5CS*、乙酰脱氢酶基因*betA*、甜菜碱生物合成酶基因*codA*等；抗氧化基因包括超氧化物歧化酶基因、过氧化物酶基因、过氧化氢酶基因等。LEA蛋白主要分为6类：LEA1～LEA6，与植物抗逆性相关的主要是LEA1～LEA3。抗旱相关转录因子的主要有*DREB*、*MYC/MYB*、*bZIP*、*WRKY*和*NAC*类等基因。表8-5中所示是从川桑基因组中分离鉴别出的部分与干旱相关的基因及其数目。

表8-5 川桑中部分与干旱相关的基因及其数目

Table 8-5 The drought related genes in *Morus notabilis*

分类	基因名	基因数目（个）
功能蛋白基因	晚期胚胎发生丰富蛋白基因	16
	水通道蛋白基因	43
	过氧化氢酶基因	53
	海藻糖合成酶基因	12
	超氧化物歧化酶基因	11
转录因子	*MYB*	127
	WRKY	56
	DREB	30
	bZIP	12

（3）川桑抗旱基因*DREB*研究

基因工程技术的发展为定向的改良作物提供了平台，那么选择一个行之有效的基因进行深入研究显得至关重要。起初对抗性相关基因的研究主要集中在功能基因，但随着研究的不断深入，人们发现功能基因只能发挥一种或一类功能，并且易受其他调控基因的调控，因此表现出不稳定性；而转录因子能够调节多个基因的表达，因而被认为是通过转基因技术提高植物抗性最合适的目的基因之一。

AP2/ERF转录因子是植物特有的一类转录因子，其含有一个约由57～70个氨基酸残基组成的保守的AP2结构域，该结构域中含有1个α螺旋和3个反向的β折叠，β折叠区域为DNA的结合区（Okamuro et al.，1997；Allen et al.，1998）。每个AP2结构域中含有1个YRG基序和1个RAYD基序，其中YRG基序位于AP2/ERF结构域的N末端，由大约20个氨基酸残基组成，该区域为3个β折叠的所在区域，对识别和结合各类顺式元件具有重要作用；RAYD基序位于AP2/ERF结构域的C末端，为α螺旋的所在区域，由大约18个氨基酸残基组成，其可以调节转录因子与顺式作用元件的结合能力（Okamuro et al.，1997）。AP2/ERF转录因子根据其含有AP2结构域的个数和种类，可以分为AP2亚家族（含2个AP2结构域）、ERF亚家族（含1个AP2结构域）、RAV亚家族（含1个AP2结构域和一个B3结构域）、DREB亚家族（含1个AP2结构域）和其他类（含1个AP2结构域，该结构域中不含WLG基序），其中ERF亚家族和DREB亚家族又分别分为6个组（Sakuma et al.，2002）。

Liu等（2015）根据其他物种中已经报道的AP2/ERF家族基因，从川桑基因组数据库中鉴定出110个含有AP2结构域的基因，其中30个属于DREB家族。将川桑DREB（MnDREB）蛋白序列的AP2保守结构域序列进行多序列比对，其结构域中含有保守的YRG和RAYD2个保守区域，并且在结构域的中间部位含有保守的WLG基序。在MnDREB蛋白序列中，其AP2结构域中第14位的缬氨酸（V14）具有很强的保守性，而第19位的谷氨酸（E19）的保守性相对较差些，研究报道第14位的缬氨酸（V14）是与DRE作用元件结合的关键位点，对识别并结合各类顺式作用元件具有重要作用（图8-7）。

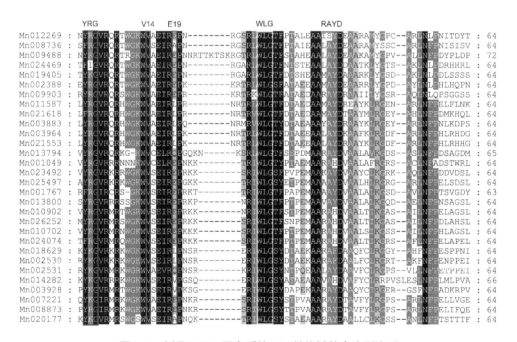

图8-7 川桑DREB蛋白质的AP2结构域的多序列比对

Figure 8-7 Multi-sequences alignment of AP2 domain from DREB in *Morus notabilis*

为了研究川桑DREB的进化关系，将分离出的30个DREB与苹果、杨树、葡萄和拟南芥的DREB进行系统进化树分析，如图8-8所示。根据进化树分析的结果，可以将30个MnDREB分为A-1～A-6六个亚家族。有10个MnDREB最先与杨树的聚到一起，7个最先与葡萄聚到一起，3个与苹果聚到一起，7个与拟南芥聚到一起，这表明川桑的*DREB*与木本植物的进化关系较近（图8-8）。根据进化树的结果和拟南芥*DREB*的命名方式，将*MnDREB*重新命名（表8-6）。如表8-6所示，大部分*MnDREB*基因仅含有1个外显子，只有A-2亚家族的4个基因含有多个外显子；它们的CDS的大小在477～2352bp之间；所编码的蛋白质由158～782个氨基酸组成，分子量在16.97～85.03kDa之间，等电点在4.78～8.93之间。

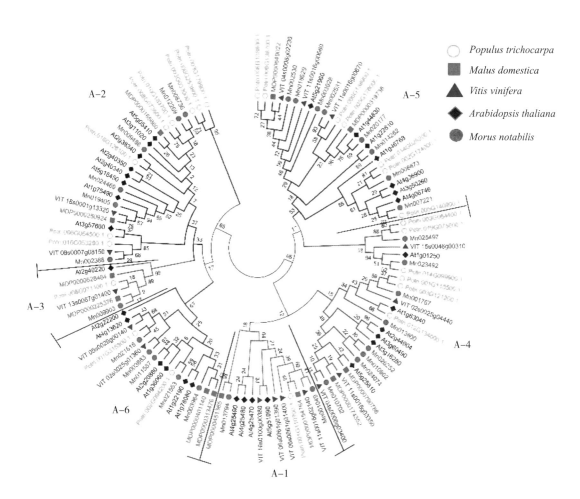

图8-8　川桑（*Morus notabilis*）DREB与杨树（*Populus trichocarpa*）、苹果（*Malus domestica*）、葡萄（*Vitis vinifera*）、拟南芥（*Arabidopsis thaliana*）DREB的进化树分析

Figure 8-8　Phylogenetic analysis of DREB（A-1）in *Morus notabilis*, *Populus trichocarpa*, *Malus domestica*, *Vitis vinifera* and *Arabidopsis thaliana*

表8-6 川桑*DREB*基因的相关信息

Table 8-6　Information of *DREB* genes in *Morus notabilis*

亚家族	基因数目（个）	基因ID号[a]	基因名	登录号	外显子数目（个）	基因长度（bp）	蛋白长度（Grabherr, Haas et al.）（Aa）	蛋白分子量（kDa）	等电点
A-1	2	Morus013794	*MnDREB1A*	KF678375	1	762	239	26.63	5.02
		Morus001049	*MnDREB1B*	KF678397	1	720	253	27.46	6.84
A-2	6	Morus012269	*MnDREB2A*	KF678373	1	1101	366	40.42	4.78
		Morus008736	*MnDREB2B*	KF678400	2	1029	402	44.26	8.52
		Morus009488	*MnDREB2C*	KF678399	5	2232	743	82.44	6.87
		Morus024469	*MnDREB2D*	KF678390	1	600	199	22.06	5.44
		Morus019405	*MnDREB2E*	KF678401	11	2349	782	85.03	8.36
		Morus002388	*MnDREB2F*	KF678378	1	858	285	32.04	6.07
A-3	1	Morus009903	*MnDREB3A*	KF678395	1	1077	358	38.73	6.48
A-4	8	Morus023492	*MnDREB4A*	KF678389	1	627	208	22.57	4.78
		Morus025497	*MnDREB4B*	KF678393	1	633	210	23.26	5.79
		Morus024074	*MnDREB4C*	KF678394	1	816	271	30.00	5.31
		Morus010702	*MnDREB4D*	KF678391	1	750	249	26.60	5.97
		Morus010902	*MnDREB4E*	KF678382	1	804	267	29.14	5.11
		Morus026252	*MnDREB4F*	KF678384	1	804	267	28.51	5.39

（续）

亚家族	基因数目（个）	基因ID号[a]	基因名	登录号	外显子数目（个）	基因长度（bp）	蛋白长度（Grabherr, Haas et al.）（Aa）	蛋白分子量（kDa）	等电点
		Morus001767	MnDREB4G	KF678374	1	786	261	27.70	4.93
		Morus013800	MnDREB4H	KF678376	1	639	212	22.48	4.91
A−5	8	Morus007221	MnDREB5A	KF678379	1	534	177	19.75	7.81
		Morus008873	MnDREB5B	KF678380	1	540	179	20.54	7.91
		Morus020177	MnDREB5C	KF678377	1	777	258	28.38	5.59
		Morus014282	MnDREB5D	KF678402	1	477	158	16.97	6.13
		Morus003928	MnDREB5E	KF678381	1	567	188	20.45	5.29
		Morus002531	MnDREB5F	KF678387	1	516	171	18.56	6.09
		Morus018629	MnDREB5G	KF678385	1	843	280	31.47	4.91
		Morus002530	MnDREB5H	KF678386	1	636	211	23.73	4.80
A−6	5	Morus003964	MnDREB6A	KF678392	1	1008	335	37.10	5.78
		Morus021553	MnDREB6B	KF678396	1	1065	354	38.72	7.18
		Morus003883	MnDREB6C	KF678383	1	963	320	35.17	8.93
		Morus011587	MnDREB6D	KF678388	1	1323	440	49.26	5.73
		Morus021618	MnDREB6E	KF678398	1	1173	390	43.62	7.78

注：[a]Gene ID从川桑数据库中获得（http：//morus.swu.edu.cn/morusdb/）。

　　与其他物种的DREB进行多序列比对发现，同一个亚家族的蛋白序列有很高的保守性，尤其是A-3亚家族（图8-9）。A-1～A-3亚家族在N端都有保守的核定位序列（NLS）；A-1亚家族的C端有保守的DSW和LWSY位点。A-4～A-6亚家族仅含有一个AP2结构域，这也说明这3个亚家族的蛋白质可能在不同的细胞结构中发挥作用。

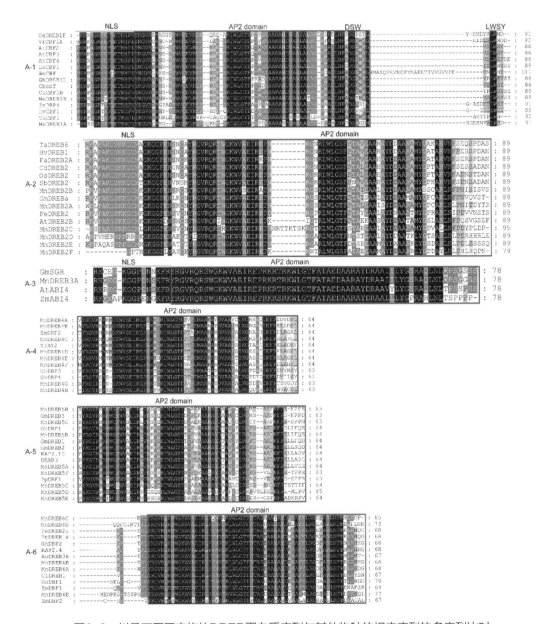

图8-9　川桑不同亚家族的DREB蛋白质序列与其他物种的相应序列的多序列比对

Figure 8-9　The protein sequence multi-alignment of each DREB subgroup from different plants

表8-7 28个MnDREB基因上游启动子元件分析

Table 8-7 The promoter analysis of 28 MnDREB genes

单位：个

| 基因名 | 与生物胁迫相关 | | | | 与非生物胁迫相关 | | | | 与植物激素相关 | | | | | | | | | 其他 |
	ARE	HSE	MBS	LTR	C-repeat/DRE	Box-W1	WUN-motif	TC-rich repeats	Aux-RR-core	P-box	CGTCA-motif	CE3	GARE-motif	ERE	ABRE	TCA-element	TGA-element	MBSI
MnDRE-B1A	4	1	1					2			1		2		4	2	3	
MnDRE-B2A	3	2	1	1				1			2		3	1	5	3		
MnD-REB2B	2	3	2		1			1		1	1		1			3		
MnDRE-B2C	1	1	1	1		2		3			1						2	
MnD-REB2D	1	2		1				1			1		1		2	1	3	
MnDRE-B2E	1	1	2			2		1			4			2	1	3		
MnDRE-B3A	1	4	2	2		3		1		1	2	1	1		1	1		

注：ARE：厌氧诱导响应元件；HSE：高温响应元件；MBS：MYB蛋白结合位点，干旱响应元件；LTR：低温响应元件；Box-W1：真菌诱导响应元件；WUN-motif：机械损伤响应元件；TC-rich repeats：防御和应激响应元件；Aux-RR-core：生长素响应元件；P-box：赤霉素响应元件；CGTCA-motif：茉莉酸甲酯响应元件；CE3：ABA和VP1响应元件；GARE-motif：赤霉素响应元件；ERE：乙烯素响应元件；ABRE：脱落酸响应元件；TCA-element：水杨酸响应元件；TGA-element：生长素响应元件；MBSI：MYB结合位点，调控黄酮类化合物的生物合成。

（续）

基因	与生物胁迫相关			与非生物胁迫相关				与植物激素相关				其他		
MnDRE-B4A	2	1	1	1							1			
MnD-REB4B	4	1	2	1	1	1	3	1		2	2	1	1	2
MnDRE-B4C	4	1	3	3		3	2		1	5	1			
MnD-REB4D	3	2	1	1	1	1		2		2	1	1		
MnDRE-B4E		3		1		2	4		1	1	1		1	1
MnD-REB4F	2	1		1		1				1	1	1		
MnDRE-B4G	1	2				4		1		2				
MnDRE-B4H	1	3		1		4		2		2		1		1
MnDRE-B5A	3	1	1	1	1	1	1	2		1	3			
MnD-REB5B	2	1	1	1	1	1		1		2	1	1		
MnDRE-B5C	2	2	3	3		3								

（续）

名称	与生物胁迫相关			与非生物胁迫相关			与植物激素相关					其他
MnD-REB5D	3		1	2		2	3	1	2	2		
MnDRE-B5E		4	1	1				1	2	2		
MnD-REB5F	1		1	1		3	1	1	4			
MnDRE-B5G	1	5				1	1		2			
MnDRE-B5H	1	2	1	1	1		1	1	5	1		
MnDRE-B6A	1	3	1			1	2	1	4	1		
MnD-REB6B	2	4	2	1		1	1	1	3	1		
MnDRE-B6C	3		1	1		1	1	3		1	1	
MnD-REB6D	1	2	3	1	2	1	5	3	2	1		
MnDRE-B6E	2	5	1	3	1	3						

　　为了预测*MnDREB*可能响应的胁迫，分离得到28个基因开放阅读框上游1500bp的序列作为启动子，通过PlantCARE在线预测获得其含有的启动子元件的情况见表8-7。结果表明，这些基因均含有包括响应生物胁迫、非生物胁迫和生物激素等的不同种类的顺式作用元件。由此认为，*MnDREB*的表达可能受多种因素的调控。

　　从基因组数据库中得到除了*MnDREB3A*、*MnDREB4H*、*MnDREB6C*的27个基因在根、皮、冬芽、雄花和叶中的转录组数据以预测*MnDREB*在不同组织的表达情况。数据分析表明（图8-10）不同基因在不同组织中有不同的表达方式，但是基本可以分为6种模式。第一组（Cluster 1）中有7个基因，主要在冬芽中表达；第二组（Cluster 2）有9个基因，主要在根中表达；第三组（Cluster 3）有6个基因，主要在叶中表达；第四组（Cluster 4）有2个基因，主要在皮和叶中表达；第五组（Cluster 5）有2个基因，主要在皮和雄花中表达；第六组（Cluster 6）仅有1个基因，主要在雄花中表达。这说明不同基因是在不同组织中发挥作用的。

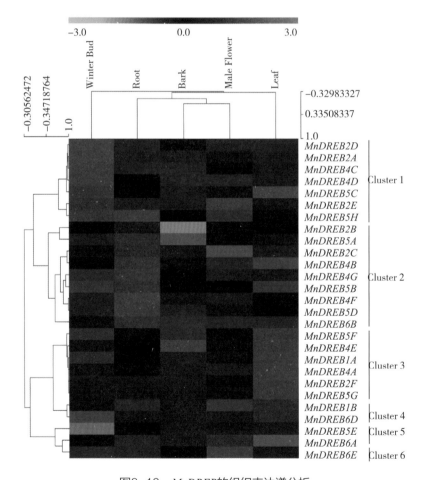

图8-10　*MnDREB*的组织表达谱分析

Figure 8-10　The expression analysis of the *DREB* genes in different tissues

　　根据以上的分析，*MnDREB*能够响应不同的胁迫，并且在不同的组织中表达模式不同。为了对*MnDREB*的表达模式进行初步鉴定，对粤桑分别进行高温（40℃，24h）、低温（4℃，24h）、高盐（250 mmol/L NaCl，24 h）、干旱（30% PEG，24 h）胁迫处理后，用定量PCR分析部分*MnDREB*基因的表达量（表8-8）。如表8-8所示，它们都响应高温或干旱，这可能与它们上游含有HSE和MBS等相关的顺式作用元件有关。因此，可以以此为基础选择一些有代表性的基因来进一步研究其功能。

　　目前桑树抗旱基因功能研究报道极少，相信随着蚕桑业的升级转型和生态桑产业的发展，基于桑树基因组数据开展桑树抗旱基因的鉴定和功能研究将会成为桑树研究的热点。由表8-8可以看出，*MnDREB4A*可以显著地响应这4种非生物胁迫，因此，我们选择这个基因作为研究对象，详细研究其功能，以期为通过分子生物学方法提高植物抗逆性提供候选基因。

表8-8　*MnDREB*基因在不同非生物胁迫下的表达模式

Table 8-8　*MnDREB* genes expression under different abiotic stress treatments

基因名	在叶中的表达模式				在根中的表达模式			
	高温	低温	高盐	干旱	高温	低温	高盐	干旱
MnDREB1B	↑*	↑	—	—	↑*	↑*	↑*	↓
MnDREB2A	↑*	↑*	—	—	↑*	↑*	↑*	—
MnDREB2B	↑*	—	↑*	↑*	↑*	↓*	↓*	↓*
MnDREB2C	↑*	—	—	↑*	↑*	—	↓*	↓*
MnDREB2F	↑*	↑	↓*	↓*	—	↑	↓*	↓*
MnDREB4A	—	—	↓*	↓*	↑*	—	—	↓*
MnDREB4B	↑*	—	—	—	↑*	—	↓*	↓*
MnDREB4D	—	↑*	—	—	—	↓*	↓*	—
MnDREB4F	↑*	↑*	—	↑*	↑*	↑*	—	↓*
MnDREB5B	↑*	↑*	—	—	↑*	↑*	—	—
MnDREB5C	↑*	↑*	—	—	↑*	—	—	↑*
MnDREB5D	↑*	—	↑*	↑*	↑*	↓	↑*	↑*
MnDREB6A	↑*	—	↓	↓	↑*	↑*	—	—
MnDREB6D	↑*	—	↑	—	↑*	↑*	—	↓*

　　注：↑显著上调（$P<0.05$）；↓显著下调（$P<0.05$）；↑*极显著的上调（$P<0.001$）；↓*极显著下调（$P<0.001$）。

　　利用SWISS-MODEL对桑树MnDREB4A的蛋白质三维结构进行预测，预测结果显示，AP2结构域是形成蛋白质结构的核心部分，形成了由3个β折叠和1个α螺旋的蛋白质（图8-11）。3个β折叠是反向平行的，α螺旋几乎与β折叠平行。前两个β折叠（β-1，β-2）是属于YRG的区域，其中与DNA结合相关的两个重要氨基酸位点V14和E19位于第二个β折叠的中心部分（图8-11A，图8-11B），通过将预测结构旋转可以看出，它也恰是蛋白质的凹槽处（图8-11C），有利于对DRE顺式作用元件的识别并于与DNA双链结合（Sakumaet al.，2002）。第三个β折叠（β-3）是WLG结构域的位置，同时，它与α螺旋共同构成RAYD区域。RAYD能够通过影响YRG的构象或与其他蛋白相互作用来调节DREB结合的特异性（Okamuro et al.，1997）。并且，在这三个结构上有较多的精氨酸（R）、色氨酸（W）和缬氨酸（V），这些氨基酸残基能与DNA双链上的某些基团形成氢键或疏水作用力而使二者结合。也就是说，第三个β折叠（β-3）与α螺旋通过调节前两个β折叠（β-1，β-2）的构象，使MnDREB4A形成有利于DNA结合的构象，从而与其结合并调节下游基因表达。

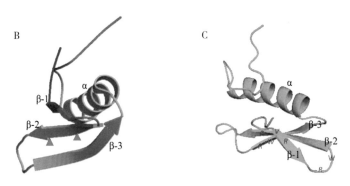

A ＞MnDREB4A

MEQPPF*A*EDEPTASKSQQLDNSQQQQQRVGGSGGTRHPVYRG *LRKR*RWGK *WVSERE*PRKK *SRIW* *LGSF*P

V*PEMAAKAYDVAAYC*LKGRKAQLNFPDDVDSLPRPLTSTARDIQEAAAKAAHMMAVVSSAAEKSDVTSN

ASNDGGDDGGGGDDSDDFWGEIDELPEIMSGGTGEFCSWNSACGWTSVFIGDAAVWPEGEVPQPFMACL

图8-11　桑树的蛋白质结构预测

Figure 8-11　Predicted protein structure of MnDREB4A

A. 二级结构示意图；B. 三级结构示意图；C. 旋转后的结构示意图。

箭头表示β折叠，方框表示α螺旋，三角形是V14和E19所在的位置

A. Secondary structure; B. Three-dimensional structure; C. Protein status after rotation. Arrows highlight the β folds, rectangle highlights the α helix, triangles higjlight the V14 and E19

　　这种结构对于转录因子发挥功能及在细胞中的定位是非常重要的。在细胞中的定位，是转录因子执行功能必不可少的条件，因为在MnDREB4A的序列中并没有发现明显的核定位信号，因此首先通过TargetP 1.1和Euk-mPLoc 2.0预测其是定位于细胞核中的。为了验证预测结果，采用更为直观的洋葱表皮细胞瞬时转化的方法，将构建的阳性对照载体（*pLGNL-EGFP*）、*EGFP*位于*MnDREB4A*基因N端载体（*pLGNL-EGFP*∷*MnDREB4A*）、

*EGFP*位于*MnDREB4A*基因C端载体（*pLGNL-MnDREB4A*∶*EGFP*）（图8-12A）分别转入洋葱表皮细胞中，并在荧光显微井下观察。如图8-12B所示，DAPI的染色区域是细胞核所处的区域，仅有*EGFP*转入洋葱的阳性对照组在细胞核和细胞质中都显示出了绿色荧光，而*EGFP*与*MnDREB4A*的C端或N端连接后转入洋葱，均只在细胞核中显示荧光，说明*MnDREB4A*是定位于细胞核中的。

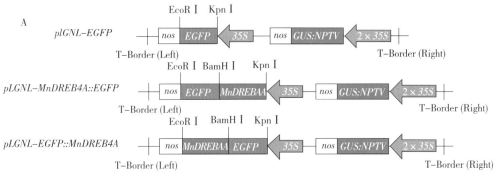

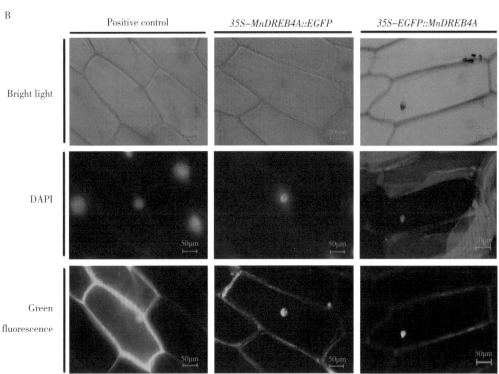

图8-12 *MnDREB4A*亚细胞定位载体构建及在洋葱表皮细胞中的定位

Figure 8-12　The position of *MnDREB4A* in onion epidermal cells

　　启动子的活性对基因发挥功能是必不可少的，由表8-7可以看出，在*MnDREB4A*的上游启动子上含有多个与生物激素及非生物胁迫相关的顺式作用元件，这也暗示

*MnDREB4A*具有响应这些胁迫的可能。为了验证启动子的功能，我们将克隆得到的启动子序列与*GUS*报告基因（连同nos序列）连接，并插入到pCAMBIA2300的多克隆位点，构建一个完整的表达框（图8-13A）。利用蘸花法，通过农杆菌介导，将表达载体转入拟南芥中，并获得T0代的种子（T1代）。在含有卡那霉素的MS固体培养基中筛选获得的种子，初步筛选出已经转入并整合到基因组中表达的阳性转基因拟南芥株系（T1）。

将生长一周的T2代阳性转基因拟南芥分别进行高温（40℃）、低温（4℃）、高盐（150mmol/L NaCl）和干旱（20% PEG）处理，并在处理1h、3h、6h、9h、12h和24h后取材，进行*GUS*染色，以*GUS*染色的深浅来检测*MnDREB4A promoter*响应各种胁迫的趋势和模式。如图8-13B所示，以TS1为例，随着胁迫时间的延长，*GUS*的表达量逐渐增加，并且在12h达到高峰，24h后表达量开始下调。这不仅说明*MnDREB4A promoter*能够响应这四种胁迫，并激活下游基因表达；也可以看出其表达模式是先上调，当达到一定的表达量时开始下调，以节约植物自身的能量来对抗逆境。

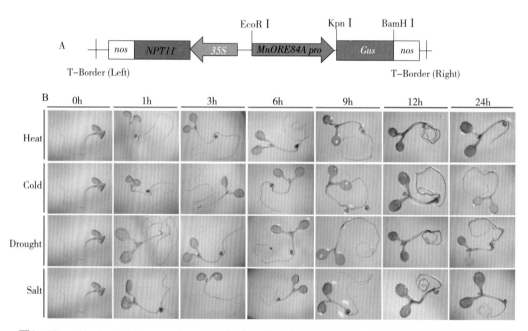

图8-13　*MnDREB4A promoter-GUS*报告系统表达载体构建及转基因拟南芥受胁迫诱导情况

Fig 8-13　The expression of *GUS* reporter after abiotic treatment

前面都是*MnDREB4A*发挥功能一些必备的条件，为了验证*MnDREB4A*自身的功能，将*MnDREB4A*构建到植物表达载体pLGNL中（图8-14A），通过叶盘转化法，将35S启动子启动的*MnDREB4A*基因表达框导入到烟草（*Nicotiana tabacum*）基因组中。在获得的转基因系中，选择目的基因表达量最高的OE1作为研究对象。从正常生长的WT和OE1转基因烟草来看，植株的生长状态基本相同（图8-14B，图8-14C）。但是通过比较一株烟草上所有叶片发现，WT的烟草叶片偏于椭圆形，叶片较大，颜色淡绿；而OE1转基因烟草的叶片偏于菱形，且叶片相对较小，颜色也呈现较深的绿色（图8-14B）。并且，在根系方面，WT的根系稀疏且短一些；而OE1转基因烟草的根系要密而长一些（图8-11C）。

摘取正常生长的叶片，让其自然失水，在不同时间段称量叶片质量，并计算失水量，如图8-14D所示。结果显示，WT烟草叶片在空气中随时间的失水量明显高于转基因型OE1，也说明转入*MnDREB4A*基因的烟草叶片保水能力更强。取正常生长的叶片，切成直径1cm的圆片，用1/2MS营养液培养一个月后，发现野生型烟草的圆片开始衰老，变黄，腐烂；而转基因系OE1烟草的圆片生长状态还较好（图8-14E）。这也说明转入*MnDREB4A*后叶片的衰老速度也有所降低。这些表型特征及现象将有利于烟草在逆境环境下生存。

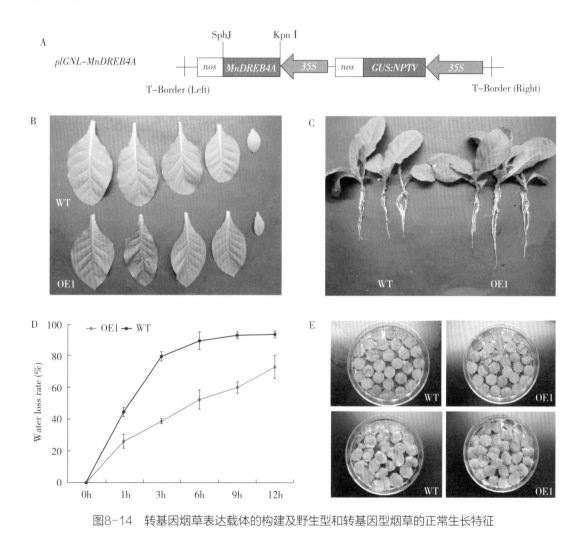

图8-14　转基因烟草表达载体的构建及野生型和转基因型烟草的正常生长特征

Figure 8-14　Normal growth characteristics of wild-type（WT）and transgenic tobacco（OE1）

为了验证OE1转基因系对各种非生物胁迫的耐受性，通过叶片、植株及生理生化3个方面的实验来说明。由图8-15A可以看出，在压片实验中，经过4种胁迫处理后OE1转基因烟草叶片的死亡及黄化程度都低于野生型烟草。在植株实验中，经过4种胁迫处理后，OE1转基因烟草植株的萎蔫程度明显低于野生型烟草，这也说明转基因烟草受非生物胁迫的程度较低（图8-15B）。脯氨酸含量、丙二醛含量及相对含水量都是间接衡量植物对非生物胁迫重要的非生理生化指标。脯氨酸（Pro）除了作为植物细胞质内渗透调节物质外，还在稳定生物大分子结构、降低细胞酸性、解除氨毒以及作为能量库调节细胞氧化还原势等方面起重要作用。在逆境条件下，植物体内脯氨酸的含量显著增加。丙二醛（MDA）膜脂过氧化最重要的产物之一，它的产生还能加剧膜的损伤，因此在植物衰老生理和抗性生理研究中MDA含量是一个常用指标，可通过MDA了解膜脂过氧化的程度，以间接测定膜系统受损程度以及植物的抗逆性。相对含水量是植物水分状况的一个重要的生理指标，含水量状况会直接影响植物的生长及光合功能等。在胁迫处理后，摘取烟草植株同一位置的叶片，测量这三个生理指标。如图8-15C所示，这三项生理指标转基因系与野生型烟草都表现出了显著的差异。这也说明*MnDREB4A*具有提高植物耐受性的功能。

此外，OE1转基因烟草的对干旱的耐受性极高，除了在三项生理指标中，其与转基因系烟草表现出了显著的差异外（图8-15C），在植株实验中，经过PEG6000处理后，野生型的烟草表现出了显著的萎蔫状态，而OE1转基因烟草的生长状态基本没有变化（图8-16）。因此，转入*MnDREB4A*基因的转基因烟草有很好的抵抗干旱的能力。

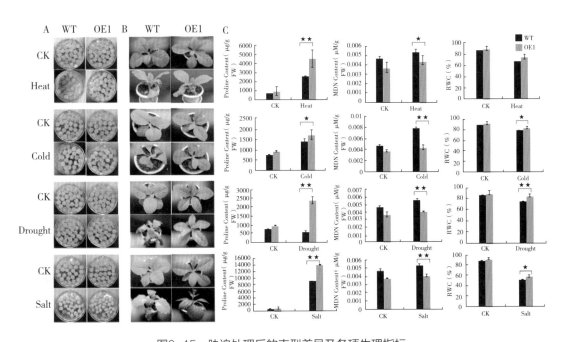

图8-15　胁迫处理后的表型差异及各项生理指标

Figure 8-15　Phenotypic differences and physiological indicators after stresses treatment

图8-16　转基因烟草和野生型烟草对干旱耐受性的比较

Figure 8-16　Comparison of the resisitance between OE1 line with WT tobacco under drought stress

由于抗旱所涉及基因众多，而桑树在抗旱基因研究方面极少，桑树基因组完成后，桑树抗旱基因的分离、鉴定和功能分析，为获得优良抗旱基因是今后桑树抗旱研究很长一段时间的重要任务和目的之一。桑树资源抗旱特性全面系统的分析也将会促进桑树在干旱地区的应用和新的优良抗旱基因的挖掘。

（三）抗重金属基因

重金属污染问题已逐渐成为全世界研究的热点之一。桑树属于绿化树种之一，其对重金属的耐受能力与其他植物相比，既有共同性，也有独特之处。因此，对桑树重金属耐受性研究可为解决重金属污染提供一个良好途径。

1. 重金属污染及解决途径

重金属即密度在4.5g/cm³以上的金属。原子序数从23（V）至92（U）的天然金属元素有60种，除其中的6种外，其余54种的密度都大于4.5g/cm³，因此从密度的意义上讲，这54种金属都是重金属。但是，在进行元素分类时，其中有的属于稀土金属，有的划归了难熔金属。最终在工业上真正划入重金属的是10种金属的元素：铜、铅、锌、锡、镍、钴、锑、汞、镉和铋。

近年来随着矿石开采和重工业的发展，重金属污染变得越来越严重。目前，我国的许多矿区如江西德兴铜矿区（董立军，2000）、马鞍山南山铁矿区、广东大宝山矿区（林初夏等，2003；林初夏等，2005；蔡锦辉等，2005）等矿区及其周边区域都发现重金属污染的问题。其中，大宝山矿区中铁及重金属质量浓度分别为：铁，216.79mg/L；锌，73.23mg/L；铜，32.63mg/L；铅，1.82mg/L；镉，0.87mg/L。从矿区流出的矿水对周边农业生态系统具有严重的负面影响，农田所用的灌溉水中多种重金属含量严重超标，由于灌溉水酸度很强，从而导致土壤重金属含量超标，以Zn、Cu和Cd为甚，作物重金属污染严重，其中尤以Cd最为突出，危害了当地居民的身体健康。

土壤重金属污染不仅对作物的生长造成影响，而且在作物中积累富集，进而通过食物链在人体内富集，引发了各种疾病。重金属对人体健康的危害是多方面和多层次的，不同的重金属元素对人体产生危害的部位不同。Cd对人体伤害最严重的部位是肾脏和骨骼（Cui et al.，2005）；砷中毒的主要临床症状为皮肤损伤（Piamphongsant，1999）；铅毒性大，主要以神经毒性为主（钟格梅等，2006）；Ni是一种典型的致癌物；Zn和Cu虽然是人体必需的重金属元素，但在过量的情况下也会导致人体健康危害（Tyler et al.，1989）。我国也发生过不少矿业污染中毒发病或死亡事件。例如，2001年广西河池五圩矿发生严重的砷污染问题，导致115人急性中毒（陈同斌等，2002）；广东韶关上坝"癌症村"，从1986～2001年患癌症死亡的人数占总死亡人数的84%（蔡锦辉等，2005）。不仅如此，据估算，全国每年因重金属污染的粮食达$1200×10^4$t，造成的直接经济损失超过200亿元（周生贤，2006）。

重金属污染具有隐蔽性、不可逆性、长期性和后果严重性的特点，土壤系统中重金属污染的治理目前是国际性的难题和研究热点（王鸣刚等，2007）。世界各国对土壤重金属污染修复技术进行广泛的研究，取得了一定的进展。具体有如下几种修复措施（Perera et al.，1995；崔德杰等，2004）：① 工程措施。其主要包括客土、换土和深耕翻土等措施。② 物理化学修复。其主要包括电动修复、电热修复和土壤淋洗等。③ 化学修复。是指向土壤投入改良剂，通过对重金属的吸附、氧化还原、拮抗或沉淀作用，以降低重金属的生物有效性。④ 生物修复。是利用生物技术治理污染土壤的一种新方法。利用生物削减、净化土壤中的重金属或降低重金属毒性；依生物与修复机理的不同生物修复分为植物修复技术和微生物修复技术。⑤ 农业生态修复。主要包括两个方面：一是农艺修复措施；二是生态修复。采用工程、物理化学和化学方法修复重金属污染土壤，投资大，破坏土壤结构，使土壤生物活性和肥力下降，并易造成二次污染，难以大规模处理污染土壤，净化土壤重金属污染的能力有限。超富集植物修复技术与其他治理重金属污染的技术相比，具有成本低、操作简单易行、无二次污染及处理效果好等优点，具有良好的社会、生态综合效益，具有广阔的应用前景，备受人们关注（韦朝阳等，2001）。

2. 植物修复

植物修复就是利用植物去除环境中的污染物或者将其转变成无毒及毒性较低的物质的过程（Pilon-Smits，2005）。超富集植物是指那些能够抗重金属且地上部分累积较多重金属的植物（Cunningham et al.，1995），在植物修复中具有重要作用。超富集植物对重金属的抗性主要是通过两个方面实现的（Perera et al.，1995）：① 阻止金属通过细胞膜的运输，将细胞质中有毒金属离子的浓度维持在较低水平，主要是通过三条途径来完成的，即提高细胞壁的结合能力、改变离子通道的通透性、减少金属的吸收以及提高主动将金属运出细胞的能力（Silver and Misra，1988）。② 解除进入细胞中金属的毒性，主要是通过螯合作用使金属失活，降低金属毒性或者通过区室化作用来实现的。其中螯合作用是植物解除体内重金属的最重要一步，螯合作用是指植物中产生的某些对重金属具有高亲和力的物质，通过与重金属形成螯合物，降低重金属离子的浓度及减少其毒性之后被细胞吸收并储存在细胞液泡内（李安明等，2011）。金属硫蛋白（metallothionein，MT）和植物螯合肽

（phytochelation，PC）被认为是其中两种起主要作用的金属结合蛋白。MT是一类富含半胱氨酸由基因编码的低分子量多肽，可以与重金属形成络合物，从而降低或消除重金属的毒性。MT是1957年由Margoshes和Valee在储集Cd的马肾脏外皮细胞中首次发现的，之后陆续在其他动物、植物和真菌中相继发现。尽管MT发现较早，研究较多，但后续研究表明，高等植物中分离得到最多的重金属结合肽是PC而不是MT（Salt and Rauser，1995）。

3. 植物螯合肽

PCs是一类含有γ-Glu-Cys二肽重复单位在其C末端以Gly结尾的多肽，其基本特征是Glu位于其N端，下一个残基是通过γ-羧基与Glu相连的Cys。γ-Glu-Cys可以重复2到多次。通过化学与物理方法证明PC的基本结构是（γ-Glu-Cys）$_n$-Gly，通常n在2～5之间变化，最高可以达到11（Zenk，1996；Cobbett，2000）。在高等植物中发现除了以Gly为C末端氨基酸的PCs分子之外，还存在以其他氨基酸为C末端氨基酸残基的PCs分子，根据其羧基末端氨基酸的不同将PCs分为5种类型（Zenk，1996）。

PCs的主要功能是通过络合重金属与区隔化作用降低重金属离子对细胞的毒害。研究表明：Ag^+、As^{3+}、Cd^{2+}、Cu^{2+}、Hg^{2+}、Pb^{2+}和Zn^{2+}等都能被PC络合，其中Cd^{2+}被研究的较为清楚。图8-17为PCs合成途经及其解毒机理，大致为在重金属侵入植物后，植物会合成植物螯合肽合成酶，然后以谷胱甘肽（GSH）为底物合成植物螯合肽，之后植物螯合肽首先与重金属结合形成低分子量（LMW）复合物，以此形态经由细胞质进入液泡后，再与部分S^{2-}和Cd^{2+}结合，形成对植物组织毒性较小的高分子量（HMW）复合物，储存在细胞液泡中，从而达到缓解重金属对植物的危害作用（蔡保松等，2003）。

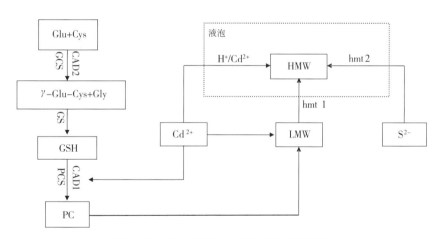

图8-17　PCs的生物合成途经及解毒机理

Glu：谷氨酸；Cys：半胱氨酸；GCS：γ-谷氨酰半胱氨酸合成酶；Gly：甘氨酸；GSH：谷胱甘肽；GS谷胱甘肽合成酶；PCS：植物螯合肽合成酶；PC：植物螯合肽；LMW：低分子量复合物；HMW：高分子量复合物；H^+/Cd^{2+}：氢/镉逆向转运蛋白

Figure 8-17　The biosynthetic pathway and the detoxification mechanism of PCs

Glu: Glutamine; Cys: Cysteine; GCS: γ- glutamylcysteine synthetase; Gly: Clycine; GSH: glutathione; GS glutathione synthetase; PCS: Phytochelatins synthetase; PCs: phytochelatins; LMW: low molecular weight compound; HMW: high molecular weight complexes; H^+/Cd^{2+}: hydrogen/cadmium antiporter

4．植物螯合肽合成酶（PCS）

植物螯合肽合成酶是PCs合成途径中的关键酶类（图8-18），Grill等（1989）最早在悬浮培养的植物细胞中发现植物螯合肽合成酶（phytochelatin synthase，PCS）活性。随后，分别在拟南芥、粟酒裂殖菌属酵母以及小麦和大豆等植物中克隆得到了植物螯合肽合成酶相关基因。随着转基因技术的兴起以及环境中重金属问题愈发严重，植物螯合肽合成酶相关基因成为了研究的热点。但是到目前为止有关PCS基因的研究集中于草本和禾本植物，木本植物中却鲜有报道。早在20世纪80年代，我国研究者就发现木本植物能够吸收Cd、Pb、Hg等重金属，对环境起到净化作用。

$$\gamma Glu\text{-}Cys\text{-}Gly \ (GSH) + (\gamma Glu\text{-}Cys)_n\text{-}Gly \ (PC_n) \xrightarrow[Heavy\ metalions]{PC\ Synthase（PCS）} (\gamma Glu\text{-}Cys)_{n+1}\text{-}Gly + Gly \ (PC_{n+1})$$

图8-18　PCs酶促反应

Figure 8-18　The enzymatic reaction of PCs

桑树作为我国一种重要的林木树种，对恶劣自然环境有超强适应性，并且具有耐干旱、耐盐碱、耐贫瘠、生命力强、生长速度等特点。鲁敏等（2006）对我国主要绿化树种，如桑树（*Morus alba*）、黄金树（*Catalpa speciosa*）、榆树（*Ulmus pumila*）、美青杨（*Populus nigre* var.*italica*×*P.cathayana*）、刺槐（*Robinia pesudoacacia*）、银杏（*Ginkgo biloba*）等吸收净化大气重金属污染物的能力进行了研究，结果发现桑树以年吸滞铅量15.7kg/hm²叶量排在所有绿化树种第一位，年吸滞铅量是柳树和杨树的2倍多；年吸滞镉量为0.797kg/hm²叶量，仅比美青杨低0.03kg/hm²，排在第二位，与美青杨一起都属于吸镉量高的树种。2008年谭勇壁等（2008）对广西环江矿业污染区的桑树研究后发现，桑树对重金属及酸性有较强的耐受性，能在Pa、Zn、As含量分别高达734mg/kg、1194mg/kg、53mg/kg的污染土壤中生长并且其表型无任何明显变化。污染桑叶中的Pb、Zn、As与土壤相应重金属含量显著相关，而其桑叶品质却没有受到污染物的破坏喂食家蚕后桑叶食下率、消化率、上苗重量和蚕茧茧层率与对照之间并无显著性差异。张兴等通过对在矿区污染土壤上栽种的桑树研究发现其对Cd、Cu、Pb和Zn均有修复作用，每平方米耕作层土壤上桑树对4种重金属的迁移总量分别为2056.4mg、12116.1mg、7409.83mg和254532.8mg。刘旭辉等通过对桑树幼苗进行Zn和Cd的胁迫发现桑树幼苗对Zn和Cd均具有较强的抗性和吸收能力，并且其多积累在根部，可以把桑树作为Zn和Cd重金属污染土壤的修复植物使用。2015年Zhou等人发现桑树只有在土壤中Pb浓度达到800mg/kg时其生长才会受到明显抑制；桑树根部能够吸收并储存大量Pb；当用受Pb污染的桑叶喂食家蚕后，发现并未对家蚕生长及吐丝质量产生明显影响，并且家蚕体内还会合成金属硫蛋白来解除重金属Pb的毒性（Zhou et al.，2015）。同时，Zhou等人也发现蚕和桑良好的Cd耐受性，种植桑树和养蚕（种桑养蚕）可能是一个对Cd污染土壤修复治理具有良好前景的途径。因此，桑树在重金属修复方面具有巨大潜力，桑树和家蚕可能是一种缓解和治理重金属污染的有效的重要的途径。

2013年，家蚕基因组生物学国家重点实验室公布了川桑基因组相关数据，桑树研究进入了功能基因研究时代。我们利用川桑数据库以及已报道的植物螯合肽合成酶相关基因序列在数据库中进行blast分析，最终在川桑中鉴定得到2个植物螯合肽相关基因，分别为*Morus005928*（*MnPCS1*）和*Morus005929*（*MnPCS2*），*MnPCS1*全长为2810bp，其中包含8个外显子，编码503个氨基酸；*MnPCS2*全长为4286bp，其中包含8个外显子，编码497个氨基酸（图8-19）。对其进行系统发生树分析，结果表明，*MnPCS1*、*MnPCS2*分别与来自杜梨和盐地碱蓬中的植物螯合肽合成酶基因聚为一支（图8-20）。结构域聚类分析表明其都具有非常保守的N端和可变的C端（图8-21）。对其可变C端中半胱氨酸的排列及个数进行统计后发现，其分别具有12个和9个半胱氨酸，较拟南芥中PCS基因个数均较多（表8-9）。

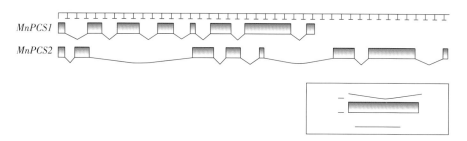

图8-19 桑树植物螯合肽合成酶基因的基因结构

Figure 8-19 Gene structures of phytochelatin synthase genes in mulberry

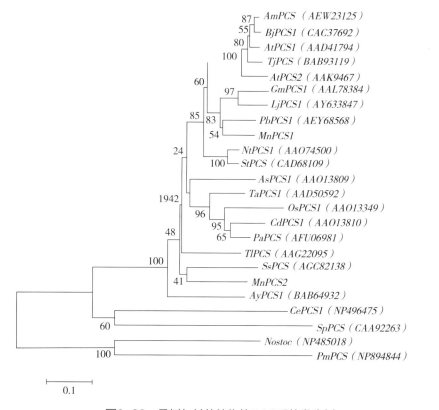

图8-20 桑树与其他植物的PCS系统发生树

Figure 8-20 Phylogenetic analysis of PCS in mulberry and other plants

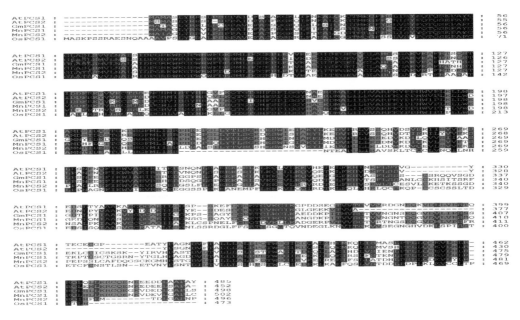

图8-21　桑树与其他植物PCS多序列比对

Figure 8-21　Multiple sequence alignment of *MnPCS* and other PCS proteins

表8-9　桑树与其他植物PCS基因结构域比较及半胱氨酸在可变域中的排布

Table 8-9　Comparison of phytochelatin synthase genes structural domain and arrangement of Cys residues in Var between mulberry and other plants

植物	蛋白质	N+Con+Var=aa（kDa）	蛋白预测					
			半胱氨酸在可变区域中的排列					
Arabidopsis thaliana	AtPCS1	4+208+273=485（54.4）	C	CC	CC3C2C	C1C	C	（10）
	AtPCS2	4+207+241=452（51.5）	C	C	CC3C2C		C	（7）
Rice	OsPCS1	2+208+289=499（55.6）	CC C2C CC		CC3C2C	C	C	（12）
Morus alba	MnPCS1	4+208+290=502（55.8）	C	C CC	CC3C2C	C1C	C C	（12）
	MnPCS2	4+208+284=496（55.3）	C	C4C CC	C C		C6C	（9）

5. 桑树PCS基因表达模式及基因功能研究

选取桂桑优62号桑树品种进行桑树PCS基因表达模式分析，用1mmol/L Zn^{2+}处理2个月大桑树幼苗，之后分别在不同时间段取其根、茎和叶进行qRT-PCR检测，结果表明，*MnPCS1*和*MnPCS2*基因表达模式基本都为先降低后增高再降低，其均能够及时响应锌离子变化，2个基因在受到Zn^{2+}胁迫后共同发挥作用，但由于在不同组织中表达量不同，推测在不同组织中行使的功能可能不同（图8-22）。

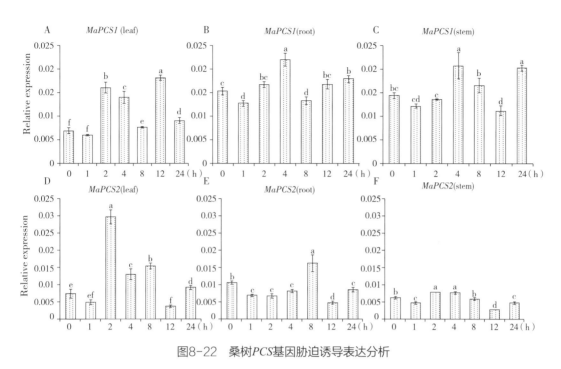

图8-22 桑树*PCS*基因胁迫诱导表达分析

Figure 8-22 The expression analysis of *MaPCS* under stress

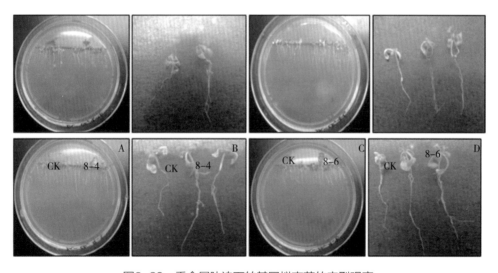

图8-23 重金属胁迫下转基因拟南芥的表型观察

CK：野生型；A，B：*MnPCS1*转基因系8-4；C，D：*MnPCS1*转基因系8-6；E，F：*MnPCS2*转基因系9-3；G，H：*MnPCS2*转基因系9-8

Figure 8-23 Phenotype of the transgenic *Arabidopsis thaliana* in the heavy metal stress

CK: wild type; A, B: *MnPCS1* transgenic line 8-4; C, D: *MnPCS1* transgenic line 8-6; E, F: *MnPCS2* transgenic line 9-3; G, H: *MnPCS2* transgenic line 9-8

　　构建两个桑树PCS基因植物超表达载体，通过蘸花法转化拟南芥，分别获得阳性转基因拟南芥后，对其进行相应的基因功能研究。具体为用1mmol/L Zn²⁺处理已经萌发的拟南芥幼苗，14天后观察其表型（图8-23），之后分别对其根长（图8-24）、每10株鲜重（图8-24）和地上部分Zn²⁺累计量（图8-25）进行测定。结果表明，转基因拟南芥长势较野生型好且其主根较长须根多，两个*PCS*基因均能显著地提高转基因拟南芥对重金属Zn的抗性及地上部分Zn²⁺累积量。

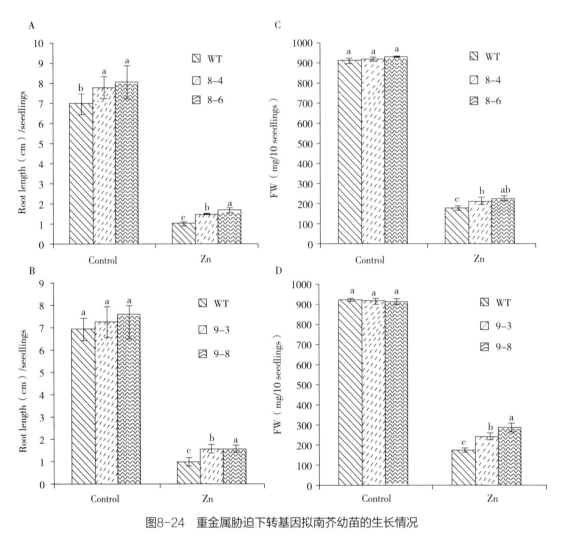

图8-24　重金属胁迫下转基因拟南芥幼苗的生长情况

A. *MnPCS1*转基因植株在重金属胁迫下根长；**B**. *MnPCS2*转基因植株在重金属胁迫下根长；**C**. *MnPCS1*转基因植株在重金属胁迫下每10株鲜重；**D**. *MnPCS2*转基因植株在重金属胁迫下每10株鲜重

Figure 8-24　Growth response of transgenic *Arabidopsis thaliana* seedings to heavy metal stress

A．Root length was measured for *MnPCS1* transgenic *Arabidopsis thaliana* seedings under heavy metal stress; B．Root length was measured for *MnPCS2* transgenic *Arabidopsis thaliana* seedings under heavy metal stress; C．Fresh weight of ten seedings was measured for *MnPCS1* transgenic Arabidopsis *thaliana* seedings under heavy metal stress; D．Fresh weight of ten seedings was measured for *MnPCS2* transgenic *Arabidopsis thaliana* seedings under heavy metal stress

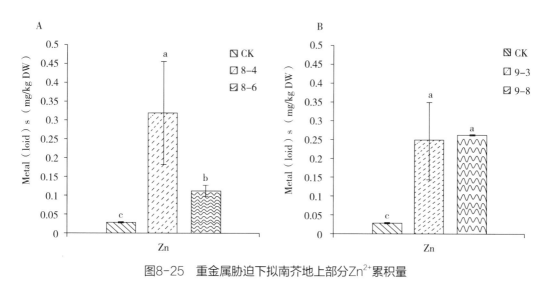

图8-25　重金属胁迫下拟南芥地上部分Zn^{2+}累积量

A. *MnPCS1*转基因植株在重金属胁迫下地上部分Zn^{2+}累积量；B. *MnPCS2*转基因植株在重金属胁迫下地上部分Zn^{2+}累积量

Figure 8-25　Estimation of Zn^{2+} accumulation in aerial tissues of transgenic *Arabidopsis thaliana* expressing *MnPCS* genes

A. *MnPCS1* transgenic line; B. *MnPCS2* transgenic line

　　桑树作为一种多年生木本植物，具有改善空气质量、保水固土防沙等明显的生态功能，较强的环境适应能力和耐修剪、种苗繁育容易等林木养成特点，具有资源可利用领域广、产品市场潜力大等重要的经济开发价值。作为一种重要的生态经济树种之一，其在重金属治理方面潜力巨大，通过对桑树种质资源的筛选，找出对重金属高耐受性、高富集性和低富集性等不同特性的桑树资源和品种，可为重金属污染土壤开发利用和修复提供有力支撑。到目前为止，对植物重金属耐受性研究主要集中于拟南芥、烟草等草本植物，而像桑树在重金属污染治理方面具有巨大潜力的木本植物的抗重金属分子机理研究极少，因此，桑树重金属耐受性等分子研究不但有助于利用该物种有效治理重金属污染，而且也可为更好地理解植物抗重金属机理提供新的理论知识。总之，随着对桑树抗重金属分子机理研究与应用的深入，桑树必然会成为人类处理重金属污染问题的有力工具之一。

参考文献

蔡保松，雷梅，陈同斌，等. 2003. 植物螯合肽及其在抗重金属胁迫中的作用 [J]. 生态学报，23（10）：2125-2132.

蔡惠罗. 1994. Ⅴ型H-ATP酶的分子结构及其药理学意义 [J]. 生物化学与生物物理进展，21（5）：410-414.

蔡锦辉，吴明光，汪雄武，等. 2005. 广东大宝山多金属矿山环境污染问题及启示 [J]. 华南地质与矿产（4）：50-54.

陈同斌，范稚莲，雷梅，等. 2002. 磷对超富集植物蜈蚣草吸收砷的影响及其科学意义 [J]. 科学通报，47（15）：1156-1159.

崔德杰，张玉龙. 2004. 土壤重金属污染现状与修复技术研究进展 [J]. 土壤通报，35（3）：366-370.

董立军. 2000. 德兴铜矿生产废水的治理［J］. 世界采矿快报, 16（10–11）: 362–363.

杜周和, 刘俊凤, 刘刚, 等. 2001. 桑树作水土防护经济林的研究［J］. 广西蚕业, 38（3）: 10–11.

韩淑梅, 李军, 吕蕊花, 等. 2015. 桑树*MLX56*基因家族特性、克隆及表达分析［J］. 林业科学, 51（4）: 60–70.

韩燕燕, 鲁艳, 吕光辉. 2007. 植物耐盐的生理机制及基因工程新进展［J］. 生物技术通报（4）: 10–14.

何利. 2014. 桑树NBS类抗病基因的克隆与表达分析［D］. 江苏: 江苏科技大学.

扈东青. 2011. 基于桑树cDNA文库的3个功能基因的诱导表达研究［D］. 江苏: 江苏科技大学.

冀宪领, 盖英萍, 牟志美, 等. 2004. 干旱胁迫对桑树生理生化特性的影响［J］. 蚕业科学, 30（2）: 117–122.

柯裕州. 2008. 桑树抗盐性研究及其在盐碱地中的应用［D］. 北京: 中国林业科学研究院博士学位论文.

李安明, 李德华, 邓青云, 等. 2011. 植物螯合肽合成酶的研究进展［J］. 植物生理学报, 4（1）: 27–36.

李敏, 张健, 李玉娟, 等. 2012. 植物耐盐生理及耐盐基因的研究进展［J］. 江苏农业科学, 40（10）: 1–2.

李卫国, 杨吉华, 冀宪领, 等. 2003. 不同桑树品种水分生理特性的研究［J］. 蚕业科学, 29（1）: 24–7.

李轶群. 2014. 桑树响应植原体侵染的新miRNAs的生物学功能研究［D］. 山东: 山东农业大学.

李振岐, 商鸿生. 2005. 中国农作物抗病性及其利用［M］. 北京: 中国农业出版社.

李智强, 戴良英, 刘雄伦. 2011. 植物抗病机制与信号传导研究进展［J］. 作物研究, 25（5）: 526–530.

廖森泰, 肖更生, 施英. 2009. 蚕桑资源高效综合利用的新内涵和新思路［J］. 蚕业科学, 35（4）: 913–916.

林初夏, 龙新宪, 童晓立, 等. 2003. 广东大宝山矿区生态环境退化现状及治理途径探讨［J］. 生态科学, 22（3）: 205–208.

林初夏, 卢文洲, 吴永贵, 等. 2005. 大宝山矿水外排的环境影响—农业生态系统［J］. 生态环境, 1（2）: 169–172.

刘春明, 朱桢, 周兆斓, 等. 1993. 豇豆胰蛋白酶抑制剂cDNA在大肠杆菌中的克隆与表达［J］. 生物工程学报, 9（2）: 152–157.

刘敏丽, 张彦芳, 冯晨静. 2006. 植物抗旱相关基因研究进展［J］. 河北林果研究, 21（2）: 167–169.

刘强, 张贵友, 陈受宜. 2000. 植物转录因子的结构与调控作用［J］. 科学通报, 45（14）: 1465–1474.

刘雪琴, 丁天龙, 魏从进, 等. 2014. 13份桑树杂交组合F1代的耐盐性和耐旱性鉴定［J］. 蚕业科学, 40（5）: 0764–0773.

刘昀, 邓银霞, 郑易之. 2010. 植物耐盐的分子机理研究进展［J］. 安徽农业科学, 38（12）: 6087–6089.

鲁敏, 李成. 2006. 绿化树种对大气重金属污染物吸收净化能力的研究［J］. 山东林业科技（3）: 31–32.

马献发, 张维舟, 束凤斌. 2011. 植物耐盐的生理生态适应性研究进展［J］. 科技导报, 29（14）: 76–79.

买买提依明，夏庆友，吴丽莉，等. 2007. 新疆沙漠桑树的研究现状与发展方向［J］. 北方蚕业，28（2）：1-4.

牛东玲，王启基. 2002. 盐碱地治理研究进展［J］. 土壤通报，33（6）：449-455.

秦朝. 2012. 蜡梅病程相关蛋白基因*CpPR-4*的克隆及功能初步分析［D］. 重庆：西南大学.

任丽丽，任春明，赵自国. 2010. 植物耐盐性研究进展［J］. 山西农业科学，38（5）：87-90.

苏国兴. 1998. 盐胁迫下桑树活性氧代谢的变化与耐盐性关系［J］. 苏州大学学报（自然科学版），14（1）：85-90.

苏国兴，洪法水. 2002. 桑品种耐盐性的隶属函数法之评价［J］. 江苏农业学报，18（1）：42-47.

苏国兴，陆小平. 1999. 桑树抗盐机理初探［J］. 南京师范大学学报（自然科学版），22（3）：224-227.

苏文鄂. 1987. 我国干旱半干旱地区造林概述［J］. 林业科学（7）：1-4.

谭勇壁. 2008. 矿区周边重金属污染农田发展桑树种植产业的可行性研究［D］. 广西：广西大学.

王洪利，楼程富，张有做，等. 2003. 水稻半胱氨酸蛋白酶抑制剂基因转化桑树获得转基因植株的初报［J］. 蚕业科学，29（3）：291-294.

王鸣刚，任小换，刘晓凤. 2007. 植物修复重金属污染土壤的机理及其应用前景［J］. 甘肃农业人学学报，42（5）：108-113.

王旭炜. 2014. 桑树PAMP途径中相关基因分析和功能研究［D］. 重庆：西南大学.

王延枝，许献忠. 1993. 空泡膜类型H-ATPase的研究进展［J］. 生物化学与生物物理进展，20（1）：19-23.

王友红，张鹏飞，陈建群. 2005. 植物抗病基因及其作用机理［J］. 植物学通报，22（1）：92-99.

王裕鹏，梁九波，丁光宇，等. 2014. 川桑丝氨酸蛋白酶抑制剂基因的鉴定与表达模式分析［J］. 蚕业科学，40（4）：0582-0591.

韦朝阳，陈同斌. 2001. 重金属超富集植物及植物修复技术研究进展［J］. 生态学报，21（07）：1196-1203.

吴萍，楼允东，李思发. 1999. 两不同地域中华鳖的核型［J］. 上海水产大学学报，8（1）：6-11.

吴沿友，梁铮，邢德科. 2011. 模拟干旱胁迫下构树和桑树的生理特征比较［J］. 广西植物，31（1）：92-96.

向旭，傅家瑞. 1998. 脱落酸应答基因的表达调控及其与逆境胁迫的关系［J］. 植物学通报，15（3）：11-16.

余茂德，艾均文，唐万成，等. 1991. 不同桑树品种叶片单位面积气孔数目与抗旱性的相关分析［J］. 蚕学通讯（4）：8-10.

俞仁培. 1999. 我国盐渍土资源及其开发利用［J］. 土壤通报，30（4）：158-159.

袁传忠. 2014. 桑树韧皮部汁液植原体响应基因的研究［D］. 泰安：山东农业大学.

袁传忠，莫瑶瑶，李轶群，等. 2013. 桑树*MuPR1a*基因的克隆及启动子活性分析［J］. 蚕业科学，39（5）：821-850.

张和禹，周淑香，林青松. 2005. 桑树种质资源耐盐性研究［J］. 安徽农业科学，33（1）：103-125.

张金凤，孙明高，夏阳，等. 2004. 盐胁迫对石榴和樱桃脯氨酸含量和硝酸还原酶活性及电导率的影响［J］. 山东农业大学学报，35（2）：164-168.

张楠楠，徐香玲. 2005. 植物抗盐机理的研究［J］. 哈尔滨师范大学自然科学学报，21（1）：65-68.

赵可夫. 2002. 植物对盐渍逆境的适应［J］. 生物学通报，37（6）：7-10.

赵可夫，范梅，宋杰，等. 2002. 中国盐生植物的种类、类型、植被及其经济潜势 [J]. 植物学通报，19（5）：611-613.

钟格梅，唐振柱. 2006. 我国环境中镉、铅、砷污染及其对暴露人群健康影响的研究进展 [J]. 环境与健康杂志，23（6）：562-565.

周生贤. 2002. 在全国土壤污染状况调查工作视频会议上的讲话 [J]. 中国环境监测，2（4）：1-2.

朱方容. 2001. 桂桑优62和桂桑优12的特点及栽培 [J]. 广西农业科学（4）：199.

祝娟娟，丁天龙，魏从进，等. 2013. 盐胁迫下不同桑品种种子萌发特性研究 [J]. 蚕学通讯，33（1）：1-6.

祝雄伟，丁小强，李如亮，等. 1997. 大豆液泡膜H-ATPase泵质子活性的研究 [J]. 生物物理学报，13（4）：556-562.

祝雄伟，王延枝，王欢. 1999. V型H-ATPase结构和调控机制的研究现状 [J]. 生物化学与生物物理进展，26（4）：323-327.

Achard P, Cheng H, De Grauwe L, et al. 2006. Integration of plant responses to environmentally activated phytohormonal signals [J]. Science, 311（5757）：91-94.

Allen M D, Yamasaki K, Ohme-Takagi M, et al. 1998. A novel mode of DNA recognition by a beta-sheet revealed by the solution structure of the GCC-box binding domain in complex with DNA [J]. EMBO Journal, 17（18）：5484-596.

Bartels D, Sunkar R. 2005. Drought and salt tolerance in plants [J]. Critical Reviews in Plant Sciences, 24（1）：23-58.

Barton K A, Whiteley H R, Yang N S. 1987. Bacillus-thuringiensis delta-endotoxin expressed in transgenic nicotiana-tabacum provides resistance to lepidopteran insects [J]. Plant Physiology, 85（4）：1103-1109.

Bassil E, Coku A, Blumwald E. 2012. Cellular ion homeostasis: emerging roles of intracellular NHX Na/H antiporters in plant growth and development [J]. Journal of Experimental Botany, 63（16）：5727-5740.

Bassil E, Ohto M A, Esumi T, et al. 2011. The *Arabidopsis* intracellular Na$^+$/H$^+$ antiporters NHX5 and NHX6 are endosome associated and necessary for plant growth and development [J]. Plant Cell, 23（1）：224-239.

Blumwald E. 2000. Sodium transport and salt tolerance in plants [J]. Current Opinion in Cell Biology, 12（4）：431-434.

Braye A, Bailey-Serres J, Weretilnyk E. 2000. Responses to abiotic stresses [J]. Biochemistry and Molecular Biology of Plants, 1158-1203.

Brett C L, Donowitz M, Rao R. 2005. Evolutionary origins of eukaryotic sodium/proton exchangers [J]. American Journal of Physiology-Cell Physiology, 288（2）：C223-C239.

Cao W H, Liu J, He X J, et al. 2007. Modulation of ethylene responses affects plant salt-stress responses [J]. Plant Physiology, 143（2）：707-719.

Chaitanya K V, Jutur P P, Sundar D, ct al. 2003. Water stress effects on photosynthesis in different mulberry cultivars [J]. Plant Growth Regulation, 40（1）：75-80.

Chaitanya K V, Rasineni G K, Reddy A R. 2009. Biochemical responses to drought stress in mulberry（*Morus alba* L.）: evaluation of proline, glycine betaine and abscisic acid accumulation in five cultivars [J]. Acta Physiologiae Plantarum, 31（3）：437-443.

Chanroj S, Lu Y X, Padmanaban S, et al. 2011. Plant-specific cation/H$^+$ exchanger 17 and its homologs are endomembrane K$^+$ transporters with roles in protein sorting [J]. Journal of Biological Chemistry, 286（39）：33931-33941.

Chanroj S, Wang G, Venema K, et al. 2012. Conserved and diversified gene families of monovalent cation/H（＋）antiporters from algae to flowering plants［J］. Frontiers in Plant Science, 3: 25.

Checker V G, Khurana P. 2013. Molecular and functional characterization of mulberry EST encoding remorin（MiREM）involved in abiotic stress［J］. Plant Cell Reports, 32（11）: 1729−1741.

Cobbett C S. 2000. Phytochelatins and their roles in heavy metal detoxification［J］. Plant Physiology, 123（3）: 825−832.

Cui Y J, Zhu Y G, Zhai R H, et al. 2005. Exposure to metal mixtures and human health impacts in a contaminated area in Nanning, China［J］. Environment International, 31（6）: 784−790.

Cumningham S D, Berti W R, Huang J W W. 1995. Phytoremediation of contaminated Soils［J］. Trends Biotechnology, 13（9）: 393−397.

Das M, Chauhan H, Chhibbar A, et al. 2011. High−efficiency transformation and selective tolerance against biotic and abiotic stress in mulberry, *Morus indica* cv. *K2*, by constitutive and inducible expression of tobacco osmotin［J］. Transgenic Research, 20（2）: 231−246.

Deyoung B J, Innes R W. 2006. Plant NBS−LRR proteins in pathogen sensing and host defense［J］. Nature Immunology, 7（12）: 1243−1249.

Dixon M S, Jones D A, Keddie J S, et al. 1996. The tomato Cf−2 disease resistance locus comprises two functional genes encoding leucine−rich repeat proteins［J］. Cell, 84（3）: 451−459.

Dubos C, Stracke R, Grotewold E, et al. 2010. MYB transcription factors in *Arabidopsis*［J］. Trends in Plant Science, 15（10）: 573−581.

Dussourd D E, Eisner T. 1987. Vein−cutting behavior−insect counterploy to the latex defense of plants［J］. Science, 237（4817）: 898−901.

Felton G W, Donato K, Delvecchio R J, et al. 1989, Activation of plant foliar oxidases by insect feeding reduces nutritive quality of foliage for noctuid herbivores［J］. Journal of Chemical Ecology, 15（12）: 2667−2694.

Ferre J, Escriche B, Bel Y, et al. 1995. Biochemistry and genetics of insect resistance to bacillus−thuringiensis insecticidal crystal proteins［J］. Fems Microbiology Letters, 132（1−2）: 1−7.

Fischhoff D A, Bowdish K S, Perlak F J, et al. 1987. Insect tolerant transgenic tomato plants［J］. Reviews In Environmental Science and Bio−Technology, 5（8）: 807−813.

Forgac M. 1999. Structure and properties of the vacuolar（H$^+$）−ATPases［J］. Journal of Biological Chemistry, 274（19）: 12951−12954.

Fowler J H, Narvaez−Vasquez J, Aromdee D N, et al. 2009. Leucine aminopeptidase regulates defense and wound signaling in tomato downstream of jasmonic acid［J］. Plant Cell, 21（4）: 1239−1251.

Fowler S, Thomashow M F. 2002. *Arabidopsis* transcriptome profiling indicates that multiple regulatory pathways are activated during cold acclimation in addition to the CBF cold response pathway［J］. The Plant Cell, 14（8）: 1675−1690.

Gai Y P, Li Y Q, Guo F Y, et al. 2014. Analysis of phytoplasma−responsive sRNAs provide insight into the pathogenic mechanisms of mulberry yellow dwarf disease［J］. Scientific Reports, 4: 5378.

Gao S, Zhang H, Tian Y, et al.2008. Expression of TERF1 in rice regulates expression of stress−responsive genes and enhances tolerance to drought and high−salinity［J］. Plant Cell Reports, 27（11）: 1787−1795.

Gaxiola R A, Li J S, Undurraga S, et al. 2001. Drought−and salt−tolerant plants result from overexpression of the AVP1 H$^+$−pump［J］. Proceedings of the National Academy of Sciences , USA, 98（20）: 11444−11449.

Gogarten J P, Taiz L. 1992. Evolution of proton pumping atpases-rooting the tree of life ［ J ］. Photosynthesis Research, 33 (2) : 137-146.

Grabherr M G, Haas B J, Yassour M, et al. 2011. Full-length transcriptome assembly from RNA-Seq data without a reference genome ［ J ］. Nature Biotechnology, 29 (7) : 644-652.

Grebner W, Stingl N E, Oenel A, et al. 2013. Lipoxygenase6-dependent oxylipin synthesis in roots is required for abiotic and biotic stress resistance of *Arabidopsis* ［ J ］. Plant Physiology, 161 (4) : 2159-2170.

Hasegawa P M, Bressan R A, Zhu J K, et al. 2000. Plant cellular and molecular responses to high salinity ［ J ］. Annual Review of Plant Physiology and Plant Molecular Biology, 51 (1) : 463-499.

He N J, Zhang C, Qi X W, et al. 2013. Draft genome sequence of the mulberry tree *Morus notabilis* ［ J ］. Nature Communications, 4: 2445

Huang X H, Liu Y, Li J X, et al. 2013. The response of mulberry trees after seedling hardening to summer drought in the hydro-fluctuation belt of Three Gorges Reservoir Areas ［ J ］. Environmental Science and Pollution Research, 20 (10) : 7103-7111.

Ishitani M, Liu J P, Halfter U, et al. 2000. SOS3 function in plant salt tolerance requires N-myristoylation and calcium binding ［ J ］. Plant Cell, 12 (9) : 1667-1677.

Jia Y, Mcadams S A, Bryan G T, et al. 2000. Direct interaction of resistance gene and avirulence gene products confers rice blast resistance ［ J ］. EMBO Journal, 19 (15) : 4004-4014.

Johal G S, Briggs S P. 1992. Reductase-activity encoded by the Hm1 disease resistance gene in maize ［ J ］. Science, 258 (5084) : 985-987.

Jones D A, Thomas C M, Hammondkosack K E, et al. 1994. Isolation of the tomato Cf-9 gene for resistance to Cladosporium-Fulvum by Transposon Tagging ［ J ］. Science, 266 (5186) : 789-793.

Khan A A, Akbar M, Seshu D V. 1987. Ethylene as an indicator of salt tolerance in rice ［ J ］. Crop Science, 27 (6) : 1242-1247.

Konno K, Hirayama C, Nakamura M, et al. 2004. Papain protects papaya trees from herbivorous insects: role of cysteine proteases in latex ［ J ］. Plant Journal, 37 (3) : 370-378.

Konno K, Ono H, Nakamura M, et al. 2006. Mulberry latex rich in antidiabetic sugar-mimic alkaloids forces dieting on caterpillars ［ J ］. Proceedings of the National Academy of Sciences of the United States of America, 103 (5) : 1337-1341.

Kovda V A. 1983. Loss of productive land due to salinization ［ J ］. Ambio, 12 (2) : 91-93.

Lal S, Gulyani V, Khurana P. 2008. Overexpression of HVA1 gene from barley generates tolerance to salinity and water stress in transgenic mulberry (*Morus indica*) ［ J ］. Transgenic Research. 17 (4) : 651-663.

Lis H, Sharon N. 1986. Lectins as molecules and as tools ［ J ］. Annual Review of Biochemistry, 55: 35-67.

Liu J, Liu X, Dai L, et al. 2007. Recent progress in elucidating the structure, function and evolution of disease resistance genes in plants ［ J ］. Journal of Genetics and Genomics, 34 (9) : 765-776.

Liu J P, Ishitani M, Halfter U, et al. 2000. The *Arabidopsis thaliana* SOS2 gene encodes a protein kinase that is required for salt tolerance ［ J ］. Proceedings of the National Academy of Sciences of the United States of America, 97 (7) : 3730-3734.

Liu J P, Zhu J K. 1998. A calcium sensor homolog required for plant salt tolerance ［ J ］. Science, 280 (5371) : 1943-1945.

Liu X M, Shang Q M, Zhang Z G. 2010. Low-temperature tolerance of pepper at germination stage and its evaluation method ［ J ］. Chinese Journal of Eco-Agriculture. 18 (3) : 521-527.

Lv R H, Zhao A C, Li J, et al. 2015. Screening, cloning and expression analysis of a cellulase derived from the causative agent of hypertrophy sorosis scleroteniosis, *Ciboria shiraiana*〔J〕. Gene, 565（2）: 221–227.

Ma B, Luo Y W, Jia L, et al. 2014. Genome-wide identification and expression analyses of cytochrome P450 genes in mulberry（*Morus notabilis*）〔J〕. Journal of Integrative Plant Biology, 56（9）: 887–901.

Magnin T, Fraichard A, Trossat C, et al. 1995. The tonoplast H$^+$-ATPase of Acer psedoplatanusis a Vacuolar-Type ATPase that operates with a phosphoenzyme intermediate〔J〕. Plant Physiology, 109: 285–292.

Malcolm E F, Michael A H. 1997. The vacuolar H$^+$-ATPase —— a universal proton pump of eukaryotes〔J〕. Biochemical Journal, 324（3）: 697–712.

Martin G B, Bogdanove A J, Sessa G. 2003. Understanding the functions of plant disease resistance proteins〔J〕. Annual Review of Plant Biology, 54: 23–61.

Mcdowell J M, Woffenden B J. 2003. Plant disease resistance genes: recent insights and potential applications〔J〕. Trends Biotechnol, 21（4）: 178–183.

Multani D S, Meeley R B, Paterson A H, et al. 1998. Plant-pathogen microevolution: Molecular basis for the origin of a fungal disease in maize〔J〕. Proceedings of the National Academy of Sciences of the United States of America, 95（4）: 1686–1691.

Nakashima K, Ito Y, Yamaguchi-Shinozaki K. 2009. Transcriptional regulatory networks in response to abiotic stresses in *Arabidopsis* and grasses〔J〕. Plant Physiology, 149（1）: 88–95.

Okamuro J K, Caster B, Villarroel R, et al. 1997. The AP2 domain of APETALA2 defines a large new family of DNA binding proteins in *Arabidopsis*〔J〕. Proceedings of the National Academy of Sciences of the United States of America. 94（13）: 7076–7081.

Oraby H F, Ransom C B, Kravchenko A N, et al. 2005. Barley HVA1 gene confers salt tolerance in R3 transgenic oat〔J〕. Crop Science, 45（6）: 2218–2227.

Padmanaban S, Lin X, Perera I, et al. 2004. Differential expression of vacuolar H$^+$-ATPase subunit c genes in tissues active in membrane trafficking and their roles in plant growth as revealed by RNAi〔J〕. Plant Physiology, 134（4）: 1514–1526.

Perera Iy, Li X, Sze H. 1995. Several distinct genes encode nearly identical 16kDa proteolipids of the vacuolar H$^+$-ATPase from *Arabidopsis thaliana*〔J〕. Plant Molecular Biology, 29: 227–244.

Piamphongsant T. 1999. Chronic environmental arsenic poisoning〔J〕. International Journal of Dermatology, 38（6）: 401–410.

Pilon-Smits E. 2005. Phytoremediation〔J〕. Annual Review of Plant Biology, 56: 15–39.

Qadir M, Ghafoor A, Murtaza G. 2000. Amelioration strategies for saline soils: a review〔J〕. Land Degradation and Development, 11: 501–521.

Qiu Q S, Guo Y, Dietrich M A, et al. 2002. Regulation of SOS1, a plasma membrane Na$^+$/H$^+$ exchanger in *Arabidopsis thaliana*, by SOS2 and SOS3〔J〕. Proceedings of the National Academy of Sciences of the United States of America, 99（12）: 8436–8441.

Ramanjulu S, Sudhakar C. 1997. Drought tolerance is partly related to amino acid accumulation and ammonia assimilation: A comparative study in two mulberry genotypes differing in drought sensitivity〔J〕. Journal of Plant Physiology, 150（3）: 345–350.

Ratajczak R. 2000. Structure, function and regulation of the plant vacuolar H$^+$-translocating ATPase〔J〕. Biochimica et Biophysica Acta（BBA）-Biomembranes, 1465: 17–36.

Reddy A R, Chaitanya K V, Jutur P P, et al. 2004. Differential antioxidative responses to water stress among five mulberry（*Morus alba* L.）cultivars［J］. Environmental and Experimental Botany, 52（1）: 33−42.

Rhodes D, Hanson A D. 1993. Quaternary ammonium and tertiary sulfonium compounds in higher−plants［J］. Annual Review of Plant Physiology and Plant Molecular Biology, 44: 357−384.

Riechmann J L, Heard J, Martin G, et al. 2000. *Arabidopsis* transcription factors: genome−wide comparative analysis among eukaryotes［J］. Science, 290（5499）: 2105−2110.

Sakuma Y, Liu Q, Dubouzet J G, et al. 2002. DNA−binding specificity of the ERF/AP2 domain of *Arabidopsis* DREBs, transcription factors involved in dehydration−and cold−inducible gene expression［J］. Biochemical and Biophysical Research Communications, 290（3）: 998−1009.

Salt D E, Rauser W E. 1995. Mgatp−dependent transport of phytochelatins across the tonoplast of oat roots［J］. Plant Physiology, 107（4）: 1293−1301.

Selitrennikoff C P. 2001. Antifungal proteins［J］. Applied and Environmental Microbiology, 67（7）: 2883−2894.

Sheveleva E, Chmara W, Bohnert H J, et al. 1997. Increased salt and drought tolerance by D−ononitol production in transgenic *Nicotiana tabacum* L.［J］. Plant Physiology, 115（3）: 1211−1219.

Shi H, Kin Y S, Y. G. 2003. The *Arabidopsis* SOS5 locus encodes a putative cell surface adhesion protein and is required for normal cell expansion［J］. Plant Cell, 15（1）: 19−32.

Shi H, Zhu J K. 2002. SOS4, a pyridoxal kinase gene, is required for root hair development in *Arabidopsis*［J］. Plant Physiology, 129（2）: 585−93.

Silver S, Misra T K. 1988. Plasmid−mediated heavy−metal resistances［J］. Annual Review of Microbiology. 42: 717−743.

Song W Y, Wang G L, Chen L L, et al. 1995. A receptor kinase−like protein encoded by the rice disease resistance gene, Xa21［J］. Science, 270（5243）: 1804−1806.

Stei M, Somerville S C. 2002. MLO, a novel modulator of plant defenses and cell death, binds calmodulin［J］. Trends in Plant Science, 7（9）: 379−380.

Sze H, Padmanaban S, Cellier F, et al. 2004. Expression patterns of a novel AtCHX gene family highlight potential roles in osmotic adjustment and K^+ homeostasis in pollen development［J］. Plant Physiology, 136（1）: 2532−2547.

Sze H, Schumacher K, Muller M L, et al. 2002. A simple nomenclature for a complex proton pump: VHA genes encode the vacuolar H^+−ATPase［J］. Trends in Plant Science. 7（4）: 157−161.

Tester M, Davenport R. 2003. Na^+ tolerance and Na^+ transport in higher plants［J］. Annals of Botany, 91（5）: 503−527.

Tsiantis M S, Bartholomew D M, Smith J A. 1996. Salt regulation of transcript levels for thec subunit of a leaf vacuolar H^+−ATPase in the halophyte Mesembryanthemum Crystallinum［J］. Plant Journal, 9（5）: 729−736.

Tyler G, Balsberg Pahlsson M., Bengtsson G, et al. 1989. Heavy metal ecology of terrestrial plants microorganisms and invertebrates——A review［J］. Water Air and Soil Pollution, 189−225.

Van Der Biezen E A, Jones J D G. 1998. Plant disease−resistance proteins and the gene−for−gene concept［J］. Trends in Biochemical Sciences, 23（12）: 454−456.

Van Der Biezen E A, Jones J D G. 1998. The NB−ARC domain: A novel signalling motif shared by plant resistance gene products and regulators of cell death in animals［J］. Current Biology, 8（7）: 226−227.

Van Loon L C, Vankamme A. 1970. Polyacrylamide disc electrophoresis of soluble leaf proteins form *Nicotiana tabacum* var. *samsun* and *samsun*−Nn .2. changes in protein constitution after infection with tobacco mosaic virus ［ J ］. Journal of Virology, 40（2）: 199.

Vaughan M M, Wang Q, Webster F X, et al. 2013. Formation of the unusual semivolatile diterpene rhizathalene by the *Arabidopsis* class I terpene synthase TPS08 in the root stele is involved in defense against belowground herbivory ［ J ］. Plant Cell, 25（3）: 1108−1125.

Wang H, Huang Z, Chen Q, et al. 2004. Ectopic overexpression of tomato JERF3 in tobacco activates downstream gene expression and enhances salt tolerance ［ J ］. Plant Molecular Biology, 55（2）: 183−192.

Wasano N, Konno K, Nakamura M, et al. 2009. A unique latex protein, MLX56, defends mulberry trees from insects ［ J ］. Phytochemistry, 70（7）: 880−888.

Xiao Bz, Huang Ym, Tang N, et al. 2007. Over−expression of a LEA gene in rice improves drought resistance under the field conditions ［ J ］. Theoretical and Applied Genetics, 115（1）: 35−46.

Xiao F M, Lu M, Li J X, et al. 2003. Pto mutants differentially activate Prf−dependent, avrPto−independent resistance and gene−for−gene resistance ［ J ］. Plant Physiology, 131（3）: 1239−1249.

Xiao S Y, Ellwood S, Calis O, et al. 2001. Broad−spectrum mildew resistance in *Arabidopsis thaliana* mediated by RPW8 ［ J ］. Science, 291（5501）: 118−120.

Xie C, Zhang J S, Zhou H L, et al. 2003. Serine /threonine kinase activity in the putative histidine kinase−like ethylene receptor NTHK1 from tobacco ［ J ］. Plant Journal, 33（2）: 385−393.

Zenk M H. 1996. Heavy metal detoxification in higher plants—a review ［ J ］. Gene, 179（1）: 21−30.

Zhao J, Cheng N H, Motes C M, et al. 2008. AtCHX13 is a plasma membrane K^+ transporter ［ J ］. Plant Physiology, 148（2）: 796−807.

Zhou L Y, Zhao Y, Wang S F, et al. 2015. Lead in the soil−mulberry（ *Morus alba* L.）−silkworm（ Bombyx mori ）food chain: translocation and detoxification ［ J ］. Chemosphere, 128: 171−177.

Zhu J K. 2001. Cell signaling under salt, water and cold stresses ［ J ］. Current Opinion in Plant Biology, 4（5）: 401−406.

第九章

桑树的基因家族

基因家族（gene family）是由一类序列相似或者基因功能相似的基因组成的集合，是由祖先基因经过基因加倍和变异之后形成的一组同源基因。序列（包括核苷酸和氨基酸序列）相似性是基因家族最重要的特征，氨基酸序列形成的保守的基序是区分基因家族的主要依据。然而，某些基因家族内部成员之间的序列差异较大。基因组往往包括多个基因家族，家族中的基因成员数目不等。以基因家族为单位将基因组模块化，是当前解析复杂基因组的重要手段之一。桑树基因组中共发现29338个基因，根据其编码的蛋白质的保守基序，能够将其归类为多个基因家族，本章介绍的桑树基因家族包括：P450基因家族、MAPK基因家族、热激蛋白基因家族、LBD基因家族、几丁质酶与几丁质结合蛋白质家族、蛋白酶和蛋白酶抑制子基因家族以及转运子基因家族。

一、桑树P450基因家族

细胞色素P450（cytochrome P450，CYP）首次发现于1958年，由于其在450nm处有一个特征吸收峰，被命名为细胞色素P450（Klingenberg，1958；Garfinkel，1958）。细胞色素P450（以下简称P450）是一大类广泛存在于细菌、真菌、植物和动物等中的单加氧酶（Nelson et al.，1993）。P450基因在人、鼠、果蝇、线虫、拟南芥、水稻及杨树等物种的基因组中的数目从0.1%～1%不等（Paquette et al.，2000；Nelson，2006；Nelson et al.，2004b；Nelson et al.，2004a）。已鉴定的P450基因数目超过12000个，可以分为1000个家族，2500个亚家族（Nelson，2011）。其中，在植物中鉴定的P450基因数目达到5100个，占已发现总数的42.5%（Nelson，2011）。P450是一个古老的超基因家族，基于同源性以及系统发生关系已经对其分类（Nelson et al.，1996）。参照Nelson等的标准（Nelson et al.，2004a），植物中的P450划分为10个大的类别，其中包含有4个多家族的类别（CYP71、CYP72、CYP85和CYP86）和6个单家族的类别（CYP51、CYP74、CYP97、CYP710、CYP711和CYP727）。

P450参与到生物体的多种生物途径当中，包括激素、次生物质、脂类及生物大分子的合成过程以及降解和转化外源物质的毒性作用，如药物、除草剂及其他有机物（Nelson et al.，1993）。细胞色素P450在其还原酶的作用下将NADPH的电子转移到细胞色素P450的底物上（图9-1）（Jensen and Moller，2010）。因此，在整个P450酶系中，细胞色素P450作为氧化酶不仅负责与氧的结合，同时也还负责与底物相结合，最终决定底物及产物的特异性。

已知的天然产物大部分由植物合成（Wu and Chappell，2008），P450在合成过程中发挥了重要的作用。桑树作为桑科植物的代表，在世界范围内广泛分布（Berg，2005；Berg，2001；Nepal and Ferguson，2012）。在中国的传统中药中，桑根、桑枝、桑叶及桑果均可入药（Darias-Martín et al.，2003；Venkatesh Kumar and Chauhan，2008）。因此，桑树次生代谢物质的合成备受关注，关于这些化合物的合成及代谢机制尚需要进一步的研究。而桑树P450基因是相关研究的重要靶标。另外，中国具有几千年栽桑养蚕的传统，家蚕与桑树是研究植物-昆虫相互关系的重要模型之一。研究表明，昆虫利用其P450参与降解和转化所取食植物中的有毒化合物；另一方面，植物利用其P450生产多种次生物质用于自身的防御，因此桑树P450基因家族的分析对于理解两者的关系具有重要意义。

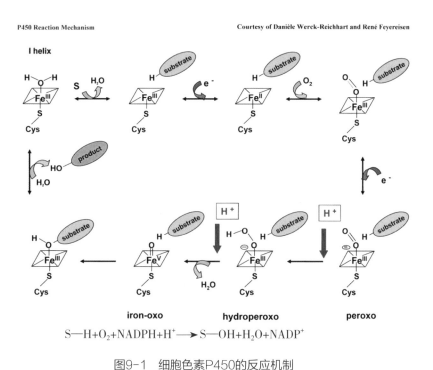

图9-1　细胞色素P450的反应机制

Figure 9-1　The reaction metabolism of cytochrome P450（http：//www.p450.kvl.dk/p450.shtml）

1. 桑树*P450*基因

Ma等基于Pfam中桑树的HMM文件以及同源性比对等多种方法对桑树*P450*基因进行了全基因组鉴定（Ma et al.，2014），最终鉴定得到有174个候选*P450*基因。通过序列相似性以及系统发生分析等方法（Nelson et al.，1996），174个*P450*基因可划分为49家族、79个亚家族（Ma et al.，2014）。P450超基因家族作为最大的基因家族之一，由于基因重复和分化等原因造成了在不同的物种当中，其数目出现了较大的波动，如在拟南芥、水稻、番木瓜和葡萄等中的*P450*基因数目分别为245个、332个、142个以及315个（Paquette et al.，2000；Werck-Reichhart et al.，2002；Nelson，2009）。桑树中*P450*基因的数目与番木瓜的相当，而明显少于拟南芥、水稻以及葡萄的，推测桑树中的*P450*基因可能出现了多功能化。

2. *P450*基因的进化分析

Durst和Nelson对*P450*基因的系统发生分析研究发现，P450会形成一些大的基因簇（Durst and Nelson，1995）。同样，Nelson等（2004）对1098个植物的*P450*基因进行系统发生分析发现，植源的*P450*基因可以划分为10个基因簇，并将这些基因簇命名为CYP71、CYP72、CYP85、CYP86、CYP51、CYP74、CYP97、CYP710、CYP711和CYP727（Nelson et al.，2004a）。在本书中，Ma等对桑树来源的*P450*基因进行系统发生分析（图9-2），结果显示，桑树174个*P450*基因，除CYP711基因簇之外，可划分到以上9个基因簇当中。CYP71基因簇包含的基因数目最多，占总基因数的56.3%（Ma et al.，2014）。与桑树中相近，苜蓿中该基因簇所含基因数的比例55.6%（Li et al.，2007）。桑树的174个*P450*基因能够划分为两种类型，分别为A-type以及Non-A-type，所包含的基因数目分别为56.3%以及43.7%（Ma et al.，2014）。A-type的*P450*基因主要编码植物特异的酶，它们参与了植物的次生物质代谢过程。Non-A-type的P450基因则主要参与植物激素等的代谢过程。例如，拟南芥的*CYP71B15*基因参与某些植物抗毒素的生物合成过程（Schuhegger et al.，2006），*CYP736B*在葡萄中起到了防御作用（Cheng et al.，2010）。通过与拟南芥*P450*基因进行比较发现，桑树部分家族的*P450*基因在拟南芥中并不存在同源基因，该结果暗示了桑树特有的P450基因的存在，这些基因是否与桑树特有的次生物质的合成过程密切相关还有待进一步研究。

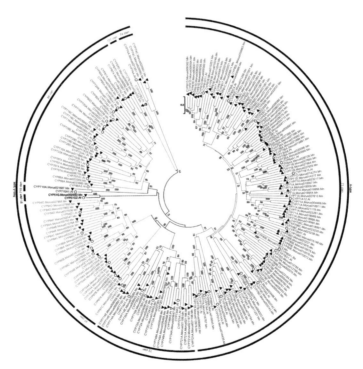

图9-2 桑树*P450*基因及其他P450代表性家族成员基因的系统发生分析（Ma et al., 2014）

利用Clustal W2.0（Larkin et al.，2007）对所有氨基酸序列进行多序列比对、GeneDoc（Nicholas et al.，1997）对得到的比对结果进行修正，基于MEGA5（Tamura et al.，2011）中的算法、Poisson model及pairwise deletion构建进化树。进化树的分枝拓扑结构经过了1000次抽样检验

Figure 9-2　Phylogenetic tree of the predicted mulberry *P450* genes and the representative members of P450 gene families

Multiple alignment of amino acid sequences are performed by Clustal W2.0 software（Larkin et al., 2007）, and result is modified by GeneDoc software（Nicholas et al., 1997）. Phylogenetic tree is constructed by MEGA 5.0 software（Tamura et al., 2011）based on Neighbor joining method（Saitou and Nei, 1987）with Poisson model and pairwise deletion from 1000 times tests

3. 桑树*P450*基因的结构

通常同一个基因家族的基因具有相似的结构，如外显子和内含子数目相同、内含子的相位相同等。Ma等对桑树基因组中的*P450*基因的结构特征进行分析之后得出类似的结论：大多数位于同一个家族中的*P450*基因具有相似的基因结构（Ma et al.，2014）。这一现象在拟南芥中也同样存在，如拟南芥的CYP71家族的*P450*基因具有2～5外显子，而且最短的外显子仅有27bp（*CYP71B32*）。虽然同一家族内的基因具有相似的基因结构，然而在该类基因的进化过程当中，造成部分基因的结构发生变化，这与基因的功能可能是密切相关的。

对桑树的外显子数目、内含子数目及长度以及内含子的相位等特征进行分析（Ma et al.，2014），结果表明桑树*P450*基因的外显子数目变化范围为1～16（图9-3），其中40.9%的基因是具有2个外显子的，13.6%的基因具有3个外显子，具有单外显子的基因占总基因数的9.7%。*P450*

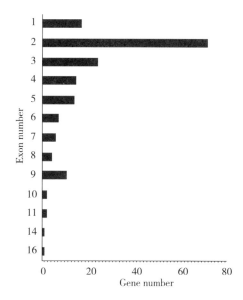

图9-3　桑树*P450*基因的外显子数目分布
（Ma et al.，2014）

Figure 9-3　Distribution of the number of exon in mulberry *P450* genes

基因的内含子长度变化范围极广，为11～13068bp，平均达到了639.6bp。与全基因组水平的基因内含子长度分布比例进行比较，发现两者之间呈现出一致的分布趋势（图9-4）。桑树的*P450*基因共含有468个内含子，其中相位0的内含子有230个，占全部内含子数目的49.1%，拟南芥（Paquette et al.，2000）和线虫（Gotoh，1998）等的P450基因具有类似的特征。

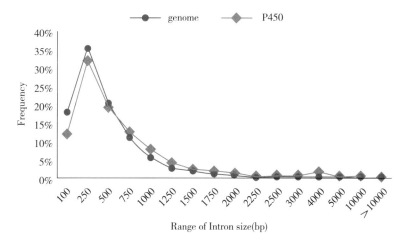

图9-4　桑树*P450*基因及全部基因的内含子大小分布（Ma et al.，2014）

Figure 9-4　Distribution of intron sizes of *P450* genes and all mulberry genes

4．桑树P450蛋白质的氨基酸基序

P450蛋白质的典型结构包含有几个motif，分别为PERF motif、K-helix region、the heme-binding motif以及I-helix region。这些基序对于*P450*基因发挥其功能具有重要的意义。利用MEME程序（Bailey et al.，2009）对桑树174个P450蛋白质的motif进行分析表明这些序列均包含有P450蛋白质的典型结构（Ma et al.，2014）（图9-5）。

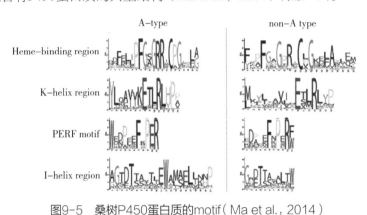

图9-5　桑树P450蛋白质的motif（Ma et al.，2014）

Figure 9-5　Motifs of mulberry P450 proteins

5．桑树*P450*基因的在染色体上的分布

174个桑树*P450*基因分布在88个scaffolds上，多数基因在scaffolds上串联分布（Ma et al.，2014）。其中，54个（31.0%）基因形成了21个基因cluster。包含4个以上串联分布基因的cluster分别为scaffold414、scaffold630以及scaffold939（图9-6），而且形成基因簇的基因多来自同一亚家族，且基因的方向一致。该结果暗示桑树特异扩增的*P450*基因主要以本地重复（local duplication）的机制产生。拟南芥中也存在着类似的现象，如*CYP71B*、*CYP71*、*CYP705A*和*CYP72A*（Paquette et al.，2000）。表明*P450*基因在不同的物种当中可能存在着不同的进化历程。

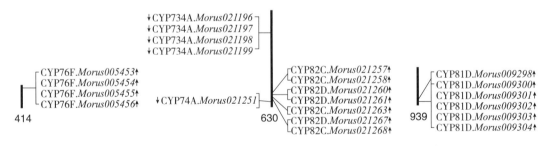

图9-6　桑树*P450*基因在scaffold上的分布（Ma et al.，2014）

只标注了一个cluster中至少包含有4个基因的scaffold

Figure 9-6　Location of *P450* genes in mulberry scaffolds

Only the clusters containing over four genes are shown in this figure

6．桑树*P450*基因的表达

根据转录组测序的结果表明，161个（92.5%）桑树*P450*基因在至少一个组织中表达（Ma et al.，2014）。基于其在不同桑树组织中的表达模式，划分为5类，即K1～K5，分别表示在

根、皮、芽、花和叶中高表达的基因。其中K1到K5分别包含有36个、37个、21个、38个和29个基因（图9-7）。*P450*基因虽然参与多个生物学途径，然不同的*P450*基因的表达具有组织倾向性，这一特点可能是与这些P450行使的功能相关，对于研究某个组织中*P450*基因参与的次生物质代谢过程提供借鉴。组织倾向性表达是*P450*基因的特点之一，与其发挥的功能密切相关。桑树是研究植物次生代谢的优良材料，在中国自古就有桑入药的传统，然当前备受关注的科学问题是哪些基因参与了合成何种次生物质，基因表达特点是揭示这一科学问题的第一步。

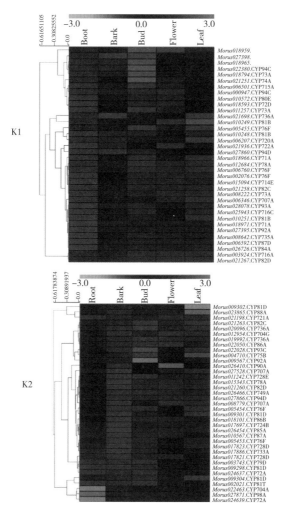

图9-7　桑树*P450*基因的表达分析（Ma et al., 2014）

桑树*P450*基因表达基于RPKM数据。5个组织，包括根、皮、冬芽、雄花和叶。Mev软件用来分析基因表达并基于KMC方法对表达水平进行聚类。K1～K5分别表示5个表达模式。横排表示基因，竖列表示组织。**Color bar**则表示表达量多少：绿色表示表达量低；红色表示表达水平高

Figure 9-7　Gene expression of mulberry *P450* genes

Expression analysis of the *P450* genes based on the RPKM profile. RPKM profile of five tissues, root, bark, bud, flower, and leaf were downloaded. Mev software was used to normalize the expression level of all P450 genes from RNA sequencing data. The genes were grouped into 5 clusters using the KMC method. The middle characters, which are in bold represent the corresponding clusters. Rows and columns in the heat maps represent genes and samples. Sample names are shown above the heat maps. Color scale indicates the degree of expression: green, low expression; red, high expression

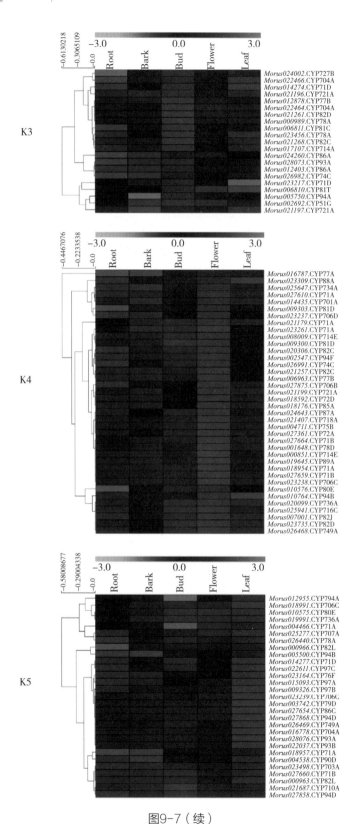

图9-7（续）

Figure 9-7 （Continued）

7. *P450*基因的功能注释及参与的代谢途径

P450作为催化酶的反应机制为：在细胞色素P450还原酶将NADPH的电子转移到底物上（Jensen and Moller，2010），细胞色素P450作为氧化酶催化底物的转化。桑树*P450*基因GO注释结果显示其主要参与了代谢过程、离子结合和细胞内生理过程等（图9-8）（Ma et al.，2014）。

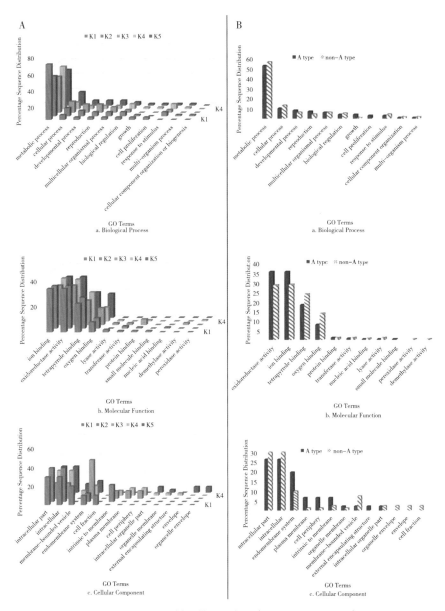

图9-8　*P450*基因的GO注释（Ma et al.，2014）

GO注释信息可三类内容，包括生物学过程、分子功能以及细胞组分。A表示所有*P450*基因的GO注释信息，B表示A类型和Non-A类型的*P450*基因注释信息

Figure 9-8　GO categories of mulberry *P450* genes

GO annotation allowed categorization of genes in functional classes, including biological processes, molecular function, and cellular components. A. Gene ontology annotation of all genes, B. Gene ontology annotation of A-type and non-A type *P450* genes in mulberry

桑树P450基因参与的生物学途径（图9-9）主要包括：脂代谢、其他次生物质生物合成、外源性化学物质的合成代谢、氨基酸代谢、辅酶和维生素代谢和萜类及聚酮类化合物的代谢的基因分别占总基因数的47.1%、42.4%、34.5%、14.9%、11.5%和9.8%，表明桑树的P450基因参与了多种生物学途径当中，显然对桑树特有次生物质的合成代谢具有重要的作用。花青素是桑葚颜色的重要组成成分（Bae and Suh，2007），F3′H是花青素合成的关键酶之一。Qi等的研究表明桑树中的*Morus004711*能够注释为*CYP75B*基因，与矮牵牛中的类黄酮羟化酶（Flavonoid 3′-hydroxylase，F3′H）的相似度达到了71%。桑葚中该基因的表达情况与桑葚果实的发育阶段相符，即随着果实的成熟，颜色逐渐加深，该基因的表达量逐渐升高，而在根、皮和叶等组织当中的表达量极低（图9-10）（Qi et al.，2014）。

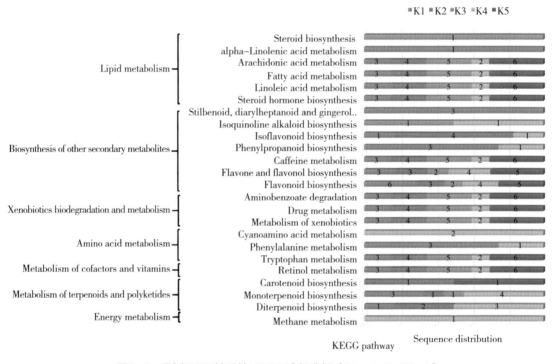

图9-9　桑树*P450*基因的KEGG途径分析（Ma et al.，2014）

左侧类别表示*P450*基因涉及的生物学过程。右侧数字表示在不同的K1～K5表达模式里参与到相应生物学过程的*P450*基因数目

Figure 9 9　Kyoto Encyclopedia of Genes and Genomes（KEGG）pathway distributions of mulberry *P450* genes

The characters on the left represent the metabolism process of the predicted *P450* genes involved. The number of genes involved in the corresponding metabolism process are shown in the figure

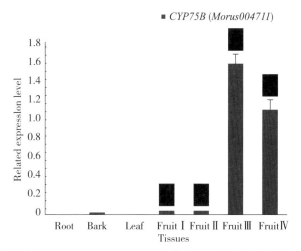

图9-10　桑树*P450*基因（*CYP75B*，*Morus004711*）在7个不同组织中的表达（Ma et al., 2014）

纵坐标表示基因的相对表达量，横坐标表示不同组织，实验进行三次重复

Figure 9-10　Expression profiling of *CYP75B*（*Morus004711*）in seven tissues

The *y*-axis represents the relative expression levels of the *CYP75B*（*Morus004711*）gene. The *x*-axis represents different tissues. Error bars represent standard deviations for three replicates

　　植食性昆虫以植物为食，获取所需营养成分的同时伴随着植物次生代谢物质的摄入，而这些次生代谢物质多数参与植物的防御。在长期进化过程当中出现了两种模式：一是植食性昆虫摄入植物来源的次生物质之后，体内的*P450*基因发挥着解毒的作用，促进了植物来源次生物质的代谢与转化，从而减小此类物质对其生长发育的影响；二是在植食性昆虫和植物之间协同进化的关系。这一现象在专食性的植食性昆虫中表现得较为明显，即专食性昆虫取食其宿主植物不会出现中毒等症状，而其他昆虫则会表现出明显的中毒症状。桑树和家蚕是一组为大家所熟知的"植物−专食性植食昆虫"的组合，栽桑养蚕的历史已经持续了至少5000年以上。Konno、Hirayama以及Daimon等人的研究表明在桑树和家蚕之间是一种"植物防御−昆虫适应（plant defense−insect adaptation）"的关系（Konno et al., 2006）；Hirayama et al., 2007）；Daimon et al., 2008）。桑叶乳汁中的次生物质对家蚕的生长发育不会造成影响，而对其他一些昆虫而言则是属于剧毒物质（Konno et al., 2006）。另外百脉根（*Lotus corniculatus*）的研究发现，其专食性昆虫六星灯蛾（*Zygaena filipendulae*）与其本身之间形成了一种协同进化的模式（Jensen et al., 2011）。植物本身的一些生氰糖苷类物质可以被该昆虫所利用，这与两个*P450*基因*CYP405A2*、*CYP332A3*的功能密切相关。Ai等（2011）对家蚕的P450基因进行了研究（Ai et al., 2011），在家蚕中发现了*CYP405A2*和*CYP332A3*的同源基因，尽管目前桑树中尚未鉴定到类似于莲属植物的生氰糖苷物质的存在，然而关于家蚕和桑树之间存在协同进化关系是值得深入研究的课题。

二、桑树MAPK基因家族

促分裂原活化蛋白激酶（mitogen-activated protein kinase，MAPK，MPK）是普遍存在于真核生物中的一类保守的丝氨酸/苏氨酸蛋白激酶，在植物生长发育、生物和非生物胁迫信号转导过程中发挥了关键作用（Zhang and Klessig，2001）。Ichiimura等（2002）在拟南芥中已经鉴定出存在20个MAPK基因。AtMAPK3和AtMAPK6参与病原体引起的乙烯合成路径（Han et al.，2010）。研究表明，AtMAPK4和AtMAPK6在低温、干旱、触碰、机械损伤等诱导条件下快速激活。Zeng等（2011）通过使AtMAPK13的表达降低，能够减少侧根的数量，发现AtMAPK13在侧根的形成中具有正调控的作用。至今，MAPK基因家族已经在烟草、棉花、玉米、水稻、苹果、杨树和桑树等植物中得到广泛鉴定（Zhang et al.，2013a；Zhang et al.，2014；Sun et al.，2014；Reyna and Yang，2006；Zhang et al.，2013b；Hamel et al.，2006；Wei et al.，2014）。

1．MAPK基因家族的概述

当生物体遭遇非生物胁迫时，如紫外线辐射、渗透胁迫、热胁迫、创伤胁迫和其他激素刺激等，上游信号分子通过MAPK级联途径将信号传递给MAPK，MAPK的磷酸化激活下游信号分子（Pathak et al.，2013）。MAPK信号级联途径由三种类型的激酶组成：促分裂原活化蛋白激酶激酶激酶（mitogen-activated protein kinase kinase kinase，MAPKKK）、促分裂原活化蛋白激酶激酶（mitogen-activated protein kinase kinase，MAPKK）和MAPK，通过逐级磷酸化来传递上游刺激信号（Meng and Zhang，2013）。MAPKKK是最上游的级联系统，并直接通过刺激受体、信号分子或细胞外刺激使自身磷酸化，激活其下游因子和MAPKK磷酸化。MAPKK的S/T-X3-5-S/T（S代表丝氨酸，T代表苏氨酸）模块上的2个丝/苏氨酸残基磷酸化而被活化，在酵母和哺乳动物中，中间X（X代表氨基酸）的个数为3，而在植物中为5。磷酸化的MAPKK作用于MAPK的苏氨酸和酪氨酸残基的活化环，进而激活MAPK磷酸化（Cristina et al.，2010）。植物MAPK的特点是具有相近的分子量（38~55kDa），并含有11个保守子域蛋白激酶结构域。介于第七和第八子域之间的催化基序TXY是一个重要ATP磷酸化位点，植物TXY中的X常为E或D，而酵母和动物中的是E、P或G，所以TDY为植物所特有（Ichimura et al.，2002）。植物的MAPK可划分为A、B、C和D 4个亚家族，其中A、B和C的磷酸化基序是TEY，而D组成员的磷酸化基序是TDY（白雪梅，2011）。

2．桑树MAPK基因

（1）桑树MAPK基因的鉴定

利用生物信息学方法从川桑基因组中鉴定出32个MnMAPKKK、5个MnMAPKK和10个MnMAPK基因，其聚类关系如图9-11所示，基因编号见表9-1。

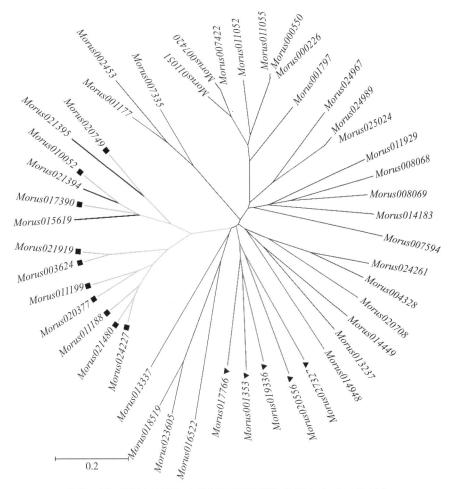

图9-11 川桑MAPKs家族基因聚类关系（Wei et al., 2014）

MnMAPK、MnMAPKK和MnMAPKKK分别用绿色、红色和黑色横线表示

Figure 9-11 Phylogenetic relationships between MAPK families from *M. notabilis*

MnMAPK, MnMAPKK and MnMAPKKK are highlighted by green, red and black lines, respectively

　　MAPK是级联反应的末端，直接作用于信号传导途径下游的磷脂酶、转录因子和其他作用底物，进而激活茉莉酸的生物合成、防御基因和细胞过敏性死亡。根据桑树*MAPK*基因在scaffold的分布，*MnMAPK1*和*MnMAPK5*是串联排布在scaffold160上，暗示这两个基因可能是由基因组局部复制事件产生的。

　　桑树*MAPK*基因编码序列长度介于1107～1902bp之间，它们编码的蛋白质大小范围为368～633个氨基酸（aa），预测的蛋白质分子量在42.4～70.9kDa之间，等电点大小介于5.0～9.28之间，见表9-1。

表9-1　川桑*MAPK*基因相关信息统计（Wei et al.，2014）

Table 9-1　Descriptional information about the *Morus notabilis MAPK* genes

基因名	登录号	编码序列（bp）	蛋白长度（aa）	分子量（kDa）	等电点	磷酸化位点
MnMAPK1	KF683076	1140	379	43.5	5.59	TEY
MnMAPK2	KF683077	1182	393	44.9	5.57	TEY
MnMAPK3	KF683078	1119	372	42.9	6.09	TEY
MnMAPK4	KF683079	1134	377	43.2	6.08	TEY
MnMAPK5	KF683080	1122	373	42.9	5.00	TEY
MnMAPK6	KF683081	1119	372	42.5	6.31	TEY
MnMAPK7	KF683082	1107	368	42.4	7.63	TEY
MnMAPK8	KF683083	1755	584	66.2	9.28	TDY
MnMAPK9	KF683084	1902	633	70.9	6.47	TDY
MnMAPK10	KF683085	1665	554	62.9	8.56	TDY

（2）桑树*MAPK*基因的分类

结构域预测表明（图9-12），桑树*MAPK*基因都含有其家族共有的结构：11个高度保守的蛋白激酶结构域，第一子域含有P-loop基序，第六子域含有C-loop，第七和第八子域之间存在TXY磷酸化位点和活化环（activation-loop）。利用来自川桑、拟南芥、水稻、毛果杨、烟草和草莓等植物的MAPK的蛋白序列构建系统发生树，结果表明MAPK家族可分为6组（A~F组）（图9-13）。桑树*MAPK*基因分布在A~E组。基于是否有一个TEY或TDY基序的磷酸化位点区分为2个亚型。其中，TEY型存在于组A、B、C和F，而D和E组含有TDY基序（图9-12）。6种植物的系统发生分析表明，紧密聚类的基因可能具有相似的功能。有趣的是，川桑TEY型的*MAPK*基因的内含子的分布复杂，*MnMAPK8*和*MnMAPK10*均有9个外显子，*MnMAPK9*则拥有11个外显子。

3. 桑树*MnMAPK6*基因的研究

（1）桑树MnMAPK6蛋白的亚细胞定位分析

预测分析，MnMAPK6蛋白定位于细胞核中，然并没有发现其序列中存在核定位信号。为进一步进行功能验证，在去掉终止子的*MnMAPK6*的开放阅读框后面连接上*EGFP*基因的开放阅读框，将整个构架连接到pLGNL表达载体中，构建*35S-MnMAPK6∶∶EGFP*载体，*35S-EGFP*载体作为对照，构建完成的表达载体转化农杆菌，用农杆菌侵染法转化洋葱表皮细胞。由35S启动子驱动融合蛋白表达，在荧光显微镜下检测绿色荧光。结果显示，MnMAPK6融合蛋白被定位在细胞核中。

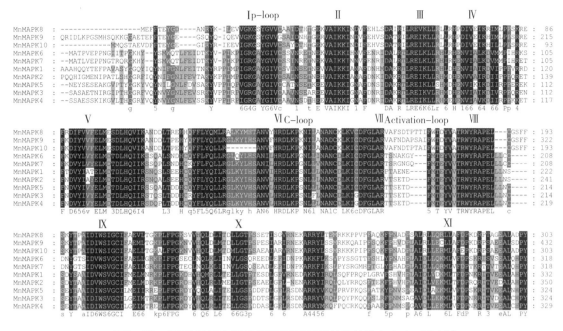

图9-12　川桑MAPKs蛋白序列多重序列比对（Wei et al., 2014）

使用GeneDoc程序进行多重序列比对。每一行的黑色罗马数字（Ⅰ~Ⅺ）表示子域。P-loop、C-loop和activation-loop是由黑框表示。TXY磷酸化基序由红色星号表示。黑色和灰色的阴影表示保守的序列

Figure 9-12　Protein sequence multi-alignment of the MAPKs from *M. notabilis*

Alignment was performed using the GeneDoc program. The subdomains are indicated with black Roman numerals（Ⅰ~Ⅺ）on the top of each row. P-loop, C-loop and activation-loop motifs are indicated by boxes. The TXY phosphorylation sites are indicated by red asterisks. Conservative sequences are highlighted by black and gray shading

（2）*MnMAPK6*转基因拟南芥植株对PEG敏感性增强

野生型t和转基因株系（*MnMAPK6*基因过表达株系）在含有20% PEG的1/2 MS培养基上萌发10天后，与WT相比，OE5和OE6过表达株系幼苗生长矮小，发育迟缓，叶片出现明显的黄化现象；按照以上条件培养14天后，OE5和OE6过表达转基因株系表现出对20% PEG敏感，较WT和OE1转基因株系叶片黄化情况的更为严重。以上结果表明*MnMAPK6*转基因拟南芥植株对PEG的敏感性增强。

（3）*MnMAPK6*转基因拟南芥植株对高温的敏感性增强

WT和OE株系拟南芥在1/2 MS培养基上萌发1周后，40℃处理5天后，野生型和OE1转基因株系存活率明显高于OE6和OE5过表达转株系。WT和OE株系在花盆中正常生长2周后，40℃处理24h，恢复生长1周后WT和OE1叶片生长正常，没有萎蔫和坏死，而OE6和OE5拟南芥幼苗生长明显受到抑制，幼苗萎蔫发黄甚至死亡；恢复2周后效果更为明显，WT和OE1已经恢复正常生长，叶片大而肥厚，而OE6和OE5株系生长矮小，叶片小而且发黄，有的植株已经死亡。以上结果表明，*MnMAPK6*增强了拟南芥转基因植株对高温的敏感性。

（4）*MnMAPK6*转基因拟南芥植株对NaCl的耐受能力提高

WT和OE拟南芥株系在1/2 MS培养基上萌发1周后，移入含有100mmol/L NaCl的1/2

MS培养基上处理1周，WT和OE1株系较OE6和OE5过表达转基因株系幼苗发育明显受到抑制，生长缓慢，幼苗矮小，萎蔫白化较多，OE6生长状况最好，幼苗大而叶片多；通过统计WT和OE株系的根长发现，WT和OE1的根系生长明显受到抑制，而OE5和OE6转基因株系生长良好，根系发达。另保持WT和OE株系拟南芥幼苗在正常条件下生长2周后，浇灌250mmol/L NaCl至饱和，处理10天后，WT和OE1的生长状况明显受到高盐浓度的抑制，叶片萎蔫发黄，部分植株死亡，而OE5和OE6的生长状况要好许多，没有明显的萎蔫现象，叶片较大。

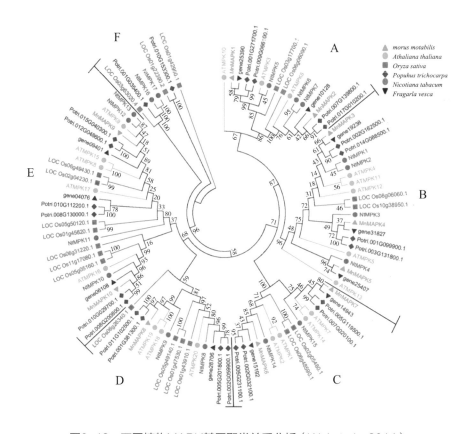

图9-13　不同植物MAPK基因聚类关系分析（Wei et al.，2014）

MAPKs家族基因分别来自于桑树、拟南芥、水稻、胡杨、烟草和草莓。用Clustal-X生物信息学方法进行氨基酸序列校对，用邻接法进行系统进化分析，其自展值为1000。用绿线和三角形标出的是桑树MAPK基因，而拟南芥、水稻、胡杨、烟草和草莓MAPK基因是用不同的颜色和性状在图表中展示出来的。拟南芥、水稻、胡杨、烟草和草莓的MAPK氨基酸序列是从GenBank（http：//www.ncbi.nlm.nih.gov/genbank/）中下载下来的。用黑线标出不同的MAPK群，在每个节点的自展值为1000

Figure 9-13　Phylogenetic relationships between MAPK gene families from different plants

MAPK gene families are from *M. notabilis*, *A. thaliana*, *O. sativa*, *P. trichocarpa*, *N. tabacum* and *F. vesca*. Amino acid sequences were aligned using the Clustal-X computer software and subjected to phylogenetic analysis using the NJ method with 1000 resampling replicates. MnMAPKs are highlighted by the green line and triangles and the other MAPKs from *A. thaliana*, *O. sativa*, *P. trichocarpa*, *N. tabacum* and *F. vesca* are indicated by different colored lines and shapes as shown in the legend. The amino acid sequences of the MAPKs from *A. thaliana*, *O. sativa*, *P. trichocarpa*, *N. tabacum* and *F. vesca* were downloaded from GenBank（http：//www.ncbi.nlm.nih.gov/genbank/）. Different groups are separated by black lines. Bootstrap values from 1000 replicates are indicated at each node

WT和OE株系在花盆中正常生长2周后，分别取其叶片，用250mmol/L NaCl进行处理0h、1h、3h和6h后，用DAB溶液检测叶片中H_2O_2的含量。处理1h后，WT和OE1叶片中H_2O_2的含量迅速积累，叶片的大部分出现黄褐色，OE5和OE6只有叶片边缘有部分H_2O_2积累；处理3h后，WT、OE1和OE5叶片中H_2O_2积累情况更为严重，叶片呈黄褐色，而OE6只是在叶片边缘出现黄褐色；处理6h后WT和OE株系的叶片均被染成深褐色，没有明显的差异，表明此时H_2O_2的积累达到饱和。

拟南芥中研究表明，*rd29A*基因的启动子区域含有与高盐、低温、干旱和ABA诱导表达相关的顺式作用元件，编码一种与LEA蛋白相似的亲水性很强的蛋白，对缺水的反应十分敏感。WT和OE株系在花盆中正常生长2周后，用250mmol/L NaCl处理正常生长2周的拟南芥WT和OE株系幼苗24h，提取总RNA反转录为cDNA后进行qRT-PCR检测胁迫相关基因的表达情况。WT和OE株系在正常生长条件下*rd29A*的表达量保持在很低的水平，NaCl处理24h后，OE5和OE6中的*rd29A*表达水平显著高于WT和OE1的表达水平。推测*MnMAPK6*基因过量表达诱导了*rd29A*的上调表达，进而提高转基因植株对NaCl的耐受能力，暗示*MnMAPK6*可能参与了*rd29A*基因的表达调控。以上结果表明，*MnMAPK6*转基因拟南芥增强了对NaCl的耐受能力。

（5）*MnMAPK6*转基因拟南芥植株对H_2O_2的抗氧化能力增强

WT和OE株系拟南芥幼苗在1/2MS培养基上萌发1周后，移入含有10mmol/L H_2O_2的1/2 MS培养基上处理2周，比较发现，OE5和OE6株系的生长状况明显优于WT和OE1。WT和OE1株系的拟南芥在H_2O_2处理后，叶片黄化、坏死、生长受到抑制，而OE5和OE6相对生长良好，尤其OE6幼苗长势最好，叶片没有出现黄化现象，大而茂盛。以上结果表明，*MnMAPK6*转基因拟南芥提高了对H_2O_2的抗氧化能力。

MAPK基因家族对植物生长发育、生物和非生物胁迫中都扮演着重要的角色，是一类极为重要的基因家族。桑树是一种具有极强抗干旱和抗盐碱能力的林木，MAPK基因家族可能对桑树的抗逆性具有重要贡献。MAPK是一类关键的蛋白激酶，参与了植物多个生理过程，通过磷酸化传递外界环境信号，激活植物的防御反应。同时，MAPK又是一类处于较上游的信号开关，控制了纷繁复杂的基因表达和生理现象，因此对桑树MAPK基因家族在基因组层面的基因鉴定、克隆与转基因探索将推动桑树抗逆分子生物学理论的解析和完善。

三、桑树热激蛋白基因家族

热激蛋白（heat shock protein，HSP）是一类热敏感蛋白，其编码基因响应高温诱导，进而导致蛋白质的合成。研究表明HSP蛋白广泛存在于动物、植物以及微生物中，是一类重要的伴侣蛋白。所有生物体的生存需要特定的温度条件或者一定的温度范围，当环境温度超过该阈值时，生物体内的基因表达、物质合成以及酶促反应等过程便会趋于停滞或者发生紊乱，导致错误蛋白质合成与折叠和酶促反应无法启动，最终导致生物体生理过程紊乱、生病甚至死亡。因此，一旦环境温度过高，生物体内热激蛋白的合成便会迅速启动，它们主要参与了辅助体内蛋白质的合成和折叠，对于生物体适应环境至关重要。在动物中，大分子量HSP较多，植物则以小分子热激蛋白（small heat shock protein，sHSPs）为主。在正常条件下，在植物组织中通常检测不到sHSPs，但在逆境胁迫和特定的生长发育阶段比如胚胎发育、种子萌发、花粉形成和果实成熟阶段，均有sHSPs的参与。本书中所探讨的是桑树基因组中存在的sHSP蛋白基因。

（一）植物HSPs及其分类

在高于生物正常生长温度8~12℃时，热激反应（heat shock response，HSR）发生，正常蛋白的合成被抑制，开始大量合成HSPs。研究表明，在植物中，其他非生物胁迫如低温、干旱和高盐等与生物胁迫如线虫侵染等也可诱导HSPs合成。在正常生长条件，HSPs在生物的特定生长发育阶段也可为组成型表达，这类蛋白称为热激蛋白的同系蛋白（heat shock cognates，HSCs），二者均称为HSPs。1962年，Ritossa将果蝇幼虫置于32℃热环境中培养，30min后发现果蝇唾液腺染色体上出现"膨突"，表现为热激反应（Ritossa，1962）。1974年，Tissieres等用高温处理黑腹果蝇，随后从其唾液腺等部位分离并鉴定到一种蛋白质，并将其命名为HSPs。随后的研究表明，除了某些古生菌外（Large et al.，2009），HSPs存在于从细菌到真核生物的所有生物中（Macario and Conway de Macario，1999）。近年来，植物基因组测序的发展，在拟南芥、水稻与大豆中均已完成了热激蛋白基因家族的鉴定与分析。

按照分子量的大小将HSPs分为HSP100、HSP90、HSP70、HSP60和小分子量热激蛋白（small heat shock protein，sHSPs）五大类。HSP100又称为酪蛋白溶解性蛋白酶（casein lytic protease）（HSP100/Clp），属于AAA+（ATPase associated with a variety of cellular activities）蛋白家族。HSP100/Clp分为Ⅰ和Ⅱ两大类，Ⅰ类亚家族包括ClpA、ClpB、ClpC和ClpD 4类蛋白，有2个核苷酸结合域（nucleotide binding domain，NBD）：NBD1和NBD2；Ⅱ类亚家族也包括ClpM、ClpN、ClpX和ClpY 4类蛋白，只有1个NBD。目前研究较广泛的是HSP100/ClpB，其无ATPase活性，具有分子伴侣的活性，能溶解蛋白聚集体，并能协同其他分子伴侣修复变性蛋白（Agarwal et al.，2002）。HSP100/ClpB对植物的基础耐热性和获得耐热性有重要作用（Lee et al.，2007）。HSP90是一类含量丰富且序列高度保守的分子伴侣，对真核生物细胞的存活必不可少。HSP90主要参与信号转导（类固醇激素受体和蛋白激酶）和细胞周期循环调控，折叠、激活与转运蛋白（Krishna and Gloor，2001）。HSP70是进化上最保守的一类热激蛋白，真核生物与大肠杆菌（*Escherichia coli*）HSP70的同源性大于65%，拟南芥、大豆、水稻等细胞质HSP70的同源性则大于75%。基于分子量，将HSP70分为HSP70/DnaK和HSP110/SSE两大类（Lin et al.，2001）。在正常生理条件或胁迫条件下，HSP70、HSP40与核苷酸交换因子（NEF）组成分子伴侣系统辅助折叠和重新折叠蛋白质，目前研究最深入的是大肠杆菌的HSP70分子伴侣系统（Ahmad et al.，2011）。HSP60又称为伴侣素（chaperonins，Cpn），分为Ⅰ和Ⅱ两种类型，Ⅰ型主要存在于细菌和真核细胞的线粒体和叶绿体中，被广泛研究大肠杆菌的GroEL属于Ⅰ型HSP60蛋白；Ⅱ型主要存在于古细菌和真核生物的胞浆中，例如CCT（the chaperonin containing tailless complex polytide 1），包含t-复合多肽1（tailless complex polypeptide 1）（Wang et al.，2004）。HSP60辅助新生肽链折叠与协助蛋白重折叠，植物HSP60的功能研究较少，有限的研究认为叶绿体HSP60包括α和β两亚基，是二磷酸核酮糖羧化酶（Rubisco）亚基结合蛋白，参与Rubisco亚基的转运及全酶的组装，同时也负责叶绿体内其他蛋白的折叠与组装。

（二）植物sHSPs蛋白

sHSPs以不依赖ATP的形式行使分子伴侣功能，防止错误折叠的蛋白发生不可逆转的分子聚集，以便植物体内其他分子伴侣重新折叠或降解损伤蛋白（Sun et al.，2002）。植物sHSPs的分子量介于12～42kDa，大多数sHSPs的分子量介于15～22kDa之间，因此也称为HSP20（Waters，2013）。植物sHSPs由核基因编码，根据氨基酸序列相似性、免疫交叉反应与亚细胞定位分析，Scharf等在拟南芥中鉴定19个sHSPs，将其分为6类（Siddique et al.，2008）。Sarkar根据其蛋白质定位，进一步将植物sHSPs进一步划分为16个亚家族，其中11个定位于细胞质或细胞核的亚家族（CⅠ、CⅡ、CⅢ、CⅣ、CⅤ、CⅥ、CⅦ、CⅧ、CⅨ、CⅩ、CⅪ），2个定位于线粒体的亚家族（MⅠ、MⅡ），1个定位于内质网的亚家族（ER），1个定位于叶绿体的亚家族（P），1个定位于过氧化物酶体的亚家族（Px）（Sarkar et al.，2009）。在细胞内不同定位的植物sHSPs与其执行的功能密切相关。sHSPs的初级结构包括3个主要的区域：易变的N端区域，C端保守区域，C末端延伸序列。细胞器中的sHSPs在N末端具有信号肽，N端区域参与损伤蛋白结合。C末端延伸是长度和序列易变的区域，也可能含有定位于细胞器的信号肽基序，其参与形成同源寡聚和热激颗粒。C端保守区域称为α-晶体结构域（α-crystallin domain，ACD）或HSP20结构域，与底物相互作用（Waters，2013；Bondino et al.，2012）。

（三）桑树*sHSP*基因家族成员的鉴定和分类

利用拟南芥sHSP序列，通过BLAST、HMMER搜索桑树蛋白质无冗余数据库，经Conserved Domain检测后共获得29个桑树sHSPs候选基因。桑树与其他植物来源的*sHSPs*基因的全长蛋白质序列一道构建系统发生树，其结果显示26个桑树*sHSPs*基因可分别与11个已鉴定的亚家族中的成员（CⅠ、CⅡ、CⅣ、CⅤ、CⅥ、CⅪ、ER、MⅠ、MⅡ、P、Px）相聚类，其中属于亚家族CⅠ的成员最多，有12个。此外，基于进化关系，鉴定了2个新的位于细胞质或细胞核的亚家族，将其命名为CⅫ、CⅩⅢ，这两个新的亚家族各有一个成员。最后只剩下一个孤儿基因（*Mn18.2B-C*）未分类。因此，基于进化关系及亚细胞定位将29个桑树*sHSPs*基因分为一个孤儿基因和13个亚家族（图9-14）。

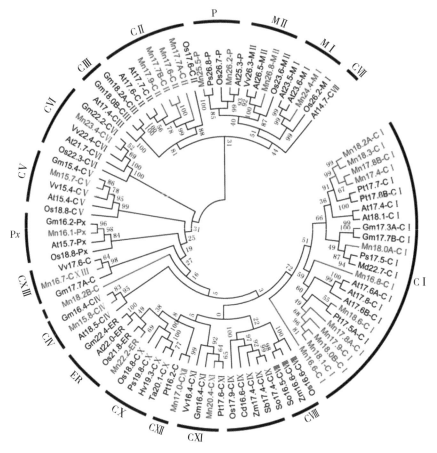

图9-14　桑树与其他植物sHSPs的进化关系

Figure 9-14　Evolutionary relationship among sHSPs from mulberry and other plants

At-拟南芥*Arabidopsis thaliana*，Pt-杨树*Populus tremula*，Gm-大豆*Glycine max*，Md-苹果*Malus domestica*，Os-水稻*Oryza sativa*，Zm-玉米*Zea mays*，Ta-小麦*Triticum aestivum*，Ps-拟鹅观草*Pseudorogenria spicata*，So-甘蔗*Saccharum officinarum*，Hv-大麦*Hordeum vulgare*，Sb-高粱*Sorghum bicolor*，Cd-狗牙根*Cynodon dactylon*

1. 川桑sHSPs基因的基本特征

桑树29个sHSPs基因的氨基酸长度差异较小，介于136～240aa之间，分子量大小介于15.68～26.84kDa之间，但其蛋白质序列保守性较低，一致性介于9.9%～99.3%之间，而同类亚家族成员的保守性相对较高，其等电点大小介于4.49～9.34之间。分别有2个、7个、3个和4个sHSPs基因串联重复排列在scaffold1622、scaffold2801、scaffold46和scaffold1850上，除基因*Mn18.2B-C*外，位于同一scaffold上的sHSP基因的序列相似性较高。基因结构分析显示19个桑树sHSPs基因不含内含子，10个含1个内含子。亚细胞定位结果显示8个亚家族（22个基因）定位于细胞质和/或细胞核，1个亚家族（1个基因）定位于内质网，2个亚家族（2个基因）定位于线粒体，1个亚家族（2个基因）定位于叶绿体，1个亚家族（1个基因）定位于过氧化物酶体（表9-2）。

表9-2　桑树sHSP的基因的预测信息

Table 9-2　Prediction of sHSP genes in mulberry genome

基因命名	编码氨基酸长度（aa）	内含子数目（个）	分子量（kDa）	等电点	基因位置	亚细胞定位
Mn18.2B-C	162	0	18.24	9.34	scaffold1622：62104～2592（＋）	cyto
*Mn18.0A-C*I	158	0	18.01	5.57	scaffold1622：68972～69448（－）	cyto
*Mn16.6-C*I	145	0	16.58	5.67	scaffold2801：127021～127458（－）	cyto
*Mn18.1-C*I	156	0	18.11	5.35	scaffold2801：112455～112925（－）	cyto
*Mn16.8-C*I	148	0	16.77	6.33	scaffold2801：125656～126102（＋）	cyto
*Mn18.6-C*I	164	0	18.61	5.56	scaffold2801：130204～130698（＋）	cyto
*Mn17.9-C*I	156	0	17.92	5.98	scaffold2801：79263～79733（＋）	cyto
*Mn18.0B-C*I	156	0	17.99	5.72	scaffold2801：91274～91744（＋）	cyto
*Mn17.8B-C*I	158	0	17.79	6.20	scaffold46：195335～195811（－）	cyto
*Mn17.4-C*I	154	0	17.37	5.82	scaffold46：199164～199628（－）	cyto
*Mn18.2A-C*I	160	0	18.16	5.42	scaffold46：192061～192543（－）	cyto
*Mn18.3-C*I	161	0	18.29	5.61	scaffold1146：60～545（－）	cyto
*Mn17.8A-C*I	156	0	17.96	5.99	scaffold1283：7422～7892（＋）	cyto
*Mn17.9-C*II	161	0	17.93	5.70	scaffold1850：62016～62501（＋）	cyto
*Mn17.7A-C*II	159	0	17.73	6.11	scaffold1850：64326～64805（＋）	cyto
*Mn17.7B-C*II	159	0	17.73	5.59	scaffold1850：65357～65836（＋）	cyto
*Mn17.6-C*II	159	0	17.61	5.58	scaffold1850：70356～70835（＋）	cyto
*Mn15.8-C*IV	140	0	15.81	4.49	scaffold2801：96102～96524（－）	cyto
*Mn15.7-C*V	136	1	15.68	5.19	scaffold637：21934～22450（＋）	cyto
*Mn23.4-C*VI	202	1	23.35	4.98	scaffold634：633447～634946（＋）	cyto
*Mn20.4-C*XI	178	1	20.44	6.71	scaffold666：182344～187131（＋）	cyto
*Mn17.0-C*XII	147	0	16.96	8.48	scaffold168：496583～497026（－）	cyto
*Mn16.7-C*XIII	143	1	16.66	5.35	scaffold315：469504～470476（＋）	cyto
Mn22.2-ER	194	1	22.19	6.01	scaffold1225：4035～5649（－）	ER
Mn26.2-P	235	1	26.23	6.53	scaffold3154：21111～23095（－）	P
Mn25.5-P	225	1	20.38	5.28	scaffold99：184500～185276（＋）	P
*Mn24.4-M*I	217	1	24.43	5.40	scaffold2130：25026～26035（＋）	Mt

（续）

基因命名	编码氨基酸长度（aa）	内含子数目（个）	分子量（kDa）	等电点	基因位置	亚细胞定位
Mn26.8-MⅡ	240	1	26.84	7.11	scaffold843：1011889～1013049（－）	Mt
Mn16.1-Px	141	1	16.05	6.53	scaffold1934：110919～111790（－）	Px

2. 桑树sHSPs基因启动子分析

为分析基因的表达与转录调控元件间的关系，桑树sHSP基因ATG起始密码子上游1500bp序列作为启动子区域用于预测转录调控元件。检索分析显示（图9-15），除5个基因（*Mn16.6-CI*、*Mn18.0A-CI*、*Mn17.7A-CII*、*Mn15.7-CV*、*Mn23.4-CVI*）外，其他24个桑树sHSPs基因的启动子区域含有1～4个HSE，其至少由2个反向重复序列nGAAn组成，且大多数HSE集中在上游250bp左右，进一步观察显示4个基因（*Mn16.8-CI*、*Mn18.0B-CI*、*Mn20.4-CXI*和*Mn24.4-MI*）启动子各含1个完美HSE。此外，通过PlantCARE预测显

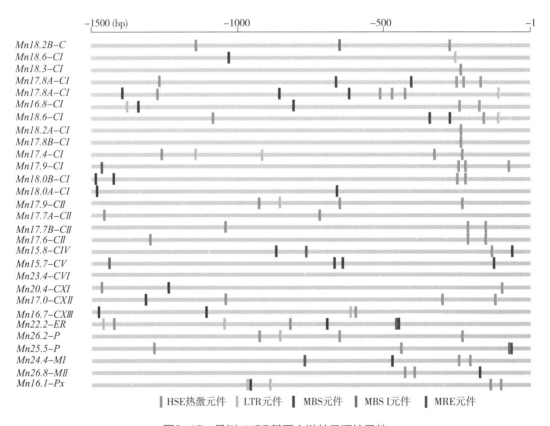

图9-15　桑树sHSP基因上游转录调控元件

Figure 9-15　Transcription alregulatory elements in the upstream of mulberry sHSP genes

示桑树sHSP基因启动子还包括其他响应非生物胁迫的元件，例如LTR、MBS、MRE和MBSI等。

3. 非生物胁迫下桑树sHSP基因的表达变化

以在印度桑品种K2中的研究为例，由于桑树sHSP基因家族成员较多，每个亚家族选择一个成员作为目的基因（共13个sHSP基因），进行PCR扩增均获得与预测对应条带（图9-16），克隆及测序验证，并进行逆境下的表达变化分析。结果发现3个亚家族的代表基因（*Mn17.7A-C*Ⅱ、*Mn20.4-C*ⅩⅠ、*Mn16.7-C*ⅩⅢ）在正常条件下的表达量很低，利用定量RT-PCR难以检测其表达量，因此试验结果分析中不包含这3个基因。42℃高温处理不同时间后，10个桑树sHSP基因都对高温刺激具有响应（图9-17）。*Mn15.7-C*Ⅴ的转录水平在高温胁迫5min后显著下调，在以后各个时间点检测其转录水平均被下调。*Mn23.4-C*Ⅵ的转录水平先下调后上调再下调，*Mn16.8-C*Ⅰ、*Mn15.8-C*Ⅳ、*Mn17.0-C*ⅩⅡ、*Mn24.4-M*Ⅰ和*Mn16.1-Px*的转录水平在高温胁迫5min后开始上调，1h后转录水平达到最高，随后逐渐降低。其他3个基因（*Mn22.2-ER*、*Mn26.2-P*、*Mn26.8-M*Ⅱ）在高温胁迫0.5h后才显著上调，2h后转录水平达到最高，随后逐渐降低。*Mn24.4-M*Ⅰ在高温处理1h后的转录水平最高。

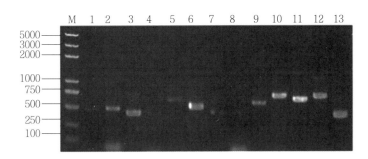

图9-16　13个桑树sHSP基因的PCR扩增

Figure 9-16　PCR amplication of 13 sHSP genes of mulberry

1—*Mn16.8-C*Ⅰ；2—*Mn17.7A-C*Ⅱ；3—*Mn15.8-C*Ⅳ；4—*Mn15.7-C*Ⅴ；5—*Mn23.4-C*Ⅵ；6—*Mn20.4-C*ⅩⅠ；7—*Mn17.0-C*ⅩⅡ；8—*Mn16.7-C*ⅩⅢ；9—*Mn22.2-ER*；10—*Mn26.2-P*；11—*Mn24.4-M*Ⅰ；12—*Mn26.8-M*Ⅱ；13—*Mn16.1-Px*

从图9-18（A、B、C）可见，4个桑树*sHSP*基因对低温、盐分和干旱胁迫均具有响应，在上述3种胁迫处理2h后，*Mn16.8-C*Ⅰ、*Mn26.8-M*Ⅱ和*Mn16.1-Px*的转录水平显著上调，而*Mn15.7-C*Ⅴ的转录水平却被下调。5个桑树sHSP基因对3种胁迫呈现选择性响应，*Mn23.4-C*Ⅵ的转录水平在低温和盐分处理后呈现上调趋势，*Mn17.0-C*ⅩⅡ、*Mn26.2-P*和*Mn22.2-ER*的转录水平在盐分和干旱处理后上调，而基因*Mn24.4-M*Ⅰ的转录水平仅在盐分处理后上调。

实验证明番茄内质网小分子量热激蛋白（LeHsp21.5）能保护酵母提取物中的可溶蛋白，防止模式折叠底物柠檬酸合成酶CS热聚集，并能防止45℃胁迫下其热失活（Mamedov and Shono，2008）。sHSPs与植物的抗逆性有关。在热胁迫下，sHSPs可

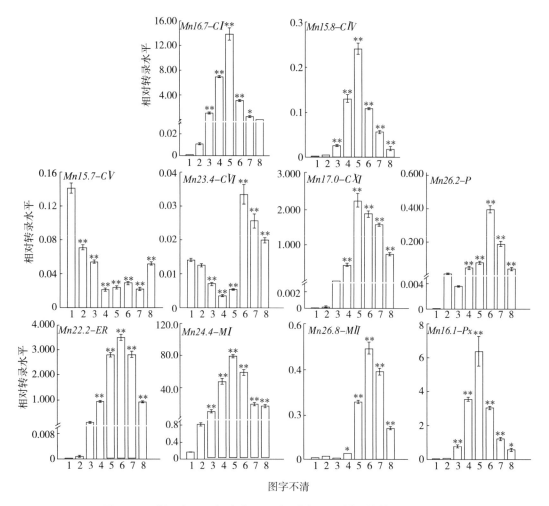

图9-17　高温（42℃）胁迫下10个桑树sHSP基因的转录水平变化

处理时间：1—CK；2—5min；3—15min；4—0.5h；5—1h；6—2h；7—3h；8—4h

*表示显著差异（P<0.05），**表示极显著差异（P<0.01）

Figure 9-17　Transcriptional level change of 10 mulberry sHSP genes under high temperature（42℃）

Treatment the 1—CK, 2—5min, 3—15min, 4—0.5h, 5—1h, 6—2h, 7—3h, 8—4h

*means significant dirrerence（P<0.05）,**means extremely significant difference（P<0.01）.

提高植物的耐热性。LIPing等将玉米细胞质Ⅰ类sHsp（ZmHsp16.9）转入烟草中，对烟草种子用40℃高温持续处理10天，25/22℃恢复10天后，发现转基因烟草种子的萌发率高于对照组，对转基因烟草幼苗用40℃高温处理9h，25/22℃恢复10天后，发现转基因烟草幼苗的根长长于对照组，说明ZmHsp16.9基因可以提高植物的耐热性（Sun et al.，2012）。此外，sHSPs也能抵抗其他非生物胁迫如干旱、高盐与氧化胁迫等。

当前全球性气候变暖、大气污染、水污染等方面的压力日趋显现，因此，改善环境已

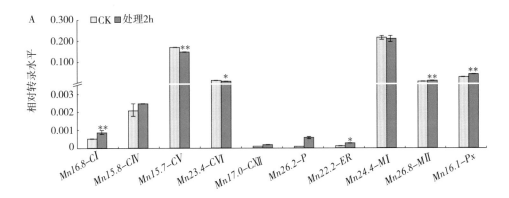

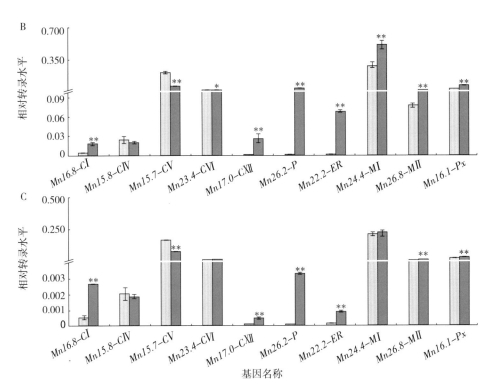

图9-18 低温（A. 4℃）、低温（B. 200mol/L NaCl）及干旱（C. 200g/L PEG6000）胁迫下10个
桑树*sHSP*基因的转录水平变化

处理时间：1—CK；2—5min；3—15min；4—0.5h；5—1h；6—2h；7—3h；8—4h

*表示显著差异（$P<0.05$），**表示极显著差异（$P<0.01$）

Figure 9-18 Transcriptional level change of 10 mulberry *sHSP* genes under low temperature（4℃）A. salt
（200mol/L NaCl）B. and drought（200g/L PEG6000）C. stresses

*means significant dirrerence（$P<0.05$）,**means extremely significant difference（$P<0.01$）.

经成为全人类的共同认识。桑树具有极强的抗逆性，其在耐旱涝、抗盐碱等方面具有极大的优势，然至今对于桑树的抗逆性的内在分子机制的认识仍显不足。前人的研究已经证实，热激蛋白能够有效地提高植物的抗逆性，增强植物在极端环境下的生存能力。初步的研究已经证实桑树热激蛋白能够响应多种环境胁迫压力，反映出该类蛋白质在桑树抗逆性研究方面的巨大潜力。

四、桑树*LBD*基因家族

LBD（lateral boundary domain）基因家族是植物特有的一个基因家族，最先在模式植物拟南芥中鉴定，该类基因编码的蛋白质含有一个LOB结构域。LBD蛋白属于转录因子，具有保守的DNA结合结构域，调控基因表达，参与植物侧边界组织的发育过程。到目前为止，关于*LBD*基因家族的研究尚浅，本书中旨在探讨*LBD*基因家族在桑树中的最新研究。

1. *LBD*基因的发现及简介

*LBD*基因家族是由Shuai等（2002）通过增强子陷进的方法首先在拟南芥中鉴定，LOB（lateral organ boundary）基因是该家族第一个被鉴定的基因，由于其在拟南芥的侧器边界表达而得名。*LBD*基因属于植物特有的转录因子基因家族，是指编码含有LOB结构域的蛋白质的基因。LOB结构域由长约100个氨基酸组成，其C端含有一个保守的类似于锌指的C-（x）2-C-（x）6-C-（x）3-C结构域，通常认为其参与了蛋白质或者DNA等分子的相互作用。拟南芥中共有42个*LBD*基因，通过蛋白质序列相似性比对可以将其分为两大类（Ⅰ类和Ⅱ类）（Iwakawa et al., 2002; Shuai et al., 2002）。其中，Ⅰ类基因除了保守的锌指结构域外，还含有2个Ⅱ类基因没有的基序，一个是约49个氨基酸序列的GAS区结构域，GAS结构域通常以F-x（2）-（V/A）-H基序开始以DP-（V/I）-YG基序结束，另一个为位于N端的由30个左右氨基酸组成的亮氨酸拉链形式L-（x）6-L-（x）3-L-（x）6-L，形成一个"卷曲螺旋（coiled coil）"二级结构，与其他分子间的相互作用（Landschultz et al., 1988; Shuai et al., 2002）。

2. 桑树*LBD*基因的鉴定

通过BLAST程序进行的序列比对以及HMMER建模的方法，在川桑基因组中总共鉴定得到31个含有LOB结构域的*LBD*基因，根据这些基因所在的scaffold序列将其分别命名为*MnLBD1*到*MnLBD31*。这些*MnLBD*基因所编码的蛋白长度为129～319个氨基酸不等，平均长度为220个氨基酸。31个*MnLBD*基因分布于28个scaffold中，其中*MnLBD3*、*MnLBD4*、*MnLBD5*串联分布于scaffold40上，另外*MnLBD13*、*MnLBD14*串联分布于scaffold594上（表9-3）。

表9-3 桑树*LBD*基因序列特征及注释结果（Luo et al., 2014）

Table 9-3 Feature and annotation of mulberry *LBD* genes

基因名	登录号	基因					蛋白		注释	功能预测	参考文献
		在基因组上的位置	正反链	内含子数（个）	编码区长度（bp）	氨基酸长度（aa）	蛋白分子量	等电点			
MnLBD1	Morus014650	scaffold6	+	1	747	248	26920.5	8.31	lob domain-containing protein 41-like	leaf dorsov cutral detcrmination	Meng, 2009
MnLBD2	Morus020555	scaffold39	−	0	510	169	18689	6.98	lob domain-containing protein 25-like	auxin signalling and photomorphogenesis	Mangeconet, 2011
MnLBD3	Morus009777	scaffold40	+	1	504	167	18172.6	8.46	lob domain-containing protein 16-like	effecting dedifferentiation of pericycle cells, lateral root formation	Feng, 2012; H W Lee, 2009; T Goh, 2012
MnLBD4	Morus009778	scaffold40	−	1	684	227	24930.8	6.11	lob domain-containing protein 29-like	effecting dodifferentiation of pericycle cells, lateral root formation	Feng, 2012
MnLBD5	Morus009779	scaffold40	−	1	720	239	26676.7	6.15	lob domain-containing protein 29-like	effccting dedifferentiation of pericycle cells, lateral root formation	Feng, 2012
MnLBD6	Morus014552	scaffold125	+	0	549	182	20150.5	6.69	lateral organ botmdaries-like protein	lateral organ development	Shuai, 2002
MnLBD7	Morus014124	scaffold127	+	1	693	230	24924.5	6.70	lob domain-containing protein 1-like	secondary woody growth	Yondanov, 2010

（续）

基因名	登录号	基因					蛋白			注释	功能预测	参考文献
		在基因组上的位置	正反链	内含子数（个）	编码区长度（bp）	氨基酸长度（aa）	蛋白分子量	等电点			
MnLBD8	Morus025355	scaffold139	+	1	711	236	26115.9	4.95	lob domain-containing protein 33-like	lateral root organogenesis	Berckmans, 2011
MnLBD9	Morus025918	scaffold276	−	1	552	183	19561	8.56	lob domain-containing protein 4-like		
MnLBD10	Morus027282	scaffold329	−	2	834	277	30826.6	7.67	lob domain-containing protein 22-like		
MnLBD11	Morus023484	scaffold404	+	1	522	173	19816.8	6.06	lob domain-containing protein 11-like		
MnLBD12	Morus013514	scaffold410	+	1	534	177	20389.9	6.96	lob domain-containing protein 24-like		
MnLBD13	Morus022437	scaffold594	−	2	723	240	26296	9.04	lob domain-containing protein 31-like		
MnLBD14	Morus022439	scaffold594	+	1	732	243	25276.5	7.10	lob domain-containing protein 18-like	tracheary element differentiation, lateral root formation	Soyano, 2008; Lee, 2009
MnLBD15	Morus014422	scaffold710	−	1	075	224	24539.6	5.68	lob domain-containing protein 1-like	secondary woody growth	Yordanov, 2010

（续）

基因名	登录号	在基因组上的位置	基因			蛋白			注释	功能预测	参考文献
			正反链	内含子数（个）	编码区长度（bp）	氨基酸长度（aa）	蛋白分子量	等电点			
MnLBD16	Morus013233	scaffold720	−	0	960	319	35307.6	6.62	lob domain-containing protein 36-like	flower development	Chalfun-Junior, 2005
MnLBD17	Morus015733	scaffold759	+	1	540	179	20692.5	8.19	lob domain-containing protein 24-like		
MnLBD18	Morus006407	scaffold778	−	1	921	306	34393.2	5.44	lob domain-containing protein 27-like	microspore development and asymmetric division	Oh, 2010
MnLBD19	Morus005914	scaffold833	+	1	741	237	25617.1	8.79	lob domain-containing protein 38-like	antbocyanin biosynthesis	Rubin, 2009
MnLBD20	Morus005107	scaffold847	−	1	786	261	28747.2	5.31	lob domain-containing protein 22-like		
MnLBD21	Morus008640	scaffold1006	−	1	921	306	32916.4	8.42	lob domain-containing protein 41-like	leaf dorsoventral determination	Meng, 2009
MnLBD22	Morus005283	scaffold1065	+	0	759	252	27518.1	7.75	lob domain-containing protein 36-like	flower development	Chalfin-Junior, 2005
MnLBD23	Morus016263	scaffold1154	−	1	516	171	18920.4	7.67	lob domain-containing protein 4-like		

（续）

基因名	登录号	基因				蛋白			注释	功能预测	参考文献
		在基因组上的位置	正反链	内含子数（个）	编码区长度（bp）	氨基酸长度（aa）	蛋白分子量	等电点			
MnLBD24	Morus009899	scaffold1198	+	0	552	183	20024.7	8.69	lob domain-containing protein 21-like	anthocyanin biosynthesis	Rubin, 2009
MnLBD25	Morus003679	scaffold1252	−	1	627	208	22356.2	6.89	lob domain-containing protein 38-like	maintains shoot meristem and defines lateral organ boundary; leaf and flower development	Nakazawa, 2003
MnLBD26	Morus011165	scaffold1300	−	1	534	177	19532	6.39	lob domain-containing protein 12-like	microspore development and asymmetric division	Oh, 2010
MnLBD27	Morus003750	scaffold1448	+	0	675	224	24230	8.25	lob domain-containing protein 6-like	leaf development	Nakazawa, 2003
MnLBD28	Morus005793	scaffold1629	−	1	390	129	14329.5	8.80	lob domain-containing protein 24-like	anthocyanin biosynthesis	Rubin, 2009
MnLBD29	Morus002082	scaffold1681	+	1	852	283	31686.7	5.75	lob domain-containing protein 27-like		
MnLBD30	Morus006937	scaffold2113	+	1	540	179	19931.7	6.28	lob domain-containing protein 12-like		
MnLBD31	Morus00182	scaffold1171	+	1	627	208	22764	9.06	lob domain-containing protein 38-like		

3．桑树*LBD*基因的系统发生分析以及结构特征

桑树*LBD*基因家族包含31个成员，将这些基因进一步做系统发生以及结构域的分析（图9-19），发现其具有保守的C区结构域、GAS区结构域等LOB结构域的典型特征。桑树Ⅰ类LBD（26个成员）蛋白质序列以L-（x）6-L-（x）3-L-（x）6-L亮氨酸拉链的形式形成二级"卷曲螺旋"结构；Ⅱ类LBD蛋白（5个成员）不能形成此二级结构，这一结果与拟南芥中的研究类似，暗示了该家族在植物中的保守性。川桑的Ⅰ类*LBD*基因进一步划分为Ⅰa到Ⅰe 5个亚类，各亚类的基因结构（图9-20）具有保守性，如Ⅰb的6个基因不含有内含子，7个Ⅰc中的基因均含有0相位的内含子。

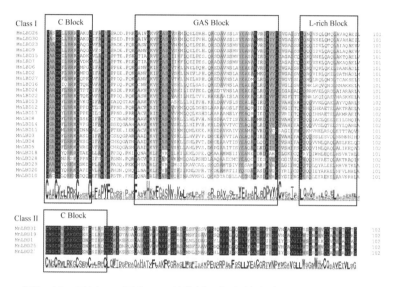

图9-19　桑树LBD蛋白LOB结构域及保守基序（Luo et al., 2014）

Ⅰ类LBD蛋白含有保守的C区、GAS区及富含亮氨酸区域；Ⅱ类LBD蛋白仅含有C区

Figure 9-19　The LOB domain and other conserved motif in mulberry LBD proteins

Type I LBD protein contains C region, GAS region, and leu-rich region while Type II possesses only C region

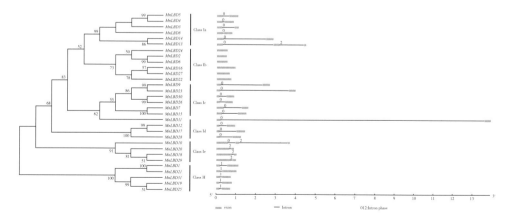

图9-20　桑树*LBD*基因基因结构及进化分析（Luo et al., 2014）

26个Ⅰ类*LBD*基因分为5个亚类Ⅰa-Ⅰe；绿色方块表示外显子，灰色线条表示内含子

Figure 9-20　Phylogenetic analysis(left)and exon intron structures(right)of *MnLBD* genes

Twenty-six Type Ⅰ *LBD* genes are divided into five sub-classes, Ⅰa-Ⅰe. Green blocks represent exons and gray lines as introns

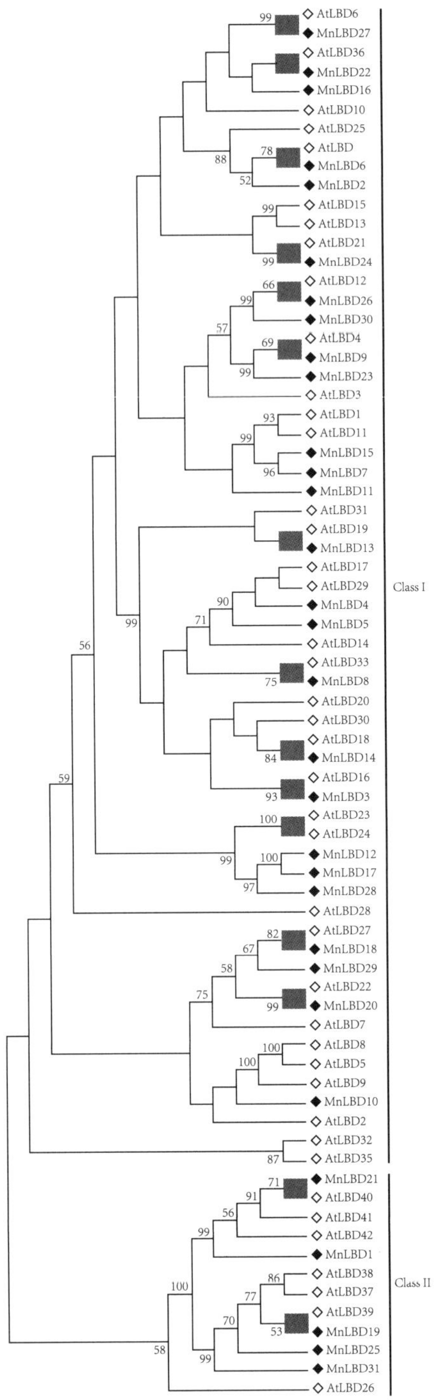

图9-21　拟南芥和桑树LBD聚类分析（Luo et al., 2014）

拟南芥和桑树的LBD蛋白质序列分别以空心菱形和实心菱形标示

Figure 9-21　Phylogenetic tree based on the *Arabidopsis* and mulberry LBD protein sequences

The LBD protein sequences from Arabidopsis and mulberry tree are labelled by empty and solid rhombus, respectively

4．桑树*LBD*基因与拟南芥*LBD*基因的系统发生关系

所有的*LBD*基因被分为两个大类（Ⅰ类和Ⅱ类），见图9-21，其中*MnLBD27/AtLBD06*、*MnLBD24/AtLBD21*和*MnLBD20/AtLBD22*这三对基因之间显示了很高的保守性，另外，*MnLBD3/AtLBD6*、*MnLBD4/MnLBD5/AtLBD29/AtLBD17*、*MnLBD13/AtLBD19*和*MnLBD14/AtLBD18*间也具有比较高的相似性，为桑树*LBD*基因的功能研究提供了参考。

5．桑树*LBD*基因的表达模式

拟南芥*LBD*基因的表达呈现多样性（Shuai et al.，2002）。基于转录组数据的桑树*LBD*基因在叶、根、皮、芽、花中的表达模式（图9-22）。如图9-22所示，按照表达模式可将这31个*MnLBD*基因分为5个组（GroupⅠ、GroupⅡ、GroupⅢ、GroupⅣ和GroupⅤ）。其中，GroupⅠ包含了3个基因（*MnLBD14*、*MnLBD18*和*MnLBD22*），在叶中的表达相对较高。GroupⅡ包含了*MnLBD5*、*MnLBD15*、*MnLBD23*、*MnLBD25*和*MnLBD29*，这5个基因偏向于在皮中表达。GroupⅢ中有13个基因（*MnLBD3*、*MnLBD4*、*MnLBD7*、*MnLBD8*、*MnLBD9*、*MnLBD10*、*MnLBD11*、*MnLBD12*、*MnLBD13*、*MnLBD17*、*MnLBD19*、*MnLBD26*和*MnLBD28*），这些基因则偏向于在根中表达。GroupⅣ中的5个基因（*MnLBD6*、*MnLBD20*、*MnLBD24*、*MnLBD30*和*MnLBD31*）在花中的表达量较高。剩下的5个基因（*MnLBD1*、*MnLBD2*、*MnLBD16*、*MnLBD21*和*MnLBD27*）则在GroupⅤ中且在芽中的表达较为突出。

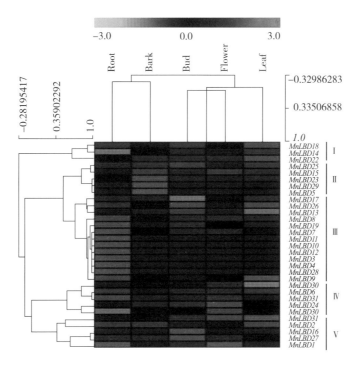

图9-22　桑树*LBD*基因表达谱（Luo et al.，2014）

5个桑树组织：根、皮、芽、花和叶。红色代表高表达水平，黑色代表中等表达水平，黑色代表低表达水平

Figure 9-22　Gene expression of mulberry *LBD* genes

Five mulberry tissues: root, bark, bud, flower and leaf. Red color indicates the high level of expression, and black as middle level, green as low level of expression

6. 桑树*LBD*基因的功能预测

*LBD*基因家族自被发现以来，除了拟南芥，近年来，在水稻、玉米等植物中也相继有报道。Shuai等（2002）用花椰菜病毒的35S强启动子与LOB基因编码序列构建的融合表达载体转化野生型植株，可观察到植株矮小、叶片向上卷曲、叶柄和花梗变短、花器官畸形等明显表型的变化。拟南芥中的*AtLBD16*、*AtLBD29*、*AtLBD18*调控了侧根的发育（Okushima et al.，2007；Lee et al.，2009；Lee et al.，2013）。拟南芥中的*AtLBD33*通过与*AtLBD18*形成二聚体转录调控拟南芥的*E2Fa*基因从而调控了侧根的器官发生（Berckmans et al.，2011）。拟南芥中另一个*LBD*基因家族成员*AS2*（*AtLBD6*），其突变体*as2*呈现出叶片不对称发育或畸形、叶脉发育不完全等表型，异位表达*AS2*和与其同源关系最近的*ASL1*（*AtLBD36*）导致了叶和花的偏下性并且削弱了顶端优势，揭示了部分*LBD*基因可能参与了高等植物器官的形态建成（Serrano-Cartagena et al.，1999；Ori et al.，2000；Sun et al.，2000；Semiarti et al.，2001；Xu et al.，2002；Chalfun-Junior et al.，2005）。另外，*ASL1*基因的突变体*asl1*并没有观察到明显的异常表型，但*asl1/as2*双突变体则表现出花的发育异常和提前开花等突变表型，表明*ASL1*、*As2*同时参与了花器官的发育，二者存在一定的功能冗余现象（Chalfun-Junior et al.，2005）。除此之外，*LBD*基因家族还参与了次生代谢过程，如*AtLBD39*参与了花青素的生物合成（Rubin et al.，2009）。

基于桑树与拟南芥中*LBD*基因的比较分析以及桑树中*LBD*基因的表达数据，在Ia中的*MnLBD3*、*MnLBD4*、*MnLBD8*、*MnLBD13*均在根中偏好性表达，且*MnLBD3*与拟南芥中*AtLBD16*有很高的同源性，推测*MnLBD3*在桑树的侧根发育过程中有重要作用，*MnLBD4*、*MnLBD8*和*MnLBD13*也可能参与了侧根的发生。同样，桑树中的*MnLBD22*在叶中有较高的表达，由于在拟南芥中与其进化关系最近的*AtLBD36*参与了叶的形态发生，暗示了，*MnLBD22*可能参与了桑树叶的形成。而属于桑树Ⅱ类的基因*MnLBD19*与拟南芥中的*AtLBD39*有较高的同源性，推测*MnLBD19*可能参与了桑树的次生代谢过程。

近年来，陆续有关于*LBD*基因功能的报道，但目前对LOB结构域在高等植物发育过程中的确切功能尚不清楚。桑树基因组中包含了31个这样的基因，关于这些基因的功能，仍需要更多的实验数据的支持。*LBD*作为一类植物特有的转录因子家族，其对于植物的发育调控与器官发育等过程可能具有特殊的作用。

五、桑树蛋白酶和蛋白酶抑制子基因家族

（一）桑树蛋白酶基因家族

蛋白酶负责蛋白质的水解和加工成熟，在特定的物种中，蛋白酶对该物种的生长发育及新陈代谢具有重要的意义。而且，某一个物种中蛋白酶往往具有多个甚至几百个编码基因，蛋白酶的重要作用由此也可见一斑。在长期的进化过程中，蛋白酶呈现出多样性和专一性的进化趋势，即底物特异性的蛋白酶形成了不同的保守的催化位点和活性中心，这一特征对应了不同的保守的氨基酸位点或基序，进而形成了不同的蛋白酶基因家族。

植物中的蛋白酶是多个生理过程的重要调控者，其中包括减数分裂、配子存活、胚胎

发育、种皮的形成、角质层沉积、上皮细胞的分化、气孔的发育、叶绿体的生物合成，以及局部和全身的防御反应等（van der Hoorn，2008）。植物蛋白酶功能的多样性与其特异地组织和发育时期表达以及精确的亚细胞定位具有一定的关系。根据其保守基序和催化机制的不同，植物蛋白酶主要分为4类，即半胱氨酸蛋白酶、天冬氨酸蛋白酶、丝氨酸蛋白酶和金属蛋白酶（Barrett，1986；Callis，1995；Rawlings et al.，2006；van der Hoorn，2008）。植物蛋白酶具有庞大的基因家族，然而目前为止，仅有少数的植物蛋白酶的功能被解析。当前关于植物蛋白酶的研究主要集中在不同物种来源的蛋白酶的鉴定、保守氨基酸基序的比较以及蛋白酶基因家族的进化分析，多个植物的全基因组测序的完成极大地加速了这一进程，目前分别在水稻和拟南芥中鉴定到了678个和826个蛋白酶编码基因（van der Hoorn，2008）。

1. 桑树蛋白酶的分类

2013年，西南大学首先报道了桑树的全基因组序列（He et al.，2013），开启了桑树蛋白酶基因家族的分析。将桑树的29338个理论蛋白质序列提交至MEROPS protease database，共鉴定得到781个蛋白酶编码基因，包括126个半胱氨酸蛋白酶、129个天冬氨酸蛋白酶、330个丝氨酸蛋白酶、172个金属蛋白酶和24个苏氨酸蛋白酶。鉴定到的126个桑树半胱氨酸蛋白酶属于6个群和18个家族；129个天冬氨酸蛋白酶属于2个clans和3个家族；330个丝氨酸蛋白酶属于9个clans和16个家族；169个金属蛋白酶属于11个clans和21个家族；24个苏氨酸属于4个家族，该类蛋白酶研究较少，在此未作阐述。

2. 桑树半胱氨酸蛋白酶家族

半胱氨酸蛋白酶，又称巯基蛋白酶，是植物体内的一种重要的蛋白酶，它们的命名与其催化机制相关，其催化三联体中的半胱氨酸的巯基作为亲核基团。半胱氨酸蛋白酶不仅在植物生长发育过程中具有重要作用，而且在植物的衰老、细胞凋亡以及植物蛋白质的储存和动员方面中扮演了重要角色（Grudkowska et al.，2004）。另外，植物在受到冷/热刺激、干旱等非生物胁迫时，体内会积聚大量的错误翻译或折叠的蛋白质，这些蛋白质对植物细胞是有害的，有研究证明半胱氨酸蛋白酶参与了错误翻译或折叠的蛋白质的降解，所得的氨基酸参与新的蛋白质的合成（Wiśniewski et al.，2001）。除此之外，也有研究证明有植物的半胱氨酸蛋白酶能够作为抵御昆虫取食的利器，通过破坏取食昆虫的幼虫的围食膜结构，达到抑制昆虫取食的目的（Pechan et al.，2000，Pechan et al.，2002），不过这类研究比较少见。在此，我们对桑树基因组中的半胱氨酸蛋白酶基因进行了鉴定。

根据桑树基因组功能注释，在桑树基因组中鉴定得到126个半胱氨酸蛋白酶（见表9-4），其中clan CA包括C1、C2、C12、C19、C54、C78、C83、C85、C86、C88 10个家族，共77个蛋白；clan CD包括C13、C14、C50 3个家族，共13个蛋白；C48家族属于clan CE，含有9个蛋白；鉴定到2个桑树半胱氨酸蛋白酶属于clan CF的C15家族；C44家族的9个蛋白属于clan PB；其余的16个蛋白属于clan PC的2个家族C26和C56。

表9-4　桑树半胱氨酸蛋白酶家族

Table 9-4　The cysteine proteinase family of mulberry

蛋白质编号	超家族	家族	分子量（Da）	等电点	Scaffold	DNA链	信号肽
Morus027393	CA	C1	39129.63	7.13	scaffold329	−	YES
Morus013732	CA	C1	39722.74	5.24	scaffold338	+	YES
Morus000902	CA	C1	37525.97	4.83	scaffold7490	+	YES
Morus000903	CA	C1	38533.79	4.62	scaffold7490	+	YES
Morus000904	CA	C1	37525.97	4.83	scaffold7490	+	YES
Morus001477	CA	C1	68094.20	5.91	scaffold4090	−	YES
Morus001478	CA	C1	38821.61	8.28	scaffold4090	−	YES
Morus001479	CA	C1	10028.76	9.50	scaffold4090	−	NO
Morus007239	CA	C1	39855.20	5.43	scaffold1139	+	YES
Morus024817	CA	C1	33257.57	6.33	scaffold314	+	YES
Morus008884	CA	C1	51045.88	4.91	scaffold523	+	YES
Morus004806	CA	C1	38353.69	7.54	scaffold412	−	YES
Morus001450	CA	C1	39201.32	7.62	scaffold60	+	YES
Morus027645	CA	C1	45145.31	6.24	scaffold99	−	YES
Morus005800	CA	C1	39186.72	4.78	scaffold1629	+	YES
Morus017042	CA	C1	40190.56	5.99	scaffold413	+	YES
Morus019413	CA	C1	40968.15	5.69	scaffold262	+	YES
Morus000778	CA	C1	38533.79	4.62	scaffold2263	−	YES
Morus027445	CA	C1	52688.88	5.37	scaffold45	+	YES
Morus022461	CA	C1	31333.35	4.10	scaffold594	+	NO
Morus004795	CA	C1	17748.73	9.22	scaffold412	−	NO
Morus018940	CA	C1	40365.24	6.49	scaffold333	−	YES
Morus022985	CA	C1	46760.86	7.88	scaffold277	+	YES
Morus022986	CA	C1	37741.93	5.38	scaffold277	+	YES
Morus003813	CA	C1	54438.28	5.00	scaffold1927	+	YES
Morus021896	CA	C1	56543.42	4.80	scaffold535	−	YES
Morus007744	CA	C1	38455.94	7.61	scaffold131	+	YES
Morus019118	CA	C2	240400.91	6.14	scaffold176	−	NO
Morus017005	CA	C12	41521.90	7.12	scaffold413	−	NO

（续）

蛋白质编号	超家族	家族	分子量（Da）	等电点	Scaffold	DNA链	信号肽
Morus024018	CA	C12	70514.28	4.77	scaffold789	−	NO
Morus011339	CA	C19	126512.87	8.97	scaffold466	−	NO
Morus006713	CA	C19	78166.98	5.73	scaffold84	+	NO
Morus024922	CA	C19	66812.44	8.25	scaffold203	+	NO
Morus021621	CA	C19	111356.18	5.20	scaffold783	+	NO
Morus009911	CA	C19	102354.02	9.58	scaffold977	+	NO
Morus022126	CA	C19	40581.64	5.22	scaffold697	−	NO
Morus008112	CA	C19	78140.55	5.95	scaffold361	−	NO
Morus017137	CA	C19	93890.87	4.97	scaffold370	+	NO
Morus013646	CA	C19	65087.73	5.78	scaffold802	−	NO
Morus024612	CA	C19	112215.13	7.63	scaffold98	+	NO
Morus018638	CA	C19	80951.87	4.68	scaffold348	−	NO
Morus015370	CA	C19	230912.70	6.22	scaffold1388	+	NO
Morus012863	CA	C19	69974.95	7.61	scaffold637	+	NO
Morus020225	CA	C19	228220.06	5.67	scaffold1333	+	NO
Morus007033	CA	C19	41942.78	9.00	scaffold158	−	NO
Morus023248	CA	C19	73301.15	4.60	scaffold69	−	NO
Morus025484	CA	C19	64013.82	8.05	scaffold485	+	NO
Morus022030	CA	C19	46461.23	6.17	scaffold101	−	NO
Morus001721	CA	C19	400197.78	4.86	scaffold222	−	NO
Morus012425	CA	C19	137261.69	5.66	scaffold446	−	NO
Morus008625	CA	C19	61711.06	6.59	scaffold855	−	NO
Morus006614	CA	C19	85091.47	4.77	scaffold1007	+	NO
Morus016902	CA	C19	106185.77	4.74	scaffold758	−	NO
Morus007708	CA	C19	113050.27	6.78	scaffold1103	−	NO
Morus000584	CA	C19	84496.25	5.68	scaffold4863	+	NO
Morus000442	CA	C19	69974.95	7.61	scaffold10648	−	NO
Morus027856	CA	C19	58982.91	4.93	scaffold78	+	NO
Morus027857	CA	C19	55295.73	6.11	scaffold78	+	NO
Morus010091	CA	C19	182840.97	5.26	scaffold1960	+	NO

（续）

蛋白质编号	超家族	家族	分子量（Da）	等电点	Scaffold	DNA链	信号肽
Morus005165	CA	C54	49370.22	4.86	scaffold435	−	NO
Morus018934	CA	C78	71481.02	5.64	scaffold333	−	NO
Morus005928	CA	C83	55824.20	6.91	scaffold267	+	NO
Morus005929	CA	C83	55281.75	5.55	scaffold267	+	NO
Morus024361	CA	C85	38218.29	4.61	scaffold342	−	NO
Morus007582	CA	C85	53433.91	8.92	scaffold362	−	NO
Morus016305	CA	C85	61285.66	5.08	scaffold133	+	NO
Morus006757	CA	C85	18228.50	7.98	scaffold549	−	NO
Morus007498	CA	C85	40804.52	4.05	scaffold520	−	NO
Morus016802	CA	C85	37107.05	5.99	scaffold112	+	NO
Morus028091	CA	C85	97698.20	8.22	scaffold78	−	NO
Morus013037	CA	C85	39866.80	4.39	scaffold48	−	NO
Morus017701	CA	C85	14292.80	4.80	scaffold568	+	NO
Morus005775	CA	C85	44343.34	7.65	scaffold312	+	NO
Morus017702	CA	C85	11414.92	8.90	scaffold568	+	NO
Morus017845	CA	C88	27128.5	5.42	scaffold946	−	NO
Morus023616	CA	C86	29901.55	4.20	scaffold5	+	NO
Morus022053	CA	C86	20579.95	5.57	scaffold101	−	NO
Morus019006	CD	C13	56270.07	6.45	scaffold3	+	NO
Morus019533	CD	C13	53569.71	5.56	scaffold804	+	YES
Morus024542	CD	C13	47615.17	6.19	scaffold205	−	NO
Morus013834	CD	C13	53983.98	5.87	scaffold1568	+	YES
Morus013835	CD	C13	102192.79	5.49	scaffold1568	+	NO
Morus007395	CD	C13	64615.56	8.38	scaffold929	+	NO
Morus019225	CD	C14	47188.99	4.53	scaffold666	+	NO
Morus017183	CD	C14	42937.34	5.79	scaffold1219	+	NO
Morus017093	CD	C14	39705.05	6.79	scaffold223	−	NO
Morus027943	CD	C14	34278.66	5.81	scaffold78	−	NO
Morus008014	CD	C14	88834.36	8.24	scaffold906	+	NO
Morus017182	CD	C14	40792.39	8.05	scaffold1219	+	NO

（续）

蛋白质编号	超家族	家族	分子量（Da）	等电点	Scaffold	DNA链	信号肽
Morus024148	CD	C50	159878.33	6.16	scaffold165	+	NO
Morus001151	CF	C15	24831.17	6.42	scaffold4092	+	NO
Morus027751	CF	C15	23176.67	7.12	scaffold99	+	NO
Morus002841	CE	C48	75719.75	5.97	scaffold2369	−	NO
Morus011374	CE	C48	86676.79	4.50	scaffold651	−	NO
Morus027788	CE	C48	74825.09	5.58	scaffold99	−	NO
Morus003799	CE	C48	12826.90	4.25	scaffold917	+	NO
Morus016631	CE	C48	88774.39	4.78	scaffold397	−	NO
Morus006922	CE	C48	36810.28	8.99	scaffold2182	+	NO
Morus007695	CE	C48	53393.44	4.17	scaffold1103	−	NO
Morus011216	CE	C48	25725.99	4.86	scaffold160	+	NO
Morus023514	CE	C48	63568.84	9.00	scaffold156	−	NO
Morus012192	PC	C26	39481.48	5.85	scaffold1420	+	NO
Morus013414	PC	C26	101241.64	5.78	scaffold1412	−	NO
Morus018379	PC	C26	62004.36	5.28	scaffold521	+	NO
Morus024272	PC	C26	59449.18	6.49	scaffold297	+	NO
Morus009863	PC	C26	64287.23	7.28	scaffold539	−	NO
Morus008566	PC	C26	28143.76	4.80	scaffold966	−	NO
Morus019289	PC	C26	30140.69	7.78	scaffold102	+	NO
Morus002636	PC	C26	44355.95	6.60	scaffold1855	+	NO
Morus027074	PC	C26	49026.78	5.46	scaffold518	−	NO
Morus014779	PC	C26	25016.02	8.79	scaffold456	−	NO
Morus014780	PC	C26	15853.29	4.80	scaffold456	−	NO
Morus027520	PC	C56	50728.38	9.64	scaffold45	+	NO
Morus018673	PC	C56	41772.98	5.30	scaffold79	+	NO
Morus006466	PC	C56	41972.35	6.23	scaffold376	+	NO
Morus006467	PC	C56	41795.02	5.89	scaffold376	+	NO
Morus025164	PC	C56	155027.16	5.20	scaffold172	−	NO
Morus022115	PB	C44	70346.52	5.99	scaffold697	−	NO
Morus003445	PB	C44	17030.42	9.62	scaffold915	+	NO

（续）

蛋白质编号	超家族	家族	分子量（Da）	等电点	Scaffold	DNA链	信号肽
Morus012249	PB	C44	63982.99	6.46	scaffold83	+	NO
Morus006835	PB	C44	196874.25	5.95	scaffold581	+	NO
Morus007597	PB	C44	64418.00	5.82	scaffold685	+	NO
Morus013333	PB	C44	26991.86	5.66	scaffold1383	+	NO
Morus019389	PB	C44	61548.58	6.81	scaffold583	−	NO
Morus001208	PB	C44	69977.61	6.26	scaffold944	+	NO
Morus015152	PB	C44	75780.27	6.21	scaffold120	+	NO

信息分析表明这些基因分布于103个scaffold上，说明桑树半胱氨酸蛋白酶基因在染色体上分布较分散，没有明显的成簇排列的迹象。桑树半胱氨酸的蛋白质分子量分布的范围很广，从10kDa至约400kDa，其中65个半胱氨酸蛋白酶的分子量大于50kDa，17个的分子量大于100kDa，4个的分子量达到200kDa以上，表明桑树半胱氨酸蛋白酶的种类较多，可能参与了不同的生理过程。等电点分析表明，93个桑半胱氨酸蛋白酶的等电点小于7，其中45个的等电点小于5.5，表明桑树中酸性的半胱氨酸蛋白酶占多数。被广泛应用的组织蛋白酶B是重要的半胱氨酸蛋白酶，它们的最适pH为酸性。另外，发现了33个桑半胱氨酸蛋白酶的等电点大于7，少数几个的等电点甚至在9以上。利用SignalP4.1进行信号肽分析发现，100个桑树的半胱氨酸蛋白酶缺少信号肽，表明大部分桑树半胱氨酸蛋白酶在桑树细胞内部特定的细胞器内发挥作用。另外，具有信号肽的26个半胱氨酸蛋白酶，其中24个属于C1家族和2个属于C13家族，表明与其他的半胱氨酸蛋白酶相比，它们属于分泌型的蛋白质。在植物中，C1A（属于C1）家族的半胱氨酸蛋白酶备受关注，被广泛应用的papain（木瓜蛋白酶）就是该家族的成员。该类蛋白酶与动物中的组织蛋白酶同源，动物组织蛋白酶参与溶酶体介导的蛋白质降解，推测桑树中的C1A家族半胱氨酸蛋白酶对调节蛋白质的活性和分布具有重要作用。随后，我们分析了桑树C1A半胱氨酸蛋白酶的保守结构基序，以Morus027393为例（图9-23）。

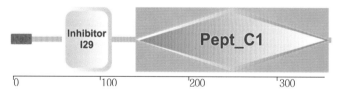

图9-23　C1A半胱氨酸蛋白酶的保守基序

Figure 9-23　The conserved motif of C1A cysteine proteinase protein

如图9-23所示，C1A家族的半胱氨酸蛋白酶主要基序包括：羧基端的蛋白酶的结构基序Pept_C1和氨基端的一个I29家族的一个半胱氨酸蛋白酶抑制子的基序。I29家族的抑制

（续）

子能够调节C1A类蛋白酶的激活，有研究者认为，刚刚翻译的蛋白酶的活性受到其自身的
I29抑制子抑制，直到含有I29结构基序的氨基酸序列被水解切除之后，蛋白酶的活性才会
被激活，然而关于行使水解功能的蛋白酶仍不清楚。

　　利用来自拟南芥的和几个已有功能研究的C1A半胱氨酸蛋白酶和桑树C1A家族的蛋白
酶序列，构建了系统发生树，结果如图9-24所示。

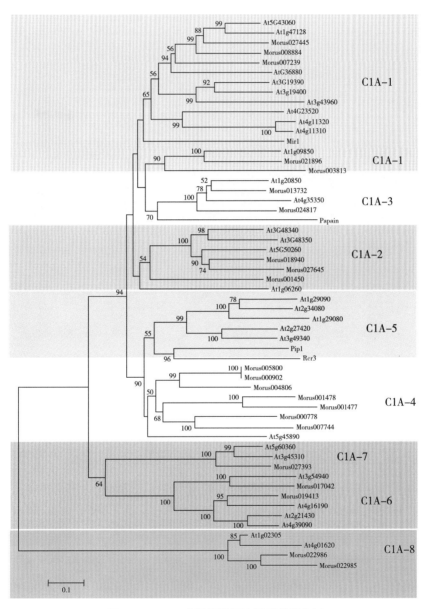

图9-24　C1A半胱氨酸蛋白酶系统发生树

所用的氨基酸序列来自拟南芥和桑树

Figure 9-24　Phylogenetic tree of C1A cysteine proteinase proteins

Involved protein sequence are from *Arabidopsis* and mulberry

聚类分析显示，序列同源性高的蛋白质序列聚类在一起。桑树中的C1A半胱氨酸蛋白酶能够进一步分为8个亚家族，分别命名为C1A-1至C1A-8。这一结果与在拟南芥和水稻中的分析结果相一致。

通过与已经报道的植物C1A家族半胱氨酸蛋白酶的序列进行多序列比对，发现蛋白质的氨基酸序列具有较大的差异，然而它们在关键的氨基酸位点是保守的（图9-25），例如：催化位点和半胱氨酸的位置，表明C1A家族的半胱氨酸蛋白酶在不同物种之间是比较保守的，同时也表明物种内C1A半胱氨酸蛋白酶已经发生了分化。桑树作为一种重要的经济林木，其叶片是重要的产丝昆虫家蚕的食物来源，另外，桑树具有极强的抗逆性，对于干旱、盐碱以及水淹等非生物胁迫具有较强的抗性，在抗逆过程中，桑树半胱氨酸蛋白酶是如何维持体内蛋白质的稳态和调节蛋白质的分布，这一问题令人感兴趣。

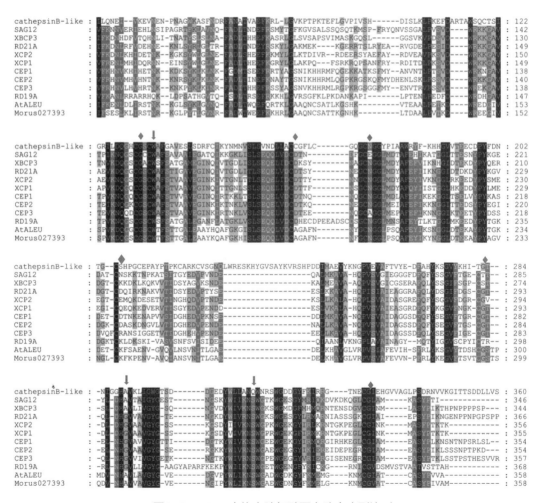

图9-25　C1A家族半胱氨酸蛋白酶多序列比对

红色箭头指示活性中心（Cys-His-Asn），红色菱形指示保守半胱氨酸的位置

Figure 9-25　A multiple alignment of plant C1A cysteine proteinase family

The red arrows represent the center of activity（Cys-His-Asn），red rhombuses as conserved cysteine residuals

3. 桑树天冬氨酸蛋白酶家族

天冬氨酸蛋白酶广泛分布在脊椎动物、昆虫、植物、酵母、线虫、寄生虫、真菌和病毒等有机体中（Simoes et al., 2004）。活性中心由2个保守的天冬氨酸残基组成，一般情况下，天冬氨酸蛋白酶最适的pH为酸性。在MEROPS database中，根据其氨基酸序列的相似性，天冬氨酸蛋白酶划分为6个超家族和14个家族。已经鉴定的植物天冬氨酸蛋白酶属于AA（A1、A3、A11和A12家族）和AD（A22）2个超家族，到目前为止鉴定到的植物天冬氨酸蛋白酶大部分属于A1家族，例如pepsin-like蛋白酶。大部分植物的天冬氨酸蛋白酶首先被翻译成为单链的前酶原，之后经历多次蛋白酶切割被转化为具有单链或者两条多肽链的成熟酶，这一过程主要包括信号肽的切割、prosegment的切除以及PSI基序的部分或全部切除。然而，关于植物天冬氨酸蛋白酶的成熟过程的机制以及调控仍未有定论（Simoes et al., 2004）。在植物中，天冬氨酸蛋白酶是一种重要的蛋白质水解酶，目前关于植物天冬氨酸蛋白酶的功能尚不甚明了，有限的研究表明，天冬氨酸蛋白酶参与了植物营养稳态、植物的衰老和细胞程序性死亡以及有性生殖的过程，在这些生理过程中，天冬氨酸蛋白酶扮演了关键性的蛋白水解酶的角色（Tokes et al., 1974；D'Hondt et al., 1993；Mutlu et al., 1998）。

在桑树基因组中鉴定了129个天冬氨酸蛋白酶基因（表9-5），属于2个clans中的3个家族：clan AA中包括A1和A11两个家族，120个蛋白；clan AD中的A22家族，9个蛋白。

表9-5　桑树天冬氨酸蛋白酶家族

Table 9-5　The aspartic proteinase family of mulberry

蛋白质编号	超家族	家族	分子量（Da）	等电点	Scaffold	DNA链	信号肽
Morus022652	AA	A1	51747.70	5.50	scaffold283	+	YES
Morus008067	AA	A1	56065.67	4.88	scaffold1652	+	YES
Morus026128	AA	A1	53104.26	6.53	scaffold467	+	NO
Morus026627	AA	A1	102364.73	4.77	scaffold384	+	NO
Morus014182	AA	A1	55711.23	7.91	scaffold1292	+	YES
Morus001975	AA	A1	46232.39	9.34	scaffold1929	+	YES
Morus009413	AA	A1	71599.74	5.96	scaffold1633	+	YES
Morus020940	AA	A1	62441.37	5.38	scaffold409	−	YES
Morus000749	AA	A1	54164.58	5.18	scaffold4153	−	NO
Morus000573	AA	A1	16081.38	7.65	scaffold10298	−	NO
Morus017791	AA	A1	53479.75	8.99	scaffold946	−	NO
Morus017792	AA	A1	55795.63	7.68	scaffold946	−	YES

蛋白质编号	超家族	家族	分子量（Da）	等电点	Scaffold	DNA链	信号肽
Morus017794	AA	A1	35724.11	4.22	scaffold946	−	YES
Morus017796	AA	A1	51844.18	5.21	scaffold946	−	YES
Morus019203	AA	A1	50956.07	8.30	scaffold666	+	NO
Morus006238	AA	A1	53675.57	5.86	scaffold923	−	NO
Morus004280	AA	A1	52738.23	5.37	scaffold899	−	YES
Morus022951	AA	A1	58479.02	9.42	scaffold538	+	YES
Morus018089	AA	A1	54257.43	8.46	scaffold235	+	NO
Morus019988	AA	A1	62946.13	8.25	scaffold2035	−	NO
Morus013366	AA	A1	49604.14	8.28	scaffold1379	+	NO
Morus000886	AA	A1	23870.50	9.63	scaffold6916	−	NO
Morus017553	AA	A1	52789.28	8.59	scaffold355	+	YES
Morus023982	AA	A1	46426.92	9.21	scaffold179	−	YES
Morus017968	AA	A1	45841.65	9.14	scaffold1315	−	NO
Morus025339	AA	A1	48864.82	8.61	scaffold139	−	YES
Morus023825	AA	A1	48651.82	5.89	scaffold75	+	YES
Morus023826	AA	A1	23366.64	10.11	scaffold75	+	NO
Morus023828	AA	A1	25105.25	8.40	scaffold75	+	NO
Morus023829	AA	A1	13792.91	4.14	scaffold75	+	NO
Morus022622	AA	A1	52651.01	4.60	scaffold124	+	NO
Morus010949	AA	A1	49037.46	5.64	scaffold1340	−	YES
Morus020133	AA	A1	60284.50	5.90	scaffold604	+	YES
Morus014084	AA	A1	56778.18	5.02	scaffold1460	−	YES
Morus022981	AA	A1	11248.67	7.17	scaffold277	+	NO
Morus004951	AA	A1	49467.84	9.72	scaffold94	+	YES
Morus023086	AA	A1	55872.94	6.15	scaffold437	−	YES
Morus018836	AA	A1	51312.05	9.37	scaffold406	−	YES
Morus018837	AA	A1	28177.52	4.62	scaffold406	−	NO
Morus008474	AA	A1	50111.93	4.72	scaffold398		YES

（续）

蛋白质编号	超家族	家族	分子量（Da）	等电点	Scaffold	DNA链	信号肽
Morus010254	AA	A1	66538.60	5.96	scaffold286	+	YES
Morus009973	AA	A1	52532.14	4.57	scaffold454	+	YES
Morus009455	AA	A1	47944.93	4.62	scaffold1175	−	YES
Morus007711	AA	A1	46879.80	8.37	scaffold1103	+	YES
Morus007146	AA	A1	63546.02	7.88	scaffold615	+	NO
Morus007148	AA	A1	46143.40	4.71	scaffold615	+	NO
Morus007149	AA	A1	51727.50	8.27	scaffold615	+	YES
Morus001207	AA	A1	50895.21	5.27	scaffold944	−	YES
Morus011807	AA	A1	54256.97	7.68	scaffold448	−	NO
Morus015150	AA	A1	50887.15	5.27	scaffold120	−	YES
Morus027908	AA	A1	47659.65	8.17	scaffold78	−	YES
Morus000937	AA	A1	45681.77	5.98	scaffold3576	+	YES
Morus020473	AA	A1	43094.20	10.11	scaffold264	−	YES
Morus022741	AA	A1	49313.73	4.81	scaffold552	−	YES
Morus000286	AA	A1	49467.84	9.72	C11455519	−	YES
Morus026626	AA	A1	54623.18	5.69	scaffold384	+	NO
Morus012392	AA	A11	45752.83	6.61	scaffold577	+	NO
Morus009340	AA	A11	50150.97	9.80	scaffold41	−	NO
Morus004012	AA	A11	41816.09	8.48	scaffold1489	−	NO
Morus012398	AA	A11	10356.96	5.33	scaffold577	+	NO
Morus018047	AA	A11	47601.21	5.72	scaffold235	−	NO
Morus018784	AA	A11	62411.61	5.49	scaffold227	+	NO
Morus017562	AA	A11	73317.56	9.59	scaffold355	+	NO
Morus026856	AA	A11	22472.21	10.39	scaffold35	−	NO
Morus018614	AA	A11	31289.44	7.26	scaffold348	−	NO
Morus002460	AA	A11	56987.52	5.84	scaffold893	−	NO
Morus016664	AA	A11	78928.15	7.83	scaffold261	+	NO
Morus009392	AA	A11	29637.99	4.91	scaffold29	−	NO

（续）

蛋白质编号	超家族	家族	分子量（Da）	等电点	Scaffold	DNA链	信号肽
Morus016381	AA	A11	23292.71	3.84	scaffold382	+	NO
Morus022071	AA	A11	8411.80	9.81	scaffold101	+	NO
Morus021752	AA	A11	44578.88	7.73	scaffold63	−	NO
Morus004440	AA	A11	10899.18	6.85	scaffold527	−	NO
Morus004441	AA	A11	32243.53	5.91	scaffold527	−	NO
Morus019377	AA	A11	44708.72	9.10	scaffold583	+	NO
Morus022235	AA	A11	20735.74	9.35	scaffold16	+	NO
Morus022236	AA	A11	8862.20	10.14	scaffold16	+	NO
Morus000636	AA	A11	9885.90	4.84	scaffold5425	−	NO
Morus012508	AA	A11	65877.66	5.95	scaffold657	+	NO
Morus005848	AA	A11	15538.25	4.82	scaffold481	+	NO
Morus007870	AA	A11	16427.36	4.70	scaffold465	+	NO
Morus022341	AA	A11	16519.16	8.98	scaffold825	+	NO
Morus003947	AA	A11	26595.73	5.50	scaffold10	+	NO
Morus013747	AA	A11	42342.31	5.37	scaffold338	−	NO
Morus006250	AA	A11	84311.62	5.10	scaffold923	−	NO
Morus019032	AA	A11	70294.30	8.62	scaffold3	+	NO
Morus003308	AA	A11	225179.64	5.51	scaffold859	−	NO
Morus014900	AA	A11	20441.21	9.74	scaffold699	−	NO
Morus002243	AA	A11	83104.61	5.23	scaffold92	+	NO
Morus008097	AA	A11	80790.98	8.80	scaffold1652	−	NO
Morus001815	AA	A11	12287.42	4.54	scaffold612	+	NO
Morus009373	AA	A11	208017.33	5.86	scaffold1604	+	NO
Morus012865	AA	A11	133634.95	10.34	scaffold637	−	NO
Morus007854	AA	A11	162376.39	6.68	scaffold349	+	NO
Morus003312	AA	A11	11016.39	6.54	scaffold894	−	NO
Morus024180	AA	A11	60874.29	5.96	scaffold165	+	NO
Morus016371	AA	A11	47569.34	6.17	scaffold382	+	NO

（续）

蛋白质编号	超家族	家族	分子量（Da）	等电点	Scaffold	DNA链	信号肽
Morus016378	AA	A11	54323.34	8.55	scaffold382	−	NO
Morus016382	AA	A11	7290.79	8.21	scaffold382	+	NO
Morus006680	AA	A11	205973.27	5.25	scaffold2062	−	NO
Morus021194	AA	A11	20881.24	5.58	scaffold630	−	NO
Morus000922	AA	A11	11175.68	9.41	scaffold335	+	NO
Morus006475	AA	A11	36272.58	9.06	scaffold295	−	NO
Morus021718	AA	A11	101730.27	6.56	scaffold63	−	NO
Morus008148	AA	A11	27138.86	6.19	scaffold375	−	NO
Morus001286	AA	A11	178538.33	5.66	scaffold3831	+	NO
Morus009929	AA	A11	131790.53	6.25	scaffold104	−	NO
Morus000603	AA	A11	28174.15	8.96	scaffold624	+	NO
Morus019905	AA	A11	215965.58	7.71	scaffold848	+	NO
Morus019098	AA	A11	64825.23	5.21	scaffold176	−	NO
Morus026684	AA	A11	368424.41	7.55	scaffold384	−	NO
Morus002665	AA	A11	196963.27	6.31	scaffold366	+	NO
Morus018680	AA	A11	47752.74	7.91	scaffold79	+	NO
Morus003433	AA	A11	26359.96	7.80	scaffold1264	+	NO
Morus000602	AA	A11	44952.31	9.90	scaffold624	+	NO
Morus000113	AA	A11	33354.07	8.54	scaffold8708	−	NO
Morus016670	AA	A11	70237.72	6.22	scaffold261	−	NO
Morus023818	AA	A11	302429.88	5.45	scaffold75	−	NO
Morus026071	AA	A11	49896.68	9.32	scaffold467	−	NO
Morus002911	AA	A11	233235.64	7.78	scaffold1602	−	NO
Morus004588	AA	A11	110909.80	7.03	scaffold1234	+	NO
Morus002000	AD	A22	45668.52	4.18	scaffold1997	−	NO
Morus007116	AD	A22	47807.16	4.23	scaffold438	+	NO
Morus024266	AD	A22	59950.37	6.00	scaffold297	−	YES
Morus015153	AD	A22	10141.73	7.89	scaffold1032	−	NO
Morus012410	AD	A22	52874.53	5.16	scaffold577	−	YES

（续）

蛋白质编号	超家族	家族	分子量（Da）	等电点	Scaffold	DNA链	信号肽
Morus021730	AD	A22	19922.24	4.94	scaffold63	–	NO
Morus021731	AD	A22	65569.42	5.94	scaffold63	–	YES
Morus006504	AD	A22	81613.71	9.89	scaffold1639	+	NO
Morus001801	AD	A22	37571.05	8.25	scaffold904	–	NO

如表9-5所示，这些基因分布于100个scaffold上，表明桑树天冬氨酸蛋白酶没有明显的成簇排列的迹象，只发现少数成簇排列的基因。例如A1家族的4个基因Morus017791、Morus017792、Morus017794和Morus017796排列在scaffold946上。桑树天冬氨酸的蛋白质分子量分布的范围很广，从约7kDa至约370kDa，其中65个天冬氨酸蛋白酶的分子量小于50kDa，15个的分子量大于100kDa，7个的分子量达到200kDa以上，由天冬氨酸蛋白酶的成熟过程可以推论，这些分子量较大的蛋白酶可能是前酶原。A1家族的天冬氨酸蛋白酶在pH值酸性下具有活性，等电点分析发现，69个桑天冬氨酸蛋白酶的等电点小于7，其中36个的等电点小于5.5，而60个蛋白酶的等电点高于7，推测这些蛋白质可能是前酶原。利用SignalP4.1进行信号肽分析发现，只有37个桑树的天冬氨酸蛋白酶具有信号肽，这一结果表明大部分桑树天冬氨酸蛋白酶在桑树细胞内部特定的细胞器内发挥作用。其中34个属于A1家族和3个属于A22家族，它们属于分泌型的蛋白质，所有的A11家族的天冬氨酸蛋白酶均不含有预测的信号肽。A1家族的天冬氨酸蛋白酶在植物中研究的较多，多个A1天冬氨酸蛋白酶已有研究报道，例如nucellin、nepenthesin I、PCS1、CDR1以及CDN41等。典型的A1类的天冬氨酸蛋白酶具有一个ASP结构基序，以Morus004280为例，如图9-26所示。

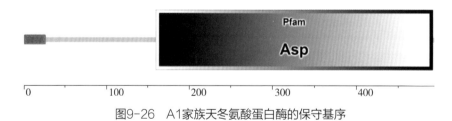

图9-26　A1家族天冬氨酸蛋白酶的保守基序

Figure 9-26　The conserved motif of A1 family of aspartic proteinase protein

对桑树A1家族的天冬氨酸蛋白酶与上述已有功能研究的蛋白质序列进行聚类分析，鉴定到了桑树中的同源蛋白（图9-27）。聚类分析的结果表明，A1家族的天冬氨酸蛋白酶能够进一步划分为多个亚家族，这些已有功能研究的蛋白质分别来自不同的亚家族。与nucellin同源性最高的桑树天冬氨酸蛋白酶是Morus013366和Morus027908；CDN41与Morus007146聚类在一起；CDR1和PCS1分别与桑Morus022741和Morus009455聚在一起；nepenthesin-1与3个桑树中的天冬氨酸蛋白酶具有相对较高的同源性，即Morus004280、Moru009973和Morus023086。

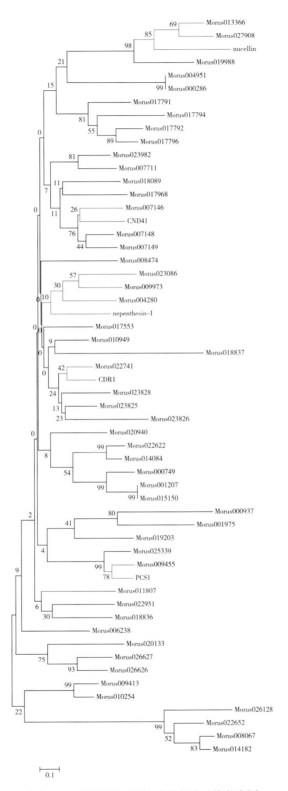

图9-27　A1家族天冬氨酸蛋白酶系统发生树

Figure 9-27　Phylogenetic tree of A1 aspartic proteinases

随后的多序列比对分析发现（图9-28），氨基酸序列已经发生了较大的分化，然而其催化中心及其附近的氨基酸却非常保守，2个保守基序分别为DTGS和DSGS/T。除此之外，天冬氨酸蛋白酶中的半胱氨酸残基的数目和位置也极为保守。研究表明nepenthesin-1蛋白酶中的12个氨基酸能够形成6对链内二硫键，证明除催化位点外，保守的氨基酸可能对其行使催化作用或者维持其三级结构具有重要意义。

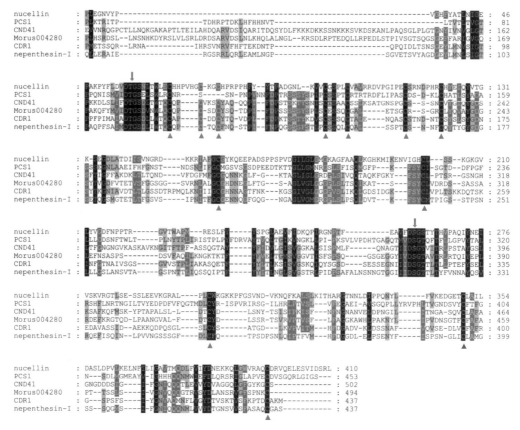

图9-28　A1家族天冬氨酸蛋白酶多序列比对

红色箭头指示活性中心（Asp-Asp），红色三角形指示形成链内二硫键的半胱氨酸残基

Figure 9-28　A multiple alignment of plant A1 aspartic proteinase family

The red arrows represent the center of activity（Asp-Asp）, red triangles as conserved cysteine residuals forming inter-chain disulfide bonds

4．桑树丝氨酸蛋白酶家族

丝氨酸蛋白酶是最大的一类蛋白酶家族，广泛存在于动物、植物以及微生物体内，参与多种生理过程。丝氨酸蛋白酶在动物和微生物上的研究较多，但在植物中研究较少，长期以来学者们一直认为植物中含有的丝氨酸蛋白酶基因很少，近年来关于植物的丝氨酸蛋白酶的研究逐渐受到重视，研究者已从香菜、欧芹等植物中分离了不同类型的丝氨酸蛋白酶。植物丝氨酸蛋白酶广泛地参与到木质素合成、种子萌发、细胞组织分化、衰

老、细胞程序化死亡、超敏反应、信号转导以及蛋白质降解与加工等生理过程（Tornero et al., 1996；Tornero et al., 1997；Yano et al., 1999；Groover et al., 1999；Beilinson et al., 2002；Fontanini et al., 2002；Palma et al., 2002）。目前，三种丝氨酸蛋白酶在植物中研究的较多，包括Kexin型酶、枯草杆菌素型蛋白酶、Clp蛋白酶。Clp蛋白酶是一类组成型表达的丝氨酸蛋白酶，光诱导其表达，是一种依赖ATP的高度保守的蛋白酶，主要分布于线粒体和叶绿体的类囊体中，参与错误定位的蛋白、可溶基质蛋白以及代谢更替的蛋白质的降解（Ostersetzer et al., 1996；Peltier et al., 2004）。枯草杆菌素型蛋白酶是一种多基因家族的蛋白酶类，在花药细胞的凋亡、花器官和种子发育过程中细胞凋亡过程、胚乳细胞、助细胞和转运组织细胞等的降解中起重要作用（Palma et al., 2002）。根据MEROPS database中的注释，植物丝氨酸蛋白酶包括13个clans和40个家族。在桑树基因组中共鉴定到330个丝氨酸蛋白酶基因，这一结果与拟南芥中的分析类似，这些蛋白酶属于9个clans和16个家族（表9-6）。

表9-6　桑树丝氨酸蛋白酶家族

Table 9-6　The serine proteinase family of mulberry

蛋白质编号	超家族	家族	分子量（Da）	等电点	Scaffold	DNA链	信号肽
Morus023971	PA	S1	227558.08	5.88	scaffold179	−	NO
Morus005336	PA	S1	6977.05	9.97	scaffold211	−	NO
Morus005337	PA	S1	28743.83	4.58	scaffold211	−	NO
Morus000271	PA	S1	12483.05	6.85	scaffold5124	−	NO
Morus005015	PA	S1	30825.33	6.69	scaffold1934	+	NO
Morus005016	PA	S1	18308.83	8.17	scaffold1934	+	NO
Morus020508	PA	S1	47768.75	5.64	scaffold39	+	NO
Morus003748	PA	S1	60361.71	7.32	scaffold1448	−	NO
Morus004933	PA	S1	63926.93	6.93	scaffold32	−	NO
Morus008393	PA	S1	64477.05	6.22	scaffold1008	+	NO
Morus020454	PA	S1	23411.96	10.52	scaffold264	+	NO
Morus020455	PA	S1	15859.23	7.10	scaffold264	+	NO
Morus007016	PA	S1	60618.38	8.46	scaffold158	+	NO
Morus027221	PA	S1	29799.38	4.85	scaffold518	−	NO
Morus006670	PA	S1	42036.01	6.73	scaffold2062	−	NO
Morus014486	PA	S1	68126.77	8.18	scaffold191	+	NO
Morus021451	PA	S3	9231.73	11.89	scaffold93	−	NO

（续）

蛋白质编号	超家族	家族	分子量（Da）	等电点	Scaffold	DNA链	信号肽
Morus016738	SB	S8	86105.73	8.12	scaffold499	+	NO
Morus010263	SB	S8	83683.59	8.44	scaffold286	−	YES
Morus023160	SB	S8	84904.29	5.45	scaffold87	−	YES
Morus010382	SB	S8	157222.38	8.20	scaffold799	−	YES
Morus027191	SB	S8	91357.29	9.78	scaffold518	+	NO
Morus010452	SB	S8	23219.31	10.42	scaffold1289	+	NO
Morus010453	SB	S8	55526.04	9.64	scaffold1289	+	NO
Morus009426	SB	S8	78502.49	6.14	scaffold1633	−	NO
Morus010585	SB	S8	79125.91	8.96	scaffold745	+	NO
Morus016852	SB	S8	103585.25	7.24	scaffold193	−	YES
Morus018355	SB	S8	85255.97	8.15	scaffold521	−	YES
Morus018357	SB	S8	85617.07	6.53	scaffold521	−	YES
Morus002504	SB	S8	115554.25	6.53	scaffold330	−	NO
Morus002479	SB	S8	83543.09	8.31	scaffold2802	−	YES
Morus013909	SB	S8	7585.73	4.42	scaffold49	−	NO
Morus013910	SB	S8	6763.82	9.77	scaffold49	−	NO
Morus022369	SB	S8	80769.73	7.56	scaffold825	+	YES
Morus027403	SB	S8	80831.48	8.58	scaffold329	+	YES
Morus024992	SB	S8	82392.79	8.92	scaffold137	+	YES
Morus012213	SB	S8	82573.20	8.98	scaffold1082	+	YES
Morus012214	SB	S8	99587.48	9.59	scaffold1082	+	NO
Morus015888	SB	S8	83501.95	9.21	scaffold602	−	YES
Morus023738	SB	S8	78399.55	8.93	scaffold337	−	YES
Morus023751	SB	S8	80534.42	9.59	scaffold337	−	NO
Morus019206	SB	S8	43233.09	9.87	scaffold666	+	YES
Morus019207	SB	S8	35073.81	8.91	scaffold666	+	NO
Morus019210	SB	S8	13374.83	9.46	scaffold666	+	NO
Morus013979	SB	S8	69411.12	5.19	scaffold403	+	YES

（续）

蛋白质编号	超家族	家族	分子量（Da）	等电点	Scaffold	DNA链	信号肽
Morus011049	SB	S8	77967.75	7.32	scaffold803	+	NO
Morus016740	SB	S8	57808.82	6.34	scaffold499	−	NO
Morus006853	SB	S8	47683.21	9.00	scaffold411	+	YES
Morus015616	SB	S8	84028.59	8.87	scaffold1187	+	YES
Morus016023	SB	S8	70697.7	4.55	scaffold195	−	NO
Morus017951	SB	S8	83041.52	9.57	scaffold1315	+	YES
Morus025939	SB	S8	90325.00	8.40	scaffold276	−	YES
Morus014157	SB	S8	87959.39	6.71	scaffold1292	+	NO
Morus003248	SB	S8	42539.23	8.53	scaffold556	−	NO
Morus014092	SB	S8	82223.77	9.40	scaffold1460	+	YES
Morus005405	SB	S8	82933.99	8.32	scaffold1181	−	YES
Morus020350	SB	S8	15438.97	9.62	scaffold388	−	NO
Morus020351	SB	S8	14738.84	9.28	scaffold388	−	NO
Morus005074	SB	S8	88170.59	7.86	scaffold1173	−	YES
Morus005075	SB	S8	74038.13	7.78	scaffold1173	−	NO
Morus000241	SB	S8	27540.43	10.51	Scaffold10894	+	NO
Morus003542	SB	S8	80756.86	7.49	scaffold798	+	NO
Morus007487	SB	S8	86228.02	6.27	scaffold1526	−	YES
Morus024113	SB	S8	84483.44	9.03	scaffold789	−	YES
Morus024115	SB	S8	85374.38	7.35	scaffold789	−	NO
Morus000066	SB	S8	9554.43	5.47	scaffold9326	+	NO
Morus010262	SB	S8	81212.42	5.86	scaffold286	−	YES
Morus010264	SB	S8	8027.14	7.26	scaffold286	−	NO
Morus010265	SB	S8	20557.72	7.87	scaffold286	−	NO
Morus010266	SB	S8	81940.40	9.27	scaffold286	−	YES
Morus025323	SB	S8	79487.20	6.65	scaffold46	+	YES
Morus025324	SB	S8	77598.03	6.08	scaffold46	+	NO
Morus025325	SB	S8	86826.53	6.01	scaffold46	+	NO

（续）

蛋白质编号	超家族	家族	分子量（Da）	等电点	Scaffold	DNA链	信号肽
Morus020785	SB	S8	82100.58	8.89	scaffold271	+	YES
Morus005366	SB	S8	44249.28	9.94	scaffold575	+	NO
Morus005367	SB	S8	22859.79	9.06	scaffold575	+	NO
Morus005368	SB	S8	25555.10	8.78	scaffold575	+	NO
Morus006884	SB	S8	80880.91	9.15	scaffold1831	+	NO
Morus024455	SB	S8	28614.66	6.57	scaffold342	−	NO
Morus001006	SB	S8	32384.59	6.48	scaffold3575	+	NO
Morus001010	SB	S8	32418.61	6.48	scaffold3575	+	NO
Morus023157	SB	S8	89846.75	6.78	scaffold87		NO
Morus023158	SB	S8	41503.29	8.74	scaffold87		NO
Morus023159	SB	S8	18220.03	10.23	scaffold87		NO
Morus023165	SB	S8	27851.45	7.72	scaffold87		NO
Morus023166	SB	S8	62562.82	5.46	scaffold87	−	YES
Morus006502	SB	S8	153494.69	6.16	scaffold1639	−	NO
Morus010381	SB	S8	75381.05	5.91	scaffold799	−	NO
Morus010385	SB	S8	81496.30	4.97	scaffold799	−	YES
Morus012947	SB	S8	82797.28	8.94	scaffold399	−	YES
Morus006455	SB	S8	15327.97	8.92	scaffold376	−	NO
Morus006456	SB	S8	32290.37	6.90	scaffold376	−	NO
Morus008446	SB	S8	79881.13	8.54	scaffold1584	+	NO
Morus001197	SB	S8	28169.93	9.72	scaffold4160	+	NO
Morus003665	SB	S8	69977.20	5.09	scaffold1728	−	YES
Morus008169	SB	S8	78773.61	7.36	scaffold936	+	YES
Morus008170	SB	S8	88494.02	6.30	scaffold936	+	NO
Morus009540	SB	S8	21149.38	9.71	scaffold2216	+	NO
Morus009541	SB	S8	12030.12	4.09	scaffold2216	+	NO
Morus009542	SB	S8	37666.58	9.00	scaffold2216	+	NO
Morus009543	SB	S8	82736.84	8.38	scaffold2216	+	YES

（续）

蛋白质编号	超家族	家族	分子量（Da）	等电点	Scaffold	DNA链	信号肽
Morus000186	SB	S8	34224.48	8.77	C11430611	−	NO
Morus022144	SC	S33	47984.87	9.47	scaffold697	+	NO
Morus018556	SC	S33	44930.10	9.36	scaffold57	+	NO
Morus027288	SC	S9	9626.85	5.04	scaffold329	−	NO
Morus027343	SC	S9	32524.65	6.07	scaffold329	−	NO
Morus017524	SC	S33	63575.30	5.90	scaffold243	−	NO
Morus020287	SC	S9	90999.38	6.13	scaffold25	−	NO
Morus026483	SC	S9	76656.80	4.67	scaffold73	+	NO
Morus026484	SC	S9	90094.99	5.56	scaffold73	+	NO
Morus011659	SC	S9	82284.03	5.20	scaffold453	+	NO
Morus023072	SC	S9	89284.79	5.67	scaffold437	+	YES
Morus006816	SC	S9	99531.76	6.73	scaffold581	+	NO
Morus010276	SC	S9	23245.81	7.09	scaffold266	+	NO
Morus010277	SC	S9	28021.45	9.29	scaffold266	+	NO
Morus010282	SC	S9	11156.48	7.10	scaffold266	+	NO
Morus009746	SC	S9	143510.95	6.14	scaffold793	−	YES
Morus018408	SC	S9	23933.86	8.51	scaffold89	−	NO
Morus027290	SC	S9	17975.25	5.21	scaffold329	−	NO
Morus027291	SC	S9	16994.33	8.99	scaffold329	−	NO
Morus017157	SC	S9	36153.48	5.63	scaffold370	−	NO
Morus026499	SC	S9	42678.86	8.22	scaffold73	+	NO
Morus003375	SC	S8	35346.71	6.15	scaffold2090	+	NO
Morus003376	SC	S9	35273.63	4.81	scaffold2090	+	NO
Morus013075	SC	S9	40484.79	7.65	scaffold1195	−	NO
Morus025825	SC	S9	51667.68	7.66	scaffold451	+	NO
Morus024664	SC	S9	39691.11	6.60	scaffold212	−	NO
Morus009131	SC	S9	45032.07	7.28	scaffold1108	+	NO
Morus000581	SC	S9	37576.86	5.05	scaffold8308	−	NO

（续）

蛋白质编号	超家族	家族	分子量（Da）	等电点	Scaffold	DNA链	信号肽
Morus000582	SC	S9	37232.44	4.84	scaffold8308	−	NO
Morus018150	SC	S9	42844.63	9.38	scaffold948	−	NO
Morus013418	SC	S9	22403.29	9.55	scaffold1412	−	NO
Morus013419	SC	S9	8500.98	9.09	scaffold1412	−	NO
Morus007260	SC	S9	39917.88	5.77	scaffold733	+	NO
Morus027607	SC	S9	43925.45	8.35	scaffold99	+	NO
Morus002092	SC	S9	38844.47	5.99	scaffold3053	+	NO
Morus007861	SC	S9	40496.79	9.13	scaffold349	−	NO
Morus018942	SC	S9	42808.64	9.23	scaffold333	−	NO
Morus016887	SC	S9	33335.45	9.32	scaffold181	−	NO
Morus012415	SC	S9	35080.97	6.21	scaffold446	−	NO
Morus002486	SC	S9	37220.18	5.40	scaffold3287	−	NO
Morus027551	SC	S9	29053.21	4.86	scaffold45	+	NO
Morus027553	SC	S9	34827.00	5.16	scaffold45	−	NO
Morus027555	SC	S9	33564.93	4.99	scaffold45	−	NO
Morus027557	SC	S9	27170.26	5.70	scaffold45	−	NO
Morus012347	SC	S9	46470.67	5.00	scaffold159	−	NO
Morus027065	SC	S9	38176.83	9.40	scaffold518	+	NO
Morus012932	SC	S9	16830.48	5.71	scaffold399	−	NO
Morus012933	SC	S9	33853.98	9.86	scaffold399	−	NO
Morus003617	SC	S9	35960.95	9.21	scaffold672	−	NO
Morus027948	SC	S9	38008.80	6.21	scaffold78	−	NO
Morus017664	SC	S9	51315.04	7.23	scaffold168	+	NO
Morus017692	SC	S9	42389.09	9.27	scaffold168	−	NO
Morus020423	SC	S9	39060.46	6.13	scaffold264	−	NO
Morus000148	SC	S9	18576.75	5.57	C11420874	+	NO
Morus009575	SC	S33	37632.40	8.82	scaffold1273	+	NO
Morus016130	SC	S33	6871.21	10.44	scaffold985	+	NO

（续）

蛋白质编号	超家族	家族	分子量（Da）	等电点	Scaffold	DNA链	信号肽
Morus009421	SC	S33	28329.55	4.45	scaffold1633	−	NO
Morus014054	SC	S33	30642.25	9.71	scaffold353	−	NO
Morus022143	SC	S33	36444.14	8.41	scaffold697	+	NO
Morus005145	SC	S33	61425.19	8.73	scaffold17	−	NO
Morus011110	SC	S33	36061.93	5.93	scaffold169	−	NO
Morus011111	SC	S33	35917.80	5.51	scaffold169	−	NO
Morus018340	SC	S33	28326.03	9.17	scaffold521	+	NO
Morus018341	SC	S33	39536.41	6.60	scaffold521	+	NO
Morus018346	SC	S33	39838.34	6.91	scaffold521	+	YES
Morus020849	SC	S33	30337.10	5.08	scaffold625	+	NO
Morus018554	SC	S33	33925.21	9.66	scaffold57	+	NO
Morus018557	SC	S33	34741.24	9.10	scaffold57	+	NO
Morus020321	SC	S33	35084.79	8.99	scaffold25	+	NO
Morus002975	SC	S33	49260.31	8.29	scaffold4889	−	NO
Morus021020	SC	S33	38890.35	8.47	scaffold241	−	NO
Morus021045	SC	S33	48637.35	6.71	scaffold241	+	NO
Morus022352	SC	S33	40906.58	8.30	scaffold825	−	YES
Morus022355	SC	S33	38461.82	6.41	scaffold825	−	YES
Morus003093	SC	S33	37527.22	9.08	scaffold1842	−	NO
Morus027251	SC	S33	43578.02	5.42	scaffold329	−	NO
Morus006167	SC	S33	38904.50	5.15	scaffold2202	−	NO
Morus005265	SC	S33	29321.24	6.41	scaffold2106	+	NO
Morus026415	SC	S33	31240.60	5.97	scaffold73	−	NO
Morus026437	SC	S33	43531.06	8.60	scaffold73	+	NO
Morus026522	SC	S33	91703.30	6.37	scaffold73	−	NO
Morus012908	SC	S33	58488.67	6.03	scaffold298	−	NO
Morus001438	SC	S33	57805.66	6.61	scaffold2131	−	NO
Morus011046	SC	S33	35328.35	6.07	scaffold803	+	NO

（续）

蛋白质编号	超家族	家族	分子量（Da）	等电点	Scaffold	DNA链	信号肽
Morus011047	SC	S33	35441.45	5.15	scaffold803	+	NO
Morus019161	SC	S33	40549.10	6.50	scaffold794	−	NO
Morus001925	SC	S33	35762.80	5.57	scaffold963	+	NO
Morus016010	SC	S33	30224.63	9.48	scaffold195	+	NO
Morus016011	SC	S33	19229.59	5.44	scaffold195	+	NO
Morus007430	SC	S33	42733.16	7.62	scaffold579	+	NO
Morus025430	SC	S33	15001.29	5.02	scaffold139	−	NO
Morus025431	SC	S33	38203.43	6.64	scaffold139	−	NO
Morus019519	SC	S33	24525.06	4.74	scaffold804	+	NO
Morus025738	SC	S33	43547.89	6.77	scaffold843	−	NO
Morus018616	SC	S33	34329.89	9.31	scaffold348	−	NO
Morus012752	SC	S33	30233.48	10.65	scaffold1012	+	NO
Morus012753	SC	S33	14924.09	5.17	scaffold1012	+	NO
Morus013404	SC	S33	36517.56	6.32	scaffold1412	+	NO
Morus003175	SC	S33	36696.38	6.49	scaffold2461	+	NO
Morus015349	SC	S33	53852.19	9.20	scaffold1388	−	NO
Morus012113	SC	S33	24805.38	5.43	scaffold1428	−	NO
Morus012114	SC	S33	34810.89	5.36	scaffold1428	−	NO
Morus011552	SC	S33	30496.97	4.80	scaffold1245	−	NO
Morus015409	SC	S33	42544.27	7.99	scaffold1317	−	NO
Morus004367	SC	S33	96719.48	7.36	scaffold2701	+	NO
Morus022856	SC	S33	35515.22	5.75	scaffold317	−	NO
Morus014418	SC	S33	60553.08	6.47	scaffold710	−	NO
Morus001131	SC	S33	35732.78	5.57	scaffold2078	+	NO
Morus025503	SC	S33	6895.17	10.21	scaffold485	−	NO
Morus004295	SC	S33	44467.82	9.62	scaffold1174	−	NO
Morus007202	SC	S33	36466.45	5.93	scaffold182	+	NO
Morus006197	SC	S33	35390.54	8.46	scaffold255	−	NO

（续）

蛋白质编号	超家族	家族	分子量（Da）	等电点	Scaffold	DNA链	信号肽
Morus002466	SC	S33	36947.73	6.26	scaffold3071	+	NO
Morus008540	SC	S33	6835.19	10.33	scaffold103	−	NO
Morus015754	SC	S33	6871.21	10.44	scaffold759	−	NO
Morus001110	SC	S33	37645.80	5.06	scaffold5919	−	NO
Morus002360	SC	S33	15323.38	5.59	scaffold2231	+	NO
Morus002371	SC	S33	37794.61	6.15	scaffold2231	−	NO
Morus027421	SC	S33	35955.96	5.69	scaffold45	−	NO
Morus023231	SC	S33	44853.70	6.57	scaffold87	−	NO
Morus018667	SC	S33	6811.13	10.33	scaffold79	−	NO
Morus017112	SC	S33	55638.08	9.39	scaffold223	−	NO
Morus011869	SC	S33	52387.42	7.29	scaffold879	+	NO
Morus013245	SC	S33	44061.03	5.73	scaffold720	+	NO
Morus014767	SC	S33	43814.00	8.58	scaffold456	−	NO
Morus000011	SC	S33	21530.12	6.85	C11364902	+	NO
Morus006155	SC	S9	23561.33	8.31	scaffold183	−	NO
Morus026095	SC	S9	43116.48	5.12	scaffold467	−	NO
Morus019495	SC	S9	32368.52	7.75	scaffold804	+	NO
Morus017966	SC	S9	74685.38	7.45	scaffold1315	−	NO
Morus026818	SC	S33	41635.91	8.57	scaffold184	−	NO
Morus010724	SC	S33	43232.86	9.59	scaffold245	+	NO
Morus014640	SC	S33	46123.82	6.18	scaffold6	+	NO
Morus008658	SC	S9	35203.73	8.39	scaffold1006	−	NO
Morus025504	SC	S33	32961.37	5.29	scaffold485	−	NO
Morus007201	SC	S33	39424.29	5.58	scaffold182	+	NO
Morus011315	SC	S9	63646.88	4.86	scaffold38	+	NO
Morus001190	SC	S33	40289.31	9.56	scaffold919	−	NO
Morus027554	SC	S9	39746.71	7.46	scaffold45	+	NO
Morus027556	SC	S9	33616.11	5.92	scaffold45	−	NO

（续）

蛋白质编号	超家族	家族	分子量（Da）	等电点	Scaffold	DNA链	信号肽
Morus012934	SC	S9	57512.07	5.77	scaffold399	−	NO
Morus019107	SC	S33	46050.12	8.23	scaffold176	+	NO
Morus003996	SC	S10	28422.89	8.41	scaffold47	+	NO
Morus003998	SC	S10	85907.02	6.20	scaffold47	+	YES
Morus003526	SC	S10	49543.92	5.66	scaffold2016	−	YES
Morus008490	SC	S10	55814.55	5.87	scaffold680	−	NO
Morus021024	SC	S10	55036.25	9.36	scaffold241	−	YES
Morus004624	SC	S10	34497.71	5.14	scaffold106	−	YES
Morus018103	SC	S10	15201.94	9.08	scaffold235	+	YES
Morus018104	SC	S10	39508.91	6.49	scaffold235	+	NO
Morus016468	SC	S10	48594.45	5.58	scaffold315	−	YES
Morus007450	SC	S10	55932.01	5.26	scaffold579	−	YES
Morus026092	SC	S10	53160.16	6.08	scaffold467	−	YES
Morus004032	SC	S10	52048.08	9.02	scaffold1036	−	YES
Morus013427	SC	S10	53894.49	7.26	scaffold1412	−	NO
Morus017351	SC	S10	49457.51	7.83	scaffold109	+	YES
Morus007947	SC	S10	56733.99	6.69	scaffold1309	−	YES
Morus017046	SC	S10	56567.27	5.16	scaffold413	+	YES
Morus013013	SC	S10	52635.84	6.16	scaffold679	+	NO
Morus013014	SC	S10	56116.29	6.98	scaffold679	+	NO
Morus013015	SC	S10	38608.16	4.62	scaffold679	+	YES
Morus002464	SC	S10	54675.71	5.45	scaffold3071	−	YES
Morus003997	SC	S10	6830.01	4.57	scaffold47	+	NO
Morus003999	SC	S10	45624.22	6.14	scaffold47	+	NO
Morus003693	SC	S10	55641.14	9.22	scaffold495	+	NO
Morus015146	SC	S10	55657.23	6.41	scaffold120	−	YES
Morus008489	SC	S10	63762.45	5.53	scaffold680	−	NO
Morus020625	SC	S10	58077.38	5.27	scaffold888	−	YES

（续）

蛋白质编号	超家族	家族	分子量（Da）	等电点	Scaffold	DNA链	信号肽
Morus007543	SC	S10	53297.22	5.33	scaffold432	+	YES
Morus007544	SC	S10	55703.56	6.95	scaffold432	+	YES
Morus013154	SC	S10	49636.39	6.39	scaffold324	−	YES
Morus016088	SC	S10	165197.63	6.51	scaffold502	−	NO
Morus014074	SC	S28	73434.76	6.21	scaffold1460	+	NO
Morus014075	SC	S28	52482.07	6.53	scaffold1460	+	YES
Morus026717	SC	S28	53129.29	5.42	scaffold384	+	NO
Morus019187	SC	S28	45554.21	7.19	scaffold794	−	YES
Morus007769	SC	S28	58686.28	4.91	scaffold300	+	NO
Morus014077	SC	S28	60650.80	7.30	scaffold1460	+	YES
Morus019890	SE	S12	110291.19	8.41	scaffold848	−	NO
Morus013390	SF	S26	23891.09	9.54	scaffold1379	+	NO
Morus025796	SF	S26	19232.32	7.31	scaffold843	+	NO
Morus001882	SF	S26	34272.72	6.34	scaffold565	+	NO
Morus019789	SF	S24	8302.73	10.57	scaffold62	+	NO
Morus001683	SF	S26	23267.79	6.34	scaffold2137	+	NO
Morus014439	SF	S26	87266.40	8.65	scaffold250	+	NO
Morus020761	SF	S26	21016.75	8.19	scaffold271	+	NO
Morus015573	SF	S26	18404.84	8.52	scaffold751	+	NO
Morus022394	SF	S26	41887.73	8.18	scaffold74	−	NO
Morus026299	SJ	S16	66529.27	7.81	scaffold307	−	NO
Morus003164	SJ	S16	83040.48	5.69	scaffold1062	−	NO
Morus005699	SJ	S16	107960.70	5.51	scaffold1623	+	NO
Morus023352	SJ	S16	95444.97	6.85	scaffold135	−	NO
Morus003911	SK	S14	40675.04	5.74	scaffold670	+	NO
Morus003683	SK	S14	45305.07	8.82	scaffold1252	+	NO
Morus009738	SK	S14	34106.50	7.98	scaffold793	+	NO
Morus001780	SK	S14	8207.59	4.27	scaffold90	−	NO

蛋白质编号	超家族	家族	分子量（Da）	等电点	Scaffold	DNA链	信号肽
Morus018097	SK	S14	26975.47	8.47	scaffold235	−	NO
Morus024761	SK	S14	7448.90	6.88	scaffold314	+	NO
Morus024001	SK	S14	36598.52	9.44	scaffold179	−	NO
Morus025970	SK	S14	31725.43	6.09	scaffold276	+	NO
Morus024212	SK	S14	35965.01	5.76	scaffold165	+	YES
Morus024051	SK	S14	33455.35	9.67	scaffold789	−	NO
Morus010822	SK	S14	36049.46	7.96	scaffold294	−	NO
Morus023199	SK	S14	32077.87	9.87	scaffold87	−	NO
Morus015980	SK	S41	55817.77	5.16	scaffold174	−	NO
Morus010646	SK	S41	55043.9	6.61	scaffold1445	+	NO
Morus014480	SK	S41	51283.38	8.30	scaffold358	−	NO
Morus005325	SK	S49	53280.96	9.72	scaffold1932	+	NO
Morus005326	SK	S49	28379.76	7.12	scaffold1932	+	NO
Morus025680	SP	S59	107428.88	4.86	scaffold843	−	NO
Morus002804	SP	S59	7746.14	10.26	scaffold309	−	NO
Morus020797	SP	S59	22254.48	5.54	scaffold271	−	NO
Morus011825	SP	S59	104735.43	6.78	scaffold448	+	NO
Morus006229	ST	S54	18518.06	6.83	scaffold763	−	NO
Morus025794	ST	S54	32592.84	9.75	scaffold843	+	NO
Morus003607	ST	S54	30075.02	8.28	scaffold53	−	NO
Morus008664	ST	S54	45263.67	4.85	scaffold1006	−	NO
Morus024195	ST	S54	68710.57	7.51	scaffold165	+	NO
Morus012427	ST	S54	48596.21	6.83	scaffold446	−	NO
Morus021504	ST	S54	43375.44	7.02	scaffold206	−	NO
Morus025252	ST	S54	31046.40	8.32	scaffold46	−	NO
Morus025253	ST	S54	17430.86	9.79	scaffold46	−	NO
Morus025254	ST	S54	31364.21	9.78	scaffold46	−	NO
Morus015751	ST	S54	36525.37	7.96	scaffold759	−	NO

（续）

蛋白质编号	超家族	家族	分子量（Da）	等电点	Scaffold	DNA链	信号肽
Morus001802	ST	S54	35574.28	10.02	scaffold904	+	NO
Morus028005	ST	S54	38703.66	9.83	scaffold78	−	NO
Morus021278	ST	S54	42919.85	8.67	scaffold256	+	NO
Morus010562	ST	S54	35935.84	9.40	scaffold912	+	NO
Morus019062	ST	S54	23128.24	9.80	scaffold302	+	NO

桑树330个丝氨酸蛋白酶基因分布于204个scaffold上，表明部分桑树丝氨酸蛋白酶基因成簇排列在桑树染色体上，形成规模较小的基因簇，包含基因数目5个以上（包括5个）的scaffold有7个，共计43个基因，其中scaffold87含有的丝氨酸蛋白酶基因的数目最多，含有8个基因，包括6个属于S8家族，另外2个分别属于S14和S33家族。桑树丝氨酸的蛋白质分子量分布的范围很广，从约7kDa至约230kDa，其中210个丝氨酸蛋白酶的分子量小于50kDa，11个的分子量大于100kDa，表明大部分丝氨酸蛋白酶的分子量较小。等电点分析发现，桑树丝氨酸蛋白酶的等电点分布范围比较宽，跨度从约4.0至约12；160个桑丝氨酸蛋白酶的等电点小于7，其中53个的等电点小于5.5，有76个蛋白酶的等电点高于9，可以看出丝氨酸蛋白酶能够适应较宽的pH值范围，这可能是丝氨酸蛋白酶在自然界广泛分布的原因之一。利用SignalP4.1进行信号肽分析发现，只有62个桑树的丝氨酸蛋白酶具有信号肽，这一结果表明大部分桑树丝氨酸蛋白酶属于非分泌蛋白，可能在桑树细胞内部特定的细胞器内发挥作用。62个具有信号肽的丝氨酸蛋白酶，其中34个属于SB超家族的S8家族、27个属于SC超家族、1个属于SK超家族，它们属于分泌型的蛋白质；分析显示，其他超家族的丝氨酸蛋白酶均不含有预测的信号肽。S8家族的丝氨酸蛋白酶家族主要包括subtilisin蛋白酶，是桑树最大的丝氨酸蛋白酶家族。S8家族丝氨酸蛋白酶保守的氨基酸基序如下，以Morus015888为例（图9-29），在酶原序列中，含有一个蛋白酶结构基序和一个I9家族的蛋白酶抑制子结构基序。I9蛋白酶抑制子可能参与调解S8蛋白酶的激活。

图9-29　S8家族丝氨酸蛋白酶的保守基序

Figure 9-29　The conserved motif of mulberry serine proteinase proteins

目前，已有多个S8家族的蛋白酶在其他植物中被报道，例如：SDD1、XSP1、ARA12、AIR3、SLP2、SLP3和ALE1等。利用桑树S8丝氨酸蛋白酶和以上已经报道的来自其他植物的S8蛋白酶序列构建系统发生树，结果如图9-30所示。表明桑树中含有以上已经报道的丝氨酸蛋白酶的同源蛋白；桑树中的S8家族丝氨酸蛋白酶能够分成几个亚家

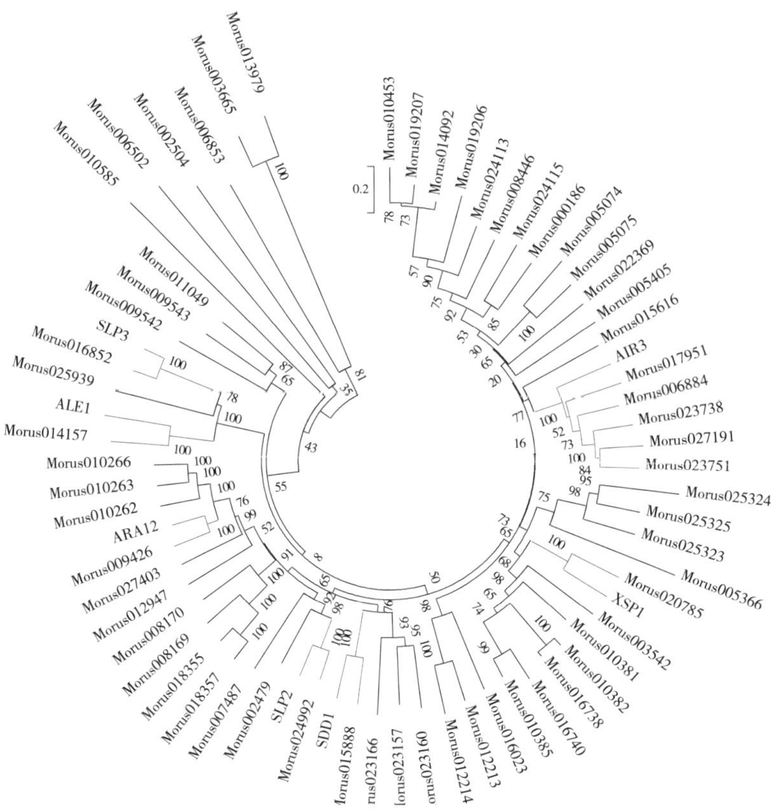

图9-30　S8家族丝氨酸蛋白酶系统发生树

Figure 9-30　The phylogenetic tree of serine proteinase family

族；某些桑树的S8家族的丝氨酸蛋白酶的氨基酸序列较短，原因在于其含有一个不完整的S8蛋白酶保守基序，无法用于构建系统发生树。另外，6个桑树的S8家族丝氨酸蛋白酶，包括Morus013979、Morus003665、Morus006853、Morus002504、Morus006502以及Morus010585，与其他的同家族的蛋白质相比，呈现出更大的序列差异性，并表现出更快的氨基酸替换速率。随后进行了多序列比对分析显示，不同物种间的S8家族丝氨酸蛋白酶的具有较高的保守性（图9-31）。

　　桑树基因组编码了330个丝氨酸蛋白酶，占桑树理论蛋白质总数的1.2%，而且，对其他植物基因组注释分析也发现了相似的结果，这一现象表明丝氨酸蛋白酶在植物中具有极为重要的作用；丝氨酸蛋白酶的种类繁多，表明丝氨酸蛋白酶可能参与了各个生理过程。桑树丝氨酸蛋白酶的研究对桑树功能基因组的解析具有重要的意义。

5. 桑树金属蛋白酶家族

　　金属蛋白酶的最大的特点是活性中心依赖于某种金属离子，其酶活性能够被金属螯合剂强烈抑制。金属蛋白酶分布广泛，各种不同来源的金属蛋白酶具有与众不同的特点。金属蛋白酶活性依赖的金属阳离子，主要为二价阳离子，最普遍的是锌离子，也有铜、钴和锰离子，金属离子的功能是通过激活水分子亲核攻击肽键。金属蛋白酶广泛存在于植物体

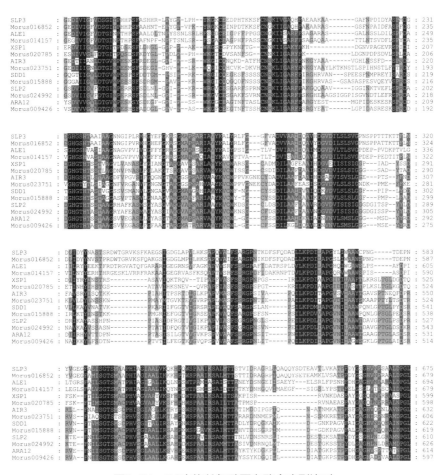

图9-31　S8家族丝氨酸蛋白酶多序列比对

红色箭头指示催化三联体（Asp-His-Ser）

Figure 9–31　The multiple alignment of plant S8 family serine proteinase protein sequences

The red arrows indicate the catalytic activity center（Asp-His-Ser）

的各种器官或组织中，大部分植物幼嫩部分含量较多，成熟部分含量较少。植物金属蛋白酶参与了多个生理过程，主要包括：细胞的生长与凋亡、蛋白质的修饰与降解以及参与抵抗病虫害（Delorme et al.，2000；Golldack et al.，2002；de Torres et al.，2003；Zipfel et al.，2004）。在桑树基因组中共鉴定到169个金属蛋白酶基因（表9-7），分属于11个clans和21个family。

表9-7　桑树金属蛋白酶家族

Table 9–7　The metalloprotease family of mulberry

蛋白质编号	超家族	家族	分子量（Da）	等电点	Scaffold	DNA链	信号肽
Morus016999	MA	M1	89718.10	5.19	scaffold177	–	NO
Morus024255	MA	M1	107236.21	5.98	scaffold297	+	NO
Morus003786	MA	M1	92248.52	4.79	scaffold1850	+	NO

（续）

蛋白质编号	超家族	家族	分子量（Da）	等电点	Scaffold	DNA链	信号肽
Morus003005	MA	M1	97751.48	4.90	scaffold2467	−	NO
Morus020401	MA	M1	96900.49	4.96	scaffold388	−	NO
Morus017237	MA	M1	68271.34	5.19	scaffold365	−	NO
Morus022299	MA	M1	165254.06	6.55	scaffold16	+	NO
Morus001497	MA	M3	29049.59	5.05	scaffold2321	+	NO
Morus022415	MA	M3	12648.41	3.93	scaffold74	+	NO
Morus027588	MA	M3	80086.70	7.72	scaffold99	+	NO
Morus004368	MA	M3	81274.71	6.55	scaffold2701	−	NO
Morus016118	MA	M3	91281.85	5.99	scaffold502	−	NO
Morus021217	MA	M8	92349.34	6.13	scaffold630	+	YES
Morus021785	MA	M10	38230.85	8.26	scaffold1009	−	NO
Morus010516	MA	M10	40850.55	6.39	scaffold1242	+	NO
Morus027840	MA	M10	41489.54	5.01	scaffold99	−	YES
Morus016825	MA	M10	37539.26	5.85	scaffold112	+	NO
Morus024882	MC	M14	49600.97	6.40	scaffold314	+	YES
Morus000745	MC	M14	46229.77	7.99	scaffold2148	+	NO
Morus010671	ME	M16	119647.98	4.60	scaffold695	+	NO
Morus004756	ME	M16	40616.74	6.61	scaffold770	−	NO
Morus004757	ME	M16	50845.65	6.01	scaffold770	−	NO
Morus004758	ME	M16	30094.94	8.38	scaffold770	−	NO
Morus005495	ME	M16	54940.29	6.34	scaffold729	+	NO
Morus021009	ME	M16	59105.67	6.16	scaffold241	+	NO
Morus024772	ME	M16	140231.08	6.31	scaffold314	−	NO
Morus026297	ME	M16	54228.85	6.08	scaffold307	−	NO
Morus027233	ME	M16	113342.34	5.44	scaffold329	−	NO
Morus013111	ME	M16	124028.32	6.55	scaffold1195	−	NO
Morus020331	ME	M16	90475.32	5.76	scaffold388	+	NO
Morus020336	ME	M16	96720.87	5.92	scaffold388	+	NO

（续）

蛋白质编号	超家族	家族	分子量（Da）	等电点	Scaffold	DNA链	信号肽
Morus027550	ME	M16	114225.77	5.23	scaffold45	−	NO
Morus002874	MF	M17	60307.25	5.95	scaffold814	+	YES
Morus002684	MH	M18	55891.50	5.90	scaffold4893	−	NO
Morus018337	MH	M18	58506.39	6.93	scaffold521	−	NO
Morus013737	MH	M20	44991.21	6.09	scaffold338	−	NO
Morus002939	MH	M20	52155.94	5.61	scaffold2051	+	YES
Morus020178	MH	M20	47279.82	5.89	scaffold570	−	YES
Morus023277	MH	M20	48086.98	5.13	scaffold69	+	NO
Morus008120	MH	M20	48675.65	5.25	scaffold361	−	YES
Morus008123	MH	M20	47446.22	5.04	scaffold361	−	YES
Morus019191	MH	M20	45018.79	5.06	scaffold794	−	YES
Morus019193	MH	M20	49405.5	5.15	scaffold794	−	YES
Morus019194	MH	M20	47793.73	5.74	scaffold794	−	YES
Morus027834	MH	M20	48734.75	5.65	scaffold99	−	YES
Morus002604	MH	M20	47170.37	5.97	scaffold1221	−	YES
Morus025481	MH	M20	52636.59	5.82	scaffold485	+	NO
Morus019064	MH	M20	18680.53	4.32	scaffold302	+	NO
Morus004903	MH	M20	52105.08	5.38	scaffold3212	−	YES
Morus016363	MH	M20	50880.83	5.76	scaffold81	−	YES
Morus024755	unassigned	M22	38457.48	5.59	scaffold212	−	NO
Morus025585	unassigned	M22	44004.78	6.12	scaffold100	−	NO
Morus013604	MO	M23	141651.58	6.24	scaffold897	−	NO
Morus024311	MO	M23	145156.09	5.04	scaffold297	+	NO
Morus009102	MO	M23	208065.48	4.78	scaffold1163	+	NO
Morus009331	MO	M23	155302.73	4.72	scaffold611	+	NO
Morus004189	MO	M23	88454.92	5.56	scaffold1196	+	NO
Morus026171	MO	M23	76643.13	4.72	scaffold307	−	YES
Morus002044	MO	M23	198440.69	5.07	scaffold1205	−	NO

（续）

蛋白质编号	超家族	家族	分子量（Da）	等电点	Scaffold	DNA链	信号肽
Morus012068	MO	M23	205679.39	4.61	scaffold118	−	NO
Morus015782	MO	M23	98382.81	5.11	scaffold759	+	NO
Morus026767	MO	M23	145917.59	4.73	scaffold184	−	NO
Morus003152	MO	M23	81629.22	5.68	scaffold1545	−	NO
Morus019662	MO	M23	109415.17	4.68	scaffold201	+	YES
Morus014846	MO	M23	88143.38	6.52	scaffold457	+	NO
Morus013559	MO	M23	54004.73	4.52	scaffold281	−	NO
Morus007991	MO	M23	72505.15	5.19	scaffold1378	+	NO
Morus017161	MO	M23	216971.42	6.39	scaffold370	+	NO
Morus004505	MO	M23	101119.47	5.02	scaffold1746	−	NO
Morus013504	MO	M23	72998.28	5.39	scaffold410	+	NO
Morus021170	MO	M23	86381.88	5.69	scaffold634	+	NO
Morus019211	MO	M23	233917.61	4.78	scaffold666	−	NO
Morus022451	MO	M23	99359.03	4.54	scaffold594	−	NO
Morus007184	MO	M23	125457.45	5.44	scaffold299	−	NO
Morus007922	MO	M23	71963.96	5.29	scaffold387	−	NO
Morus022938	MO	M23	188749.42	5.24	scaffold538	−	NO
Morus007230	MO	M23	114928.84	6.82	scaffold1139	+	NO
Morus018799	MO	M23	67494.12	5.29	scaffold227	−	NO
Morus024785	MO	M23	140121.86	4.33	scaffold314	−	NO
Morus011371	MO	M23	104478.71	4.75	scaffold651	+	NO
Morus022643	MO	M23	39640.41	9.53	scaffold283	−	NO
Morus026903	MO	M23	339809.31	4.94	scaffold115	−	NO
Morus010220	MO	M23	66400.12	7.17	scaffold724	−	NO
Morus017383	MO	M23	99635.62	6.36	scaffold884	+	NO
Morus026219	MO	M23	168048.06	4.86	scaffold307	+	NO
Morus022609	MO	M23	158204.47	4.83	scaffold124	−	NO
Morus025131	MO	M23	98618.27	4.62	scaffold172	−	NO

（续）

蛋白质编号	超家族	家族	分子量（Da）	等电点	Scaffold	DNA链	信号肽
Morus027619	MO	M23	219163.42	4.47	scaffold99	+	NO
Morus027658	MO	M23	78101.78	4.67	scaffold99	+	NO
Morus009654	MO	M23	70318.2	4.43	scaffold85	+	NO
Morus005578	MO	M23	50374.57	9.36	scaffold2693	+	NO
Morus012877	MO	M23	73132.56	5.94	scaffold637	−	NO
Morus007046	MO	M23	145036.91	6.13	scaffold341	+	NO
Morus017057	MO	M23	114968.09	6.34	scaffold413	−	NO
Morus016031	MO	M23	120393.64	4.97	scaffold550	+	NO
Morus016053	MO	M23	46028.28	9.90	scaffold550	+	NO
Morus012069	MO	M23	70010.71	5.78	scaffold118	−	NO
Morus015231	MO	M23	64664.52	4.60	scaffold70	+	NO
Morus006639	MO	M23	132827.55	8.66	scaffold1119	−	NO
Morus008385	MO	M23	82757.19	8.42	scaffold711	+	NO
Morus019368	MO	M23	137106.03	5.10	scaffold583	−	NO
Morus011413	MO	M23	77922.23	5.49	scaffold727	−	NO
Morus019851	MO	M23	313068.22	4.51	scaffold848	+	NO
Morus020044	MO	M23	67987.32	5.15	scaffold24	+	YES
Morus026579	MO	M23	140746.16	5.04	scaffold384	−	NO
Morus026769	MO	M23	109478.86	4.80	scaffold184	+	NO
Morus022973	MG	M24	36112.75	8.40	scaffold538	+	NO
Morus018122	MG	M24	44649.48	7.55	scaffold235	−	NO
Morus008264	MG	M24	38438.89	6.96	scaffold123	+	NO
Morus025592	MG	M24	40906.77	6.27	scaffold100	−	NO
Morus001412	MG	M24	82550.15	6.79	scaffold1099	+	NO
Morus009039	MG	M24	73949.50	5.42	scaffold220	−	NO
Morus027244	MG	M24	63798.92	5.54	scaffold329	+	NO
Morus018901	MG	M24	18965.26	5.80	scaffold322	−	NO
Morus018902	MG	M24	15280.84	9.52	scaffold322	−	NO

（续）

蛋白质编号	超家族	家族	分子量（Da）	等电点	Scaffold	DNA链	信号肽
Morus005606	MG	M24	15296.83	9.52	scaffold163	+	NO
Morus005607	MG	M24	21567.91	5.44	scaffold163	+	NO
Morus026567	MG	M24	18416.87	8.48	scaffold73	+	NO
Morus012024	MG	M24	46993.92	5.49	scaffold490	+	NO
Morus005993	MG	M24	119552.82	5.16	scaffold1372	+	NO
Morus005994	MG	M24	115905.43	5.46	scaffold1372	−	NO
Morus011409	MG	M24	21646.76	4.65	scaffold727	+	NO
Morus012423	MH	M28	78868.91	6.31	scaffold446	+	NO
Morus016307	MH	M28	85065.87	6.59	scaffold133		NO
Morus001567	MH	M28	65282.29	8.04	scaffold1910		NO
Morus005472	MH	M28	97423.52	6.51	scaffold414		NO
Morus017481	MJ	M38	52823.38	5.83	scaffold689	−	NO
Morus004383	MJ	M38	47159.04	5.30	scaffold613	−	YES
Morus006750	MJ	M38	94337.97	5.28	scaffold549	−	NO
Morus014535	MJ	M38	51679.79	5.77	scaffold191	−	NO
Morus013596	MA	M41	73282.23	5.87	scaffold897	+	NO
Morus007880	MA	M41	87601.36	5.49	scaffold465	+	NO
Morus024890	MA	M41	76129.29	6.09	scaffold314	−	NO
Morus019494	MA	M41	77289.96	9.11	scaffold804	+	NO
Morus026258	MA	M41	101331.73	9.73	scaffold307	−	NO
Morus020084	MA	M41	99134.59	5.82	scaffold604	−	NO
Morus021363	MA	M41	74233.88	5.85	scaffold269	−	NO
Morus024479	MA	M41	150516.56	6.50	scaffold205	−	NO
Morus022057	MA	M41	88986.37	8.51	scaffold101	−	NO
Morus025274	MA	M41	90632.09	7.07	scaffold46	−	NO
Morus003145	MA	M41	107621.04	8.23	scaffold1408	−	NO
Morus021485	MA	M48	49580.35	8.25	scaffold248	−	NO
Morus012957	MA	M48	50625.35	9.96	scaffold399	−	NO

（续）

蛋白质编号	超家族	家族	分子量（Da）	等电点	Scaffold	DNA链	信号肽
Morus010766	MA	M48	36798.04	9.05	scaffold784	−	NO
Morus009864	MM	M50	60759.00	6.33	scaffold539	−	NO
Morus013698	MM	M50	67483.29	6.03	scaffold1	+	NO
Morus011946	MM	M50	48710.77	9.27	scaffold801	+	NO
Morus026396	MM	M50	64314.27	4.73	scaffold42	+	NO
Morus003351	MM	M50	62083.03	4.95	scaffold1916	+	NO
Morus013783	MP	M67	40249.62	6.38	scaffold705	+	NO
Morus003377	MP	M67	34584.54	6.33	scaffold2090	+	NO
Morus026375	MP	M67	34931.98	5.94	scaffold42	+	NO
Morus001898	MP	M67	46564.73	5.20	scaffold1102	+	NO
Morus015598	MP	M67	7277.66	10.37	scaffold751	+	NO
Morus015599	MP	M67	31933.97	5.93	scaffold751	+	NO
Morus002292	MP	M67	40955.82	4.76	scaffold1576	+	NO
Morus007743	MP	M67	61365.70	5.81	scaffold131	+	NO
Morus019944	MP	M67	53983.35	6.33	scaffold2035	−	NO
Morus027771	MP	M67	34489.39	4.62	scaffold99	−	NO
Morus013919	MP	M67	37541.71	6.32	scaffold49	+	NO
Morus026378	MP	M67	15643.24	5.17	scaffold42	−	NO
Morus026379	MP	M67	23954.17	5.50	scaffold42	−	NO
Morus021770	MP	M67	40647.27	4.59	scaffold63	−	NO
Morus017764	MA	M76	21477.90	6.53	scaffold332	−	NO
Morus015414	unassigned	M79	28979.75	8.64	scaffold1317	+	NO
Morus003087	unassigned	M79	41536.04	9.39	scaffold767	−	NO
Morus001018	unassigned	M79	34944.28	8.18	scaffold1084	−	NO
Morus027620	unassigned	M79	27909.48	6.67	scaffold99	+	NO
Morus011578	unassigned	M79	47732.75	4.18	scaffold732	−	NO

　　桑树169个金属蛋白酶基因分布于134个scaffold上，没有发现明显的基因簇。氨基酸序列分析表明，其蛋白质分子量分布的范围很广，从约7kDa至约340kDa，其中58个金属蛋白

酶的分子量小于50kDa，40个的分子量大于100kDa，7个的分子量大于200kDa。等电点分析发现，桑树金属蛋白酶的等电点分布跨度从约4.0至约10，其中140个桑金属蛋白酶的等电点小于7，其中72个的等电点小于5.5，可以看出大部分金属蛋白酶等电点较低，这可能与其特殊的催化机制有关。利用SignalP 4.1进行信号肽分析发现，只有19个桑树的金属蛋白酶具有信号肽，这一结果表明大部分桑树金属蛋白酶属于非分泌蛋白，可能在桑树细胞内部特定的细胞器内发挥作用。19个具有信号肽的金属蛋白酶，属于6个超家族中的7个家族，其中11个属于MH超家族的M20家族，3个属于MO超家族，2个属于MA超家族，其余3个分属于MC、MF和MJ超家族，这些蛋白酶属于分泌型的蛋白质。金属基质蛋白酶（MMPs）是目前备受关注的一类金属蛋白酶，是一类钙/锌依赖型的蛋白酶，其在植物中的研究尚不多见，根据MEROPS database的注释，金属基质蛋白酶属于MA超家族中的M10家族。在桑树基因组中鉴定到4个金属基质蛋白酶，其在蛋白质编号分别为：Morus027840、Morus016825、Morus010516和Morus021785。金属基质蛋白酶家族成员具有相似的结构（图9-32），其蛋白酶结构域由5个不同的功能结构基序组成，即：疏水信号肽序列；前肽区，主要作用是保持酶原的稳定，当该区域被外源性酶切断后，MMPs酶原被激活；催化活性区，含有锌离子结合位点，对酶催化作用的发挥至关重要；富含脯氨酸的铰链区；羧基末端区，与酶的底物特异性有关。催化活性区和前肽区具有高度保守性。以Morus010516为例，如图9-32所示。

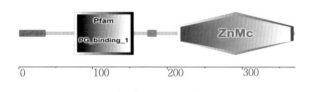

图9-32　桑树金属基质蛋白酶结构基序

Figure 9-32　The motif of mulberry metalloprotease

利用桑树中4个金属基质蛋白酶和已经报道的来自其他植物的金属基质蛋白酶序列，构建了系统发生树，结果如图9-33所示。4个桑树中的金属基质蛋白酶在氨基酸序列上已经发生了分化，因此，它们分别与来自其他植物的蛋白酶聚类在一起。桑树Morus027840与来自拟南芥AtMMP2、AtMMP3和AtMMP5和烟草的NtMMP1和NbMMP1聚成一支；Morus010516与来自黄瓜的CsMMP1聚在一起，并表现出高度的相似性。大豆的3个金属基质蛋白酶SMEP-1、GmMMP2和Slti114与其他的蛋白酶的相似性较低，表明大豆中的金属基质蛋白酶可能承受了更大的选择压力。尽管如此，通过多序列比对分析发现，在关键氨基酸位点上，这些位点对于金属离子结合至关重要，因此在所有的金属基质蛋白酶表现出高度的保守性（图9-34）。

金属基质蛋白酶在植物的多个生理过程中发挥了重要的作用，例如金属基质蛋白酶参与植物的生长发育的调控和低于病虫害的免疫应答反应。除此之外，金属基质蛋白酶对于植物相应非生物胁迫方面具有重要作用，因此对桑树金属基质蛋白酶的鉴定和功能研究能够为桑树抗逆性的内在机制提供线索。

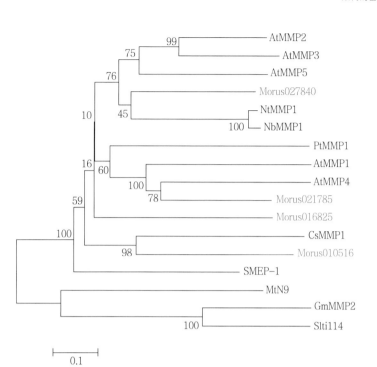

图9-33　金属基质蛋白酶系统发生树

Figure 9-33　The phylogenetic tree of metalloprotease proteins

```
CsMMP1       : ---------MASPKALQIIFPFTLLFLS--LFPNPNTSS------PIILKHSS----------QNMNSSNSLMFLKNLQGCHLGD----- :  58
Morus010516  : MTSKFSLHHHSLFTKYTLILILIMLMILSSLDFLSAHGDHHHSHVEVNHDDDHGHHKP-----------TSSSPFG--FLKHLEGSKKGD----- :  74
PtMMP1       : ----------MARREM-ILIIVAAYC---FSVIMSGAYGFQPKTIPNIYYPAP--GFM-NSNSAVAAGAWE--GFRNLTNACKGD----- :  66
SMEP-1       : --------MTLRNHQELLVALATLYFLATSL-------------PSVSAHGP----------YAADGEATYKFTTYHPGQ----- :  49
AtMMP5       : ---------MRTLLLTILIFFFT---VNPISAKFY-------TNVSSIPPL-QFL-----NATQNAWE--TFSKLAGCHIGE----- :  55
AtMMP2       : ---------MRFCVFGFLSLFLI---VSPASAWFF-------PNSTAVPP-------SLRNTTRVFWD--AFSNFTGCHHGQ----- :  54
AtMMP3       : --------MVRICVFMVFLLFFA---PSPVSAGFY-------TNSSAIPP-------QLLRNATGNPWN--SFLNFTGCHAGK----- :  56
Morus027840  : ---------MKLRFYFLAIALCLSSIWYTPISARIH-------PNISPTPP------WQVPNDTAKGAWD--SFKNFTGCRPGQ----- :  60
NtMMP1       : ---------MRIPLFIAIVLVLS---LSPASAHFS-------PNISSIPP--SLLKPNNTAWD--AFHKLLGCHAGQ----- :  54
NbMMP1       : ---------MRIPLFIAIVLVLS---LSPASAHFF-------PNISSIPP--LLKPNNTAWD--AFHKLLGCHAGQ----- :  53
Morus016825  : --------MAPKAIPMVLLAAYFFIGYFFLCL-------------GTIQSQPT---------NRNAFG--FIQNLTGGHKGE----- :  50
AtMMP1       : -----MSRNLIYRRNRALCFVLILFCFP-------YRFGARNTPEAEQSTAKATQI---IHVSNSTWH--DFSRLVDVQIGS----- :  65
AtMMP4       : --MHHHHHPCNRKPFTTIFSFFLLYLN--------------LHNQQIIEARNP---------------SQFTTNPSPD----- :  47
Morus021785  : -------------------------------------------MESFLKAQRGS---------- :  11
MtN9         : --------MNMMKLYQFELLLSLLFIIVN-------------------TTLSGYIP---------QLSPSLGKQTEE----- :  41
GmMMP2       : --------MMKSSSHLSAIFLLFFLLTA---LSPSDGVSFSSFLKQLKQKLEKSP--TLKDFLKPTTIGDIYYTLNFTEIFSSEERS----- :  74
Slti114      : ---------MKPYLRPVFLVFLILLDQSSISASASFNF----NGLRNLAKLPSVEKLLKLGEPAKKTTDIANEILKKLFEYYKDDLPLKS :  77
```

```
CsMMP1       : ------------------------------TKQGIHQIKKYLQRFGYITTN----IQKHSN---PIFDDT-------------FD-HILESALKIY : 103
Morus010516  : ------------------------------KVQGIRDLKRYLQHFGYLNPTQ----ITK--TQITGHSLNDNSINNDISTANDSTPD-DLLEAAIKTY : 135
PtMMP1       : ------------------------------RMQGLPDLKRYFRREGY-------ISA--Q---NNVTED---------FD-EAVESAVRTY : 105
SMEP-1       : ------------------------------NYKGLSNVKNYFHHLGY-------IPN--A---CNFTDD-------------FD-DTLVSAIKTY :  88
AtMMP5       : ------------------------------NINGLSKLKQYFRREGY-------ITT--T---GNCTDD-------------FD-DVLQSAINIY :  94
AtMMP2       : ------------------------------NVDGLYRIKKYFQRFGY-------IPETFS---GNFTDD-------------FD-DILKAAVELY :  95
AtMMP3       : ------------------------------KYDGLYMLKQYFQHFGY-------ITE--TNLSGNFTDD-------------FD-DILKNAVEMY :  98
Morus027840  : ------------------------------KSDGLSKLKDYFKNFGY-------IPD--S--QHNFTDD-------------FD-DELESAIKTY : 100
NtMMP1       : ------------------------------KVDGLAKIKKYFYNFGY-------IPS--L---SNFTDD-------------FD-DALESALKTY :  93
NbMMP1       : ------------------------------KVDGLAKIKKYFYNFGY-------ISS--L---SNFTDD-------------FD-DALESALKTY :  92
Morus016825  : ------------------------------IVPGLSELKQKLQRFGYLDSEAVENVAE--A---QNYDVNSIDY--------FD-DVLESAIKAY : 102
AtMMP1       : ------------------------------HVSGVSELKRYLHRFGYV-------NDG--S--EIFSDV-------------FD-GPLESAISLY : 105
AtMMP4       : ------------------------------VSIPELKRHLQQYGY-------IPQ--N---KES---------------DT-VSFEQALVRY :  81
Morus021785  : ------------------------------HVNGISELKTYLHREGYL-------LPE--N---ANFSEA-------------FD-ATFESAILHP :  51
MtN9         : ------------------------------IQTLSRLKDYLSNYGY-------LQGLYL---VGELDY-----------FD-NKTISALIAY :  81
GmMMP2       : ------------------------------APPVSLIKDYLSNYGY-------IES--S---GPLSNS-------------MEQETIISAIKTY : 113
Slti114      : PPPPPMYRLQPKSDLPAPNAPPKQINTTGLYIVKDYLSDYGY-------IES--S---GPENDS-------------FD-QETISAIKAY : 141
```

图9-34　金属基质蛋白酶多序列比对

Figure 9-34　The multiple alignment of plant metalloprotease protein sequences

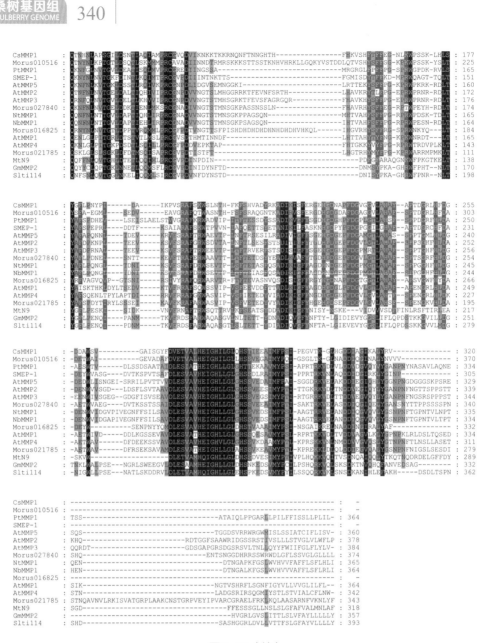

图9-34（续）

Figure 9-34 （Continued）

（二）桑树蛋白酶抑制子基因家族

蛋白酶抑制子包括非蛋白类和蛋白质类，后者是一种能够与蛋白酶结合并抑制蛋白酶的活性的蛋白质或多肽分子，在植物中广泛存在。植物蛋白酶抑制子参与众多重要的生理过程，主要包括两个方面：一方面，植物蛋白酶抑制子通过调节体内蛋白酶的活性控制体内各生理过程的协调和稳定（Valueva，2004；Joanitti et al.，2006；Huma et al.，2007）；另一方面，蛋白酶抑制子参与植物应对外界环境中的压力，包括非生物胁迫、病原菌的防御以及对取食者体内蛋白的抑制（Ryan，1990；Lawrence et al.，2002）。根据MEROPS database中的注释，蛋白酶抑制子主要包括78个家族；如果按照其靶标蛋白酶的种类来分类，又可以分为丝氨酸蛋白酶抑制子、半胱氨酸蛋白酶抑制子以及其他的蛋白酶抑制子。在此探讨的桑树蛋白酶抑制子基因家族是指从桑树基因组中鉴定的蛋白酶抑制子基因，本书中列举了已知的所有的蛋白酶抑制子的类型。

1. 桑树蛋白酶抑制子的家族和分类

在桑树基因组中，共鉴定到了73个蛋白酶抑制子基因，根据MEROPS database的注释，它们分别属于7个家族（表9-8），即I1、I3、I4、I13、I25、I29和I51，其中I3家族又可以细分为I3A和I3B 2个亚家族，桑树中属于I25家族的抑制子均属于其I25B亚家族。根据其抑制的蛋白酶的种类分类，桑树中的蛋白酶抑制子主要包括两类：丝氨酸蛋白酶抑制子和半胱氨酸蛋白酶抑制子（表9-8）。

表9-8　桑树蛋白酶抑制子基因家族

Table 9-8　The proteinase inhibitor family of mulberry

蛋白质编号	家族	分子量（Da）	等电点	Scaffold	DNA链	信号肽	靶标蛋白酶
Morus018132	I1	8803.72	4.43	scaffold235	+	NO	Ser
Morus001582	I1	15037.67	6.71	scaffold113	+	NO	Ser
Morus000852	I3A	15866.27	4.58	scaffold3833	−	YES	Ser
Morus002886	I3A	26700.98	4.60	scaffold714	+	YES	Ser
Morus005403	I3A	21740.43	8.94	scaffold1181	−	YES	Ser
Morus004395	I3A	18240.20	4.34	scaffold2151	−	YES	Ser
Morus004396	I3A	17465.85	5.70	scaffold2151	−	YES	Ser
Morus004399	I3A	19738.12	6.34	scaffold2151	−	YES	Ser
Morus000853	I3A	23751.12	4.76	scaffold3833	−	YES	Ser
Morus002887	I3A	26690.96	4.88	scaffold714	+	YES	Ser
Morus020197	I3A	26628.94	4.71	scaffold570	+	YES	Ser
Morus020198	I3A	27368.66	4.67	scaffold570	+	YES	Ser
Morus004394	I3A	24646.92	4.67	scaffold2151	−	YES	Ser
Morus004398	I3A	26748.23	4.83	scaffold2151	−	YES	Ser
Morus004401	I3A	22270.51	7.19	scaffold2151	−	NO	Ser
Morus010983	I3B	20812.69	4.20	scaffold1276	−	NO	Ser
Morus010984	I3B	21697.13	5.15	scaffold1276	+	YES	Ser
Morus010986	I3B	22649.29	8.05	scaffold1276	−	YES	Ser

（续）

蛋白质编号	家族	分子量（Da）	等电点	Scaffold	DNA链	信号肽	靶标蛋白酶
Morus010987	I3B	21112.37	4.68	scaffold1276	−	YES	Ser
Morus010988	I3B	21190.69	7.61	scaffold1276	−	YES	Ser
Morus010989	I3B	21240.77	8.26	scaffold1276	−	YES	Ser
Morus014443	I4	42412.11	5.91	scaffold250	+	NO	Ser
Morus015884	I4	25831.98	4.94	scaffold602	−	NO	Ser
Morus009126	I4	22930.49	7.26	scaffold1108	−	NO	Ser
Morus012632	I4	13225.41	4.84	scaffold544	−	NO	Ser
Morus021839	I4	46750.27	6.65	scaffold1009	−	NO	Ser
Morus021823	I4	42325.03	6.19	scaffold1009	+	NO	Ser
Morus013305	I4	25653.80	4.83	scaffold275	−	NO	Ser
Morus009124	I4	46231.50	6.06	scaffold1108	−	NO	Ser
Morus015113	I4	60921.52	6.28	scaffold120	−	NO	Ser
Morus017422	I13	8229.32	6.54	scaffold363	−	NO	Ser
Morus005749	I13	14540.55	4.53	scaffold1229	−	NO	Ser
Morus017423	I13	7657.74	4.71	scaffold363	−	NO	Ser
Morus017424	I13	7657.74	4.71	scaffold363	−	NO	Ser
Morus005746	I13	7729.93	7.05	scaffold1229	−	NO	Ser
Morus005748	I13	7739.98	7.01	scaffold1229	−	NO	Ser
Morus013676	I25B	12969.42	5.35	scaffold802	+	YES	Cys
Morus004273	I25B	12565.21	10.35	scaffold443	−	YES	Cys
Morus010064	I25B	15710.95	9.41	scaffold837	−	YES	Cys
Morus024003	I25B	26821.11	6.61	scaffold179	+	YES	Cys
Morus004721	I25B	11401.59	5.86	scaffold471	−	NO	Cys
Morus027872	I25B	25354.30	7.78	scaffold78	−	YES	Cys
Morus022359	I51	19643.24	9.91	scaffold825	+	NO	Ser
Morus002399	I51	19305.94	9.72	scaffold2060	+	NO	Ser
Morus017394	I51	18770.42	8.85	scaffold884	+	NO	Ser
Morus015411	I51	19038.41	8.54	scaffold1317	+	NO	Ser
Morus015759	I51	19688.96	9.49	scaffold759	−	NO	Ser

（续）

蛋白质编号	家族	分子量（Da）	等电点	Scaffold	DNA链	信号肽	靶标蛋白酶
Morus017860	I51	19381.51	7.88	scaffold511	+	NO	Ser
Morus017861	I51	19851.11	7.86	scaffold511	+	NO	Ser
Morus011784	I51	19611.93	7.86	scaffold2224	+	NO	Ser
Morus007239	I29	39855.20	5.43	scaffold1139	+	YES	Cys
Morus003813	I29	54438.28	5.00	scaffold1927	+	YES	Cys
Morus021896	I29	56543.42	4.80	scaffold535	−	YES	Cys
Morus004796	I29	10951.07	7.99	scaffold412	−	NO	Cys
Morus001478	I29	38821.61	8.28	scaffold4090	−	YES	Cys
Morus005792	I29	11124.52	6.06	scaffold1629	+	YES	Cys
Morus013732	I29	39722.74	5.24	scaffold338	+	YES	Cys
Morus024817	I29	33257.57	6.33	scaffold314	+	YES	Cys
Morus008884	I29	51045.88	4.91	scaffold523	+	YES	Cys
Morus001450	I29	39201.32	7.62	scaffold60	+	YES	Cys
Morus027645	I29	45145.31	6.24	scaffold99	−	YES	Cys
Morus017042	I29	40190.56	5.99	scaffold413	+	YES	Cys
Morus027445	I29	52688.88	5.37	scaffold45	+	YES	Cys
Morus027393	I29	39129.63	7.13	scaffold329		YES	Cys
Morus000902	I29	37525.97	4.83	scaffold7490	+	YES	Cys
Morus000904	I29	37525.97	4.83	scaffold7490	+	YES	Cys
Morus005800	I29	39186.72	4.78	scaffold1629	+	YES	Cys
Morus019413	I29	40968.15	5.69	scaffold262		YES	Cys
Morus000903	I29	38533.79	4.62	scaffold7490	+	YES	Cys
Morus007744	I29	38455.94	7.61	scaffold131	+	YES	Cys
Morus000778	I29	38533.79	4.62	scaffold2263	−	YES	Cys
Morus004806	I29	38353.69	7.54	scaffold412	−	YES	Cys
Morus001477	I29	68094.2	5.91	scaffold4090	−	YES	Cys

注：Ser：丝氨酸蛋白酶抑制子；Cys：半胱氨酸蛋白酶抑制子。

桑树的蛋白酶抑制子基因，包括44个丝氨酸蛋白酶抑制子和29个半胱氨酸蛋白酶抑制子（表9-8，表9-9）。如表9-9所示，桑丝氨酸蛋白酶抑制子包括：2个Kazal-type丝氨酸蛋白酶抑制子、19个Kunitz-type胰蛋白酶抑制子、9个植物serpin蛋白、6个Potato inhibitor I家族抑制子和8个Phosphatidylethanolamine-binding蛋白。29个桑树半胱氨酸蛋白酶抑制子包括6个cystatin蛋白酶抑制子和23个Cathepsin propeptide抑制子。

表9-9　桑树蛋白酶抑制子分类

Table 9-9　The classification of mulberry proteinase inhibitors

抑制子名称	家族	数目	靶标蛋白酶
Kazal type serine proteinase inhibitor	I1	2	S1 and S8（Laskowski & Kato, 1980; Lu et al., 1997）
Kunitz-type trypsin inhibitor	I3A, I3B	19	*S1（Laskowski & Kato, 1980）; A1（Mares et al., 1989）C1（De Oliveira et al., 2001; Valueva et al., 1997; Franco et al., 2002）
Plant serpin	I4	9	*S1（Silverman et al., 2001）; S8（Dufour et al., 1998）; C1（Bjork et al., 1998; Al Khunaizi et al., 2002; Irving et al., 2002）; C14（Komiyama et al., 1994）
Potato inhibitor I family	I13	6	*S1（Heinz et al., 1991）; S8（Radisky et al., 2005）
Plant Cystatin	I25B	6	*C1（Bode et al., 1988）; C13（Alvarez-Fernandez et al., 1999）
Phosphatidylethanolamine-binding protein	I51	8	S1（thrombin, neuropsin, and chymotrypsin; but not trypsin and elastase）（Hengst et al., 2000）
Cathepsin propeptide inhibitor	I29	23	C1（Guay et al., 2000）
Total		73	

注："*"表示该抑制子的主要靶标蛋白酶。

其中，I1家族的抑制子参与抑制S1和S8家族丝氨酸蛋白酶的活性；I3家族的Kunitz-type的丝氨酸蛋白酶抑制子主要参与抑制S1家族的丝氨酸蛋白酶，有研究证明，有些Kunitz-type类型的抑制子也能够抑制A1家族的天冬氨酸蛋白酶和C1家族的半胱氨酸蛋白酶（Mares et al., 1989; Valueva et al., 1997; De Oliveira et al., 2001; Franco et al., 2002）。植物serpin抑制子（I4家族）的主要靶标蛋白酶是S1家族的丝氨酸蛋白酶，部分serpin能够抑制S8家族丝氨酸蛋白酶（Dufour et al. 1998）以及C1和C14家族的半胱氨酸蛋白酶（Bjork et al., 1998; Komiyama et al., 1994; Al Khunaizi et al., 2002; Irving et al.,

2002）。Potato inhibitor I（I13家族）抑制子是一种首先在土豆中发现的丝氨酸蛋白酶抑制子，其主要的靶标蛋白酶是S1家族的丝氨酸蛋白酶。Phosphatidylethanolamine-binding蛋白是一类能够抑制S1家族丝氨酸蛋白酶的抑制子。植物Cystatin是一类重要的半胱氨酸蛋白酶抑制子，它们属于I25B家族，主要参与C1和C13家族的半胱氨酸蛋白酶。Cathepsin propeptide inhibitor是一类属于I29家族的半胱氨酸蛋白酶抑制子，其主要参与抑制C1家族的半胱氨酸蛋白酶，参与调控C1家族蛋白酶原的激活。

编码同一类蛋白质的基因在基因组中以基因簇的方式排列便于提高这些基因的协同调控。通过分析，发现73个桑树蛋白酶抑制子基因分布于48个scaffold上，总体上来看并没有表现出明显的基因簇分布的趋势，然而，在有些抑制子家族的基因上却检测到明显的基因串联排布的现象。例如，I3家族的19个Kunitz-type类型的丝氨酸蛋白酶抑制子，分布于6个scaffold上，其中6个I3A家族的基因*Morus004395*、*Morus004396*、*Morus004399*、*Morus004394*、*Morus004398*和*Morus004401*紧密地排列在scaffold2151上48kb的范围内；另外，I3B家族的6个基因*Morus010983*、*Morus010984*、*Morus010986*、*Morus010987*、*Morus010988*以及*Morus010989*排列在scaffold1276上56kb基因组范围内。系统发生分析发现（图9-35），这些基因分别聚类在一起，推测以上2个桑树Kunitz-type类型的丝氨酸蛋白酶抑制子基因的基因簇可能分别经历了基因加倍事件。

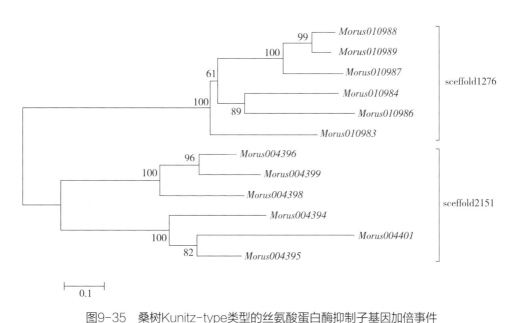

图9-35　桑树Kunitz-type类型的丝氨酸蛋白酶抑制子基因加倍事件

Figure 9-35　The duplication event of Kunitz-type serine proteinase inhibitor genes in mulberry

所有桑树I3家族的即Kunitz-type类型的丝氨酸蛋白酶抑制子基因的系统发生树分析发现（图9-36），来自scaffold1276上的6个基因仍然紧密地聚类在一起，进一步印证了这一群基因可能经历了基因加倍事件，逐渐形成了一个新的蛋白质亚族（I3B）。

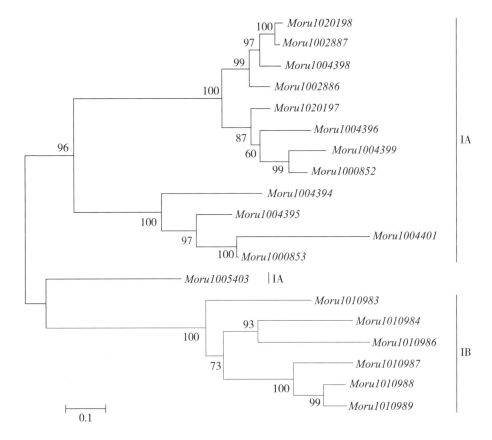

图9-36 桑树Kunitz-type类型的丝氨酸蛋白酶抑制子基因系统发生分析

Figure 9-36 The phylogenetic analysis of Kunitz-type serine proteinase inhibitor genes in mulberry

与此相比，来自I3A家族的基因的系统发生树的分支与其基因在基因组中的位置关联性不大。以上的分析结果需要桑树基因组精细图或者遗传连锁图谱的证据支持。

2. 桑树半胱氨酸蛋白酶抑制子cystatin

Cystatin是一类特异性地抑制半胱氨酸蛋白酶活性的抑制子，其在植物和动物中广泛存在。已经在多种植物中鉴定到多个cystatin基因，其中，拟南芥、大麦、水稻、草莓中分别鉴定到7个、13个、12个和13个cystatin基因，桑树中含有6个cystatin基因。

根据其蛋白质分子量，植物cystatin能够分为三类：绝大部分cystatin的分子量介于12～16kDa之间；在某些cystatin的羧基端含有一个延伸的区域，包含了一个完整或者不完整的保守基序，其分子量约为20～23kDa；在某些植物中鉴定了一种分子量约为85kDa的植物cystatin，其含有8个独立的cystatin单体结构基序单元。根据通过X衍射方法分析的水稻cystatin蛋白OC-I的结构发现，典型的植物cystatin含有"$\beta 1-\alpha-\beta 2-\beta 3-\beta 4-\beta 5$"二级结构（Stubbs et al.，1990）。植物cystatin蛋白具有氨基酸位点及基序的保守性：在氨基端含有1个或者2个甘氨酸（G）以及羧基端含有1个保守的色氨酸（W），它们对于cystatin与靶蛋白酶结合具有重要作用，在其氨基酸序列的中间部位含有一个QxVxG保守基序，是cystatin发挥抑制活性的关键位点（Stubbs et al.，1990）。另外，在其 α 螺旋区域内含有一个保守的LARFAV-like的保守基序（Margis et al.，1998）。在本部分着重阐述了桑树cystatin的研究进展，其中包括基因克隆与表达、蛋白质表达与纯化以及在受到机械创伤、昆虫咬食等刺激之后桑树cystatin基因和蛋白质的表达变化。

（1）桑树*cystatin*基因的鉴定

利用来自已经报道的植物cystatin的序列为索引，通过多序列比对和氨基酸保守基序分析等方法，在桑树基因组中共鉴定6个cystatin基因。多序列比对显示，桑树cystatin蛋白含有典型的保守基序和氨基酸位点（图9-37）。

图9-37　桑树cystatin氨基酸序列比对及二级结构示意图（Liang et al.，2015）

Figure 9-37　A schematic diagram of alignment of the amino acid sequences of the mulberry cystatins

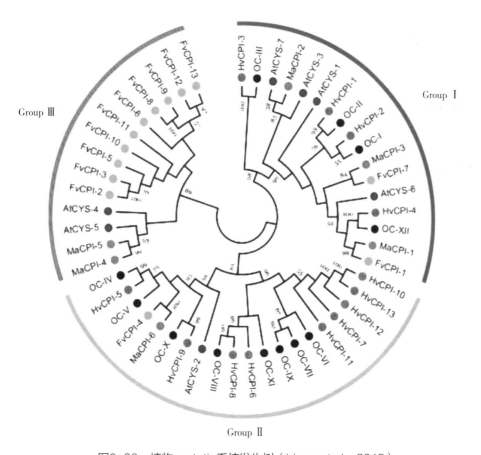

图9-38　植物cystatin系统发生树（Liang et al.，2015）

Figure 9-38　Phylogenetic tree of plant cystatins constructed by Neighbor-Joining method

另外，除MaCPI-3之外，其他的桑树cystatin均含有信号肽，暗示其可能在细胞内发挥作用。MaCPI-2的结构模拟分析发现，其氨基酸缺失 β_1 结构。在MaCPI-1具有C-端延伸，其分子量为26kDa，成熟肽的分子量约为23kDa，其能够参与C1和C13家族半胱氨酸蛋白酶活性的调节。

基于来自5种植物的cystatin序列构建了系统发生树，结果如图9-38所示。所有的这些序列能够分为3群，即Group Ⅰ 至 Group Ⅲ。

所有的含有C端延伸的植物cystatin均包含在Group Ⅰ 中，包括桑树的MaCPI-1、草莓的FvCPI-1、水稻的OC-Ⅰ、大麦的HvCPI-4以及拟南芥的AtCYS6和AtCYS7。有趣的是，桑树MaCPI-2不含有C端的延伸区域，却与拟南芥的AtCYS7显示出最高的序列相似性。另外，大麦的HvCPI-3和水稻OC-Ⅲ被聚类在Group Ⅰ，它们在羧基端含有一个短的C端延伸区域，在之前的研究中已有报道（Martinez et al.，2009）。这些线索表明，植物中含C端延伸的cystatin已经发生了分化。Group Ⅱ 中的cystatin序列主要来自2个单子叶植物——水稻和大麦。而桑树

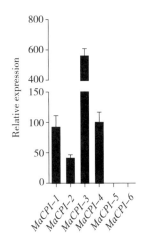

图9-39 桑树cystatin 基因在叶片中的表达 （Liang et al., 2015）

Figure 9-39 The expression profile of mulberry cystatin genes

MaCPI-6、草莓FvCPI-4和拟南芥AtCYS2也出现在Group Ⅱ 中，暗示这几个基因可能比较古老。在Group Ⅲ 中仅含有拟南芥和草莓的序列，暗示这些基因在单子叶和双子叶植物分离之后经历了一个快速进化的过程。

（2）桑树cystatin基因的表达分析

克隆了桑树的所有6个cystatin基因，并利用定量PCR的方法分析了其在桑树叶片中的表达。分析发现，如图9-39所示，在桑树叶片中，MaCPI-3表达量最高，MaCPI-1、MaCPI-2和MaCPI-4表达量次之，而MaCPI-5和MaCPI-6在桑树叶片中几乎检测不到表达。表达谱的数据表明，桑树cystatin基因表达差异较大，暗示其可能参与了不同的生理过程。

（3）桑树cystatin蛋白纯化及其抑制活性分析

利用大肠杆菌原核表达了桑树MaCPI-1、MaCPI-3和MaCPI-4的蛋白质，并通过亲和纯化的方法获得了重组蛋白（见图9-40）。

通过体外孵育的实验方法，分析桑树蛋白酶抑制子cystatin对于木瓜蛋白酶papain活性的抑制能力，结果如图9-41所示。以半胱氨酸蛋白酶特异性抑制子E-64和BSA分别作为阳性和阴性对照，数据发现，3个桑树cystatin均显示了明显的抑制活性，其中MaCPI-1抑制了超过80%的papain的活性，MaCPI-3和MaCPI-4显示了相近的抑制活性，约为67%；表明桑树cystatin具有抑制半胱氨酸蛋白酶活性的能力。

（4）桑树cystatin响应生物胁迫刺激

蛋白酶抑制子是植物重要的防御蛋白，其参与抵御环境刺激，包括创伤、植食性咬食或者微生物侵染等。通过机械创伤、家蚕咬食以及茉莉酸甲酯处理桑树叶片，分析了桑树cystatin基因在诱导之后的表达。结果如图9-42所示，茉莉酸甲酯能够诱导除MaCPI-5之

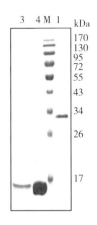

图9-40　桑树cystatin重组蛋白质的纯化
（Liang et al., 2015）

Figure 9-40　Purification of recombinant
mulberry cystatin proteins

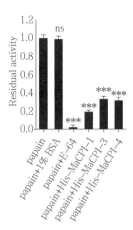

图9-41　桑树cystatin重组蛋白抑制papapin的活性
（Liang et al., 2015）

Figure 9-41　The inhibitory effects of recombinant mulberry
cystatin proteins to papapin activity

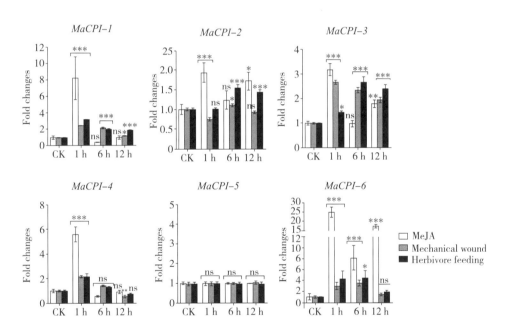

图9-42　茉莉酸甲酯（MeJA）、机械创伤以及家蚕咬食激活桑树cystatin基因的表达（Liang et al., 2015）

Figure 9-42　Induced expressions of mulberry cystatin genes by treatments of MeJA, mechanical wounding and
silkworm feeding

外的所有桑树cystatin基因的表达，在处理后1h即显示出明显的上调表达，其中MaCPI-1和
MaCPI-6诱导后剧烈上调表达，在处理后1h，分别上调表达9倍和25倍，随后在处理有6h
和12h出现了波动。除了MaCPI-2和MaCPI-5之外，其他桑树cystatin均受到机械创伤诱导
后上调表达。家蚕是桑叶专食性的昆虫，通过分析家蚕咬食后，cystatin基因的表达，发现

桑树*MaCPI-1*、*MaCPI-4*和*MaCPI-6*在家蚕咬食1h后剧烈上调；*MaCPI-2*和*MaCPI-3*基因在家蚕咬食6h后明显地上调表达。桑树*cystatin*基因在面对机械创伤和家蚕咬食时显示出差异的表达谱，例如*MaCPI-4*在2种处理中显示出类似的表达模式，而*MaCPI-2*对两者的响应则显示出明显地不同，表明家蚕咬食可能引入了其他的因子能够诱导桑树*MaCPI-2*基因的表达。除此之外，桑树*MaCPI-5*对以上3种刺激均无任何响应，表明*MaCPI-5*可能不参与桑树对以上3种处理的响应。在未来的研究中，对这些基因上游调控元件的分析可能提供一个更全面的解释。

桑树cystatin蛋白质水平的变化分析表明（图9-43），MaCPI-1和MaCPI-3在受到甲基茉莉酸处理和家蚕咬食之后1h即可检测到蛋白质的增加。MaCPI-4在受到茉莉酸甲酯处理之后6h才看到明显的蛋白质水平增加，并且机械创伤比家蚕咬食诱导MaCPI-4产生更高的上调，表明其对机械创伤比家蚕咬食更敏感。

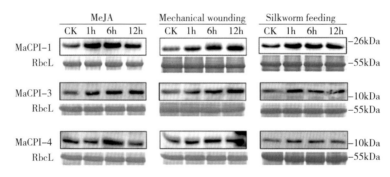

图9-43 茉莉酸甲酯（MeJA）、机械创伤以及家蚕咬食诱导桑树cystatin蛋白上调表达（Liang et al., 2015）

Figure 9-43　Increased changes of mulberry cystatin protein levels by treatments of MeJA, mechanical wounding and silkworm feeding

（5）桑树cystatin在家蚕消化液中的稳定性

长期以来，桑叶被用于饲喂家蚕以获取优良的蚕丝产品，而忽视了桑树作为独立的植物，其具有完善的防御体系。家蚕专一性地取食桑叶，而关于桑树如何响应并抵御家蚕取食。以上的研究结果已经证明，桑树cystatin能够响应家蚕的咬食而上调表达，然而其是否能够在抵御家蚕的消化蛋白酶呢？在此，我们分析了桑树cystatin在家蚕消化液中的稳定性以探索桑树cystatin是否能够抵御家蚕的消化酶。结果如图9-44所示，桑树MaCPI-1和MaCPI-3蛋白与家蚕消化液在体外共孵育，在15min左右，大部分蛋白质即被家蚕消化酶降解，在孵育1h之后，基本上检测不到目的蛋白，表明桑树cystatin无法抵御家蚕消化酶的作用。对于MaCPI-4蛋白，由图9-44a所示，在体外孵育1h之后，仍可检测到目的蛋白的存在，且反应体系中蛋白质的含量变化不大，表明其能够抵御家蚕消化酶而在其消化液中稳定存在。图9-44c的结果所示的体内试验，桑树cystatin在家蚕肠内容物和粪便中的检测结果，发现MaCPI-4在家蚕肠内容物和粪便中依然存在，再次证明MaCPI-4能够抵御家蚕消化酶的降解作用。进一步，通过在体外反应体系中添加不同类型蛋白酶抑制子，证明丝氨酸蛋白酶是家蚕体内起主要作用的消化酶（图9-44b）。以上的结果表明，尽管家蚕专一性地取食桑叶，然而并不证明其对桑叶已经完全适应，同样不能证明桑树对家蚕的取食没有任何的防御反应。

蛋白酶抑制子是一类特异的抑制蛋白酶活性的分子，其对蛋白酶活性的调控对于植物来说至关重要。此外，作为植物重要的防御手段之一，蛋白酶抑制子作为效应分子直接作用于病原微生物和取食者，是植物重要的武器。桑树具有众多优良的形状，是重要的经济林木，然而在自然界中，桑树面临着病原微生物、农业害虫等的威胁，因此蛋白酶抑制子基因的研究是应对桑树病害及虫害的良好靶标。

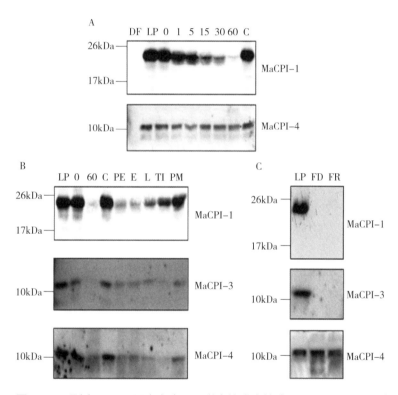

图9-44　桑树cystatin蛋白在家蚕肠道中的稳定性（Liang et al., 2015）

Figure 9-44　Stability of mulberry cystatin proteins in silkworm gut

六、桑树几丁质酶与几丁质结合蛋白基因家族

植物体内并不存在几丁质，然而植物却能够产生几丁质酶，而且几乎所有的组织和器官中都存在几丁质酶。几丁质酶是一种专一性地水解几丁质聚合单元之间的糖苷键的水解酶。基于催化结构域氨基酸序列相似性，在当前的糖基水解酶分类系统中，几丁质酶可以被分为18和19两个家族（Henrissat，1991）。18家族的几丁质酶存在于在细菌、真菌、病毒、

植物和动物中，而19家族的几丁质酶仅在植物中发现。两个家族的几丁质酶之间序列相似性较低，暗示它们可能来源于不同的祖先基因（HAMEL et al.，1993）。它们在生化性质上也存在差异，18家族的几丁质酶水解的产物是保留机制：保持催化产物的构型一致；19家族的几丁质酶的水解是翻转机制，将产物翻转成异头效应的产物（Brameld et al.，1998；Iseli et al.，1996）。此外，18家族的成员水解GlcNAc-GlcNAc或者GlcNAc-GlcN的交联，而19家族的几丁质酶作用于GlcNAc-GlcNAc或者GlcN-GlcNAc的交联。几丁质酶能够有效地降解几丁质，在自然界的物质循环中起着重要的作用，同时在环境保护、医药、食品和基础生命科学也具有重要的应用价值（马汇泉等，2004）。几丁质是甲壳类动物和昆虫以及大多数真菌细胞壁的主要成分之一。在真菌、细菌、昆虫和病毒等感染时，植物中的几丁质酶的活性迅速提高，因此认为植物几丁质酶参与了植物抵御病原菌微生物侵染和昆虫咬食的防御反应。

1. 植物几丁质酶

如上所述，植物具有以上两种类型的几丁质酶。根据其蛋白质序列和结构的相关性将几丁质酶分为5个不同的小簇，即Class I ~ Class V。其中，Class I、Class II和Class IV几丁质酶属于19家族，然而Class III和Class V的几丁质酶则是18家族的成员。

植物几丁质酶参与植物防御，真菌、细菌、病毒、昆虫的侵染以及昆虫的咬食均能够诱导植物几丁质酶基因的表达。此外，损伤、茉莉酸、乙烯、生长素、细胞分裂素、重金属盐、诱导子等因素也能够诱导几丁质酶基因的上调表达，因此几丁质酶常常被认为是病原菌相关蛋白和胁迫相关蛋白。

2. 桑树几丁质酶基因

植物中几丁质酶保守的结构域为Glyco_hydro_18和Glyco_hydro_19，基于在pfam（http：//pfam.janelia.org/）中GH18和GH19的HMM文件，在桑树蛋白质数据库中以$E<$1e-10阈值进行hmmsearch检索，分别鉴定到12个Glyco_hydro_18基因和8个Glyco_hydro_19基因。

（1）桑树几丁质酶基因的分布

桑树的几丁质酶基因广泛地分布于各个scaffold上，其中scaffold277、scaffold355、scaffold604、scaffold1047、scaffold1333、scaffold8877、scaffold131、scaffold150和scaffold498分别含有1个几丁质酶基因；而scaffold812、scaffold299、scaffold594 scaffold629各含有2个几丁质酶基因；scaffold235含有3个几丁质酶基因。因此，桑树几丁质酶家族基因没有发现明显的基因重复现象。6个桑树几丁质酶基因编码的蛋白质不含有信号肽，推测其可能分布于细胞质、叶绿体或者液泡中，起到水解和降解N-乙酰葡氨糖作用。桑树几丁质酶的氨基酸长度大多集中在200~350aa之间，蛋白质分子量大小集中在27~50kDa之间，大部分几丁质酶可能与生物胁迫相关（表9-10）。

表9-10　桑树几丁质酶家族

Table 9-10　Chitinase genes in the *M. notabilis* genome

基因名	登录号	基因组位置	蛋白质（aa）	信号肽预测	等电点／分子量（Da）	结构域
Mnchi1	Morus022978	scaffold277：14116：15216：−	366	Y	5.11／40553.50	Glyco_hydro_18
Mnchi2	Morus007185	scaffold299：129168：130103：+	311	Y	6.35／34893.01	Glyco_hydro_18
Mnchi3	Morus007186	scaffold299：138035：138943：+	302	Y	7.79／33988.20	Glyco_hydro_18
Mnchi4	Morus017594	scaffold355：437029：444690：+	881	N	6.56／96769.98	Glyco_hydro_18
Mnchi5	Morus022481	scaffold594：619080：619979：+	298	Y	6.50／32101.29	Glyco_hydro_18
Mnchi6	Morus022482	scaffold594：624002：624898：+	298	Y	5.36／32012.05	Glyco_hydro_18
Mnchi7	Morus020088	scaffold604：215479：216300：+	273	N	5.96／30556.42	Glyco_hydro_18
Mnchi8	Morus011486	scaffold812：334910：335812：+	300	Y	8.65／32714.35	Glyco_hydro_18
Mnchi9	Morus011484	scaffold812：331956：332642：+	209	N	6.55／22965.22	Glyco_hydro_18
Mnchi10	Morus003149	scaffold1047：94797：96065：+	422	N	8.77／46723.48	Glyco_hydro_18

（续）

基因名	登录号	基因组位置	蛋白质（aa）	信号肽预测	等电点／分子量（Da）	结构域
Mnchi1	Morus020224	scaffold1333：303317：307449：	508	Y	5.26／54848.46	Glyco_hydro_18 THN
Mnchi2	Morus000037	scaffold8877：365964：−	199	N	7.66／22077.06	Glyco_hydro_18
Mnchi3	Morus007737	scaffold131：104442：106312：+	319	Y	6.78／35252.80	Glyco_hydro_19
Mnchi4	Morus012010	scaffold150：78835：80964：−	318	Y	6.97／35097.96	Glyco_hydro_19
Mnchi5	Morus018118	scaffold235：478561：479882：+	274	Y	4.59／29533.57	Glyco_hydro_19 CHtBD1（riched S/T in hinge）
Mnchi6	Morus018119	scaffold235：488838：490160：+	274	Y	4.71／29424.53	Glyco_hydro_19 CHtBD1（riched S/T in hinge）
Mnchi7	Morus018124	scaffold235：509843：511517：+	279	Y	4.56／30330.71	Glyco_hydro_19 CHtBD1（riched S/T in hinge）
Mnchi8	Morus013887	scaffold498：2900048：290809：+	253	N	6.42／27844.09	Glyco_hydro_19
Mnchi9（LA−C）	Morus014360	scaffold629：289955：291623：−	325	Y	7.80／34731.89	Glyco_hydro_19 CHtBD1（riched Gly in hinge）
Mnchi20（LA−C）	Morus014362	scaffold629：310829：312523：−	325	Y	7.38／34893.93	Glyco_hydro_19 CHtBD1（riched Gly in hinge）

（2）桑树几丁质酶基因的调控区域

桑树几丁质酶基因上游2000bp的序列在PlantCARE数据库（http：//bioinformatics.psb.ugent.be/webtools/plantcare/html/）中进行分析，共鉴定到7种响应生物胁迫的调控元件，分别参与响应真菌侵染、JA信号、SA信号、激发子和机械创伤等信号。从图9-45A中可以发现，只有*Mnchi12*基因的上游2000bp区域未发现上述生物胁迫相关的顺式作用元件。不同基因之间，胁迫响应的元件存在种类、位置和数量上的差异。

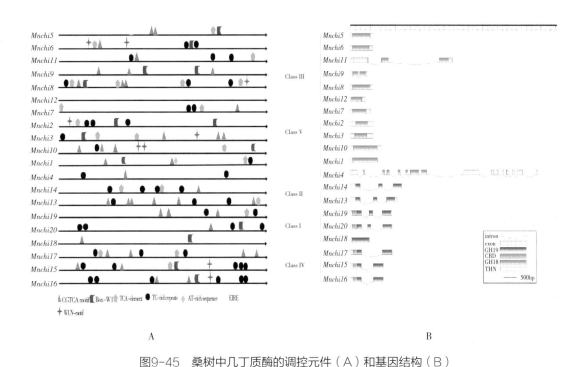

图9-45　桑树中几丁质酶的调控元件（A）和基因结构（B）

Figure 9-45　The genomic structures（A）and regulation elements（B）of mulberry chitinase genes

（3）桑树几丁质酶基因的结构

除此之外，图9-45B所示的是20个桑树几丁质酶基因的基因结构，展示了保守结构域的编码序列在外显子上的分布。根据氨基酸序列的差异，以上20个桑树几丁质酶能够划分为5个Class，分别为Class Ⅰ、Class Ⅱ、Class Ⅲ、Class Ⅳ和Class Ⅴ，其中Class Ⅰ、Class Ⅱ和Class Ⅳ分属Glyco_hydro_19家族，而Class Ⅲ和Class Ⅴ属于Glyco_hydro_18家族。5个Class中的基因虽然在上游的启动子序列上差异较大，然各个Class的基因在结构上却存在一定的相似性。Class Ⅲ和Class Ⅴ家族的基因一般只有1个外显子，*Mnchi11*、*Mnchi9*、*Mnchi4*除外。而Class Ⅰ和Class Ⅱ含有2个内含子，Class Ⅳ只有1个内含子。*Mnchi19*、*Mnchi20*、*Mnchi15*、*Mnchi16*和*Mnchi17*都含有chitin_binding结构域。Class Ⅰ和Class Ⅳ的chitin_binding结构域和Glyco_hydro_19结构域之间的铰链存在差异，Class Ⅰ中的*Mnchi19*和*Mnchi20*之间的铰链富含Gly，而Class Ⅳ中*Mnchi15*、*Mnchi16*和*Mnchi17*两个结构域之间的铰链富含S/T氨基酸，这些氨基酸可能与几丁质酶的结合活性有关（表9-10）。与其他桑树几丁质酶不同，*Mnchi11*含有一个特殊的结构域THN，这个结构域和植物的免疫防御有关。

（4）植物几丁质酶基因的系统发生分析

利用拟南芥和桑树以及其他已经报道的参与防御的几丁质酶的序列，包括Cgchi3（*Casuarina glauca*）、chi3k（*Vitis vinifera*'Koshu'）、Mtchit3-3（*Medicago truncatula*）、Akchit1a（*Acacia koa*）、GhCTL1（*Gossypium hirsutum*）、Lbchi31（*Limonium bicolor*）、EgCHI1（*Elaeis guineensis*）、LA-a（*Morus alba*）、LA-b（*Morus alba*）、LA-c（*Morus alba*）、OgchitIVa（*Oryza grandiglumis*）和NtChitIV（*Nicotiana Tobaccum*）的序列构建系统发生树，在拟南芥Class V中并没有已经报道的参与植物防御的几丁质酶，推测Class V中的几丁质酶并非主要参与植物防御。桑树乳汁中的LA-a、LA-b具有一定的抗虫活性，这2个序列相似的类几丁质酶，不同于一般的植物几丁质酶（含有2个CBD）。它们和桑树的Class I聚为一簇（图9-46）。LA-c（见表9-10）和川桑Class I（*Mnchi19*和*Mnchi20*）序列高度相似（50%以上）。Class I具有完整的CBD和Glyco_hydro_19水解结构域，并且中间富含Gly，可能这样的结构有利于抑制和抵抗昆虫的取食。

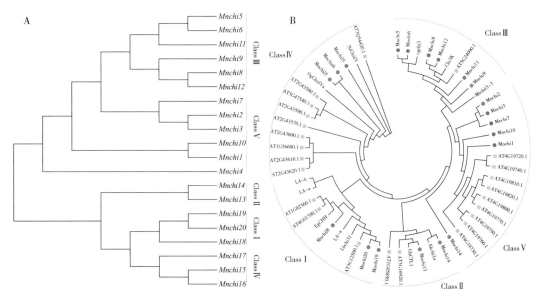

图9-46　桑树几丁质酶的分类（A）和拟南芥等其他植物的系统进化分析（B）

Figure 9-46　Phylogenetic analysis of mulberry chitinase（A）and phylogenetic tree construction of chitinases in several plants（B）

（5）桑树几丁质酶基因的表达

川桑的5个组织（根、皮、冬芽、雄花和叶）的转录组数据用于分析桑树几丁质酶基因的表达情况。RPKM值（Reads Per Kilobase per Million mapped reads，每百万条reads中覆盖到该基因每kb上的reads数）用于衡量基因表达量的高低。几丁质酶基因的RPKM值，经过标准化的RPKM值，利用MeV4.9软件构建桑树几丁质酶基因的组织表达谱

（图9-47）。根据19个几丁质酶的组织表达情况，可以将它们分为4类：*Mnchi12*、*Mnchi3*和*Mnchi19*在皮中高量表达；*Mnchi2*、*Mnchi18*、*Mnchi10*、*Mnchi20*、*Mnchi11*、*Mnchi17*、*Mnchi15*、*Mnchi16*在雄花中高表达；*Mnchi1*、*Mnchi8*、*Mnchi4*、*Mnchi7*、*Mnchi14*和*Mnchi5*在雄花和叶中高表达；*Mnchi6*和*Mnchi13*在根中高表达。通过分析，这些基因在组织中的表达模式与其在染色体上的分布和系统发生关系未呈现任何关联，推测桑树几丁质酶基因在功能上已经出现了分化。

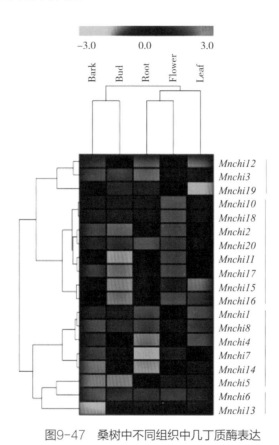

图9-47　桑树中不同组织中几丁质酶表达

Figure 9-47　Expression of mulberry chitinase genes in five tissues

3. 桑树几丁质酶基因对生物胁迫和模拟生物胁迫的响应

几丁质酶在植物中一般被认为是一种防御蛋白，参与植物的免疫反应。川桑中含有20个几丁质酶，它们分属不同的5个亚家族。20个几丁质酶基因的上游几乎都含有响应真菌、SA、JA和伤口的顺式作用元件。生物胁迫实验发现，6个桑树几丁质酶基因中，只有*Mnchi16*响应家蚕咬食，而其他5个基因的表达量相比于对照都没有显著的提高。*Mnchi16*在家蚕咬食7h后，上调表达相较于对照能够达15倍。而在真菌处理后，*Mnchi8*、*Mnchi16*和*Mnchi19*均能够上调表达，其中*Mnchi8*的表达相较于对照显著上调（图9-48）。

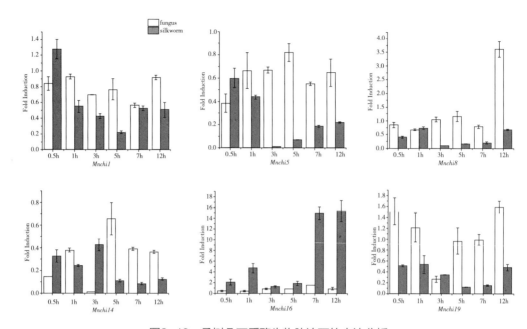

图9-48　桑树几丁质酶生物胁迫下的表达分析

Figure 9-48　Expression analyses of chitinase in mulberry by biotic stress

　　模拟生物胁迫实验发现（图9-49），几丁质溶液处理能不同程度地诱导桑树的6个几丁质酶基因的表达，其中*Mnchi5*、*Mnchi14*、*Mnchi16*和*Mnchi19*的基因表达量显著上调，但它们在响应时间存在差异，*Mnchi5*在处理后5h表达量有所升高，但在7h后有显著下降，在12h后其表达量显著提高达到峰值。*Mnchi14*和*Mnchi19*的表达模式类似，都是在1h快速响应，之后缓慢下降。*Mnchi16*在1h是表达量达到最高的峰值，之后又在7h达到第二个峰值。*Mnchi5*和*Mnchi16*的表达模式，和以前文献中报道的几丁质酶在蛋白质水平相似，都是存在两个峰值。壳聚糖处理后，除了*Mnchi5*，其他桑树的几丁质酶都能够显著地响应壳聚糖的处理。*Mnchi1*和*Mnchi8*的表达模式相似，都是在0.5h被轻微地诱导，而在7～12h显著上调表达。*Mnchi14*在5h相较于对照上调表达15倍左右。*Mnchi16*和*Mnchi19*在0.5h能够显著地上调表达。

　　研究表明，植物几丁质酶降解真菌的细胞壁。体外表达的植物β-1，3-糖苷酶时能够抑制真菌的生长（MAUCH et al.，1988；ARLORIO et al.，1992）。真菌侵染诱导几丁质酶基因的表达，同时发现几丁质酶蛋白在菌丝侵染位点积累（van den Burg et al.，2006）。竹子悬浮细胞的ClassⅢ几丁质酶对长孢齿梗孢具有抗性（Kuo et al.，2008）。来自立枯丝核菌的激发子能够诱发水稻悬浮细胞的几丁质酶的活性升高（Velazhahan et al.，2000）。通过反义核酸抑制的拟南芥ATHCIA（ClassⅢ）几丁质酶基因的表达下调，并不能增加真菌的易感性（Samac et al.，1990）。因此，几丁质酶的基本功能是否是防御是否还有其他功能现在还值得探讨。几丁质酶在壳聚糖处理后，几丁质酶的活性升高，在蛋白质水平上检测到具有两个活性峰值，能够提高植物的免疫能力（李堆淑等，2008；贺英，2006）。

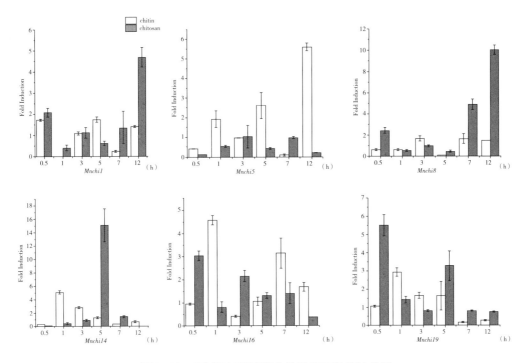

图9-49　桑树几丁质酶拟生物胁迫下的表达分析

Figure 9-49　Expression analyses of chitinase in mulberry by biotic-like stress

越来越多的研究文献报道几丁质酶的表达参与植物器官的发生和生理发育过程。烟草的花中（Neale et al.，1990）、拟南芥中的Class Ⅳ 几丁质酶AtEP3/AtchitIV和拟南芥中的AtCTL1/AtCTL2参与纤维素合成和根的形态构建等生理过程以及几丁质酶作为抗冻蛋白（Passarinho et al.，2001；van Hengel et al.，1998；Kragh et al.，1996；Wiweger et al.，2003；Hossain et al.，2010；Hermans et al.，2010；Yeh et al.，2000；Stressmann et al.，2004；Nakamura et al.，2008；Passarinho et al.，2002；Jiang et al.，2013）。

目前，关于几丁质酶基因在植物全基因组水平的分析报道比较有限，仅在拟南芥和杨树中有相应的文献。拟南芥含有24个几丁质酶编码基因，1个属于Class Ⅰ 、4个属于Class Ⅱ 、1个属于Class Ⅲ 、9个属于Class Ⅳ以及9个属于Class Ⅴ 。杨树中有37个几丁质酶基因，Class Ⅰ ~ Class Ⅴ 分别含有9个、3个、13个、5个和5个成员。Sakihito Kitajima发现桑树的乳汁中大量富集的两个似几丁质酶LA-a和LA-b，这两个蛋白分子量相对较小，具有几丁质酶和壳聚糖酶活性，在喂食给黑腹果蝇的幼虫后，有明显的抗虫活性。LA-a和LA-b分别含有2个CBD结构域，不同于一般意义上的植物几丁质酶，所以桑树的几丁质酶的功能需要进一步探索。

七、桑树转运子基因家族

细胞的各种生命活动在被生物膜包裹的环境中进行，各种无机和有机离子的跨膜运输是生命活动不可或缺的过程。转运蛋白（transport proteins，TPs）可以调节离子和代谢物穿过生物膜，在植物存储糖分、控制水分流失、调节植物生长、应对植物生物及非生胁迫中其具有重要作用。

1. 转运蛋白的结构及功能：

大多数转运蛋白都是内部具有几个 α 螺旋跨膜结构域的脂质双层结构（trans membrane domains，TMDs），外层是 β-barrelled的外层多孔蛋白。典型的膜转运子包含至少4个TMDs，每个TMDs含18~22个疏水性氨基酸残基（Ikeda et al.，2002；Moller et al.，2001）。目前，包括拟南芥、水稻、玉米、二穗短柄草、葡萄、毛果杨在内6个物种的转运蛋白可以方便地在ARAMEMNON网站（http：//aramemnon.botanik.uni-koeln.de）查询。根据统计，植物蛋白质组中大约5% ~10%的蛋白都是膜转运蛋白（Schwacke et al.，2003）。目前已经在不同细胞器上鉴定出多种转运子蛋白（图9-50）（Xu et al.，2015）。

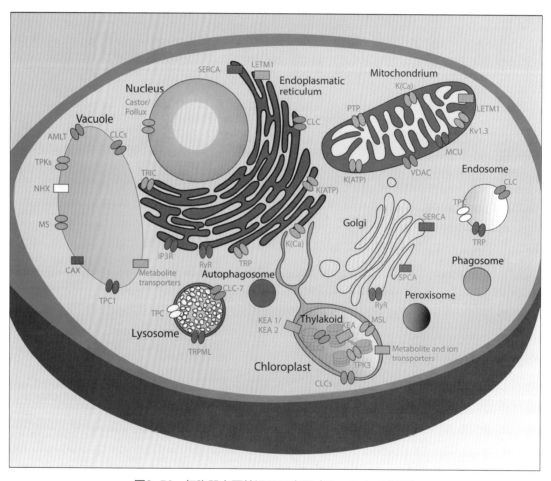

图9-50　细胞器主要转运子示意图（Xu et al., 2015）

椭圆型标示细胞通道，矩形标示蛋白和各类泵；其中蓝色表示钙通道/转运蛋白，绿色表示氯离子转运通道，黄色表示盐转运通道，紫色表示钾离子转运通道，橙色表示介导中间代谢物和几种离子的通道蛋白

Figure 9-50　The main transporters in cell organelles

Ellipse represents cell channel, and rectangular as transporter proteins and pumps. The calcium channels/transporter proteins are in blue, chloride ion transport channels in green, salt transport channel in yellow, potassium ion transport channels in purple, and intermediate metabolite transport channels in orange

　　根据跨膜离子运输蛋白的结构及运送离子发生跨膜运输的方式不同，通常将跨膜运输蛋白分为离子通道（ion channel）、离子载体（ioncarrier）和离子泵（ion pump）三类（图9-51）。目前研究较为关注的主要有以下几类：

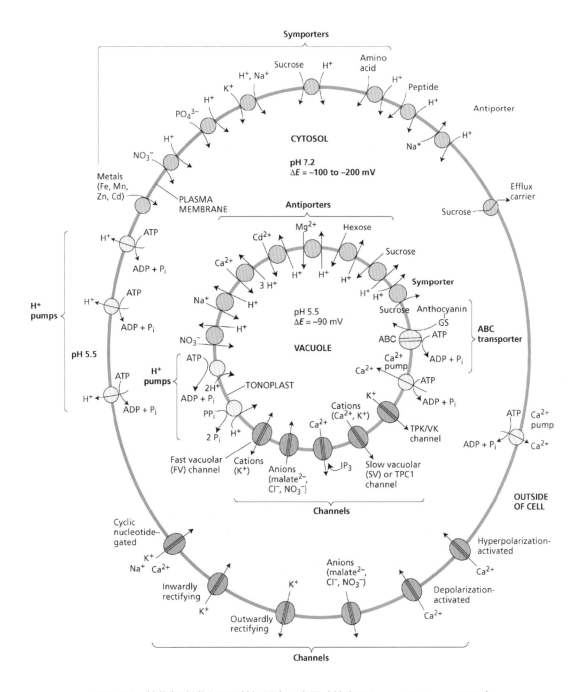

图9-51　植物细胞膜上不同转运蛋白示意图（摘自Taiz and Zeiger，2002）

Figure 9-51　The transporter proteins on plant cell membranes

（1）植物ABC转运蛋白

ABC转运蛋白又称腺苷三磷酸结合盒转运蛋白（ATP-binding cassette transporters，ABC转运蛋白），在植物中ABC转运蛋白种类繁多、结构复杂、功能多样，参与植物一切的生命活动过程。自从1992年国际上首次报道拟南芥AtPGP1（又称ATMDR1）后（Dudler and Hertig，1992），人们对ABC转运蛋白的结构解析到转运机理进行了多方面的研究。

ABC转运蛋白含有1～2个结合ATP的盒（ABCs）和结合核苷酸的域（nucleotide-binding domains，NBDs）以及跨膜域（transmembrane domain，TMD）。Walker等发现每个NBD包含3个特征序列，即所谓"WalkerA"基序[GX 4GK（ST）]、"WalkerB"基序[（RK）X3GX3L（hydrophobic）3]和一个ABC域[（LIVMFY）S（SG）GX3（RKA）（LIVMYA）（AG）]，ABC域包括H环和Q环。WalkerA和WalkerB中间被ABC域隔开。NBDs的结构特征及不同个体成员之间的多基因亲缘关系是用来对ABC蛋白超家族的亚家族进行分类的依据（Higgins，1992）。

植物ABC转运蛋白在植物生长素的极性转运、脂质降解、外源毒素的解毒、植物抗病、抗重金属和气孔功能调节等一系列过程中发挥作用。Sasaki等（2002）从小麦鉴定出TaMDR1蛋白与Al毒害而不是Al抗性有关（Sasaki et al.，2002）。Larsen等（2005）发现的ALS3编码铝耐受性必需的ABC转运体蛋白（Larsen et al.，2005），Huang等（2009）的研究表明STAR1和STAR2定位于膜上可负责从细胞质运输UDP-葡萄糖进入囊泡，磷酸葡萄糖及其衍生物可能通过胞外分泌，由囊泡释放到质外体，提高了水稻对铝的耐受性（Huang et al.，2009）。

（2）阳离子转运蛋白

大部分无机阳离子都是植物生长所必需的营养元素。K^+参与渗透调节，也是许多酶反应所必需的。K^+能通过离子通道和转运蛋白穿过液泡膜。TPC1（two pore channel 1）和TPKs（two-pore K^+ channels）是两类K^+渗透性离子通道。前者包含2个Shaker样单元、1个胞质域组成。TPC1介导Ca^{2+}依赖性的K^+和Na^+电流，也是二价离子如Ca^{2+}、Mg^{2+}的转运通道（Ward and Schroeder，1994）。tpc1突变体在胞外Ca^{2+}处理时，气孔闭合受损（Peiter et al.，2005）。后者TPKs已鉴定有5种，其中AtTPK1、AtTPK2和AtTPK5具有4个α螺旋区，属于TWIK/TREK（the weak inward-rectifying K^+/TWIK-related K^+）样通道；AtTPK3只有2个α螺旋区，属于KIR（K^+ inward rectifier）样通道。AtTPK1受14-3-3蛋白激活，缺失TPK1的突变体对K^+浓度高低很敏感，证明其在维持胞质K^+浓度方面起重要作用（Gobert et al.，2007）。

Na^+/H^+逆向转运蛋白NHX参与细胞内pH值调节、Na^+代谢和细胞体积变化等多种生命活动。其中NHX1～4定位在液泡，NHX5～6定位在内涵体表达（Bassil et al.，2011），atnhx1突变体幼苗生长显著受盐胁迫影响，低K^+下突变体叶片变小，证实NHX与K^+吸收有关，K^+转运与叶片伸长有关（Leidi et al.，2010）。但最近也有研究表明，单独NHX不能提高植物耐盐性，还需要内含体等的参与（Bassil et al.，2011；Krebs et al.，2010）。

（续）

胞质中钙离子浓度很高，一类 Ca^{2+} 转运蛋白如ACA4和ACA11，另一类是 Ca^{2+}/H^+ 转运蛋白CAXs。前者与salicylic acid依赖的细胞程序性死亡有关（Boursiac et al.，2010），后者多含有11个 α 螺旋，多是遍在性表达，缺失突变ATCAX1并未改变 Ca^{2+} 含量，可能与上调其他CAX转运子有关（Cheng et al.，2005）。cax1和cax3单突幼苗叶肉积累 Ca^{2+} 降低，植株对ABA和乙烯的敏感性增加（Zhao et al.，2008）。

（3）阴离子转运蛋白

阴离子浓度与植物的营养和代谢状态密切相关。气孔的开合需要快速释放或吸收钾、氯化物、硝酸盐、苹果酸。Geelen等研究氯离子通道蛋白（chloride channel，CLC）缺失突变体的拟南芥发现，植株硝酸盐含量较野生型要低，证明CLC与胞内硝酸盐的积累有关（Geelen et al.，2000），之后AtCLCa和AtCLCb被报道具有硝酸盐特异性质子泵作用（De Angeli et al.，2006；von der Fecht-Bartenbach et al.，2010），但AtCLCb尚未有表型报道，具体生理作用尚待鉴定。AtCLCc与氯化物的转运有关，其缺失突变体在光下气孔打开受损，ABA处理不能诱导气孔闭合（Jossier et al.，2010）。另外，硝酸盐转运蛋白（nitrate transporter 2，NRT2）AtNRT2.1与液泡积累硝酸盐有关（Filleur et al.，2001），AtNRT2.7与种子液泡中积累硝酸盐有关（Chopin et al.，2007），而AtCLCa在种子液泡中不表达，表明两种转运子功能的专一性。

（4）糖转运蛋白

糖转运蛋白可主要分为单糖转运蛋白（monosaccharide transporters，或hexose transporters，MSTs）和蔗糖转运蛋白（disaccharide transporters，或sucrose transporters，DSTs）两大类，控制光合同化物在各细胞组织间的分配，参与韧皮部装载和卸载（Gottwald et al.，2000；Voitsekhovskaja et al.，2006）。

近年来，人们已利用生化和分子手段从拟南芥模式生物中鉴定出大约60种单糖转运蛋白（Neuhaus，2007）、10多种二糖转运蛋白（Lalonde et al.，2004）。其中，蔗糖转运蛋白SUCs/SUTs可以分为4～5类，已发现大麦HvSUT2、拟南芥AtSUC4定位液泡（Reinders et al.，2008）；增加AtSUC4的表达可以增加叶片蔗糖依赖型质子泵流出，而且有意思的是，atsuc4突变体对线虫感染性降低，暗示转运蛋白在线虫感染中也起作用（Hofmann et al.，2009）。单糖转运蛋白包括VGTs（vacuolar glucose transporters，VGTs）和TMTs（tonoplast monosaccharide transporters），ERD-6样转运蛋白（early response to dehydration）以及inositol transporter1（INT1）、SWEET等（Chen et al.，2012）。转运蛋白的研究表明，有些组织特异性功能，很多有相互重复的功能，这需要转录和转录后的网络调节功能。

2. 桑树转运蛋白的鉴定及研究

对桑树全基因组序列的分析表明，目前能够初步判断编码执行离子及各种小分子有机物跨膜运输蛋白的基因有600多种；估计随着人们对更多基因功能的了解，这个数字还会增加。几种转运蛋白功能见表9-11。

表9-11 川桑基因组的转运蛋白基因

Table 9-11 Transport protein genes in the *Morus notabilis* genome

基因	数量（个）	基因名称	蛋白功能
无机离子转运蛋白			
H⁺_PPases	5	Morus013832 Morus024928 Morus025732 Morus004109 Morus001050	编码Ⅱ型H⁺-PPases，质子泵蛋白
V-type H⁺_ATPases	4	Morus019610 Morus008915 Morus026756 Morus010420	编码可溶性无机焦磷酸酶蛋白
Plasma membrane-type ATPase	8	Morus017976 Morus016875 Morus016745 Morus010085 Morus002293 Morus021843 Morus025700 Morus001526	H⁺ ATPase基因家族
Calcium-transporting ATPase	11	Morus016540 Morus001605 Morus009398 Morus005264 Morus005571 Morus024586 Morus013344 Morus012537 Morus010581 Morus007192 Morus020009	Ca²⁺_ATPases
Two pore calcium channel protein	5	Morus004778 Morus004782 Morus001941 Morus004783 Morus001940	编码去极化激活钙通道
Calcium-activated outward-rectifying potassium channel	4	Morus0105968 Morus018232 Morus010633 Morus013877	编码硫胺素焦磷酸激酶，催化硫胺生成焦磷酸硫胺素

（续）

基因	数量（个）	基因名称	蛋白功能
Sulfate transporter	12	*Morus025421* *Morus021534* *Morus009110* *Morus002043* *Morus020832* *Morus012019* *Morus026165* *Morus010015* *Morus021533* *Morus020831* *Morus016614* *Morus016612*	硫酸盐转运蛋白
Magnesium transporter	6	*Morus018068* *Morus026425* *Morus011131* *Morus005762* *Morus016477* *Morus026426*	跨膜镁转运蛋白
Ca^{2+}/H^+ exchanging protein	5	*Morus017728* *Morus023763* *Morus015563* *Morus001355* *Morus022009*	编码液泡钙转运蛋白
Sodium/hydrogen exchanger	9	*Morus008455* *Morus020654* *Morus017972* *Morus021392* *Morus014012* *Morus020465* *Morus010232* *Morus001282* *Morus019267*	编码Na^+/H^+转运蛋白
CLC	6	*Morus017610* *Morus010967* *Morus024896* *Morus012356* *Morus011592* *Morus011594*	编码Cl^-/H^+转运蛋白

（续）

基因	数量（个）	基因名称	蛋白功能
NRT	3	Morus005271 Morus020590 Morus027730	编码氮转运蛋白
Metal tolerance protein	6	Morus009065 Morus028020 Morus010513 Morus025320 Morus019624 Morus024107	编码ZAT（zinc transporter）和CDF（cation diffusion facilitator）家族蛋白
COPT	5	Morus027407 Morus006014 Morus016242 Morus016241 Morus006015	编码铜转运蛋白（copper transporter），在植物体内调节铜分配，影响诸如光合等生理反应
Metal transporter Nramp	5	Morus013512 Morus013381 Morus010252 Morus009411 Morus020015	参与调节植物的离子平衡
CHX	19	Morus020693 Morus022353 Morus004608 Morus003074 Morus001121 Morus001161 Morus021317 Morus011137 Morus021318 Morus010805 Morus011464 Morus012270 Morus024121 Morus023611 Morus012490 Morus011148 Morus011139 Morus012500 Morus011138	Cation/H^+逆向转运蛋白

（续）

基因	数量（个）	基因名称	蛋白功能
有机物转运蛋白			
ABC transporter C family member	16	Morus023069 Morus009929 Morus023068 Morus012089 Morus002911 Morus018058 Morus009930 Morus004550 Morus027581 Morus016221 Morus016224 Morus011479 Morus011905 Morus015892 Morus009931 Morus001439	ABCC-type arsenite-phytochelatin转运蛋白
Sucrose transport protein	2	Morus021123 Morus016437	蔗糖转运蛋白
D-xylose-proton symporter	2	Morus025297 Morus019692	glucose，fructose/H^+ exchanger
inositol transporter	3	Morus024683 Morus005895 Morus004267	inositol/H^+ symporter，在拟南芥主要是负责myo-inositol从液泡向胞质的运输
TMT	3	Morus024818 Morus013725 Morus003216	fructose，sucrose/H^+ exchanger

转运蛋白在植物的生长发育中起重要的调节作用，随着桑树基因组的解析和基础研究的不断深入，对桑树转录子蛋白家族的认识也不断清晰，这也将有利于今后筛选和定向培育具有优良特征的桑树品种。

参考文献

白雪梅. 2011. 植物促分裂原活化蛋白激酶（MAPK）的研究进展［J］. 内蒙古石油化工，2：030.

贺英. 2006. 几种低聚糖激发子的制备及其对毛白杨愈伤组织抗病性诱导作用的研究［D］.杨凌西北农林科技大学.

李堆淑，胡景江，等. 2008. 低聚壳聚糖激发对杨树抗病性的诱导作用［J］. 西北林学院学报，22（3）：74-77.

马汇泉，覲惠丽，孙伟萍. 2004. 几丁质酶及其在抗植物真菌病害中的作用［J］.微生物学杂志，24（3）：50-53.

Agarwal M, Katiyar-Agarwal S, Grover A. 2002. Plant Hsp100 proteins: structure, function and regulation［J］. Plant Science, 163（3）: 397-405.

Ahmad A, Bhattacharya A, McDonald R A, et al. 2011. Heat shock protein 70 kDa chaperone/DnaJ cochaperone complex employs an unusual dynamic interface［J］. Proceedings of the National Academy of Sciences, USA, 108（47）: 18966-18971.

Ai J W, Zhu Y, Duan J, et al. 2011. Genome-wide analysis of cytochrome P450 monooxygenase genes in the silkworm, Bombyx mori［J］. Gene, 480: 42-50.

Aktar Hossain M, Noh H-N, Kim KI, et al. 2010. Mutation of the chitinase-like protein-encoding *AtCTL2* gene enhances lignin accumulation in dark-grown *Arabidopsis* seedlings［J］. Journal of Plant Physiology, 167（8）: 650-658.

Al-Khunaizi M, Luke C J, Askew Y S, et al. 2002. The serpin SQN-5 is a dual mechanistic-class inhibitor of serine and cysteine proteinases［J］. Biochemistry, 41（9）: 3189-3199.

Arlorio M, Ludwig A, Boller T, et al. 1992. Inhibition of fungal growth by plant chitinases and β-1, 3-glucanases［J］. Protoplasma, 171（1-2）: 34-43.

Bae S H, Suh H J. 2007. Antioxidant activities of five different mulberry cultivars in Korea［J］. Lwt-Food Science and Technology, 40: 955-962.

Bailey T L, Boden M, Buske F A, et al. 2009. MEME SUITE: tools for motif discovery and searching［J］. Nucleic Acids Research, 37: 202-208.

Barrett A J. 1986. The classes of proteolytic enzymes. // Dalling M J, ed. Plant Proteolytic Enzymes［M］. Boca Raton, Fl: CRC Press, 1:1-16.

Bassil E, Tajima H, Liang Y C. et al. 2011. The *Arabidopsis* Na$^+$/H$^+$ antiporters NHX1 and NHX2 control vacuolar pH and K$^+$ homeostasis to regulate growth, flower development, and reproduction［J］. The Plant Cell, 23, 3482-3497.

Beilinson V, Moshalenko O V, Livingstone D S, et al. 2002. Two subtilisin-like proteases from soybean［J］. Physiologia Plantarum, 115（4）: 585-597.

Berckmans B, Vassileva V, Schmid S P, et al.2011. Auxin-dependent cell cycle reactivation through transcriptional regulation of *Arabidopsis* E2Fa by lateral organ boundary proteins［J］. Plant Cell, 23: 3671-3683.

Berg C C. 2001. Moreae, Artocarpeae, and Dorstenia（Moraceae）: With Introductions to the Family and Ficus and with Additions and Corrections to Flora Neotropica Monograph 7［M］.（New York Botanical Garden Press）Organization for Flora Neotropica.

Berg C C.2005. Moraceae diversity in a global perspective［C］//; City. 423-440.

Bhatnagar S, Khurana P. 2003. Agrobacteriuin tumefaciens-mediated transformation of Indian mulberry, *Morus indica* cv. K2: a time-phased screening strategy［J］. Plant Cell Reports, 21（7）: 669-675.

Bjork I, Nordling K, Raub-Segall E, et al. 1998. Inactivation of papain by antithrombin due to autolytic digestion: a model of serpin inactivation of cysteine proteinases［J］. Biochemical Journal, 335（Pt 3）: 701-709.

Bondino H G, Valle E M, Ten Have A.2012. Evolution and functional diversification of the small heat shock protein/alpha-crystallin family in higher plants［J］. Planta, 235（6）: 1299-1313. doi:10.1007/s00425-011-1575-9.

Boursiac Y, Lee S M, Romanowsky S, et al.2010. Disruption of the vacuolar calcium−ATPases in *Arabidopsis* results in the activation of a salicylic acid−dependent programmed cell death pathway [J]. Plant Physiology, 154, 1158−1171.

Brameld K A, Goddard W A. 1998. The role of enzyme distortion in the single displacement mechanism of family 19 chitinases [J]. Proceedings of the National Academy of Sciences, USA S95 (8); 4276−4281.

Callis J. 1995. Regulation of Protein Degradation [J]. Plant Cell, 7(7) : 845−857.

Chalfun−Junior A, Franken J, Mes J J, et al.2005. ASYMMETRIC LEAVES2−LIKE1 gene, a member of the AS2/LOB family, controls proximal−distal patterning in *Arabidopsis* petals. J [J]. Plant Molecular Bidogy, 57: 559−575.

Chen L Q, Qu X Q, Hou B H, et al. 2012. Sucrose efflux mediated by SWEET proteins as a key step for phloem transport. Science (New York, N.Y.) , 335, 207−211.

Cheng D W, Lin H, Takahashi Y, et al. 2010. Transcriptional regulation of the grape cytochrome P450 monooxygenase gene *CYP736B* expression in response to *Xylella fastidiosa* infection [J]. BMC Plant Biology, 10: 135.

Cheng N H, Pittman J K, Shigaki T, et al. 2005. Functional association of *Arabidopsis* CAX1 and CAX3 is required for normal growth and ion homeostasis [J]. Plant Physiology, 138, 2048−2060.

Chopin F, Orsel M, Dorbe M F, et al. 2007. The *Arabidopsis* ATNRT2.7 nitrate transporter controls nitrate content in seeds [J]. The Plant Cell, 19, 1590−1602.

Collinge D B, Kragh K M, Mikkelsen J D, et al. 1993. Plant chitinases [J]. The Plant Journal, 3 (1) : 31−40.

Cristina M S, Petersen M, Mundy J. 2010. Mitogen−activated protein kinase signaling in plants [J]. Annual Review of Plant Biology, 61: 621−649.

D'Hondt K, Bosch D, Van Damme J, et al. 1993. An aspartic proteinase present in seeds cleaves *Arabidopsis* 2 S albumin precursors in vitro [J]. Journal of Biological Chemistry, 268(28) : 20884−91.

Daimon T, Taguchi T, Meng Y, et al. 2008. β−Fructofuranosidase Genes of the Silkworm, Bombyx mori: insight into enzymatic adaptation of B. mor to toxic alkaloids in mulberry latex [J]. Journal of Biological Chemistry, 283: 15271−15279.

Darias−Martín J, Lobo−Rodrigo G, Hernández−Cordero J, et al. 2003. Alcoholic beverages obtained from black mulberry [J]. Food Technology and Biotechnology, 41: 173−176.

De Angeli A, Monachello D, Ephritikhine G, et al. 2006. The nitrate/proton antiporter AtCLCa mediates nitrate accumulation in plant vacuoles [J]. Nature, 442, 939−942.

de Oliveira C, Santana L A, Carmona A K, et al. 2001. Structure of cruzipain/cruzain inhibitors isolated from Bauhinia bauhinioides seeds [J]. Biological Chemistry, 382(5) : 847−852.

de Torres M, Sanchez P, Fernandez−Delmond I, et al. 2003. Expression profiling of the host response to bacterial infection: the transition from basal to induced defence responses in RPM1−mediated resistance [J]. Plant Journal, 33(4) : 665−676.

Delorme V G, McCabe P F, Kim D J, et al. 2000. A matrix metalloproteinase gene is expressed at the boundary of senescence and programmed cell death in cucumber [J]. Plant Physiology, 123 (3) : 917−27.

Dudler R, Hertig C. 1992. Structure of an mdr−like gene from *Arabidopsis thaliana*. Evolutionary implications [J]. The Journal of Biological Chemistry, 267, 5882−5888.

Dufour E K, Denault J B, Hopkins P C, et al. 1998. Serpin−like properties of alpha1−antitrypsin Portland towards furin convertase [J]. FEBS Lett., 426(1) : 41−46.

Durst F, Nelson D R. 1995. Diversity and evolution of plant P450 and P450−reductases [J]. Drug Metabol Drug Interact, 12: 189−206.

Filleur S, Dorbe, M F, Cerezo M, et al. 2001. An *Arabidopsis* T−DNA mutant affected in Nrt2 genes is impaired in nitrate uptake [J]. FEBS Letters, 489, 220−224.

Fontanini D, Jones B L. 2002. SEP−1—a subtilisin−like serine endopeptidase from germinated seeds of *Hordeum vulgare* L. cv. Morex [J]. Planta, 215 (6) : 885−93.

Franco O L, Grossi de Sa M F, Sales M P, et al. 2002. Overlapping binding sites for trypsin and papain on a Kunitz−type proteinase inhibitor from *Prosopis juliflora* [J]. Proteins, 49 (3) : 335−341.

Garfinkel D. 1958. Studies on pig liver microsomes. I. Enzymic and pigment composition of different microsomal fractions [J]. Archives of Biochemistry and Biophysics, 77: 493−509.

Geelen D, Lurin C, Bouchez D, et al. 2000. Disruption of putative anion channel gene AtCLC−a in *Arabidopsis* suggests a role in the regulation of nitrate content [J]. The Plant Journal: for Cell and Molecular Biology, 21, 259−267.

Gobert A, Isayenkov S, Voelker, C, et al. 2007. The two−pore channel TPK1 gene encodes the vacuolar K^+ conductance and plays a role in K^+ homeostasis [J]. Proceedings of the National Academy of Sciences, USA, 104, 10726−10731.

Golldack D, Popova O V, Dietz K J. 2002. Mutation of the matrix metalloproteinase At2−MMP inhibits growth and causes late flowering and early senescence in *Arabidopsis* [J]. Journal of Biological Chemistry, 277 (7): 5541−5547.

Gotoh O. 1998. Divergent structures of Caenorhabditis elegans cytochrome P450 genes suggest the frequent loss and gain of introns during the evolution of nematodes [J]. Molecular Biology and Evolution, 15: 1447−1459.

Gottwald J R, Krysan P J, Young J C, et al. 2000. Genetic evidence for the in planta role of phloem−specific plasma membrane sucrose transporters [J]. Proceedings of the National Academy of Sciences, USA, 97, 13979−13984.

Groover A, Jones A M. 1999. Tracheary element differentiation uses a novel mechanism coordinating programmed cell death and secondary cell wall synthesis [J]. Plant Physiology, 119 (2) : 375−84.

Hamel F, Bellemare G. 1993. Nucleotide sequence of a *Brassica napus* endochitinase gene [J]. Plant Physiology, 101 (4) : 1403.

Hamel L P, Nicole M C, Sritubtim S, et al. 2006. Ancient signals: comparative genomics of plant MAPK and MAPKK gene families [J]. Trends in Plant Science, 11: 192−198.

Han L, Li G J, Yang K Y, et al. 2010. Mitogen−activated protein kinase 3 and 6 regulate Botrytis cinerea-induced ethylene production in *Arabidopsis* [J]. The Plant Journal, 64: 114−127.

IIe N J, Zhang C, Qi X W, et al. 2013. Draft genome sequence of the mulberry tree *Morus notabilis* [J]. Nature Communications, 4: 2445.

Henrissat B. 1991. A classification of glycosyl hydrolases based on amino acid sequence similarities [J]. Biochemistry Journal, 280: 309−316.

Hermans C, Porco S, Bush D R, et al. 2010. Root morphological adaptation to nitrate availability in the model species *Arabidopsis thaliana*; proceedings of the Nitrogen 2010: 1st International Symposium on the Nitrogen Nutrition of Plants, F, [C].

Higgins C F. 1992. ABC transporters: from microorganisms to man [J]. Annual Review of Cell Biology, 8, 67−113.

Hirayama C, Konno K, Wasano N, et al. 2007. Differential effects of sugar−mimic alkaloids in mulberry latex on sugar metabolism and disaccharidases of Eri and domesticated silkworms: enzymatic adaptation of *Bombyx mori* to mulberry defense [J]. Insect Biochemistry and Molecular Biology, 37: 1348−1358.

Hofmann J, Kolev P, Kolev N, et al. 2009. The *Arabidopsis thaliana* Sucrose Transporter Gene AtSUC4 is Expressed in Meloidogyne incognita−induced Root Galls [J]. Journal of Phytopathology, 157, 256−261.

Huang C F, Yamaji N, Mitani N, et al. 2009. A bacterial−type ABC transporter is involved in aluminum tolerance in rice [J]. The Plant Cell, 21, 655−667.

Ichimura K, Shinozaki K, Tena G, et al. 2002. Mitogen−activated protein kinase cascades in plants: a new nomenclature [J]. Trends in Plant Science, 7: 301−308.

Ikeda M, Umami K, Hinohara M, et al. 2002. Functional expression of *Acetabularia acetabulum* vacuolar H^+-pyrophosphatase in a yeast VMA3-deficient strain [J]. Journal of Experimental Botany, 53, 2273−2275.

Irving J A, Pike R N, Dai W, et al. 2002. Evidence that serpin architecture intrinsically supports papain−like cysteine protease inhibition: engineering alpha（1）−antitrypsin to inhibit cathepsin proteases [J]. Biochemistry, 41（15）: 4998−5004.

Iseli B, Armand S, Roller T, et al. 1996. Plant chitinases use two different hydrolytic mechanisms [J]. FEBS Letters, 382（1）: 186−188.

Iwakawa H, Ueno Y, Semiarti E, et al. 2002. The ASYMMETRIC LEAVES2 gene of *Arabidopsis thaliana*, required for formation of a symmetric flat leaf lamina, encodes a member of a novel family of proteins characterized by cysteine repeats and a leucine zipper [J]. Plant Cell Physiol, 43: 467–478.

Jensen K, Moller B L. 2010. Plant NADPH−cytochrome P450 oxidoreductases [J]. Phytochemistry, 71: 132−141.

Jensen N B, Zagrobelny M, Hjerno K, et al. 2011. Convergent evolution in biosynthesis of cyanogenic defence compounds in plants and insects [J]. Nature Communications, 2: 273.

Jiang C, Huang R F, Song J L, et al. 2013. Genomewide analysis of the chitinase gene family in Populus trichocarpa [J]. Journal of Genetics, 92（1）: 121−125.

Jossier M, Kroniewicz L, Dalmas F, et al. 2010. The *Arabidopsis* vacuolar anion transporter, AtCLCc, is involved in the regulation of stomatal movements and contributes to salt tolerance [J]. The Plant Journal: for Cell and Molecular Biology, 64, 563−576.

Klingenberg M. 1958. Pigments of rat liver microsomes [J]. Archives of Biochemistry and Biophysics, 75: 376−386.

Komiyama T, Ray C A, Pickup D J, et al. 1994. Inhibition of interleukin−1 beta converting enzyme by the cowpox virus serpin CrmA. An example of cross−class inhibition [J]. Journal of Biological Chemistry, 269（30）: 19331−19337.

Konno K, Ono H, Nakamura M, et al. 2006. Mulberry latex rich in antidiabetic sugar−mimic alkaloids forces dieting on caterpillars [J]. Proc. Natl. Acad. Sci. USA, 103: 1337−1341.

Kragh K M, Hendriks T, De Jong A J, et al. 1996. Characterzation of chitinases able to rescue somatic embryos of the temperature−sensitive carrot varianttsl 1 [J]. Plant Molecular Biology, 31（3）: 631−645.

Krebs M, Beyhl D, Gorlich E, et al. 2010. *Arabidopsis* V−ATPase activity at the tonoplast is required for efficient nutrient storage but not for sodium accumulation [J]. Proceedings of the National Academy of Sciences, USA, 107, 3251−3256.

Krishna P, Gloor G. 2001. The Hsp90 family of proteins in *Arabidopsis thaliana* [J]. Cell Stress & Chaperones,

6（3）：238.

Kuo C J, Liao Y C, Yang J H, et al. 2008. Cloning and characterization of an antifungal class III chitinase from suspension−cultured bamboo（*Bambusa oldhamii*）cells［J］. Journal of Agricultural and Food Chemistry, 56（23）: 11507−11514.

Lalonde S, Wipf D, Frommer W B. 2004. Transport mechanisms for organic forms of carbon and nitrogen between source and sink［J］. Annual Review of Plant Biology, 55, 341−372.

Landschultz W H, Johnson P F, McKnight S L. 1988. The leucine zipper: a hypothetical structure common to a new class of DNA binding proteins［J］. Science, 240: 1759−1764.

Large A T, Goldberg M D, Lund P A.2009. Chaperones and protein folding in the archaea［J］. Biochemical Society Transactions, 37: 46−51.

Larkin M A, Blackshields G, Brown N P, et al. 2007. Clustal W and Clustal X version 2.0［J］. Bioinformatics, 23: 2947−2948.

Larsen P B, Geisler M J, Jones C A, et al. 2005. ALS3 encodes a phloem−localized ABC transporter−like protein that is required for aluminum tolerance in *Arabidopsis*［J］. The Plant Journal: for Cell and Molecular Biology, 41, 353−363.

Lee H. W, Kim M J, Kim N Y, et al. 2013. LBD18 acts as a transcriptional activator that directly binds to the EXPANSIN14 promoter in promoting lateral root emergence of *Arabidopsis*［J］. Plant Journal, 73: 212−224.

Lee H W, Kim N Y, Lee D J, et al. 2009. LBD18/ASL20 regulates lateral root formation in combination with LBD16/ASL18 downstream of ARF7 and ARF19 in *Arabidopsis*［J］. Plant Physiology, 151: 1377−1389.

Lee U, Rioflorido I, Hong S W, et al. 2007. The Arabidopsis ClpB/Hsp100 family of proteins: chaperones for stress and chloroplast development［J］. The Plant Journal: for Cell and Molecular Biology, 49（1）: 115−127.

Leidi E O, Barragan V, Rubio L, et al. 2010. The AtNHX1 exchanger mediates potassium compartmentation in vacuoles of transgenic tomato［J］. The Plant Journal: for Cell and Molecular Biology, 61, 495−506.

Li L, Cheng H, Gai J, et al. 2007. Genome−wide identification and characterization of putative cytochrome P450 genes in the model legume *Medicago truncatula*［J］. Planta, 226: 109−123.

Liang J B, Wang Y P, Ding G Y, et al. 2015. Biotic stress−induced expression of mulberry cystatins and identification of cystatin exhibiting stability to silkworm gut proteinases［J］. Planta, 242: 1139−1151.

Lin B L, Wang J S, Liu H C, et aL. 2001. Genomic analysis of the Hsp70 superfamily in *Arabidopsis thaliana*［J］. Cell Stress & Chaperones, 6（3）: 201−208.

Luo Y W, Ma B, et al. 2016 Identification and Characterization of Lateral Organ Boundaries Domain. Genes in Malberry, *Morus notabilis*［J］. Meta Gene, 8: 44−50.

Ma B, Luo Y, Jia L, et al. 2014. Genome−wide identification and expression analyses of cytochrome P450 genes in mulberry（*Morus notabilis*）［J］. Journal of Integrative Plant Biology, 56: 887−901.

Macario A J, Conway de Macario E.1999. The archaeal molecular chaperone machine: peculiarities and paradoxes［J］. Genetics, 152（4）: 1277−1283.

Mamedov T G, Shono M .2008. Molecular chaperone activity of tomato（*Lycopersicon esculentum*）endoplasmic reticulum−located small heat shock protein［J］. Journal of Plant Research. 121（2）: 235−243.

Mares M, Meloun B, Pavlik M, et al. 1989. Primary structure of cathepsin D inhibitor from potatoes and its structure relationship to soybean trypsin inhibitor family［J］. FEBS Lett., 251（1−2）: 94−98.

Margis R, Reis E M, Villeret V. 1998. Structural and phylogenetic relationships among plant and animal cystatins [J]. Archives of Biochemistry Biophysics, 359: 24−30.

Martinez M, Cambra I, Carrillo L, et al. 2009. Characterization of the entire cystatin gene family in barley and their target cathepsin L−like cysteine−proteases, partners in the hordein mobilization during seed germination[J]. Plant Physiol, 151: 1531−1545.

Mauch F, Mauch−Mani B, Boller T. 1988. Antifungal hydrolases in pea tissue II. Inhibition of fungal growth by combinations of chitinase and β−1, 3−glucanase[J]. Plant Physiology, 88（3）: 936−942.

Meng X, Zhang S. 2013. MAPK cascades in plant disease resistance signaling [J]. Annual Review of Phytopathology, 51: 245−266.

Moller S G, Kunkel T, Chua N H. 2001. A plastidic ABC protein involved in intercompartmental communication of light signaling [J]. Genes & Development, 15, 90−103.

Mortazavi A, Williams B A, Mccue K, et al. 2008. Mapping and quantifying mammalian transcriptomes by RNA−Seq[J]. Nature Methods, 5: 621−628.

Mutlu A, Pfeil J E, Gal S. 1998. A probarley lectin processing enzyme purified from *Arabidopsis thaliana* seeds [J]. Phytochemistry, 47（8）: 1453−1459.

Nakamura T, Ishikawa M, Nakatani H, et al. 2008. Characterization of cold−responsive extracellular chitinase in bromegrass cell cultures and its relationship to antifreeze activity [J]. Plant Physiology, 147（1）: 391−401.

Neale A D, Wahleithner J A, Lund M, et al. 1990. Chitinase, beta−1, 3−glucanase, osmotin, and extensin are expressed in tobacco explants during flower formation[J]. The Plant Cell, 2（7）: 673−684.

Nelson D R .2011. Progress in tracing the evolutionary paths of cytochrome P450[J]. Biochimica et Biophysica Acta（BBA）−Bioenergetics, 1814: 14−18.

Nelson D R, Kamataki T, Waxman D J, et al. 1993. The P450 superfamily: update on new sequences, gene mapping, accession numbers, early trivial names of enzymes, and nomenclature[J]. DNA and Cell Biology, 12: 1−51.

Nelson D R, Koymans L, Kamataki T, et al. 1996. P450 superfamily: update on new sequences, gene mapping, accession numbers and nomenclature[J]. Pharmacogenetics, 6: 1−42.

Nelson D R, Schuler M A, Paquette S M, et al. 2004a. Comparative genomics of rice and *Arabidopsis*. Analysis of 727 cytochrome P450 genes and pseudogenes from a monocot and a dicot[J]. Plant Physiology, 135: 756−772.

Nelson D R, Zeldin D C, Hoffman S M, et al. 2004b. Comparison of cytochrome P450（CYP）genes from the mouse and human genomes, including nomenclature recommendations for genes, pseudogenes and alternative−splice variants[J]. Pharmacogenetics and Genomics, 14: 1−18.

Nelson D R. 2006. Plant cytochrome P450s from moss to poplar[J]. Phytochemistry Reviews, 5: 193−204.

Nelson D R. 2009. The cytochrome p450 homepage[J]. Hum Genomics, 4: 59−65.

Nepal M P, Ferguson C J. 2012. Phylogenetics of *Morus*（Moraceae）Inferred from ITS and trnL−trnF Sequence Data[J]. Systematic Botany, 37: 442−450.

Neuhaus H E. 2007. Transport of primary metabolites across the plant vacuolar membrane [J]. FEBS Letters, 581, 2223−2226.

Nicholas K B, Nicholas H, Deerfield D. 1997. GeneDoc: analysis and visualization of genetic variation [J]. Embnew. News, 4.

Okushima Y, Fukaki H, Onoda M, et al. 2007. ARF7 and ARF19 regulate lateral root formation via direct activation of LBD/ASL genes in *Arabidopsis*［J］. Plant Cell, 19: 118−130.

Ori N, Eshed Y, Chuck G, et al. 2000. Mechanisms that control knox gene expression in the *Arabidopsis* shoot［J］. Development, 127: 5523−5532.

Ostersetzer O, Tabak S, Yarden O, et al. 1996. Immunological detection of proteins similar to bacterial proteases in higher plant chloroplasts［J］. European Journal of Biochemistry, 236（3）: 932−936.

Palma J M, Sandalio L M, Corpas F J, et al. 2002. Plant proteases, protein degradation, and oxidative stress: role of peroxisomes［J］. Plant Physiol Biochem, 40（6−8）: 40521−530.

Paquette S M, Bak S, Feyereisen R. 2000. Intron−exon organization and phylogeny in a large superfamily, the paralogous cytochrome P450 genes of *Arabidopsis thaliana*［J］. DNA and Cell Biology, 19: 307−317.

Passarinho P A, De Vries S C. 2002. *Arabidopsis* chitinases: a genomic survey［M］. The Arabidopsis book/ American Society of Plant Biologists.

Passarinho P A, Van Hengel A J, Fransz P F, et al. 2001. Expression pattern of the Arabidopsis thaliana AtEP3/ AtchitrV endochitinase gene［J］. Planta, 212（4）: 556−567.

Pathak R K, Taj G, Pandey D, et al. 2013. Modeling of the MAPK machinery activation in response to various abiotic and biotic stresses in plants by a system biology approach［J］. Bioinformation, 9: 443.

Pechan T, Cohen A, Williams W P, et al. 2002. Insect feeding mobilizes a unique plant defense protease that disrupts the peritrophic matrix of caterpillars［J］. Proceeding of the National Academy of Sciences, USA, 99（20）: 13319−23.

Pechan T, Ye L J, Chang Y M, et al. 2000. A unique 33−kD cysteine proteinase accumulates in response to larval feeding in maize genotypes resistant to fall armyworm and other lepidoptera［J］. Plant Cell, 12（7）: 1031−40.

Peiter E, Maathuis F J, Mills L N, et al. 2005. The vacuolar Ca^{2+}−activated channel TPC1 regulates germination and stomatal movement［J］. Nature, 434, 404−408.

Peltier J B, Ripoll D R, Friso G, et al. 2004. Clp protease complexes from photosynthetic and non−photosynthetic plastids and mitochondria of plants, their predicted three−dimensional structures, and functional implications ［J］. Journal of Biological Chemistry, 279（6）: 4768−4781.

Qi X, Shuai Q, Chen H, et al. 2014. Cloning and expression analyses of the anthocyanin biosynthetic genes in mulberry plants［J］. Molecular Genetics and Genomics, 289: 783−793.

Rawlings N D, Morton F R, Barrett A J. 2006. MEROPS: the peptidase database［J］. Nacleic Acids Research, 34 （suppl 1）: D270−D272.

Reinders A, Sivitz A B, Starker C G, et al. 2008. Functional analysis of LjSUT4, a vacuolar sucrose transporter from *Lotus japonicus*［J］. Plant Molecular Biology, 68, 289−299.

Reyna N S, Yang Y. 2006. Molecular analysis of the rice MAP kinase gene family in relation to *Magnaporthe grisea* infection［J］. Molecular Plant−microbe Interactions, 19: 530−540.

Ritossa F.1962. A new puffing pattern induced by temperature shock and DNP in drosophila［J］. Experientia, 18 （12）: 571−573.

Rubin G, Tohge T, Matsuda F, et al. 2009. Members of the LBD family of transcription factors repress anthocyanin synthesis and affect additional nitrogen responses in *Arabidopsis*［J］. Plant Cell, 21: 3567− 3584.

Saitou N, Nei M. 1987. The neighbor−joining method: a new method for reconstructing phylogenetic trees［J］.

Molecular Biology and Evolution, 4: 406−425.

Samac D A, Hironaka C M, Yallaly P E, et al. 1990. Isolation and characterization of the genes encoding basic and acidic chitinase in *Arabidopsis thaliana*［J］. Plant Physiology, 93（3）: 907−914.

Sarkar N K, Kim Y K, Grover A.2009. Rice sHsp genes: genomic organization and expression profiling under stress and development ［J］. BMC Genomics, 10: 393. doi:10.1186/1471−2164−10−393.

Sasaki T, Ezaki B, Matsumoto H. 2002. A gene encoding multidrug resistance（MDR）−like protein is induced by aluminum and inhibitors of calcium flux in wheat ［J］. Plant & Cell Physiology, 43, 177−185.

Schuhegger R, Nafisi M, Mansourova M, et al. 2006. CYP71B15（PAD3）catalyzes the final step in camalexin biosynthesis［J］. Plant Physiology, 141: 1248−1254.

Schwacke R, Schneider A, van der Graaff E, et al. 2003. ARAMEMNON, a novel database for *Arabidopsis* integral membrane proteins ［J］. Plant Physiology, 131, 16−26.

Semiarti E, Ueno Y, Tsukaya H, et al. 2001. The ASYMMETRIC LEAVES2 gene of *Arabidopsis thaliana* regulates formation of a symmetric lamina, establishment of venation and repression of meristem−relatedhomeobox genes in leaves ［J］. Development, 128: 1771−1783.

Serrano−Cartagena J. 1999. Genetic analysis of leaf form mutants from the *Arabidopsis* information service collection ［J］. Molecular Genetics and Genomics, 261: 725−739.

Shuai B, Reynaga−Pena C G, Springer P S. 2002. The LATERAL ORGAN BOUNDARIES gene defines a novel, plant−specific gene family ［J］. Plant Physiol, 129: 747−761.

Siddique M, Gernhard S, von Koskull−Doring P, et al. 2008. The plant sHSP superfamily: five new members in *Arabidopsis thaliana* with unexpected properties ［J］. Cell Stress & Chaperones, 13（2）: 183−197.

Stressmann M, Kitao S, Griffith M, et al. 2004. Calcium interacts with antifreeze proteins and chitinase from cold−acclimated winter rye［J］. Plant Physiology, 135（1）: 364−376.

Stubbs MT, Laber B, Bode W, et al. 1990. The refined 2.4 A X−ray crystal structure of recombinant human stefin B in complex with the cysteine proteinase papain: a novel type of proteinase inhibitor interaction［J］. EMBO J., 9: 1939–1947.

Sun L, Liu Y, Kong X, et al. 2012. ZmHSP16.9, a cytosolic class I small heat shock protein in maize（Zea mays）, confers heat tolerance in transgenic tobacco ［J］. Plant Cell Reports, 31（8）: 1473−1484.

Sun W, Chen H, Wang J, et al. 2014. Expression analysis of genes encoding mitogen−activated protein kinases in maize provides a key link between abiotic stress signaling and plant reproduction［J］. Functional & Integrative Genomics: 1−14.

Sun W, Van Montagu M, Verbruggen N.2002. Small heat shock proteins and stress tolerance in plants ［J］. Biochimica et Biophysica Acta, 1577（1）: 1−9.

Sun Y, Zhang W, Li F, et al. 2000. Identification and genetic mapping of four novel genes that regulate leaf development in *Arabidopsis* ［J］. Cell Research, s10: 325−335.

Tamura K, Peterson D, Peterson N, et al. 2011. MEGA5: molecular evolutionary genetics analysis using maximum likelihood, evolutionary distance, and maximum parsimony methods［J］. Molecular Biology and Evolution, 28: 2731−2739.

Tokes Z A, Woon W C, Chambers S M. 1974. Digestive enzymes secreted by carnivorous plant *Nepenthes macferlanei*−1 ［J］. Planta, 119（1）: 39–46.

Tornero P, Conejero V, Vera P. 1996. Primary structure and expression of a pathogen−induced protease（PR−P69） in tomato plants: similarity of functional domains to subtilisin−like endoproteases ［J］. Proceeding of the

National Academy of Sciences. USA, 93（13）: 6332–6337.

Tornero P, Conejero V, Vera P. 1997. Identification of a new pathogen−induced member of the subtilisin−like processing protease family from plants［J］. Journal of Biological Chemistry, 272（22）: 14412−14419.

Valueva T A, Revina T A, Mosolov V V. 1997. Potato tuber protein proteinase inhibitors belonging to the Kunitz soybean inhibitor family［J］. Biochemistry（Mosc）, 62（12）: 1367−74.

Van Den Burg H A, Harrison S J, Joosten M H, et al. 2006. Cladosporium fulvum Avr4 protects fungal cell walls against hydrolysis by plant chitinases accumulating during infection［J］. Molecular Plant−microbe Interactions, 19（12）: 1420−1430.

van der Hoorn R A. 2008. Plant proteases: from phenotypes to molecular mechanisms［J］. Annual Review of Plant Biology, 59: 191−223.

Van Hengel A J, Guzzo F, De Vries S C. 1998. Expression pattern of the carrot EP3endochitinase genes in suspension cultures and in developing seeds［J］. Plant Physiology, 117（1）: 43−53.

Velazhahan R, Samiyappan R, Vidhyasekaran P. 2000. Purification of an elicitor−inducible antifungal chitinase from suspension−cultured rice cells［J］. Phytoparasitica, 28（2）: 131−139.

Venkatesh Kumar R, Chauhan S.2008. Mulberry: life enhancer［J］. Journal of Medicinal Plants Research, 2: 271−278.

Voitsekhovskaja O V, Koroleva O A, Batashev D R, et al. 2006. Phloem loading in two Scrophulariaceae species. What can drive symplastic flow via plasmodesmata?［J］. Plant Physiology, 140, 383−395.

von der Fecht−Bartenbach J, Bogner M, Dynowski M, et al. 2010. CLC−b−mediated NO_3^-/H^+ exchange across the tonoplast of Arabidopsis vacuoles［J］. Plant & Cell Physiology, 51, 960−968.

Wang W, Vinocur B, Shoseyov O, et al.2004. Role of plant heat−shock proteins and molecular chaperones in the abiotic stress response［J］. Trends Plant Sci., 9（5）: 244−252.

Ward J, Schroeder J. 1994. Calcium−activated K^+ channels and calcium−induced calcium release by slow vacuolar ion channels in guard cell vacuoles implicated in the control of stomatal closure［J］. The Plant Cell, 6.

Waters E R .2013. The evolution, function, structure, and expression of the plant sHSPs［J］. Journal of Experimental Botany, 64（2）: 391−403.

Wei C, Liu X, Long D, et al. 2014. Molecular cloning and expression analysis of mulberry MAPK gene family［J］. Plant Physiology and Biochemistry, 77: 108−116.

Werck−Reichhart D, Bak S, Paquette S. 2002. Cytochromes P450［M］. The Arabidopsis Book/American Society of Plant Biologists, 1.

Wisniewski K, Zagdanska B. 2001. Genotype−dependent proteolytic response of spring wheat to water deficiency ［J］. Journal of Experimental Botany, 52（360）: 1455−63.

Wiweger M, Farbos I, Ingouff M, et al. 2003. Expression of Chia4−Pa chitinase genes during somatic and zygotic embryo development in Norway spruce（Picea abies）: similarities and differences between gymnosperm and angiosperm class IV chitinases［J］. Journal of Experimental Botany, 54（393）: 2691−2699.

Wu S, Chappell J. 2008. Metabolic engineering of natural products in plants; tools of the trade and challenges for the future［J］. Current Opinion in Biotechnology, 19: 145−152.

Xu H, Martinoia E, Szabo I. 2015. Organellar channels and transporters［J］. Cell Calcium, 58, 1−10.

Xu Y, Sun Y, Liang W, et al. 2002. The Arabidopsis AS2 gene encoding a predicted leucine−zipper protein is required for the leaf polarity formation［J］. Acta Botanica Sinica, 44: 1194−1202.

Yano A, Suzuki K, Shinshi H. 1999. A signaling pathway, independent of the oxidative burst, that leads to hypersensitive cell death in cultured tobacco cells includes a serine protease [J]. Plant J, 18（1）: 105–109.

Yeh S, Moffatt B A, Griffith M, et al. 2000. Chitinase genes responsive to cold encode antifreeze proteins in winter cereals[J]. Plant Physiology, 124（3）: 1251−1264.

Zeng Q, Sritubtim S, Ellis B E. 2011. AtMKK6 and AtMPK13 are required for lateral root formation in *Arabidopsis*[J]. Plant Signaling & Behavior, 6: 1436−1439.

Zhang S, Klessig D F. 2001. MAPK cascades in plant defense signaling[J]. Trends in Plant Science, 6: 520−527.

Zhang S, Xu R, Luo X, et al. 2013a. Genome−wide identification and expression analysis of MAPK and MAPKK gene family in *Malus domestica*[J]. Gene, 531: 377−387.

Zhang X, Cheng T, Wang G, et al. 2013b. Cloning and evolutionary analysis of tobacco MAPK gene family[J]. Molecular Biology Reports, 40: 1407−1415.

Zhang X, Wang L, Xu X, et al. 2014. Genome−wide identification of mitogen−activated protein kinase gene family in *Gossypium raimondii* and the function of their corresponding orthologs in tetraploid cultivated cotton[J]. BMC Plant Biology, 14: 345.

Zhao J, Barkla B J, Marshall J, et al. 2008. The Arabidopsis cax3 mutants display altered salt tolerance, pH sensitivity and reduced plasma membrane H^+−ATPase activity [J]. Planta, 227, 659−669.

Zipfel C, Robatzek S, Navarro L, et al. 2004. Bacterial disease resistance in *Arabidopsis* through flagellin perception [J]. Nature, 428（6984）: 764−767.

第十章 桑树的蛋白质组

在中国自古就有"栽桑养蚕"的传统，几千年以来，关于桑树的研究主要集中在杂交育种和桑叶品质的改良等方面，而对于分子生物学方面的研究却为之甚少。2010年11月，西南大学家蚕基因组生物学国家重点实验室桑树研究团队联合国内其他单位启动了桑树基因组计划，在2013年顺利完成了桑树的全基因组测序的工作（He et al.，2013），并建立了桑树基因组数据库（Li et al.，2014）和理论蛋白质数据库，开展了桑树蛋白质组研究。本章主要介绍桑树叶片蛋白质组和乳汁蛋白质组的研究。

一、概述

蛋白质组学是一种高通量、大规模地对某一类型细胞、组织或整个物种的特定时期的所有蛋白质的鉴定的学科。蛋白质组（proteome）一词最早由Wilkins和Williams于1994年提出，见于1995年的Electrophoresis杂志。得益于基因组测序技术的迅速发展，多个物种的蛋白质组被广泛研究。蛋白质是基因功能和各种生理过程的最终体现者和执行者，对蛋白质组的解析为基因功能的研究提供重要的数据。植物蛋白质组学的相关研究在拟南芥、玉米、水稻和杨树中已有报道。其中，拟南芥中研究最深入，接近40%的拟南芥蛋白质已经在蛋白质组学研究中被鉴定到，通过比较蛋白质组学分析，多个组织或器官特异的蛋白质已被鉴定（Baerenfaller et al.，2008）。

桑叶是利用最广泛的桑树组织，全基因组序列的解析，也为桑叶蛋白质的组成解析提供了一条途径。另外，桑叶是昆虫取食和病虫害发病的常见组织，通过鉴定其中可能的防御蛋白能够为桑树品种的改良提供候选基因。

根据是否使用标记物，蛋白质定量的方法可以简单分为：标记依赖型（label-dependent）蛋白质定量方法和标记非依赖型（label-free）蛋白质定量方法。由于标记依赖型蛋白质组学的造价较高而且受标记效率影响蛋白质鉴定数目较少，因此标记非依赖型的方法目前被广泛采用。已有研究表明，NSAF（Normalized Spectral Abundance Factor）的方法能够有效地进行蛋白质定量，而被广泛应用（Le Bihan et al.，2006；Paoletti et al.，2006；Zybailov et al.，2006；Kalluri et al.，2009）。通过标记非依赖型的方法，能够分离特异的蛋白质，不仅能够用作分析桑树高蛋白质含量来源的线索，同时能够用作桑树遗传改良的靶标。

二、桑树叶片蛋白质组

（一）桑树叶片总肽段的提取和质谱分析

1. 桑树蛋白质组的实验材料——川桑

川桑生长于海拔约1500m的山区，主要分布于中国四川。1907年德国传教士C. K. Schneider最早于四川雅安发现，因其发现地为四川而得名为"川桑"。川桑为当时发现的唯一的14条染色体的桑树资源，被确定为基因组测序的材料，因此也被选作蛋白质学分析的材料。西南大学桑树团队组织的资源考察在四川雅安市荥经县烟竹乡发现了川桑，主干围粗3.5m，树体高约30m，目前仅能在四川雅安市荥经县的原始森林中观察到自然状态下生长的川桑。

2. 桑树蛋白质提取及质谱分析

新鲜采摘的桑叶片立即放在液氮中速冻，经过匀浆，利用"酚–甲醇–醋酸铵"法提取桑树叶片总蛋白质。"鸟枪法"的策略用于桑叶蛋白质组成的鉴定：经过SDS–PAGE的分离（图10-1），利用考马斯亮蓝染色显示桑叶总蛋白质的条带，切取蛋白质条带，经过胰蛋白酶消化，最终提取所有胶块中的肽段用于质谱分析。所有肽段经过HPLC分离后进入质谱仪，使用的机器为TripleTOF 5600（AB SCIEX，Concord，ON），离子源为Nanospray III source（AB SCIEX，Concord，ON），放射器为石英材料拉制的喷针（New Objectives，Woburn，MA）。数据采集时，机器的参数设置如下：离子源喷雾电压2.5kV，氮气压力为30Psi*，喷雾气压15Psi，喷雾接口处温度150℃；扫描模式为反射模式，分辨率≥30000；积累250ms的从2+～5+的离子挑选其中强度每秒积累超过120分的前30个进行扫描，3.3s为一个循环；第二个四极杆（Q2）的传输窗口设置为100Da为100%；脉冲射频电的频率为11kHz；检测器的检测频率为40GHz；每次扫描的粒子信号以4个通道分别记录共4次后合并转化成数据；离子碎裂的能量设置为（35±5）eV；母离子动态排除设置为：在一半的出峰时间内（约18s），相同母离子的碎裂不超过2次。将获得的谱图比对桑树理论蛋白质数据库，获得鉴定结果。

（二）桑树叶片蛋白质组成分析

1. LC-MS/MS鉴定结果

经过2次生物学重复，利用LC-MS/MS的方法共获得2991个桑树蛋白质（表10-1）。其中，第一次实验鉴定到2425个桑叶蛋白质；第二次实验共获得2513个桑树蛋白；2次实验中共有的蛋白质1947个（图10-2）。

表10-1　桑叶蛋白质组质谱分析结果

Table 10-1　The mass spectrometry analysis of mulberry leaf proteome

实验组	鉴定的蛋白质	共有蛋白	百分比
实验1	2425	1947	80.3
实验2	2513		77.5
合计	2991	1947	—

* Psi=6.895kPa

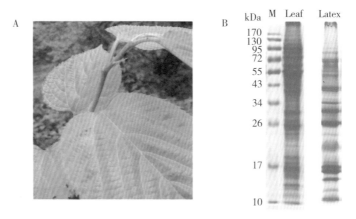

图10-1　川桑叶片蛋白质SDS-PAGE分析

A．获取叶片材料的川桑；B．SDS-PAGE电泳分析

Figure 10-1　SDS-PAGE analysis of leaf proteins of *Morus notabilis*

A. Mulberry tree, *Morus notabilis*; B. SDS-PAGE analysis of leaf proteins

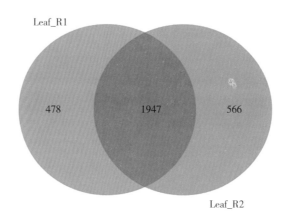

图10-2　桑叶中鉴定的蛋白质

Figure 10-2　Identification of mulberry leaf proteins

2．桑叶蛋白质功能分类

根据报道的分类方法（Bevan et al.，1998），将从桑叶中鉴定的2991个蛋白质进行功能分类，共分为13类，结果如图10-3所示，总结为：细胞生长与分裂相关的蛋白质、细胞结构蛋白、抗性及防御蛋白、能量相关蛋白、细胞间或细胞器间转运相关蛋白、基础代谢相关蛋白、蛋白质归属和储藏相关蛋白、蛋白质合成相关蛋白、次生代谢相关蛋白、信号转导蛋白、转录调控蛋白、转运蛋白以及未分类的蛋白质（包括功能未知的蛋白和没有明确功能分类的蛋白）。所有鉴定的蛋白质中，91.2%的蛋白质能够被归类。其中，桑叶中数目最多的5类蛋白质分别是：代谢相关蛋白、蛋白质归属和储藏相关的蛋白质、转录调控相关蛋白、能量代谢相关的蛋白质以及抗性和防御相关的蛋白质。

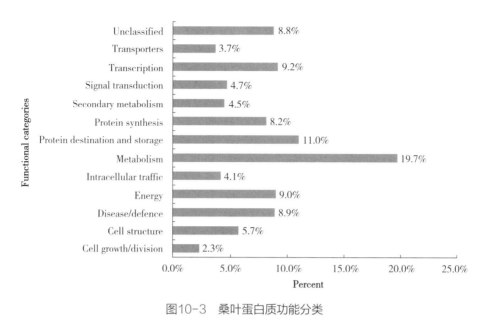

图10-3　桑叶蛋白质功能分类

Figure 10-3　The functional category of mulberry leaf proteins

　　根据参与的生理过程和蛋白质的分子功能，共鉴定到404个代谢相关的蛋白质，占总鉴定蛋白的20.7%，这些蛋白质主要参与了氨基酸代谢、碳水化合物代谢、脂类代谢、嘌呤和嘧啶代谢、辅酶代谢以及氮、硫等无机化合物的代谢过程。219个（11.2%）能量代谢相关的蛋白质，它们主要参与了糖酵解、糖异生、磷酸戊糖途径、TCA途径、光合作用、呼吸作用以及电子传递过程。171个（8.8%）蛋白质合成相关蛋白，包括核糖体蛋白合成过程、翻译起始和延伸因子、tRNA合成酶以及其他的蛋白质。120个（6.2%）细胞结构蛋白主要参与构建桑细胞壁、细胞膜、细胞骨架、内质网、高尔基体、细胞核、染色体、线粒体、叶绿体、液泡以及蛋白酶体等细胞结构和细胞器。另外多个蛋白质复合体蛋白被鉴定到，它们参与了光系统复合体组成、磷酸丙酮酸水合酶复合物、甘氨酸剪切复合体、线粒体外膜转位酶复合体、蛋白酶–泛素连接酶复合体、RNA剪切复合体等。

　　另外，鉴定到242个（12.4%）蛋白质折叠与修饰相关的蛋白质，它们参与了蛋白质的折叠和稳定性、蛋白质靶向、翻译后修饰、蛋白质复合体的组装、蛋白质的水解以及蛋白质的储藏等过程。38个（2.0%）蛋白质参与了桑树的细胞生长与分裂过程，包括细胞的生长、有丝分裂和减数分裂、DNA的合成与复制、DNA重组与修复、细胞周期以及细胞因子和生长调节蛋白。156个（8.0%）转录调控相关蛋白，主要参与rRNA合成、tRNA合成、mRNA合成、转录因子、染色质修饰、mRNA的加工与运输等过程。74个（3.8%）信号转导相关的蛋白质，主要包括受体蛋白、信号传递蛋白、蛋白质激酶、磷酸酶以及G–蛋白相关信号分子。184个（9.5%）胁迫相关蛋白，它们响应或参与了非生物胁迫过程，例如热/冷胁迫、干旱/水淹胁迫、抗氧化过程以及盐胁迫等过程。生物胁迫过程，主要包括响应或抵御植食性昆虫或动物的取食和病原微生物的侵染过程，对桑树具有重要的意义。另外，在桑树叶片中鉴定到82个（4.2%）次生代谢相关的蛋白质，它们广泛地参与了苯丙氨

酸/酚类化合物、萜类化合物、生物碱、胺以及非蛋白质氨基酸等化合物的合成，这些化合物参与了植物对取食昆虫的吸引或者排斥的过程，对于理解昆虫与宿主植物的化学关系具有重要意义；对桑树而言，对这些化合物合成相关酶类的功能的研究对于解析桑树的次生代谢化合物作用以及桑叶的医学用途可能具有重要的价值。

三、桑树乳汁蛋白质组学

（一）乳汁的防御作用

1. 分泌乳汁是植物有效的防御策略

在漫长的进化过程中，植物进化出了多种防御策略。当植物受到植食性昆虫啃食的时候，其体内会产生一系列的变化，包括释放植物激素（例如，茉莉酸JA）、产生有毒的化学物质、通过挥发性的分子吸引昆虫的天敌或者警告相邻的同类启动防御。另一种较为有效的策略是，植物会在昆虫啃食的部位分泌乳汁。乳汁，是植物采用的有效的防御手段之一，自然界中10%的开花植物能够分泌乳汁。从乳汁的特点分析，乳汁是一种黏性的乳液，当植物受到昆虫啃食或者机械损伤时，植物即刻在伤口处分泌乳汁。统计分析表明，分布于40个科的20000多种被子植物能够分泌乳汁（Agrawal and Konno，2009；Konno，2011）。当前研究认为乳汁存在于乳管细胞（laticifers）中，一旦伤口出现，乳汁迅速在该处集结，暴露在空气中，随即发生凝集。1887年，James第一次提出乳汁具有防御作用的假说。至1905年，德国的Kniep第一次用实验证明乳汁具有抵御昆虫取食的作用。随后，研究者在多种植物中研究了乳汁的防卫作用。植物的乳汁的黏度较大的特性能够有效地阻止昆虫取食或杀死昆虫。植物的乳汁能够粘住昆虫的身体或者口器以阻止其取食（Dussourd，1993；Dussourd，1995）。

2. 桑树是分泌乳汁的典型材料

对于植物乳汁中蛋白质组分的研究主要集中在对乳汁中活性组分的检测、对乳汁中某一种蛋白质的纯化以及酶活性的测定等。这些研究的局限在于对获得的活性组分中的蛋白质组成并不清楚，无法解释真正起作用的蛋白质。另外，对于单个蛋白质的纯化虽然能够在一定程度上解释这类蛋白质具有抗虫的作用，然而单一的蛋白质引起的抗虫效应仍无法与全乳汁相比，表明乳汁并非依靠单一的分子起作用，暗示多种分子的协同作用存在。那么解析乳汁中蛋白质的组成对于理解乳汁抗性作用极为关键。

3. 乳汁蛋白抑制昆虫取食

乳汁是植物在漫长的进化过程中产生的一种有效的防御武器，其中含有大量的蛋白质。研究者最为感兴趣的是乳汁的组成成分。已有报道的蛋白质主要包括蛋白酶、蛋白酶抑制子、氧化酶、凝集素、几丁质结合蛋白、几丁质酶、糖苷酶以及磷酸酶等。植物的乳汁中存在多种蛋白酶，在番木瓜科、夹竹桃科和桑科植物的乳汁中鉴定到半胱氨酸蛋白酶（Arribére et al.，1998；Rasmann et al.，2009）；在夹竹桃科、桑科、大戟科和旋花科植物的乳汁中发现了丝氨酸蛋白酶（Tomar et al.，2008；Patel et al.，2007）。直接的实验证据表明，番木瓜和无花果乳汁中的半胱氨酸蛋白酶能够抑制植食性昆虫的取食和生长（Konno et al.，2004）。除此之外，在无花果和番木瓜的乳汁中含有丝氨酸蛋白酶抑制子（Kim et al.，2003；Azarkan et al.，2004）。半胱氨酸蛋白酶抑制子在牛角瓜的乳汁中也被鉴定得到（Ramos et al.，2010）。在笋瓜的韧皮部渗出液中同时鉴定到了3种蛋白酶（丝氨酸蛋白酶、半胱氨酸蛋白酶和天冬氨酸蛋白酶）的抑制子（Kehr，2006；Walz et al.，2004）。昆虫啃食能够诱导一种胰蛋白酶抑制子进入番木瓜乳汁（Azarkan et al.，2004）。来自牛角瓜乳汁的一个蛋白质组分能够强烈地抑制半胱氨酸蛋白酶的活性并对大豆夜蛾、地中海果蝇和四纹豆象具有毒性（Ramos et al.，2007；Ramos et al.，2010）。多酚氧化酶和过氧化物酶是植物主要的氧化酶，已在多种植物的乳汁中被鉴定到（Konno，2011）。研究表明多酚氧化酶和过氧化物酶参与了渗出的乳汁的褐化和凝集过程，它们能够将单羟基和二羟基酚转化为活性物质，使其能够与半胱氨酸的巯基和赖氨酸的氨基共价结合最终导致昆虫无法利用这些氨基酸（Zhu-Salzman et al.，2008）。另有研究证明，苯丙氨酸解氨酶和脂氧合酶对植食性昆虫具有抑制作用（Felton et al.，1994）。凝集素是一类重要的乳汁蛋白，已经在大戟科、桑科和夹竹桃科的植物乳汁中鉴定到了凝集素蛋白（Konno，2011）。Hevein是一种巴西橡胶树乳汁中的主要的蛋白质，能够与几丁质结合并参与了乳汁的凝集（Gidrol et al.，1994）。在桑树乳汁中鉴定到的MLX56具有几丁质酶和hevein的结构域，研究证明在低浓度下即对甘蓝夜蛾和蓖麻蚕具有毒性（Wasano et al.，2009）。

另外，在植物乳汁中发现的几丁质酶能够破坏几丁质，对植食性昆虫具有强烈毒性（Lawrence et al.，2006；Lawrence and Novak，2006；Kitajima et al.，2010）。除了蛋白质组分，在植物的乳汁中鉴定到了多种次生代谢物质，主要包括生物碱、强心甾、萜类化合物等，已有报道，这些次生代谢物质能够抑制昆虫的生长和进食（Gershenzon and Croteau，1991；Agrawal and Konno，2009；Konno，2011）。

（二）桑树乳汁总肽段的提取和质谱分析

获取川桑叶片中的乳汁，立即放入液氮保存。"鸟枪法"的策略用于乳汁蛋白质组成的鉴定：离心去除乳汁中不溶物，上清液用于SDS-PAGE电泳分离，利用考马斯亮蓝染色显示乳汁总蛋白质的条带，切取蛋白质条带，经过胰蛋白酶消化，最终提取所有胶块中的肽段用于质谱分析（图10-4）。

严格的肽段收集及鉴定参数对于质谱鉴定结果至关重要，桑树蛋白质组学的分析中，所有肽段经过HPLC（高效液相色谱）分离，将抽干的每个组分分别用缓冲液A（5% ACN，0.1% FA）复溶至20μL，上样18μL。20000g离心10min，除去不溶物质。每个组分上样5μL（约2.5μg蛋白），通过岛津公司LC-20AD型号的纳升液相色谱仪进行分离。所用的柱子包括Trap柱

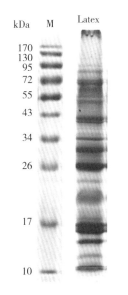

图10-4 川桑乳汁蛋白质
SDS-PAGE分析

Figure 10-4 SDS-PAGE analysis of latex proteins of *Morus notabilis*

和分析柱两部分。分离程序如下：先以8μL/min的流速在4min内将样品上载到Trap柱上，紧接一个总流速为300nL/min的分析梯度将样品带入分析柱，分离并传输至质谱系统。先在5% buffer B（95% ACN，0.1% FA）下洗脱5min，35min的线性梯度使buffer B的比例由5%上升至35%，在接下来的5min内提高到60%，然后在2min内buffer B增加到80%并保持2min，最后在1min内恢复至5%并在此条件下平衡10min。经过液相分离的肽段进入到串联ESI质谱仪：Q-EXACTIVE（ThermoFisherScientific，San Jose，CA）。

一级质谱分辨率设置为70000，二级分辨率为17500。在母离子中挑选电荷为2+~5+，峰强度超过20000的15个母离子进行二级分析，用碰撞能量为27kV的HCD模式对肽段进行碎裂，碎片在Orbi中检测。动态排除时间设定为色谱半峰宽时长。离子源电压设置为1.6kV。AGC通过Orbi来实现，其设置为一级3E6、二级1E5；扫描的质荷比范围为一级350~2000、二级100~1800。将获得的谱图比对桑树理论蛋白质数据库，获得鉴定结果。

（三）桑树乳汁蛋白质组成分析

1. LC-MS/MS鉴定结果

桑树乳汁蛋白质谱的检测经过2次生物学重复。利用LC-MS/MS的方法，共鉴定到2214个桑树乳汁蛋白质（表10-2）。其中，第一次实验鉴定到1797个蛋白质；第二次实验共获得1454个桑树蛋白；2次实验中共有的蛋白质1037个。

表10-2　桑树乳汁蛋白质组质谱分析结果
Table 10-2　The mass spectrometry analysis of mulberry latex proteome

实验组	鉴定的蛋白质	共有蛋白	百分比
实验1	1797	1037	57.7
实验2	1454		71.3
合计	2214	1037	—

2. 桑树乳汁蛋白质功能分类

根据功能分类，鉴定的2214个桑树乳汁蛋白质能够分为13类。结果如图10-5所示，总结为：细胞生长与分裂相关的蛋白质、细胞结构蛋白、抗性及防御蛋白、能量相关蛋白、细胞间或细胞器间转运相关蛋白、基础代谢相关蛋白、蛋白质归属和储藏相关蛋白、蛋白质合成相关蛋白、次生代谢相关蛋白、信号转导蛋白、转录调控蛋白、转运蛋白以及未分类的蛋白质（包括功能未知的蛋白和没有明确功能分类的蛋白）。所有鉴定的蛋白质中，乳汁中91.4%能够被归类，数目最多的5类蛋白质分别是：代谢相关蛋白、蛋白质归属和储藏相关的蛋白质、转录调控相关蛋白、未分类的蛋白质以及抗性和防御相关的蛋白质。

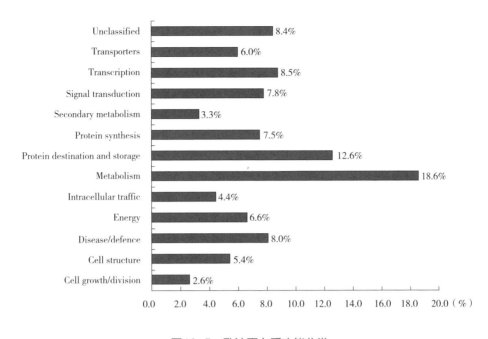

图10-5　乳汁蛋白质功能分类

Figure 10-5　The functional category of mulberry latex proteins

　　其中，参与取食者和微生物侵染防御的蛋白质是乳汁蛋白质组研究的重点。在桑树乳汁中鉴定到多个蛋白酶和蛋白酶抑制子蛋白，包括5个半胱氨酸蛋白酶、4个天冬氨酸蛋白酶、9个丝氨酸蛋白酶、5个丝氨酸羧肽酶以及4个金属蛋白酶；另外，包括4个半胱氨酸蛋白酶和1个丝氨酸蛋白酶。在其他植物的研究中，这些蛋白酶的同源蛋白参与了对取食昆虫和病原微生物的防御功能，可能作为桑树乳汁抗性蛋白质的研究靶标。已有研究报道，桑树乳汁中的一种半胱氨酸蛋白酶能够抑制蓖麻蚕的取食。昆虫咬食植物能够激活茉莉酸信号，多个受到茉莉酸信号调控的蛋白质被鉴定到。在桑树乳汁中，鉴定到了1个丙二烯氧合酶和2个丙二烯环化酶，它们是参与茉莉酸合成的关键酶。另外，1个Patatin蛋白质被鉴定到，它参与了植物氧脂素的生物合成。1个TOPLESS蛋白质在乳汁中被鉴定到，它是茉莉酸信号途径的关键蛋白质。另外，多个参与病原微生物侵染的蛋白质被鉴定到，其中包括3个多聚半乳糖醛酸酶抑制子、1个凝集素α蛋白、1个含有LysM结构域的GPI锚定蛋白、结瘤相关蛋白以及一些在其他植物中已经鉴定的病原菌感染相关的蛋白质。

　　另外，在桑树乳汁中鉴定到了大量的抗氧化蛋白，例如过氧化物还原酶、谷胱甘肽S-转移酶、L-抗坏血酸过氧化物酶、过氧化物酶、铜锌超氧化物歧化酶以及谷胱甘肽还原酶等蛋白质。桑树乳汁中鉴定到了超过50个与非生物胁迫相关的蛋白质，涉及的刺激包括干旱、水淹、缺氧、盐胁迫、热/冷胁迫以及渗透压调节相关的蛋白质。超过50个次生代谢相关的蛋白质被鉴定到，它们参与了黄酮和异黄酮的合成、异喹啉生物碱的合成、白三烯的合成、木质素的合成、氧脂素的合成、苯丙素的合成、氰基氨基酸代谢、多胺生物合成以及迷迭香酸的合成等，这些蛋白质参与了次生代谢产物合成或代谢的关键步骤。

四、桑树比较蛋白质组学研究

(一)桑树叶片和乳汁蛋白质组的比较

我们在桑叶和桑乳汁中分别鉴定到了2991个和2214个蛋白质，将在桑叶中鉴定的蛋白质和桑树乳汁中鉴定的蛋白质进行比较，发现两者共有的蛋白质为1389个，分别占桑叶和桑乳汁蛋白质总数的46.4%和62.7%。两个组织中共鉴定到3816个独立蛋白质（unique proteins），占桑树理论蛋白质总数的13.0%。

仅在叶片中鉴定的蛋白质为1602个，只在乳汁中鉴定的蛋白质为825个，结果如图10-6所示。这一结果表明，桑树乳汁蛋白质与桑叶的蛋白质已经具有较大的不同。对两者共有的1389个蛋白质的分析发现，其中含有157个基础代谢相关的蛋白质，负责氨基酸、碳水化合物、脂类、辅酶以及氮和硫等无机化合物的代谢；117个蛋白质折叠和后加工等相关的蛋白质，主要参与了蛋白质的折叠、翻译后修饰以及蛋白质的靶向等功能；另外，83个胁迫相关的蛋白质，参与了桑树非生物胁迫、抗虫和抵御病原微生物侵染等作用；20个次生代谢相关的蛋白质，负责了次生代谢产物的合成与代谢过程；另外还包括83个能量代谢相关的蛋白质、36个细胞结构蛋白、8个细胞生长及分裂相关蛋白、30个细胞内转运相关蛋白、80个蛋白质合成相关的蛋白质、26个信号转导蛋白、51个转录调节蛋白、44个转运蛋白以及27个没有明确功能分类的蛋白质。

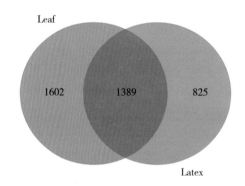

图10-6　桑树叶片和乳汁中鉴定到的蛋白质比较

Figure 10-6　Comparative analysis of detected proteins between leaf and latex in mulberry

根据前人报道的分类方法（Bevan et al.，1998），将从桑叶和桑乳汁中鉴定的2991个和2214个蛋白质分别进行功能分类，共分为13类，结果如图10-7所示。所有鉴定的蛋白质中，桑叶和桑乳汁中分别有91.2%和91.4%能够被归类。

其中，桑叶中数目最多的5类蛋白质分别是代谢相关蛋白、蛋白质归属和储藏相关的蛋白质、转录调控相关蛋白、能量代谢相关的蛋白质以及抗性和防御相关的蛋白质。而在乳汁中，则分别是代谢相关蛋白、蛋白质归属和储藏相关的蛋白质、转录调控相关蛋白、未分类的蛋白质以及抗性和防御相关的蛋白质，其中信号转导蛋白与转运蛋白（transporters）明显比叶片中的丰富。

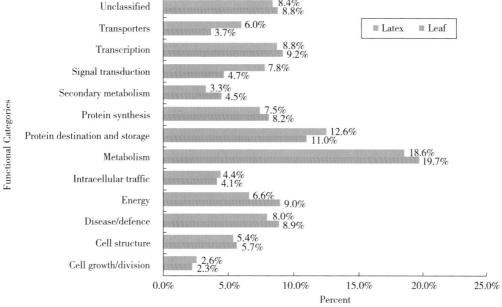

图10-7　桑树叶片和乳汁蛋白质功能分类比较

Figure 10-7　Comparative analysis of functional categories between leaf and latex in mulberry

（二）桑叶和桑乳汁中的差异蛋白质鉴定

利用NSAF（normalized spectral abundance factor）对鉴定到的蛋白质进行定量，分析了共有的1389个蛋白质在2个组织中的分布，结果如图10-8所示。分析了其中20倍以上的蛋白质，如图10-9所示，其中，鉴定到的桑乳汁高表达蛋白质有11个，在桑叶中高表达的蛋白质有66个。

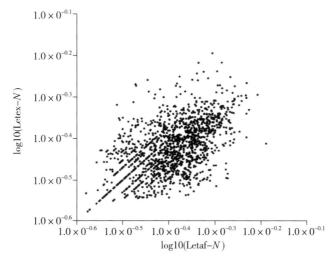

图10-8　基于NSAF对桑叶和桑乳汁中共有的蛋白质的定量分析

Figure 10-8　NSAF method based quantification of the commonly detected proteins from mulberry leaf and latex

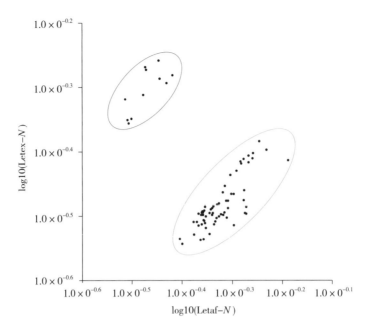

图10-9 桑叶与乳汁中鉴定的差异蛋白

Figure 10-9 Differential protein analysis of detected proteins from leaf and latex

蛋白质的信息，见表10-3，11个桑乳汁中高表达的蛋白质包括3个防御和抗性相关的蛋白质、4个基础代谢相关的蛋白质、1个次生代谢相关蛋白、1个信号转导蛋白以及2个转运蛋白。其中，与叶片差异最大的4个蛋白质分别是Miraculin like protein、Acid phosphatase 1、Pectinesterase / pectinesterase inhibitor和Polygalacturonase inhibitor。其中Pectinesterase / pectinesterase inhibitor和Polygalacturonase inhibitor抵御病源微生物的侵染，其中，Polygalacturonase inhibitor对植源病源真菌具有抗性。叶片中高表达的66个蛋白质包括4个细胞结构蛋白、5个防御和抗性蛋白、9个能量代谢相关蛋白、18个基础代谢相关的蛋白质、10个蛋白质命运决定和储藏蛋白、4个蛋白质合成相关蛋白、8个次生代谢相关蛋白、2个信号转导相关蛋白、2个转录调控相关蛋白、2个转运蛋白以及2个功能未知的蛋白质。

表10-3 桑叶和桑乳汁中鉴定的差异蛋白

Table 10-3 List of differential proteins detected from mulberry leaf and latex

ID	Protein names	NSAF (Latex/Leaf)	Classification
	Latex-rich proteins		
#1	Pectinesterase/pectinesterase inhibitor	88	Disease/defence
#2	Polygalacturonase inhibitor	75.99998844	Disease/defence

（续）

ID	Protein names	NSAF (Latex/Leaf)	Classification
#3	Inactive protein RESTRICTED TEV MOVEMENT 2	37.66669769	Disease/defence
#4	Acid phosphatase 1	98.00015463	Metabolism
#5	Beta−glucosidase 11	44.99997062	Metabolism
#6	Glycerophosphoryl diester phosphodiesterase	32.00007996	Metabolism
#7	GDSL esterase/lipase	24.16668087	Metabolism
#8	UDP−glucose flavonoid 3−O−glucosyltransferase 7	33.00001399	Secondary metabolism
#9	Miraculin like protein	110	Signal transduction
#10	ABC transporter C family member 4	37.66672151	Transporters
#11	Putative phosphatidylglycerol/phosphatidylinositol transfer protein DDB_G0282179	23.24999901	Transporters
	Leaf−rich proteins		
#12	Protein notum homolog	0.018518525	Cell structure
#13	Fasciclin−like arabinogalactan protein 1	0.018518506	Cell structure
#14	Pectinesterase/pectinesterase inhibitor	0.017241355	Cell structure
#15	Pectinesterase 1	0.010526297	Cell structure
#16	Universal stress protein A−like protein	0.042553163	Disease/defence
#17	2−Cys peroxiredoxin BAS1−like, chloroplastic	0.032258078	Disease/defence
#18	Chaperonin CPN60−like 2, mitochondrial	0.027777778	Disease/defence
#19	MLP−like protein 423	0.022471977	Disease/defence
#20	Universal stress protein A−like protein	0.014705881	Disease/defence
#21	Triosephosphate isomerase, chloroplastic	0.046511667	Energy
#22	Transaldolase	0.043478371	Energy
#23	Ferredoxin—NADP reductase, root isozyme, chloroplastic	0.041666634	Energy
#24	Phosphoglycerate kinase, chloroplastic	0.037542642	Energy

（续）

ID	Protein names	NSAF (Latex/Leaf)	Classification
#25	Ferritin-2, chloroplastic	0.029411776	Energy
#26	Thioredoxin M4, chloroplastic	0.023809488	Energy
#27	L-ascorbate oxidase homolog	0.017857153	Energy
#28	Chlorophyll a-b binding protein CP26, chloroplastic	0.016666642	Energy
#29	Ribulose bisphosphate carboxylase large chain	0.005878889	Energy
#30	Bifunctional aspartokinase/homoserine dehydrogenase, chloroplastic (Fragment)	0.049999945	Metabolism
#31	Probable lactoylglutathione lyase, chloroplast	0.043478277	Metabolism
#32	Ornithine carbamoyltransferase, chloroplastic	0.043478122	Metabolism
#33	Phosphoserine aminotransferase 1, chloroplastic	0.042253563	Metabolism
#34	Delta-1-pyrroline-5-carboxylate synthase	0.041666691	Metabolism
#35	Probable glucan 1, 3-beta-glucosidase A	0.03999997	Metabolism
#36	Beta-galactosidase	0.037037048	Metabolism
#37	Glycine dehydrogenase (decarboxylating), mitochondrial	0.036585306	Metabolism
#38	Branched-chain-amino-acid aminotransferase 3, chloroplastic	0.034482628	Metabolism
#39	Glutathione reductase, chloroplastic (Fragment)	0.033333411	Metabolism
#40	Probable pyridoxal biosynthesis protein PDX1	0.033333317	Metabolism
#41	ATP sulfurylase 2	0.03225806	Metabolism
#42	Ferredoxin-dependent glutamate synthase 1, chloroplastic/mitochondrial	0.030303071	Metabolism
#43	Thiosulfate/3-mercaptopyruvate sulfurtransferase 1, mitochondrial	0.02702698	Metabolism
#44	12-oxophytodienoate reductase 3	0.027026951	Metabolism
#45	Glutamate—glyoxylate aminotransferase 2	0.023529356	Metabolism
#46	Glycerate dehydrogenase	0.021505383	Metabolism

（续）

ID	Protein names	NSAF (Latex/Leaf)	Classification
#47	Aminomethyltransferase, mitochondrial	0.015384604	Metabolism
#48	Protein DJ-1 homolog D	0.049999836	Protein destination and storage
#49	Puromycin-sensitive aminopeptidase	0.048076942	Protein destination and storage
#50	Probable aspartyl aminopeptidase	0.047618995	Protein destination and storage
#51	20kDa chaperonin, chloroplastic	0.043902584	Protein destination and storage
#52	ATP-dependent Clp protease proteolytic subunit 4, chloroplastic	0.034482809	Protein destination and storage
#53	Endoplasmin homolog	0.030303057	Protein destination and storage
#54	Protein ASPARTIC PROTEASE IN GUARD CELL 1	0.030303028	Protein destination and storage
#55	Presequence protease 1, chloroplastic/mitochondrial	0.018518525	Protein destination and storage
#56	Chaperone protein ClpB3, chloroplastic	0.016393395	Protein destination and storage
#57	Aspartic proteinase nepenthesin-1	0.01234567	Protein destination and storage
#58	40S ribosomal protein S17-4	0.04918035	Protein synthesis
#59	Ribonuclease UK114	0.04347821	Protein synthesis
#60	40S ribosomal protein S19-1	0.041666679	Protein synthesis
#61	50S ribosomal protein L3-1, chloroplastic	0.031249987	Protein synthesis
#62	2-hydroxyisoflavanone dehydratase	0.047619114	Secondary metabolism
#63	2-alkenal reductase (NADP (+) -dependent)	0.032258175	Secondary metabolism
#64	Glutamate-1-semialdehyde 2, 1-aminomutase 1, chloroplastic	0.022222236	Secondary metabolism

（续）

ID	Protein names	NSAF（Latex/Leaf）	Classification
#65	Linoleate 9S-lipoxygenase 5, chloroplastic	0.01980197	Secondary metabolism
#66	Oxygen-dependent coproporphyrinogen-III oxidase, chloroplastic	0.01818185	Secondary metabolism
#67	4-hydroxy-3-methylbut-2-en-1-yl diphosphate synthase, chloroplastic	0.018181787	Secondary metabolism
#68	Probable linoleate 9S-lipoxygenase 5	0.015151506	Secondary metabolism
#69	Polyphenol oxidase, chloroplastic	0.006711408	Secondary metabolism
#70	Serine-threonine kinase receptor-associated protein	0.047619201	Signal transduction
#71	Probable protein phosphatase 2C 38	0.022222234	Signal transduction
#72	31kDa ribonucleoprotein, chloroplastic	0.016393389	Transcription
#73	Ribonucleoprotein At2g37220, chloroplastic	0.007575764	Transcription
#74	Non-specific lipid-transfer protein 1	0.032786877	Transporters
#75	ATP synthase subunit beta, chloroplastic	0.00588234	Transporters
#76	Quinone oxidoreductase PIG3	0.034482926	Unclassified
#77	Uncharacterized protein	0.006472495	Unclassified

（三）桑叶和桑乳汁中特异的蛋白质鉴定

本研究中，1602个和825个蛋白质分别仅在桑树叶片和乳汁中被发现，这些蛋白质将作为组织特异蛋白质的候选靶标。在此，我们设置严格的参数：具有4个独立肽段和15个独立的谱图支持，并且在每个组织的两次生物学重复中均被检测到的蛋白质，才被认为是组织特异的蛋白质。通过以上的分析，我们鉴定到53个叶片特异蛋白质和16个乳汁特异蛋白质，结果如表10-4和表10-5所示。53个叶片特异的蛋白质中包括9个防御蛋白、18个能量代谢相关的蛋白质、10个代谢相关的蛋白质以及6个蛋白质命运决定及储藏相关的蛋白质。而16个乳汁特异蛋白质中，含有4个植物防御相关的蛋白质、3个代谢相关的蛋白质以及2个丝氨酸类型的蛋白酶。对53个叶片特异的蛋白质的信号肽进行分析，发现有90.5%（48/53）的蛋白质不含有信号肽，表明这些蛋白质绝大部分不是分泌蛋白；另外，亚细胞定位预测分析发现，73.6%（39/53）和15.1%（8/53）的蛋白质分别定位于叶绿体和细胞质。

表10-4　桑树叶片特异的蛋白质

Table 10-4　Mulberry leaf specific proteins

ID	Protein name	Function	Classification
#1	Protein THYLAKOID FORMATION1, chloroplastic	Chloroplast membrane/Signal transduction	Cell structure
#2	Thylakoid uminal 17.4kDa protein, chloroplastic	Chloroplast thylakoid lumen	Cell structure
#3	Glutathione S-transferase DHAR3, chloroplastic	Detoxification	Disease/defence
#4	Superoxide dismutase [Fe] 2, chloroplastic	Response to oxidative stress	Disease/defence
#5	Glutathione S-transferase F8, chloroplastic	Detoxification; Abiotic defense: salt/cold; Pathogen defense: bacterium	Disease/defence
#6	Endogenous alpha-amylase/subtilisin inhibitor	Kunitz-type soybean trypsin inhibitor (STI)	Disease/defence
#7	DNA-damage-repair/toleration protein DRT100	Response to UV/Drug	Disease/defence
#8	Agglutinin alpha chain	Pathogen defense	Disease/defence
#9	Quinone oxidoreductase-like protein, chloroplastic	Abiotic defense: cold	Disease/defence
#10	Soluble inorganic pyrophosphatase 1, chloroplastic	Abiotic defense: salt/Pathogen defense: bacterium	Disease/defence
#11	Peroxiredoxin Q, chloroplastic	Pathogen defense	Disease/defence
#12	Phosphoglycolate phosphatase 1B, chloroplastic	Photorespiration	Energy
#13	Serine—glyoxylate aminotransferase	Photorespiration	Energy
#14	Peroxisomal (S) -2-hydroxy-acid oxidase GLO1	Photorespiration	Energy
#15	Beta carbonic anhydrase 1, chloroplastic	Photosynthesis	Energy
#16	Ferredoxin—NADP reductase, leaf isozyme, chloroplastic	Photosynthesis	Energy
#17	Probable fructose-bisphosphate aldolase 1, chloroplastic	Glycolysis	Energy

（续）

ID	Protein name	Function	Classification
#18	Glyceraldehyde-3-phosphate dehydrogenase A, chloroplastic	TCA	Energy
#19	Glyceraldehyde-3-phosphate dehydrogenase B, chloroplastic	Glycolysis	Energy
#20	Fructose-1, 6-bisphosphatase, chloroplastic	Glycolysis	Energy
#21	Phosphoribulokinase, chloroplastic	TCA	Energy
#22	Oxygen-evolving enhancer protein 2, chloroplastic	Photosynthesis	Energy
#23	Oxygen-evolving enhancer protein 3-2, chloroplastic	Photosynthesis	Energy
#24	Oxygen-evolving enhancer protein 1, chloroplastic	Photosynthesis	Energy
#25	Ribulose bisphosphate carboxylase small chain, chloroplastic	TCA	Energy
#26	Ribulose bisphosphate carboxylase/oxygenase activase 2, chloroplastic	TCA	Energy
#27	Ribulose bisphosphate carboxylase/oxygenase activase 1, chloroplastic	TCA	Energy
#28	Sedoheptulose-1, 7-bisphosphatase, chloroplastic	TCA	Energy
#29	Peroxisomal (S) -2-hydroxy-acid oxidase GLO1	Photosynthesis	Energy
#30	Glucose-1-phosphate adenylyltransferase small subunit 2, chloroplastic	Carbohydrate metabolism/Starch biosynthesis	Metabolism
#31	Betaine aldehyde dehydrogenase 2, mitochondrial	Amino acid metabolism/Glycine, serine and threonine metabolism	Metabolism
#32	Endo-1, 3; 1, 4-beta-D-glucanase	Carbohydrate metabolism	Metabolism
#33	Beta-D-xylosidase 4	Carbohydrate metabolism	Metabolism
#34	Chloroplast stem-loop binding protein of 41 kDa b, chloroplastic	Carbohydrate metabolism	Metabolism
#35	Dihydroxy-acid dehydratase	Amino-acid metabolism/Branched amino acids synthesis	Metabolism

（续）

ID	Protein name	Function	Classification
#36	GDSL esterase/lipase APG	Lipid metabolism	Metabolism
#37	Ferredoxin-dependent glutamate synthase, chloroplastic	Amino-acid metabolism/glutamine synthesis	Metabolism
#38	Glutamine synthetase leaf isozyme, chloroplastic	Amino-acid metabolism/glutamine synthesis	Metabolism
#39	Phosphoglucomutase, chloroplastic	Carbohydrate metabolism	Metabolism
#40	Endoplasmin homolog	Protein folding	Protein destination and storage
#41	Chaperone protein ClpC, chloroplastic	Protein translocation to chloroplast	Protein destination and storage
#42	Chaperone protein ClpC, chloroplastic	Protein translocation to chloroplast	Protein destination and storage
#43	Peptidyl-prolyl cis-trans isomerase CYP20-2, chloroplastic	Protein folding	Protein destination and storage
#44	Probable nucleoredoxin 1	Protein modification	Protein destination and storage
#45	ATP-dependent Clp protease proteolytic subunit 5, chloroplastic	Proteolysis of misfolded proteins	Protein destination and storage
#46	Elongation factor G-1, chloroplastic	Translation Elongation	Protein synthesis
#47	Probable cinnamyl alcohol dehydrogenase 9	Lignin biosynthesis	Secondary metabolism
#48	Polyphenol oxidase, chloroplastic	Isoquinoline alkaloid	Secondary metabolism
#49	Linoleate 13S-lipoxygenase 2-1, chloroplastic	Oxylipin biosynthesis	Secondary metabolism
#50	Polyphenol oxidase, chloroplastic	Isoquinoline alkaloid	Secondary metabolism
#51	Conserved hypothetical protein	Unknown	Unclassified
#52	Conserved hypothetical protein L484_003208	Unknown	Unclassified
#53	Uncharacterized protein	Unknown	Unclassified

表10-5　桑树乳汁特异的蛋白质

Table 10-5　Mulberry latex specific proteins detected

ID	Protein name	Function	Classification
#1	HXXXD-type acyl-transferase family protein	Synthesis of suberin aromatics	Cell structure
#2	Chlorophyllase 1	Biotic：fungal/bacterial defense	Disease/defence
#3	Cytochrome P450，family 71，subfamily B，polypeptide 34	Abiotic：oxidative stress defense	Disease/defence
#4	Cytochrome P450，family 94，subfamily D，polypeptide 2	Abiotic：oxidative stress defense	Disease/defence
#5	Lipase/lipooxygenase，PLAT/LH2 family protein	Biotic：JA synthesis；response to wounding	Disease/defence
#6	ATP-citrate lyase A-1	Lipid metabolism	Metabolism
#7	Jojoba acyl CoA reductase-related male sterility protein	Lipid metabolism/cuticular wax formation	Metabolism
#8	HAD superfamily，subfamily IIIB acid phosphatase	Acid phosphatase	Metabolism
#9	Subtilase family protein	Serine-type endopeptidase activity	Protein destination and storage
#10	Serine carboxypeptidase-like 18	Serine-type carboxypeptidase activity	Protein destination and storage
#11	Cinnamate-4-hydroxylase	Phenylpropanoid metabolism	Secondary metabolism
#12	Cytochrome P450，family 98，subfamily A，polypeptide 3	Phenylpropanoid metabolism	Secondary metabolism
#13	Beta-amyrin synthase	Isomerase	Secondary metabolism
#14	ER-type Ca2+-ATPase 1	Calcium transport	Transporters
#15	Catalytics	Unknown	Unclassified
#16	D-mannose binding lectin protein with Apple-like carbohydrate-binding domain	Unknown	Unclassified

（四）桑树蛋白酶抑制子在桑叶和桑乳汁中的分布

　　已有的研究表明，植物蛋白酶抑制子具有重要的作用，参与的生理过程包括：调节内源性蛋白酶的活性、参与植物对植食性昆虫的取食及病原微生物的侵染。在桑树基因组中注释了58个蛋白酶抑制子，包括半胱氨酸蛋白酶抑制子和丝氨酸蛋白酶抑制子。通过分析，在桑树叶片和乳汁中分别鉴定到14个和7个蛋白酶抑制子。

结果如表10-6所示，其中包括3个半胱氨酸蛋白酶抑制子；11个丝氨酸蛋白酶抑制子，包括8个Kunitz-type trypsin inhibitor、1个serpin和2个phosphatidylethanolamine-binding protein。其中，2个丝氨酸蛋白酶抑制子在乳汁中的丰度是叶片中的5.5倍和110倍。

表10-6　本研究中鉴定的桑树蛋白酶抑制子

Table 10-6　Mulberry proteinase inhibitors detected in this study

ID	Family	TargetP	Family	NSAF Ratio（Latex/Leaf）
#1	I03A	Ser	Kunitz-type trypsin inhibitor	0
#2	I03A	Ser	Kunitz-type trypsin inhibitor	0.4666665
#3	I03A	Ser	Kunitz-type trypsin inhibitor	0
#4	I03B	Ser	Kunitz-type trypsin inhibitor	0
#5	I03B	Ser	Kunitz-type trypsin inhibitor	0
#6	I03B	Ser	Kunitz-type trypsin inhibitor	5.5
#7	I03A	Ser	Kunitz-type trypsin inhibitor	110
#8	I03A	Ser	Kunitz-type trypsin inhibitor	0
#9	I04	Ser	Plant serpin	0.4615378
#10	I25B	Cys	Cystatin	0.0851066
#11	I25B	Cys	Cystatin	0.6206896
#12	I25B	Cys	Cystatin	0.0967742
#13	I51	Ser	Phosphatidylethanolamine-binding protein	0
#14	I51	Ser	Phosphatidylethanolamine-binding protein	0

（五）桑树蛋白酶在桑叶和桑乳汁中的分布

根据基因组注释，桑树基因组共编码了754个蛋白酶，根据其作用机制，桑树中蛋白酶能够被分为丝氨酸蛋白酶（330个）、半胱氨酸蛋白酶（126个）、天冬氨酸蛋白酶（129个）和金属蛋白酶（169个），在本研究中共鉴定到217个蛋白酶，占桑树蛋白酶总数的28.8%。其中，桑树叶片和乳汁中分别鉴定到181个和130个蛋白酶，分别统计了以上4类蛋白酶在桑叶和桑乳汁中的分布情况。从图10-10可以看出，桑树叶片中鉴定的4类蛋白酶的数目多于桑乳汁中的，2个组织中共有94个共有的蛋白酶。

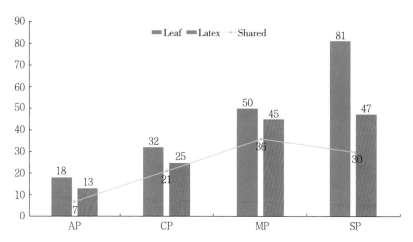

图10-10 桑树蛋白酶在叶片和乳汁中的分布

AP，天冬氨酸蛋白酶；CP，半胱氨酸蛋白酶；MP，金属蛋白酶；SP，丝氨酸蛋白酶

Figure 10-10　Proteinases detected in the mulberry leaf and latex

AP, Aspartic proteinase；CP, Cysteine proteinase；MP, Metalloproteinase；SP, Serine proteinase

植物乳汁是乳管细胞分泌的一种黏液，已有研究表明分泌乳汁是植物重要的防御手段之一，并且乳汁中含有多种抗性蛋白，它们参与了防御植食性昆虫和病原微生物的攻击。本研究是第一次对植物乳汁中蛋白质组成进行了筛查，鉴定了2214个蛋白质，这些蛋白质对于理解植物乳汁参与植物防御的机制非常重要。"鸟枪法"蛋白质组学的主要特点是高通量，通过LC-MS/MS的方法，从川桑叶片以及川桑叶片切口处获取的乳汁中，经过4次独立的实验共得到3816个蛋白质，占桑树全部理论蛋白质的13.0%。目前的研究仍无法明确解释桑叶高蛋白质含量的原因，然而从其蛋白质组成的分析来看，数目众多的氨基酸合成相关的蛋白酶以及蛋白质合成相关的蛋白质被鉴定到，表明桑叶中蛋白质合成过程非常旺盛；另外，深入理解蛋白质的合成与储存控制系统与降解系统之间的动态平衡可能是解析桑树叶片高蛋白质含量的关键。本研究鉴定到多个组织特异的蛋白质，这一结果为后续寻找乳汁特异表达基因提供了参考。

参考文献

Agrawal A A, Konno K. 2009. Latex: A model for understanding mechanisms, ecology, and evolution of plant defense against herbivory [J]. Annual Review of Ecology, Evolution, and Systematics, 40: 311-331.

Arribére M C, Cortadi A A, Gattuso M A, et al.1998. Comparison of Asclepiadaceae latex proteases and characterization of *Morrenia brachystephana* Griseb. Cysteine peptidases [J]. Phytochemical Analysis, 9（6）: 267-273.

Azarkan M, Wintjens R, Looze Y, et al.2004. Detection of three wound-induced proteins in papaya latex [J]. Phytochemistry, 65（5）: 525-534.

Baerenfaller K, Grossmann J, Grobei M A, et al. 2008. Genome-scale proteomics reveals Arabidopsis thaliana gene models and proteome dynamics [J]. Science, 16;320(5878): 938-941.

Bevan M, Bancroft I, Bent E, et al.1998. Analysis of 1.9Mb of contiguous sequence from chromosome 4 of

Arabidopsis thaliana［J］. Nature, 391（6666）: 485–488.

Dussourd D E. 1993. Foraging in finesse: caterpillar adaptations for circumventing plant defenses. In Caterpillars: Ecological and Evolutionary Constraints on Foraging（Stamp N E, Casey T M, eds.）［M］. New York: Chapman & Hall, 92–131.

Dussourd D E. 1995. Entrapment of aphids and whiteflies in lettuce latex［J］. Annals of the Entomological Society of America, 88（2）: 163–172.

Felton G W, Bi J L, Summers C B, et al.1994. Potential role of lipoxygenases in defense against insect herbivory［J］. Journal of Chemical Ecology, 20（3）, 651–666.

Gershenzon J, Croteau R. Terpenoids G A, Rosenthal M R. 1991. Berenbaum（Eds.）, Herbivores: Their Interactions with Secondary Plant Metabolites［M］. 1（second ed.）. San Diego：Academic Press, 165–219.

Gidrol X, Chrestin H, Tan H L, et al.1994. Hevein, a lectin−like protein from *Hevea brasiliensis*（rubber tree）is involved in the coagulation of latex［J］. The Journal of Biological Chemistry, 269（12）: 9278–9283.

He N J, Zhang C, Qi X W, et al.2013. Draft genome sequence of the mulberry tree *Morus notabilis*［J］. Nature Communications, 4: 2445.

Kalluri U C, Hurst G B, Lankford P K, et al. 2009. Shotgun proteome profile of Populus developing xylem［J］. Proteomics, 9(21): 4871–4880.

Kehr J. 2006. Phloem sap proteins: their identities and potential roles in the interaction between plants and phloem−feeding insects［J］. Journal of Experimental Botany, 57（4）: 767–774.

Kim J S, Kim Y O, Ryu H J, et al.2003. Isolation of stress−related genes of rubber particles and latex in fig tree（*Ficus carica*）and their expressions by abiotic stress or plant hormone treatments［J］. Plant and Cell Physiology, 44（4）: 412−414.

Kitajima S, Kamei K, Taketani S, et al.2010. Two chitinase−like proteins abundantly accumulated in latex of mulberry show insecticidal activity［J］. BMC Biochemistry, 11: 6.

Konno K. 2011. Plant latex and other exudates as plant defense systems: roles of various defense chemicals and proteins contained therein［J］. Phytochemistry, 72（13）: 1510−30.

Konno K, Hirayama C, Nakamura M, et al. 2004. Papain protects papaya trees from herbivorous insects: role of cysteine proteases in latex［J］. The Plant Journal, 37（3）: 370−378.

Lawrence S D, Dervinis C, Novak N, et al.2006. Wound and insect herbivory responsible genes in poplar［J］. Biotechnology Letters, 28（18）: 1493–1501.

Lawrence S D, Novak N G. 2006. Expression of poplar chitinase in tomato leads to inhibition of development in Colorado potato beetle［J］. Biotechnology Letters, 28（8）: 593–599.

Le Bihan T, Goh T, Stewart II, et al.2006. Differential analysis of membrane proteins in mouse fore−and hindbrain using a label−free approach［J］. Journal of Proteome Research, 5（10）: 2701−2710.

Li T, Qi X W, Zeng Q W, et al. 2014. MorusDB: a resource for mulberry genomics and genome biology［J］. Database, bau054.

Paoletti A C, Parmely T J, Tomomori−Sato C, et al.2006. Quantitative proteomic analysis of distinct mammalian Mediator complexes using normalized spectral abundance factors［J］. Proceedings of the National Academy of Sciences of the United States of America, USA, 103（50）: 18928−18933.

Patel A K, Singh V K, Jagannadham M V. 2007. Carnein, a serine protease from noxious plant weed *Ipomoea carnea*（morning glory）［J］. Journal of Agricultural and Food Chemistry, 55（14）: 5809−5818.

Ramos M V, Freitas C D T, Stanisçuaski F, et al.2007. Performance of distinct crop pests reared on diets enriched with latex proteins from *Calotropis procera*: role of laticifer proteins in plant defense［J］. Plant Science, 173（3）: 349–357.

Ramos M V, Grangeiro T B, Freire E A, et al.2010. The defensive role of latex in plants: detrimental effects on insects［J］. Arthropod–Plant Interactons, 4（1）: 57–67.

Rasmann S, Johnson M D, Agrawal A A. 2009. Induced responses to herbivory and jasmonate in three milkweed species［J］. Journal of Chemical Ecology, 35（11）: 1326–1334.

Tomar R, Kumar R, Jagannadham M V. 2008. A stable serine protease, wrightin, from the latex of the plant *Wrightia tinctoria*（Roxb.）R. Br.: purification and biochemical properties［J］. Journal of Agricultural and Food Chemistry, 56（4）: 1479–1487.

Walz C, Giavalisco P, Schad M, et al. 2004. Proteomics of cucurbit phloem exudates reveals a network of defence proteins［J］. Phytochemistry, 65（12）: 1795–1804.

Wasano N, Konno K, Nakamura M, et al.2009. A unique latex protein, MLX56, defends mulberry trees from insects［J］. Phytochemistry, 70（7）: 880–888.

Zhu–Salzman K, Luthe D S, Felton G W. 2008. Arthropod–inducible proteins: broad spectrum defenses against multiple herbivores［J］. Plant Physiology, 146（3）: 852–858.

Zybailov B, Mosley A L, Sardiu M E, et al.2006. Statistical analysis of membrane proteome expression changes in *Saccharomyces cerevisiae*［J］. Journal of Proteome Research., 5（9）: 2339–2347.

第十一章 桑-蚕协同进化

我国是蚕丝业的发祥地，栽桑养蚕在我国已有5000年以上的历史，家蚕专以桑为食，共同经历了一个漫长的进化过程。西南大学率先完成了家蚕和桑树的全基因组测序，从基因组水平上来探讨桑-蚕的协同进化以及植食性昆虫与宿主植物之间的协同进化，无疑是一个重要的科学问题。桑-蚕也是探索这一科学问题的绝佳材料。本章从信息、物质代谢的层面，包括小分子RNA、尿素酶以及桑树脂质代谢三个方面出发简要阐述家蚕与桑树在进化过程中形成的紧密联系。

一、桑-蚕的小分子RNA

桑树和家蚕之间的相互关系研究目前主要聚焦于桑叶对家蚕的作用，比如：桑叶中丰富的蛋白质为家蚕提供营养，桑叶中的天然色素为家蚕的丝腺着色提供原料，形成有色茧（牛艳山等，2010），桑叶中的固醇类物质为家蚕的蜕皮激素生物合成提供原料（王升和李胜，2012），以及家蚕如何规避桑叶中的有毒物质而正常生长发育。而通过桑树小分子RNA探讨其与家蚕之间的关系则是一个崭新的研究课题，需要解决以下问题：一是家蚕摄食桑叶后，桑叶中的miRNA是否会进入家蚕体内；二是桑叶的miRNA是如何进入家蚕体内的；三是进入家蚕体内的桑叶miRNA对家蚕的生长发育或者其他生理活动是否有调节作用。

（一）桑叶的miRNA能通过取食进入家蚕体内

家蚕取食桑叶以获取营养物质，完成其生命周期。桑叶进入家蚕消化道之后，在消化酶的作用下，营养物质，包括碳水化合物、氨基酸脂类以及小分子化合物等被家蚕获取，然而作为遗传信息的核酸分子能否随之进入家蚕体内以及其是否参与了家蚕基因表达调控。这一观点的提出催生了关于蚕桑之间信息交流的研究。为了检测家蚕摄食桑叶后，桑叶中的miRNA是否进入了家蚕体内，He等对家蚕的血淋巴进行了小RNA测序，将其与桑树中预测的miRNA进行比对，发现2个桑树源的miRNA。其次将家蚕丝腺中发现的小RNA与桑树中预测的miRNA比对之后，发现有3个桑树源的miRNA存在于家蚕的丝腺中。另外，Jia等对川桑的3个组织进行了小RNA测序，鉴定到川桑85个保守miRNA和261个新的miRNA（Jia et al.，2014），将其与家蚕的血淋巴小RNA文库进行比对，至此共鉴定到8个桑树的miRNA（mno-miR166c，mno-miR166b，mno-miR167e，mno-miR396b，mno-miR159a，mno-miR162，mno-miR156c和mno-miR398）存在于家蚕的血淋巴中（表11-1）。为了排除高通量测序带来的污染，Jia等利用茎环PCR的方法直接在家蚕的血淋巴中对这8个miRNA进行了TA克隆和Sanger测序。为了确保测序的准确率，Jia等采用了克隆测序计算频率的方法来验证。即在每个miRNA的平板上挑取50个TA克隆，将其进行Sanger测序，最后计算测序频率。结果表明除了miR162的测序频率为0外，其他7个miRNA的测序频率范围是35.90%～70.83%（表11-2）。同时，为了排除测序信号可能是收集样品带来的污染，Jia等选取了几个不存在于家蚕血淋巴小RNA文库的桑树miRNA（miR535，miR168b，miR172和miR169a）作为对照，并且这几个miRNA在川桑叶片中的表达水平有高、有低。利用Sanger测序结果表明miR535、miR168b和miR172在家蚕血清中的测序频率是0，而miR169a为5.13%，表明几个对照miRNA的测序频率都远远低于以上鉴定的7个miRNA，证明这7个桑树源的miRNA确实是存在于家蚕的血清中的。Jia等对miR169a、miR166b、miR166c、miR167和miR396b在家蚕血清中重新克隆测序计算频率，两次测序结果总体趋势基本是一致的（表11-2）。

表11-1　家蚕血淋巴小RNA文库鉴定的8个桑树miRNA（Jia et al., 2014）

Table 11-1　Eight mulberry miRNA detected from silkworm hemolymph small RNA library

miRNA name	Sequence	The reads in the 1st small RNA library	The reads in the 2nd small RNA library
mno-miR166c**	UCUCGGACCAGGCUU-CAUUCC	5	3
mno-miR166b**	UCGGACCAGGCUU-CAUUCCCC	2	11
mno-miR167e	UGAAGCUGCCAGCAU-GAUCUG	1	1
mno-miR396b	UUCCACAGCUUUCU-UGAACUG	1	—
mno-miR159a	UUUGGAUUGAAGGGAG-CUCUG	2	—
mno-miR162	UCGAUAAACCUCUG-CAUCCAG	1	—
mno-miR156c	UUGACAGAAGAUAGA-GAGCAC	—	2
mno-miR398	UGUGUUCUCAGGUCGC-CCCUG	—	2

注：**表示miRNA在桑树基因组数据中被报道过。

表11-2 TA克隆和Sanger测序方法鉴定的4个桑树源miRNAs存在于家蚕的血淋巴、脂肪体和丝腺中

Table 11-2 Four miRNA detected from silkworm hemolymph, fat body and silk gland by using TA-cloning and Sanger sequencing methods

Name	1st sequencing						2nd sequencing					
	Hemolymph		Fat body		Silk gland		Hemolymph		Fat body		Silk gland	
	correct / Total clones	Rate (%)	correct / Total clones	Rate (%)	correct / Total clones	Rate (%)	correct / Total clones	Rate (%)	correct / Total clones	Rate (%)	correct / Total clones	Rate (%)
mno-miR169a	2/39	5.13	1/38	2.63	0/28	0.00	0/37	0.00	0/38	0.00	0/42	0.00
mno-miR166b	25/40	62.50	15/73	20.55	42/74	56.76	26/39	66.67	32/42	76.19	22/37	59.46
mno-miR166c	21/37	56.76	20/37	54.05	26/36	72.22	32/46	69.56	42/44	95.45	40/43	93.02
mno-miR167e	27/49	55.10	5/40	12.50	5/37	13.51	15/46	32.61	1/44	2.27	1/43	2.33
mno-miR396b	19/42	45.24	30/41	73.17	24/43	55.81	16/32	50.00	31/47	65.96	20/44	45.45
mno-miR159a	17/24	70.83	0/40	0.00	1/20	5.00	—	—	—	—	—	—
mno-miR156c	14/39	35.90	1/12	8.33	1/46	2.17	—	—	—	—	—	—
mno-miR398	20/29	68.97	0/49	0.00	0/48	0.00	—	—	—	—	—	—
mno-miR162	0/49	0.00	0/42	0.00	0/40	0.00	—	—	—	—	—	—
mno-miR535	0/38	0.00	—	—	—	—	—	—	—	—	—	—
mno-miR168b	0/42	0.00	—	—	—	—	—	—	—	—	—	—
mno-miR172a	0/39	0.00	—	—	—	—	—	—	—	—	—	—

注："correct clone"表示该克隆子测序的序列和相应的已知miRNA的序列完全一样。"Rate"表示正确克隆子相对于总的克隆子数目的测序频率。"—"表示在血淋巴、脂肪体或者丝腺中没有有克隆这个miRNA。

家蚕是无脊椎动物，拥有开放式循环系统，所有的器官和组织都"浸泡"在血淋巴中，其脂肪体和丝腺是存储营养、合成丝蛋白的主要器官。Jia等利用克隆测序计算频率的方法发现桑树源的miRNA不仅存在家蚕的血淋巴中，有些miRNA还能进入家蚕的脂肪体和丝腺。具体的方法和结果如下：选择mno-miR169a作为对照，将存在于家蚕血淋巴的7个桑树miRNA在脂肪体和丝腺中克隆测序，发现mno-miR166b、mno-miR166c、mno-miR396和mno-miR167e在脂肪体第一次测序的频率范围是12.50%～73.17%，在丝腺中的范围是13.51%～72.22%，它们的测序频率都高于对照mno-miR169a在脂肪体（2.63%）和丝腺（0.00%）中的测序频率（表11-2）。为进一步确认以上的结论，重新选择了5个miRNA（mno-miR169a，mno-miR166b，mno-miR166c，mno-miR167e和mno-miR396b）进行了重复实验（表11-2），即在脂肪体和丝腺中重新克隆测序这5个miRNA，测序结果与第一次一致。综上所述，我们目前的研究证明桑树源的miRNA能够进入家蚕的组织体内。

（二）体外实验证据：人工合成的miRNA能进入家蚕体内

为进一步证明桑树源的miRNA能够进入家蚕体内，利用人工合成的miRNA喂食家蚕的策略。我们合成了植物miR166b的序列，该序列的3′端最后一个碱基的2′-O被甲基化，这是植物miRNA独有的特征。将人工合成的miR166b涂抹在一小块桑叶上，待其液体干后，将此叶片喂食家蚕，在家蚕吃完桑叶的0.5h、3h、6h、12h收集家蚕的血淋巴、脂肪体和丝腺；未喂食miRNA的家蚕作为对照（0h），利用微滴数字化PCR（droplet digital PCR，ddPCR）检测了miR166b在这3个组织各自的5个时间点的绝对表达量（图11-1）。结果表明，在血淋巴中，miR166b在0.5h和3h的绝对拷贝数分别是0h的约30倍和18倍，miR166b在6h和12h的绝对拷贝数与0h的相比几乎没有变化。在脂肪体中，miR166b的表达模式同

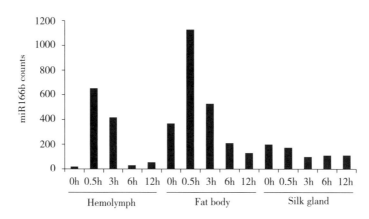

图11-1　ddPCR检测人工合成的miR166b进入家蚕的血淋巴和脂肪体中（Jia et al., 2015）

0h表示家蚕摄食人工miR166b之前的时间点，0.5h、3h、6h和12h表示家蚕摄食人工合成miR166b之后的时间点

Figure 11-1　ddPCR detection of existence of artificially synthesized miR166b in silkworm hemolymph and fatbody

0～12h indicates the time points collecting the silkworm tissues after being fed with artificiallysynthesized miR166b

其在血淋巴中的基本一致。在丝腺中，在喂食miR166b后的4个时间点（0.5h、3h、6h和12h）的绝对拷贝数比0h的要低一点（图11-1），表明当家蚕摄食人工合成的miR166b之后，miR166b进入了家蚕的血淋巴和脂肪体中，而没有进入丝腺中。此外，同时证明家蚕摄食人工合成的miR166b之后，其在0.5h或是更早的时间里进入了家蚕的血淋巴和脂肪体中，并且miR166b在家蚕体内存在了3h左右。

（三）摄食的桑树源miRNA对家蚕的生理活动的影响

以上的证据已经证明无论摄食桑叶或是人工合成的miRNA均以摄食的方式进入家蚕的体内，这些miRNA是否参与调解家蚕的生理活动呢？为了探究这个问题，采用高通量测序的方法对摄食人工合成miR166b之前（FED-control）和之后的家蚕幼虫全蚕（FED-166b）进行了转录组测序，以期鉴定差异表达基因。结果表明：2个转录组之间的差异表达基因共有30个，其中17个基因在摄食miR166b之后上调，13个下调，如图11-2所示，包括：免疫相关基因11个、压力响应基因1个、发育相关基因5个、细胞骨架蛋白基因1个、消化酶相关基因1个、保幼激素水解酶基因1个以及其他功能未知的基因10个。其中，涉及免疫和响应压力的基因共12个，占差异表达基因总数的40%，推测通过摄食进入家蚕体内的人工合成miR166b可能激发了家蚕的免疫系统用于抵抗非自我分子。然而，家蚕摄食人工合成miR166b之前和之后的差异表达基因只有30个，推测差异表达基因数目过少，不足以反映全基因组水平的响应过程。同时，在30个差异表达基因中没有发现重要的靶位点。这一实验的结果暗示桑树miR166b并非关键的miRNA，其对于家蚕的生理活动的影响目前没有检测到。

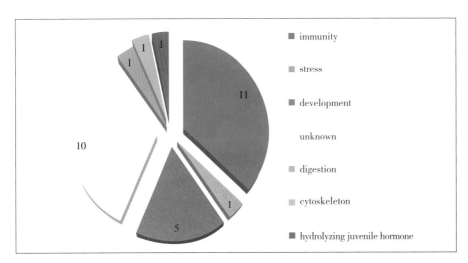

图11-2　家蚕摄食人工合成miR166b前后的30个差异表达基因归类（Jia et al., 2015）

图中的数字表示每个类别的基因数目

Figure 11-2　The detected differential genes in silkworm after being fed with artificially synthesized miR166b

The numbers in figure indicate the number of genes

目前的研究表明，桑树源的miRNA分子能够在家蚕取食过程中进入其循环系统，并随之进入到其他的组织，例如脂肪体和丝腺。在其他植物中的研究发现，Zhang等人报道了金银花中筛选的miRNA，发现只有miR2911能通过降低病毒的H1N1-PB2和AS1 mRNA水平抑制病毒对宿主的侵染（Zhou et al.，2014）。推测植物源miRNA进入受试动物体内的现象可能比较普遍，并非所有进入动物体内的植物源miRNA对动物的生理活动都具有调节作用。因此，其他能够进入家蚕体内的桑树源的miRNA是否参与调节家蚕基因表达，仍需要大量的研究工作予以验证。

二、桑树尿素酶对家蚕代谢稳态的维持

现代分子生物学的研究表明，蚕选择桑叶作为其食物，具有更深层的意义。在20世纪80年代，日本的学者首先注意到，通过人工饲料饲养的家蚕在生长状况和产卵率上远不及新鲜桑叶饲喂的家蚕个体，表明新鲜桑叶中具有人工饲料无法取代的成分；或者桑叶在经过蒸煮之后丢失了家蚕所必需的某些物质。经过不懈的努力，研究者发现人工饲料喂养的家蚕体内几乎检测不到尿素酶的活性，而使用新鲜桑叶饲养的家蚕体内的尿素酶的活性保持较高的水平。同时，取食人工饲料的家蚕体内尿素的含量远低于新鲜桑叶饲喂的家蚕。家蚕基因组分析发现，家蚕基因组内不存在编码尿素酶的基因，综合以上的研究，研究者认为家蚕体内的尿素酶来自于其取食的食物——桑叶。这一研究结果，开启了蚕与桑之间相互关系研究的另一个思路：家蚕能够获取桑叶中的尿素酶为己所用，并用以参与体内的尿素代谢的调节。

尿素，又称脲，是一种简单的有机化合物，是氨基酸代谢的产物之一，也是一种重要的氮素的储备形式。Krebs等人于1932年首次发现尿素循环，又称鸟氨酸循环，是指氨与二氧化碳通过鸟氨酸、瓜氨酸、精氨酸生成尿素的过程。这个循环包括三个主要步骤：第一步骤是鸟氨酸先与一分子氨和一分子二氧化碳结合形成瓜氨酸；第二步骤是瓜氨酸再与另一分子氨反应，生成精氨酸；第三步骤是精氨酸被精氨酸酶水解，产生一分子尿素和一分子鸟氨酸。鸟氨酸可以再重复第一步骤反应。这样每循环一次，便可促使两分子氨和一分子CO_2合成一分子尿素。在灵长类哺乳动物中，该过程的重要意义在于是将体内蛋白质代谢产生的较高毒性的氨转化为低毒的尿素，从而排出体外。然而，在植物中，尿素是重要的氮源，植物不会将其直接排出体外，而是利用尿素酶将一分子的尿素裂解产生两分子氨和一分子二氧化碳，此过程产生的氨又能够进入其他的代谢途径，尿素酶仅在植物、微生物及部分低等动物中存在。另一方面，嘌呤代谢过程是氮代谢的另一个重要部分。尿酸是嘌呤代谢的产物之一，在灵长类动物、鸟类、昆虫以及部分爬虫类中，嘌呤代谢产生的尿酸被释放到体液中，部分尿酸会经过排泄途径排出体外。与尿素相比，尿酸是昆虫排泄的最主要的含氮废物。以家蚕为例，其以桑叶为食，通过粪便的形式将嘌呤代谢的废物尿酸排出体外；作为氨基酸代谢的产物尿素在其粪便中仅占很小一部分。

（一）尿素酶

1. 概述

尿素酶在近代分子生物学研究上具有特殊的地位，1926年，詹姆斯·B·萨姆纳揭示尿素酶是蛋白质，首次证明了酶是蛋白质，并得到了尿素酶的晶体（Sumner，1926）。尿素酶属于酰胺水解酶和磷酸三酯酶超家族，负责催化尿素的裂解，一分子尿素经过尿素酶的作用产生两分子氨和一分子二氧化碳，反应过程如图11-3所示。

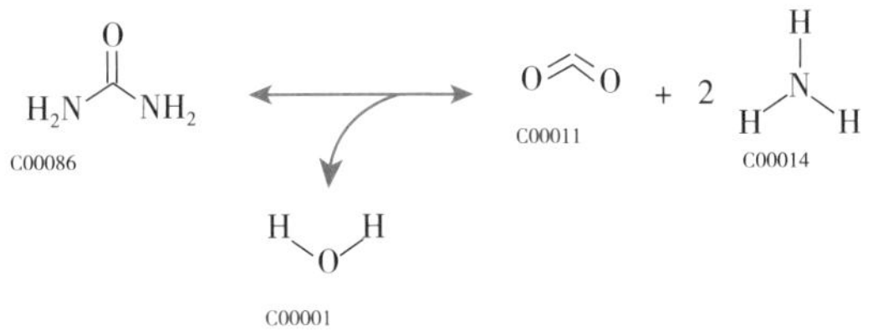

图11-3　尿素酶催化尿素分解（来自KEGG数据库）

Figure 11-3　Urea decomposition catalyzed by Urease

近年来，不断在细菌、真菌和高等植物中鉴定到尿素酶，这些尿素酶具有保守的催化机制。尿素酶活性的测定通常通过测定系统中尿素的分解速率和产物的释放速率来体现，其中同位素示踪的尿素经常被用于测定尿素酶的活性。

尿素酶能够被植物、细菌、真菌以及某些低等的无脊椎动物合成。到目前为止，研究最为深入的植物尿素酶来自刀豆（*Canavalia ensiformis*）。第一个植物尿素酶的晶体结构在2010年被解析，并证明其属于镍离子依赖的金属蛋白酶（Balasubramanian et al.，2010）。桑树尿素酶在2000年被Hirayama等人从白桑（*Morus alba*）叶片中纯化并测定了其活性（Hirayama et al.，2000a）。尿素酶编码基因首先在大豆中被克隆，发现两个编码尿素酶的基因，其分别编码了两个尿素酶同工酶；其中一个尿素酶基因在所有的组织中组成型表达，另一个则在胚胎期特异地表达（Meyer-Bothling et al.，1987；Torisky et al.，1994）。胚胎特异表达的尿素酶是植物种子中的一种高丰度蛋白，在大豆之外的其他植物中也有发现，例如拟南芥和刀豆（Polacco et al.，1994；Zonia et al.，1995）。大部分尿素酶定位于细胞质中，并在其中发挥功能（Sirko et al.，2010）。

2. 尿素酶的结构

尽管不同物种中的尿素酶具有保守的催化机制，然而其在蛋白质一级结构上并不保守。研究表明，植物和真菌中的尿素酶是由单基因编码的蛋白质；而细菌中的尿素酶具有的往往是由多个基因编码的蛋白质构成的复合体，如图11-4所示。这一结果反映了长期的进化过程中尿素酶基因发生了极大地分化。

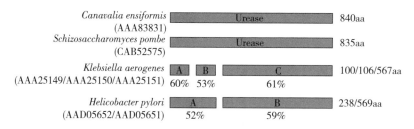

图11-4　尿素酶蛋白质的一级结构（Sirko et al., 2000）

Figure 11-4　The primary structure of urease

（二）植物尿素酶在尿素代谢中的作用

尿素代谢是植物氮代谢和氨基酸代谢的重要组成部分，对于维持植物细胞内氮稳态具有重要的意义。植物中的尿素代谢途径的三个关键酶分别是：精氨酸酶、尿素酶和谷氨酰胺合成酶，其代谢通路见图11-5。

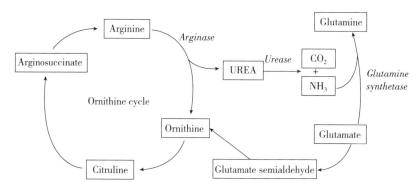

图11-5　植物尿素循环途径（Sirko et al., 2000，KEGG pathway）

Figure 11-5　Urea metabolism in plants

精氨酸酶催化精氨酸裂解为鸟氨酸和尿素；尿素在尿素酶的作用下，进一步被分解为氨和二氧化碳；释放的氨在谷氨酰胺合成酶的作用下与谷氨酸用于谷氨酰胺的合成。氮源是植物必需的关键元素，通常植物对氮源的获取主要是通过根部吸收土壤中的铵盐和硝酸盐的方式获取的。由于生存的环境具有不可预知性，而植物无法轻易改变其位置以适应环境，因此一旦植物完成将土壤中的无机氮转化为有机氮之后，这些氮源在植物中将会被保留在植物体内，而尿素酶在植物氮代谢中的作用是将氨基酸代谢产生的尿素进一步分解为氨，这些氨在此被纳入氨基酸代谢，从而保证了氮源的稳态。

（三）桑树尿素酶调节家蚕氮代谢

1. 家蚕体内的尿素酶活性

1984年，日本学者Yamada等在家蚕饲养时发现，新鲜桑叶饲养的家蚕血浆中检测到尿素酶的活性，并随后在蛹期的多个器官中检测到尿素酶的活性；然而，在人工饲料喂养的家蚕体内却没有检测到尿素酶的活性（Yamada et al., 1984），见图11-6。令人惊奇的是，家蚕基因组中不含有尿素酶编码基因，因此，家蚕血浆等组织中尿素酶从何而来呢？通过检测家蚕中肠内容物，发现桑叶饲养的家蚕中肠内容物具有较高的尿素酶的活性，而人工饲料喂养的家蚕中肠中却几乎检测不到尿素酶的活性。另一方面，检测发现，人工饲料喂养的家蚕体内检测到尿素的积累，而这一现象在新鲜桑叶喂养的家蚕中则没有发现，综合以上的研究，认为家蚕体内的尿素酶可能来自其取食的桑叶中。

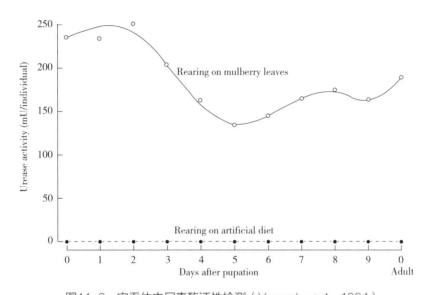

图11-6　家蚕体内尿素酶活性检测（Yamada et al., 1984）

Figure 11-6　Detection of the urease activities in silkworm

家蚕的人工饲料中含有桑叶粉，另外，在制作过程中还加入了其他的配料，在喂食家蚕之前，需要将其在100℃下蒸煮。研究者进一步比较了高温下处理的桑叶粉和冷藏的桑叶中的尿素酶活性，发现在90℃处理之后，桑叶中尿素酶的活性急剧下降，而冷藏的桑叶尿素酶活性保留较好，如图11-7所示，表明桑树尿素酶在高温下不稳定。同时，在利用热处理的桑叶饲喂家蚕时，在家蚕体内几乎检测不到尿素酶的活性；而采用冷藏的桑叶饲喂家蚕之后，在其体内检测到了较高的尿素酶活性。

这些结果表明，桑叶中尿素酶能够进入家蚕体内，并保留了其酶活性，表明家蚕在取食桑叶的时候，能够选择性地将桑叶中的蛋白质转运进入体内，表明蚕与桑之间存在直接的物质交流。

2. 桑树尿素酶参与家蚕尿素循环

桑树的尿素酶能够进入家蚕体内，然而其在家蚕体内的作用仍不清楚。另外，家蚕从桑叶中获取尿素酶蛋白质，并在家蚕体内显示出活性，表明家蚕不是简单地将桑叶中的尿素酶作为其氨基酸来源，而是利用其参与蚕体内的生命活动。直至1999年，另一个研究小组报道了桑树尿素酶在家蚕体内的生理功能（Hirayama et al., 1999）。他们的研究显示，饲喂新鲜桑叶的家蚕中肠内的尿素酶活性较高，而人工饲料喂养的家蚕中肠内则检测不到尿素酶的活性；同时，家蚕中肠内的尿素的累计情况则显示出完全相反的趋势，说明桑树尿素酶的进入能够有效地调控家蚕代谢产生的尿素水平，如图11-8所示。

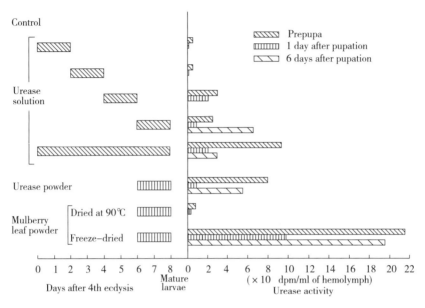

图11-7　桑树尿素酶的热不稳定性（Yamada et al., 1984）

Figure 11-7　Instability of mulberry urease

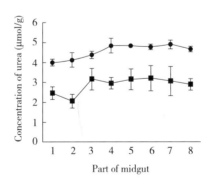

图11-8　家蚕中肠内尿素浓度测定（Hirayama et al., 1999）

Figure 11-8　The concentration of urease in silkwom midgut

随后，通过将[15]N标记的尿素注射进入家蚕体腔中，然后在家蚕丝蛋白中检测到了[15]N的存在，并且回收率超过22%，表明家蚕能够利用桑树尿素酶水解尿素，尿素水解产生的氨能够再次进入家蚕的氨基酸代谢及后续的新蛋白质的合成。

鳞翅目中肠内pH值呈碱性，其中家蚕中肠消化液的pH值在9.0～10之间，这一现象是鳞翅目昆虫的特点之一。大部分植物的蛋白质在被鳞翅目昆虫取食之后，在其中肠消化液内基本上丧失了活性，进而被水解为氨基酸，进入取食昆虫的营养链。以上的陈述表明，桑树尿素酶能够在家蚕的中肠中保持其活性，表明其能够耐受家蚕中肠的碱性环境。

桑树叶片中纯化的尿素酶的分析显示，其分子量约为90.5kDa，而其最适的pH值为8.5～10.0，如图11-9所示，这一区间与家蚕的中肠内pH值非常接近（Hirayama et al.，2000a）。这也解释了为什么桑树尿素酶能够在家蚕中肠内仍然具有活性。

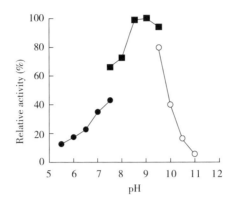

图11-9　桑叶尿素酶的最适pH值测定（Hirayama et al.，2000a）

Figure 11-9　The optimum pH values of mulberry ureases

3. 桑树尿素酶被选择性地转运进入家蚕体内

另一方面，研究者利用刀豆尿素酶的单克隆抗体杂交分析了家蚕的血浆，分析发现，桑树尿素酶能够进入家蚕的血浆，并从家蚕血浆中纯化了该蛋白质；通过与桑叶中纯化的尿素酶比较显示两者具有完全一致的分子量，并且蛋白质N端测序分析显示，其与桑叶中来源的尿素酶序列完全一致（Hirayama et al.，2000b）。这一结果强烈地暗示，桑叶中的尿素酶能够穿过中肠肠壁进入家蚕的血浆。家蚕通过将桑树中的尿素酶转运进入体内，参与其自身的尿素循环，然而这种转运机制是怎样的呢？同一组研究者，利用生物素标记的桑叶蛋白质饲喂5龄6天的家蚕，最终能够在家蚕血浆中检测到生物素标记的桑树尿素酶；然而，在使用标记的蛋白质饲喂5龄3天的家蚕的时候，却无法在其血浆中检测到桑树尿素酶的存在，表明家蚕对桑树尿素酶的摄入具有时期特异性，家蚕对桑树尿素酶的摄取开始于上蔟期前两天（Sugimura et al.，2001）。研究者推测蜕皮激素信号可能参与调控家蚕摄取桑树尿素酶的过程。另一项研究探讨了家蚕对不同来源的尿素酶的摄入效率，分析发现家蚕对桑树来源的尿素酶的摄入率远高于来自刀豆和巴氏芽孢杆菌（*Bacillus pasteurii*）的尿素酶。综上所述，家蚕对桑树尿素酶的摄取具有发育时期的特异性，同时家蚕仅选择性地摄入桑树尿素酶参与其体内的尿素代谢。

4. 家蚕通过中肠柱状细胞摄取桑树尿素酶

家蚕能够摄入桑树尿素酶进入血浆，然而关于桑树尿素酶进入家蚕体内的机理仍不清楚。家蚕具有开放性的循环系统，中肠肠壁是家蚕血浆与其摄食的桑叶之间的唯一细胞屏障，因此研究者将目光聚焦于家蚕中肠。2001年，Sugimura等人证明，桑树尿素酶分别于5龄3天和5龄6天的家蚕刷状缘膜囊（brush border membrane vesicles，BBMV）的结合实验结果表明，超过60%的桑树尿素酶能够与5龄6天的BBMV结合，而不能与来自5龄3天的家蚕BBMV结合，进一步说明家蚕对桑树尿素酶的摄取具有时期选择性（Sugimura et al.，2001）。然而，对于BBMV与家蚕肠壁之间的关系以及哪一类家蚕中肠细胞负责摄取食物中的尿素酶仍不清楚。直至2005年，Kurahashi等研究者利用尿素酶的抗体通过免疫荧光计数在家蚕中肠柱状细胞（columnar cell）切片中检测到桑树尿素酶颗粒的存在（Kurahashi et al.，2005）。为了进一步阐明桑树尿素酶进入家蚕中肠柱状细胞的过程，研究者利用尿素酶抗体结合胶体金标记的二抗对家蚕中肠柱状细胞中的桑树尿素酶进行了定位，将结果如图11-10所示，发现桑树尿素酶的颗粒进入中肠柱状细胞的过程（Kurahashi et al.，2005）。通过非变性蛋白质电泳分析发现，桑树中纯化的尿素酶与在家蚕的血浆中纯化的尿素酶的条带并不一致，表明家蚕对进入家蚕体腔的桑树尿素酶进行了加工（Kurahashi et al.，2005）。

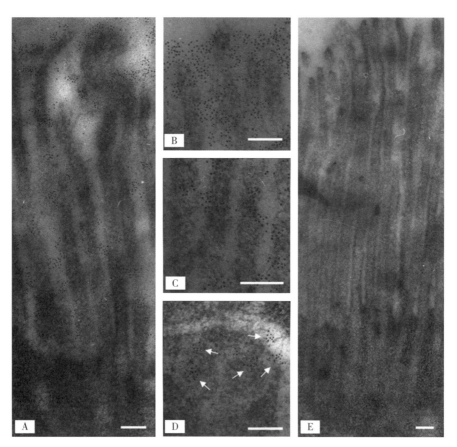

图11-10　家蚕中肠上皮柱状细胞负责摄入桑树尿素酶（Kurahashi et al.，2005）

Figure 11-10　Immunoelectron microsopic localization of urease in columnar cell

这些研究表明，家蚕通过其中肠上皮的柱状细胞摄入中肠内容物中的尿素酶；结合前面的陈述，家蚕对尿素酶的摄取是一个具有发育时期特异性和物种特异性（桑树特异性）的主动运输的过程。

家蚕是一种寡食性的昆虫，桑叶是其最喜欢的食物，两者能够作为研究昆虫与其宿主昆虫之间关系的示例。至今，家蚕和桑树的基因组均已经被解析，为从更广阔和更深层次探讨二者的关系奠定了坚实的基础。目前，关于昆虫与植物之间关系的热点集中在植物对昆虫的吸引和防御机制的研究，而关于两者之间的物质交流的研究非常有限。本章中对家蚕摄取桑树尿素酶以及其参与家蚕体内氮代谢的研究进行了系统的梳理。从桑树尿素酶能够进入家蚕体内至证明家蚕中肠细胞负责摄取食物中的尿素酶，前后近20年的时间。在此期间，已有的文献描绘了家蚕通过中肠柱状细胞将肠腔内的桑树来源的尿素酶摄入体内。然而，至今关于这一研究课题的文献报道仍极其有限，其中仍有许多未解之谜。例如，家蚕柱状细胞膜上的桑树尿素酶受体仍然不清楚，因为桑树尿素酶是一个分子量超过90kDa的蛋白质，无法通过简单的主动运输进入体内，推测桑树尿素酶穿过家蚕中肠肠壁的过程是一个受体介导的主动运输的过程。另外，前文已经提到，家蚕血浆中的桑树尿素酶与桑树中纯化来源的尿素酶在非变性凝胶电泳上的条带不一致，表明家蚕可能对其进行了加工，关于这一问题仍没有得到解决。除了尿素酶之外，是否仍有其他的桑树蛋白质被桑树利用，这一问题的深入探讨对家蚕与桑树之间的相互作用的解析具有非常重要的意义。

三、桑树脂质代谢与蚕的关系

甾醇是一类脂类代谢的中间产物或终产物，是代谢组学研究的重点内容之一，其在生物体中广泛存在。同时，甾醇也是人类从植物获取的重要的营养物质之一，至今已经报道的植物甾醇超过300种。最具代表性的植物甾醇包括谷甾醇（sitosterol）、豆甾醇（stigmasterol）和菜油甾醇（campesterol），其中谷甾醇是已知最丰富的植物甾醇种类。植物甾醇的化学结构与胆固醇类似，主要的区别出现在其侧链上。例如，谷甾醇和豆甾醇在C24位上连接1个乙基，而在菜油甾醇的相同位置上连接的基团是甲基；有些植物甾醇的侧链上具有糖苷键连接的糖基，这些基团的差异导致了甾醇生理活性和功能的巨大差异。甾醇的一个重要功能是作为细胞膜结构的组分，另外还包括作为信号分子和重要的能量储存物质。

桑树是一种重要的经济林木，对严苛的自然环境具有极强的耐受性，包括干旱、水淹、渗透压以及高盐环境等。对抗以上的环境压力，对植物的细胞膜的要求较高。甾醇是植物细胞膜的关键组成部分，是类异戊二烯途径的产物，它们的功能是控制植物细胞膜的流动性和渗透性，除此之外，某些植物甾醇在信号转导方面具有重要作用。

（一）植物甾醇的合成通路

到目前为止已经在不同植物中鉴定到了约300种甾醇。在同一植物中，不同种类的甾醇的含量差异极大，往往其中最多的3种甾醇的含量占总含量的95%以上，其余的仅占5%以下。目前，通过在不同植物中的广泛研究，对植物甾醇的合成途径已经有了一定的认识，其合成起始于乙酰CoA，主要包括骨架的合成和侧链的加工两个过程，经过碳链的延长、环化、甲基化、氧化以及侧链的加工和修饰等步骤。

1. 甾醇骨架的合成

根据KEGG数据库中报道的植物甾醇的合成途径，植物甾醇的骨架合成是通过甲羟戊酸途径（Mevalonate pathway）完成的（图11-11）。甲羟戊酸途径是以乙酰辅酶A为原料合成异戊二烯焦磷酸和二甲烯丙基焦磷酸的一条代谢途径，存在于所有高等真核生物和部分病毒中。该途径的产物可以看作活化的异戊二烯单位，是类固醇、甾醇以及萜等生物分子的合成前体。

甲羟戊酸途径在高等真核生物中是保守的，其具体的反应过程如图11-12所示。① 乙酰乙酰CoA硫解酶催化两分子乙酰CoA发生缩合生成乙酰乙酰CoA；② 乙酰乙

图11-11　甲羟戊酸途径合成植物甾醇骨架（来自http://commons.wikimedia.org/）

Figure 11-11　The biosynthesis of phytosterol by mevalonate pathway

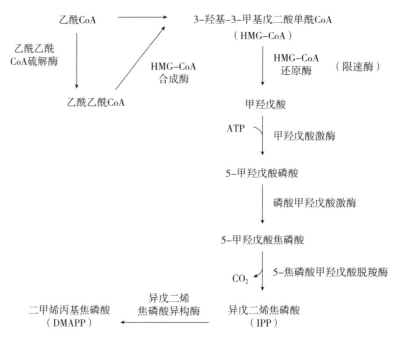

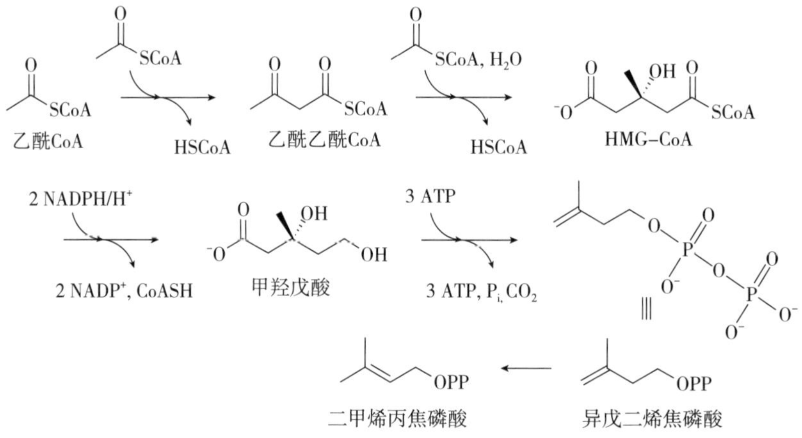

图11-12　甲羟戊酸途径反应过程（来自http://zh.wikipedia.org/）

Figure 11-12　The mevalonate pathway

酰CoA与乙酰CoA在3－羟基－3－甲基戊二酸单酰辅酶A合成酶（HMG-CoA synthase）的作用下缩合生成3－羟基－3－甲基戊二酸单酰CoA（HMG-CoA）；③ HMG-CoA被HMG-CoA还原酶在NADPH存在的情况下，还原为甲羟戊酸。这一步为胆固醇和甾醇合成的限速步骤，也是很多降胆固醇的药物（如斯达汀）作用的目标。④ 经过两步激酶催化（甲羟戊酸激酶和磷酸甲羟戊酸激酶）和一步脱羧反应（5－焦磷酸甲羟戊酸脱羧酶），甲羟戊酸依次被转化为5－磷酸甲羟戊酸、5－焦磷酸甲羟戊酸和异戊二烯焦磷酸（IPP）。⑤ 异戊二烯焦磷酸在异戊二烯焦磷酸异构酶的作用下转化为二甲烯丙焦磷酸（DMAPP）。

2. 植物甾醇的合成

植物甾醇的合成途径如图11-13所示。角鲨烯（squalene）是植物甾醇合成的重要中间产物，角鲨烯合成酶（squalene synthetase/farnesyl-diphosphate farnesyltransferase，SQS1）参与其合成，是其中的关键酶之一，在角鲨烯合成酶的作用下，经过两步反应生成角鲨烯；在角鲨烯单加氧酶（squalene monooxygenase，XF1）的作用下，角鲨烯被氧化为（3S）-2,3-epoxy-2,3-dihydrosqualene，以上的反应过程在动物和植物中是共用的。在植物中，经过环阿屯醇合成酶（cycloartenolsynthetase，CAS1）的作用下，（3S）-2,3-epoxy-2,3-dihydrosqualene被环化，形成环阿屯醇，这一过程是动、植物甾醇合成途径的分界点。环阿屯醇依次在sterol 24-C-methyltransferase（SMT1）和4-α-methyl-δ7-sterol-4α-methyl oxidase（SMO1）酶的作用下，经过甲基化转变为环桉树醇（cycloeucalenol），该过程是植物甾醇合成通路中另一个限速步骤。环丙基异构酶（cyclopropyl isomerase）能够催化环桉树醇发生异构转化为钝叶醇（obtusifoliol）。固醇14脱甲基酶（sterol 14-demethylase）属于细胞色素P45051G家族的蛋白，其负责钝叶醇脱甲基转化为δ8,14-sterol，该化合物在δ14甾醇还原酶（δ14-sterol reductase，FK）的作用下，进一步生成4α-Methylfecosterol。胆固醇Δ-异构酶（cholestenol δ-isomerase）负责将4α-Methylfecosterol转化为24-甲烯基环阿屯醇（24-Methylenelophenol）。在此，植物甾醇的合成将会分为两个分支：其一，24-甲烯基环阿屯醇直接被4-α-methyl-δ7-sterol-4α-methyl oxidase（SMO2）氧化，之后经过烯胆固烷醇氧化酶（lathosterol oxidase，STE1）、7-脱氢胆固醇还原酶（7-dehydrocholesterol reductase，DWF5）和δ24-固醇还原酶（δ24-sterol reductase，DWF1）等酶的催化作用，形成表甾醇（episterol）、5-dehydroepisterol、24-亚甲基胆甾醇（24-methylenecholesterol）以及菜油甾醇（campesterol）等化合物，并且该分支是合成油菜素内酯的途径。其二，24-甲烯基环阿屯醇首先经过24-methylenesterol C-methyltransferase（SMT2）的作用，转化为24-ethylidenelophenol，随后经过4-α-methyl-δ7-sterol-4α-methyl oxidase（SMO2）氧化，之后经过烯胆固烷醇氧化酶（lathosterol oxidase，STE1）、7-脱氢胆固醇还原酶（7-dehydrocholesterol reductase，DWF5）、δ24-固醇还原酶（δ24-sterol reductase，DWF1）和细胞色素P450710A3等酶的催化作用。形成δ7－燕麦甾醇（δ7-avenasterol）、5－脱氢燕麦甾醇（5-dehydroavenasterol）、异岩藻甾醇（isofucosterol）、谷甾醇（sitosterol）以及豆甾醇（stigmasterol）等。

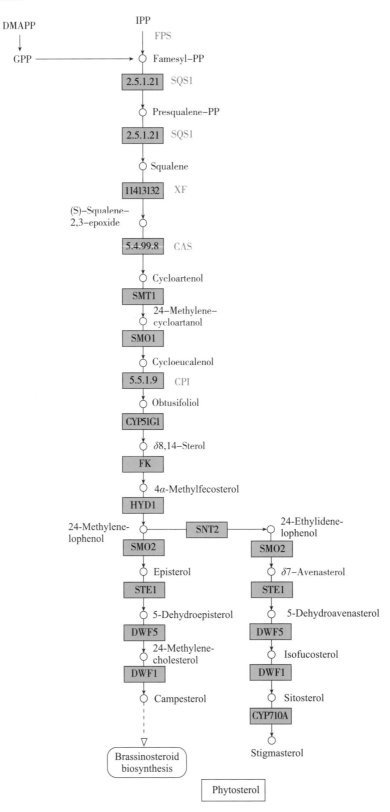

图11-13　植物甾醇合成途径（来自KEGG database）

Figure 11-13　The biosyathesis of phyto sterols

（二）植物甾醇合成通路中的关键酶

植物甾醇的合成过程包含有多种酶促反应，包括以乙酰CoA为起始合成其骨架结构二甲烯丙焦磷酸和异戊二烯焦磷酸；骨架分子经过一系列的修饰最终合成植物各种甾醇的过程，共包括22个酶（表11-3）。其中，被广泛研究的植物甾醇合成相关的酶包括3-羟基-3-甲基戊二酸单酰辅酶A还原酶（HMG-CoA reductase，HMG1）、角鲨烯合成酶（squalene synthetase/ farnesyl-diphosphate farnesyltransferase，SQS1）、sterol 24-C-methyltransferase（SMT1）和24-methylenesterol C-methyltransferase（SMT2）。

表11-3　桑树甾醇合成途径基因

Table 11-3　The mulberry genes involved in the biosynthesis of phyto sterols

Gene	Num	The Pathway of phytosterol	
		MorusDB ID	Enzyme
ACAT	5	MnACAT1（Morus001179）	acetyl-CoA C-acetyltransferase
		MnACAT2（Morus010624）	
		MnACAT3（Morus004867）	
		MnACAT4（Morus015182）	
		MnACAT5（Morus017921）	
MVA1	1	MnMVA1（Morus023134）	HMG-CoA synthase
HMG1	2	MnHMG1-1（Morus013749）	HMG-CoA reductase
		MnHMG1-2（Morus024800）	
MK	1	MnMK（Morus002449）	mevalonate kinase
GHMP	1	MnGHMP（Morus022793）	phosphomevalonate kinase
MVD1	1	MnMVD1（Morus018347）	mevalonate diphosphate decarboxylase
FPS	1	MnFPS（Morus020204）	（2E, 6E-farnesyl diphosphate synthase）
SQS1	1	MnSQS1（Morus008444）	farnesyl-diphosphate farnesyltransferase
XF1	2	MnXF-1（Morus012986）	squalene monooxygenase
		MnXF-2（Mcrus002211）	
CAS1	2	MnCAS1-1（Morus015147）	cycloartenol synthase
		MnCAS1-2（Morus008202）	
SMT1	1	MnSMT1（Morus004682）	sterol 24-C-methyttransferase
SMO1	1	MnSMO1（Morus023218）	$4-\alpha-methyl-\delta7-sterol-4\alpha-methyl$ oxidase
CPI1	1	MnCPI（Morus002182）	cyclopropyl isomerase
CYP51G1	1	MnCYP51G1（Morus002692）	sterol 14-demethylase
FK	2	MnFK1（Morus003566）	$\delta14$-sterol reductase
		MnFK2（Morus002509）	

（续）

Gene	Num	The Pathway of phytosterol	
		MorusDB ID	Enzyme
HYD1	1	MnHYD1（Morus007954）	cholestenol δ-isomerase
SMT2	1	MnSMT2（Morus014309）	24-methylenesterol C-methyltransferase
SMO2	1	MnSMO2（Morus025214）	4-α-methyl-δ7-sterol-4α-methyl oxidase
STE1	1	MnSTE1（Morus027055）	lathosterol oxidase
DWF5	1	MnDWF5（Morus002509）	7-dehydrocholesterol reductase
DWF1	1	MnDWF1（Morus014984）	δ24-sterol reductase
CYP710A3	1	MnCYP710A3（Morus021687）	cytochrome P450

3-羟基-3-甲基戊二酸单酰辅酶A还原酶是甲羟戊酸途径合成植物甾醇类物质的关键催化酶，在甾醇合成中起到总阀门的作用，它催化HMG-CoA还原形成甲羟戊酸（Bucher et al.，1960；Durr et al.，1960；Kawachi et al.；1970），是甲羟戊酸途径的限速酶，反应过程需要NADPH，反应过程如图11-14所示。桑树基因组中含有2个HMG编码基因，在拟南芥与水稻中都只有2个，在木本植物杨树中有6个，在与桑树亲缘关系较近的蔷薇科植物苹果与葡萄中分别有7个与3个基因负责编码这个酶。在拟南芥中的研究表明，多个HMG酶的编码基因具有不同的发育时期和组织表达特异性，而且在面临环境胁迫时也具有不同的响应模式（Goldstein et al.，1990；Enjuto et al.，1994；Lumreras et al.，1995）。HMG蛋白质定位于植物细胞内质网中，有的HMG蛋白质经历N连接的糖基化，该糖基化影响植物HMG的功能特异性，拟南芥中的研究表明N连接的糖基化的HMG参与胁迫后的倍半萜类物质的合成；而未糖基化的HMG则参与了快速生长的植物组织中植物甾醇的合成或者甾醇的组成型合成（Denbow et al.，1996；McCaskill et al.，1998）。在土豆与烟草中的研究表明，植物的HMG基因能够响应机械损伤和病原微生物的刺激而发生上调表达，并在损伤的靶组织合成倍半萜类的植保素（sesquiterpene phytoalexin）参与植物防御反应（Vogeli et al.，1988；Choi et al.，1992；Fulton et al.，1994）。

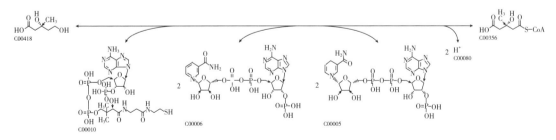

图11-14　HMG-CoA 还原酶催化的反应（来自KEGG database）

Figure 11-14　The reaction catalyzed by HMG-CoA reductase

角鲨烯合成酶（squalene synthetase/ farnesyl-diphosphate farnesyltransferase，SQS1）参与合成（Agnew et al., 1978；Kuswik-Rabiega et al., 1987；Ericsson et al., 1992；Shechter et al., 1992；LoGrasso et al., 1993；Tansey et al., 2000；Pandit et al., 2000；Radisky et al., 2000），是其中的关键酶之一。其催化的反应如图11-15所示。角鲨烯合成的完成意味着植物甾醇的合成进入分子环化及侧链修饰阶段。因此，角鲨烯合成酶是控制植物甾醇合成过程中碳流的方向和终产物的生成。在烟草中的研究表明，该酶活性的降低导致植物甾醇合成的减少，一旦植物处于胁迫状态，体内的倍半萜植保素的含量会增加以参与植物防御反应，此时角鲨烯合成酶的活性将会受到抑制，使碳流的方向流向倍半萜合成，表明角鲨烯合成酶是植物甾醇合成调节的关键节点（Threlfall et al., 1988；Vogeli et al., 1988；Zook et al., 1991）。哺乳动物中的研究表明，角鲨烯合成酶基因表达响应外源甾醇和甾醇合成抑制剂的调节（Jiang et al., 1993；Keller et al., 1993）。与此相反，植物中角鲨烯合成酶基因的表达并不受到外界刺激物的影响（Newman et al., 1999），表明植物中对角鲨烯合成酶的调节主要体现在酶活性的水平上，哺乳动物中的研究已经证明翻译后修饰参与调节角鲨烯合成酶的活性调节，目前在植物中是否具有这一机制，尚不明确。

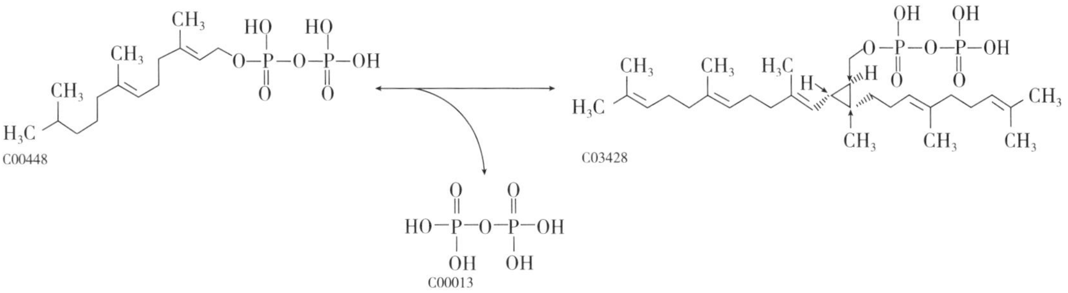

图11-15 角鲨烯合成酶催化的反应（来自KEGG database）

Figure 11-15 The reaction catalyzed by squalene synthetase

sterol 24-C-methyltransferase（SMT1）和24-methylenesterol C-methyltransferase（SMT2）是2个甲基转移酶，它们分别催化环阿屯醇转化为24-methylenecycloartanol和24-methylenelophenol转化为24-ethylidenelophenol的甲基化反应（Nes et al., 1997；BouvierNave et al., 1998），它们是植物甾醇合成的限速步骤，其催化的反应分别如图11-16和图11-17所示（Moore et al., 1969；Venkatramesh et al., 1996；Tong et al., 1997；BouvierNave et al., 1998；Nes et al., 1998）。植物甾醇合成过程中分别使用两种甲基转移酶负责催化一个独立的甲基化反应，表明这两步甲基化反应对植物甾醇合成来说至关重要。另外，两种甲基转移酶的活性均受到产物的反馈调节（Janssen et al., 1992）。目前，在植物中对SMT1和SMT2酶活性的调节以及编码基因的转录调节等方面的研究仍然十分有限。

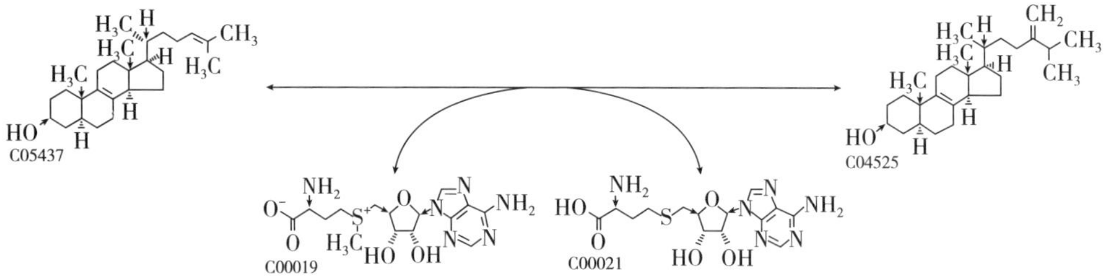

图11-16 sterol 24-C-methyltransferase催化的反应（来自KEGG database）。

Figure 11−16 The reaction catalyzed by sterol 24−C−methyltrans ferase

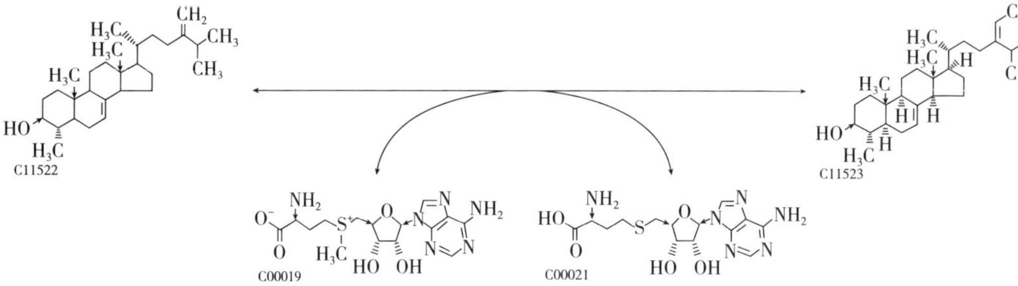

图11-17 24-methylenesterol C-methyltransferase催化的反应（来自KEGG database）

Figure 11−17 The reaction catalyzed by 24−methylenesterol C−methyltransferase

桑叶作为家蚕的食物，不仅为其生长和发育提供了必需的营养物质，而且桑叶中存在的化合物为家蚕提供了物质合成的前体，例如蜕皮激素。蜕皮激素是一种甾醇类物质，能够调控昆虫蜕皮和变态发育。家蚕是一种完全变态的鳞翅目昆虫，蜕皮激素控制其幼虫期的蜕皮和幼虫进入蛹期的变态过程。近半个世纪的研究发现，家蚕体内蜕皮激素的合成是在前胸腺进行的，合成的蜕皮激素进入血液并被运送到靶器官，例如表皮、脂肪体以及气管等，然后在靶器官完成最终的活化，形成具有活性的20-羟基蜕皮酮（20E）。当前的研究对蜕皮激素的运输及活化机制已经有所了解，然而对蜕皮激素的合成的起点仍不甚明了。有学者提出家蚕直接从其食物——桑叶中获取合成蜕皮激素的前体物质，以此为基础对其结构进行加工合成所需的蜕皮激素。支持这一研究的证据包括：① 桑叶中提取的甾醇类物质能够促进家蚕和其他鳞翅目昆虫蜕皮；② 饲喂人工饲料的家蚕比饲喂桑叶的家蚕发育迟缓，对两者的甾醇类物质的分析发现，饲料中甾醇类物质的含量远低于新鲜桑叶中的。这些研究表明，桑叶中的甾醇类物质对家蚕的发育极为重要。因此，有研究者猜测家蚕从其食物中获取合成蜕皮激素的前体物质。

如果要探明究竟桑叶中的哪些甾醇类物质能够作为家蚕合成蜕皮激素的前体，首先要对桑叶中甾醇类合成通路进行解析。桑树基因组的测序完成为桑叶中甾醇合成通路分析提供了可能。

参考文献

牛艳山，陈亚东，席建，等. 2010. 家蚕不同茧色品种中*cbp*基因的结构和表达分析 [J]. 遗传，32（9）：

942-950.

王升，李胜. 2012. 昆虫蜕皮激素生物合成及其神经肽调控［J］. 应用昆虫学报，49（3）：573-577.

Agnew W S, Popjak G. 1978. Squalene synthetase. Stoichiometry and kinetics of presqualene pyrophosphate and squalene synthesis by yeast microsomes［J］. The Journal of Biological Chemistry, 253（13）: 4566-4573.

Balasubramanian A, Ponnuraj K. 2010. Crystal structure of the first plant urease from jack bean: 83 years of journey from its first crystal to molecular structure［J］. Journal of molecular-Biology, 400（3）: 274-83.

BouvierNave P, Husselstein T, Beneviste P. 1998. Two families of sterol methyltransferases are involved in the first and the second methylation steps of plant sterol biosynthesis［J］. European Journal of Biochemistry, 256（1）: 88-96.

Bucher N L R, Overath P, Lynen F. 1960. beta-Hydroxy-beta-methylglutaryl coenzyme A reductase, cleavage and condensing enzymes in relation to cholesterol formation in rat liver［J］. Biochimica et Biophysica Acta, 40: 491-501.

Choi D, Ward B L, Bostock R M. 1992. Differential induction and suppression of potato 3-hydroxy-3-methylglutaryl coenzyme A reductase genes in response to Phytophthora infestans and its elicitor arachidonic acid［J］. Plant Cell, 4（10）: 1333-1344.

Denbow C J, Lang S, Cramer C L.1996. The N-terminal domain of tomato 3-hydroxy-3-methylglutaryl-coenzyme A reductases sequence, microsomal targeting and glycosylation［J］. The Journal of Biological Chemistry, 271: 9710-9715.

Durr I F, Rudney H. 1960. The reduction of beta-hydroxy-beta-methyl-glutaryl coenzyme A to mevalonic acid ［J］. The Journal of Biological chemistry, 235: 2572-2578.

Enjuto M, Balcells L, Campos N, et al.1994. Arabidopsis thaliana contains two differentially expressed 3-hydroxy-3-methylglutaryl CoA reductase genes which code microsomal forms of the enzyme［J］. Proceedings of the National Acadeny of Sciences of the United States of America, USA, 91（3）: 927-931.

Ericsson J, Appelkvist E L, Thelin A, et al.1992. Isoprenoid biosynthesis in rat liver peroxisomes. Characterization of cis-prenyltransferase and squalene synthetase［J］. The Journal of Biological Chemistry, 267（26）: 18708-18714.

Fulton D C, Kroon P A, Threfall D R. 1994. Enzymological aspects of the redirection of terpene biosynthesis in elicitor-treated cultures of Tabernaemontana Divaricata［J］. Phytochemistry, 35（5）: 1183-1186.

Goldstein J L, Brown M S. 1990. Regulation of the mevalonate pathway［J］. Nature, 343: 425-430.

Hirayama C. 2000a. Purification and properties of urease from the leaf of mulberry, *Morus alba*［J］. Phytochemistry, 53（3）: 325-330.

Hirayama C, Sugimura M, Saito H, Nakamura M. 2000b. Host plant urease in the hemolymph of the silkworm, *Bombyx mori*［J］. Journal of Insect Physiology, 46（10）: 1415-1421.

Hirayama C, Sugimura M, Shinbo H. 1999. Recycling of urea associated with the host plant urease in the silkworm larvae, Bombyx mori［J］. Journal of Insect Physiology, 45（1）: 15-20.

Janssen G G, Nes W D. 1992. Structural requirements for transformation of substrates by the（S）-adenoysl-L-methionine: D 24（25）-sterol methyl transferase. II. Inhibition by analogs of the transition state co-ordinate［J］. The Journal of Biological Chemistry, 267（36）: 25856-25863.

Jia L, Zhang D, Qi X, et al.2014. Identification of the conserved and novel miRNAs in mulberry by high-throughput sequencing［J］. PloS one, 9（8）: 104409.

Jia L, Zhang D, Xiang Z, et al. 2015. Nonfunctional ingestion of plant miRNAs in silkworm revealed by digital droplet PCR and transcriptome analysis [J] . Scientific Reports, 5: 12290. doi:10.1038/srep12290.

Jiang G, McKenzie T L, Conrad D G, et al. 1993. Transcriptional regulation by lovastatin and 25-hydroxycho-lesterol in HepG2 cells and molecular cloning and expression of the cDNA for the human hepatic squalene synthase [J] . The Journal of Biological Chemistry, 268 (17) : 12818-12824.

Kawachi T, Rudney H. 1970. Solubilization and purification of beta-hydroxy-beta-methylglutaryl coenzyme A reductase from rat liver [J] . Biochemistry, 9 (8) : 1700-1705.

Keller R K, Cannons A, Vilsaint F, et al. 1993. Identification and regulation of rat squalene synthetase mRNA [J]. Archives of Biochemisty and Biophysics, 302 (1) : 304-306.

Kurahashi H, Atiwetin P, Nagaoka S, et al. 2005. Absorption of mulberry root urease to the hemolymph of the silkworm, *Bombyx mori* [J] . Journal of Insect Physiology, 51 (9) : 1055-1061.

Kuswik-Rabiega G, Rilling H C. 1987. Squalene synthetase. Solubilization and partial purification of squalene synthetase, copurification of presqualene pyrophosphate and squalene synthetase activities [J] . The Journal of Biological Chemistry, 262 (4) : 1505-1509.

LoGrasso P V, Soltis D A, Boettcher B R. 1993. Overexpression, purification, and kinetic characterization of a carboxyl-terminal-truncated yeast squalene synthetase [J] . Archives of Biochemisty and Biophysics, 307 (1) : 193-199.

Lumreras V, Campos N, Boronat A. 1995. The use of an alternative promoter in the *arabidopsis thaliana* NMG1 gene generates a messenger RNA that encodes a novel 3-hydroxy- 3-methylglutaryl reductase with an extended N-terminal region [J] . The Plant Journal, 8 (4) : 541-549.

McCaskill D, Croteau R. 1998. Some caveats for bioengineering terpenoid metabolism in plants [J] . Trends in Biotechnology, 16 (8) : 349-355.

Meyer-Bothling L E, Polacco J C. 1987. Mutational analysis of the embryo-specific urease locus of soybean [J]. Molecular and General Genetics, 209 (3) : 439-444.

Moore J T, Gaylor J L. 1969. Isolation and purification of an S-adenosylmethionine: delta 24-sterol methyltransferase from yeast [J] . The Journal of Biological Chemistry, 244 (23)6334-6340.

Nes W D, McCourt B S, Zhou W X, et al. 1998. Overexpression, purification, and stereochemical studies of the recombinant (S) -adenosyl-L-methionine: delta 24 (25) - to delta 24 (28) -sterol methyl transferase enzyme from Saccharomyces cerevisiae [J] . Archives of Biochemisty and Biophysics, 353 (2) : 297-311.

Nes W D, Venkatramesh M. 1997. Enzymology of phytosterol transformations//Parish E J and Nes W D. Biochemistry and Function of Sterols [M] . Boca Raton, FL: CRC Press, 111-122.

Newman J D, Chappell J. 1999. Isoprenoid biosynthesis in plants: carbon partitioning within the cytoplasmic pathway [J] . Critical Reviews in Biochemisty and Molecular Biology, 34 (2) : 95-106.

Pandit J, Danley D E, Schulte G K, et al. 2000. Crystal structure of human squalene synthase. A key enzyme in cholesterol biosynthesis [J] . The Journal of Biological Chemistry, 275 (39) : 30610-30617.

Polacco J C, Holland M A. 1994. Genetic control of plant ureases//Setlow J K. Genetic Engineering [M] , New York: Plenum Press, 16, 33-48.

Radisky E S, Poulter C D. 2000. Squalene synthase: steady-state, pre-steady-state, and isotope-trapping studies [J] . Biochemistry, 39 (7) : 1748-1760.

Shechter I, Klinger E, Rucker M L, et al. 1992. Solubilization, purification, and characterization of a truncated form of rat hepatic squalene synthetase [J] . The Journal of Biological Chemistry, 267 (12) : 8628-8635.

Sirko A, Brodzik R. 2000. Plant ureases: Roles and regulation [J]. Acta Biochimica Polonica, 47（4）: 1189–1195.

Sugimura M, Hirayama C, Nakamura M. 2001. Selective transport of the mulberry leaf urease from the midgut into the larval hemolymph of the silkworm, *Bombyx mori* [J]. Journal of Insect Physiology, 47（10）: 1133–1138.

Sumner J B. 1926. The isolation and crystallization of the enzyme urease [J]. The Journal of Biological Chemistry, 69（2）: 435–441.

Tansey T R, Shechter I. 2000. Structure and regulation of mammalian squalene synthase [J]. Biochimica et Biophysica Acta, 1529（1–3）: 49–62.

Threlfall D R, Whitehead I M. 1988. Co–ordinated inhibition of squalene synthetase and induction of enzymes of sesquiterpenoid phytoalexin biosynthesis in cultures of *Nicotiana tabacum* [J]. Phytochemistry, 27（8）: 2567–2580.

Tong Y, McCourt B S, Guo D, et al. 1997. Stereochemical features of *C*–methylation on the path to Delta24（28）–methylene and Delta24（28）–ethylidene sterols: studies on the recombinant phytosterol methyl transferase from *Arabidopsis thaliana* [J]. Tetrahedron Letters, 38（35）: 6115–6118.

Torisky R S, Griffin J D, Yenofsky R L, et al. 1994. A single gene（*Eu4*）encodes the tissue–ubiquitous urease of soybean [J]. Molecular and General Genetics, 242（4）: 404–414.

Venkatramesh M, Guo D A, Jia Z, et al.1996. Mechanism and structural requirements for transformation of substrates by the（S）–adenosyl–L–methionine: delta 24（25）–sterol methyl transferase from Saccharomyces cerevisiae [J]. Biochimica et Biophysica Acta, 1299（3）: 313–324.

Vogeli U, Chapell J. 1988. Induction of sesquiterpene cyclase and suppression of squalene synthetase activities in plant cell cultures treated with a fungal elicitor [J]. Plant Physiology, 88（4）: 1291–1296.

Yamada M, Nakamura K, Inokuchi T. 1984. Effects of diet on urease activities in different tissues of the silkworm, *Bombyx mori*（Lepidoptera: Bombycidae）[J]. Japanese Journal of Applied Entomology Zoology, 28（2）: 49–56.

Zhou Z, Li X, Liu J, et al. 2015. Honeysuckle–encoded atypical microRNA2911 directly targets influenza A viruses [J]. Cell Research 25（1）: 39–49.

Zonia L E, Stebbins N E, Polacco J C. 1995. Essential role of urease in germination of nitrogen–limited *Arabidopsis thaliana* seeds [J]. Plant Physiology, 107（4）: 1097–1103.

Zook M N, Kuc J A. 1991. The use of a sterol inhibitor to investigate changes in the rate of synthesis of 2, 3–oxidosqualene in elicitor–treated potato tuber tissue [J]. Physiological and Moleaular Plant Pathology, 39（5）: 391–401.

第十二章

桑树功能基因研究的平台技术

桑树基因组测序完成之后，最重要的工作是基因功能研究。因此对桑树功能基因研究平台提出了更高的要求。本章就桑树组织培养、原生质体培养、再生体系的建立及转基因等主要平台技术作简要介绍，为桑树功能基因研究提供技术支持。

一、桑树组织培养与快速繁殖

1902年德国植物学家哈伯兰特（G. Haberlandt）在细胞学说的基础上，大胆预言离体的植物细胞能够发育成为完整的植物体。1958年，美国植物学家斯图尔德（F.C. Steward）等人用胡萝卜根韧皮部的组织块进行离体培养，得到了完整的植株，并且这一植株能够开花结果，从而证实了哈伯兰特50多年前的预言。这个实验证明高度分化的植物细胞仍然具有发育成完整植株的能力，即植物细胞具有全能性。

植物组织培养（plant tissue culture）是根据植物细胞具有全能性的理论，在无菌和人工控制的环境条件下，利用人工培养基，对植物的胚胎、器官或器官原基（如根、茎、叶、花、果实、叶原基、花器官原基等）、组织（分生组织、形成层、木质部、韧皮部、表皮、皮层、花药组织等）、细胞（体细胞、生殖细胞）、原生质体等进行精细操作与培养、使其按照人们的意愿增殖、生长或再生发育成完整植株的一门生物技术学科。在植物组织培养中，用于接种的外植体（explant）由于已经脱离了原来的母体，因此，植物组织培养又叫作植物离体培养（plant culture in vitro）。

1. 桑树组织培养

作为一种多年生木本植物，桑树有着栽培周期长、环境依赖性强的特点，虽然桑树可以通过扦插、嫁接进行无性繁殖，但上述方法的成功取决于许多因素如植物的遗传组成、年龄、亲本扦插条的生理状况、扦插或嫁接时的气候条件以及栽培技术等因素。新开发的桑树品种不能通过扦插立即进行繁殖，因为至少需要6~7个月的成熟期才能从亲本植物上分离扦插枝条。而通过植物组织培养的方法，在受控条件下可使植物在短时内大量增殖。一个外植体理论上可以产生成千上万的植物，且不受外界环境条件的影响（Bapat and Rao，1990）。因此，组织培养是桑树在短时间和有限空间进行快速增殖的有效的方法。

桑树组织培养始于1968年，日本学者押金健吾、山本有彦、大山胜夫等分别对桑树雌、雄花穗和桑根、桑种子的组织培养进行了初步研究（押金健吾等，1968；山本有彦和蒲田昌治，1968；大山胜夫和八卷敏雄，1968）。随后不少的学者，针对不同的桑树品种、不同的培养目的开展了富有成效的工作，这些工作使得包括桑树冬芽、腋芽、茎尖、胚轴、子叶、花药、胚、叶片、原生质体等器官或组织都能再生出完整的植株。

2. 桑树组织培养的影响因素

基本培养基是首先需要考虑的因素。现有文献表明，大部分桑树组织培养都以MS（Murashige and Skoog，1962）作为基本培养基，经过比较3种基本培养基MS、B5和WPM对桑树节段外植体生长的影响，发现MS是最适合的培养基，芽增殖数量显著高于木本植物专用培养基WPM（Bhau and Wakhlu，2003）。MS培养基的基本成分见表12-1。

表12-1 MS培养基成分
Table 12-1 Murashige and Skoog medium

成分	单位（mg/L）	成分	单位（mg/L）
硝酸铵	1650	碘化钾	0.83
硼酸	6.2	硝酸钾	1900
氯化钙	332.2	磷酸二氢钾	170
氯化钴	0.025	硫酸锌	8.6
硫酸铜	0.025	甘氨酸	2
乙二胺四乙酸二钠	37.26	肌醇	100
硫酸亚铁	27.8	烟酸	0.5
无水硫酸镁	180.7	盐酸吡哆醇	0.5
硫酸锰	16.9	烟酸硫胺素	0.1
钼酸钠	0.25		

MS培养基的特点是无机盐离子浓度较高，离子平衡性好，具有较强的缓冲能力，是一种较稳定的平衡溶液；微量元素种类齐全，浓度高；含有肌醇、甘氨酸、烟酸等有机营养成分，在一般的培养中，无需额外加入氨基酸、酪蛋白水解物、酵母提取物及椰子汁等有机附加成分。该培养基已被广泛采用，文章引用率甚至达到56000多次，不少培养基是在其基础上演变而来的。有研究表明，在添加相同生长素和细胞分裂素的条件下，MS培养基中的NH_4NO_3浓度降为原来的1/5对于诱导桑树愈伤组织更为有利（Tohjima et al.，1996）。

常见的3种碳源对桑树组织培养的功能也有报道，Bhau和Wakhlu通过比较蔗糖、果糖、甘露醇和山梨醇发现，蔗糖对芽的增殖和伸长效果最好（Bhau and Wakhlu，2003）。Vijayan等发现在添加2mg/L BA的情况下添加3%的葡萄糖的叶片外植体再生形成不定芽的比率达到50%，远高于果糖和葡萄糖（Vijayan et al.，2000）。

二、桑树原生质体培养

植物原生质体（protoplast）是指通过质壁分离或酶解分离将细胞壁全部除去后，余下的质膜包围的"裸露细胞"。这种"裸露细胞"具有细胞的全能性，能完成细胞的各种基本活动，因而能在单细胞水平上研究植物细胞生物学的基本问题。原生质体的应用非常广泛，如它在适宜的条件下能再生出完整植株，同时其质膜可以摄取外源遗传物质，不但是遗传转化的理想受体材料，也可诱导细胞融合。卫志明、许智宏等首次利用叶肉原生质体通过愈伤组织途径诱导获得再生植株（卫志明等，1992）。最新的基因组编辑技术CRISPR-Cas9系统就是在水稻原生质体上实现的（Li et al.，2013），随后这项技术在拟南芥、烟草、小麦等物种中都通过原生质体得以体现。原生质体诱导的细胞融合也已经在桑科构属和桑属间实现属间杂交（Ohnishi et al.，1989），成功解决了物种间杂交败育的难题。此外，原生质体融合技术还是解决花期不遇桑树杂交组合的有利武器（Tikader et al.，1995）。

虽然原生质体分离最早开展于烟草、番茄等草本植物中，但桑树的原生质体分离开展也较早。1987年就开始利用愈伤组织和叶肉细胞诱导获得原生质体（Ohnishi and Kiyama，1987b），该研究表明，以叶肉作为外植体，添加0.02mg/kg的2-4D和0.2mg/kg的BA能增加原生质体的产量；而当以愈伤组织作为外植体时，添加0.2mg/kg的2-4D能增加原生质体的产量。同时，为了增加原生质体融合的能力，研究者通过比较不同的温度、pH值以及Ca^{2+}，结果发现在40℃，pH 6.5以及添加75mmol/L的$CaCl_2$能增加原生质体融合的能力（Ohnishi and Kiyama，1987a）。2年后，研究者将桑树与构树原生质体进行了融合，他们发现温度为27℃、pH 6.5，添加35%的聚乙二醇以及75mmol/L的$CaCl_2$能增加2种原生质体融合的能力（Ohnishi et al.，1989）。子叶和无菌苗叶片分离原生质体的能力分析表明，子叶外植体更有利于分离原生质体。随后的研究者分析了原生质体转移外源基因的能力，以种子实生小苗的根作为外植体诱导愈伤组织，愈伤组织液体继代形成快速生长的愈伤系，将此愈伤系过20～30目筛子后，采用酶解方法诱导获得原生质体，然后将这些原生质体脉冲电击成功将20%～30%的原生质体中转入GUS基因，检测到它们的瞬时表达（Sugimura et al.，1999）。

大多数原生质体的分离都是通过体外酶解来实现的，将桑叶肉组织或愈伤组织置于酶解液（主要成分有果胶酶、纤维素酶、甘露醇等）中28℃轻柔振荡培养40min（Sugimura et al.，1999），使组织分离、细胞壁解析从而获得原生质体。我国学者倪国孚、陈爱玉比较分析了酶解时间、纤维素酶用量与桑树原生质体产量的关系，结果发现切成细小碎块的桑树叶片在加入含3%的纤维素酶、2%的果胶酶的酶解液中，25℃、70～80r/min振荡培养2h开始出现原生质体，培养5～6h后原生质体产量达到最高（倪国孚和陈爱玉，1989）。此后，卫志明、许智宏等首次利用叶肉原生质体通过愈伤组织途径诱导获得再生植株（卫志明等，1992），并以此为基础探索桑树转基因以期改良桑树品质。近年来，又有学者对桑树原生质体分离条件进行了优化（高丽霞和蒋冬梅，2012；羿德磊等，2012），使原生质体产量达到$7.8×10^6$个/g，活力达91.4%。

三、桑树的再生体系

孔令汶等首次采用幼叶、全展叶和成熟叶（即组培植株下部第一、第二片叶）置于添加6-BA 1mg/L的MS培养基中，发现幼叶和全展叶在接种20天后没有不定芽分化，而成熟叶在接种15天后在叶片主叶脉上长出1～2个绿色的小突起（极少数在侧脉），这些突起随后逐渐分化生长为完整的不定芽，时间约为30天（孔令汶等，1987）。随后，孔令汶等探讨了不同桑品种叶片的再生能力，发现在添加12.5：1的细胞分裂素和生长素的MS培养基中，12个供试桑树品种都能诱导不定芽分化，但品种间差异极显著，其中分化率最高的是磺桑14号，达到了85.2%，最低的为湖桑32号，仅为6.9%；其研究还表明桑树不定芽的分化大部分位于叶片的主叶脉（孔令汶等，1990）。卫志明等首次通过桑树叶肉原生质体成功地获得了再生植株，获得的叶肉原生质体诱导愈伤组织发育至2～3mm大小时，转移至含有NAA 0.1mg/L和BA 1.0mg/L的MS分化培养基上，成功诱导出不定芽，出芽率可达35%（卫志明等，1992）。桑树种子未成熟子叶不定芽再生试验，发现未成熟子叶诱导丛生芽比较适宜的激素配比为6-BA 1.0～2.5mg/L，IAA 0.1～0.5mg/L（王勇等，1995）。桑子叶、下胚轴作为外植体的再生研究发现，子叶基部的离体再生成苗率可以达到63.5%，下胚轴上段的离体再生成苗率为47.1%，其培养条件为添加6-BA 3mg/L和IAA 0.3mg/L，并统一暗培养7天（王茜龄等，2005）。王彦文等人采用正交试验设计，探索了TDZ与NAA的联合使用对桑树再生的影响，发现陕305组培苗叶片的最佳愈伤组织诱导培养基为MS+1.0mg /L TDZ+0.2mg/L NAA，诱导率达93.9%。最佳愈伤组织分化培养基为MS+3.0mg/L 6-BA+0.1mg/L IAA+2%果糖，不定芽分化率高达100%（王彦文等，2006）。最近的研究表明，红果2号子叶节外植体高频再生体系的最佳激素配比为2.0mg/L 6-BA和0.15mg/L IBA（王朝阳，2011）。

四、桑树转基因研究

植物转基因是将外源基因或DNA导入植物组织或细胞的方法，可分为间接导入法和直接导入法两类。间接导入法主要是依赖于载体将外源基因导入桑树组织或细胞，最常用的外源基因植物载体包括根癌农杆菌Ti质粒、农杆菌球质体、花椰菜花叶病毒。直接导入法是利用化学或物理的手段等将外源基因直接导入细胞，主要包括基因枪法、PEG介导转化法、电击穿孔法、显微注射法、电泳法、花粉管通道法及激光束法等。在桑树上运用的较多的是农杆菌介导的叶盘法和基因枪法进行外源基因的导入（何宁佳等，2012）。

日本学者平野等在1985年证实农杆菌能够感染桑树，随后从大豆种子分离纯化到碱性7S球形蛋白，并将其导入桑树，试图以此提高桑树桑叶的蛋白质含量。1990年，Machii利用农杆菌将集合葡萄糖醛酸酶（*GUS*）基因和卡拉霉素抗性基因的Ti质粒转化桑树，成功获得具有GUS酶活性的植株（Machii，1990）。同年，天蚕*Hyalophora cecropia*抗菌肽D基因和柞蚕*Antheraea pernyi*抗菌肽D基因被成功导入桑树，经DNA分子杂交检测，证实外源基因已经转入叶肉细胞并进行表达（王勇等，1998；管志文等，1994）。Yamanouchi等从水稻中克隆防御病原微生物的几丁质酶基因（*RCC2*），将其导入桑树冬芽幼叶中，通过抗生素筛选，最终获得阳性试管苗（Yamanouchi et al.，1997）。1999年和2001年谈建中等分别应用农杆菌介导法转化桑的叶盘和茎尖材料，将编码大豆球蛋白A1aB1b的基因转入桑树，经过PCR-Southern和Northern杂交鉴定，证明*A1aB1b*成功转入桑树，首次实现桑树与其他植物间遗传信息的传递（谈建中等，2001；谈建中等，1999）。王洪利等用农杆菌介导法将水稻半胱氨酸蛋白酶抑制剂基因导入桑树组织，经抗性筛选和组织培养获得再生植株（王洪利等，2003）。2004年，陆小平采用农杆菌介导的植株转化法对自然杂交的实生桑种子苗进行了转化实验，获得了报告基因（GUS基因）的转化苗（陆小平等，2004）。Lal等将大麦HVA1基因导入桑树获得了抗盐、抗旱的转基因植株（Lal et al.，2008）。印度新德里大学的Checker等将大麦中编码胚胎发生晚期高丰度表达蛋白的基因hva1通过农杆菌转化到桑树，利用组成型表达的启动子Actin1进行表达，植株表现出抗旱性、抗寒性和耐盐性。转基因植株中胁迫应答基因Mi dnaJ和Mi 2-cysperoxidin的增强表达暗示hva1可能调控参与非生物胁迫的下游基因（Checker et al.，2012）。

从20世纪80年代开始，桑树的转基因研究经历了一个较长时期的缓慢发展过程。从整体上看，还处于起步阶段。突破技术的瓶颈、建立高效的桑树转基因平台，是现阶段急需完成的重要研究工作。

遗传转化方法介绍如下。

（一）间接导入法

1. 根癌农杆菌介导的转化

根癌农杆菌是一种革兰氏阴性土壤杆菌，它含有Ti质粒，能诱导被侵染的植物细胞形成肿瘤，肿瘤组织中含有较高浓度的特殊氨基酸——常见的有章鱼碱（octopine，菌株LBA4404）、农杆碱（agropine，菌株LBA4301）、胭脂碱（nopaine，菌株GV3101）、琥珀碱（succinamopine，菌株EHA105）等，统称为冠瘿瘤（opines）。位于Ti质粒（包括Ri质粒）上的转移DNA（T-DNA），在农杆菌侵染宿主植物时，T-DNA可以转移进植物细胞，并稳定地整合在植物细胞染色体中，且能通过有性世代遗传给子代。这就是农杆菌介导的植物遗传转化的基础。

（1）日本转基因桑树研究

1990年，日本学者Machii首次利用农杆菌菌株LBA4404浸染桑树叶片，培养30天后34%的桑树叶片能诱导出抗Km的不定芽，在5个诱导出完整植株的芽中有2个植株GUS组织化学染色呈阳性（Machii，1990），此项工作乃桑树转基因的先例。

2000年，Nozue利用愈伤组织建立了稳定的桑树遗传转化体系（Nozue et al.，2000）。诱导愈伤组织的桑树外植体下胚轴、子叶和根制备方法如下：无菌桑树种子置于MS无机盐+MES 2.3mmol/L+Sucorse 10g/L+Gellan gum 2.5g/L+pH 5.6持续光下25℃培养15天备用；愈伤组织诱导培养基为MS+MES 2.3mmol/L+Sucorse 30g/L+Gellan gum 2.5g/L+NAA 5mg/L+6-BA 1mg/L+pH 5.6，采用25℃光下持续培养7～10天诱导愈伤组织；农杆菌浸染重悬液MS无机盐+MES 2.3mmol/L+Sucorse 30g/L+AS 275 μmol/L+pH 5.5，浸染液浓度OD_{600}调整为0.125；将愈伤组织置于浸染液中20℃黑暗处理1天；吸干浸染液后置于愈伤诱导培养基中22℃黑暗共培养2天；共培养结束后将愈伤组织置于脱菌培养基（MS无机盐+2.3mmol/L MES+Carbenicillin 200mg/L+pH 5.5）振荡脱菌3次，每次1h，振荡速度60r/min；无菌吸水纸除去多余脱菌液后将愈伤组织置于不添加抗生素的愈伤诱导培养基中25℃黑暗培养7天；然后将愈伤组织转移到含有200mg/L Carbenicillin和12.5mg/L HPT的愈伤诱导培养基25℃持续光下进行初次筛选；继续生长的愈伤组织继代至相同的培养基进行第二次筛选，3～5次筛选培养后，提高HPT筛选培养的浓度到25mg/L。第二次筛选结束后发现下胚轴愈伤组织成活率最高达到21.5%、子叶愈伤次之、根愈伤组织最低。随后通过GUS组织化学染色和PCR扩增的方法证实外源基因已经整合到愈伤组织基因组中。同时比较了农杆菌LBA4404和EHA105对愈伤组织的浸染效率，结果发现EHA105菌株浸染后愈伤组织成活率达到40.7%，远高于LBA4404。

（2）中国转基因桑树研究

中国的桑树转基因研究已有报道，主要集中在抗病及增加蛋白质含量方面。吴成仓等首次将天蚕抗菌肽B基因导入桑树组织中获得了抗性愈伤组织（吴成仓等，1992）。管志文等将人工合成柞蚕抗菌肽D基因通过叶盘转化法导入桑树基因组中，并获得了转基因植株，但对转基因桑树植株的青枯病抗性尚不详（管志文等，1994）。

后来，王勇等将合成的具有其转录与表达增强序列的抗菌肽shivaA基因转入丰驰桑基因组中，在获得的抗性转基因植株中有5个株系14株植株表现出较强的青枯病抗性（王勇等，1998），这是国内首次获得的具有目的基因表型的转基因桑树的报道。王勇等的转基因方法具体如下：子叶外植体获得方法（种子消毒后置于1/2MS培养基中，黑暗条件下经3～4天后，在解剖镜下切取种胚中的子叶）；浸染菌液制备方法如下，农杆菌为胭脂碱型菌株GV3101，在含四环素10r/mg/L和卡那霉素30mg/L的LB液体培养基中200r/min 28℃过夜振荡培养后，采用4000r/min离心10min收集菌液，然后用含有MS+3mg/L BA+0.3mg/L IAA+30g/LGlucose+500mg/L水解乳蛋白的液体培养基MS1中重悬调整OD_{600}=0.2；上述菌液浸染子叶10～15min后用无菌滤纸上吸去表面菌液，转移至铺有两层无菌滤纸的添加6g/L琼脂的MS1固体培养基上共培养4天；随后用添加400～500mg/L羧苄青霉素和20mg/L卡那霉素的MS1固体培养诱导抗性芽的产生。

谈建中等采用农杆菌介导桑树叶盘和叶尖转化将大豆球蛋白亚基基因导入桑树中，PCR分析抗卡那霉素的植株表明，外源基因已经整合到4个株系的桑树基因组中（谈建中等，1999）。

钟名其、谈建中的研究表明，农杆菌菌株LBA4404比C58Cl转化效率高，以叶盘、茎尖和愈伤组织为受体转化频率分别为8.7%、5.6%和2.8%，$AgNO_3$对遗传转化具有明显的促进作用（钟名其等，1999）。钟名其等进一步对$AgNO_3$在桑树遗传转化中的功能进行了专门的论述，其研究表明：添加2mg/L $AgNO_3$能减少叶盘褐化死亡率、增加抗性芽分化率、外源基因转化频率增加、转化体"假阳性"减少，究其原因可能是硝酸银对农杆菌LBA4404的生长具有抑制作用，因此能提高桑树转化频率（钟名其等，2002）。此外，钟名其等还进一步分析了抗生素在农杆菌介导的遗传转化的适宜浓度，叶盘（或茎尖）转化筛选培养阶段，卡那霉素和羧苄青霉素适宜浓度分别为30～40mg/L和200～400mg/L（或60～80mg/L和200～600mg/L）；抗性芽继代（或生根）培养阶段，卡那霉素和羧苄青霉素分别为40～50mg/L和100～200mg/L（或5～10mg/L和50～100mg/L）；头孢霉素对桑树各种外植体的影响效果与羧苄青霉素相似；直接用培养农杆菌的LB培养基浸渍叶盘会出现分化率下降、较严重褐化死亡的现象（钟名其等，2001）。

陆小平等尝试用体外活体转化方法对桑树进行了遗传转化，获得了表型发生改变的转基因桑树植株（Ping et al.，2003）。

楼程富等对桑树遗传转化的受体细胞及其再生进行了探讨，他们认为离体培养时，叶片的主脉、侧脉甚至栅栏组织细胞都可以分化出不定芽，但产生这些芽的组织如果未进行受伤处理，农杆菌很难穿过角质层和排列紧密有序的表皮细胞去完成贴壁反应，因此难以完成T-DNA区整合到植物基因组中，因此不是转基因芽（楼程富等，2005）。同时指出转基因有成功报道但外源基因基因功能报道的研究很少的现状，产生这种现象的原因可能在于外源基因未成功表达。

（3）印度转基因桑树研究

印度学者首先于2003年以在MS + 1.1mg/L TDZ培养基中预培养5天的下胚轴、子叶、叶片、叶片愈伤组织作为外植体，以OD_{600}为1～1.25添加200μmol/L AS的浸染液处理30分钟，通过GUS组织化学染色分析了农杆菌菌株、表达载体对桑树遗传转化效率的影响（Bhatnagar and Khurana，2003）。其研究表明，LBA4404浸染能力更强，愈伤组织外植体GUS表达最稳定，有25%～50%的愈伤组织可分化形成不定芽，并最终获得抗性植株，通过Southern杂交表明外源基因已经整合到桑树基因组中。

2008年，印度学者报道了农杆菌介导法将大麦晚期胚丰富蛋白基因家族成员HVA1导入桑树的研究，组成型表达HVA基因的转基因桑树抗性分析表明，在盐胁迫和干旱条件，转基因桑树株系展示出更好的细胞膜稳定性、光合产量、更好的水分利用率以及更少的光氧化伤害；盐胁迫处理转基因株系积累更多的脯氨酸而干旱处理不累积脯氨酸；有趣的是不同的转基因株系表现出不同的抗性，有的株系抗盐胁迫能力强，有的株系抗旱胁迫能力强，而有的株系对两种胁迫都具有抗性（Lal et al.，2008）。这是印度首例转基因桑树具有更强抗逆能力的报道。

2011年，印度的研究者构建了组成型35S和逆境诱导启动子rd29A驱动的病程相关蛋白家族成员Osmotin的载体，并通过农杆菌介导法导入桑树基因组中，通过Southern和实时定量PCR分析证明外源基因已经整合到基因组中并得到表达，逆境胁迫分析表明，转基因株系细胞膜稳定性更好、光合产量高且腋芽萌发率也高；与35S启动子相比，rd29A启动子驱动的转基因株系的脯氨酸含量相对更低，对干旱、盐胁迫以及真菌胁迫表现出更强的耐受性（Das et al.，2011）。再次证明转基因能使桑树获得更好的抗胁迫能力。

2012年，Checker等发现拟南芥逆境诱导启动子rd29A驱动的HVA1转基因桑树具有抗干旱、盐以及冷冻胁迫能力，田间实验表明，与野生型相比转基因桑树具有更好的表现，分子生物学研究表明HVA1基因通过增加下游dnaJ、ERD10、ERD15以及MYB60等基因的表达获得抗性（Checker et al.，2012）。

自第一例转基因桑树问世以来，经过20多年的发展，桑树转基因取得了一定的进展，但是桑树转基因仍然难以像其他物种具有成熟稳定的转基因体系，这极大地限制了桑树基因功能的研究，随着桑树基因组的完成，以及越来越多的转录组数据、蛋白质组学的报道，桑树的研究呈现出新的生机与活力，然而桑树现有的转基因研究现状难以支持大规模的遗传转化和基因功能研究。因此，桑树转基因还需要更多的科学工作者共同努力建立成熟稳定的桑树遗传转化体系。显然高频的再生体系和高效的转化效率，二者结合是建立成熟稳定的遗传转化体系的主体内容。

2. 发根农杆菌介导的转化

发根农杆菌（*Agrobacterium rhizogenes*）是一种侵染性非常广泛的土壤中的革兰氏阴性细菌，能侵染几乎所有的双子叶植物和少数单子叶植物而诱发根瘤，这是由其所携带的Ri质粒所引起的。同时，毛状根离体培养条件下能合成次生代谢产物，甚至能合成许多悬浮细胞培养所不能合成的物质，某些产物量甚至高于正常植物及悬浮细胞培养（工关林和方宏筠，2009）。因此，毛状根培养系统在次生物质生物量的增加、药用有效成分的积累以及生产稳定性等方面，都显示出独特的优越性。

桑树的根中含有大量的次生代谢物质，具有重要的研究价值，也吸引了越来越多的研究者的关注。

S and K用桑树种子下胚轴作为外植体，以野生型发根农杆菌转化获得了转基因的桑树根毛，但未能从根毛中诱导出转基因再生桑树植株，同时他们的研究还表明，通过注射发根农杆菌液比直接浸泡的转化效率更高。李想韵以暗萌发桑种子小苗为外植体，预培养2天后，以发根农杆菌菌株C58C1浸染10min，在添加100mg/L的乙酰丁香酮的培养基中共培养2天，10天后茎段伤口处陆续产生毛状根，30天后幼茎上产生毛状根的外植体达到92%；将产生的毛状根置于1/2 MS + 0.05mg/L IBA液体培养基中培养50天后，通过HPLC检测发现毛状根中槲皮素的含量增加了8.5倍（李想韵，2010）。孔卫青等研究者以萌发10天的桑树子叶作为外植体，接种针划伤子叶正面，分别采用后蘸发根农杆菌菌斑以及发根农杆菌液浸泡10min的方法进行处理结果发现，前一种处理方法产生的毛状根速度快于后者，并通过PCR扩增检测*RolB*基因的方法证明外源基因已经整合到桑树基因组中（孔卫青等，2010），这为桑树毛状根次生代谢物的利用和桑树转基因研究提供了有益的启示。

（二）直接导入法

直接导入法是指利用化学方法或物理手段将外源基因直接导入植物细胞中进而实现外源基因的整合。化学方法包括PEG和脂质体介导转化，物理方法主要有电穿孔转化法、体内注射转化法、超声波法以及基因枪轰击法等。在直接导入的众多方法中，基因枪轰击法具有操作简单、转化时间短、转化频率高、实验费用较低等优点。对于农杆菌不能感染的植物，采用该方法可打破载体法的局限。

基因枪介导转化法采用的基因枪经历了三代发展，相关操作也越来越简便。第一代基因枪是台式机，诞生于1987年；第二代基因枪是手持式基因枪，诞生于1996年，体积小巧可随身携带，大大地拓宽了基因枪的应用范围；第三代基因枪以GDS-80型手持基因枪为代表，诞生于2009年，采用低压传导，不但大大减少细胞损害，而且能穿透植物细胞壁，有效降低由金粉微载体带来的昂贵开销，同时"子弹"的制备也从干式转为湿式，简化了流程。

日本学者最早用基因枪轰击桑树悬浮愈伤组织，通过GUS组织化学染色证实*GUS*基因已转入桑树组织内并得到了表达，但未能获得转基因植株（Machii et al.，1996）。随后，印度学者发表了基因枪法转化桑树报道，以桑树胚轴、子叶、叶片和叶片愈伤组织作为外植体，同样以GUS检测外源基因的整合情况，结果发现钨粉的效率（20%）低于金粉的（36%），当用氦气7583.4kPa，轰击距离9cm转化效果最好，两次重复轰击的效果好于只轰击一次的，pBI221载体轰击叶片愈伤组织GUS组织化学染色阳性率达到100%（Bhatnagar et al.，2002）。上述研究都证实基因枪轰击法能将外源基因转入桑树基因组中。在此基础上，我国学者王洪利利用基因枪转化法，成功将水稻半胱氨酸蛋白酶抑制剂基因（*OC-1*）导入桑树基因组中，为选育抗虫性桑树品种奠定了基础（王洪利等，2003），其基因枪转化法适宜的条件是：粒径1μm 金粉每次用量为500μg/次，受体材料与微弹之间的距离为7cm左右，真空度为27～28Pa。基因枪直接转化法不依赖于桑树基因型和遗传再生体系，王洪利的成果为研究者提供更多的思考和借鉴，同时随着基因枪技术的不断进步，基因枪介导的直接转化法将有望成为主流的桑树转基因方法。

五、桑树转基因技术

1983年，世界上第一例转基因植物——烟草在美国问世。随后，人类利用转基因技术获得了一系列具有抗虫、抗病、抗逆和品质改良的转基因植物。目前，已有35科120多种植物转基因获得成功，转基因作物如大豆、玉米、油菜等均已进入产业化生产阶段。相比于其他物种，桑树转基因研究起步较晚。2013年，桑树基因组草图绘制成功，这标志着桑树研究从生理生化水平向分子水平的过渡。同时，这也对桑树遗传转化体系的建立提出了要求。

1990年，日本学者Machii通过根瘤农杆菌将β-葡萄糖苷酸酶（β-glucuronidase，GUS）基因导入桑树叶盘并在桑叶中成功表达，证明桑树是农杆菌的易感树种（Machii，1990）。自此，国内外许多学者针对桑树转基因技术的完善进行了大量研究和探索。

1. 桑树遗传转化的一般步骤

（1）预培养

在农杆菌菌液侵染外植体之前，先让外植体在培养基上预培养一段时间，这样可以增加外植体对农杆菌的易感程度，有利于提高转化效率。

（2）共培养

这一过程是让农杆菌和外植体在适宜条件下生长。一般操作是采用一定浓度的农杆菌悬液侵染桑树外植体5～30min后，滤纸吸干表面菌液，置于共培养培养基中，暗培养2～3天。由于共培养对转化效率起着决定性作用，因此，在共培养阶段，农杆菌侵染液浓度、侵染时间、共培养天数等因素都应仔细摸索。

（3）筛选

此步骤是通过根瘤农杆菌质粒上的抗生素标记对可能的阳性转化体进行筛选。目前普遍采用的是卡那霉素标记基因。具体操作为：将共培养后的外植体用头孢等抗生素水溶液洗涤脱去表面菌液，再用滤纸吸干水分，置于筛选培养基中。理论上未转入根瘤农杆菌的外植体不携带抗性基因，在筛选过程中不能存活，只有转化成功的外植体能在筛选培养基上分化成苗。

（4）GUS活性检测

将可能的阳性转化体继代、生根，切取部分外植体进行GUS染色。由于农杆菌质粒上携带*GUS*基因，因此在GUS染液的作用下能在外植体上看到明显的蓝色，初步判断基因成功转化桑树。

（5）分子鉴定

可能的阳性转化体经过壮苗、移栽入土后，取材料进行基因组提取。通过PCR扩增、Southern blotting等技术确定目的基因已经稳定导入桑树。

2. 桑树遗传转化方法

（1）叶盘转化法

叶盘转化法（leaf disc transformation）是由Horsch等（1984）发展起来的一种利用植株的叶盘或幼苗子叶作为受体的遗传转化方法（Horsch et al., 1984）。其优点是适用性广，操作简单，成本低廉。在桑树遗传转化研究中，叶盘转化法应用最为广泛。

相比于原生质体和愈伤组织，桑树叶片取材简单，一致性也较好。其操作一般是取桑树叶片置于培养基中预培养3~5天，再切成小块叶盘用含目的基因的农杆菌菌液侵染。也可以采用种子萌发的幼苗，培养一周左右后切取子叶进行农杆菌侵染。侵染过后的叶盘或子叶经过抗生素筛选和分子鉴定，获得转基因植株。由于桑树叶片的再生率较低，且不同品种桑树再生条件差异很大，目前，仅有少数品种如印度桑（*Morus indica* 'K2'）、白桑（*Morus alba*）、丰驰桑通过叶盘转化法成功获得转基因植株。

（2）基因枪轰击法

基因枪轰击法是20世纪80年代末发展形成的一种新型基因转化技术，其原理是用包裹DNA的金属小颗粒轰击受体细胞，使附着在金属颗粒上的外源DNA随金属粒子进入细胞或分生组织细胞并整合到受体细胞基因组DNA中，受体细胞随后分化成完整植株形成稳定表达的转化体。Machii等（1996）用基因枪轰击均匀分布在滤纸上的桑树悬浮愈伤组织，48h后，在含有X-Gluc的培养基中观察到大量呈现蓝斑的愈伤组织（Machii et al., 1996）。2003年，王洪利（2003）报道用基因枪轰击法将水稻半胱氨酸蛋白酶抑制剂导入桑树品种新一之濑中，转化芽经过抗生素筛选、探针杂交和继代培养，获得了表达目的基因mRNA的转化苗（王洪利等，2003）。

（3）植株转化法

植株转化法是利用农杆菌侵染植物的茎尖或顶端分生组织，将其携带的外源基因载体转化到植物的分生组织细胞中。外源基因在载体序列的协助下与受体细胞染色体整合。此受体细胞分化产生基因型稳定的突变芽，对此芽生长成的枝条进行无性繁殖，获得想要的转化苗。陆小平（2004）报道用此方法对自然杂交的实生桑种子萌发苗进行了转化实验，获得了转报告基因*GUS*的转化苗（陆小平等，2004）。

（4）花粉管通道法

花粉管通道法是在授粉后向子房侵染或注射含目的基因的DNA溶液或农杆菌，利用植物在开花、受精过程中形成的花粉管通道，将外源DNA导入受精卵细胞，并进一步地被整合到受体细胞的基因组中，最终获得转基因个体。该方法目前在拟南芥和水稻的遗传转化中应用较为广泛。李镇刚等（2014）利用花粉管通道结合农杆菌介导的方法在桑树遗传转化中进行了尝试，成功将*phyC*基因导入红果1号×育2号杂交桑种子中，最终获得阳性的转基因桑苗（李镇刚等，2014）。

3. 桑树遗传转化目的基因的种类

（1）β-葡萄糖苷酸酶（*GUS*）基因

1990年，Machii用农杆菌介导外源*GUS*基因转化桑树冬芽的幼叶，并在卡那霉素抗性苗中检测到了GUS活性（Machii，1990）。由于*GUS*基因水解产物呈蓝色，容易观察，因此，在后来的桑树遗传转化过程中，*GUS*基因作为一种报告基因广泛用于初步检测可能的阳性转化体。

（2）大豆球蛋白基因

大豆种子富含蛋白质，其主要组分是大豆球蛋白（glycinin）和β-伴大豆球蛋白（β-conglycinin），赖氨酸含量也比多数禾谷类种子蛋白要多。而桑叶是家蚕及部分家畜的重要食物来源，因此利用转基因技术将大豆球蛋白基因导入桑树以提高桑叶的蛋白质含量和品质将有助于蚕丝业及畜牧业的更好发展。谈建中等（1999）在构建了大豆球蛋白基因表达载体的基础上，应用农杆菌介导法转化桑树的叶盘及茎尖材料，将大豆球蛋白A1aB1b亚基基因转入桑树，经卡那霉素抗性筛选培养、PCR-Southern和RNA点杂交鉴定，获得了转基因试管苗，实现了桑树异种植物间的基因转移（谈建中等，1999）。

（3）水稻半胱氨酸蛋白酶抑制剂基因

蛋白酶抑制剂普遍存在于动物、植物和微生物体内，能调节蛋白质代谢和各种蛋白酶的生理活性。同时，蛋白酶抑制剂还具有抑制某些病源微生物及某些昆虫体内蛋白酶的作用，是植物体的一种天然防御体系。桑树害虫桑象虫、桑天牛属于鞘翅目昆虫，而水稻半胱氨酸蛋白酶抑制剂（oryza cystatin，OC）对大部分鞘翅目害虫的生长具有抑制作用（Hilder et al.，1995；Hilder et al.，1987）。王洪利（2002）利用基因枪轰击法将水稻半胱氨酸蛋白酶抑制剂基因导入到桑树组织细胞中，经抗性筛选和再生诱导获得可能的阳性植株，通过PCR、DNA点杂交、Southern blotting以及RNA点杂交、Northern blotting鉴定，证实基因转化成功（王洪利等，2003）。

（4）抗菌肽基因

抗菌肽（antimicrobial peptides）是一类具有广谱高效杀菌活性的碱性多肽类物质，是动物尤其是昆虫非特异性免疫系统的重要组成部分。目前在桑树中研究比较多的是天蚕抗菌肽和柞蚕抗菌肽，后者对桑树青枯病假单胞菌（*Pseudomonas solanacearum*）有明显杀菌效果。管志文等（1994）将人工合成的柞蚕抗菌肽D基因转入桑树，为培育抗青枯病品种开拓了新的途径（管志文等，1994）。王勇等（1998）将抗菌肽*shivaA*基因转入丰驰桑，经分子鉴定获得的转基因桑苗对青枯病具有较强抗性（王勇等，1998）。

（5）几丁质酶基因

几丁质酶广泛存在于植物、动物和微生物中，具有降解几丁质的作用，而几丁质是许多病原菌细胞壁的主要成分，因此可以利用几丁质酶防御植物病原菌。小山朗夫等（1997）将水稻几丁质酶基因（rice chitinase gene，*RCC2*）导入桑树冬芽幼叶中，并获得了具有卡那霉素抗性的试管苗（Yamanouchi et al.，1997）。

（6）烟草渗透蛋白基因

渗透蛋白是一类调节植物细胞渗透压的蛋白质，属于植物病原菌相关（pathogenesis-related，PR）蛋白的第五家族（Singh et al.，1987）。渗透蛋白基因具有调节渗透胁迫和植物防御的双重作用（Kononowicz et al.，1992；Zhu et al.，1995）。烟草渗透蛋白能增强转基因草莓、小麦和棉花对NaCl和干旱胁迫的适应性（Husaini and Abdin，2008；Noori and Sokhansanj，2008；Parkhi et al.，2009）。同时，过量表达渗透蛋白能增强土豆、棉花对病原菌的抵抗，推迟真菌病症的出现（Liu et al.，1994）。Das等（2011）在组成型和诱导性启动子的控制下过表达烟草的渗透蛋白，通过农杆菌介导法转化印度桑（*Morus indica* 'K2'）获得转基因植株（Das et al.，2011）。与非转基因植株相比，转基因系对生物与非生物胁迫的应对能力增强。

（7）晚期胚胎发育丰度蛋白基因

晚期胚胎发育丰度（late embryogenesis abundant，LEA）蛋白产生于胚胎发育晚期，占细胞总蛋白的4%（Dure III et al.，1981；Wise and Tunnacliffe，2004）。这些蛋白质在种子和缺水组织中大量表达，从而保护植物细胞不受伤害。LEA蛋白分为6个家族，从大麦（*Hordeun vulgare*，barley）中分离鉴定到的HVA1蛋白属于LEA蛋白第三家族（Hong et al.，1988；Hong et al.，1992；Battaglia et al.，2008；Khurana et al.，2008）。将大麦*HVA1*基因导入印度桑 'K2' 获得转基因植株，实验证明过表达大麦*HVA1*基因能增强转基因桑树对盐胁迫、水分胁迫、干旱胁迫的抵抗力（Lal et al.，2008；Checker et al.，2012）。

4．桑树转基因研究的现况和存在的问题

目前，桑树转基因只在新一之濑、丰驰桑、白桑M5、印度桑中成功。其中，印度桑 'K2' 的转基因体系最为成熟，迄今为止已经有5篇转基因印度桑 'K2' 的文章报道，并且转基因植株呈现出预期的抗胁迫效应。桑树转基因研究目前存在以下几个方面的问题。

（1）桑树再生频率低，基因型依赖性强

这是国内从事桑树转基因研究工作的学者们普遍遇到的问题。再生频率低大大限制了转化外植体的再生。同时，桑树种质资源丰富，不同桑品种在扩繁、再生过程中差异很大，一种成功的桑树组培、再生体系对另一种桑树品种无效或效果一般，这在很大程度上制约了桑树转基因技术的发展。

（2）桑树基础研究薄弱

目前，桑树组培过程中均采用添加不同种类和浓度的激素来控制其生长发育和再生诱导。但是外源激素的添加对桑树组培苗内部激素的种类和含量造成什么变化，这种变化又是如何调控桑树的生理状态并最终造成其生长、发育的改变，这方面尚缺乏系统的研究。

（3）桑树转基因体系的系统研究少

目前，普遍采用根瘤农杆菌介导法转化桑树叶片、愈伤组织等外植体。但是，根瘤农杆菌对桑树外植体的生理状态会造成什么影响尚无报道。例如，农杆菌侵染后，外植体的存活时间、分化潜能、褐化程度是否会发生改变，这些改变是否会决定外植体的再生频率，都有待于进一步的研究。

（4）外部环境条件的影响

目前在桑树组织培养过程中普遍采用MS（Murashige and Skoog，1962）培养基外加糖类作为基本培养基配方。虽然这种配方适用于对许多植物的组织培养，但桑树作为一个物种是否有其特异性，对大量、微量元素、有机物等是否有特定的要求尚不得而知。同时，桑树种质资源繁多，地理分布广泛，各地品种对环境是否存在依赖性，而这种依赖性是否会影响其组织培养的状态，也有待进一步证实。

提高桑树外植体再生频率是转化成功的先决条件。因此，可以针对几种相对比较容易诱导再生芽的桑种，采用多种外植体进行再生实验，再通过一定的激素调配，以期获得较高的再生频率。此外，加强桑树的基础研究，不单从外源激素水平，而是通过监测组培苗内部生理生化水平的变化，从而更好地了解植物的状态，针对转化过程中出现的问题找到可能的原因。

参考文献

高丽霞，蒋冬梅. 2012. 桑树原生质体分离条件的优化［J］. 贵州农业科学，40（2）：20-22.

管志文，张清杰，庄楚雄，等. 1994. 农杆菌携带柞蚕抗菌肽基因转入桑树的研究［J］. 蚕业科学，20（1）：1-6.

何宁佳，赵爱春，秦俭，等. 2012. 桑树基因组计划与桑树产业［J］. 蚕业科学，38（1）：140-145.

孔令汶，郑淑湘，卞元生. 1990. 不同桑树品种的叶片培养及植株再生试验［J］. 蚕业科学，16（4）：198-202.

孔令汶，郑淑湘，孙承勤. 1987. 桑叶片诱导再生植株的研究［J］. 山东农业科学，06：40-42.

孔卫青，杨金宏，卢从德. 2010. 发根农杆菌诱导桑树毛状根体系的建立［J］. 西北植物学报，11：2317-2320.

李想韵. 2010. 发根农杆菌介导桑遗传转化体系的建立及槲皮素在发根中的含量测定［M］. 重庆：西南大学.

李镇刚，赵爱春，黄平，等. 2014. 花粉管通道和农杆菌介导植酸酶基因phyC对桑树的遗传转化［J］. 蚕业科学，40（5）：797-803.

楼程富，陆小平，潘刚. 2005. 桑树遗传转化的受体细胞及其再生［J］. 蚕业科学，31（2）：182-186.

陆小平，楼程富，王波，等. 2004. 用植株转化法将GUS基因导入桑树幼苗的研究［J］. 蚕业科学，30（2）：129-132.

倪国孚，陈爱玉. 1989. 桑树原生质体产量与酶解时间和纤维素酶用量的关系调查［J］. 蚕业科学，15（3）：156-157.

谈建中，楼程富，王洪利，等. 2001. 大豆球蛋白基因转化桑树获得转基因植株［J］. 农业生物技术学报（4）：400-402.

谈建中，楼程富，钟名其，等. 1999. 大豆球蛋白基因表达载体的构建及对桑树的遗传转化［J］. 蚕业科学，25（1）：5-10.

王朝阳. 2011. 桑树子叶节高频再生体系的建立 [J]. 北方园艺，3：158-159.

王关林，方宏筠. 2009. 植物基因工程 [M]. 北京：科学出版社.

王洪利，楼程富，张有做，等. 2003. 水稻半胱氨酸蛋白酶抑制剂基因转化桑树获得转基因植株的初报 [J]. 蚕业科学，29（3）：291-294.

王茜龄，余茂德，徐立，等. 2005. 桑子叶与胚轴不同区段离体再生植株的研究 [J]. 蚕业科学，31（3）：334-336.

王彦文，黄艳红，路国兵，等. 2006. 桑树叶片愈伤组织的诱导及不定芽分化影响因素的研究 [J]. 蚕业科学，32（2）：157-160.

王勇，陈爱玉，倪国孚. 1995. 桑子叶不定芽的诱导与植株再生 [J]. 蚕业科学，21（2）：122-123.

王勇，贾士荣，陈爱玉，等. 1998. 抗菌肽基因导入桑树获得抗病转基因植株 [J]. 蚕业科学，24（3）：136-140.

卫志明，许智宏，许农，等. 1992. 桑树叶肉原生质体培养再生植株 [J]. 植物生理学通讯，28（4）：248-249.

吴成仓，徐静斐，曹勇伟，等. 1992. 天蚕抗菌肽B基因嵌合表达载体的构建及其对桑树和烟草的转化研究 [J]. 蚕业科学，18（2）：124-126.

羿德磊，王海朋，崔为正，等. 2012. 桑树原生质体分离条件的优化试验 [J]. 蚕业科学，38（2）：204-209.

钟名其，楼程富，谈建中. 2001. 桑树遗传转化技术中抗生素的浓度优化研究 [J]. 汕头大学学报（自然科学版），16（2）：1-6.

钟名其，楼程富，谈建中，等. 2002. 硝酸银对桑树遗传转化的作用（简报）[J]. 热带亚热带植物学报，10（1）：74-76.

钟名其，楼程富，周金妹，等. 1999. 农杆菌介导的桑树遗传转化条件的研究 [J]. 蚕桑通报，30（4）：16-18.

Bapat V, Rao P.1990. In *vivo* growth of encapsulated axillary buds of mulberry (*Morus indica* L.)[J]. Plant Cell, Tissue and Organ Culture, 20: 69-70.

Battaglia M, Olvera-Carrillo Y, Garciarrubio A, et al. 2008. The enigmatic LEA proteins and other hydrophilins [J]. Plant Physiology, 148: 6-24.

Bhatnagar S, Kapur A, Khurana P.2002. Evaluation of parameters for high efficiency gene transfer via particle bombardment in Indian mulberry [J]. Indian Journal of Experimental Biology, 40: 1387-1392.

Bhatnagar S, Khurana P. 2003. Agrobacterium tumefaciens-mediated transformation of Indian mulberry, *Morus indica* cv. K2: a time-phased screening strategy [J]. Plant Cell Reports, 21: 669-675.

Bhau B S, Wakhlu A K. 2003. Rapid micropropagation of five cultivars of mulberry [J]. Biologia Plantarum, 46: 349-355.

Checker V G, Chhibbar A K, Khurana P. 2012. Stress-inducible expression of barley *Hva1* gene in transgenic mulberry displays enhanced tolerance against drought, salinity and cold stress [J]. Transgenic Research, 21: 939-957.

Das M, Chauhan H, Chhibbar A, et al. 2011. High-efficiency transformation and selective tolerance against biotic and abiotic stress in mulberry, *Morus indica* cv. K2, by constitutive and inducible expression of tobacco osmotin [J]. Transgenic Research, 20: 231-246.

Dure Iii L, Greenway S C, Galau G A. 1981. Developmental biochemistry of cottonseed embryogenesis and germination: changing messenger ribonucleic acid populations as shown by in *vitro* and in *vivo* protein synthesis[J]. Biochemistry, 20: 4162-4168.

Hilder V A, Gatehouse A M R, Sheerman S E, et al. 1987. A novel mechanism of insect resistance engineered into tobacco[J]. Nature, 330: 160-163.

Hilder V A, Powell K S, Gatehouse A M R, et al. 1995. Expression of snowdrop lectin in transgenic tobacco plants results in added protection against aphids [J]. Transgenic Research, 4: 18-25.

Hong B M, Barg R, Ho T H D. 1992. Developmental and organ-specific expression of an aba-induced and stress-induced protein in barley[J]. Plant Molecular Biology, 18: 663-674.

Hong B, Uknes S J, Ho T H. 1988. Cloning and characterization of a cDNA encoding a mRNA rapidly-induced by ABA in barley aleurone layers[J]. Plant Molecular Biology, 11: 495-506.

Horsch R B, Fraley R T, Rogers S G, et al. 1984. Inheritance of functional foreign genes in plants[J]. Science, 223: 496-498.

Husaini A M, Abdin M Z.2008. Development of transgenic strawberry (*Fragaria × ananassa* Duch.) plants tolerant to salt stress[J]. Plant Science, 174: 446-455.

Khurana P, Vishnudasan D, Chhibbar A K.2008. Genetic approaches towards overcoming water deficit in plants-special emphasis on LEAs[J]. Physiology and Molecular Biology of Plants, 14: 277-298.

Kononowicz A K, Nelson D E, Singh N K, et al. 1992. Regulation of the Osmotin Gene Promoter[J]. Plant Cell, 4: 513-524.

Lal S, Gulyani V, Khurana P.2008. Overexpression of *HVA1* gene from barley generates tolerance to salinity and water stress in transgenic mulberry(*Morus indica*)[J]. Transgenic Research, 17: 651-663.

Li W, Teng F, Li T D, et al. 2013. Simultaneous generation and germline transmission of multiple gene mutations in rat using CRISPR-Cas systems [J]. Nature Biotechnology, 31: 684-686.

Liu D, Raghothama K G, Hasegawa P M, et al. 1994. Osmotin overexpression in potato delays development of disease symptoms [J]. Proceedings of the National Academy of Sciences, USA, 91: 1888-1892.

Machii H. 1990. Leaf disc transformation of mulberry plant(*Morus alba* L.) by Agrobacterium Ti plasmid[J]. Journal of Sericultural Science of Japan(Japan), 59: 255-258.

Machii H, Sung G, Yamanouchi H, et al. 1996. Transient expression of GUS gene introduced into mulberry plant by particle bombardment[J]. Journal of Sericultural Science of Japan(Japan), 65 (6) : 503-506.

Murashige T, Skoog F. 1962. A revised medium for rapid growth and bio assays with tobacco tissue cultures [J]. Physiologia Plantarum, 15: 473-497.

Noori S A S, Sokhansanj A. 2008. Wheat plants containing an osmotin gene show enhanced ability to produce roots at high NaCl concentration [J]. Russian Journal of Plant Physiology, 55: 256-258.

Nozue M, Cai W, Li L, et al. 2000. Development of a reliable method for Agrobacterium tumefaciens-mediated transformation of mulberry [*Morus alba*] callus [J]. Journal of Sericultural Science of Japan(Japan), 69 (6) : 345-352.

Ohnishi T, Kiyama S. 1987a. Effect of changes of the temperature, pH and Ca ion concentration of the solutions used for protoplast fusion on the improvement of the fusion ability of mulberry protoplasts [J]. Journal of Sericultural Science of Japan, 56: 418-421.

Ohnishi T, Kiyama S. 1987b. Increase in yield of mulberry protoplasts by treatment with chemical substance[J]. Journal of Sericultural Science of Japan(Japan), 56: 407-410.

Ohnishi T, Shibayama K, Tanabe H.1989. On the protoplast fusion of mulberry and paper-mulberry in polyethylene glycol [J]. Journal of Sericultural Science of Japan (Japan) , 60: 400-401.

Parkhi V, Kumar V, Sunilkumar G, et al. 2009. Expression of apoplastically secreted tobacco osmotin in cotton confers drought tolerance [J]. Molecular Breeding, 23: 625-639.

Ping L X, Nogawa M, Shioiri H, et al. 2003. In planta transformation of mulberry trees (*Morus alba* L.) by Agrobacterium tumefaciens [J]. Journal of Insect Biotechnology and Sericology, 72: 177-184.

Singh N K, Bracker C A, Hasegawa P M, et al. 1987. Characterization of osmotin-a thaumatin-like protein associated with osmotic adaptation in plant-cells [J]. Plant Physiology, 85: 529-536.

Sugimura Y, Miyazaki J, Yonebayashi K, et al. 1999. Gene transfer by electroporation into protoplasts isolated from mulberry calli [J]. Journal of Sericultural Science of Japan (Japan) , 68 (2) : 49-53.

Tikader A, Shamsuddin M, Vijayan K, et al. 1995. Survival potential in different varieties of mulberry (*Morus species*)[J]. Indian Journal of Agricultural Sciences (India) , 65 (2) : 133-135.

Tohjima F, Yamanouchi H, Koyama A, et al. 1996. Effects of plant hormones on the callus induction from mulberry cotyledons [J]. Journal of Sericultural Science of Japan (Japan) , 65 (6) : 510-513.

Vijayan K, Chakraborti S P, Roy B N. 2000. Plant regeneration from leaf explants of mulberry: influence of sugar, genotype and 6-benzyladenine [J]. Indian Journal of Experimental Biology, 38: 504-508.

Wise M J, Tunnacliffe A. 2004. POPP the question: what do LEA proteins do [J]? Trends in Plant Science, 9: 13-17.

Yamanouchi H, Oka S, Koyama A, et al. 1997. Effect of three antibiotics and a herbicide on adventitious-bud formation in immature leaf culture and proliferation of multiple-bud body of mulberry [*Morus sp.*] [J]. Journal of Sericultural Science of Japan (Japan) , 66: 493-496.

Zhu B, Chen T H, Li P H.1995. Expression of three osmotin-like protein genes in response to osmotic stress and fungal infection in potato [J]. Plant Molecular Biology, 28: 17-26.

大山勝夫，八巻敏雄．1968．日本蚕糸学会第38回学術講演会講演要旨（一般講演）[J]．日本蚕糸学雑誌，37：225-226.

山本有彦，蒲田昌治．1968．日本蚕糸学会第38回学術講演会講演要旨（一般講演）[J]．日本蚕糸学雑誌，37：225-226.

押金健吾，関博夫，目黒和雄．1968．日本蚕糸学会第38回学術講演会講演要旨（一般講演）[J]．日本蚕糸学雑誌，37：225-226.

第十三章 桑树基因组生物信息学

随着生物信息学的迅速发展，大量的基因组数据先后出现，收集与整合相关数据成为生物信息学一个重要的任务。桑树作为一种重要的栽培树种，在作为养蚕饲料的基础上，其用途已逐步拓展，以养蚕、果桑、畜禽饲料、食品化工、医药、林产等为目标的多元化桑产业初步形成。桑树基因组测序的完成也为桑树基因组数据库及相关数据库的构建提供了重要的信息，同时合理地使用桑树基因组数据库可以为相关研究提供参考和指导，有利于加速桑树基因功能研究。

一、桑树相关生物信息学资源

随着桑树基因组测序计划的实施以及功能基因组研究的不断推进，桑树基因组及相关数据资源会变得越来越丰富。为了让更多的研究者在全世界范围内及时、准确地访问到桑树的数据资源，为实验研究提供数据支撑。目前已有多个桑树相关数据库得以建立（表13-1）。

表13-1　桑树相关生物信息学资源

Table 13-1　Bioinformatic database of mulberry

名称	网址	说明
MorusDB	http：//morus.swu.edu.cn/morusdb/	桑树基因组数据库（Li et al.，2014）
MnTEdb	http：//morus.swu.edu.cn/mntedb/	桑树转座子数据库（Ma et al.，2015）
MulSatDB	http：//btismysore.in/mulsatdb/	桑树微卫星重复序列数据库（Krishnan et al.，2014）

1. 桑树基因组数据库

桑树基因组数据库（MorusDB，http：//morus.swu.edu.cn/morusdb/）包含了目前几乎所有的桑树基因组生物信息学资源（图13-1）。这是一个公开的数据库网站，该数据库包含了桑树基因组的测序数据、预测基因、功能注释、转录组数据分析等众多数据（图13-2）（Li et al.，2014）。

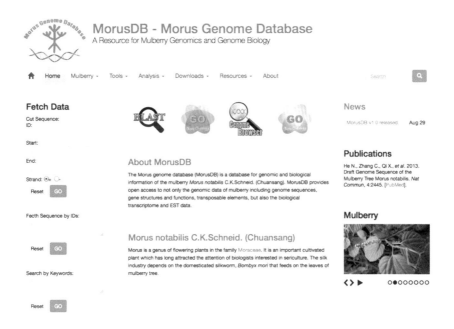

图13-1　桑树基因组数据库首页（Li et al., 2014）

Figure 13-1　The home page of MorusDB

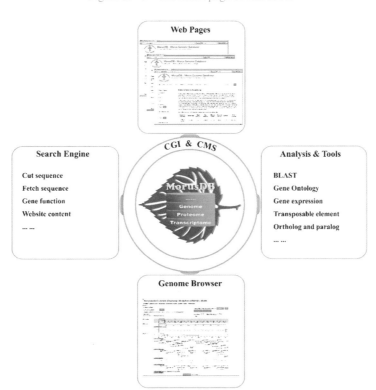

图13-2　桑树基因组数据库网络（Li et al., 2014）

Figure 13-2　The framework of MorusDB

MorusDB还提供了一些常用的数据分析工具，包括BLAST、WEGO、EMBOSS、FindMotif、Browse GO、Search GO和Genome Browse。其中Genome Browse整合了GC含量、基因结构、位置信息、转座元件、表达序列标签等众多数据。利用这些工具，可快速有效地获取、分析桑树基因组数据。

同时MorusDB还提供一些关于桑树基因组的数据分析，包括转录组数据分析、转座元件分析、物种间基因家族分析等（图13-3）。

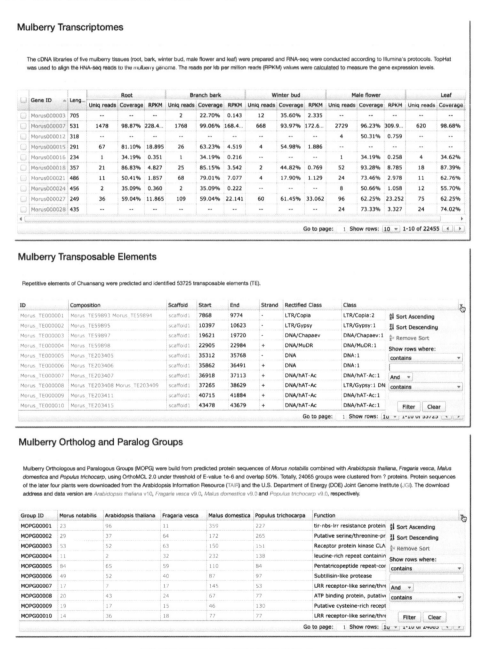

图13-3　桑树基因组数据库相关数据分析（Li et al., 2014）

Figure 13-3　Analyses on mulberry franscriprome，TEs and OPGs

此外，MorusDB还提供了桑树基因组相关数据的ftp下载，包括桑树基因组组装数据，桑树基因组编码基因、预测蛋白及功能注释数据，桑树基因组重复序列等。ftp数据中还包括桑树5个组织（根、皮、叶、雄花及冬芽）的转录组测序数据。

桑树基因组的测序数据可在美国国立生物技术信息中心（National Center for Biotechnology Information，NCBI）（http：//www.ncbi.nlm.nih.gov/）中进行下载，Bioproject编号为PRJNA202089，短序列读数登录号为SRA075563。

2．桑树转座子数据库MnTEdb

桑树转座子数据库MnTEdb（http：//morus.swu.edu.cn/mntedb/）构建于2014年，由西南大学的Ma等开发及维护（Ma et al.，2015）。目前该数据库中包含了测序川桑基因组中可鉴定到的转座子信息。Ma等共计使用3种策略对桑树基因组中的转座子进行过鉴定，包括有从头预测、基于序列特征鉴定以及基于序列相似性的鉴定。将以上3种方法鉴定完成的序列汇总，并去除假阳性及重复序列后，最终得到共计5925条转座子序列，并将这些序列分为13个超家族，1062个家族。之后基于LAMP（Linux、Apache、MySQL、Perl/PHP）技术搭建MnTEdb，为研究者提供一个有效的、人性化的方式来使用这些转座子序列数据（图13-4）（Ma et al.，2015）。

图13-4　MnTEdb数据库主页截图（Ma et al.，2015）

Figure 13-4　A snapshot of the MnTEdb home page

根据该数据库页面的相应链接方式，使用者不仅可以浏览、查询及下载相关感兴趣的转座子序列，同时该数据库还附带有一些序列分析工具供用户使用，如BLAST、GetORFHMMER、Sequence extractor以及基因组可视化工具JBrowser（图13-5）。与此同时该数据库还提供了一些其他相关数据库及部分转座子分析软件的链接，方便用户直接找到自己所需要的资源。

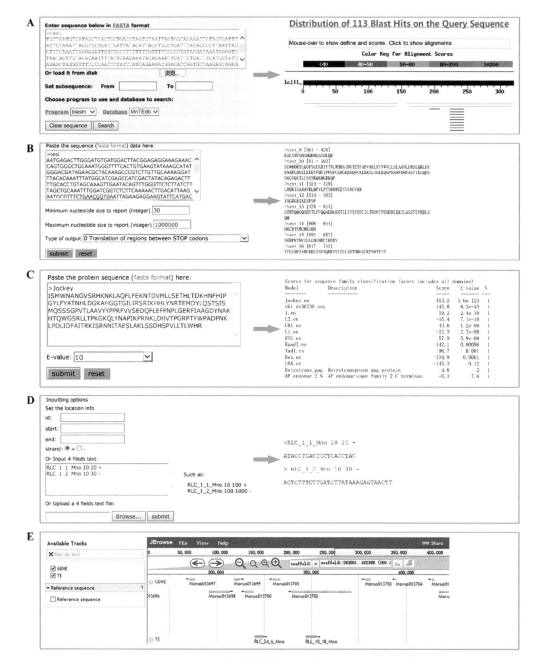

图13-5　MnTEdb提供的分析工具（Ma et al.，2015）

Figure 13-5　Analysis fools provided in MnTEdb

3. 桑树微卫星重复序列数据库MulSatDB

桑树微卫星重复序列数据库MulSatDB（http：//btismysore. in/mulsatdb/）由印度桑树研究人员于2014年开发并负责维护（Krishnan et al.，2014）。截至目前，该数据库基于川桑基因组测序数据以及EST序列，利用MASA软件从中鉴定出所有的SSR序列，包含有217312个来源于全基因组的SSRs以及961个来源于ESTs序列的SSRs（图13-6）。

图13-6　MulSatDB主页截图

Figure 13-6　Snapshot of the MulSatDB homepage

　　除此之外，该数据库还整合了多个序列分析工具，用于分析相关数据，包括有CMap tool（用于在不同物种之间比较图谱）、BLAST tool（用于序列相似性搜索）、Primers3Plus tool（用于设计扩增SSR位点的引物）等（图13-7），这些工具的整合为进一步分析基因组数据提供极大的便利。

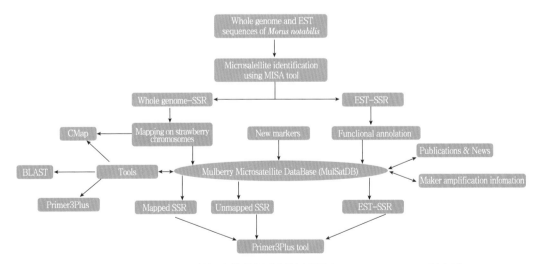

图13-7　MulSatDB数据库的数据分析流程图（Krishnan et al.，2014）

Figure 13-7　Analysis chart of MulSatDB

二、桑树基因组数据库常用检索和分析方法

熟练地使用桑树基因组数据库，可以帮助研究者迅速地获取并分析桑树基因功能的信息，为实验提供指导。下面以MorusDB数据库为例，详细介绍该数据库的访问和使用。

1. 浏览MorusDB数据库信息

MorusDB数据库包含Mulberry knowledge, news, tools等。使用页面左侧的Fetch Data工具，用户可以迅速得到序列的一段区域。另外可以通过batchs检索序列，通过关键词检索基因。

数据库中提供了分析桑树GO分类的工具包。GO分类是一套结构化控制词汇，用来描绘真核生物基因及其蛋白质在细胞内扮演的角色和功能，基因被归入生物学过程（biological process）、分子功能（molecular function）和细胞组分（cellular compontent）三大类，这三大类有可以独立分出不同的亚类，层层向下构成一个树形分支结构。

点击导航栏中的"Tools"选择"Search GO"就进入了GO功能检索页面（图13-8）。Fetch GO可以通过输入已知ID得到相应ID的GO注释，Search GO可以通过输入一段DNA或蛋白质序列搜索得到相应的ID。这两种检索方法都将列出一个GO ID的清单，每个GO号都可以链接到AmiGO、QuichGO、GONUTS以及External2GO。

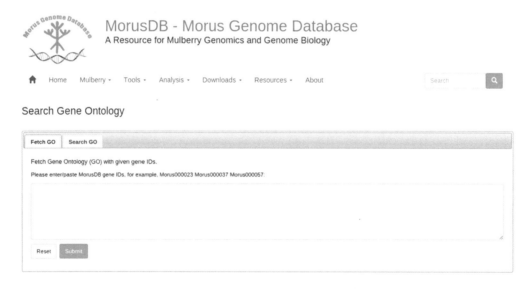

图13-8　MorusDB search GO分析

Figure 13-8　The Go analyses of MorusDB

2. 序列比对工具BLAST

同样在"Tool"下拉选项中点击"Blast"进入MorusDB BLAST界面，使用时可以直接提交序列或MorusDB序列号，也可以进入BLAST 2 SEQUENCES进行两两比对。MorusDB中提供了多个数据库，包括Mulberry、Silkworm以及Public Databases。其中包括相应的核酸数据库与蛋白质数据库（图13-9）。

MorusDB BLAST

| BLAST | BLAST 2 SEQUENCES | AB-BLAST |

Program: blastn ▾ Database: Morus notabilis genome ▾ Expect: 1e-5 ▾

More Parameters:

OUTPUT: ●STANDARD 〔○TABULAR BEST HIT (>=1): BEST MATCH (>=1): 〕

Enter sequence below in FASTA format (or enter MorusDB sequence IDs each with a prefix "ID:", for example, ID:Morus000035):

or load local sequence file in FASTA format:

选择文件 未选择任何文件

Reset   Clear sequence   Submit

图13-9　MorusDB Blast分析

Figure 13-9　The blast analysis of MorusDB

三、重要功能基因的信息发掘

功能基因的研究需要生物信息学的支持，桑树数据库为平台可以提供重要的基因信息，为后续研究提供充分的指导。下面以桑树*MnEBF*为例介绍桑树功能研究如何挖掘基因信息。

1. 桑树*EBF*基因的电子克隆

桑树基因组数据库已经得到注释，因此可以通过关键词搜索的方法获得基因的电子克隆，输入EBF，然后提交得到3条结果，在此处可以看到每个基因对应的保守结构域及相应*E*值，其中*Morus007318*的*E*值过低，予以舍去，最终得到桑树中*EBF*基因有2个，分别为*Morus000805*和*Morus002248*（图13-10）。

图13-10　*MnEBF*搜索结果

Figure 13-10　The search result of *MnEBF*

2．*MnEBF*基因基本信息分析

回到首页，在“Fecth Sequence by IDs”中输入*Morus000805*和*Morus002248*，提交后即可得到相应基因的结构、序列等基本信息。结果显示*Morus000805*仅有一个外显子，其位于scaffold1037上（图13-11），*Morus002248*同样只有一个内含子，位于scaffold1513上（图13-12）。

```
>Morus000805 type=gene locus=scaffold1037:4387-6976:+ note=grr1, plant, putative
ATGCATCCCTGCCTTGAAGAAGCCATAATCGTCGCTTTGGTTGCCCTAGTTCTCTTCGGTTCTCTCTTTTTTGCCTTCTTTGGAGGGTTCTTCGCTGGAA
ATCTCTGCACTTTTGACCTCCCGGTGTTTTTTAAGCAGTATCCATGTCGAAGATCTTTGGTTTCACCGGTGAGTCTTCGGATTCCATGCGTATCTCTTTC
GAATTTCATGTTTTTAGCCTCTTTTGTTTTAATTCTGGGGATGTTTATGTGATAGGACTATAGATCAGGTGTTGTTGACTATTTTTTTTAGATGTTTTCG
CTTGTTTATTGGATGATTTTGGTGGTTCGTGGAATTTGAGTCTCATGAGTTGAGTTTTGTTGTGAAATCTTGGACATAGGTGAATAAAGTTGTAGTTTTT
TCTAGGATATGCGGTTGATATTTATCTTAGTTATTTAGATTTAGATTACAGAGATAAACTGAGGCTGATGGTTTATTTATCTGAAATCTTAGAAGATGAG
GTTACTTGTGATCTGTGGATGTTTATATGGTGATATAACTATGTTGAGCTAGGAAAATATGCAAACAATGGATATATGATGCTTCTTTTTGTTTTTGTAT
TGAATGGGTCATGAGAAATTTCGGTTGGAATGTTTTTTGATGAGCAAGTTTTATTTTTGATTTCTCAGGTAATGATGATTTTTGCCCTGGGGGGCCGATA
TATTCAAACCCCAAGGATTCCAGCCTCTTTTTGTCCCTTGGTAATCATGTGGATGTTTATTTTCCTTCTCGGAAGAGATCTCGCATCAGTGCTCCATTTG
TTTTCTCTGAAGAGAGGCTTCAGAAGAAGAAGAAGGCATCTATTGATGTTCTCCCGGATGAGTGTCTCTTCGAGATCTTTAGACGGTTGCCTGCTGAGGA
AAGGAGTGCTAGCGCCTGTGTATCAAAGCGCTGGCTTATGCTTTTGAGCAATATCCGTCAAGAGGAATTATGCAGCGAGAAAACTTCCGCATCTTTGAAG
TCTGAAGATGATATTGCCGAAGAGAAGGGTGAGGATCAGGAAATTGAGACTCAGGGATACCTCTCCAGGAGCTTGGAGGGGAAGAAGGCTACAGATGTTA
GACTTGCTGCTATTGCGGTTGGAGCTGCTAGCCGAGGAGGATTAGGGAAGCTTTCAATCCGAGGAAGCAATTCTGGCCGTGGGGTCACAAACCTTGGCCT
CAAGGCGATTGCCCATGGATGTCCTTCTCTAAGGGTCCTGTCTCTGTGGAACATGACTTCTGTTGGAGATGAAGTTCTATGTGAGATTGCTGACGGATGT
CATCTTTTAGAGAAGCTTGACCTTTGCCAGTGCCCAGCGATTTCTGACAAGGCTTTGTTTGCTATTGCAAAGAACTGTCCTAATTTGACCGAGTTAACAA
TCGAGTCATGTTCAAACATTGGTAATGCAGGCTTGCAGGCTGTTGGACGGAGCTGCCCCAATCTGAAATCCGTTTCAATAAAGAACTGCTCCCTTGTTGG
GGATCAAGGAATCGCAGGGTTGGTATCATCCACTTCTTTTGTCCTGTCAAAGGTGAAGCTTCAGGCGTTGAACATCACTGATGTTTCTCTTGCTGTTATT
GGCCATTACGGCAAGTCAATTACTGATCTTGCTCTTACCAGCCTTCCTGCTGTGAGCGAGAGAGGCTTCTGGGTCATGGGCAATGGCCCGGGGCTTCAGA
AGCTGAAATCCTTGACAATCACATCCTGTCAGGGAGTAACAGATGTGGGGCTTGAAGCAGTAGGAAAGGGTAGCCCAAATCTGAGACAGTTTTGCCTTCG
CAAATCTTCATTTGTGTCTGATAATGGATTGGTCGCTTTTGCGAGAGCTGCAGGATCACTCGAGAGCCTTCAATTAGAGGAGTGCCACAGGATCACCCAA
TTTGGGTTTTTTGGTGCTCTTGCAAACTGTGGTACAAAATTGAAGGCTCTCTCTCTTGTATGCTGCTTGGGTATTAAAGACCTGAATGTGGGTTTACCTC
AATTGTCTCCTTGCGAATCTCTGAAATCGTTGTGCATTCGTAACTGTCCTGGTTTTGGTAACGCTAGCCTGAATGTGTTGGGAAAACTGTGCCCTCAGCT
GCAGCATGTGGACTTTAGCGGGCTTGAGGGAGTAACAGATTCTGGCCTTCTCTCTTTCTTGGAGAGCTGTGAGGCTGGCCTGGCAAAAGTTAATCTTAGT
GGCTGTGTCAATCTGACAGACAAGGTAGTTTCAGCAATGGCCGAGTCTCATGGTTGGACTCTTGAAATGCTAAATCTTGAAGGTTGCGTGAAGATAAGTG
ACGTGGGCTTGGTAGCTATTGCAGATGACTGCCCTTTGCTCAGCGAGCTTGATGTCTCAAGATGTGCCATAACCGATTTCGGACTTGCAGCCTTGGCCCG
TGCAAATCATCTCAACCTGCAGATCCTTTCTTTGTCAGGCTGCTCTTTGATAACAGACAAGAGCATGGCTGCCTTGGGAAAAACGGGACAGACTCTTGTC
GGGTTGAATCTCCAGCACTGCAAGGCAATCAGCAACAGCACCGTCGACCGGCTTTTGGGCGAGCTATGGAGGTGTGACATCCTCTCCTAG
```

图13-11　*Morus000805*基本信息

Figure 13-11　The sequence information of *Morus000805*

```
>Morus002248 type=gene locus=scaffold1513:59843-62239:- note=ein3-binding f-box protein 4
ATGCCTACTCTTGTTAATTACAGTGGTATGTTTCTGGGTTTTCGTTCTTTGGGTTTTTTATTTTTGTTTCTTTTTATGGGTTTTCGTTTATTTTGAATTT
GCTATAATGGGTCGGTGTATTTGTTGATATATATATACACATATACATATTATATGATTCATATTTGCCCATTCTAATGCTTCTTTGAATAGTTTGAAAT
TGCAATATTTGATGGGAATTTTTTTCAAGTATAGAATGCCTGGTTATGGATCAAATTCTTTGGCTTAACAGTTTATTTTGATTTTTCTTGTGTCTTTATT
TGTTTTGTTGGAGATTTTTTTTTTTTGTTGTTGGAAAGACTGGGTCTTTGTGCTTAAGATGCTATGATAATTCTGGAAAGCATTGTAAATATATGTATAT
ATATATATATATATATGTTAGTGTTGTGAATAGATTTAGGCCAAATTTATTTTGAGAGTTGTGGCTTATGGTAGATTGTGTATTGGGTTTCAGGTGATGA
TGAATTTTACTCTGGGGGTTCCTGTTCCCCTTATTCAATTGCTTCCCATGTTGATCTATATTGCCCCCCTAGCAAGCGGGCTCGGATCAGCGCCCCATTC
GCTCTCGAGGGAAGCTTCTTCGAGCAGGCTGAGAAACCATCCATTGATGTTTTACCCGATGAGTGCCTTTTTGAGATCCTCAGACATGTTCAAGGCGGTA
AAGAGCGGATCTCTAGCGCTTGTGTTTCAAAGAGATGGCTTATGTTGATGAGCAGTATCCGCAGAACCGAGATGCCCTCAAAGTCGGAGAATGAATTGGT
ATCATCTGGTGATGTTGAAATGGTGGCTTTTGATCAAGATCAGGAACTTAATGGAGATGATGGATATCTTACGAGATCTCTGGAGGGGAAGAAAGCTACC
GATATTCGTCTTGCTGCTATTTCGATTGGAACCAGTAGCCGTGGAGGACTTGGAAAGTTGTCAATCCGAGGAAGTAACTCGATCCGTGGAGTTACCAACC
TTGGTCTCTCAGCCATTTCCCGAGGTTGTCCTTCCCTGAAGGCTCTTTCTTTGTGGAATGTCCCCTTTGTTGGGGATGAAGGTCTATTTGAGATTGCTAA
AGGATGCCCTTTGTTGGAGAAGCTTGATCTTTGCCACTGCCCTTCAATTTCCAACAAGGGTTTGATTGCAATTGCTGAGAGTTGTCCTAATTTGACAGCT
TTGAGTGTTGAATCGTGCTCAAAGATCGGTAACGAGGGATTGCAAGCTATTGGAAAGTTGTGCTCCAAGCTGCAGTCTGTATCTATCAGGGACTGTCCTC
TTGTTGGCGATCATGGAGTATCAAGTCTGTTATCATCGGCTTCTTCGGTGCTCACAAAGGTTAAGCTTCAGGCTTTGAATATCACGGACTTCTCTATTGC
GGTCATCGGACATTATGGAAAGAATATTACCAATCTAACTCTCAGCGGTCTACAAAATGTGAGCGAGAAAGGATTTTGGGTCATGGGCAATGCTCAAGGT
CTTCAGAAACTTGTATCGTTGACGATTACTTCTTGCCGGGGAGCGACAGATCTGAGCCTCGAAGCCATGGGAAGGGGTTGTGCAAACCTGAAGCAGATGT
GCCTCCGCAAGTGTTGTTTAGTATCCGATAATGGCCTGGTAGCTCTTGCCAAAACTGCTGCATCACTTGAGGGCCTGCAATTGGAGGAGTGCAACAGGGT
TACCCAAGCAGGGATTGTTGGAGCCCTCTCAAACTGCGGAGAGAAGTTGAAGTCTCTTACCCTAGTCAAGTGCTTGGGTATCAAGGGCATAGCTTGTGGA
GTGCCTATGCTCTCTCCTTGCAGATCTCTTCGATCCCTATCCATTCGCAACTGCCCTGGGTTCGGTAGTCTTAGCCTGGCCATGGTGGGGAGCTTGTGCC
CTCAACTTCAGCATGTGGATCTGAGTGGACTTTATGGAATAACAGATGCCGGGATCCTCCCTCTTCTTGAGAGGCCAGAGGAAGGGCTTGTCAGTGTGAA
TCTTAGCGGCTGCTTGAATTTGACTGATGAAGTAGTTGTCGCCTTGGCTAAGTTGCATGGAGAAACGCTTGAGATGCTGAATCTCGATGGATGCAGGAAG
ATCACCGACGCAAGTCTTGCAGCAATTGCGGAGAACTGCTTGTTACTCAGCGACCTAGACCTTTCAAAATGCGCAATCACCGATTCTAGCATTTCTGCCC
TTGCTTCTTCAAAGAAGATCAACTTGCAAGTTCTATCCCTCTCGGGTTGTTCTGATGTGACGAACAAGAGCGCTTCTTGTCTGAAGAAATTGGGCGAGAC
CCTGGTCGGGTTGAATCTCCAACATTGCAATTCAATCAGCAGCAGCACGGCTGAGCTTCTTGTGGAGAGCTTGTGGAGATGTGATATCTTGGCTTGA
```

图13-12　*Morus002248*基本信息

Figure 13-12　The sequence information of *Morus002248*

3. *MnEBF* 基因表达分析

回到首页进入"Analysis",点击"Transcriptomes",出现所有基因的转录组数据(图13-13),该数据包含了桑树的五个组织,分别为根、皮、冬芽、雄花和叶。其中RPKM则表示该基因在相应组织中的表达情况。将鼠标指针放在"Gene ID"上,出现下拉菜单,在"contains"下边的空白栏中输入相应基因号,点击"Filter"提交,即可得到相应基因的表达数据(图13-14)。

Mulberry Transcriptomes

The cDNA libraries of five mulberry tissues (root, bark, winter bud, male flower and leaf) were prepared and RNA-seq were conducted according to Illumina's protocols. TopHat was used to align the RNA-seq reads to the mulberry genome. The reads per kb per million reads (RPKM) values were calculated to measure the gene expression levels.

Gene ID	Le...	Root Uniq re...	Root Cover...	Root RPKM	Branch bark Uniq re...	Branch bark Cover...	Branch bark RPKM	Winter bud Uniq re...	Winter bud Cover...	Winter bud RPKM	Male flower Uniq re...	Male flower Cover...	Male flower RPKM	Leaf Uniq re...	Leaf Cover...
Morus00...	705	--	--	--	2	22.70%	0.143	12	35.60%	2.335	--	--	--	--	--
Morus00...	531	1478	98.87%	228.	1768	99.06%	168.	668	93.97%	172.	2729	96.23%	309.	620	98.68%
Morus00...	318	--	--	--	--	--	--	--	--	--	4	50.31%	0.759	--	--
Morus00...	291	67	81.10%	18.8	26	63.23%	4.519	4	54.98%	1.886	--	--	--	--	--
Morus00...	234	1	34.19%	0.351	1	34.19%	0.216	--	--	--	--	--	--	4	34.62%
Morus00...	357	21	86.83%	4.827	25	85.15%	3.542	2	44.82%	0.769	52	93.28%	8.785	18	87.39%
Morus00...	486	11	50.41%	1.857	68	79.01%	7.077	4	17.90%	1.129	24	73.46%	2.978	11	62.76%
Morus00...	456	2	35.09%	0.360	2	35.09%	0.222	--	--	--	8	50.66%	1.058	12	55.70%
Morus00...	249	36	59.04%	11.8	109	59.04%	22.1	60	61.45%	33.0.	96	62.25%	23.2.	75	62.25%
Morus00...	435	--	--	--	--	--	--	--	--	--	--	24	73.33%	3.327	74.02%

Go to page: 1   Show rows: 10 ▾   1-10 of 22455   ◂ | ▸

图13-13 桑树转录组数据

Figure 13-13 Transcriptome data of *Morus notabilis*

Mulberry Transcriptomes

The cDNA libraries of five mulberry tissues (root, bark, winter bud, male flower and leaf) were prepared and RNA-seq were conducted according to Illumina's protocols. TopHat was used to align the RNA-seq reads to the mulberry genome. The reads per kb per million reads (RPKM) values were calculated to measure the gene expression levels.

Gene ID ▾	Le...	Root Uniq re...	Root Cover...	Root RPKM	Branch bark Uniq re...	Branch bark Cover...	Branch bark RPKM	Winter bud Uniq re...	Winter bud Cover...	Winter bud RPKM	Male flower Uniq re...	Male flower Cover...	Male flower RPKM	Leaf Uniq re...	Leaf Cover...
Morus00...	2094	19302	100.0.	756.	13934	99.95%	336.	14047	99.95%	920.	11716	99.95%	337.	7127	99.81%

Go to page: 1   Show rows: 10 ▾   1-1 of 1   ◂ | ▸

图13-14 *Morus000805* 转录组数据

Figure 13-14 Transcriptome data of *Morus 00805*

桑树基因组的解析和相应数据库的建立,将为研究许多重要基因的功能和有意思的进化问题提供工具,也将促进缺少基因组信息的其他桑科物种的分子生物学研究的开展。

参考文献

Krishnan R R, Sumathy R, Bindroo B B, et al. 2014. Mulsatdb: A first online database for mulberry microsatellites [J]. Trees-Structure And Function, 28: 1793-1799.

Li T, Qi X, Zeng Q, et al. 2014. Morusdb: A resource for mulberry genomics and genome biology [J]. Database (Oxford). Vol 2014: article ID bau054; doi: 10.1093 / database / bau054.

Ma B, Li T, Xiang Z, et al. 2015. Mntedb, a collective resource for mulberry transposable elements [J]. Database (Oxford). Vol 2015: article ID bav 004; doi: 10.1093 / database / bav 004.

桑树基因组与遗传改良

  长期以来，改良桑叶品质、提高桑叶产量成为桑树育种工作者的首要任务。通过选择优良品系，尤其是通过人工诱导与杂交育种相结合的方法获得的多倍体桑树品种，使桑叶产量和质量得到了大幅度提高。桑树属多年生木本植物，周期长、育种速度慢，受环境因素影响大，成为育种工作开展的主要原因。因此，急需进行桑树遗传改良技术创新，缩短育种周期。充分利用桑树学科基础理论与现代生物学技术，在已拥有的桑树基因组信息的基础上，开展一系列包括桑树激素合成代谢及信号传导、逆境胁迫、次生物质合成代谢等基础科学研究，采用分子标记辅助育种，培育具有更高经济价值和更广泛用途的桑树新品种，全面提升桑树遗传改良的科技水平。

一、桑树分子标记与育种

1. 几种分子标记与在桑树中的应用

  分子标记是指能反映生物个体或者群体基因组差异的DNA片段。分子遗传学的发展以及测序技术的日趋成熟，大大推动了分子标记的应用与发展。桑树分子标记应用于种质资源的保存和利用、遗传图谱构建、亲缘关系和系统分类等的研究陆续有报道。另外，桑树分子标记应用于优良性状基因定位、辅助选择育种等方面的研究，将缩短桑树育种进程，改良现有桑树品种，选育高产、优质、多抗桑树新品种（邱长玉等，2010）。下面将分别介绍几种在桑树上有应用的分子标记。

  （1）随机扩增多态性DNA标记

  随机扩增多态性DNA（random amplified polymorphic DNA，RAPD）是由Williams等（1990）发展起来的一项建立于PCR实验基础上的检测基因组DNA多态性的显性遗传标记技术（Williams et al.，1990）。该技术利用大量的、各不相同的、碱基顺序随机排列的寡聚单核苷酸链为引物（约8~10个碱基），以待研究的基因组DNA片段为模板，进行PCR扩增。扩增产物经琼脂糖凝胶电泳分离，可对基因组DNA进行多态性分析。

  早期，向仲怀等（1995）采用RAPD技术对我国桑属植物进行了种群遗传结构分析，率先实现了分子标记在桑树中的应用。1997年，楼程富等利用6个RAPD分子标记，对桑树5个杂交亲本和5个杂交后代基因组DNA进行遗传分析（楼程富等，1997）。杨光伟（2003）借助于RAPD技术，对我国桑树的15个种、4个变种及近缘属的48份供试材料进行了桑树种群遗传结构变异分析。

  （2）扩增片段长度多态性分子标记

  扩增片段长度多态性（amplified fragment length polymorphism，AFLP）是由Pieter Vos

等于1995年发明的选择性扩增基因组DNA酶切片段所产生的扩增产物的多态性分子标记技术，具有共显性、多态性和分辨率高等特征（Vos et al.，1995）。

王卓伟等在2000年时描述了AFLP在桑树遗传育种中的应用前景，2001年，这些学者借助于AFLP技术探讨了不同倍性的2个桑品种的遗传差异。丁农等（2005）对7个供试桑品种进行了AFLP分析，得到指纹图谱，并用于鉴定不同桑品种。随后，黄仁至等（2010）用同样的方法，构建了湖南省10个现行桑品种的标记图谱。

（3）插入简单序列重复分子标记

插入简单序列重复（inter-simple sequence repeat，ISSR）是由Zietkeiwitcz等于1994年基于微卫星序列以及PCR技术发展起来的第二类分子标记，至今在品种鉴定、遗传图谱建立、遗传多样性的研究等方面有广泛的应用（Zietkiewicz et al.，1994）。

桑树ISSR主要由赵卫国等研究者（2006，2008）应用于桑树指纹图谱的构建，桑树种质资源的鉴定，桑树种质资源遗传多样性及其进化分类等研究（赵卫国等，2006；赵卫国等，2008）。

（4）结构变异分子标记

结构变异分子标记（structure variation，SV）是基于基因组测序与重测序技术开发的新型分子标记。基因组上的结构变异主要包括缺失、重复、插入、易位、倒位、转座等。常见的RAPD、SSR、ISSR、InDel等标记反映了个体间基因组上特定位点从几个碱基到几百个碱基的多态性，SV标记则可以检测出基因组上大至几千个碱基的结构变异，这种结构变异可能会在很大程度上影响基因组上结构变异位点的遗传距离和物理距离的对应关系。同时，SV标记呈共显性遗传，且具有重复性和稳定性好及操作简单等优点，是一种理想的标记类型。

帅琴等（2014）基于川桑（*Morus notabilis*）的全基因组测序以及两个亲本（母本珍珠白和父本伦教109）的重测序，通过对数据的分析以及实验的验证，总共得到110对SV标记用于后期对亲本的遗传分析，结果表明，亲本伦教109和珍珠白其中之一为异源四倍体（帅琴等，2014）。

（5）简单重复序列分子标记

简单重复序列（simple sequence repeats，SSR）是真核生物基因组中普遍存在的一类由1~6个重复碱基组成的基因序列，通过其两端保守的序列设计引物，PCR扩增产物在凝胶电泳上就能得到分离。作为分子标记，SSR因其多态性高、操作简单、共显性等优点，近年来越来越多地用于连锁遗传图谱的构建及分子辅助育种等。

2004年，Aggarwal等首次应用富集的方法在桑树中鉴定得到6个SSR标记（Aggarwal et al.，2004）；2005年，Zhao等利用相同的方法，从一个含有96个克隆的SSR富集文库中得到10个有效的SSR标记（Zhao et al.，2005）。

川桑基因组测序的完成（He et al.，2013），为SSR分子标记的大量开发、筛选和利用提供了有利条件。借助于SSRlocator在桑树的scaffold上搜索SSR位点。基于此，西南大学桑树研究课题组设计并合成了2876对SSR引物，对母本珍珠白与父本广东桑伦教109以及粤武2号作为母本、伦教109作为父本的两对杂交组合进行了多态性及遗传背景的分析（罗义维等，2014）。

2. 桑树的育种

分子标记辅助育种，即传统的人工选择的方法与分子育种相结合从而选育抗病、优质和高产的品种，这种方法可高效地提高作物的数量性状（Lande and Thompson，1990；Collard and Mackill，2008）。目前，分子标记辅助育种在水稻、小麦等农作物中已有较多的应用（Huang et al.，1997；Zhou et al.，2003；Buerstmayr et al.，2009）。Vijayan等在2003年通过ISSR标记构建了分布于印度的11个桑品种的指纹图谱，结合数学的方法，作者找到两个与叶产量相关的标记，对供试桑品种的育种有一定的指导作用（Vijayan and Chatterjee，2003）。

分子标记辅助育种需要找到特异的与目标性状紧密连锁的分子标记，在连锁遗传图谱的构建过程中可高效地实现目标性状与基因的定位（Mohan et al.，1997）。印度学者Venkateswarlu等于2006年利用拟测交的方法，以"S36"（$2n = 28$）作母本，"V1"（$2n = 28$）为父本得到50株F_1的作图群体，构建了第一份桑树连锁图谱，其母本和父本遗传间距分别为15.75cM和18.78cM（Venkateswarlu et al.，2007）。西南大学桑树研究课题组也拟用伦教109和珍珠白作为杂交亲本构建遗传图谱，但最终因二者亲缘关系较近，导致伦教109最终得到一个大的连锁群，而珍珠白的连锁群又过于分散，没有得到理想的连锁遗传图谱。要构建高密度的连锁遗传图谱，下一步需要构建更多的连锁遗传群体，设计数量和种类都尽可能多的分子标记。

二、全基因组选择育种

1. 全基因组选择的提出

全基因组选择的概念最早由Meuwissen等（2001）在标记辅助育种（MAS）的基础上提出，通过对全基因组中大量的分子标记和参照群体的表型数据建立模型估计出每一标记对应的染色体片段的育种值，然后利用同样的分子标记估计出后代个体育种值并进行选择，得到群体中的优良单株。

全基因组选择相比传统的育种方法有很多优势：能够对影响性状的所有变异进行检测；可对候选个体的遗传评估进行早期选择，缩短世代间隔，降低育种成本；可以对传统育种中受限的性状进行选择。

而目前随着多种动植物基因组序列图谱和SNP图谱的完成，以及SNP检测技术的逐步完善，为全基因组选择育种的应用提供了技术支撑，使得全基因组选择育种被认为是杂交育种和MAS育种等技术之后重要的育种新技术。

2. 全基因组选择的步骤和建模方法

（1）全基因组选择的步骤

目前，全基因组选择广泛采取的实施方案是，首先进行全基因组的分子标记筛选，尽可能采用覆盖全基因组的标记，目前用得比较多的是SNP标记。然后通过参考群体的表型信息和基因型信息估计出单个标记或者不同染色体片段的效应。最后在不依赖表型信息的情况下，根据估计出来的标记效应值累加得到预测群体个体基因组估计育种值，最终筛选出育种值较高的个体进行强化培育。

（2）全基因组选择的建模方法

在全基因组选择中用到的建模方法主要是最小二乘法（Least Squares，LS）、BLUP法、贝叶斯法（Bayesian）和非参数法四种方法。其中BLUP法和贝叶斯法是用得最普遍的两种方法，在这两种方法的基础上也衍生出了很多其他极具实用性的方法，如GBLUP、RRBLUP、Bayes A和Bayes B等。尽管如此，研究者仍然还在不遗余力地探索新的建模方法，来进一步提高基因组育种值估计的准确性。

3. 全基因组选择在植物育种中的应用

全基因组选择的方法在奶牛、肉鸡等动物中的应用非常广泛，在植物育种中却还未全面展开，主要还停留在方法探索和可行性方面的研究上。通过在水稻、玉米、燕麦等农作物中对全基因组选择的应用研究表明，全基因组选择能够应用到植物育种中，且具有良好的应用前景。

2014年11月，华大基因报道其通过全基因育种的方法改良谷子的叶色，并提高了杂交品种的产量，且具备抗除草剂、高产、抗旱、抗病、优质等优良性状。此外，他们正在对水稻、甜瓜等作物进行全基因组选择育种。

随着全基因组测序的发展，为全基因组选择育种提供了重要的信息基础。基于水稻全基因组数据，中国种子集团有限公司联合华中农业大学、北京大学共同研制出全球首张水稻全基因组育种芯片，将大幅提高种子真实性检测准确性，有助提高育种效率。国际著名植物学家邓兴旺及其团队研发出了全球最高精度玉米全基因组育种芯片，原来8～10年的育种周期可以减少至4～5年。因此，基于分子标记开发全基因组育种芯片的发展也将为今后作物的育种开辟新的视野。

4. 全基因组选择在桑树育种中的应用前景

目前对桑树的育种主要通过杂交育种和诱变育种的方法来实现，但这两种育种方法具有工作量大、盲目性高、育种周期长、后代性状不稳定等不良特点，选育和推广一个新的桑树品种往往需要十数年才能完成，不能满足桑树的育种要求。全基因组选择育种技术具有诸多优点，可提高选择的准确性、提高选择的效率、缩短代与代的间隔、降低选育成本，将会是未来作物育种的重要工具，也可在桑树育种中进行应用。为实现今后在桑树育种中进行全基因组水平的选择育种，现阶段应深入开展以下工作：

（1）构建完善的桑树遗传图谱

构建精密的遗传图谱是标记辅助育种及全基因育种的基础。桑树基因组已完成测序，但还没有构建完善的基因组精细图谱和遗传连锁图谱，没有完成对桑树的各个染色体和连锁群的精细定位。由于桑树是一种异花授粉植物，遗传背景复杂，且分子标记技术在桑树中应用较为落后，也为遗传图谱的构建带来了困难。2006年，Venkateswarlu等结合SSR、

RAPD和ISSR 3种标记方法，对50个桑树F₁后代构建了第一份桑树连锁图谱，但该图谱的标记少、密度低，不能有效应用于桑树的分子标记辅助育种和重要性状基因的定位。桑树基因组数据的成功测序为开发有效的分子标记位点提供了数据支撑，可对桑树遗传图谱的构建产生积极的影响。

（2）加强桑树遗传多样性和系统进化研究

日本学者小泉源一博士将分布在全世界的桑属植物分为30个种10个变种，而原产于我国的就有15个种4个变种。桑树品种多样，在我国的桑树种质资源有3000余份，为生物的分类和进化研究提供有益的资料，为研究和开发利用我国丰富的桑树种质资源提供佐证，今后应对其进行准确的遗传多样性分析，鉴定桑树的核心种质资源，同时为育种材料提供选择依据。

（3）加强重要桑树农艺性状基因的功能研究

目前，桑树功能基因研究尚处于起步阶段，西南大学桑树研究课题组仅完成了细胞色素P450（Ma et al.，2014）、促分裂原活化蛋白激酶（MAPK）（Wei et al.，2014）、茉莉酸合成相关基因（Wang et al.，2014）、花青素生物合成相关基因（Qi et al.，2014）、乙烯代谢相关基因（Shang et al.，2014）等进行了鉴定及功能分析，还需要进一步加强对与桑树重要农艺性状密切相关的基因的挖掘和功能研究，为今后全基因组育种提供理论依据。

参考文献

丁农，钟伯雄，张金卫，等. 2005. 利用AFLP指纹技术鉴定桑树品种［J］. 农业生物技术学报，13（1）：119-120.

黄仁志. 2010. 湖南省10个现行桑树品种AFLP标记图谱的构建［M］. 长沙：湖南农业大学.

楼程富，张有做，周金妹. 1997. 桑树有性杂交后代与双亲基因组DNA的RAPD分析初报［J］. 农业生物技术学报，4：397-403.

罗义维，亓希武，帅琴，等. 2014. 桑树杂交组合亲本的SSR标记多态性及遗传背景分析［J］. 蚕业科学，40（4）：576-581.

邱长玉，朱方容，林强. 2010. DNA分子标记技术在桑树上的应用研究进展［J］. 广西农业科学，41（7）：642-645.

帅琴，罗义维，卢承琼，等. 2014. 桑树SV分子标记的开发及在F₁群体的偏分离分析［J］. 蚕业科学，40（3）：374-381.

向仲怀，张孝勇，余茂德，等. 1995. 采用随机扩增多态性DNA技术（RAPD）在桑属植物系统学研究的应用初报［J］. 蚕业科学，21（4）：203-208.

杨光伟. 2003. 中国桑属（*Morus* L.）植物遗传结构及系统发育分析［M］. 重庆：西南农业大学.

赵卫国，苗雪霞，臧波，等. 2006. 中国桑树选育品种ISSR指纹图谱的构建及遗传多样性分析（英文）［J］. 遗传学报，33，（9）：851-860.

赵卫国，汪伟，杨永华，等. 2008. 我国不同生态类型桑树地方品种遗传多样性的ISSR分析［J］. 蚕业科学，34（1）：1-5.

Aggarwal R K, Udaykumar D, Hendre P S, et al. 2004. Isolation and characterization of six novel microsatellite markers for mulberry（Morus indica）［J］. Molecular Ecology Notes, 4: 477-479.

Buerstmayr H, Ban T, Anderson J A. 2009. QTL mapping and marker-assisted selection for Fusarium head blight resistance in wheat: a review [J] . Plant Breeding, 128: 1−26.

Collard B C Y, Mackill D J. 2008. Marker−assisted selection: an approach for precision plant breeding in the twenty−first century [J] . Philosophical Transactions of the Royal Society B−Biological Sciences, 363: 557−572.

He N J, Zhang C, Qi X W, et al. 2013. Draft genome sequence of the mulberry tree Morus notabilis [J] . Nature Communications, 4: 2445.

Huang N, Angeles E R, Domingo J, et al. 1997. Pyramiding of bacterial blight resistance genes in rice: marker−assisted selection using RFLP and PCR [J] . Theoretical and Applied Genetics, 95: 313−320.

Lande R, Thompson R. 1990. Efficiency of marker−assisted selection in the improvement of quantitative traits [J] . Genetics, 124: 743−756.

Ma B, Luo Y W, Jia L, et al. 2014. Genome−wide identification and expression analyses of cytochrome P450 genes in mulberry (Morus notabilis)[J] . Journal of Integrative Plant Biology, 56: 887−901.

Meuwissen T H E, Hayes B J, Goddard M E. 2001. Prediction of total genetic value using genome−wide dense marker maps [J] . Genetics, 157: 1819−1829.

Mohan M, Nair S, Bhagwat A, et al. 1997. Genome mapping, molecular markers and marker−assisted selection in crop plants [J] . Molecular Breeding, 3: 87−103.

Qi X W, Shuai Q, Chen H, et al. 2014. Cloning and expression analyses of the anthocyanin biosynthetic genes in mulberry plants [J] . Molecular Genetics and Genomics, 289: 783−793.

Shang J Z, Song P H, Ma B, et al. 2014. Identification of the mulberry genes involved in ethylene biosynthesis and signaling pathways and the expression of MaERF−B2−1 and MaERF−B2−2 in the response to flooding stress [J] . Functional & Integrative Genomics, 14: 767−777.

Venkateswarlu M, Urs S R, Nath B S, et al. 2007. A first genetic linkage map of mulberry (Morus spp.) using RAPD, ISSR, and SSR markers and pseudotestcross mapping strategy [J] . Tree Genetics & Genomes, 3: 15−24.

Vijayan K, Chatterjee S N. 2003. ISSR profiling of Indian cultivars of mulberry (Morus spp.) and its relevance to breeding programs [J] . Euphytica, 131: 53−63.

Vos P, Hogers R, Bleeker M, et al. 1995. Aflp − a new technique for DNA−fingerprinting [J] . Nucleic Acids Research, 23: 4407−4414.

Wang Q, Ma B, Qi X W, et al. 2014. Identification and characterization of genes involved in the jasmonate biosynthetic and signaling pathways in mulberry (Morus notabilis)[J] . Journal of Integrative Plant Biology, 56: 663−672.

Wei C J, Liu X Q, Long D P, et al. 2014. Molecular cloning and expression analysis of mulberry MAPK gene family [J] . Plant Physiology and Biochemistry, 77: 108−116.

Williams J G K, Kubelik A R, Livak K J, et al. 1990. DNA polymorphisms amplified by arbitrary primers are useful as genetic−markers [J] . Nucleic Acids Research, 18: 6531−6535.

Zhao W G, Mia X X, Jia S H, et al. 2005. Isolation and characterization of microsatellite loci from the mulberry, Morus L [J] . Plant Science, 168: 519−525.

Zhou P H, Tan Y F, He Y Q, et al. 2003. Simultaneous improvement for four quality traits of Zhenshan 97, an elite parent of hybrid rice, by molecular marker−assisted selection [J] . Theoretical and Applied Genetics, 106: 326−331.

Zietkiewicz E, Rafalski A, Labuda D.1994. Genome fingerprinting by simple sequence repeat (SSR) −anchored polymerase chain reaction amplification [J] . Genomics, 20: 176−183.

后 记

桑科植物由超过1100个的物种组成，遍布欧亚大陆、非洲、大洋洲以及美州。桑树、构树、榕树、无花果都是我们熟知的桑科植物，已经成为农林业的重要组成部分。桑科植物的代表桑树是重要经济昆虫家蚕的饲料，桑树蛋白借助家蚕丝腺的合成分泌转化为蚕丝，通过举世闻名的"丝绸之路"，塑造了世界历史，弘扬了中华蚕桑文明，对人类社会产生了深远影响。科学研究在认识桑树生物学特性、改进栽植技术、品种选育方面积累了丰硕成果。尽管研究者可以独立地对其靶标物种进行研究，不断深入的研究也能够为产业发展提供技术支撑。但是随着生物学的快速发展，跨学科工作的时代已经到来。以基因组解析为契机，把桑树学科放在系统生物学的背景下，才可能期待突破性的研究进展。

桑树基因组研究团队在2013年9月完成了桑树的全基因组测序，在此基础上，本书第一次对桑树基因组作了全面的介绍。从桑树的起源分布入手到桑属植物的染色体研究的最新进展；详细描述了桑树基因组的结构、进化和表达；探讨了桑树次生物质合成代谢的分子机制以及抗性相关基因；梳理了部分基因家族和蛋白质组学的研究近况；介绍了桑树功能基因组研究的技术平台和数据库。目前，我们对桑树基因组的理解还很有限，涉及到具体的基因功能仍然需要大规模的实验数据来证实。本书的内容也远不足以覆盖现代桑树学研究的各个方面。我们出版这本书的初衷是希望提供给读者令人振奋的研究前景、基础素材和工具，激励学者们开展相关领域的研究工作。

本书得以出版，首先感谢向仲怀院士，他是桑树基因组计划的总设计师和本书的编撰者。没有他的策划、敦促和鼓励，这本书是不可能得以面世的。梁九波博士、马崚博士、曾其伟博士、赵爱春研究员、江苏省中国科学院植物研究所经济植物研究中心的亓希武博士和浙江省农业科学院蚕桑研究所的刘岩博士参与了桑树功能基因组研究单元部分内容的写作。博士研究生商敬哲、王青、邹自良、罗义维、吕志远、轩亚辉等参与了本书部分章节内容初稿的准备。付强博士、贾凌博士、范丽硕士、宋鹏华硕士、王裕鹏硕士、李杨硕士、王旭伟硕士、卢承琼硕士、张大燕硕士、魏从进硕士、刘雪琴硕士、郭庆硕士以及博士研究生丁光宇、博士研究生刘长英、硕士研究生曹博宁等提供了研究的基础数据。

衷心感谢中国林业出版社的刘家玲和牛玉莲编审对出版基金的申请和书稿的编校做了大量繁芜的工作，没有她们的辛勤工作，本书不可能如此顺利地与读者见面。

鉴于我们有限的水平和快速发展的基因组学研究，虽然全书经过详细的勘校，书中难免会存在疏漏和错误，敬请同行专家和读者给予指正。

何宁佳

家蚕基因组生物学国家重点实验室

重庆北碚 2016年5月29日